Thomas Fügen

Richtungsaufgelöste Kanalmodellierung und Systemstudien für Mehrantennensysteme in urbanen Gebieten

AF388239

Karlsruher Forschungsberichte
aus dem Institut für Hochfrequenztechnik und Elektronik

Herausgeber: Prof. Dr.-Ing. Thomas Zwick

Band 56

Richtungsaufgelöste Kanal-modellierung und Systemstudien für Mehrantennensysteme in urbanen Gebieten

von
Thomas Fügen

Dissertation, Universität Karlsruhe (TH)
Fakultät für Elektrotechnik und Informationstechnik, 2009

Impressum

Karlsruher Institut für Technologie (KIT)
KIT Scientific Publishing
Straße am Forum 2
D-76131 Karlsruhe
www.uvka.de

KIT – Universität des Landes Baden-Württemberg und nationales
Forschungszentrum in der Helmholtz-Gemeinschaft

Diese Veröffentlichung ist im Internet unter folgender Creative Commons-Lizenz
publiziert: http://creativecommons.org/licenses/by-nc-nd/3.0/de/

KIT Scientific Publishing 2010
Print on Demand

ISSN: 1868-4696
ISBN: 978-3-86644-420-1

Vorwort des Herausgebers

Mobile digitale Kommunikationsgeräte sind aus unserer heutigen Informationsgesellschaft kaum wegzudenken. Aus den ursprünglich nur zur reinen Sprachübertragung vorgesehenen Geräten wurden in der Zwischenzeit allerdings mobile Büros und Multimedia-Zentren mit großer Rechen- und Speicherleistung, was einen enormen Anstieg des Datenverkehrs in mobilen Netzen zur Folge hat. Da die Ressource Frequenz eng begrenzt ist, muss hier permanent nach neuen Möglichkeiten zur Erhöhung der Netzkapazität gesucht werden. Eine viel versprechende Möglichkeit sind sogenannte MIMO-Systeme (Multiple Input Multiple Output). Um dazu effiziente rechnergestützte Systemoptimierungen durchführen zu können, müssen allerdings auch die existierenden Funkkanalmodelle auf Mehrantennensysteme erweitert werden.

Genau an dieser Stelle setzt die Arbeit von Herrn Dr. Thomas Fügen mit einer umfassenden Modellierung des Mehrnutzer-MIMO-Übertragungskanals in makrozellularen urbanen Umgebungen an. Anhand einer Streu-Cluster-Analyse wurde ein effizientes dreidimensionales, vollpolarimetrisches, breitbandiges MIMO-Kanalmodell für urbane Makrozellen entwickelt. Durch einen neuartigen geometrisch-stochastischen Ansatz ist dieses erstmals in der Lage Funkkanäle für Mehrnutzer-MIMO Szenarien mit mehreren Basisstationen und Nutzern, wie sie zur Entwicklung zukünftiger Mobilfunknetze erforderlich sind, zu berechnen. Das Modell wurde mittels umfangreicher Simulationen mit einem strahlenoptischen Kanalmodell sowie durch breitbandige Funkkanalmessungen mit Mehrantennensystemen umfassend verifiziert. Die am Ende der vorliegenden Arbeit gezeigten Beispiele zur Optimierung der Performanz von Mehrnutzer-MIMO unter realistischen Kanalbedingungen zeigen eindrucksvoll die vielseitigen Einsatzmöglichkeiten des neuen Kanalmodells.

Die Arbeit von Herrn Fügen bildet eine umfassende Basis für weitere Forschungen im Bereich von Mehrnutzer-MIMO-Übertragungssystemen und wird weltweit viel Beachtung finden. Ich wünsche ihm alles Gute für die Zukunft und hoffe, dass er seine exzellenten und vielseitigen Fähigkeiten auch weiterhin erfolgreich einsetzen kann.

Prof. Dr.-Ing. Thomas Zwick
- Institutsleiter -

**Forschungsberichte aus dem
Institut für Höchstfrequenztechnik und Elektronik (IHE)
der Universität Karlsruhe (TH) (ISSN 0942-2935)**

Herausgeber: Prof. Dr.-Ing. Dr. h.c. Dr.-Ing. E.h. Werner Wiesbeck

Band 1 Daniel Kähny
**Modellierung und meßtechnische Verifikation polarimetrischer,
mono- und bistatischer Radarsignaturen und deren Klassifizierung** (1992)

Band 2 Eberhardt Heidrich
**Theoretische und experimentelle Charakterisierung der polari-
metrischen Strahlungs- und Streueigenschaften von Antennen**
(1992)

Band 3 Thomas Kürner
**Charakterisierung digitaler Funksysteme mit einem breit-
bandigen Wellenausbreitungsmodell** (1993)

Band 4 Jürgen Kehrbeck
**Mikrowellen-Doppler-Sensor zur Geschwindigkeits- und Weg-
messung - System-Modellierung und Verifikation** (1993)

Band 5 Christian Bornkessel
**Analyse und Optimierung der elektrodynamischen Eigenschaften
von EMV-Absorberkammern durch numerische Feldberechnung**
(1994)

Band 6 Rainer Speck
**Hochempfindliche Impedanzmessungen an Supraleiter / Fest-
elektrolyt-Kontakten** (1994)

Band 7 Edward Pillai
**Derivation of Equivalent Circuits for Multilayer PCB and Chip
Package Discontinuities Using Full Wave Models** (1995)

Band 8 Dieter J. Cichon
**Strahlenoptische Modellierung der Wellenausbreitung in urbanen
Mikro- und Pikofunkzellen** (1994)

Band 9 Gerd Gottwald
**Numerische Analyse konformer Streifenleitungsantennen in
mehrlagigen Zylindern mittels der Spektralbereichsmethode**
(1995)

Forschungsberichte aus dem Institut für Höchstfrequenztechnik und Elektronik (IHE) der Universität Karlsruhe (TH) (ISSN 0942-2935)

Band 10 Norbert Geng
Modellierung der Ausbreitung elektromagnetischer Wellen in Funksystemen durch Lösung der parabolischen Approximation der Helmholtz-Gleichung (1996)

Band 11 Torsten C. Becker
Verfahren und Kriterien zur Planung von Gleichwellennetzen für den Digitalen Hörrundfunk DAB (Digital Audio Broadcasting) (1996)

Band 12 Friedhelm Rostan
Dual polarisierte Microstrip-Patch-Arrays für zukünftige satellitengestützte SAR-Systeme (1996)

Band 13 Markus Demmler
Vektorkorrigiertes Großsignal-Meßsystem zur nichtlinearen Charakterisierung von Mikrowellentransistoren (1996)

Band 14 Andreas Froese
Elektrochemisches Phasengrenzverhalten von Supraleitern (1996)

Band 15 Jürgen v. Hagen
Wide Band Electromagnetic Aperture Coupling to a Cavity: An Integral Representation Based Model (1997)

Band 16 Ralf Pötzschke
Nanostrukturierung von Festkörperflächen durch elektrochemische Metallphasenbildung (1998)

Band 17 Jean Parlebas
Numerische Berechnung mehrlagiger dualer planarer Antennen mit koplanarer Speisung (1998)

Band 18 Frank Demmerle
Bikonische Antenne mit mehrmodiger Anregung für den räumlichen Mehrfachzugriff (SDMA) (1998)

Band 19 Eckard Steiger
Modellierung der Ausbreitung in extrakorporalen Therapien eingesetzter Ultraschallimpulse hoher Intensität (1998)

Forschungsberichte aus dem
Institut für Höchstfrequenztechnik und Elektronik (IHE)
der Universität Karlsruhe (TH) (ISSN 0942-2935)

Forschungsberichte aus dem
Institut für Höchstfrequenztechnik und Elektronik (IHE)
der Universität Karlsruhe (TH) (ISSN 0942-2935)

Forschungsberichte aus dem
Institut für Höchstfrequenztechnik und Elektronik (IHE)
der Universität Karlsruhe (TH) (ISSN 0942-2935)

Forschungsberichte aus dem
Institut für Höchstfrequenztechnik und Elektronik (IHE)
der Universität Karlsruhe (TH) (ISSN 0942-2935)

Fortführung als
"Karlsruher Forschungsberichte aus dem Institut für Hochfrequenztechnik und Elektronik" bei KIT Scientific Publishing
(ISSN 1868-4696)

**Karlsruher Forschungsberichte aus dem
Institut für Hochfrequenztechnik und Elektronik
(ISSN 1868-4696)**

Herausgeber: Prof. Dr.-Ing. Thomas Zwick

**Die Bände sind unter www.uvka.de als PDF frei verfügbar oder als Druck-
ausgabe bestellbar.**

Band 55 Sandra Knörzer
         **Funkkanalmodellierung für OFDM-Kommunikationssysteme bei
         Hochgeschwindigkeitszügen** (2009)
         ISBN 978-3-86644-361-7

Band 56 Fügen, Thomas
         **Richtungsaufgelöste Kanalmodellierung und Systemstudien für
         Mehrantennensysteme in urbanen Gebieten** (2010)
         ISBN 978-3-86644-420-1

Band 57 Pancera, Elena
         **Strategies for Time Domain Characterization of UWB Components
         and Systems** (2009)
         ISBN 978-3-86644-417-1

Band 58 Timmermann, Jens
         Systemanalyse und Optimierung der Ultrabreitband-Übertragung
         (2010)
         ISBN 978-3-86644-460-7

Richtungsaufgelöste Kanalmodellierung und Systemstudien für Mehrantennensysteme in urbanen Gebieten

Zur Erlangung des akademischen Grades eines

DOKTOR-INGENIEURS

der Fakultät für
Elektrotechnik und Informationstechnik
der Universität Fridericiana Karlsruhe (TH)

genehmigte

DISSERTATION

von

Dipl.-Ing. Thomas Fügen
aus Mannheim-Neckarau

Tag der mündlichen Prüfung:	14. April 2009
Hauptreferent:	Prof. Dr.-Ing. Dr. h.c. Dr.-Ing. E.h. Werner Wiesbeck
Korreferent:	Prof. Dr.-Ing. habil. Reiner S. Thomä

Vorwort

Die vorliegende Arbeit entstand während meiner Zeit als wissenschaftlicher Mitarbeiter am Institut für Hochfrequenztechnik und Elektronik (IHE) der Universität Karlsruhe (TH).

Mein erster Dank ergeht an den langjährigen Leiter des IHE, Herrn Prof. Dr.-Ing. Dr. h.c. Dr.-Ing. E.h. Werner Wiesbeck, für seine hervorragende Unterstützung meiner Forschungstätigkeit, seine vielfältigen Ratschläge, sowie die Übernahme des Hauptreferats. Ebenso bedanke ich mich beim Leiter des Fachgebietes Elektronische Messtechnik (EMT) der Technischen Universität Ilmenau, Herrn Prof. Dr.-Ing. habil. Reiner S. Thomä, für sein Interesse an meiner Arbeit und die Übernahme des Korreferats. Auch Herrn Prof. Dr.-Ing. Thomas Zwick möchte ich hier danken. Er hat nach meinem Diplomabschluss den Kontakt zum IHE hergestellt und meine Dissertation als jetziger Institutsleiter wohlwollend unterstützt.

Ein herzliches Dankeschön möchte ich den Angestellten des IHE aussprechen, den Sekretärinnen, den Mitarbeitern der Technik und Werkstatt sowie den wiss. Mitarbeitern, die durch ihre Hilfsbereitschaft sowie ihr kollegiales und freundschaftliches Verhalten zum Gelingen dieser Arbeit maßgeblich beigetragen haben. Im Speziellen gilt dies meinen Zimmerkollegen aus 3.28 und 3.31, die mir durch regen Austausch und ein außerordentlich gutes Arbeitsklima die Zeit am Institut sehr angenehm gemacht haben. Mein Dank aussprechen möchte ich auch allen Studierenden, die im Rahmen von Studien-, Diplomarbeiten oder als wissenschaftliche Hilfskräfte an der Aufgabenstellung mitgearbeitet haben.

Weiterer Dank gilt dem Fachgebiet EMT und der Firma MEDAV für die gute Zusammenarbeit sowie die Bereitstellung des RUSK Channel Sounders und der RIMAX-Schätzdaten. Insbesondere möchte ich hier die Herren Markus Landmann, Gerd Sommerkorn, Vadim Algeier und Steffen Warzügel nennen, die mich bei den nächtlichen Messkampagnen und der Messdatenauswertung tatkräftige Unterstützung haben. Ferner bedanke ich mich bei der Vodafone AG für die Bereitstellung der Basisstationsdaten der Innenstadt Karlsruhe.

Für die kritische Durchsicht meines Manuskripts bin ich meinen Kollegen und Freunden Malgorzata Janson, Tina Hennecken, Jürgen Maurer, Jens Timmermann und Ralf Hirschpek besonders verbunden.

Nicht zuletzt will ich mich ganz herzlich bei meinen Eltern für die Unterstützung und den immerwährenden Rückhalt bedanken.

Karlsruhe, im Mai 2009

Thomas Fügen

Inhaltsverzeichnis

Verzeichnis der verwendeten Abkürzungen und Symbole

Abkürzungen

3D	dreidimensional
3GPP	engl. *Third Generation Partnership Project*
3G	engl. *Third Generation* (dritte Generation Mobilfunk)
A/D	analog-digital
AFD	engl. *Average Fade Duration* (mittlere Schwunddauer)
AGC	engl. *Automatic Gain Control* (automatische Leistungsregelung)
AKF	Autokorrelationsfunktion
AP	engl. *Access Point* (Zugangspunkt)
APS	engl. *Angular Power Spectrum* (Leistungswinkelspektrum)
AWGN	engl. *Additive White Gaussian Noise* (weißer *Gauß'scher* Rauschkanal)
BC	engl. *Broadcast Channel* (Rückkanal im Mehrnutzersystem)
BD	engl. *Block Diagonalization* (Mehrnutzer-MIMO-Verfahren)
BER	engl. *Bit Error Rate* (Bitfehlerrate bzw. Bitfehlerwahrscheinlichkeit)
BLAST	*Bell Laboratories Layered Space-Time Architecture*
BMBF	Bundesministerium für Bildung und Forschung
BS	Basisstation (engl. *Base Station*)
CDF	engl. *Cumulative Distribution Function* (Verteilungsfunktion)
CDMA	engl. *Code Division Multiple Access* (Mehrfachzugriffsverfahren: Zuweisung verschiedener Codes)
COST	engl. *European Co-operation in the Field of Scientific and Technical Research*
COST-WI-Modell	COST-231-Walfisch-Ikegami-Modell
CPU	engl. *Central Processing Unit*
CTRP	engl. *Coordinated Transmit Receive Processing* (Mehrnutzer-MIMO-Verfahren)
D/A	digital-analog
DAC	engl. *Digital-Analog Converter*
DBF	engl. *Digital Beam Forming* (digitale Strahlformung)

DMC	engl. *Dense Multipath Component (diffuser Streubeitrag)*
DoA	engl. *Direction of Arrival* (Empfangsrichtung eines Pfades)
DoD	engl. *Direction of Departure* (Senderichtung eines Pfades)
DPC	engl. *Dirty-Paper Coding* (Mehrnutzer-MIMO-Verfahren)
DSL	engl. *Digital Subscriber Line*
ESPRIT	engl. *Estimation of Signal Parameters via Rotational Invariance Techniques*
ETSI	engl. *European Telecommunications Standards Institute*
FC	engl. *Far-Cluster* (entfernter Streu-*Cluster*)
FDMA	engl. *Frequency Division Multiple Access*
FDTD	engl. *Finite Difference Time Domain* (feldtheoretische Näherungsverfahren)
FFT	engl. *Fast Fourier Transform*
GO	engl. *Geometrical Optics* (geometrische Optik)
GSCM	engl. *Geometry-Based Stochastic Channel Model* (geometrisch-stochastischen Mehrnutzer-MIMO-Kanalmodells)
GTU	engl. *Generalized Typical Urban*
HF	Hochfrequenz
HSDPA	engl. *High-Speed Downlink Packet Access*
HSUPA	engl. *High-Speed Uplink Packet Access*
HyEff	engl. *High Efficiency Mobile Networks*
IDFT	engl. *Inverse Discrete Fourier Transform*
IFFT	engl. *Inverse Fast Fourier Transform*
IHE	Institut für Höchstfrequenztechnik und Elektronik
i.i.d.	engl. *independent identical distributed*
ITK	Informations- und Telekommunikationssektor
IP	engl. *Internet Protocol*
Kfz	Kraftfahrzeug
LC	engl. *Local-Cluster* (lokaler Streu-*Cluster*)
LCR	engl. *Level Crossing Rate* (Pegelunterschreitungsrate)
LOS	engl. *Line of Sight* (Sichtverbindung zwischen Sender und Empfänger)
LTE	engl. *Long Term Evolution*
MAC	engl. *Multiple Access Channel* (Hinkanal in einem Mehrnutzersystem)
MIMO	engl. *Multiple Input Multiple Output* (System mit mehreren Sende- und mehreren Empfangsantennen)
MISO	engl. *Multiple Input Single Output* (System mit mehreren Sende- und einer Emprangsantenne)
MMSE	engl. *Minimum-Mean-Square-Error*

MS	engl. *Mobile Station* (Mobilstation, bzw. Nutzer)
MT	engl. *Mobile Terminal* (Mobilstation, bzw. Nutzer)
Mu-MIMO	engl. *Multi-user MIMO* (Mehrnutzer-MIMO-System)
MUSIC	engl. *Mutiple Signal Classification Technique*
NLOS	engl. *Non Line of Sight* (Abschattung, d.h. keine Sichtverbindung zwischen Sender und Empfänger)
OFDM	engl. *Orthogonal Frequency Division Multiplexing*
OLOS	engl. *Obstructed Line of Sight* (schwache Abschattung)
PC	engl. *Personal Computer*
PDP	engl. *Power Delay Profile* (Leistungsverzögerungsspektrum)
PEM	engl. *Parabolic Equation Method*
Pkw	Personenkraftwagen
PULA	engl. *Polarimetric Uniform Linear Patch Array* (polarimetrische lineare *Patch* Gruppenantenne)
QoS	engl. *Quality of Service* (Dienstgüte)
RAM	engl. *Random Access Memory*
RT	engl. *Ray Tracing*
RMS	engl. *Root Mean Square*
SAE	engl. *System Architecture Evolution*
SAGE	engl. *Space-Alternating Generalized Expectation Maximization*
SC	engl. *Specular Component* (dominater Ausbreitungspfad)
SC	engl. *Street-Canyon-Cluster* (Straßenschlucht-Streu-*Cluster*)
SCM	engl. *Spatial Channel Model*
SCME	engl. *Interim Channel Model for Beyond-3G Systems*
SDMA	engl. *Space Division Multiple Access* (Mehrfachzugriffsverfahren: Aufteilung in Raumrichtungen)
SNR	engl. *Signal-to-Noise Ratio* (Signal-zu-Rausch-Verhältnis)
SNIR	engl. *Signal-to-Noise and Interference Ratio* (Signal-zu-Rausch und Interferenz-Verhältnis)
SIC	engl. *Successive Interference Cancellation* (sukzessive Eliminierung von Interferenz)
SISO	engl. *Single Input Single Output* (System mit einer Sende- und einer Empfangsantenne)
SIMO	engl. *Single Input Multiple Output* (System mit einer Sende- und mehreren Empfangsantennen)
SO	engl. *Successive Optimization* (Mehrnutzer-MIMO-Verfahren)
TDA	engl. *Time Delay of Arrival* (Laufzeit)
TDMA	engl. *Time Division Multiple Access* (Mehrfachzugriffsverfahren: Aufteilung in Zeitschlitze)

TD-SCDMA	engl. *Time Division-Synchronous Code Division Multiple Access*
TEM	transversal elektromagnetisch
UCA	engl. *Uniform Circular Array* (uniforme, zirkulare Gruppenantenne)
ULA	engl. *Uniform Linear Array* (uniforme, lineare Gruppenantenne)
UMTS	engl. *Universal Mobile Telecommunications System*
UTD	engl. *Uniform Geometrical Theory of Diffraction*
UWB	engl. *Ultra Wideband* (Ultrabreitband)
VR	engl. *Visibility Region* (Sichtbereich)
WCDMA	engl. *Wideband Code Division Multiple Access*
WI	engl. *Walfisch-Ikegami*
WIGWAM	engl. *Wireless Gigabit with Advanced Multimedia Support*
WIM	engl. *WINNER Phase I Channel Model*
WINNER	engl. *Wireless World Initiative New Radio*
WLAN	engl. *Wireless Local Area Network*
WSSUS	engl. *Wide Sense Stationary with Uncorrelated Scattering*
XPD	engl. *Cross-Polarization Discrimination*
XPR	engl. *Cross-Polarization Ratio*
ZF	engl. *Zero Forcing* (Mehrnutzer-MIMO-Verfahren)

Konstanten

c_0	Lichtgeschwindigkeit im Vakuum: $299792458\,\mathrm{m/s}$
k	Boltzmann-Konstante: $1{,}38065\ldots \cdot 10^{-23}\,\mathrm{J/K}$
Z_{F0}	Wellenwiderstand im Vakuum: $Z_{\mathrm{F0}} = \sqrt{\frac{\mu_0}{\varepsilon_0}} \approx 377\,\Omega$
ε_0	Permittivitätskonstante des Vakuums: $8{,}85418\ldots \cdot 10^{-12}\,\mathrm{As/(Vm)}$
μ_0	Permeabilitätskonstante des Vakuums: $4\pi \cdot 10^{-7}\,\mathrm{Vs/(Am)}$
π	Kreiszahl Pi: $3{,}14159\ldots$

Lateinische Symbole und Variablen

Kleinbuchstaben

a_{major}	große Halbachse der Ellipse
a_{minor}	kleine Halbachse der Ellipse
$a_{\mathrm{xs},i}$	Kantenlänge des Streuers i
c	Variable zur Nummerierung der Streu-*Cluster*
d	Distanz
d_{co}	Parameter für Modellierung der Sichtverbindung (*cut off* Distanz)
$d_{\mathrm{norm,LC},i}$	normierter Abstand des i-ten Streuers von Zentrum des lokalen Streu-*Clusters*

$d_{\mathrm{norm,SC},i}$	normierter Abstand des i-ten Streuers von Zentrum des Straßenschlucht-Streu-*Clusters*
$d_{\mathrm{ratio}}(t)$	Verhältnis zwischen $d_{\mathrm{MT,X}}(t)$ und $d_{\mathrm{MT,X,max}}$
$\vec{e}_k$	Einheitsvektor des Wellenzahlvektors $\vec{k}$
$\vec{e}_{\mathrm{k}}^{\,\mathrm{i}}$	Einheitsvektor der Einfallsrichtung eines Strahles
$\vec{e}_{\mathrm{k}}^{\,\mathrm{r}}$	Einheitsvektor der Ausfallsrichtung eines reflektierten Strahles
$\vec{e}_{\mathrm{k}}^{\,\mathrm{s}}$	Einheitsvektor der Ausfallsrichtung des gestreuten Strahles
$\vec{e}_r,\ \vec{e}_\vartheta,\ \vec{e}_\psi$	Einheits-Basisvektoren in Kugelkoordinaten
$\vec{e}_x,\ \vec{e}_y,\ \vec{e}_z$	Einheits-Basisvektoren in karthesischen Koordinaten
Δf	Frequenzabstand
f	Frequenz
f_0	Träger- bzw. Mittenfrequenz
f_{D}	Doppler-Verschiebung bzw. -Frequenz
f_{HF}	Trägerfrequenz
$f_{\mathrm{LC}}(d_{\mathrm{ratio}}, t)$	Überführungsfunktion des lokalen Streu-*Clusters*
$f_{\mathrm{LOS}}(d_{\mathrm{MT,BS}})$	Auftrittswahrscheinlichkeit der Sichtverbindung (LOS)
f_{s}	Abtastfrequenz
$f_\tau(t, \tau_q')$	Parameter zur Einstellung der polarisationsunabhängigen mittleren Leistungsverteilung der Pfade über ihrer relativen Verzögerungszeit τ_q'
h	Höhe über Grund
h_{b}	mittlere Gebäudehöhe
h_{B}	Höhe eines Baumes
h_{BS}	Höhe der Basisstation
h_{LC}	Höhe des lokalen Streu-*Clusters*
h_{MT}	Höhe des mobilen Terminals
h_{S}	Abstand der Baumkrone vom Boden
h_{xs}	Höhe der Streuer
$h_{\mathrm{xs,SC},n_{\mathrm{X}}}(t)$	Korrekturhöhe für Streuer im Kreuzungsbereich n_{X} des Ausbreitungseffektes Straßenschlucht-Streu-*Cluster*
$\underline{h}(\tau, t)$	zeitvariante Impulsantwort des Übertragungskanals
$\underline{h}^{\mathrm{TP}}(\tau, t)$	komplexe zeitvariante Tiefpass-Impulsantwort des Übertragungskanals
$\underline{\mathbf{h}}^{\mathrm{TP}}(\tau, t, \Omega_{\mathrm{T}}, \Omega_{\mathrm{R}})$	komplexe zeitvariante gerichtete Tiefpass-Impulsantwort des Funkkanals
$\underline{h}_{\mathrm{F}}^{\mathrm{TP}}(\tau)$	äquivalente komplexe Tiefpass-Impulsantwort eines Filters
$\underline{h}_{\mathrm{nm}}^{\mathrm{TP}}(\tau)$	komplexe zeitvariante gerichtete Tiefpass-Impulsantwort des Übertragungskanals zwischen der m-ten Sendeantenne und der n-ten Empfangsantenne

k	Wellenzahl
k	Zählindex für die Anzahl der Nutzer
$\vec{k}$	Wellenzahlvektor
k_0	Wellenzahl im Vakuum
k_s	Zählindex der Abtastwerte
k_St	Zählindex der Stützstellen
l	Zählindex für die Anzahl der Nutzer
l_B	Länge der Baumkrone
$l_\mathrm{Straße}$	Straßenlänge
$m(t)$	zeitvarianter langsamer Schwund
m	Zählindex für die Sendeantennen
n	Zählindex
n	Zählindex für die Empfangsantennen
n_BS	Zählindex für die Basisstationen
$\vec{n}$	Flächennormalenvektor
$\vec{n}_0$	Flächennormalenvektor des virtuellen gekippten Streuers
n_f	Zählindex für die schmalbandigen Übertragungskanäle
$\underline{\vec{n}}$	komplexer Rauschvektor
$\vec{n}_{\mathrm{xs},i}$	Flächennormalenvektor des Streuers i
p	Sendeleistung für einen Subkanal
$p_\mathrm{xs,LC}$	mittlerer Anteil an Einfachstreuern im lokalen Streu-*Cluster*
q	Variable zur Pfadnummerierung
r	Radius
$\underline{r}(t)$	komplexer zeitvarianter schneller Schwund
$\underline{r}^\mathrm{f}_{HH}(\Delta f, t)$	zeitvariante Frequenz-Autokorrelationsfunktion des Übertragungskanals
$\underline{r}^\mathrm{t}_{HH}(\Delta t)$	zeitliche Autokorrelationsfunktion des Übertragungskanals
r_Hex	Radius eines Hexagons für Modellierung von Sichtbereichen der Sichtverbindung
$\underline{r}^\mathrm{x}_{\mathrm{T},\vartheta\vartheta,HH}(t, \Delta x),$ $\underline{r}^\mathrm{x}_{\mathrm{R},\vartheta\vartheta,HH}(t, \Delta x)$	räumliche Autokorrelationsfunktion des Funkkanals am Sender bzw. am Empfänger für ϑ-polarisierte Sende- und Empfangsantenne
s	wählbare Anzahl der Subkanäle
$\underline{s}^\mathrm{TP}(\tau, f_\mathrm{D})$	Doppler-aufgelöste Tiefpass-Impulsantwort des Übertragungskanals
$\underline{\mathbf{s}}^\mathrm{TP}(\tau, f_D, \Omega_\mathrm{T}, \Omega_\mathrm{R})$	Doppler-variante gerichtete Tiefpass-Impulsantwort des Funkkanals
Δt	Zeitverschiebung
t	Zeit
t'	Ersatzvariable für $t - t_0$
t_0	beliebiger fester Zeitpunkt
t_B	Tiefe der Baumkrone

$\underline{u}$	Gewichtungsfaktor zur Berechung des Gruppenfaktors am Empfänger
v	Geschwindigkeit
v_r	Geschwindigkeit des Empfängerfahrzeugs
v_w	Wunschgeschwindigkeit eines Nutzers
$\underline{v}$	Gewichtungsfaktor zur Berechung des Gruppenfaktors am Sender
w_b	mittlerer Gebäudeabstand
$w_\mathrm{Straße}$	Straßenbreite
x_A	Breite des Übergangsbereiches der Dämpfungsfunktion zum Ein- und Ausblenden von Pfaden
$\vec{x}$	Ortsvektor
$\vec{x}_\mathrm{m}$	Ebene der Hauswand
$\vec{x}_\mathrm{BS}$	Ortsvektor der Basisstation
$\vec{x}_\mathrm{MT}$	Ortsvektor des mobilen Terminals
$\vec{x}_{\mathrm{X},n_\mathrm{X}}$	Ortsvektor des n-ten Knotens des Manhattan Straßennetzes
$\underline{x}$	komplexes Sendesignal
$\underline{\vec{x}}$	komplexer Sendevektor
$\underline{\tilde{x}}$	komplexer paralleler Datenstrom im Sender eines MIMO-Systems
Δx	allgemein räumliche Verschiebung oder räumliche Verschiebung in x-Richtung
x_Area	Ausdehnung eines Gebietes in x-Richtung
$\underline{\vec{y}}$	komplexer Empfangsvektor
$\underline{\tilde{y}}$	komplexer paralleler Datenstrom im Empfänger eines MIMO-Systems
Δy	räumliche Verschiebung in y-Richtung
$y_\mathrm{A}(t)$	Parameter der Dämpfungsfunktion zum Ein- und Ausblenden von Pfaden
y_Area	Ausdehnung eines Gebietes in y-Richtung
$\underline{\vec{z}}$	komplexer Rausch und Interverenzvektor
Δz	räumliche Verschiebung in z-Richtung
z_Area	Ausdehnung eines Gebietes in z-Richtung

Großbuchstaben

A	Fläche
$A_{\mathrm{xs},i}$	Fläche des Streuers i
$\underline{A}_q(t)$	komplexer skalarer Übertagungskoeffizient des Pfades q
$A_\mathrm{w}(d,t)$	Dämpfungsfunktion zum Ein- und Ausblenden von Pfaden
A_wi	Antennenwirkfläche
$A_{\mathrm{F},q}(t)$	Wert der Dämpfungsfunktion für den Pfad q
A_Hex	Fläche eines Hexagons für Modellierung von Sichtbereichen der Sichtverbindung (LOS-VR)

A_{LOS}	Grundübertragungsdämpfung des LOS-Pfades
A_{Ring}	Fläche eines Kreisringes für Modellierung von Sichtbereichen der Sichtverbindung (LOS-VR)
A_{S}	Fläche eines Streuers
B	Bandbreite
B_{coh}	Kohärenzbandbreite (engl. *Coherence Bandwidth*)
B_{M}	Messbandbreite
B_{S}	Systembandbreite
C	Kapazität
C	Zentrum einer Fläche
$\underline{\vec{C}}$	komplexe vektorielle Fernfeldrichtcharakteristik einer Antenne
$\mathbf{D}$	Diagonalmatrix der Singulärwertzerlegung
$\tilde{\mathbf{D}}_k$	Diagonalmatrix der Singulärwertzerlegung im Mehrnutzer-MIMO-System für Nutzer k
D_{coh}	Kohärenzlänge (engl. *Coherence Length*)
$D^{\mathrm{x}}_{\mathrm{Coh,SF,MT},L_{\mathrm{ink}}L_{\mathrm{ink}}}$	Kohärenzlänge des inkohärenten Übertragungsfaktors (langsamer Schwund) für eine Verschiebung des MTs um Δx
$D_{\mathrm{F,WI}}$	mittlere Wegdämpfung des COST-231-Walfisch-Ikegami Pfaddämpfungsmodell
$D_{\mathrm{F,RT,dB}}(d_{\mathrm{MT,BS}},t)$	abstandsabhängiger Korrekturterm für mittlere NLOS-Wegdämpfung
$D_{\mathrm{F,Scatter}}(d_{\mathrm{MT,BS}},t)$	mittlere abstandsabhängige Gesamtdämpfung der Streupfade
$D_{\mathrm{GS}}(t)$	langsamer Schwund aus Geburts- und Sterbeprozess der Pfade
$\underline{\vec{E}}$	komplexe vektorielle Amplitude der elektrischen Feldstärke
F_{abs}	absoluter Fehler
F_{rel}	relativer Fehler
G	Gewinn einer Antenne
$\underline{H}(f,t)$	komplexe zeitvariante Bandpass-Übertragungsfunktion des Übertragungskanals
$\underline{H}^{\mathrm{TP}}(t)$	komplexer schmalbandiger Übertragungsfaktor des Übertragungskanals
$\underline{H}^{\mathrm{TP}}_{\mathrm{D}}(f_{\mathrm{D}})$	Fouriertransformierte des Übertragungsfaktors $\underline{H}^{\mathrm{TP}}(t)$
$\underline{H}^{\mathrm{TP}}(\nu,t)$	zeitvariante Tiefpass-Übertragungsfunktion des Übertragungskanals
$\mathbf{H}_{\mathrm{norm}}$	normierter MIMO-Übertragungskanal (Frobenius-Norm)
$\underline{\mathbf{H}}^{\mathrm{TP}}(\nu,t,\Omega_{\mathrm{T}},\Omega_{\mathrm{R}})$	zeitvariante gerichtete Tiefpass-Übertragungsfunktion des Funkkanals
$\underline{\mathbf{H}}(\tau,t)$	zeitvariante MIMO-Übertragungsmatrix
$\underline{\mathbf{H}}$	zeitinvariante MIMO-Übertragungsmatrix
$\underline{\mathbf{H}}_{\mathrm{BC},k}$	*Uplink*-MIMO-Übertragungsmatrix des k−ten Nutzers
$\underline{\mathbf{H}}_{\mathrm{MAC},k}$	*Downlink*-MIMO-Übertragungsmatrix des k−ten Nutzers
$\widehat{\underline{\mathbf{H}}}$	modifizierter MIMO-Übertragungskanal im Mehrnutzer-MIMO-System

$\hat{\mathbf{H}}_{\mathrm{S}}$	modifizierte Mehrnutzer-MIMO-Gesamtübertragungsmatrix
$\tilde{\mathbf{H}}$	modifizierte Mehrnutzer-MIMO-Übertragungsmatrix
$\hat{\mathbf{H}}^{\mathrm{TP,MIMO}}$	schmalbandige Tiefpass MIMO-Übertragungsmatrix
$\mathbf{I}$	Einheitsmatrix
I	Spiegelpunkt
J	Anzahl der Nutzer
J	Anzahl der Diagonalelemente der Diagonalmatrix der Singulärwertzerlegung
K	Anzahl der Subkanäle eines Mehrantennensystems
K	K-Faktor der Rice-Verteilung
$K_{\mathrm{r},q}$	Anzahl der Reflexionen eines Pfades in der Straßenschlucht (Reflexionsordnung)
K_{s}	Anzahl der Abtastwerte
$K_{\mathrm{T}},\ K_{\mathrm{R}}$	Normierungsfaktor
L_{ink}	inkohärenter Übertragungsfaktor
L_{res}	minimal auflösbarer Pfadlängenunterschied
L_{FCVR}	Übergangsbereich des Sichtbereiches für Modellierung entfernter Streu-*Clusters*
L_{LOSVR}	Übergangsbereich des Sichtbereiches für Modellierung des LOS-Pfades
M	Anzahl der Sendeantennen
$\mathbf{M}$	Modulationsmatrix
$\mathbf{M}_{\mathrm{S}}$	Gesamtmodulationsmatrix
N	Anzahl der Empfangsantennen
N	Rauschpegel
N_{f}	Anzahl der schmalbandigen Übertragungskanäle
N_k	Anzahl der Empfangsantennen des $k-$ten Nutzers
N_{r}	maximale Reflexionsordnung für Ausbreitungseffekt Straßenschlucht-Streu-*Cluster*
$N_{\mathrm{xs,LC}},\ N_{\mathrm{xs,SC}}$ und $N_{\mathrm{xs,FC}}$,	Anzahl der Streuer für Ausbreitungseffekt lokaler, Straßenschlucht- bzw. entfernter Streu-*Cluster*
N_{Hex}	Anzahl der Hexagone für Modellierung von Sichtbereichen der Sichtverbindung (LOS-VR)
P_{k}	Leistung des k-ten Nutzers
P_{k}	Subkanalleistungen im Mehrnutzer-MIMO-System
$P_{\mathrm{sf},c,q}$	Gewichtungsfaktor für Modellierung des langsamen Schwundes des Pfades q aus Streu-*Cluster* c
$P_{\mathrm{F,Scatter}}(d_{\mathrm{MT,BS}},t)$	mittlere abstandsabhängige Gesamtleistung der Streupfade
P_{T}	Sendeleistung

$P(\tau, t)$	zeitvariantes Leistungsverzögerungsspektrum des Übertragungskanals
$P_{\mathrm{T},\vartheta\vartheta}(t, \Omega_{\mathrm{T}})$,	zeitvariantes Winkelspektrum des Funkkanals auf der Sender- bzw.
$P_{\mathrm{R},\vartheta\vartheta}(t, \Omega_{\mathrm{T}})$	Empfängerseite für ϑ-polarisierte Sende- und Empfangsantenne
$\mathbf{P}$	Leistungsmatrix
Q	Anzahl der Pfade
Q_{xs}	Streuzentrum
Q_{r}	Reflexionspunkt
R	Empfängerpunkt
R	Rang der Matrix
$\underline{\mathbf{R}}$	Demodulationsmatrix
$\underline{\mathbf{R}}_{\mathrm{S}}$	Gesamtdemodulationsmatrix
$\underline{\mathbf{R}}_{\mathbf{xx}}$	Sendekovarianzmatrix
$\underline{\mathbf{R}}_{\mathbf{x}_k\mathbf{x}_k}$, $\underline{\mathbf{R}}_{\mathbf{x}_l\mathbf{x}_l}$	Sendekovarianzmatrix des $k-$ten bzw. $l-$ten Nutzers
$\underline{\mathbf{R}}_{\mathbf{zz}}$	Kovarianzmatrix der Rausch und Interferenzsignale
$\underline{\mathbf{R}}_{\xi\xi}$	Kovarianzmatrix der Interzellinterferenz
$\underline{\mathbf{R}}_{\mathbf{H}}$	MIMO-Korrelationsmatrix
S	Strahlungsleistungsdichte
$\underline{S}$	komplexer Streufaktor
$\underline{\mathbf{S}}$	komplexe polarimetrische Streumatrix
$\underline{\vec{\mathbf{S}}}$	komplexe dyadische Streumatrix
$S(f_{\mathrm{D}}, t)$	Spektrogramm
$S_{HH}(f_{\mathrm{D}})$	Doppler-Spektrum
$S_{\mathrm{SC,a},n_{\mathrm{x}}}$, $S_{\mathrm{SC,z},n_{\mathrm{x}}}$	Schwellwert der n_{x}-ten abgewandten bzw. zugewandten Kreuzung für Ausbreitungseffekt Straßenschlucht-Streu-*Cluster*
T	Senderpunkt
T_{B}	Beobachtungszeit
$\underline{T}^{\mathrm{TP}}(\nu, f_{\mathrm{D}})$	Doppler-variante Tiefpass-Übertragungsfunktion
$\underline{\mathbf{T}}^{\mathrm{TP}}(\nu, f_{\mathrm{D}}, \Omega_{\mathrm{T}}, \Omega_{\mathrm{R}})$	Doppler-variante gerichtete Tiefpass-Übertragungsfunktion des Funkkanals
$\underline{\mathbf{T}}_q(t)$	normierte komplexe polarimetrische Pfadübertragungsmatrix des Pfades q
T_{coh}	Kohärenzzeit (engl. *Coherence Time*)
T_{D}	Dauer einer Simulation in Echtzeit
T_{P}	Sendesignalperiode
T_{S}	Symboldauer
T_{s}	Abtastintervall
T_{w}	zeitliche Breite des verwendeten Fensters bei Berechnung des Spektrogramms bzw. des schnellen und langsamen Schwundes

$\mathbf{U}$	linksseitige unitäre Matrix der Singulärvektoren
$\underline{\tilde{\mathbf{U}}}_k$	linksseitige unitäre Matrix der Singulärvektoren im Mehrnutzer-MIMO-System für Nutzer k
$\underline{U}_\mathrm{T}(f,t)$, $\underline{U}_\mathrm{R}(f,t)$	komplexe frequenz- und zeitabhängige Leerlaufspannung am Eingang einer Sende- bzw. Ausgang einer Empfangsantenne
V	Volumen
$\underline{\mathbf{V}}$	rechtsseitige unitäre Matrix der Singulärvektoren
$\underline{\tilde{\mathbf{V}}}_k$	rechtsseitige unitäre Matrix der Singulärvektoren im Mehrnutzer-MIMO-System für Nutzer k
$\underline{X}$	komplexer Parameter zur unterschiedlichen Gewichtung der Polarisationen
$X_{\mathrm{sf},c}$	Zufallszahl für Modellierung des langsamen Schwundes der einzelnen Streu-*Cluster*
$\underline{\mathbf{X}}$	linksseitige unitäre Matrix der Singulärvektoren
XPD	*Cross-Polarization Discrimination*
XPR	*Cross-Polarization Ratio*
$\mathbf{Y}$	Diagonalmatrix der Singulärwertzerlegung
Z_AR	Impedanz der Empfangsantenne
$\underline{\mathbf{Z}}$	rechtsseitige unitäre Matrix der Singulärvektoren
Z_{n_x}	Zufallszahl der Kreuzung n_x für Ausbreitungseffekt Straßenschlucht-Streu-*Cluster*

Griechische Symbole und Variablen

α_0	Rauschpegel des RIMAX-Algorithmus
α_1	maximale DMC-Leistung des RIMAX-Algorithmus
β	normierte Kohärenzbandbreite
$\boldsymbol{\Gamma}$	vollpolarimetrische komplexe Pfadübertragungsmatrix
$\tilde{\boldsymbol{\Gamma}}$	vollpolarimetrische komplexe Gesamt-Pfadübertragungsmatrix
Δ	Verhältnis
Ω	Zusammenfassung der Winkel ϑ und ψ des Kugelkoordinatensystems
Ω_T, Ω_R	Sende- bzw. Empfangswinkel
Ψ_corr	Diversitätskoeffizient (engl. *diversity measure*)
ε	Permittivität
ε_r	relative Permittivität, $\varepsilon_\mathrm{r} = \varepsilon'_\mathrm{r} - j\varepsilon''_\mathrm{r}$
$\varepsilon_\mathrm{r,ges}$	relative Gesamtpermittivität
$\varepsilon_\mathrm{LC}(t)$	lineare Exzentrizität der elliptischen Grundfläche des lokalen Streu-*Clusters*
η	Normierungsfaktor
ϑ	Elevationswinkel im Kugelkoordinatensystem

θ_0	Einfallswinkel eines Strahls bezüglich eines virtuell gekippten Streuers
$\theta_{\mathrm{i,r,s}}$	Einfalls-, Reflexions-, bzw. Streuwinkel eines Strahls
λ	Wellenlänge
λ_{ii}	Eigenwert des i−ten Subkanals
μ	Permeabilität
μ_τ	mittlere Laufzeit
$\mu_{\tau_{\mathrm{A}}}$	Parameter für Leistungsverteilung der Pfade über ihrer relativen Verzögerungszeit
$\mu_{\mathrm{a,xs}}$	mittlere Kantenlänge der Streuer
$\mu_{f_{\mathrm{D}}}$	mittlere Doppler-Verschiebung
$\mu_{\mathrm{h,xs}}$	mittlere Höhe der Streuer
μ_{F}	mittlere Abweichung des absoluten Fehlers
$\mu_{\mathrm{F_{rel}}}$	mittlere Abweichung des relativen Fehlers
μ_ϑ, μ_ψ	mittlerer Elevations- und Azimutwinkel
ν	Ablage eines Übertragungskanals von der Mittenfrequenz f_0
$\vec{\underline{\xi}}$	Interzellinterferenz
ρ	SNR am Empfänger
$\underline{\rho}^{\mathrm{f}}_{HH}(\Delta f, t)$	Frequenz-Autokorrelationskoeffizient des Übertragungskanals
$\underline{\rho}^{\mathrm{t}}_{HH}(\Delta t)$	zeitlicher Autokorrelationskoeffizient des Übertragungskanals
$\underline{\rho}^{\mathrm{x}}_{HH}(\Delta x)$	räumlicher Autokorrelationskoeffizient des Übertragungskanals
$\underline{\rho}$	komplexer Korrelationskoeffizient
ρ_{env}	Korrelationskoeffizient der komplexen Einhüllenden
ρ_{P}	Leistungskorrelationskoeffizient
ρ_{xs}	Streucharakteristik der Streuer
σ^2	Rauschleistung
σ	Standardabweichung
$\sigma_{\mathrm{a,xs}}$	Standardabweichung der Kantenlänge der Streuer
$\sigma_{f_{\mathrm{D}}}$	Doppler-Verbreiterung (engl. *Doppler spread*)
$\sigma_{\mathrm{h,xs}}$	Standardabweichung der Höhe der Streuer
$\sigma_{\mathrm{sf},c}$	Standardabweichung des langsamen Schwundes von $P_{\mathrm{sf},c,q}(t)$
σ_{xs}	Standardabweichung für Positionierung von Streuern innerhalb eines Streu-*Clusters*
$\sigma_{\mathrm{D,NLOS}}$	Standardabweichung des langsamen Schwundes bei fehlender Sichtverbindung
σ_{F}	Standardabweichung des absoluten Fehlers
$\sigma_{\mathrm{F_{rel}}}$	Standardabweichung des relativen Fehlers
σ_ϑ, σ_ψ	Winkelspreizung in der Elevation und im Azimut
σ_τ	Impulsverbreiterung

ς_{ii}	Singulärwert des i-ten Subkanals
τ	Verzögerungs- bzw. Laufzeit
τ_{n}	Grundlaufzeit der e-Funktion des RIMAX-Algorithmus
τ_q	Verzögerungs- bzw. Laufzeit für Pfad q
τ_{A}	Parameter für Leistungsverteilung der Pfade über ihrer relativen Verzögerungszeit
τ_{res}	minimal auflösbarer Laufzeitunterschied zweier Pfade
τ'_q	relative Verzögerung eines Mehrwegepfades zum Pfad mit der kürzesten Laufzeit
φ	Phase
φ	Orientierung der Straße für COST-231-Walfisch-Ikegami Pfaddämpfungsmodell
$\Delta\varphi$	Phasenunterschied
φ_q	laufzeitbedingter Phasenterm des Pfades q
ϕ	Orientierungswinkel einer Kreuzung für Ausbreitungseffekt Straßenschlucht-Streu-*Cluster*
ψ	Azimutwinkel im Kugelkoordinatensystem
ψ	Winkel eines Streu-*Clusters* mit der x-Achse des globalen Koordinatensystems des Szenrios

Operatoren und mathematische Symbole

$\in$	ist Element von
$\mathbb{C}$	Körper der komplexen Zahlen
$\forall$	für alle
a	skalare Größe
$\underline{a}$	komplexe Größe
$\vec{a}$	Vektor
$\hat{a}$	Einheitsvektor
$\mathbf{A}$	Matrix
$\mathbf{A}^{-1}$	inverse der Matrix
$\underline{a}^*$	konjugiert komplexe Größe
$\underline{a}^T$	transponierte Größe
$\underline{a}^\dagger$	transponiert und konjugiert komplexe Größe
$\lceil x \rceil$	rundet die reelle Zahl x auf die kleinste ganze Zahl auf, die größer oder gleich x ist
$\lvert \cdot \rvert$	Betrag
$\lVert \cdot \rVert_F$	Frobenius-Matrixnorm
j	imaginäre Einheit $\sqrt{-1}$
$\sqrt{\cdot}$	Quadratwurzel

$\sum$	Summe
$\prod$	Produkt
$\lVert \cdot \rVert_F$	Frobenius-Matrixnorm
$\det(\cdot)$	Determinante einer Matrix
$\mathrm{rang}(\cdot)$	Rang einer Matrix
$\mathrm{Tr}(\cdot)$	Spur (engl. *trace*) einer Matrix
$\mathrm{vec}\{\cdot\}$	Vektor-Operator
ς	Singulärwert einer Matrix
λ	Eigenwertwert einer Matrix
$\delta(\cdot)$	Dirac-Funktion
$\arctan(\cdot)$	Arkustangens
$\sin(\cdot)$	Sinus
$\mathrm{sinc}(\cdot)$	Sinc-Funktion
$\cos(\cdot)$	Kosinus
sinc	$\sin(x)/x$
$\log(\cdot)$	Zehner-Logarithmus
$\Re\{\cdot\}$	Realteil
$E\{\cdot\}$	Erwartungswert
$\max(\cdot)$	Maximum
$\min(\cdot)$	Minimum
$P(\cdot)$	Wahrscheinlichkeit
$\circ\!\!-\!\!\bullet$	Fouriertransformation
$\bullet\!\!-\!\!\circ$	inverse Fouriertransformation
$\approx$	ungefähr gleich
$\propto$	proportional
∞	unendlich
$\#$	Anzahl von

Allgemeine Hoch- und Tiefindizes

0	Vakuum Wellenlänge, Wellenzahl, Lichtgeschwindigkeit oder Impedanz
10 %	Wert einer Größe, der in 10 % der Fälle unterschritten wird
50 %	Medianwert einer Größe
BC	Mehrnutzer-MIMO-*Downlink* (engl. *broadcast channel*)
BS	Basisstation
BSFC	kennzeichnet Größen entfernter Streu-*Cluster*
DMC	Streukomponente (engl. *dense multipath component*)
dB	Wert einer Größe in dB
FC	kennzeichnet Größen entfernter Streu-*Cluster*
FCVR	kennzeichnet Größen die zu einem Sichtbereich für entfernte Streu-*Cluster* gehöhren

h	horizontal
i	Zählindex
i	Zählindex für Größen die zum i-ten Streuer eines Streu-*Clusters* gehören
LC	kennzeichnet Größen die zum lokalen Streu-*Cluster* gehören
LOSVR	kennzeichnet Größen die zu einem Sichtbereich für Sichtverbindung gehören
MAC	Mehrnutzer-MIMO-*Uplink* (engl. *multiple-access channel*)
Mess	Messung
MT	mobiles Terminal
MTFC	MT-Streu-*Cluster* des Ausbreitungseffektes entfernter Streu-*Cluster*
max	Maximum einer Größe
min	Minimum einer Größe
n	Zählindex
n_X	Zählindex für Kreuzungen
norm	normierte Größe
p	parallele Polarisation bei Reflexions- und Streuberechnung
q	Zählindex für Größen die zum q-ten Pfad gehören
R	Empfänger (engl. *receiver*)
RT	*Ray Tracing*
r	reflektierter Strahl (engl. *reflected*)
rel	relative Größe
SC	spekulare Komponente
SC	kennzeichnet Größen die zu einem Straßenschlucht-Streu-*Cluster* gehören
s	gestreuter Strahl (engl. *scattered*)
s	senkrechte Polarisation bei Reflexions- und Streuberechnung
T	Sender (engl. *transmitter*)
TP	äquivalente Tiefpass-Beschreibungsgröße
V	vertikal
X	kennzeichnet Größen die zu einer Kreuzung bzw. einem Knoten der Graphenstruktur gehören
xs	kennzeichnet Größen die zu einem Streuer gehören
ϑ	entsprechende Komponente in Kugelkoordinaten
ψ	entsprechende Komponente in Kugelkoordinaten

Kapitel 1

Einleitung

Die vorliegende Arbeit stellt ein neuartiges geometrisch-stochastisches Kanalmodell für die Untersuchung von Mehrantennensystemen in urbanen Gebieten auf Systemebene vor. Dieses hat ein Mobilitätsmodell sowie neuartige Verfahren zur Beschreibung der Ausbreitungsumgebung und zur Bestimmung und Modellierung der physikalischen Ausbreitungspfade zur Grundlage. Das resultierende Modell liefert erstmals eine vollständige Beschreibung der räumlich und zeitlich korrelierten Nutz- und Interferenzsignale, wobei sowohl Zeitvarianz, Frequenz- und Richtungsselektivität als auch Polarisation der Signale richtig wiedergegeben werden. Zusätzlich wird in dieser Arbeit erstmals ein strahlenoptisches Kanalmodell mithilfe von breitbandigen, richtungsaufgelösten Funkkanalmessungen sowie darauf aufbauenden Kanalschätzungen auf seine Eignung zur Untersuchung von Mehrantennensystemen auf Systemebene verifiziert und ein Vergleich zwischen dem strahlenoptischen und geometrisch-stochastischen Modellansatz durchgeführt.

1.1 Umfeld der Arbeit

„Sprich, damit ich Dich sehe!"
Sokrates (griechischer Philosoph 469 bis 399 v. Chr.)

Der von Sokrates zu einem seiner Schüler geäußerte Grundgedanke des Kommunizierens, sich durch Sprache mitzuteilen, gilt bis heute unverändert. Gewandelt haben sich aber, bedingt durch die enorm gestiegene Mobilität in der Gesellschaft, die Kommunikationswege und -mittel. Moderne Informations- und Telekommunikationssysteme sind heute der Schlüssel, um Wissen in einer globalisierten Welt zu verbreiten, auszutauschen und weiterzuentwickeln.

Deshalb ist es nicht verwunderlich, dass der Informations- und Telekommunikationssektor (ITK) zu einer der bedeutendsten Industriebranchen aufgestiegen ist und auf gleicher Ebene mit der Automobilindustrie, dem Maschinenbau und der Elektronikindustrie rangiert. Laut [Bun06a] wurde fast die Hälfte des gesamtwirtschaftlichen Produktivitätswachstums in Deutschland seit Mitte der 90er Jahre in der ITK-Branche erwirtschaftet. Einen entscheidenden Anteil am Erfolg des ITK-Sektors hat, wie in Bild 1.1 zu sehen, die mobile Kommunikation. Kaum jemand möchte heute auf den Komfort verzichten, jederzeit an jedem Ort erreichbar zu

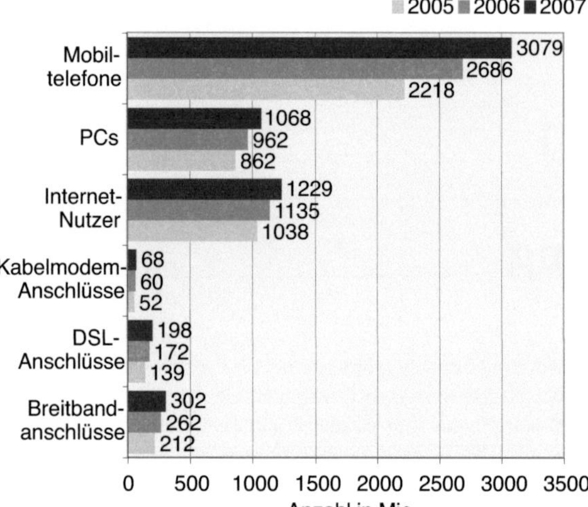

Bild 1.1: Entwicklung weltweiter Informationsinfrastruktur 2005 - 2007 [Bun06b]

sein (engl. *„optimally connected anywhere, anytime"*[1]). Bild 1.1 zeigt, dass statistisch gesehen bereits fast jeder zweite Mensch weltweit mobil telefoniert [Bun06b].

Die Vision von *„optimally connected anywhere, anytime"* geht jedoch weit über das Telefonieren hinaus [Inf05]. Vorangetrieben durch Netzbetreiber und Dienstanbieter werden neue Applikationen gesucht, die das Wachstum der ITK-Branche vorantreiben. Mobile Endgeräte entwickeln sich zu mobilen Büros und multimedialen Unterhaltungszentren. Internet und Mobilfunk wachsen zusammen, wodurch dem Nutzer in naher Zukunft Daten- und Multimediadienste zur Verfügung stehen, welche bisher nur über die kabelgebundene Kommunikation angeboten wurden und zum Teil sogar darüber hinaus gehen. Hierzu zählen z.B.:

- Breitband-Internetzugang

- direkte (engl. *peer-to-peer*) IP (engl. *Internet Protocol*) getragene Sprachübertragung

- direkte IP getragene Echtzeit-Videoübertragung, *Video on Demand*, mobiles Fernsehen

- interaktive Internetspiele

Die ständig wachsende Anzahl an Nutzern einerseits und die Anforderungen der neuen Daten- und Multimediadienste an die mobile Übertragungstechnik andererseits, stellen Netzbetreiber sowie Basisstations- und Endgerätehersteller vor neue Herausforderungen. Insbesondere in Ballungszentren stoßen bereits heute bestehende Netze der zweiten und dritten Generation Mobilfunk (kurz 3G: engl. *third generation*) an ihre Kapazitätsgrenze. Analysiert man

---

[1]Leitspruch der Initiative *„Mobile and Wireless Systems and Platforms Beyond 3G"* im 6. Forschungsrahmenprogramm der Europäischen Union [Inf05]

beispielsweise die Entwicklung des Datenvolumens in UMTS-Netzen (*Universal Mobile Tele-communications System*) stellt man fest, dass seit der Einführung der UMTS-Datenkarte für Notebooks regional das Datenvolumen um den Faktor zehn angestiegen ist. Studien zufolge wird sich dieser Trend durch die zunehmende Akzeptanz von UMTS in den kommenden Jahren verstärken.

1.2 Motivation

Zur mittel- bis langfristigen Zukunftssicherung der Kommunikationsindustrie wird weltweit nach neuen Übertragungstechniken und Hardwarelösungen gesucht, welche u.a. die folgenden Zielsetzungen erfüllen:

- Erhöhung des Datendurchsatzes pro Zelle, d.h. der Anzahl der gleichzeitig versorgten Teilnehmer pro Übertragungskanal und der Datenrate pro Nutzer

- Steigerung der spektralen Effizienz, d.h. der Informationsmenge, die pro Zeiteinheit, genutztem Hz Bandbreite und pro Benutzer übertragen werden kann (gemessen in bit/s/Hz/Benutzer)

- Reduktion der Kosten pro bit

- Verbesserung der Übertragungsqualität und der Dienstgüte (QoS: engl. *Quality of Service*), z.B. Verringerung von Latenzzeit, *Jitter*, Signallaufzeit und Bitfehlerrate

- verbessertes Interferenzmanagement

- Erhöhung der energetischen Effizienz

- Reduktion der Exposition bzw. Emission

Eines der Hauptziele, nämlich die Erhöhung des Datendurchsatzes pro Zelle und der Datenrate pro Nutzer, könnte z.B. durch eine Erhöhung des genutzten Spektrums und der Systembandbreite erreicht werden. Jedoch ist der für die Mobilkommunikation interessante Frequenzbereich bereits weitestgehend durch die unterschiedlichsten Anwendungen und Nutzer belegt. Eine Erweiterung des Spektrums ist somit nur über Mehrfachbelegung oder auf Kosten anderer möglich. In jedem Fall bedarf sie einer staatlichen Regulierung und ist, das haben die UMTS Lizenzversteigerungen gezeigt, mit einem erheblichen zeitlichen und finanziellen Aufwand verbunden. Eine andere Möglichkeit zur Erhöhung der Datenrate läge in der Anhebung des Signal-zu-Rauschverhältnisses (SNR: engl. *signal-to-noise ratio*) am Empfänger durch eine Erhöhung der Sendeleistung. Dies ist allerdings ein sehr ineffizienter Weg, da nach *Shannon* in Systemen mit einer Sende- und Empfangsantenne (SISO: engl. *single input single output*) die Kapazität nur logarithmisch mit der Sendeleistung ansteigt (vgl. Abschnitt 3.1.3). Eine Verdopplung der Sendeleistung führt somit nur zu einem Zugewinn von 1 bit/s/Hz.

Schwachpunkt heutiger drahtloser Kommunikationssysteme ist, dass sie den Mobilfunkkanal als Übertragungsmedium nicht effizient genug ausnutzen. Sie besitzen zu starre Strukturen und sind bei der Informationsübertragung auf die physikalischen Funkkanal-Ressourcen Frequenz, Zeit und Code beschränkt. Ein zentraler Lösungsansatz, welcher derzeit in allen Standardisierungsgremien und -projekten diskutiert und teilweise sogar schon umgesetzt wird, ist die Verwendung von Mehrantennensystemen [3GP06], [IEE07]. Unter einem Mehrantennen-system versteht man ein drahtloses Kommunikationssystem mit mehreren Sende- und/oder mehreren Empfangsantennen (vgl. Abschnitt 1.3). Durch den Einsatz von Mehrantennensyste-men in Kombination mit speziellen Übertragungsverfahren wird die physikalische Funkkanal-Ressource des Raumes für die Informationsübertragung erschlossen. Dies verspricht eine we-sentlich effizientere und flexiblere Ausnutzung des Mobilfunkkanals, als dies mit bisherigen SISO-Systemen möglich war.

Eine störungsfreie und zufriedenstellende Versorgung mit neuen hochbitratigen Daten- und Multimediadiensten ist nur über einen weiterführenden Netzausbau möglich. Einem solchen stehen jedoch Teile der Bevölkerung kritisch gegenüber. Denn zusätzliche Basisstationen stel-len zwangsläufig auch zusätzliche Emissionen verursachende Quellen dar [Wie03]. Die Mehr-antennentechnik kann helfen, die Exposition bzw. Emission zu vermindern. Der sog. Mehr-antennengewinn bewirkt, dass in vielen Szenarien eine wesentlich geringere Sendeleistung zur Versorgung der Nutzer im Netz ausreicht, als dies bei bisherigen SISO-Systemen der Fall war [BFK+04]. Abschnitt 7.5 dieser Arbeit beschäftigt sich erstmals mit der Fragestellung, um welchen Faktor sich die flächige Exposition in einem zellularen Netz durch den Einsatz der Mehrantennentechnik reduzieren lässt.

Bei der Implementierung der Mehrantennentechnik in bestehende und neue drahtlose Kom-munikationssysteme stellt sich eine Vielzahl an theoretischen und praktischen Fragen. Hier-zu zählt z.B. die Frage nach dem besten Übertragungsverfahren oder die nach der bes-ten Hardwarelösung (z.B. Antennenkonzept, analoger Hochfrequenzteil, Signalprozessierung). Aufgrund der enormen Leistungsfähigkeit von PCs (engl. *personal computer*) ist es heute möglich, einen Großteil der Fragen bereits während der Vorausplanung und -entwicklung über Systemsimulationen zu beantworten und dadurch Entwicklungskosten zu sparen. Um Feh-lern vorzubeugen, ist es wichtig, mit möglichst präzisen und schnellen Simulationsmodellen der einzelnen Komponenten des Kommunikationssystems zu arbeiten. Da der Mobilfunkkanal den limitierenden Faktor einer jeden drahtlosen Datenübertragung darstellt, ist es besonders wichtig, diesen inklusive aller nicht idealen Übertragungseigenschaften nachzubilden.

Der folgende Abschnitt fasst den Stand der Forschung zu Mehrantennensystemen zusammen. Anschließend wird in Abschnitt 1.4 aufgezeigt, dass durch die Einführung der Mehrantennen-technik auf Systemebene die Anforderungen an das Modell des Mobilfunkkanals gestiegen sind und weshalb vorhandene Kanalmodelle nicht für Studien ganzer Netze genutzt werden können. Aus dieser Problematik heraus werden anschließend die Ziele dieser Arbeit definiert.

1.3 Einführung zu Mehrantennensystemen und Stand der Forschung

Es wird grundsätzlich zwischen verschiedenen Mehrantennenanordnungen unterschieden. Ver-wendet man mehrere Antennen am Sender, so spricht man von einem MISO-System (MISO: engl. *multiple input single output*). Im umgekehrten Fall, d.h. bei Verwendung mehrerer An-tennen am Empfänger und einer Antenne am Sender, erhält man ein SIMO-System (SIMO: engl. *single input multiple output*). MISO- und SIMO-Systeme sind bereits heute Bestand-teil verschiedener Standards und Kommunikationssysteme. Den größten Nutzen versprechen

Systeme mit mehreren Sende- und Empfangsantennen (MIMO: engl. *multiple input multiple output*). MIMO-Systeme sind erst seit ca. einer Dekade Gegenstand intensiver Forschung. Erste Erwähnung finden sie in [Win87]. Doch die Pionierarbeit geht auf Foschini [Fos96], [FG98] und Telatar [Tel95] zurück, die als erste das enorme Potential der MIMO-Technologie aufzeigten. Aufbauend auf diesen Arbeiten erschien eine fast unüberschaubare Anzahl an wissenschaftlichen Veröffentlichungen. Die für diese Arbeit wichtigsten Veröffentlichungen werden im Folgenden kurz zusammengefasst.

Für Entwurf, Entwicklung und Implementierung von Mehrantennensystemen werden Kenntnisse aus vielen Bereichen der Nachrichten- und Hochfrequenztechnik benötigt. Wichtige Grundlage bildet die Informationstheorie, die theoretische Obergrenzen für verschiedene Antennenanordnungen, Kanalverhalten und Grade der Kanalkenntnis hinsichtlich der erreichbaren spektralen Effizienz liefert. Stellvertretend seien an dieser Stelle die Artikel [FG98], [Tel95], [And00], [GJJV03], [BJ04], [MT05] sowie das Buch [PNG03] genannt.

Um die durch die Informationstheorie nachgewiesenen Obergrenzen in realen Kommunikationssystemen zu erreichen – oder zumindest nahe an sie heran zu kommen – werden spezielle Mehrantennen-Übertragungsverfahren eingesetzt. Diese können in Diversitäts- (engl. *diversity*), Strahlformungs- (engl. *beamforming*) und räumliche Multiplex-Verfahren (engl. *spatial multiplexing)* eingeteilt werden. Diversitäts- und *Beamforming*-Verfahren zielen darauf ab, die Zuverlässigkeit der Übertragung durch eine Anhebung des SNRs am Empfänger zu verbessern [Bre59], [BL61], [Jak74]. *Beamforming*-Verfahren sind zudem in der Lage, Interferenz auszublenden, wodurch eine weitere Verbesserung der Zuverlässigkeit erreicht wird [RPK87], [Win84]. Beide Verfahren können sowohl sender- als auch empfängerseitig eingesetzt werden, je nachdem ob der Sender oder der Empfänger mit einem Antennenarray ausgestattet ist. Nähere Informationen zu *Diversity*-Verfahren sind in [LS03], [PNG03], [Jan04] und zu *Beamforming*-Verfahren in [LKYL96] zu finden. Verfügen sowohl Sender als auch Empfänger über mehrere Antennen, ist es möglich, die zu sendenden Daten in mehrere Datenströme aufzuteilen und parallel über den Mobilfunkkanal, ohne Unterscheidung in Zeit, Frequenz oder Code, zu übertragen (engl. *spatial multiplexing*). Hierdurch wird die spektrale Effizienz bzw. der Datendurchsatz pro Nutzer und pro Zelle gegenüber heutigen Systemen erheblich gesteigert [Fos96], [RC98].

Bei den meisten drahtlosen Kommunikationssystemen handelt es sich um Punkt-zu-Mehrpunkt Systeme, d.h. um Systeme die auf einer zentralen, fixen Basisstation (BS) aufbauen. Diese kommuniziert simultan mit einer Gruppe von Nutzern. Deshalb werden sie auch Mehrnutzer-Systeme (engl. *multi-user systems*) genannt. Die Aufgabe der BS ist es, die zur Verfügung stehenden, limitierten Ressourcen (z.B. verfügbare Sendeleistung und Systembandbreite) zu verwalten und effizient zwischen den Nutzern (MT: mobiles Terminal) so aufzuteilen, dass eine zufriedenstellende Versorgung gewährleistet ist. Um eine gegenseitige Störung zwischen den Nutzern zu vermeiden, werden Mehrfachzugriffsverfahren eingesetzt. Diese teilen die Nutzer durch Zuweisung von Frequenzschlitzen (FDMA: engl. *frequency division multiple access*), Zeitschlitzen (TDMA: engl. *time division multiple access*) oder verschiedenen Codes (CDMA: engl. *code division multiple access*) auf den Kommunikationsraum auf.

Verfügt die Basisstation und/oder der Nutzer über mehrere Antennen, können die bereits erwähnten Mehrantennen-Übertragungsverfahren wie in einem Punkt-zu-Punkt System zur Steigerung des Datendurchsatzes und zur Verringerung der Interferenz eingesetzt werden. Der

Kommunikationsraum wird hierbei allerdings noch immer nicht optimal ausgenutzt. Ist die Antennenanzahl der Basisstation größer als die eines Nutzers, so ist sie mithilfe von interferenzminimierender oder -vermeidender MIMO-Verfahren in der Lage, parallel mit mehreren Nutzern ohne zusätzliche Trennung in Frequenz oder Zeit zu kommunizieren. Hierdurch wird Ressource eingespart und der Datendurchsatz der Zelle um einen weiteren Faktor gesteigert. Eines der möglichen Übertragungsverfahren beruht auf der Trennung der Nutzer durch ihre unterschiedlichen räumlichen Signaturen. Es wird deshalb Raummultiplex (SDMA: engl. *space division multiple access*) genannt [Ott96], [Roy97], [Lv98], [Van01]. Durch das parallele Versorgen mehrere Nutzer geht das als Punkt-zu-Punkt behandelbare System in ein Punkt-zu-Mehrpunkt MIMO-System über (Mu-MIMO: Mehrnutzer-MIMO, engl. *multi-user* MIMO). Die Anzahl der räumlich trennbaren Nutzer ist durch die räumlichen Eigenschaften der Funkkanäle zwischen der Basisstation und den einzelnen Nutzern und durch die Anzahl der Basisstationsantennen beschränkt. Deshalb muss SDMA i.d.R. mit einem herkömmlichen Mehrfachzugriffsverfahren (z.B. TDMA, FDMA) kombiniert werden.

Erste Untersuchungen zu Mu-MIMO-Systemen wurden 1999 von Catreux et. al. veröffentlicht [CKD99], [CDG00]. Schnell kamen zahlreiche informationstheoretische Publikationen hinzu. Deren vorrangiges Ziel lag in der Ermittlung der maximal möglichen Übertragungsrate einer Basisstation, d.h. der Summe der Einzelraten der Nutzer (sog. Summenrate). Da verschiedene Arbeitspunkte der Nutzer zu einer Maximierung der Summenrate führen, ergibt sich eine Raten- bzw. Kapazitätsregion [CT91], [GJJV03].

In Mu-MIMO-Systemen unterscheidet man aufgrund unterschiedlicher Interferenzbedingungen und Kooperationsmöglichkeiten zwischen dem Hin- (engl. *uplink*) und dem Rückkanal (engl. *downlink*). Im *Uplink*, d.h. wenn mehrere Nutzer gleichzeitig Daten an die Basisstation senden, spricht man vom *Multiple-Access*-Kanal (MAC: engl. *multiple-access channel*). [YRBC01], [YRC04] stellen ein iteratives Verfahren zur Aufteilung der individuellen Sendeleistungen der Nutzer vor, welches die maximale Summenrate des MIMO-MAC erreicht. Der *Downlink*, bei dem parallel mehrere Nutzer mit individuellen Informationen versorgt werden, wird als *Broadcast*-Kanal (BC: engl. *broadcast channel*) bezeichnet. Zur Vermeidung von Interferenz schlagen erstmals Caire et.al. [CS03] die Verwendung des sog. *Dirty Paper Coding* (DPC) Verfahrens zur Vorcodierung der Nutzdaten vor. Darauf aufbauend zeigen die Arbeiten [VT03], [VJG03], [YC04], [WSS06], dass unter Verwendung des DPC-Verfahrens und der sog. Dualität des MIMO-MAC zum MIMO-BC die maximale Summenrate des Mu-MIMO *Downlink* erreicht werden kann. Es ist jedoch bekannt, dass DPC sehr sensitiv auf Kanalschätzfehler reagiert, technisch sehr aufwendig und deshalb schwer in realen Systemen zu realisieren ist [YB05], [SWP+06], [BCC+07]. Eine alternative Methode zur Vermeidung von Intrazellinterferenz und zur parallelen Versorgung von mehreren Nutzern im *Downlink* stellen lineare Übertragungsverfahren dar [WML03], [Spe04], [SSH04]. Sie liefern zwar im Vergleich zu DPC hinsichtlich der erreichbaren Summenrate nur ein suboptimales Ergebnis, sind jedoch wesentlich einfacher zu realisieren. Deshalb werden sie mit großer Wahrscheinlichkeit auch in zukünftige Standards der mobilen Kommunikation einfließen [Win05]. Aus diesem Grund finden sie auch in dieser Arbeit Verwendung (siehe Abschnitte 3.2.3 und 7.5).

1.4 Problemstellung und Ziele

Im Mittelpunkt heutiger Forschungs- und Entwicklungsarbeiten steht die Integration der Mehrantennentechnik in Prototypen und marktreife Endprodukte. Obwohl erste MIMO-Produkte (z.B. WLAN-*Router*) bereits auf dem Markt erhältlich sind, blieb ein globaler Durchbruch der MIMO-Technik bisher aus. Die Ursachen hierfür liegen einerseits in der nur schleppend vorankommenden Integration von MIMO in bestehende und neue Mobilfunkstandards, andererseits aber auch in der enorm hohen Komplexität der MIMO-Algorithmen sowie -Hardware und den damit verbundenen hohen Entwicklungskosten. Aufgrund zahlreicher Abhängigkeiten, wie z.B. verfügbarer Sendeleistung, Anzahl und Anordnung der Sende- und Empfangsantennen und Nutzer, zeitlicher Schwankungen der Mobilfunkkanäle der Nutzer und der Interferenz, gestalten sich Entwicklung und Test von Mu-MIMO-Systemen wesentlich komplexer, als dies bei Punkt-zu-Punkt MIMO-Systemen der Fall ist. Deshalb konzentriert sich die aktuelle Produktentwicklung hauptsächlich auf Punkt-zu-Punkt MIMO-Systeme. Um die in Abschnitt 1.2 genannten Ziele vollständig zu erreichen, ist es jedoch unumgänglich, auch Mu-MIMO-Algorithmen mit einzubeziehen. Eine schnelle und kostengünstige Prototypenentwicklung erfordert deshalb den Einsatz von flexiblen, modular aufgebauten Simulatoren, mit denen Punkt-zu-Punkt und Punkt-zu-Mehrpunkt MIMO-Systeme untersucht werden können.

Vergleiche zwischen MIMO-Simulationen und Feldstudien zeigen, dass es für die Genauigkeit der Simulationsergebnisse besonders wichtig ist, die Aspekte der Hochfrequenztechnik mit einzubeziehen [JW04], [Wal04], [WJ04], [MJ05], [Kuh06]. Ansonsten können schnell unrealistische Schlussfolgerungen aus den Simulationsergebnissen gezogen werden. Wichtige Schlüsselkomponente (siehe Abschnitt 1.2) und gleichzeitig Kern dieser Arbeit ist das Modell des MIMO-Mobilfunkkanals. Um eine realistische Beurteilung der Leistungsfähigkeit von Mehrantennensystemen zu erreichen, muss insbesondere die Mehrwegeausbreitung vom Modell realistisch beschrieben werden, da MIMO-Systeme diese gezielt zur Datenübertragung nutzen können. Unter Mehrwegeausbreitung versteht man die Eigenschaft, dass das gesendete Signal oft nicht nur über den direkten Ausbreitungsweg zum Empfänger gelangt, sondern auf komplexe Art und Weise mit der Ausbreitungsumgebung interagiert. Das Empfangssignal setzt sich somit aus einer Vielzahl von an Gebäuden, Bäumen und anderen Objekten (wie z.B. Fahrzeuge, Personen) reflektierten, gebeugten und gestreuten elektromagnetischen Wellen zusammen. Aufgrund ihrer unterschiedlichen Dämpfung, Zeitverzögerung, Phasenverschiebung, Winkel und Polarisation entsteht bei deren Überlagerung am Empfänger das sog. frequenzselektive, zeitvariante und richtungsselektive Verhalten des Mobilfunkkanals [GW98].

Einfache Modelle des Mobilfunkkanals berücksichtigen nur die statistische Verteilung der Dämpfung, Phase und Laufzeit der Mehrwegepfade [SV87], [DC99], [HWC99], [EU02]. Das räumliche Verhalten der Mehrwegepfade, wurde erst ab ca. 1996 intensiv untersucht. Die Ergebnisse flossen in zahlreiche Veröffentlichungen ein, wobei davon abgeleitete Modelle zunächst nur die Richtung der Mehrwegepfade aus Sicht der Basisstation berücksichtigten [FMB98], [ECS$^+$98], [Cor01]. Dies ist für die Simulation von MIMO-Systemen unzureichend, da die Leistungsfähigkeit von MIMO-Algorithmen auch von der räumliche Struktur des Mobilfunkkanals am mobilen Terminal abhängt. Deshalb wurden in den letzten Jahren neue Modelle des beidseitig richtungsaufgelösten Mobilfunkkanals entwickelt, von denen sich jedoch die meisten auf die Kanalbeschreibung in Punkt-zu-Punkt MIMO-Systemen konzentrieren (vgl. Abschnitt 1.5). Sie weisen deshalb große Schwächen bezüglich der räumlichen Beschreibung der Nutz- und Interferenzsignale in Punkt-zu-Mehrpunkt MIMO-Systemen auf. Somit können sie nur unzureichend die zeitliche und räumliche Korrelation des Mobilfunkkanals sowie die gegenseitige, örtliche Beziehung der Kanäle einzelner bewegter Nutzer beschreiben.

Die Bedeutung beider Forderungen soll anhand der in Bild 1.2 dargestellten Funkzelle mit einer Basisstation und zwei Nutzern erläutert werden. Es sei angenommen, dass sich die Nutzer entlang des jeweiligen eingezeichneten Pfades in Pfeilrichtung durch die Zelle bewegen. Die Bewegung ist so gewählt, dass sich die Wege der Nutzer im Punkt P_2 kreuzen. Zudem erreicht MT_1 Punkt P_1 über der Zeit zwei Mal.

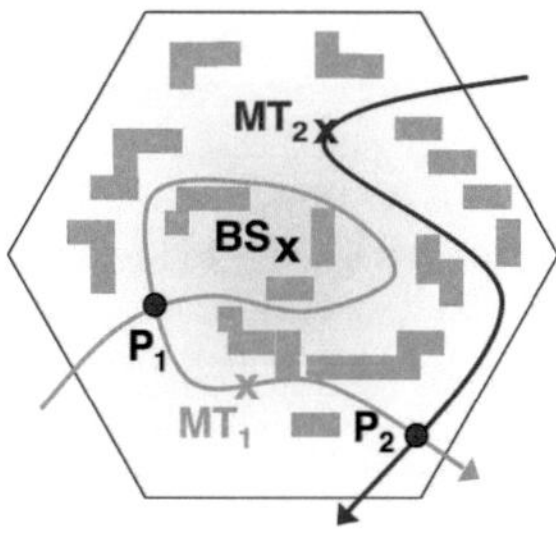

Bild 1.2: Funkzelle mit einer Basisstation und zwei Nutzern

Die Begriffe zeitliche und räumliche Korrelation werden als ein statistisches Maß für die Schnelligkeit der zeitlichen und räumlichen Änderung des Mobilfunkkanals verwendet [Lee82], [GW98]. Je größer der zeitliche bzw. räumliche Abstand zweier Momentaufnahmen des Funkkanals ist, desto unkorrelierter sind diese. Wie in Abschnitt 2.2.1 dargestellt, hängt der Verlauf der Korrelationsfunktion vornehmlich vom sog. schnellen Schwundanteil des Empfangssignals ab. Dieser wird durch die schnelle Phasenänderung der Mehrwegepfade über der Zeit bzw. des Ortes verursacht. Abschnitt 3.3 dieser Arbeit zeigt auf, wie sich die räumliche Korrelation des Empfangssignals auf die Leistungsfähigkeit von MIMO-Systemen auswirkt.

Zur Verdeutlichung des Begriffs der örtlichen Beziehung der Kanäle einzelner bewegter Nutzer sei im Folgenden von einem *Beamforming* basierten Mehrantennensystem ausgegangen. Bei diesem Verfahren zeigt die Hauptkeule des Strahlungsdiagramms der BS in diejenige Raumrichtung, in welcher der Mobilfunkkanal zwischen der BS und dem MT die geringste Übertragungsdämpfung aufweist. Befinden sich die Nutzer auf den Positionen MT_1 und MT_2, breiten sich die Mehrwegepfade zwischen BS und MT_1 sowie BS und MT_2 in zwei gänzlich verschiedene Raumrichtungen aus. Die beiden Nutzer können somit mithilfe von SDMA allein anhand ihrer unterschiedlichen räumlichen Signatur getrennt werden. Je näher jedoch beide Nutzer dem Punkt P_2 sind, desto ähnlicher wird ihre dominante Ausbreitungsrichtung und desto schwieriger ist eine Nutzertrennung über SDMA (Abschnitt 3.2.4).

Zusammenfassend lässt sich sagen, dass das Kanalmodell für eine realistische Interferenzbeschreibung Nutzern, welche sich an räumlich benachbarten Orten aufhalten, Mehrwegepfade mit ähnlichen Pfadeigenschaften zuweisen muss. Zudem sollte es möglichst recheneffizient sein, da ansonsten Mu-MIMO-Systemsimulationen nicht in einer akzeptablen Zeit durchzuführen sind. Aus der Tatsache heraus, dass bestehende Kanalmodelle die genannten Punkte nur unzureichend erfüllen, entstand diese Arbeit. Sie hat zum Ziel:

- Systementwicklern einen Überblick über einflussnehmende Größen des Mobilfunkkanals auf die Leistungsfähigkeit von Mehrantennensystemen zu geben,

- erstmals ein leistungsfähiges Mu-MIMO-Kanalmodell bereitzustellen,

- basierend auf dem Kanalmodell das Potential von Mu-MIMO unter realistischen Ausbreitungsbedingungen aufzuzeigen.

Der Fokus der Arbeit liegt auf dem Mehrwegekanal in urbanen Makrozellen, da hier bereits heute Kapazitätsengpässe vorhanden sind, welche durch die Verwendung von Mu-MIMO verringert werden können. Um einen Modellierungsansatz zu identifizieren, welcher die in diesem Abschnitt genannten hohen Anforderungen erfüllt, werden im Folgenden die aus der Literatur bekannten Ansätze zur Kanalbeschreibung kritisch diskutiert.

1.5 Allgemeine Ansätze zur Kanalmodellierung für Mehrantennensysteme

Einen guten Überblick über MIMO-Kanalmodelle liefern die Veröffentlichungen [YO02], [KSP+02], [GBGP02], [MT04], [Özc04], [SBRM04], [JW05], [Cor06], [WFPS06], [ABB+07]. Die in diesen Arbeiten genannten Modelle können, wie in Bild 1.3 gezeigt, in deterministische und stochastische Modelle klassifiziert werden. Bei stochastischen Modellen unterscheidet man zusätzlich zwischen stochastisch-analytischen und stochastisch-physikalischen Modellen. Die dritte Klasse – gemessene Kanäle und Hardware Demonstratoren – ist der Vollständigkeit halber aufgeführt. Streng genommen handelt es sich dabei jedoch nicht um ein Modell des Mobilfunkkanals.

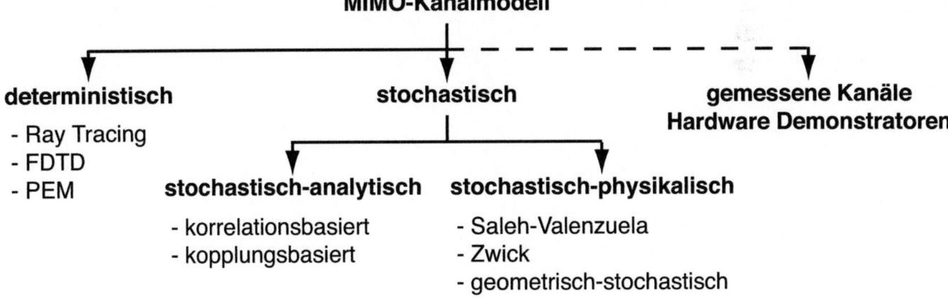

Bild 1.3: Klassifizierung von MIMO-Kanalmodellen

Deterministische Modelle basieren auf den physikalischen Ausbreitungseigenschaften der elektromagnetischen Wellen in einem Modell des Ausbreitungsszenarios. Im Gegensatz dazu beschreiben stochastische Modelle das Verhalten des Mobilfunkkanals durch von der Realität abgeleitete stochastische Zufallsprozesse. Obwohl beide Modellansätze allgemeine Gültigkeit besitzen, sind darauf aufbauende Kanalmodelle nicht universell in jeder Ausbreitungsumgebung nutzbar. So unterscheidet sich z.B. der Mobilfunkkanal innerhalb von Gebäuden (engl. *indoor*) deutlich vom Mobilfunkkanal außerhalb von Gebäuden (engl. *outdoor*), weshalb *Indoor*-Kanalmodelle nicht ohne eine Anpassung ihrer Modellparameter oder sogar der Art der Modellierung als *Outdoor*-Kanalmodell verwendet werden können.

1.5.1 Deterministische Kanalmodelle

Deterministische Modelle bestehen aus einem Umgebungsmodell und einem Modell zur Beschreibung der Wellenausbreitung. Mithilfe des Umgebungsmodells werden Position, Geometrie, Materialzusammensetzung und Oberflächeneigenschaften der für die Wellenausbreitung relevanten Objekte und Hindernisse (z.B. Bäume, Häuser, Fahrzeuge, Wände, etc.) beschrieben. Durch die genaue Modellierung der Ausbreitungsumgebung ist es möglich, die Wellenausbreitung durch feldtheoretische Näherungsverfahren, wie z.B. der *Parabolic Equation Method* (PEM) oder der *Finite Difference Time Domain Method* (FDTD), zu berechnen [Gen96], [WSNC00], [ZCSE05]. Aufgrund ihrer relativ hohen Komplexität und Rechenzeit werden diese jedoch i.d.R. nicht für die Simulation von MIMO-Systemen eingesetzt.

Wesentlich geringere Komplexität und Rechenzeit weisen geometrisch-optische Modelle auf [KCW93], [BHMX94], [vD94], [ANM00], [IY02], [Mau05], [FMKW06a]. Diese beschreiben das sich von der Sendeantenne ausbreitende elektromagnetische Feld in Analogie zur geometrischen Optik in Form von Strahlen (Mehrwegepfaden). Auf ihrem Weg vom Sender zum Empfänger interagieren die Strahlen sukzessive mit Umgebungsobjekten. Jeder Interaktion kann ein physikalisches Ausbreitungsphänomen (z.B. Reflexion, Beugung oder Streuung) zugeordnet werden, welches die Eigenschaften des Pfades beeinflusst. Die Bestimmung des Verlaufs der einzelnen Mehrwegepfade erfolgt mithilfe von Strahlsuchalgorithmen. Geometrisch-optische Modelle werden deshalb auch als *Ray Tracing* Modelle bezeichnet [CPSG98], [Mau05]. Voraussetzung für die Anwendbarkeit von *Ray Tracing* ist, dass die Abmessung aller Objekte (Hindernisse) wesentlich größer sein muss als die Wellenlänge.

Aufgrund ihrer Flexibilität und Genauigkeit werden geometrisch-optische Modelle bereits heute vielfältig eingesetzt. Sie sind in der Lage, eine ortsabhängige Prognose der vollpolarimetrischen Feldstärke bzw. Empfangsleistung, der Interferenz und der Exposition im betrachteten Ausbreitungsgebiet zu liefern und werden deshalb gerne in der Funknetzplanung verwendet. Zudem ermöglichen sie eine vollständige schmal- und breitbandige Beschreibung des Mobilfunkkanals, weshalb sie vermehrt in Systemsimulationen Verwendung finden [Döt00], [MFW05]. Eine realistische Beurteilung des Verhaltens eines Kommunikationssystems ist jedoch nur dann möglich, wenn eine Vielzahl an räumlichen Abtastpunkten in die Systemsimulation einfließt. Aufgrund der Komplexität von geometrisch-optischen Modellen entsteht somit ein erheblicher Rechen- und Zeitaufwand.

In [CTKV02], [Bur02], [TSP03], [WKFW04], [Wal04] werden erstmals mit *Ray Tracing* berechnete Kanäle zur Analyse von MIMO-Verfahren und -Antennen eingesetzt. Von Vorteil dabei ist, dass *Ray Tracing* den Funkkanal für isotrope Sende- und Empfangspunkte berechnen kann. Die Charakteristik und die Eigenschaften der MIMO-Antennenanordnung können somit erst in einem Folgeschritt hinzugefügt werden. Hierdurch ist es möglich, Antennenparameter, wie z.B. Richtcharakteristik, Polarisation oder Anzahl von Antennen, zu variieren, ohne bei jeder Variation eine neue Kanalberechnung durchführen zu müssen.

Die Anpassung strahlenoptischer Modelle an die Realität erfolgt durch die genaue Modellierung der Umgebung und der physikalischen Wellenausbreitung. Es werden keine Messungen zum Abgleich von Modellparametern benötigt. Lediglich bei der Verifikation des Modells kommen Messungen zum Einsatz. Untersuchungen zur Genauigkeit von deterministischen Kanalmodellen sind Gegenstand zahlreicher Veröffentlichungen [KCW93], [KGW⁺99], [HWL99], [Did00],[LCLL00], [ANM00], [RWH02], [RG02], [Mau05]. Sie belegen, dass strahlenoptische Modelle derzeit das genaueste zur Verfügung stehende Mittel zur Kanalsimulation für SISO-Systeme bei noch vertretbarer Komplexität sind. Hauptaugenmerk der Untersuchungen liegt jedoch auf der Überprüfung von z.B. Empfangspegels, Frequenzselektivität und Zeitvarianz und nicht von z.B. Richtungsselektivität und Kapazität, wie sie für MIMO von Interesse sind. Erste Verifikationsergebnisse hinsichtlich MIMO sind zwar in [ZTK01], [SGWJ01], [GSSV01] zu finden, jedoch betreffen dies nicht den makrozellularen urbanen Funkkanal.

1.5.2 Stochastische Kanalmodelle

Stochastische Kanalmodelle sind in der Lage die Statistik zahlreicher Eigenschaften des Mobilfunkkanals in sehr kurzer Rechenzeit wiederzugeben. Hierzu werden stochastische Zufallsprozesse verwendet, welche von gemessenen Kanälen abgeleitet sind. Denkbar ist es auch, diese mithilfe von deterministischen Kanalsimulationen zu bestimmen [Zwi99]. Die Anzahl und die Einstellung der Parameter der Zufallsprozesse entscheiden darüber, inwieweit das Modell mit dem Verhalten realer Kanäle übereinstimmt.

Stochastisch-analytische Modelle:
In Kapitel 3 dieser Arbeit wird gezeigt, dass die erreichbare spektrale Effizienz eines Mehrantennensystems hauptsächlich durch die Charakteristik der sog. MIMO-Übertragungsmatrix $\mathbf{H}$ bestimmt wird. Im Fall eines Mehrantennensystems mit M Sende- und N Empfangsantennen beinhaltet die MIMO-Übertragungsmatrix $M \times N$ Übertragungskoeffizienten. Diese beschreiben die Übertragungskanäle zwischen den verschiedenen Sende- und Empfangsantennen. Stochastisch-analytische Modelle versuchen das Verhalten der einzelnen Übertragungskoeffizienten und die Struktur der MIMO-Übertragungsmatrix durch analytische Formeln zu beschreiben. Ihr Vorteil ist, dass sie durch die geschlossene mathematische Darstellung einfach zu implementieren sind. Die Anzahl der an die Realität anzupassenden Parameter ist i.d.R. gering, weshalb sie gerne in systemtheoretischen Analysen oder für die Entwicklung und Optimierung von MIMO-Algorithmen eingesetzt werden.

Das einfachste stochastisch-analytische Modell ist das i.i.d. (engl. *independent identical distributed*) MIMO-Rayleigh-Kanalmodell [Mol05]. Es geht davon aus, dass die Kanalkoeffizienten der MIMO-Übertragungsmatrix ideal unabhängig (unkorreliert) sind und als gleichverteilte, mittelwertfreie, komplexe Gauß'sche Rauschprozesse modelliert werden können. Zahlreiche Messungen belegen jedoch, dass diese Annahme nur in Szenarien ohne Sichtverbindung (NLOS: engl. *non line of sight*) und mit einer sehr großen Anzahl an räumlich gleichverteilten interagierenden Objekten gültig ist. Insbesondere in urbanen Gebieten tritt dieser Fall jedoch eher selten auf. Da die MIMO-Kapazität, wie in Abschnitt 3.3 gezeigt wird, für unkorrellier-te Elemente der MIMO-Übertragungsmatrix am größten ist, führt die Verwendung des i.i.d. MIMO-Rayleigh-Kanalmodells zu einer zu optimistischen und deshalb unrealistischen Bewertung der Leistungsfähigkeit von MIMO-Systemen [MWS00], [MST$^+$02], [YBO$^+$04], [Mol04].

In der Literatur werden bisher drei Möglichkeiten aufgezeigt, mit deren Hilfe räumlich korre-lierte Übertragungskoeffizienten generiert werden können. Die Modelle [PAKM00], [KSP$^+$02], [YBO$^+$02], [SYOK05] verwenden zur räumlichen Färbung der Übertragungsmatrix eine Ma-trix, welche die Korrelation zwischen den $M \times N$ möglichen Antennenkombinationen be-schreibt. Zur Approximation der Korrelationsmatrix wird das Kronecker-Produkt zweier Ma-trizen verwendet, wobei die eine Matrix die Korrelation zwischen den Sendeantennen und die andere die Korrelation zwischen den Empfangsantennen beschreibt. Einen alternativen Ansatz verwendet das Modell der virtuellen Kanalrepräsentation (engl. *virtual channel re-presentation*) [Say02] und das Weichselberger Modell [WHÖB06]. Das Modell der virtuellen Kanalrepräsentation beschreibt die räumliche Struktur des MIMO-Übertragungskanals über den sog. strahlbezogenen Strahlformungsraum (engl. *beamspace*). Das Weichselberger Modell hingegen verwendet die sog. räumliche Eigenstruktur des MIMO-Übertragungskanals (engl. *ei-genspace*). Beide Modelle erzeugen die wechselseitige Abhängigkeit zwischen der Sender- und Empfängerseite durch eine zusätzliche Kopplungsmatrix. In [HÖHB02], [ÖHW$^+$03], [ÖCB05], [WHÖB06] werden alle drei in diesem Absatz beschriebenen Modelle mit realen Kanalmessung-en verglichen. Es wird aufgezeigt, dass sie nur bedingt in der Lage sind das Verhalten der Kapazität, des Diversitätsgewinns und des Leistungsdichtespektrums wiederzugeben, wobei das Weichselberger Modell am besten abschneidet.

Neben der Ungenauigkeit besitzen stochastisch-analytische Modelle den Nachteil, dass ihre Kennfunktionen direkt über Messungen gewonnen werden und deshalb von der Messanordnung und dem Messsystem abhängen. Eine Änderung der Antennenanordnung nach der Messung ist nicht möglich, da sich hierdurch die Korrelationseigenschaften ändern würden. Deshalb können stochastisch-analytische Modelle nicht zur MIMO-Antennenoptimierung eingesetzt werden. Außerdem sind stochastisch-analytische Modelle i.d.R. nur in der Lage das mittlere schmalbandige Verhalten des MIMO-Übertragungskanals wiederzugeben. Aus den genannten Gründen haben sie für den weiteren Verlauf dieser Arbeit nur einen untergeordneten Stellen-wert.

Stochastisch-physikalische Modelle:
Stochastisch-physikalische Modelle gehören zu der Klasse der pfadbasierten Modelle. Demzu-folge berechnen sie die Kanalimpulsantwort zwischen einer Sende- und Empfangsantenne aus der Überlagerung einzelner Mehrwegepfade. Die MIMO-Übertragungsmatrix ergibt sich dann aus den $M \times N$ einzelnen Kanalimpulsantworten des Mehrantennensystems.

Die meisten stochastisch-physikalischen Modelle generieren die Mehrwegepfade einer Kanalim-pulsantwort mithilfe von Pfadgruppen bzw. Streu-*Clustern*. Der Begriff des Streu-*Clusters* ist jedoch in der Literatur nicht einheitlich definiert [SV87], [CTL$^+$03], [SJJS00], [FMW05]. Dies liegt hauptsächlich daran, dass die Definition direkt von der Frage abhängt, was genau mithilfe eines Streu-*Clusters* modelliert werden soll. Turin et.al. [TCJ$^+$72] waren die ersten, die mithilfe von breitbandigen Kanalmessungen nachwiesen, dass Mehrwegepfade in Form von Pfadgrup-pen am Empfänger eintreffen. Sie zeigten, dass sich die Kanalimpulsantwort aus mehreren zeitlich aufeinanderfolgenden Pfadgruppen zusammensetzt. Eine Pfadgruppe entsteht durch die Interaktion des gesendeten Feldes mit örtlich benachbarten Objekten, welche den Streu-*Cluster* bilden [Suz77], [Has79]. Hierdurch entstehen Mehrwegepfade mit nahezu identischen Laufzeiten, aber mit der Laufzeit exponentiell abklingenden Pfadamplituden. Aufbauend auf den Cluster-Effekt veröffentlichten Saleh und Valenzuela ein breitbandiges, stochastisches Kanalmodell für SISO-Systeme [SV87]. Erst zwanzig Jahre später wird mithilfe von breitbandigen, richtungsaufgelösten Messungen gezeigt, dass Mehrwegepfade nicht nur zeitlich, sondern auch räumlich gebündelt in Form von Streu-*Clustern* auftreten [FMB98], [Mar98], [Paj98], [KRB00], [SMB01], [TLK$^+$02], [LKT$^+$02], [KLV$^+$03], [OVJC04].

Es gibt zwei Arten von stochastisch-physikalischen MIMO-Modellen: Modelle, welche über rein stochastische Prozesse die Parameter der Mehrwegepfade bestimmen und Modelle, welche die Pfadparameter über einen geometrischen Streuansatz bestimmen.

Beispiele für Modelle der ersten Kategorie sind das erweiterte Saleh-Valenzuela-Modell [SJJS00], [HL03], [CTL$^+$03] und das Zwick-Kanalmodell [ZFDW00], [ZFW02]. Das erweiterte Saleh-Valenzuela-Modell greift bei der Modellierung der Mehrwegepfade auf Streu-*Cluster* zurück. Die räumliche und zeitliche Verteilung der Streu-*Cluster* und deren Pfade wird über mehrere stochastische Prozesse gesteuert. Vergleiche mit Messungen belegen, dass das Modell bereits eine realistische MIMO-Kapazitätsanalyse zulässt [WJ02], [JW05]. Es ist allerdings nur für Punkt-zu-Punkt MIMO-Simulationen geeignet, da einzelne Kanalrealisationen ohne zeitliche oder örtliche Beziehung zueinander stochastisch gezogen werden. Speziell für *indoor* Szenarien wurde von Zwick ein vollpolarimetrisches, dreidimensionales, pfadbasiertes, stochastisches Kanalmodell entwickelt [ZFDW00], [ZFW02]. Vorteil gegenüber dem erweiterten Saleh-Valenzuela-Modell ist, dass es die Mehrwegepfade über einen Geburts- und Sterbeprozess generiert. Hierdurch ist es in der Lage, das zeitvariante, frequenz- und richtungsselektive Verhalten des Mobilfunkkanals eines bewegten Nutzers realistisch zu beschreiben. Die Eignung des Modells für Punkt-zu-Punkt MIMO-Systeme wurde durch einen Vergleich mit *indoor* Messungen sicher gestellt [WFW02]. Für die Untersuchung von Mu-MIMO-Systemen ist es jedoch nicht verwendbar, da Kanäle einzelner Nutzer keine örtliche Beziehung zueinander aufweisen und somit Interferenz unrealistisch modelliert werden würde.

Modelle, welche auf einem geometrischen Streuansatz aufbauen, werden auch als geometrisch-stochastische Modelle bezeichnet, z.B. [FMB98], [SFGK00], [Sva01a], [Cor01], [Sva02], [PRR02], [FMKW04], [FMW$^+$04], [Mol04], [Cor06], [MAH$^+$06], [AGM$^+$06], [Czi07]. Auch das standardisierte 3GPP-SCM-Modell (SCM: engl. *spatial channel model*) [Net07] sowie die im EU-Projekt WINNER entwickelten Kanalmodelle SCME (engl. *Interim Channel Model for Beyond-3G Systems* [BSDG$^+$05] und WIM (engl. *WINNER Phase I Channel Model*) [BESJ$^+$05] gehören zur Klasse der geometrisch-stochastischen Kanalmodelle. Die Berechnung der Kanalimpulsantwort erfolgt bei diesen Modellen i.d.R. in zwei Schritten. Im ersten Schritt werden mithilfe eines stochastischen Umgebungsmodells Streu-*Cluster* definiert. Jeder Streu-*Cluster* enthält mehrere Streuer (z.B. Streupunkte oder Flächen), welche die Interaktionspunkte für die sich im Szenario ausbreitenden Mehrwegepfade darstellen. Die Generierung der Streu-*Cluster* und ihrer Streuer erfolgt mithilfe von geeigneten stochastischen Wahrscheinlichkeitsverteilungen. Im zweiten Schritt werden das räumliche Ausbreitungsverhalten der Mehrwegepfade und anschließend ihre physikalischen Eigenschaften berechnet. In Anlehnung an die geometrische Optik ist jeder Pfad in Form eines Strahls modelliert. Dabei macht man sich zunutze, dass das relevante räumliche Ausbreitungsverhalten eines Pfades durch das erste Pfadsegment zwischen Sender und erstem Interaktionspunkt und das letzte Pfadsegment zwischen letztem Interaktionspunkt und Empfänger bestimmt ist. Die Richtung der beiden Pfadsegmente kennzeichnet seine Ausfallsrichtung am Sender (DoD: engl. *direction of departure*) und Einfallsrichtung am Empfänger (DoA: engl. *direction of arrival*). Die Laufzeit wird separat z.B. durch die geometrische Länge des Pfades berechnet. Die Ermittlung der Pfadamplitude kann über ein Ausbreitungsmodell (z.B. COST-Walfish-Ikegami-Modell oder Walfish-Bertoni-Modell [DC99], [HWC99], [WB88]) bestimmt werden. Zur polarisationsabhängigen Beschreibung der Pfadamplitude können z.B. den Streuern Streueigenschaften zugewiesen werden [Sva01a], [Sva02]. Die Kanalimpulsantwort ergibt sich durch die Addition aller Pfadbeiträge. Durch den pfadbasierten Ansatz eignen sich geometrisch-stochastische Modelle prinzipiell zur Untersuchung von MIMO-Antennen.

Das Verhalten geometrisch-stochastischer Modelle wird von zahlreichen stochastischen Prozessen gesteuert. Diese generieren ein Zufallsszenario und legen Größen wie z.B. Anzahl und Verteilung der Streu-*Cluster* sowie Anzahl, Position und Eigenschaften der Streuer im Streu-*Cluster* fest. Die Bestimmung der Prozesse und deren Parameter erfolgt i.d.R. über breitbandige, richtungsauflösende Echtzeitmessungen des Übertragungskanals. Hochauflösende Schätzalgorithmen, wie z.B. *Maximum-Likelihood-Estimation* [Zis88], ESPRIT (engl. *estimation of signal parameters via rotational Invariance techniques*) [PRK85], [THR+00], SAGE (engl. *space-alternating generalized expectation-maximation*) [FTH+99] oder RIMAX [TLR04], [Ric05], bestimmen anschließend die Parametersätze der Mehrwegepfade. Anschließend erfolgt eine Einteilung der Pfade in Streu-*Cluster*. Der beschriebene Ablauf ist sowohl technisch als auch zeitlich sehr aufwendig, zumal die stochastischen Prozesse von zahlreichen Faktoren, wie z.B. dem Szenario oder der Höhe der Basisstation, abhängen. Die messtechnische Bestimmung der Prozesse und Prozessparameter ist deshalb aktueller Gegenstand der Forschung.

Verfügbare geometrisch-stochastische Kanalmodelle sind deshalb oft nur grob parametrisiert. Um eine schnelle Implementierung und eine einfache Handhabung zu erreichen, sind sie zudem oft bewusst einfach gehalten. Das WINNER-Modell verwendet beispielsweise nur eine zweidimensionale Verteilung von Streu-*Clustern* [BSDG+05], [BESJ+05]. Hierdurch kann es jedoch auch nur eingeschränkt zur Bewertung von MIMO-Antennen im System eingesetzt werden. Auch sind verfügbare geometrisch-stochastische Kanalmodelle nicht in der Lage, die zeitliche Veränderung der Korrelation in Raum und Zeit von Nutz- und Interferenzsignalen für bewegte Nutzer wiederzugeben. Sie sind somit nicht für Mu-MIMO-Simulationen geeignet. Einzige Ausnahme bildet das in [DG07] beschriebene Modell, welches Schätzdaten des richtungsaufgelösten Funkkanals in den Streu-*Cluster*-Raum abbildet und so den Funkkanal zwischen dem Messsender und -empfänger geometrisch-stochastisch nachbildet. Die Abbildung von Funkkanälen eines Szenarios mit vielen BS und MTs ist jedoch aufgrund der großen erforderlichen Menge an Mess- und Schätzdaten sehr aufwendig, weshalb das Modell zur Lösung der Aufgabenstellung ausscheidet.

1.5.3 Gemessene Kanäle und Hardware Demonstratoren

Im Allgemeinen werden Messergebnisse des breitbandigen, richtungsaufgelösten Funkkanals nur zur Anpassung stochastischer Kanalmodelle an die Realität oder zur Verifikation von Kanalmodellen eingesetzt. Sie können jedoch auch direkt oder in Form von hochaufgelösten

Schätzdaten (engl. *measurement-based parametric channel modelling*, vgl. [THL+03]) in die MIMO-Systemsimulation eingebettet werden. Messungen und Kanalschätzungen erfassen jedoch aufgrund des begrenzten Stichprobenumfangs generell nur einen kleinen Teil der in der Realität vorkommenden Ausbreitungssituationen. Dies kann schnell zu unrealistischen Schlussfolgerungen führen.

Eine Alternative zu Kanalmodellen und gemessenen Kanälen stellen MIMO-Hardware-Demonstratoren dar. In den vergangenen Jahren sind an verschiedenen Forschungseinrichtungen Demonstratoren sowohl für die Punkt-zu-Punkt als auch für die Punkt-zu-Mehrpunkt MIMO-Kommunikation entwickelt worden [SBK03], [BB04], [PTL+05], [KK05], [NKT+07]. Demonstratoren berücksichtigen inhärent alle auf die Systemperformanz einflussnehmenden Komponenten: Digital- und Analogteil des Senders, Sendeantennen, Funkkanal, Empfangsantennen sowie Analog- und Digitalteil des Empfängers. Sie sind deshalb insbesondere nützlich, um letzte Skepsis hinsichtlich der Leistungsfähigkeit bestimmter Komponenten oder Algorithmen auszuräumen. Nachteilig ist, dass ihre Realisierung technisch sehr aufwendig ist und Demonstratoren wesentlich unflexibler zu handhaben sind als Computersimulationen.

1.6 Lösungsansatz und Gliederung der Arbeit

Die Ausführungen in Abschnitt 1.5.2 verdeutlichen, dass sowohl der strahlenoptische als auch der geometrisch-stochastische Modellierungsansatz prinzipiell zur Lösung der Aufgabenstellung dieser Arbeit geeignet sind. Deshalb werden beide Ansätze in den weiteren Untersuchungen herangezogen.

Bezüglich des strahlenoptischen Modellierungsansatzes ist insbesondere dessen Gültigkeit für den Einsatz in Mu-MIMO-Systemsimulationen nachzuweisen, da dies bisher nur unzureichend geschehen ist. Es wird ein strahlenoptisches Gesamtmodell für den urbanen Funkkanal entwickelt und anhand von umfassenden, breitbandigen Kanalmessungen verifiziert. Dabei werden aus der Literatur bekannte Kennfunktionen und -größen zur Bewertung von Zeitvarianz, Frequenz- und Richtungsselektivität sowie der MIMO-Performanz verwendet. Insbesondere für die Bewertung des richtungsselektiven Verhaltens ist die Kenntnis von Dämpfung, Verzögerungszeit und Sende- und Empfangsrichtung der Mehrwegepfade erforderlich. Zu deren Extraktion aus den Messdaten wird das hochauflösende Parameterschätzverfahren RIMAX eingesetzt [TLR04].

Verfügbare geometrisch-stochastische Kanalmodelle sind, wie in Abschnitt 1.5.2 dargelegt, nicht in der Lage, die in Abschnitt 1.4 genannten hohen Anforderungen einer Mu-MIMO-Simulation zu erfüllen. Deshalb wird in dieser Arbeit, ein geeignetes, realistisches geometrisch-stochastisches Kanalmodell für Mu-MIMO-Systeme entwickelt. Das Gesamtmodell besteht im Wesentlichen aus drei Teilen: einem Mobilitätsmodell, mehreren Verfahren zur stochastischen Generierung der Streuumgebung und einem Modell zur Berechnung der relevanten Mehrwegepfade. Die Streuumgebung setzt sich aus Streu-*Clustern* und Streuern zusammen. Im Gegensatz zu anderen geometrisch-stochastischen Kanalmodellen werden deren Position und physikalischen Eigenschaften im Zuge einer Vorprozessierung generiert. Jeder Nutzer greift somit bei der nachfolgenden Berechnung der Mehrwegeausbreitung auf ein fixes Streuszenario zu. Dies hat den Vorteil, dass die geforderte Korrelation zwischen den Nutz- und Interferenzsignalen inhärent erfüllt ist. Die Dämpfung der Pfade ergibt sich aus deren Interaktion mit den physikalischen Streuern in Kombination mit einem Verfahren zur Bestimmung der mittleren Übertragungsdämpfung und deren zeitliche Änderung. Die übrigen Pfadeigenschaften, wie Laufzeit und Sende- und Empfangsrichtung, sind deterministisch vorgegeben. Das zeitvariante Verhalten des Funkkanals entsteht im vorliegenden Modell durch die Bewegung des Nutzers, welche durch das Mobilitätsmodell vorgegeben ist, und mehreren Verfahren zum Ein- und Ausblenden von Streu-*Clustern* und Streuern.

Wichtiger Schritt zur Entwicklung des geometrisch-stochastischen Mu-MIMO-Kanalmodells ist die Bestimmung der Auftrittswahrscheinlichkeit und der Parameter der Streu-*Cluster*. In bisherigen Arbeit zur geometrisch-stochastischen Kanalmodellierung wurden hierzu überwiegend Messungen eingesetzt. Um die extrem aufwendige messungsbasierte Streu-*Cluster*-Identifikation zu umgehen, greift diese Arbeit auf das strahlenoptische Kanalmodell zurück. Zur Ermittlung, Klassifizierung und Charakterisierung der Streu-*Cluster* wird ein neuartiger effizienter Algorithmus implementiert und eingesetzt.

Die Gliederung der einzelnen Kapitel in der vorliegenden Arbeit ergibt sich wie folgt: Eine kompakte Einführung in die theoretischen Grundlagen zur Beschreibung und Charakterisierung des richtungsaufgelösten Funkkanals gibt Kapitel 2. Anschließend werden in Kapitel 3 die theoretischen Grundlagen der MIMO-Übertragungstechnik in Punkt-zu-Punkt und Punkt-zu-Mehrpunkt MIMO-Systemen erläutert und Kenngrößen zur Bewertung der MIMO-Performanz eingeführt. Kapitel 4 beschreibt die Bestandteile und Funktionsweise des in dieser Arbeit verwendeten strahlenoptischen Kanalmodells. Anhand eines detaillierten Vergleichs mit Kanalmessungen und -schätzungen bei 2 und 5,2 GHz werden erstmals die Stärken und Schwächen einer strahlenoptischen Kanalbeschreibung hinsichtlich MIMO aufgezeigt. Kapitel 5 stellt ausführlich die Grundprinzipien der geometrisch-stochastischen Kanalmodellierung dar und beschreibt zwei neuartige Algorithmen zur Streu-*Cluster*-Identifikation, -Extraktion und -Charakterisierung auf Basis von *Ray Tracing* Kanälen. Die Algorithmen bilden die Grundlage zur Bestimmung der Verteilungsfunktionen und Parameter des neuen geometrisch-stochastischen Mu-MIMO-Kanalmodells, auf welches Kapitel 6 detailliert eingeht. Umfangreiche Verifikationsergebnisse des geometrisch-stochastischen Mu-MIMO-Kanalmodells anhand des strahlenoptischen Kanalmodells zeigt Kapitel 7. Zusätzlich präsentiert es Ergebnisse von Mu-MIMO-Systemsimulationen der beiden Kanalmodellen, welche das enorme Potential von Mu-MIMO zur Reduktion der Sendeleistung und Exposition sowie zur Steigerung der Kapazität verdeutlichen. Die Zusammenfassung und die Bewertung der gesamten Arbeit erfolgt abschließend in Kapitel 8.

Kapitel 2

Systemtheoretische Beschreibung des MIMO-Mobilfunkkanals

Wie bereits im vorhergehenden Kapitel erwähnt, breitet sich ein gesendetes Signal typischerweise über eine Vielzahl an Ausbreitungspfaden aus. Von diesen treffen in der Regel mehrere am Empfänger ein und überlagern sich dort kohärent zu einer zeitvarianten, frequenz- und richtungsselektiven sowie komplexen Empfangsspannung [GW98]. Je nach Ausbreitungsumgebung (z.B. städtisch oder ländlich) und Zelltyp (z.B. Makro-, Mikro- oder Pikozelle) treten Zeitvarianz, Frequenz- und Richtungsselektivität unterschiedlich stark auf. Beispielsweise ist in einem urbanen Gebiet mit überwiegend dichter Bebauung die Wahrscheinlichkeit für exzessive Mehrwegeausbreitung deutlich höher als in einer unbebauten Landschaft mit wenigen Streuobjekten. Je exzessiver die Mehrwegeausbreitung, desto ausgeprägter sind Zeitvarianz, Frequenz- und Richtungsselektivität und desto schwieriger wird es, eine hohe Übertragungsqualität zu erreichen. MIMO-Systeme können im Gegensatz zu SISO-Systemen die Mehrwegeausbreitung gezielt zur Informationsübertragung nutzen. Sie erreichen deshalb einen Zugewinn an Übertragungsrate und Zuverlässigkeit. Wie hoch dieser Zugewinn jedoch ausfällt, bestimmen weiterhin die charakteristischen Eigenschaften des Mobilfunkkanals.

Die systemtheoretische Beschreibung des Mobilfunkkanals liefert dem Entwicklungsingenieur wichtige Kennfunktionen und Kenngrößen zu dessen Charakterisierung. Dies ermöglicht Kanäle zu klassifizieren und zu vergleichen. Zudem bildet sie die Grundlage für ein optimales Systemdesign, da die Kenngrößen z.B. zur Bestimmung von optimalen Übertragungsverfahren, Codierungs- und Modulationsschemata eingesetzt werden können.

Im folgenden Abschnitt werden die wichtigsten Funktionen zur Beschreibung des Mobilfunkkanals dargestellt. Darauf aufbauend liefert Abschnitt 2.2 eine kompakte, einheitliche Darstellung der für diese Arbeit wichtigen charakteristischen Kennfunktionen und Kenngrößen. Diese finden insbesondere bei der Verifikation des in dieser Arbeit vorgestellten deterministischen Kanalmodells in Kapitel 4 und des Mehrnutzer-MIMO-Kanalmodells in Kapitel 7 Verwendung. Weiterführende theoretische Grundlagen zur systemtheoretischen Beschreibung des Mobilfunkkanals sind zu finden in [Bel63], [Kat97], [GW98], [Zwi99], [Kat02], [Pät02].

2.1 Übertragungskanal und richtungsaufgelöster Funkkanal

Bei der Beschreibung des Mobilfunkkanals ist es sinnvoll, zwischen dem Begriff des Funkkanals und dem des Übertragungskanals zu unterscheiden. Als Funkkanal wird in dieser Arbeit die Übertragungsstrecke zwischen der Sende- und Empfangsantenne bezeichnet, wohingegen der Begriff Übertragungskanal, wie in Bild 2.1 gezeigt, die Antennen mit einbezieht. Der Funkkanal ist somit im Gegensatz zum Übertragungskanal komplett unabhängig vom Kommunikationssystem. Dies ermöglicht gezielte Systemparameterstudien bei konstanten Ausbreitungsbedingungen (z.B. Variation der Übertragungsbandbreite, der Filter oder der Antennen). Zudem ist der Funkkanal gerichtet, d.h. seine Beschreibung beinhaltet die Sende- und Empfangsrichtungen der einzelnen elektromagnetischen Wellen, welche sich zwischen Sender und Empfänger ausbreiten.

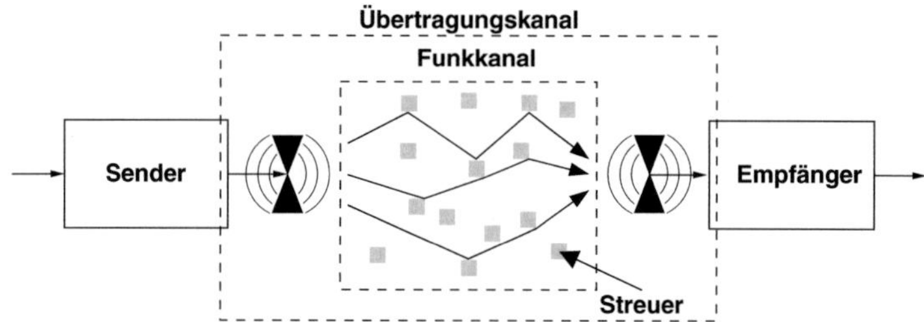

Bild 2.1: Übertragungskanal und gerichteter Funkkanal eines SISO-Systems

Kennfunktionen und Kenngrößen zur Beschreibung des frequenzselektiven und zeitvarianten Übertragungskanals wurden erstmals von Bello eingeführt [Bel63]. Eine Erweiterung auf den gerichteten Funkkanal findet sich in [Kat02], [ZFW02]. Ausgangspunkt zu deren Herleitung ist die Betrachtung des Übertragungskanals als lineares zeitvariantes System. Bello geht davon aus, dass der Übertragungskanal über dem Beobachtungszeitpunkt als quasi-stationär (engl. *wide sense stationary*) angenommen werden kann und dass Streukomponenten unkorreliert sind (engl. *uncorrelated scattering*). Durch den WSSUS-Ansatz (WSSUS: engl. *wide sense stationary uncorrelated scattering*) ist eine statistische Beschreibung des Übertragungsverhaltens des Mobilfunkkanals möglich [Bel63], [Fle90], [Kat97], [Pät02]. In dieser Arbeit wird bewusst auf die theoretische Herleitung nach Bello verzichtet. Vielmehr werden die Kennfunktionen und Kenngrößen, wie in [GW98] dargestellt, direkt aus der physikalischen Beschreibung der Mehrwegeausbreitung gewonnen.

2.1.1 Beschreibung der Sende- und Empfangsantenne

Im vorliegenden Abschnitt werden die beiden Antennenbegriffe Richtcharakteristik und Gewinn eingeführt. Diese beschreiben das Verhalten der Antenne, für einen sich im Fernfeld befindenden Beobachtungspunkt. Vorteil der Fernfeldbeschreibung ist, dass aufgrund der großen

Distanz zwischen Sendeantenne und Beobachtungspunkt das im Beobachtungspunkt eintreffende Feld in guter Näherung durch eine lokal ebene TEM-Welle (TEM: transversal elektromagnetisch) beschrieben werden kann. Eine Abschätzung, ab welcher Distanz von einer TEM-Welle ausgegangen werden kann, ist mithilfe der Fernfeldbedingungen möglich [Bal97], [GW98]. Es kann davon ausgegangen werden, dass für die in dieser Arbeit betrachteten Szenarien und Sendeantennen die Fernfeldbedingungen stets eingehalten sind.

Zur Beschreibung der Antennengrößen wird das in Bild 2.2 gezeigte lokale sphärische Kugelkoordinatensystem verwendet, wobei sich das Phasenzentrum der zu beschreibenden Antenne im Ursprung, d.h. bei $r = 0$, befindet. Die polarimetrische komplexe Richtcharakteristik $\vec{\underline{C}}(\vartheta, \psi)$ einer Antenne ist definiert durch:

$$
\begin{aligned}
\vec{\underline{C}}(\vartheta, \psi) &= \left. \frac{\vec{\underline{E}}(r, \vartheta, \psi)e^{jk_0 r}}{\max\left\{|\vec{\underline{E}}(r, \vartheta, \psi)|\right\}} \right|_{r=\text{konst}\to\infty} \\
&= \underline{C}_\vartheta(\vartheta, \psi)\vec{e}_\vartheta + \underline{C}_\psi(\vartheta, \psi)\vec{e}_\psi
\end{aligned}
\tag{2.1}
$$

Sie beschreibt die ortsabhängige elektrische Feldstärke $\vec{\underline{E}}(r, \vartheta, \psi)$, normiert auf ihr Maximum, bei einem festen Abstand r im Fernfeld der Antenne. Typischerweise wird für das abgestrahlte Feld Luft als Ausbreitungsmedium angesetzt. Die Materialeigenschaften von Luft können in guter Näherung durch die von Vakuum ersetzt werden, d.h. die Wellenlänge und Wellenzahl sind gegeben durch λ_0 und k_0. Es ergibt sich der bekannte Zusammenhang $k_0 = 2\pi/\lambda_0 = 2\pi f_0/c_0$, wobei c_0 die Lichtgeschwindigkeit im Vakuum ist. Der Phasenterm $e^{jk_0 r}$ stellt sicher, dass die Phase von $\vec{\underline{C}}(\vartheta, \psi)$ unabhängig vom Abstand r zum Phasenzentrum der Antenne ist. Entsprechend Bild 2.2 kennzeichnen $\vec{e}_\vartheta$ und $\vec{e}_\psi$ die lokalen Einheitsvektoren in ϑ- und ψ-Richtung (Elevation und Azimut).

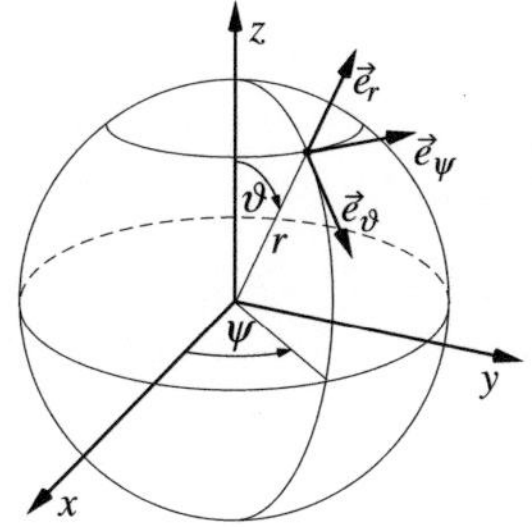

Bild 2.2: Kugelkoordinatensystem

Der Gewinn G einer Antenne beschreibt, für einen sich im Abstand r vom Phasenzentrum der Antenne befindenden Fernfeld Beobachtungspunkt, das Verhältnis aus der maximalen in radialer Richtung abgestrahlten Leistungsdichte zu der Leistungsdichte, die von einer fiktiven isotropen Antenne bei gleicher Eingangsleistung P_T erzeugt werden würde:

$$
G = 2\pi r^2 \left. \frac{\max\left\{|\vec{\underline{E}}(r, \vartheta, \psi)|\right\}^2}{Z_\text{F0} P_\text{T}} \right|_{r=\text{konst}\to\infty}
\tag{2.2}
$$

$Z_{\mathrm{F0}} = \sqrt{\mu_0/\epsilon_0} \approx 120\pi\,\Omega$ ist der Feldwellenwiderstand im Vakuum.

Sowohl die komplexe vektorielle Richtcharakteristik als auch der Gewinn sind Funktionen der Frequenz f. Da in dieser Arbeit nur Kommunikationssysteme mit relativ geringen Übertragungsbandbreiten B betrachtet werden, ist deren Variation über der Frequenz als gering einzustufen. $\vec{C}(\vartheta, \psi)$ und G hängen somit nur noch von der Systemmittenfrequenz f_0 ab.[1] Weitere Details zur Antennentheorie sind z.B. in [Bal97], [GW98] zu finden.

2.1.2 Beschreibung der Mehrwegeausbreitung

Das physikalische Verhalten der Mehrwegeausbreitung kann, für die im Mobilfunk typischen Ausbreitungsszenarien und Frequenzen im GHz-Bereich, in sehr guter Näherung mithilfe von geometrisch-optischen (GO: engl. *geometrical optics*) Ansätzen beschrieben werden [GW98]. Dabei geht man davon aus, dass sich das Empfangsfeld aus $q = 1, \ldots, Q$ ebenen Wellen bzw. Übertragungspfaden zusammensetzt. Je nach Umgebung kann ein einzelner Übertragungspfad auf seinem Weg vom Sender zum Empfänger mehrmals mit verschiedenen Objekten interagieren. Bei jeder Interaktion wird die Welle durch den auftretenden Ausbreitungsmechanismus (z.B. Reflexion, Beugung, Streuung, etc.) in Betrag, Phase, Polarisation und Richtung verändert. Der geometrische Verlauf des Übertragungspfades lässt sich für homogene Medien durch die Kaskadierung der sich ergebenden geradlinigen Pfadsegmente konstruieren. Die physikalische Wirkung eines Pfades erhält man durch die Kaskadierung der für diesen Pfad vorkommenden Ausbreitungsphänomene [GW98]. Jeder Ausbreitungspfad ist vollständig durch die folgenden vier Pfadparameter beschrieben:

- $\underline{\boldsymbol{\Gamma}}_q(t)$: vollpolarimetrische komplexe Pfadübertragungsmatrix

- $\tau_q(t)$: Laufzeit (TDA: engl. *time delay of arrival*)

- $\Omega_{\mathrm{T},q}(t)$: Senderichtung (DoD: engl. *direction of departure*)

- $\Omega_{\mathrm{R},q}(t)$: Empfangsrichtung (DoA: engl. *direction of arrival*)

Die vollpolarimetrische komplexe Pfadübertragungsmatrix beinhaltet die komplexen Pfadübertragungsfaktoren für beide Kopolarisationen $\underline{\Gamma}_{\vartheta\vartheta,q}$ und $\underline{\Gamma}_{\psi\psi,q}$ sowie beide Kreuzpolarisationen $\underline{\Gamma}_{\vartheta\psi,q}$ und $\underline{\Gamma}_{\psi\vartheta,q}$:

$$\underline{\boldsymbol{\Gamma}}_q(f,t) \approx \underline{\boldsymbol{\Gamma}}_q(f_0,t) = \underline{\boldsymbol{\Gamma}}_q(t) = \begin{pmatrix} \underline{\Gamma}_{\vartheta\vartheta,q}(t) & \underline{\Gamma}_{\vartheta\psi,q}(t) \\ \underline{\Gamma}_{\psi\vartheta,q}(t) & \underline{\Gamma}_{\psi\psi,q}(t) \end{pmatrix} \tag{2.3}$$

Die Zeitvariable t kennzeichnet die zeitliche Veränderung der Pfadparameter über der Beobachtungszeit, welche z.B. durch einen sich bewegenden Sender, Empfänger und/oder andere bewegte interagierende Objekte entsteht. Die Pfadübertragungsfaktoren können i.d.R. für urbane Mobilfunksysteme als nicht dispersiv angesetzt werden. Dies bedeutet, dass deren Frequenzabhängigkeit, angegeben durch die Frequenzvariable f, für die im Verhältnis zur Bandmittenfrequenz f_0 relativ kleinen Bandbreite des Funksystems vernachlässigt werden kann.[2] τ_q

---

[1] Dies gilt nicht für Ultrabreitband-Systeme (UWB: engl. *ultra wideband*), welche jedoch nicht Gegenstand dieser Arbeit sind.

[2] Diese Näherung gilt nicht für UWB-Systeme.

beschreibt die Verzögerungszeit bzw. die Laufzeit des Signals, wenn es über den q-ten Übertragungspfad vom Sender zum Empfänger übermittelt wird. Sie ergibt sich direkt aus der Länge des Pfades und der Vakuumlichtgeschwindigkeit c_0. Die Variable Ω kennzeichnet die Richtung der Welle, wobei sie stellvertretend für die beiden Winkel ϑ und ψ steht ($\Omega = (\vartheta, \psi)$). Beide Winkel sind über das in Bild 2.2 gezeigte Kugelkoordinatensystem definiert.

2.1.2.1 Funktionen zur Beschreibung des Übertragungskanals

Jeder Ausbreitungspfad erzeugt am Empfangsort eine komplexe vektorielle Feldstärke bzw. am Ausgang der Empfangsantenne eine komplexe Teilspannung. Die Summation über alle Teilspannungen $\underline{U}_{\mathrm{R},q}(f, t)$ liefert die komplexe Gesamtleerlaufspannung am Ausgang der Empfangsantenne [GW98]:

$$
\begin{aligned}
\underline{U}_{\mathrm{R}}(f, t) &= \sum_{q=1}^{Q(t)} \underline{U}_{\mathrm{R},q}(f, t) \\
&= \sqrt{8 \left(\frac{c_0}{4\pi f_0}\right)^2 \Re\{\underline{Z}_{\mathrm{AR}}\} G_{\mathrm{R}} G_{\mathrm{T}} P_{\mathrm{T}}(t)} \\
&\quad \cdot \sum_{q=1}^{Q(t)} \left\{ \vec{\underline{C}}_{\mathrm{R}}(\Omega_{\mathrm{R},q}(t), t) \cdot \left(\underline{\mathbf{\Gamma}}_q(t) \vec{\underline{C}}_{\mathrm{T}}(\Omega_{\mathrm{T},q}(t), t)\right) e^{-j2\pi f \tau_q(t)} \right\}
\end{aligned}
\tag{2.4}
$$

$\underline{Z}_{\mathrm{AR}}$ bezeichnet die Impedanz der Empfangsantenne, P_{T} die abgestrahlte Leistung und $e^{-j2\pi f \tau_q(t)}$ die durch die Laufzeit $\tau_q(t)$ des Übertragungspfads verursachte Phase. Durch die Überlagerung der einzelnen Phasenterme entsteht das zeitlich dispersive, bzw. frequenzselektive Verhalten des Übertragungskanals. Die Indizes T und R stehen für Sender und Empfänger. Die zeitliche Änderung von $\underline{U}_{\mathrm{R}}(f, t)$ über t resultiert hauptsächlich aus der Zeitabhängigkeit der Pfadparameter und der Fluktuation der Pfadanzahl $Q(t)$. Sie kann jedoch auch durch eine mechanische Verdrehung der Sende- und/oder Empfangsantenne oder, im Falle einer MIMO-Antennenanordnung, durch das digitale Schwenken der Gruppencharakteristik (vgl. Kapitel 3) über t zustande kommen.

Über den Quotienten aus der komplexen Antennenspannung am Empfänger und am Sender ergibt sich die zeitvariante komplexe Einseiten-Bandpass-Übertragungsfunktion $\underline{H}(f, t)$ des Übertragungskanals:

$$
\underline{H}(f, t) = \frac{\underline{U}_{\mathrm{R}}(f, t)}{|\underline{U}_{\mathrm{T}}|} = \frac{\underline{U}_{\mathrm{R}}(f, t)}{\sqrt{8 \Re\{\underline{Z}_{\mathrm{AT}}^*\} P_{\mathrm{T}}}}
\tag{2.5}
$$

$\underline{Z}_{\mathrm{AT}}^*$ bezeichnet die konjugiert komplexe Impedanz der Sendeantenne. Üblicherweise wird davon ausgegangen, dass Sende- und Empfangsantenne die gleiche Impedanz besitzen. (2.5) kann dann mit (2.4) umgeformt werden in:

$$\underline{H}(f,t) = \sqrt{\left(\frac{c_0}{4\pi f_0}\right)^2 G_{\mathrm{R}} G_{\mathrm{T}}}$$

$$\cdot \sum_{q=1}^{Q(t)} \left\{ \vec{\underline{C}}_{\mathrm{R}}(\Omega_{\mathrm{R},q}(t),t) \cdot \left(\underline{\mathbf{\Gamma}}_q(t) \vec{\underline{C}}_{\mathrm{T}}(\Omega_{\mathrm{T},q}(t),t) \right) e^{-j2\pi f \tau_q(t)} \right\} \qquad (2.6)$$

$$= \sum_{q=1}^{Q(t)} \underline{A}_q(t) e^{-j2\pi f \tau_q(t)}$$

Der skalare Übertragungskoeffizient $\underline{A}_q(t)$ wird aus Gründen der Übersichtlichkeit eingeführt. Er beinhaltet alle Dämpfungseffekte entlang des q-ten Ausbreitungspfades, inklusive der Phasenänderungen, die nicht durch die Laufzeit des gesendeten Signals verursacht werden. Außerdem werden die Einflüsse der Antennenrichtcharakteristiken und der Polarisation darin zusammengefasst [Mau05].

Das Spektrum drahtloser Übertragungssysteme ist normalerweise in seiner Bandbreite limitiert und um die Mittenfrequenz f_0 gelagert. Es ist deshalb sinnvoll (2.6) durch die äquivalente Tiefpass-Übertragungsfunktion $\underline{H}^{\mathrm{TP}}(\nu,t)$ darzustellen [GW98],[Pro01]:

$$\underline{H}^{\mathrm{TP}}(\nu,t) = \sum_{q=1}^{Q(t)} \underline{A}_q(t) e^{-j2\pi(f_0+\nu)\tau_q(t)} \qquad (2.7)$$

ν entspricht der Ablage von der Mittenfrequenz f_0 und wird mittels $\nu = f - f_0$ (mit $\nu > -f_0$) berechnet. Die äquivalente Tiefpass-Übertragungsfunktion ist die erste von insgesamt vier Funktionen, welche zur Beschreibung des Übertragungskanals Verwendung finden. Die mathematische Bestimmung der übrigen drei Funktionen ist, wie in Bild 2.3 gezeigt, sehr einfach über die Fourier- bzw. inverse Fourier-Transformation möglich. Alle Funktionen können sowohl im Bandpass- als auch im Tiefpass Bereich angegeben werden.

Die äquivalente Tiefpass-Impulsantwort $\underline{h}^{\mathrm{TP}}(\tau,t)$ beschreibt den Übertragungskanal im Zeitbereich und ergibt sich durch die inverse Fourier-Transformation von $\underline{H}^{\mathrm{TP}}(\nu,t)$ bezüglich ν zu [GW98]:

$$\underline{h}^{\mathrm{TP}}(\tau,t) = \sum_{q=1}^{Q(t)} \underline{A}_q(t) e^{-j2\pi f_0 \tau_q(t)} \delta(\tau - \tau_q(t)) \qquad (2.8)$$

In (2.8) wurde zunächst noch eine fiktive, unendlich große Bandbreite des Übertragungssystems angesetzt. In der Praxis ist die Bandbreite jedoch stets durch Filter im analogen Hochfrequenzteil (engl. *front end*) des Übertragungssystems bzw. durch die Filter-Eigenschaft der Antennen begrenzt. Für den Vergleich von gemessenen mit simulierten Systemen muss deshalb die Delta-Funktion (Dirac-Funktion) durch die Impulsantwort des bandbegrenzenden Filters $\underline{h}_{\mathrm{F}}^{\mathrm{TP}}$ ersetzt werden. (2.8) geht dann über in:

$$\underline{h}^{\mathrm{TP}}(\tau,t) = \sum_{q=1}^{Q(t)} \underline{A}_q(t) e^{-j2\pi f_0 \tau_q(t)} \underline{h}_{\mathrm{F}}^{\mathrm{TP}}(\tau - \tau_q(t)) \qquad (2.9)$$

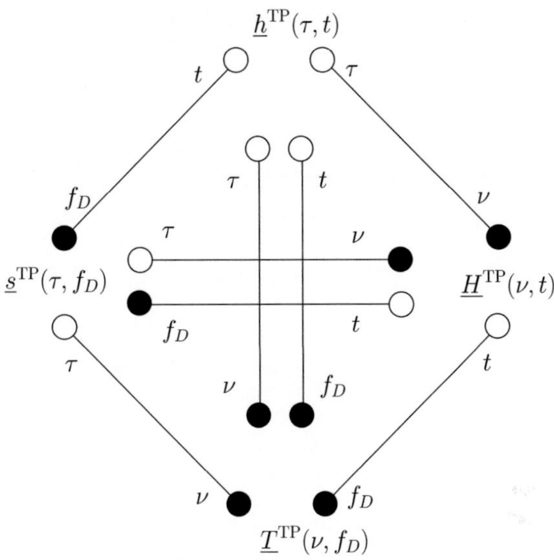

Bild 2.3: Verknüpfung der Funktionen zur Beschreibung des Übertragungskanals

Im Folgenden wird der urbane Mobilfunkkanal für einen sehr kleinen Zeitraum um $t = t_0$ herum betrachtet. In diesem Zeitraum kann davon ausgegangen werden, dass der skalare Übertragungskoeffizient $\underline{A}_q(t)$ in (2.9) nahezu konstant ist. Die Zeitvarianz des Übertragungskanals wird dann ausschließlich durch den laufzeitbedingten Phasenterm $e^{-j2\pi f_0 \tau_q(t)}$, d.h. durch die Variation der Laufzeiten der Übertragungspfade, verursacht. Geht man zusätzlich von einem sich zeitlich verändernden Ausbreitungsszenario aus, in dem sich Sender, Empfänger und/oder andere Streuer bewegen, so ist jeder Ausbreitungspfad nicht nur mit einer individuellen Laufzeit $\tau_q(t)$, sondern auch mit einer bestimmten Doppler-Frequenz $f_{\mathrm{D},q}$ behaftet. Zur Verdeutlichung des kleinen Beobachtungszeitraums wird nachfolgend, ohne Beschränkung der Allgemeinheit, die Zeitvariable $t' = t - t_0$ eingeführt. Nach [GW98] ergibt sich dann zwischen Verzögerungszeit $\tau_q(t')$ und Doppler-Frequenz $f_{\mathrm{D},q}$ der Zusammenhang:

$$\tau_q(t') = \tau_q(t_0) - \frac{f_{\mathrm{D},q}}{f_0} t' \tag{2.10}$$

Eingesetzt in (2.8) erhält man:

$$\underline{h}^{\mathrm{TP}}(\tau, t') = \sum_{q=1}^{Q(t)} \underline{A}_q(t_0) e^{-j2\pi f_0 \tau_q(t_0)} e^{j2\pi f_{\mathrm{D},q} t'} \delta(\tau - \tau_q(t_0)) \tag{2.11}$$

Einen tieferen Einblick in die Phänomene des Doppler-Effektes erhält man über die

Doppleraufgelöste Tiefpass-Impulsantwort des Übertragungskanals

$$\underline{s}^{\mathrm{TP}}(\tau, f_{\mathrm{D}}) = \sum_{q=1}^{Q(t_0)} \underline{A}_q(t_0) e^{-j2\pi f_0 \tau_q(t_0)} \delta(f_{\mathrm{D}} - f_{\mathrm{D},q}) \delta(\tau - \tau_q(t_0)) , \qquad (2.12)$$

welche sich aus der Fourier-Transformierten von (2.11) bezüglich der Variablen t' ergibt.

Die letzte der in Bild 2.3 gezeigten Systemfunktionen ist die Doppler-variante Tiefpass-Übertragungsfunktion $\underline{T}^{\mathrm{TP}}(\nu, f_{\mathrm{D}})$. Diese erhält man durch Einsetzen von (2.10) in die Tiefpass-Übertragungsfunktion (2.7) und anschließender Fourier-Transformation bezüglich der Variablen t und f_{D}:

$$\underline{T}^{\mathrm{TP}}(\nu, f_{\mathrm{D}}) = \sum_{q=1}^{Q(t_0)} \underline{A}_q(t_0) e^{-j2\pi f_0 \tau_q(t_0)} e^{-j2\pi \nu \tau_q(t_0)} \delta(f_{\mathrm{D}} - f_{\mathrm{D},q}) \qquad (2.13)$$

(2.13) gilt ebenso wie (2.12) nur für einen kurzen Zeitpunkt um $t = t_0$.

2.1.2.2 Gerichtete Funktionen zur Beschreibung des Funkkanals

Zur Charakterisierung der Richtungseigenschaften der Mehrwegeausbreitung werden im Folgenden, analog zu den im letzten Abschnitt definierten Funktionen des Übertragungskanals, richtungsaufgelöste bzw. gerichtete Funktionen des Funkkanals eingeführt [Zwi99], [Kat02]:

- $\underline{\mathbf{h}}^{\mathrm{TP}}(\tau, t, \Omega_{\mathrm{T}}, \Omega_{\mathrm{R}})$: zeitvariante gerichtete Tiefpass-Impulsantwort
- $\underline{\mathbf{s}}^{\mathrm{TP}}(\tau, f_D, \Omega_{\mathrm{T}}, \Omega_{\mathrm{R}})$: Doppler-variante gerichtete Tiefpass-Impulsantwort
- $\underline{\mathbf{H}}^{\mathrm{TP}}(\nu, t, \Omega_{\mathrm{T}}, \Omega_{\mathrm{R}})$: zeitvariante gerichtete Tiefpass-Übertragungsfunktion
- $\underline{\mathbf{T}}^{\mathrm{TP}}(\nu, f_{\mathrm{D}}, \Omega_{\mathrm{T}}, \Omega_{\mathrm{R}})$: Doppler-variante gerichtete Tiefpass-Übertragungsfunktion

Definitionsgemäß charakterisieren diese nur den Funkkanal, ohne dabei Antennengrößen, wie z.B. Richtcharakteristik oder Gewinn, zu berücksichtigen. Die zeitvariante gerichtete Tiefpass-Übertragungsfunktion des Funkkanals $\underline{\mathbf{H}}^{\mathrm{TP}}(\nu, t, \Omega_{\mathrm{T}}, \Omega_{\mathrm{R}})$ berechnet sich in Analogie zu (2.7) aus:

$$\underline{\mathbf{H}}^{\mathrm{TP}}(\nu, t, \Omega_{\mathrm{T}}, \Omega_{\mathrm{R}}) = \left(\frac{c_0}{4\pi f_0}\right) \cdot \sum_{q=1}^{Q(t)} \underline{\mathbf{\Gamma}}_q(t) e^{-j2\pi(f_0+\nu)\tau_q(t)} \delta(\Omega_{\mathrm{T}} - \Omega_{\mathrm{T},q}(t)) \delta(\Omega_{\mathrm{R}} - \Omega_{\mathrm{R},q}(t)) \quad (2.14)$$

Die Matrix $\underline{\mathbf{H}}^{\mathrm{TP}}(\nu, t, \Omega_{\mathrm{T}}, \Omega_{\mathrm{R}})$ beinhaltet die vier möglichen Kombinationen der Polarisation des Senders und des Empfängers. Das Herausgreifen einer Polarisationskomponente aus $\underline{\mathbf{H}}^{\mathrm{TP}}(\nu, t, \Omega_{\mathrm{T}}, \Omega_{\mathrm{R}})$ gelingt durch hinzumultiplizieren einer horizontal oder vertikal polarisierten, isotropen Sende- und Empfangsrichtcharakteristik. Die zeitvariante gerichtete Tiefpass-Übertragungsfunktion des Funkkanals für vertikale Sende- und Empfangspolarisation $\underline{H}_{\vartheta\vartheta}^{\mathrm{TP}}(\nu, t, \Omega_{\mathrm{T}}, \Omega_{\mathrm{R}})$ ergibt sich zu:

$$\underline{H}_{\vartheta\vartheta}^{\mathrm{TP}}(\nu, t, \Omega_{\mathrm{T}}, \Omega_{\mathrm{R}}) = \begin{pmatrix} 1 & 0 \end{pmatrix} \left(\underline{\mathbf{H}}^{\mathrm{TP}}(\nu, t, \Omega_{\mathrm{T}}, \Omega_{\mathrm{R}}) \begin{pmatrix} 1 \\ 0 \end{pmatrix} \right) \qquad (2.15)$$

Durch Integration über die Sende- und Empfangsrichtungen der Mehrwegepfade Ω_T und Ω_R kann (2.15) in die ungerichtete Tiefpass-Übertragungsfunktion des Funkkanals für vertikale Polarisation überführt werden:

$$\underline{H}_{\vartheta\vartheta}^{\mathrm{TP}}(\nu, t) = \int\limits_{\Omega_\mathrm{T}} \int\limits_{\Omega_\mathrm{R}} \underline{H}_{\vartheta\vartheta}^{\mathrm{TP}}(\nu, t, \Omega_\mathrm{T}, \Omega_\mathrm{R})\, \mathrm{d}\Omega_\mathrm{T}\, \mathrm{d}\Omega_\mathrm{R} \tag{2.16}$$

Die zeitvariante gerichtete Tiefpass-Impulsantwort des Funkkanals $\underline{\mathbf{h}}^{\mathrm{TP}}(\tau, t, \Omega_\mathrm{T}, \Omega_\mathrm{R})$ kann direkt über die Fourier-Transformation von $\underline{\mathbf{H}}^{\mathrm{TP}}(\nu, t, \Omega_\mathrm{T}, \Omega_\mathrm{R})$ bezüglich ν bestimmt werden:

$$\underline{\mathbf{h}}^{\mathrm{TP}}(\tau, t, \Omega_\mathrm{T}, \Omega_\mathrm{R}) = \left(\frac{c_0}{4\pi f_0}\right) \sum_{q=1}^{Q(t)} \underline{\mathbf{\Gamma}}_q(t) e^{-j2\pi f_0 \tau_q(t)} \delta(\tau - \tau_q(t)) \delta(\Omega_\mathrm{T} - \Omega_{\mathrm{T},q}(t)) \delta(\Omega_\mathrm{R} - \Omega_{\mathrm{R},q}(t))$$

$$\tag{2.17}$$

Die Ermittlung von $\underline{\mathbf{s}}^{\mathrm{TP}}(\tau, f_D, \Omega_\mathrm{T}, \Omega_\mathrm{R})$ und $\underline{\mathbf{T}}^{\mathrm{TP}}(\nu, f_D, \Omega_\mathrm{T}, \Omega_\mathrm{R})$ gelingt, wie in Abschnitt 2.1.2.1 dargestellt, über die Fourier- bzw. Inverse-Fourier-Transformation von $\underline{\mathbf{h}}^{\mathrm{TP}}(\tau, t, \Omega_\mathrm{T}, \Omega_\mathrm{R})$ bzw. $\underline{\mathbf{H}}^{\mathrm{TP}}(\nu, t, \Omega_\mathrm{T}, \Omega_\mathrm{R})$. In [Kat02] sind zusätzliche gerichtete Funktionen angegeben, welche allerdings für diese Arbeit von geringer Bedeutung sind und deshalb nicht weiter erläutert werden.

Es sei angemerkt, dass an einigen Stellen innerhalb dieser Arbeit der in (2.14) und (2.17) vorhandene Vorfaktor $c_0/(4\pi f_0)$ mit $\underline{\mathbf{\Gamma}}_q(t)$ zu einer vollpolarimetrischen komplexen Gesamt-Pfadübertragungsmatrix $\underline{\tilde{\mathbf{\Gamma}}}_q(t)$ zusammen gefasst ist, mit $\underline{\tilde{\mathbf{\Gamma}}}_q(t) = \underline{\mathbf{\Gamma}}_q(t) c_0/(4\pi f_0)$.

Um eine hohe Flexibilität hinsichtlich dem Design und der Optimierung von Sender und Empfänger zu ermöglichen, wird meist bei der Berechnung der Pfadparameter ein isotroper Sende- und Empfangspunkt angesetzt. Der berechnete Funkkanal ist dann unabhängig von der Charakteristik der Sende- und Empfangsantenne. Zur nachträglichen Beschreibung des Verhaltens eines Kommunikationssystems einschließlich der Sende- und Empfangsantenne muss $\underline{\mathbf{H}}^{\mathrm{TP}}(\nu, t, \Omega_\mathrm{T}, \Omega_\mathrm{R})$ mit der Richtcharakteristik und dem Gewinn der Sende- und Empfangsantenne gewichtet und über den kompletten Winkelbereich Ω_T und Ω_R integriert werden. $\underline{\mathbf{H}}^{\mathrm{TP}}(\nu, t, \Omega_\mathrm{T}, \Omega_\mathrm{R})$ geht dann in die ungerichtete Tiefpass-Übertragungsfunktion des Übertragungskanals $\underline{H}^{\mathrm{TP}}(\nu, t)$ über:

$$\underline{H}^{\mathrm{TP}}(\nu, t) = \sqrt{G_\mathrm{R}(t) G_\mathrm{T}(t)} \cdot \int\limits_{\Omega_\mathrm{T}} \int\limits_{\Omega_\mathrm{R}} \vec{\underline{C}}_\mathrm{R}(\Omega_\mathrm{R}, t) \left(\underline{\mathbf{H}}^{\mathrm{TP}}(\nu, t, \Omega_\mathrm{T}, \Omega_\mathrm{R}) \vec{\underline{C}}_\mathrm{T}(\Omega_\mathrm{T}, t) \right) \mathrm{d}\Omega_\mathrm{T}\, \mathrm{d}\Omega_\mathrm{R} \tag{2.18}$$

2.2 Kennfunktionen und Kenngrößen zur Charakterisierung der Mehrwegeausbreitung

Anhand der im letzten Abschnitt hergeleiteten Funktionen zur Beschreibung des Übertragungskanals und des gerichteten Funkkanals werden nachfolgend die wichtigsten Kennfunktionen und Kenngrößen zur Charakterisierung der Mehrwegeausbreitung definiert. Wie in Tabelle 2.1 gezeigt, wird hierbei zwischen Kennfunktionen und Kenngrößen zur Charakterisierung der Zeitvarianz, der Frequenzselektivität und der Richtungsselektivität unterschieden.

Tabelle 2.1: Kennfunktionen und Kenngrößen zur Charakterisierung der Mehrwegeausbreitung

<table>
<tr><td></td><td>Zeitvarianz
(schmalbandige
Analyse)</td><td>Frequenzselektivität
(breitbandige
Analyse)</td><td></td><td>Richtungsselektivität
(schmalbandige
Analyse)</td></tr>
<tr><td rowspan="2">Zeitbereich</td><td>zeitliche AKF
Kohärenzzeit
T_{coh}</td><td>Leistungsverzö-
gerungsspektrum
mittlere Laufzeit
μ_τ
Impulsverbreiterung
σ_τ</td><td rowspan="2">Winkelbereich</td><td>Leistungswinkel-
spektrum
mittlerer Winkel
$\mu_\psi,\ \mu_\vartheta$
Winkelspreizung
$\sigma_\psi,\ \sigma_\vartheta$</td></tr>
<tr><td>Doppler-Spektrum
Doppler-Verschiebung
μ_{f_D}
Doppler-Verbreiterung
σ_{f_D}</td><td rowspan="1"></td></tr>
<tr><td>Frequenzbereich</td><td></td><td>Frequenz AKF
Kohärenzbandbreite
B_{coh}</td><td>Ortsbereich</td><td>räumliche AKF
Kohärenzlänge
D_{coh}</td></tr>
</table>

2.2.1 Charakterisierung der Zeitvarianz

Das zeitvariante Verhalten des Mobilfunkkanals entsteht durch die Bewegung von Sender und/oder Empfänger sowie durch bewegte Objekte, die zeitlich veränderliche Streubeiträge am Empfänger liefern. Auch sich ändernde Witterungsbedingungen können zeitlich schwankende Ausbreitungseigenschaften hervorrufen. Die Charakterisierung der Zeitvarianz erfolgt anhand einer schmalbandigen Analyse. Dabei wird die zeitliche Variation der äquivalenten Tiefpass-Übertragungsfunktion aus (2.7) bei Anregung des Übertragungskanals mit einem harmonischen Sendesignal untersucht. Aufgrund der Zeitinvarianz unterliegen sowohl Betrag als auch Phase der Übertragungsfunktion zeitlichen Schwankungen. Das Empfangssignal kann somit als ein amplituden- und phasenmoduliertes Signal aufgefasst werden. Trotz Anregung mit einer harmonischen Schwingung weist es eine nicht verschwindende Bandbreite auf. Als Sendefrequenz wird i.d.R. die Bandmittenfrequenz $f = f_0$ (bzw. $\nu = 0$) gewählt, wobei man davon ausgeht, dass sich das schmalbandige Verhalten des Übertragungskanals für Frequenzen $f \neq f_0$ nur geringfügig über der Systembandbreite verändert und somit die Charakterisierung der Zeitvarianz bei der Bandmittenfrequenz ausreichend ist.[3]

Betrachtet man zunächst nur den zeitlichen Verlauf des Betrags der schmalbandigen äquivalenten Tiefpass-Übertragungsfunktion $|\underline{H}^{\mathrm{TP}}(\nu = 0, t)| = |\underline{H}^{\mathrm{TP}}(t)|$ so erkennt man, dass dieser über der Beobachtungszeit t zufälligen Schwankungen unterliegt. Die Schwankungen werden als Schwund (engl. *fading*) bezeichnet und ergeben sich aus der Überlagerung eines langsamen Schwundanteils (engl. *long-term fading*) $m(t)$ mit einem schnellen Schwundanteil

---

[3]Diese Näherung gilt nicht für UWB-Systeme.

(engl. *short-term fading*) $r(t)$ [GW98]:

$$|\underline{H}^{\mathrm{TP}}(t)| = m(t)r(t) \quad \text{mit} \quad m(t) = \frac{1}{T_\mathrm{w}} \int\limits_{t-\frac{T_\mathrm{w}}{2}}^{t+\frac{T_\mathrm{w}}{2}} |\underline{H}^{\mathrm{TP}}(\xi)| \, d\xi \qquad (2.19)$$

Der langsame Schwundanteil entsteht durch die langsame Änderung des Betrags der Pfadübertragungsfaktoren $|\underline{\Gamma}_q(t)|$ und der Pfadanzahl $Q(t)$ über der Beobachtungszeit. Schneller Schwund entsteht hingegen durch die schnelle Änderung der laufzeitbedingten Phase der einzelnen Mehrwegepfade, was konstruktive und destruktive Interferenz hervorruft, d.h. schnelle Pegeleinbrüche im Empfangssignal. Typischerweise können diese bezüglich der Leistung des Mittelwertes zwischen 30 dB bis 40 dB betragen [Ald82], [GW98]. Örtlich gesehen tritt schneller Schwund in urbanen Szenarien bereits für Verschiebungen d des mobilen Teilnehmers im Bereich kleiner einer Wellenlänge auf. Langsamer Schwund hingegen erst für Verschiebungen im Bereich von mehreren Wellenlängen. Die Berechnung des langsamen Schwundanteils $m(t)$ erfolgt, wie in (2.19) gezeigt, durch die Mittelung von $|\underline{H}^{\mathrm{TP}}(t)|$ über eine geeignet gewählte Zeitdauer T_w [GW98]. Diese hängt von der Mittenfrequenz und dem Szenario ab. In urbanen Szenarien, wie sie in dieser Arbeit ausgewertet werden, mit einer festen Basisstation und einem sich mit konstanter Geschwindigkeit v bewegenden mobilen Teilnehmer, sollte das Produkt $T_\mathrm{w}v = d$ sinnvollerweise mehrere Wellenlängen betragen. In der Literatur findet man für d Werte zwischen 40λ und 200λ [GW98] [Lee82]. In dieser Arbeit wird die Zeitdauer zu

$$T_\mathrm{w} = \frac{40\lambda}{v} \qquad (2.20)$$

gewählt (vgl. Abschnitt 4.3).

Die starken Pegeleinbrüche im Verlauf des Betrags der Übertragungsfunktion führen zu einem sich ständig ändernden SNR am Empfängereingang. Ein starkes Absinken des SNR hat in drahtlosen Kommunikationssystemen meistens eine Verschlechterung der Übertragungsqualität zur Folge, d.h. einen Anstieg der Bitfehlerrate (BER: engl. *bit error rate*), ein Absinken der Übertragungsrate und bei zu geringem SNR einen Verbindungsabbruch. Zur Optimierung von drahtlosen Systemen und von fehlerkorrigierenden Verfahren ist es daher wichtig zu wissen, wie oft der Betrag der Übertragungsfunktion einen vorgegebenen Pegel pro Zeiteinheit unterschreitet und wie lange dieser Pegel im Mittel unterschritten wird [Pät02]. Die Schwankungen des langsamen und schnellen Schwundes können als stochastische Prozesse aufgefasst werden. Die Beschreibung ihrer statistischen Eigenschaften erfolgt daher anhand von Kennfunktionen. Diese werden im Folgenden kurz zusammengefasst:

- Verteilungsfunktion (CDF: engl. *cumulative distribution function*) des schnellen Schwundes: Die CDF beschreibt die Wahrscheinlichkeit, mit der ein vorgegebener Betrag von einem Signal (Pegel) unterschritten wird.

- Pegelunterschreitungsrate (LCR: engl. *level crossing rate*): Die LCR beschreibt, wie häufig der Pegel pro Sekunde unterschritten wird.

- Mittlere Schwunddauer (AFD: engl. *average fade duration*): Die AFD gibt an, wie lange das Signal im Mittel nach einer Kreuzung des Schwellwerts in negativer Richtung unterhalb des Pegels verweilt.

Eine genaue mathematische Definition der CDF, LCR und AFD ist in [Pät02] zu finden. CDF, LCR und AFD erlauben eine Analyse des Betrags des schnellen Schwundes.

Zur Charakterisierung der Schnelligkeit der zeitlichen Schwankungen von $\underline{H}^{\mathrm{TP}}(t)$ kann die komplexe zeitliche Autokorrelationsfunktion (AKF)

$$\underline{r}^{\mathrm{t}}_{HH}(\Delta t) = \int\limits_0^{T_{\mathrm{S}}} \left(\underline{H}^{\mathrm{TP}}(t)\right)^* \underline{H}^{\mathrm{TP}}(t + \Delta t)\, dt \tag{2.21}$$

und der zugehörige komplexe zeitliche Autokorrelationskoeffizient

$$\underline{\varrho}^{\mathrm{t}}_{HH}(\Delta t) = \underline{r}^{\mathrm{t}}_{HH}(\Delta t)/\underline{r}^{\mathrm{t}}_{HH}(0) \tag{2.22}$$

eingesetzt werden. (2.21) gilt für eine Erregung des Funkkanals mit einem monofrequenten, zeitbegrenzten Eingangssignal der Dauer T_{S}, wie es bei Messungen oder Simulationen gegeben ist.[4] $\underline{r}^{\mathrm{t}}_{HH}(\Delta t)$ beschreibt die statistische Verwandtschaft der komplexen Amplituden als Funktion der Zeitdifferenz Δt und gibt für $\Delta t = 0$ die Energie von $\underline{H}^{\mathrm{TP}}(t)$ an. Zeitliche Autokorrelationsfunktion und zugehöriger Autokorrelationskoeffizient werden durch die Kenngröße Kohärenzzeit (engl. *coherence time*) charakterisiert. Sie ist als jene Zeitdifferenz T_{coh} definiert, für die der Betrag des zeitlichen Autokorrelationskoeffizienten $|\varrho^{\mathrm{t}}_{HH}(\Delta t)|$ das erste Mal unter die Schranke $1/e$ fällt.[5]

Gemäß dem Theorem von Wiener-Khintchine erhält man durch die Fourier-Transformation der zeitlichen AKF das Doppler-Spektrum $S_{HH}(f_{\mathrm{D}})$ [GW98]

$$r^{\mathrm{t}}_{HH}(\Delta t) \;\circ\!\!-\!\!\bullet\; S_{HH}(f_{\mathrm{D}}) = |H^{\mathrm{TP}}_{\mathrm{D}}(f_{\mathrm{D}})|^2 \tag{2.23}$$

Aus $S_{HH}(f_{\mathrm{D}})$ lassen sich die beiden Kenngrößen mittlere Doppler-Verschiebung $\mu_{f_{\mathrm{D}}}$ (engl. *mean Doppler*)

$$\mu_{f_{\mathrm{D}}} = \frac{\displaystyle\int_{-\infty}^{\infty} f_{\mathrm{D}} S_{HH}(f_{\mathrm{D}})\, df_{\mathrm{D}}}{\displaystyle\int_{-\infty}^{\infty} S_{HH}(f_{\mathrm{D}})\, df_{\mathrm{D}}} \tag{2.24}$$

und Doppler-Verbreiterung $\sigma_{f_{\mathrm{D}}}$ (engl. *Doppler spread*)

$$\sigma_{f_{\mathrm{D}}} = 2\sqrt{\frac{\displaystyle\int_{-\infty}^{\infty} f_{\mathrm{D}}^2 S_{HH}(f_{\mathrm{D}})\, df_{\mathrm{D}}}{\displaystyle\int_{-\infty}^{\infty} S_{HH}(f_{\mathrm{D}})\, df_{\mathrm{D}}} - \mu_{f_{\mathrm{D}}}^2} \tag{2.25}$$

---

[4] Die geforderte Ergodizität von $\underline{H}^{\mathrm{TP}}(t)$ wird als gegeben vorausgesetzt.

[5] Der Wert für die Schranke kann prinzipiell willkürlich gewählt werden. Häufig findet man auch die Werte 0,5 oder 0,7.

berechnen. Die mittlere Doppler-Verschiebung (Doppler-Verbreiterung) beschreibt die mittlere Frequenzverschiebung (Frequenzverbreiterung), die ein Trägersignal bei der Übertragung erfährt [Pät02]. Die Berechnung von $S_{HH}(f_\mathrm{D})$ erfolgt in der Regel direkt über die Fourier-Transformation $H^{\mathrm{TP}}(t) \circ\!\!-\!\!\bullet\ H_\mathrm{D}^{\mathrm{TP}}(f_\mathrm{D})$ und anschließender Bildung des Betragsquadrats.

Nach (2.23) bilden die zeitliche AKF und das Doppler-Spektrum ein Fouriertransformationspaar. Folglich verhält sich die Kohärenzzeit T_coh umgekehrt proportional zur Doppler-Verbreiterung σ_{f_D}:

$$T_\mathrm{coh} \propto \frac{1}{\sigma_{f_\mathrm{D}}} \tag{2.26}$$

Der Proportionalitätsfaktor liegt allgemein in der Größenordnung von 1. Je kleiner das Verhältnis zwischen Kohärenzzeit T_coh und Symboldauer T_S (bzw. je größer die Doppler-Verbreiterung) ist, desto zeitvarianter verhält sich der Übertragungskanal für das Kommunikationssystem und desto mehr Maßnahmen müssen im Empfänger getroffen werden (z.B. durch den Einsatz eines Entzerrers), um eine fehlerfreie Übertragung zu garantieren. Ist $T_\mathrm{coh} \gg T_\mathrm{S}$ kann der Übertragungskanal als für das Kommunikationssystem zeitinvariant angesehen werden.

2.2.2 Charakterisierung der Frequenzselektivität

Betrachtet man in (2.7) den laufzeitbedingten Phasenterm $\varphi_q = -j2\pi(f_0 + \nu)\tau_q$ eines einzelnen Mehrwegepfades, so erkennt man, dass sowohl eine Variation der Frequenzablage ν bei festgehaltener Laufzeit τ_q, als auch eine Variation der Laufzeit bei konstanter Frequenzablage eine Variation des Phasenterms zur Folge hat. Dies bedeutet, dass durch die Überlagerung der einzelnen Teilwellen am Empfänger konstruktive und destruktive Interferenz entsteht, was sich wiederum in einem nichtlinearen Frequenzgang von $\underline{H}^{\mathrm{TP}}(\nu, t)$ über der Bandbreite des Kommunikationssystems äußert. Somit liegt für unterschiedliche Frequenzablagen ν ein unterschiedliches Übertragungsverhalten des Übertragungskanals vor. Diese Eigenschaft der Mehrwegeausbreitung wird als Frequenzselektivität (bzw. frequenzselektiver Schwund) bezeichnet [GW98].

Die Charakterisierung der Frequenzselektivität gelingt mithilfe der Frequenz-Autokorrelationsfunktion $\underline{r}^{\mathrm{f}}_{HH}(\Delta f, t)$ der äquivalenten Tiefpass-Übertragungsfunktion $\underline{H}^{\mathrm{TP}}(\nu, t)$ [GW98][6]

$$\underline{r}^{\mathrm{f}}_{HH}(\Delta f, t) = \int\limits_{-\infty}^{\infty} \left(\underline{H}^{\mathrm{TP}}(\nu, t)\right)^* \underline{H}^{\mathrm{TP}}(\nu + \Delta f, t)\, d\nu \tag{2.27}$$

und des zugehörigen komplexen Frequenz-Autokorrelationskoeffizienten $\underline{\rho}^{\mathrm{f}}_{HH}(\Delta f, t)$:

$$\underline{\rho}^{\mathrm{f}}_{HH}(\Delta f, t) = \underline{r}^{\mathrm{f}}_{HH}(\Delta f, t)/\underline{r}^{\mathrm{f}}_{HH}(0, t) \tag{2.28}$$

Sie beschreiben die Amplitudenkorrelation als Funktion der Frequenzdifferenz Δf und sind eine Funktion der Beobachtungszeit t. Die Frequenzspanne Δf, für die $|\underline{\rho}^{\mathrm{f}}_{HH}(\Delta f, t)|$ zum

---

[6]Die geforderte Ergodizität von $H^{\mathrm{TP}}(\nu, t)$ bezüglich ν wird als gegeben vorausgesetzt.

ersten Mal unter die Schranke $1/e$ fällt, heißt Kohärenzbandbreite (engl. *coherence bandwidth*) B_{coh}.[7]

In Analogie zum Doppler-Spektrum wird nachfolgend das Leistungsverzögerungsspektrum (PDP: engl. *power delay profile*) $P(\tau, t)$ definiert. Dieses lässt sich, unter Berücksichtigung des Theorems von Wiener-Khintchine, mittels der Fourier-Transformation von $\underline{r}^{\text{f}}_{HH}(\Delta f, t)$ bezüglich Δf bestimmen:

$$\underline{r}^{\text{f}}_{HH}(\Delta f, t) \bullet\!\!-\!\!\circ P(\tau, t) = |\underline{h}^{\text{TP}}(\tau, t)|^2 \tag{2.29}$$

Das PDP verdeutlicht das frequenzselektive Verhalten des Mobilfunkkanals im Zeitbereich und gibt an, mit welcher mittleren Leistung Streukomponenten mit der Verzögerung τ am Empfänger eintreffen. Im Falle einer deterministischen Kanalbeschreibung kann, unter Annahme einer Dirac-förmigen Anregung und einer fiktiven, unendlich großen Bandbreite des Übertragungssystems, das PDP direkt über

$$P(\tau, t) = \sum_{q=1}^{Q(t)} |\underline{A}_q(t)|^2 \delta(\tau - \tau_q(t)) \tag{2.30}$$

berechnet werden. Das Betragsquadrat der Verzögerungskoeffizienten $\underline{A}_q(t)$ repräsentiert hierbei die zeitvariante Pfadleistung, welche ein Maß für die mittlere Leistung der $q-$ten Streukomponenten ist.

Die Charakterisierung des PDP erfolgt über die beiden Kenngrößen mittlere Laufzeit (engl. *mean delay*) $\mu_\tau(t)$

$$\mu_\tau(t) = \frac{\displaystyle\int_{-\infty}^{\infty} \tau P(\tau, t)\, d\tau}{\displaystyle\int_{-\infty}^{\infty} P(\tau, t)\, d\tau} \tag{2.31}$$

und Impulsverbreiterung (engl. *delay spread*) $\sigma_\tau(t)$

$$\sigma_\tau(t) = \sqrt{\frac{\displaystyle\int_{-\infty}^{\infty} \tau^2 P(\tau, t)\, d\tau}{\displaystyle\int_{-\infty}^{\infty} P(\tau, t)\, d\tau} - \mu_\tau(t)^2} \ . \tag{2.32}$$

Kohärenzbandbreite und Impulsverbreiterung verhalten sich umgekehrt proportional:

$$B_{\text{coh}} \propto \frac{1}{\sigma_\tau} \tag{2.33}$$

---

[7]Der Wert für die Schranke kann prinzipiell willkürlich gewählt werden. Häufig findet man auch die Werte 0,5 oder 0,7.

Der Proportionalitätsfaktor liegt, wie bei Kohärenzzeit und Doppler-Verbreiterung, i.d.R. in der Größenordnung von 1. Je größer die Impulsverbreiterung bzw. je kleiner die Kohärenzbandbreite, desto größer ist die Laufzeitdifferenz der einzelnen Mehrwegepfade und desto stärker schwankt die Übertragungsfunktion mit der Frequenz. Ob der Übertragungskanal jedoch als frequenzselektiv (engl. *frequency selective*) oder nicht frequenzselektiv (d.h. Frequenz flach, engl. *frequency flat*) bezeichnet wird, hängt von der Bandbreite B_S des Systems ab. Ist die Bedingung $B_\mathrm{S} \ll B_\mathrm{coh}$ erfüllt, spricht man vom Flachschwund, da der Frequenzgang des Übertragungskanals als näherungsweise konstant über B_S angesehen werden kann. In diesem Fall geht die breitbandige Übertragungsfunktion $\underline{H}^{\mathrm{TP}}(\nu, t)$ in den schmalbandigen Übertragungskoeffizienten $\underline{H}^{\mathrm{TP}}(\nu = 0, t) = \underline{H}^{\mathrm{TP}}(t) = \underline{h}^{\mathrm{TP}}(t)$ über. Ist die Bedingung hingegen nicht erfüllt, so spricht man von frequenzselektivem Schwund.

2.2.3 Charakterisierung der Richtungsselektivität

Bedingt durch die Mehrwegeausbreitung entsteht an der Sende- und Empfangsseite ein unterschiedliches räumliches Feldstärkeprofil. Da die Mehrwegepfade unterschiedliche Leistungen transportieren und verschiedene Ausfalls- und Einfallswinkel besitzen, ist dieses richtungsselektiv (raumselektiv). Dies bedeutet, dass sich in einigen Raumrichtungen höhere Feldstärken ergeben als in anderen. Die Richtungsselektivität beeinflusst in entscheidendem Maße die Leistungsfähigkeit von Mehrantennensystemen. Beispielsweise kann eine Variation der Ausrichtung oder der Position des Sende- und Empfangsarrays eine Veränderung der Übertragungsqualität zur Folge haben. Mithilfe der gerichteten Kennfunktionen und Kenngrößen, welche im Verlauf dieses Abschnitts eingeführt werden, können die richtungsselektiven Eigenschaften des gerichteten Funkkanals quantitativ beurteilt werden. Zudem tragen sie auch zu einem optimalen MIMO-Systemdesign bei.

Ausgangspunkt zur Charakterisierung der Richtungsselektivität sind winkelaufgelöste bzw. räumliche Autokorrelationsfunktionen [Fle00], [Kat02]. Diese beschreiben die Rate der räumlichen Schwankung der ungerichteten Übertragungsfunktion des Funkkanals (vgl. (2.15)) für unterschiedliche Wegablagen im Ortsbereich. Mit Wegablage ist eine Verschiebung des Sendepunktes T oder des Empfangspunktes R entlang der x, y und/oder z-Achse gemeint. Nachfolgend wird diese Verschiebung allgemeingültig mit Δx bezeichnet. Der Verlauf der Tiefpass-Übertragungsfunktion des Funkkanals hängt zudem von der Polarisation des Senders und des Empfängers ab. Stellvertretend werden im Folgenden alle Kennfunktionen und -größen der Richtungsselektivität für eine ϑ polarisierte Sende- und Empfangsantenne angegeben. In den folgenden Formeln ist dies durch den Tiefindex $\vartheta\vartheta$ gekennzeichnet.

Geht man von einer schmalbandigen Anregung des Funkkanals mit einem harmonischen Signal der Frequenz $f = f_0$ bzw. $\nu = 0$ und einer Verschiebung des Sendepunktes um Δx aus, so ergibt sich mit (2.16) die räumliche Autokorrelationsfunktion $\underline{r}^{\mathrm{x}}_{\mathrm{T},\vartheta\vartheta,HH}(\Delta x, t)$ zu[8]:

$$\underline{r}^{\mathrm{x}}_{\mathrm{T},\vartheta\vartheta,HH}(t, \Delta x) = \int\limits_{-\infty}^{\infty} \left(\underline{H}^{\mathrm{TP}}_{\mathrm{T},\vartheta\vartheta}(t, x)\right)^{*} \underline{H}^{\mathrm{TP}}_{\mathrm{T},\vartheta\vartheta}(t, x + \Delta x)\, dx \qquad (2.34)$$

---

[8]Die geforderte Ergodizität von $\underline{H}^{\mathrm{TP}}_{\mathrm{T},\vartheta\vartheta}(t, x)$ bezüglich x wird als gegeben vorausgesetzt.

Die Zeitvariable t verdeutlicht die Zeitvarianz des Funkkanals, die durch bewegte Streuobjekte hervorgerufen wird und nicht durch die Wegablage Δx. Die Rate der Änderung der räumlichen Autokorrelationsfunktion wird durch den Verlauf des Autokorrelationskoeffizienten

$$\underline{\varrho}^{\mathrm{x}}_{\mathrm{T},\vartheta\vartheta,HH}(t,\Delta x) = \underline{r}^{\mathrm{x}}_{\mathrm{T},\vartheta\vartheta,HH}(t,\Delta x)/\underline{r}^{\mathrm{x}}_{\mathrm{T},\vartheta\vartheta,HH}(t,0) \tag{2.35}$$

und der zugehörigen Kohärenzlänge (engl. *coherence distance*) $D^{\mathrm{x}}_{\mathrm{coh},\mathrm{T},\vartheta\vartheta}$ charakterisiert. Die Kohärenzlänge definiert jene räumliche Verschiebung Δx für die $|\underline{\varrho}^{\mathrm{x}}_{\mathrm{T},\vartheta\vartheta,HH}(t,\Delta x)|$ zum ersten Mal unter die Schranke $1/e$ fällt.

Für eine Verschiebung des Empfängerpunktes um Δx kann analog zu (2.34) die räumliche Autokorrelationsfunktion $\underline{r}^{\mathrm{x}}_{\mathrm{R},\vartheta\vartheta,HH}(t,\Delta x)$ und analog zu (2.35) der zugehörige Autokorrelationskoeffizient $\underline{\varrho}^{\mathrm{x}}_{\mathrm{R},\vartheta\vartheta,HH}(t,\Delta x)$ berechnet werden. Die Kohärenzlänge $D^{\mathrm{x}}_{\mathrm{coh},\mathrm{R},\vartheta\vartheta}$ gibt dann jene räumliche Verschiebung Δx des Empfängerpunktes an, für die $|\underline{\varrho}^{\mathrm{x}}_{\mathrm{R},\vartheta\vartheta,HH}(t,\Delta x)|$ zum ersten Mal unter die Schranke $1/e$ fällt.

Gemäß dem Theorem von Wiener-Khintchine erhält man durch die inverse Fourier-Transformation von $\underline{r}^{\mathrm{x}}_{\mathrm{T},\vartheta\vartheta,HH}(t,\Delta x)$ bezüglich der Wegablage Δx das senderseitige Leistungswinkelspektrum (APS: engl. *angular power spectrum*) [Fle00]

$$\underline{r}^{\mathrm{x}}_{\mathrm{T},\vartheta\vartheta,HH}(t,\Delta x) \,\bullet\!\!-\!\!\circ\, P_{\mathrm{T},\vartheta\vartheta}(t,\Omega_{\mathrm{T}}) = |h^{\mathrm{TP}}_{\vartheta\vartheta}(t,\Omega_{\mathrm{T}})|^2 \tag{2.36}$$

und durch die Fourier-Transformation von $\underline{r}^{\mathrm{x}}_{\mathrm{R},\vartheta\vartheta,HH}(t,\Delta x)$ das empfangsseitige APS

$$\underline{r}^{\mathrm{x}}_{\mathrm{R},\vartheta\vartheta,HH}(t,\Delta x) \,\bullet\!\!-\!\!\circ\, P_{\mathrm{R},\vartheta\vartheta}(t,\Omega_{\mathrm{R}}) = |h^{\mathrm{TP}}_{\vartheta\vartheta}(t,\Omega_{\mathrm{R}})|^2 \ . \tag{2.37}$$

Winkel- und Ortsbereich, gekennzeichnet durch die Variablen Ω und x, bilden analog zum Zeit- und Frequenzbereich, gekennzeichnet durch die Variablen t und f_{D} bzw. τ und ν, ein Fourierpaar. $P_{\mathrm{T},\vartheta\vartheta}(t,\Omega_{\mathrm{T}})$ bzw. $P_{\mathrm{R},\vartheta\vartheta}(t,\Omega_{\mathrm{R}})$ beschreiben den räumlichen Verlauf der Momentanleistung am Sender bzw. am Empfänger bei harmonischer Erregung des Funkkanals und vertikal polarisierter Sende- und Empfangsantenne.

Das momentane Leistungswinkelspektrum $P_{\mathrm{T},\vartheta\vartheta}(t_0,\Omega_{\mathrm{T}})$ zu einem festen Zeitpunkt $t = t_0$ kann unter der Annahme einer unendlich großen Bandbreite aus dem Betragsquadrat der Mehrwegepfade berechnet werden:

$$P_{\mathrm{T},\vartheta\vartheta}(t_0,\Omega_{\mathrm{T}}) = \sum_{q=1}^{Q(t_0)} |\underline{A}_q(t_0)|^2 \delta(\Omega_{\mathrm{T}} - \Omega_{\mathrm{T,q}}) \tag{2.38}$$

Durch Austauschen von Ω_{T} durch Ω_{R} in (2.38) lässt sich $P_{\mathrm{R},\vartheta\vartheta}(t_0,\Omega_{\mathrm{R}})$ berechnen.

Charakteristische Größen des APS sind mittlerer Winkel und Winkelspreizung. Beide können sowohl Sender- als auch Empfängerseitig bestimmt werden. Der mittlere Winkel beschreibt die mittlere Richtung, in die (aus der) ein Signal gesendet (empfangen) wird. Die Winkelspreizung kann als leistungsgewichtete Standardabweichung der Sendewinkel (Empfangswinkel) der Mehrwegepfade gedeutet werden. Sie ist ein Maß für den Öffnungswinkel, unter dem die gesendeten (empfangenen) Pfade gesehen werden. Je größer die Winkelspreizung, desto stärker ausgeprägt ist der räumliche Schwund und desto lohnenswerter ist der Einsatz von Mehrantennensystemen.

Unter Verwendung der Azimut-Sendewinkel der Mehrwegepfade $\psi_{\mathrm{T,q}}(t)$ ergibt sich der mittlere Azimut-Winkel $\mu_{\psi_{\mathrm{T},\vartheta\vartheta}}(t)$ und die Azimut-Winkelspreizung (engl. *azimuth spread*) $\sigma_{\psi_{\mathrm{T},\vartheta\vartheta}}(t)$ am Sender zu:

$$\mu_{\psi_{\mathrm{T},\vartheta\vartheta}}(t) = \frac{\displaystyle\int_{\psi_{\mathrm{T,max}}(t)-\pi}^{\psi_{\mathrm{T,max}}(t)+\pi} \psi_{\mathrm{T}}(t)\, P_{\mathrm{T},\vartheta\vartheta}(t,\psi_{\mathrm{T}}(t))\, d\psi_{\mathrm{T}}}{\displaystyle\int_{\psi_{\mathrm{T,max}}(t)-\pi}^{\psi_{\mathrm{T,max}}(t)+\pi} P_{\mathrm{T},\vartheta\vartheta}(t,\psi_{\mathrm{T}}(t))\, d\psi_{\mathrm{T}}} \tag{2.39}$$

$$\sigma_{\psi_{\mathrm{T},\vartheta\vartheta}}(t) = \sqrt{\frac{\displaystyle\int_{\psi_{\mathrm{T,max}}(t)-\pi}^{\psi_{\mathrm{T,max}}(t)+\pi} \psi_{\mathrm{T}}(t)^2\, P_{\mathrm{T},\vartheta\vartheta}(t,\psi_{\mathrm{T}}(t))\, d\psi_{\mathrm{T}}}{\displaystyle\int_{\psi_{\mathrm{T,max}}(t)-\pi}^{\psi_{\mathrm{T,max}}(t)+\pi} P_{\mathrm{T},\vartheta\vartheta}(t,\psi_{\mathrm{T}}(t))\, d\psi_{\mathrm{T}}} - \mu^2_{\psi_{\mathrm{T},\vartheta\vartheta}}(t)} \tag{2.40}$$

Eine eindeutige Beschreibung der Sendewinkel der Mehrwegepfade in Azimut und Elevation ist nur in einem Winkelbereich von 2π möglich. Deshalb muss der Integrationsbereich in (2.39) und (2.40) auf 2π begrenzt werden. Das Zentrum des Integrationsbereiches wird sinnvollerweise auf denjenigen Winkel gesetzt, bei dem das APS sein Maximum aufweist. $\psi_{\mathrm{T},\vartheta\vartheta,\mathrm{max}}$ beschreibt jenen Azimut-Winkel, in den die meiste Leistung gesendet wird. Durch ersetzen von $\psi_{\mathrm{T}}(t)$ mit $\vartheta_{\mathrm{T}}(t)$ und $\psi_{\mathrm{T},\vartheta\vartheta,\mathrm{max}}(t)$ mit $\vartheta_{\mathrm{T},\vartheta\vartheta,\mathrm{max}}(t)$ in (2.39) und (2.40) können die Kenngrößen mittlerer Elevations-Winkel $\mu_{\vartheta_{\mathrm{T},\vartheta\vartheta}}$ und Elevations-Winkelspreizung $\sigma_{\vartheta_{\mathrm{T},\vartheta\vartheta}}(t)$ am Sender bestimmt werden. Die Berechnung der Kenngrößen des Leistungswinkelspektrums am Empfänger R erfordert das Einsetzten der Empfangswinkel.

Eine alternative Methode zur Bestimmung der Winkelspreizung ist in [Fle00] zu finden:

$$\sigma_{\psi_{\mathrm{T},\vartheta\vartheta}}(t) = \sqrt{\frac{\displaystyle\int_{-\pi}^{+\pi} \left|e^{j\psi_{\mathrm{T}}(t)} - \mu_{\psi_{\mathrm{T},\vartheta\vartheta}}(t)\right|^2 P_{\mathrm{T},\vartheta\vartheta}(t,\psi_{\mathrm{T}}(t))\, d\psi_{\mathrm{T}}}{\displaystyle\int_{-\pi}^{+\pi} P_{\mathrm{T},\vartheta\vartheta}(t,\psi_{\mathrm{T}}(t))\, d\psi_{\mathrm{T}}}} \tag{2.41}$$

mit

$$\mu_{\psi_{\mathrm{T},\vartheta\vartheta}}(t) = \frac{\displaystyle\int_{-\pi}^{+\pi} e^{j\psi_{\mathrm{T}}(t)}\, P_{\mathrm{T},\vartheta\vartheta}(t,\psi_{\mathrm{T}}(t))\, d\psi_{\mathrm{T}}}{\displaystyle\int_{-\pi}^{+\pi} P_{\mathrm{T},\vartheta\vartheta}(t,\psi_{\mathrm{T}}(t))\, d\psi_{\mathrm{T}}} \tag{2.42}$$

Im Unterschied zu (2.40) ist (2.41) unabhängig vom Zentrum des Integrationsbereiches und somit in der Praxis wesentlich einfacher zu handhaben. Da (2.40) jedoch geläufiger ist, wird diese Definition der Winkelspreizung im weiteren Verlauf der Arbeit verwendet.

Die beiden Kenngrößen der Richtungsselektivität des Funkkanals, Winkelspreizung und Kohärenzlänge, verhalten sich umgekehrt proportional zueinander:

$$D^{\mathrm{x}}_{\mathrm{coh,T},\vartheta\vartheta} \propto \frac{1}{\sigma_{\psi_{\mathrm{T},\vartheta\vartheta}}} \tag{2.43}$$

2.3 Zusammenfassung

In diesem Kapitel wurden die für diese Arbeit wichtigen Systemfunktionen des ungerichteten Übertragungskanals und des richtungsaufgelösten Funkkanals eingeführt. Bei deren Herleitung ist man davon ausgegangen, dass der Funkkanal als lineares zeitvariantes System betrachtet werden kann. Es wurde gezeigt, dass alle Systemfunktionen über Fourier- bzw. inverse Fouriertransformation miteinander verknüpft und somit leicht ineinander umzurechnen sind. Eine besondere Bedeutung für den weiteren Verlauf dieser Arbeit haben die Kanalimpulsantwort und die Übertragungsfunktion des ungerichteten Übertragungskanals, da diese direkt über Messungen oder Simulationen im Frequenz- oder im Zeitbereich bestimmt werden können (vgl. Abschnitt 4.2). Für die Verifikation von MIMO-spezifischen Größen und die Charakterisierung der räumlichen Eigenschaften der Mehrwegeausbreitung sind außerdem die in Abschnitt 2.1.2.2 eingeführte richtungsaufgelöste Kanalimpulsantwort und richtungsaufgelöste Übertragungsfunktion des Funkkanals wichtig (vgl. Abschnitte 4.3.5 und 4.3.6 sowie Kapitel 7). Wie in Abschnitt 4.2.3 dargelegt, ist deren messtechnische Bestimmung jedoch wesentlich aufwendiger als bei den ungerichteten Systemfunktionen, da sie den Einsatz spezieller Messantennen und eine anschließende Parameterschätzung erfordern.

Eine Beurteilung des Verhaltens des Mobilfunkkanals allein auf Basis der Systemfunktionen ist nur schwer möglich. Deshalb wurden in Abschnitt 2.2 zusätzliche Kennfunktionen und Kenngrößen eingeführt. Diese geben Auskunft über die Zeitvarianz, Frequenz- und Richtungsselektivität des Mobilfunkkanals. In dieser Arbeit werden die Kennfunktionen und Kenngrößen hauptsächlich verwendet, um gemessene Kanäle mit simulierten quantitativ vergleichen zu können (vgl. Kapitel 4 und 7). Allgemein bilden sie jedoch auch die Grundlage für ein optimales Systemdesign, da anhand ihrer Werte Systemgrößen auf die zeitvarianten, frequenz- und richtungsselektiven Eigenschaften des Übertragungskanals abgestimmt werden können.

Kapitel 3

Grundlagen der Mehrantennen-Übertragungstechnik

Im folgenden Kapitel werden die Grundlagen der Mehrantennen-Übertragungstechnik, welche für diese Arbeit von besonderer Bedeutung sind, eingeführt. Abschnitt 3.1 geht zunächst auf den Einsatz von MIMO in Punkt-zu-Punkt Systemen ein. Nach einer Einführung in die wichtigsten informationstheoretischen Zusammenhänge wird eine kurze Zusammenfassung über den aktuellen Stand der Technik zu Punkt-zu-Punkt MIMO-Übertragungsverfahren gegeben. Hierbei wird zwischen den in der Einleitung der Arbeit eingeführten drei Kategorien *Beamforming*, *Diversity* und *Multiplexing* unterschieden. Anschließend wird die Kapazität als ein Bewertungsmaß für die Leistungsfähigkeit der Mehrantennen-Übertragungstechnik eingeführt. Bestimmende Faktoren der Höhe der Kapazität sind u.a. der Grad der Kanalkenntnis, die Anzahl und Anordnung der Sende- und Empfangsantennen sowie die Eigenschaften der MIMO-Übertragungsmatrix.

Ist die Basisstation mit mehreren Antennen ausgestattet, hat sie die Möglichkeit, durch gebündelte und adaptiv schwenkbare Keulen einzelne Nutzer selektiv im Raum aufgrund ihrer unterschiedlichen räumlichen Kanäle anzusprechen. Diese Technik wird herkömmlich mit SDMA bezeichnet (vgl. Abschnitt 1.3). Durch den Einsatz von SDMA ist die Basisstation in der Lage, mehrere Nutzer im gleichen Frequenz- und Zeitschlitz zu versorgen. Das System wird dann als Punkt-zu-Mehrpunkt MIMO-System bezeichnet. Verglichen mit der herkömmlichen Punkt-zu-Punkt Kommunikation sparen Punkt-zu-Mehrpunkt MIMO-Systeme erhebliche Ressourcen ein. Abschnitt 3.2 beschreibt die Grundlagen der Punkt-zu-Mehrpunkt MIMO-Kommunikation. Zunächst erfolgt eine Einführung in die systemtheoretische Beschreibung von Mehrnutzer-MIMO-Systemen. Darauf folgend werden die für diese Arbeit wichtigen Formeln zur Berechnung der Mehrnutzer-MIMO-Kapazität für *Up-* und *Downlink* zusammengefasst. Außerdem wird ein kurzer Überblick über den aktuellen Stand der Forschung zu Mehrnutzer-MIMO-Übertragungsverfahren gegeben. Abschnitt 3.2.3 und Abschnitt 3.2.4 gehen ausführlich auf die Funktionsweise der für diese Arbeit relevanten Mehrnutzer-MIMO-Übertragungsverfahren ein. Die Algorithmen finden später in Abschnitt 7.5 Anwendung.

Aus den in Abschnitt 3.1 und Abschnitt 3.2 dargestellten Grundlagen lassen sich Kriterien für die Bewertung von MIMO-Übertragungskanälen, -Kanalmodellen und -Systemen ableiten. Diese sind in Abschnitt 3.3 zusammengefasst.

3.1 MIMO in Punkt-zu-Punkt Systemen

3.1.1 MIMO-Systembeschreibung

Ein Punkt-zu-Punkt MIMO-System besteht allgemein aus einem Sender mit M Sendeantennen und einem Empfänger mit N Empfangsantennen. Es wird deshalb auch als $M \times N$ MIMO-System bezeichnet. Bild 3.1 zeigt beispielhaft ein 2×3 MIMO-System. Von den Sendeantennen werden verschiedene Signale $\underline{x}_\mathrm{m}$ über den gerichteten Funkkanal mit der selben Trägerfrequenz zum Empfänger übertragen. Jede Empfangsantenne empfängt jedes gesendete Signal. Die Eigenschaften der Sendeantennen, des gerichteten Funkkanals und der Empfangsantennen können in einer komplexen zeitvarianten $M \times N$ MIMO-Übertragunsmatrix $\underline{\mathbf{H}}(\tau, t)$ zusammengefasst werden:

$$\underline{\mathbf{H}}(\tau, t) = \begin{pmatrix} \underline{h}_{11}^{\mathrm{TP}}(\tau, t) & \cdots & \underline{h}_{1M}^{\mathrm{TP}}(\tau, t) \\ \vdots & \ddots & \vdots \\ \underline{h}_{N1}^{\mathrm{TP}}(\tau, t) & \cdots & \underline{h}_{NM}^{\mathrm{TP}}(\tau, t) \end{pmatrix} \tag{3.1}$$

Die komplexe Funktion $\underline{h}_{nm}^{\mathrm{TP}}(\tau, t)$ stellt die zeitvariante Tiefpass-Impulsantwort des Übertragungskanals aus (2.8) zwischen der n-ten Empfangsantenne und der m-ten Sendeantenne dar. Die Empfangssignale der einzelnen Empfangsantennen können im zeitvarianten Ausgangsvektor $\vec{y}(t)$ zusammengefasst werden:

$$\vec{y}(t) = \int_\tau \left\{ \underline{\mathbf{H}}(\tau, t) \vec{\underline{x}}(t - \tau)\, d\tau \right\} + \vec{\underline{z}}(t) \tag{3.2}$$

Der komplexe Vektor $\underline{\vec{z}}$ beschreibt die Summe aus Rauschen und Interferenz, die auf das Empfangsarray eintrifft. Bei den Rauschsignalen handelt es sich um unabhängiges, mittelwertfreies, komplexes weißes Gauß'sches Rauschen mit der Varianz σ^2. Die Interferenzsignale an den einzelnen Empfangsantennen sind hingegen miteinander korreliert. Die Höhe der Korrelation hängt u.a. von der Charakteristik des gerichteten Funkkanals sowie den Eigenschaften der MIMO-Antennenanordnung ab. Im Allgemeinen wird in Punkt-zu-Punkt MIMO-Untersuchungen die Interferenz zu Null gesetzt, wodurch $\underline{\vec{z}}$ in $\underline{\vec{n}}$ übergeht (wenn $\underline{\vec{n}}$ die einzelnen Rauschsignale zusammenfasst).

Um die verschiedenen Signale der einzelnen Empfangsantennen nutzbar zu machen, werden MIMO-Übertragungsverfahren eingesetzt. Diese haben die Aufgabe, den zu sendenden Datenstrom, wie in Bild 3.1 angedeutet, mithilfe einer speziellen sendeseitigen Vorverarbeitung sowie einer empfangsseitigen Nachverarbeitung adaptiv an den zeitvarianten und richtungsselektiven MIMO-Übertragungskanal anzupassen. Der Vorverarbeitungsblock spaltet je nach Übertragungsverfahren den Datenstrom über einen Raum-Zeit-Codierer in einen oder mehrere Datenströme auf.

Für die nachfolgenden Betrachtungen wird aus Gründen der Übersichtlichkeit das Übertragungsspektrum in $n_\mathrm{f} = 1, 2, \ldots, N_\mathrm{f}$ schmalbandige, frequenzflache Kanäle aufgeteilt (vgl. Abschnitt 2.2.2). f_{n_f} sei die Frequenz des n_f-ten schmalbandigen Kanals. Der Übertragungskanal zwischen Sendeantenne m und Empfangsantenne n kann dann durch N_f frequenzunabhängige schmalbandige Übertragungskoeffizienten $\underline{H}_{nm}^{\mathrm{TP}}(\nu_{n_\mathrm{f}}, t) = \underline{h}_{nm, n_\mathrm{f}}^{\mathrm{TP}}(t)$ beschrieben

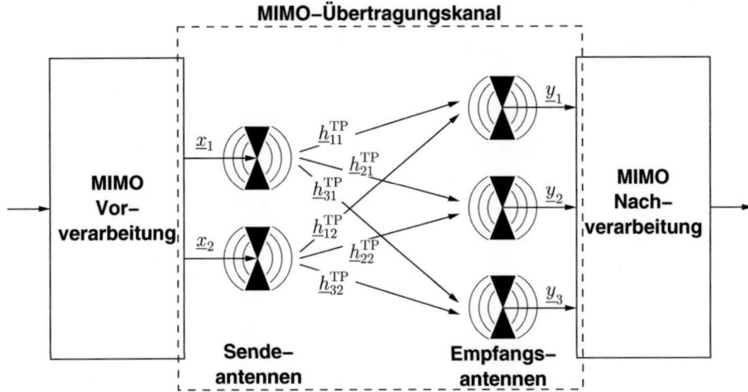

Bild 3.1: 2x3 MIMO-Systemmodell mit 2 Sende- und 3 Empfangsantennen

werden [PNG03]. ν_{n_f} entspricht der Ablage des n_f-ten Kanals von der Mittenfrequenz f_0 und berechnet sich aus $\nu_{n_f} = f_{n_f} - f_0$ (mit $\nu_{n_f} > -f_0$). Das Übertragungsverhalten des gesamten MIMO-Systems ergibt sich aus dem Übertragungsverhalten der N_f schmalbandigen MIMO-Systeme. Das Ausgangssignal $\vec{y}(t)$ eines schmalbandigen MIMO-Systems kann in Analogie zu (3.2) durch

$$\vec{y}(t) = \underline{\mathbf{H}}(t)\vec{\underline{x}}(t) + \vec{\underline{z}}(t) \tag{3.3}$$

beschrieben werden. Vereinfachend wird im Folgenden ein schmalbandiges MIMO-System zu einem festen Zeitpunkt betrachtet. Hierdurch geht (3.3) über in:

$$\vec{\underline{y}} = \underline{\mathbf{H}}\vec{\underline{x}} + \vec{\underline{z}} \tag{3.4}$$

Bestimmendes Element in (3.4) ist die MIMO-Übertragungsmatrix $\underline{\mathbf{H}}$.

Zur Verdeutlichung der Möglichkeiten und der Funktionsweise der MIMO-Übertragungstechnik wird die MIMO-Übertragungsmatrix $\underline{\mathbf{H}}$ mithilfe der Singulärwertzerlegung in ein Produkt aus drei Matrizen zerlegt [Tel99]:

$$\underline{\mathbf{H}} = \underline{\mathbf{U}}\mathbf{D}\underline{\mathbf{V}}^\dagger \tag{3.5}$$

Die links- bzw. rechtsseitigen Matrizen $\underline{\mathbf{U}}$ und $\underline{\mathbf{V}}^\dagger$ sind unitäre Matrizen und beinhalten die jeweils zueinander orthogonalen links- und rechtsseitigen Singulärvektoren.[1] $\mathbf{D}$ ist eine $M \times N$ Matrix, d.h. mit der gleichen Dimension wie $\underline{\mathbf{H}}$. Die $i = 1, \ldots, J$ Diagonalelemente von $\mathbf{D}$ heißen Singulärwerte ς_{ii} von $\underline{\mathbf{H}}$. Sie sind reell und nicht negativ. Die Anzahl R der von Null verschiedenen Singulärwerte ist gleich dem Rang R der MIMO-Übertragungsmatrix $\underline{\mathbf{H}}$: $R = \mathrm{rang}(\underline{\mathbf{H}}) \leq \min(M, N)$. Im Folgenden wird davon ausgegangen, dass die Singulärwerte der Größe nach geordnet sind:

$$\varsigma_{11} \geq \varsigma_{22} \geq \ldots \geq \varsigma_{RR} \geq \varsigma_{(R+1)(R+1)} = \varsigma_{JJ} = 0 \tag{3.6}$$

---

[1]Mit unitär wird eine quadratische Matrix $\mathbf{A}$ bezeichnet, deren Spalten zueinander orthogonal sind. Dies ist genau dann der Fall wenn gilt: $\mathbf{A}^\dagger\mathbf{A} = \mathbf{I}$ bzw. $\mathbf{A}^\dagger = \mathbf{A}^{-1}$

Weiterhin gilt, dass die Spalten von $\underline{\mathbf{U}}$ gleich den Eigenvektoren von $\underline{\mathbf{HH}}^{\dagger}$ und die Spalten von $\underline{\mathbf{V}}$ gleich den Eigenvektoren von $\underline{\mathbf{H}}^{\dagger}\underline{\mathbf{H}}$ sind.

Die praktische Bedeutung der Singulärwertzerlegung für MIMO-Systeme wurde erstmals in [Tel99] aufgezeigt. Setzt man (3.5) in (3.4) ein und multipliziert anschließend das Ergebnis von links mit der linksseitigen Singulärwertmatrix $\underline{\mathbf{U}}^{\dagger}$, so erhält man mit den transformierten Vektoren

$$\tilde{\underline{\vec{y}}} = \underline{\mathbf{U}}^{\dagger}\underline{\vec{y}}, \quad \tilde{\underline{\vec{x}}} = \underline{\mathbf{V}}^{\dagger}\underline{\vec{x}} \quad \text{und} \quad \tilde{\underline{\vec{z}}} = \underline{\mathbf{U}}^{\dagger}\underline{\vec{z}} \tag{3.7}$$

eine alternative Gleichung zur Beschreibung von Punkt-zu-Punkt MIMO-Systemen:

$$\tilde{\underline{\vec{y}}} = \mathbf{D}\tilde{\underline{\vec{x}}} + \tilde{\underline{\vec{z}}} \tag{3.8}$$

Zentrales Element in (3.8) ist die neue MIMO-Übertragungsmatrix $\mathbf{D}$. Diese besitzt Diagonalgestalt, d.h. alle Elemente außerhalb der Diagonalen sind Null. Praktisch können die von Null verschiedenen Singulärwerte der Hauptdiagonalen als voneinander unabhängige, orthogonale Übertragungskanäle (sog. Subkanäle) gedeutet werden. MIMO-Systeme sind in der Lage, diese Subkanäle zur parallelen Übertragung mehrere Datenströme zu nutzen. Diese Fähigkeit wird als räumliches *Multiplexing* bezeichnet. Die Anzahl der Subkanäle K, welche zur parallelen Datenübertragung genutzt werden können, ist in realen Systemen durch die Anzahl der Sende- und Empfangsantennen sowie den Rang der MIMO-Übertragungsmatrix beschränkt auf: $K = \min\{M, N, R\}$. Wie später in Abschnitt 3.2 gezeigt wird, hat räumliches *Multiplexing* auch für Mehrnutzer-MIMO-Systeme eine entscheidende Bedeutung.

Anschaulich lässt sich die Systemgleichung (3.8) anhand von Bild 3.2 erklären [And00], [Wal04].[2] Dieses zeigt ein abstraktes Blockschaltbild eines 3×3 MIMO-Systems. Aufgrund der drei Sende- und Empfangsantennen kann das System maximal drei Subkanäle nutzen. Am Sender werden die parallelen Datenströme $\tilde{\underline{x}}_1$, $\tilde{\underline{x}}_2$ und $\tilde{\underline{x}}_3$ zunächst mit p_{11}, p_{22} und p_{33} leistungsgeregelt, dann mit der Gewichtungsmatrix $\underline{\mathbf{V}}$ multipliziert und anschließend über die Sendeantennen abgestrahlt. An der Empfangsseite wird der Empfangsvektor $\underline{\vec{y}}$ mit der Gewichtungsmatrix $\underline{\mathbf{U}}^{\dagger}$ multipliziert, wodurch man ausgangsseitig den transformierten Vektor $\tilde{\underline{y}}$ erhält. $\underline{\mathbf{V}}$ und $\underline{\mathbf{U}}^{\dagger}$ übernehmen die Funktion von sende- und empfangsseitiger MIMO-Vor- und -Nachverarbeitung, in Form von Subkanal-Strahlformung (vgl. Abschnitt 3.1.2). Grundvoraussetzung zur Nutzung der einzelnen Subkanäle, bzw. des in Bild 3.2 gezeigten *Multiplexing*-Verfahrens, ist die perfekte Kenntnis der MIMO-Übertragungsmatrix $\underline{\mathbf{H}}$, sowohl am Sender als auch am Empfänger. Denn erst durch die perfekte Kanalkenntnis ist die Berechnung der Matrizen $\underline{\mathbf{V}}$ und $\underline{\mathbf{U}}^{\dagger}$ sowie der Leistungen p_{ii} möglich.

3.1.2 Punkt-zu-Punkt Mehrantennen-Übertragungsverfahren

Ziel dieses Abschnitts ist es, einen kurzen Überblick über Punkt-zu-Punkt Mehrantennen-Übertragungsverfahren zu geben. Dabei wird unterschieden zwischen *Beamforming*- und *Diversity*-Verfahren, welche beide vorrangig die Übertragungsqualität verbessern und *Multiplexing*-Verfahren, welche vorrangig die Datenrate steigern. Wann welches Verfahren eingesetzt werden sollte, hängt von zahlreichen Faktoren ab (z.B. der Struktur der MIMO-Übertragungsmatrix) [JB04], [SFZV07]. Einige Anhaltspunkte gibt Abschnitt 3.3.

---

[2]$(\cdot)^{*}$ in Bild 3.2 steht für konjugiert komplex.

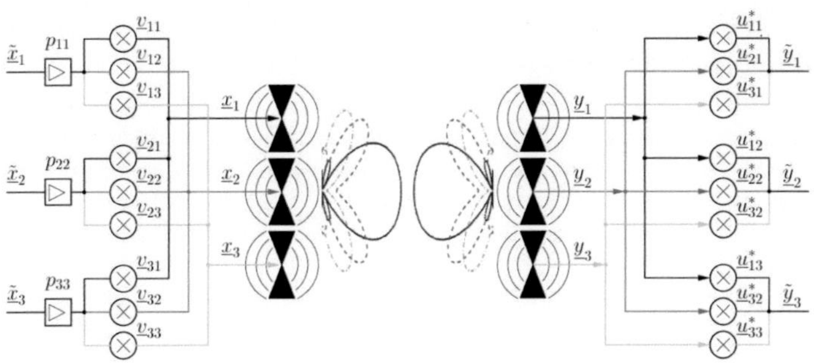

Bild 3.2: Blockschaltbild eines 3×3 MIMO-Systems mit Kanalkenntnis am Sender und am Empfänger, bei dem über orthogonale Subkanäle parallel (zeitgleich) bis zu drei Datenströme übertragen werden können [And00], [Wal04].

Beamforming:

Unter dem Begriff Strahlformung (*Beamforming*) versteht man allgemein das Erzeugen eines Gruppendiagramms mit ausgeprägter Hauptkeule in eine bestimmt Raumrichtung durch geschickte Ansteuerung der einzelnen Elemente eines Antennenarrays. Je nach Antennenanordnung (SIMO, MISO oder MIMO) und vorhandener Kanalkenntnis kann *Beamforming* auf der Sende- und/oder der Empfangsseite eingesetzt werden. *Beamforming*-Verfahren erhöhen das SNR am Empfänger und steigern somit die Zuverlässigkeit der Verbindung. Wird die Qualität der Verbindung derart verbessert, dass höherwertige Modulationsverfahren eingesetzt werden können, ist zudem eine Steigerung der Datenrate möglich. Durch das erhöhte SNR am Empfänger steigt die Netzabdeckung. Ist die Versorgung im Netz bereits ohne *Beamforming* sichergestellt, kann der *Beamforming*-Gewinn zur Reduktion von Sendeleistung, Kosten und Exposition eingesetzt werden.

Verfahren für analoges *Beamforming* sind bereits seit mehr als 40 Jahren bekannt [BL61]. Konzepte für digitales *Beamforming* (DBF: engl. *digital beamforming*) wurden zunächst für Sonar- [Cur80] und Radarsysteme [Bar80] entwickelt. In der Kommunikation finden sie u.a. in intelligenten Antennensystemen (engl. *smart antenna systems*) Verwendung und sind dort bereits seit mehr als einer Dekade Gegenstand der Forschung [LKYL96], [FN98], [BHN00], [BO01]. Ihr großer Vorteil gegenüber den analogen Verfahren besteht darin, dass sie in Kombination mit Kanal- bzw. Richtungsschätzverfahren das adaptive Schwenken der Hauptstrahlrichtung in die Richtung ermöglichen, in die der Funkkanal die geringste Dämpfung aufzeigt. Sind außerdem die Richtungen interferierender Störsignale bekannt, so können diese ausgeblendet werden. Hierzu werden Nullstellen im Antennenpattern in denjenigen Raumrichtungen erzeugt, in denen Störsignale auftreten (*Nullsteering*-Verfahren).

Diversity:

Bereits in [Bre59] und [Jak74] wird aufgezeigt, dass mehrere Antennen genutzt werden können, um Schwundeinbrüche des Funkkanals durch räumliche Diversität zu kompensieren. Hierdurch wird das empfängerseitige SNR und die Qualität der Datenübertragung verbessert. Zur optimalen Ausnutzung von Diversität müssen die Elemente des Antennenarrays so platziert werden, dass möglichst unabhängige (unkorrelierte) Schwundprozesse an den einzelnen Antennenelementen vorliegen [VB87].

Allgemein können Diversitätsverfahren in SIMO, MISO und in MIMO-Systemen, bzw. Sender- oder Empfängerseitig eingesetzt werden. Im Falle eines SIMO-Systems werden die einzelnen Empfangssignale der Empfangsantennen mithilfe eines *Diversity Combiners* so kombiniert, dass eine Erhöhung bzw. im Optimalfall eine Maximierung des instantanen SNRs erreicht wird (z.B. durch *Maximum-Ratio Combining*) [Bre59]. Soll Diversiät am Sender ausgenutzt werden, so ist eine gezielte Vorverarbeitung der zu sendenden Signale, die über die einzelnen Elemente des Sendearrays abgestrahlt werden, erforderlich. Man unterscheidet zwischen Verfahren, die perfekte Kanalkenntnis am Sender benötigen [Lo99], [FL01] und solchen, die mit perfekter Kanalkenntnis am Empfänger auskommen [Ala98], [TSC98] [TJC99]. Da perfekte Kanalkenntnis am Sender viel schwieriger zu erzielen ist als am Empfänger, haben sich insbesondere Verfahren des zweiten Typs durchgesetzt. Das wohl bekannteste Verfahren ist der von Alamouti eingeführte *Space-Time Block Code* [Ala98]. Einen guten Überblick über Diversity-Verfahren liefern neben den genannten Artikeln die Bücher [LS03], [PNG03] [Jan04].

Multiplexing:

Räumliches *Multiplexing* hat zum Ziel, die Kapazität in MIMO-Systemen durch das parallele Übertragen von mehreren Datenströmen und das gleichzeitige Ausnutzen von Diversität zu erhöhen. Ist perfekte Kanalkenntnis am Sender und am Empfänger vorhanden, kann eine optimale Multiplexübertragung aufgebaut werden. In diesem Fall ist es möglich, den MIMO-Übertragungskanal mithilfe der Singulärwertzerlegung nach (3.5) in orthogonale Subkanäle aufzuteilen. Die Subkanäle dienen dann der parallelen, zeitgleichen Übertragung von mehreren Datenströmen, wobei jedem Subkanal eine eigene sende- und empfangsseitige *Beamforming*-Charakteristik, eine eigene Sendeleistung p_{ii} und ein eigener Datenstrom zugeordnet ist (vgl. Bild 3.2).

Die *Beamforming*-Charakteristik des i-ten Subkanals einer gegebenen Gruppenantenne erhält man aus der Überlagerung des i-ten Gruppenfaktors mit der Richtcharakteristik des Einzelstrahlers der Gruppenantenne. Für eine in beliebiger Richtung ausgedehnte lineare Antennenanordnung mit gleichförmigem Elementabstand (ULA: engl. *uniform linear array*) ergibt sich der Gruppenfaktor des i-ten Subkanals an der Senderseite durch die Gewichtung der m-ten Sendeantenne mit dem Element $\underline{v}_{mi}$ der i-ten Spalte von $\mathbf{V}$ aus (3.5) zu [Bal97]:

$$\underline{C}_T^i(\vartheta, \psi) = K_\mathrm{T} \sum_{m=1}^{M} \underline{v}_{mi} e^{jk_0(\Delta x_m \sin\vartheta \cos\psi + \Delta y_m \sin\vartheta \sin\psi + \Delta z_m \cos\vartheta)} \tag{3.9}$$

$\Delta x_m, \Delta y_m$ und Δz_m sind die Abstände der Antennenelemente in x-, y- und z-Richtung von der Position der 1. Sendeantenne aus gesehen, die als Referenz dient. k_0 kennzeichnet die Wellenzahl. Die Winkel ϑ und ψ entsprechen dem Elevations- und Azimut-Winkel gemäß dem Kugelkoordinatensystem aus Bild 2.2. K_T ist ein geeigneter Normierungsfaktor, der sich aus der Bedingung $\max|\underline{C}_T^i(\vartheta, \psi)| \overset{!}{=} 1$ ergibt. Der Gruppenfaktor des i-ten Subkanals auf der Empfängerseite ergibt sich analog zu (3.9) durch Gewichtung der n-ten Empfangsantenne mit dem Element $\underline{u}_{ni}^*$ der i-ten Zeile von $\mathbf{U}^\dagger$ aus (3.5) zu [Bal97]:

$$\underline{C}_R^i(\vartheta, \psi) = K_\mathrm{R} \sum_{n=1}^{N} \underline{u}_{ni}^* e^{jk_0(\Delta x_m \sin\vartheta \cos\psi + \Delta y_m \sin\vartheta \sin\psi + \Delta z_m \cos\vartheta)} \tag{3.10}$$

Neben der sende- und empfangsseitigen *Beamforming*-Charakteristik muss jedem Subkanal bzw. jedem Datenstrom eine Leistung zugeordnet werden. Die optimale Aufteilung der gesamten Sendeleistung P_T auf die Subkanäle, d.h. auf die einzelnen in Bild 3.2 angedeuteten p_{ii}, erhält man unter Anwendung des *Waterfilling*-Verfahrens [RC98], [Tel99], [And00], [KBJR01]. Wie in Abschnitt 3.1.4 und Anhang A.1 gezeigt, weist dieses dem stärksten (besten) Subkanal die meiste Leistung und dem schwächsten (schlechtesten) Subkanal die geringste Leistung zu. Hierdurch wird eine Maximierung der Kapazität bzw. des Datendurchsatzes erreicht. Im Vergleich zu *Beamforming* oder *Diversity* ist räumliches *Multiplexing* mit *Waterfilling* aufgrund der benötigten präzisen Kanalschätzung sowie der Signalverarbeitung im MIMO-Vor- und MIMO-Nachbearbeitungsblock wesentlich aufwändiger zu realisieren. Trotzdem kommt dem Verfahren eine große Bedeutung für Theorie und Praxis zu, da es die maximal erreichbare Kapazität angibt. Deshalb wird es auch in dieser Arbeit für Vergleichszwecke herangezogen.

Die Funktionsweise der Multiplexübertragung mit perfekter Kanalkenntnis am Sender und Empfänger soll mithilfe des folgenden Beispiels verdeutlicht werden. Ausgangspunkt ist das in Bild 3.3 gezeigte Ausbreitungsszenario mit einer Basisstation und einem Nutzer. Die dunklen Polygone in Bild 3.3 kennzeichnen Gebäude und die helleren Polygone Bäume (Draufsicht). Die BS befindet sich auf einem exponierten Gebäude und das MT in einer Straßenschlucht. Sowohl BS als auch MT sind mit einem linearen Antennenarray (ULA) ausgestattet. Beide Antennenarrays sind in y-Richtung ausgerichtet und bestehen aus jeweils sechs $\lambda/2$-Dipolen mit λ Elementabstand. Die in Bild 3.3 eingezeichneten Linien zwischen BS und MT kennzeichnen die mithilfe eines *Ray Tracing* Programms berechneten 30 stärksten Ausbreitungspfade (vgl. Abschnitt 4.1). Je heller ein Mehrwegepfad, desto höher ist seine Ausbreitungsdämpfung. Zusätzlich sind die sende- und empfangsseitigen Richtcharakteristiken des stärksten und zweitstärksten Subkanals in durchgezogener und gestrichelter Linie um die BS- und MT-Position dargestellt. Sie ergeben sich direkt durch Anwendung von (3.9) und (3.10). Man erkennt deutlich, dass die Richtcharakteristik des ersten Subkanals dem stärksten, direkten Ausbreitungspfad zugeordnet ist. Die Richtcharakteristik des zweiten und zugleich schwächeren Subkanals deckt ein Bündel zweifach interagierender Ausbreitungspfade ab. Da die Singulärvektoren von $\underline{V}$ und $\underline{U}^\dagger$ zueinander orthogonal sind, liegt das Maximum der Richtcharakteristik des einen Subkanals stets im Minimum der Richtcharakteristik des anderen Subkanals.

Verfahren, welche *Multiplexing* mit partieller bzw. Langzeit-Kanalkenntnis ermöglichen, sind in [IN02] und [KJUN02] vorgestellt. Es zeigt sich, dass diese je nach Zeitvarianz des Kanals fast an das Optimum herankommen. Ist keine Kanalkenntnis am Sender vorhanden, so kann das von Foschini an den Lucent-Bell Laboratories entwickelte BLAST-Sendekonzept (BLAST: engl. *Bell Laboratories Layered Space-Time Architecture*) zur räumlichen Multiplexübertragung genutzt werden [Fos96]. Dieses teilt den zu sendenden Datenstrom zunächst auf verschiedene *Layer* auf und benutzt anschließend ein spezielles Codierungsverfahren, welches die im Sender erzeugten Code-Wörter auf die Sendeantennen in Raum und Zeit verteilt. Weitere an das BLAST-Sendekonzept angelehnte Verfahren sind in den Folgejahren erschienen [WFGV98], [FCG$^+$03]. Da bei den BLAST-Sendekonzepten wegen der fehlenden Kanalkenntnis am Sender keine Subkanäle zur Übertragung genutzt werden können, benötigen sie spezielle Empfängerstrukturen, die in der Lage sind, die überlagerten Datenströme am Empfänger wieder zu trennen: z.B. *Maximum-Likelihood*, *Successive Interference Cancellation* (SIC), *Zero Forcing* (ZF), *Minimum Mean-Square Error* (MMSE) Empfänger [BBPS00], [PNG03], [Jan04].

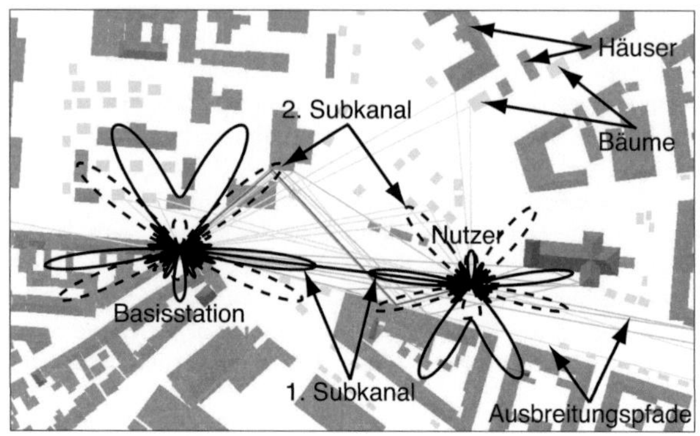

Bild 3.3: Beispiel der Richtcharakteristiken der ersten beiden Subkanäle für ein 6 × 6 MIMO-System mit Kanalkenntnis am Sender und Empfänger in einem urbanen Ausbreitungsszenario

3.1.3 Bestimmung der SISO-Kapazität

Im Folgenden geht man von einem nicht frequenzselektiven und interferenzfreien Übertragungskanal aus, welcher zu einem festen Zeitpunkt betrachtet wird. Der Begriff der Kapazität C nach Shannon gibt nach der Informationstheorie das Maximum der Transinformation (engl. *mutual information*) an, d.h. die maximale Informationsmenge, welche pro Zeiteinheit und pro Hz Bandbreite fehlerfrei zwischen einer Sende- und einer Empfangsantenne über den Übertragungskanal bei gegebenem Signal-zu-Rauschverhältnis (SNR) übertragen werden kann [Sha48]:

$$C = \log_2(1 + \rho) = \log_2(1 + P_\mathrm{T} |\underline{H}^{\mathrm{TP}}(\nu = 0)|^2/\sigma^2) \,, \text{ in bit/s/Hz} \tag{3.11}$$

P_T ist die Sendeleistung und ρ das SNR am Empfänger. Als Rauschsignal wird unabhängiges, mittelwertfreies, komplexes weißes Gauß'sches Rauschen mit der Varianz σ^2 angenommen. (3.11) verdeutlicht, dass die Kapazität nur logarithmisch mit dem SNR wächst. Eine Anhebung der Sendeleistung ist somit ein sehr ineffizienter Weg, um die Kapazität eines Kommunikationssystems zu steigern. Erst vor ca. einem Jahrzehnt wurde durch Berrou et al. gezeigt [BGT93], dass mithilfe von *Turbocodes* die Shannon-Grenze auch in der Praxis nahezu erreicht werden kann.

3.1.4 Bestimmung der MIMO-Kapazität

Im Folgenden geht man von einem frequenzflachen MIMO-Übertragungskanal $\mathbf{H}$ aus, welcher zu einem festen Zeitpunkt betrachtet wird. Weiterhin geht man von einem Gauß-verteilten Sendesignal $\underline{\vec{x}}$ mit der Sendekovarianzmatrix $\mathbf{R_{xx}} = E\left\{\underline{\vec{x}}\underline{\vec{x}}^\dagger\right\}$ sowie einem Gauß-verteilten Rausch-plus-Interferenz-Signal $\underline{\vec{z}}$ mit der Kovarianzmatrix $\mathbf{R_{zz}} = E\left\{\underline{\vec{z}}\underline{\vec{z}}^\dagger\right\}$ aus[3]. Die Kapazität

---

[3] $(\cdot)^\dagger$ steht für konjugiert komplex transponiert, $\mathrm{Tr}(\cdot)$ bezeichnet die Spur einer Matrix (engl. *trace*) und $E\{\cdot\}$ ist der Erwartungswertswertoperator.

ergibt sich dann zu [FFLV01]:

$$C = \max_{\mathbf{\underline{R}_{xx}}:\mathrm{Tr}(\mathbf{\underline{R}_{xx}})\leq P_\mathrm{T}} \log_2\left(\frac{\det(\mathbf{\underline{H}\underline{R}_{xx}\underline{H}^\dagger + \underline{R}_{zz}})}{\det(\mathbf{\underline{R}_{zz}})}\right)$$
$$= \max_{\mathbf{\underline{R}_{xx}}:\mathrm{Tr}(\mathbf{\underline{R}_{xx}})\leq P_\mathrm{T}} \log_2\left(\mathbf{I} + \mathbf{\underline{H}^\dagger \underline{R}_{zz}^{-1} \underline{H}\underline{R}_{xx}}\right) \tag{3.12}$$

Die Diagonalelemente von $\mathbf{\underline{R}_{xx}}$ repräsentieren die Sendeleistung der Antennenelemente des Sendearrays. Die Spur von $\mathbf{\underline{R}_{xx}}$, d.h. die Summe der Elemente der Hauptdiagonalen, muss somit kleiner gleich der maximal zur Verfügung stehenden Gesamtleistung P_T sein. $\mathbf{I}$ bezeichnet die Einheitsmatrix. Die Matrix $\mathbf{\underline{R}_{zz}} = E\left\{\vec{z}\vec{z}^\dagger\right\}$ entspricht der komplexen Kovarianzmatrix des Rausch-plus-Interferenz-Vektors. Im interferenzfreien Fall geht diese über zur Identitätsmatrix mit skalarer Rauschleistung σ^2 an jeder Empfangsantenne: $\mathbf{\underline{R}_{zz}} = \sigma^2\mathbf{I}$. Die Kapazitätsformel (3.12) kann dann umgeformt werden in:

$$C = \max_{\mathbf{\underline{R}_{xx}}:\mathrm{Tr}(\mathbf{\underline{R}_{xx}})\leq P_\mathrm{T}} \log_2 \det\left(\mathbf{I} + \frac{\mathbf{\underline{H}\underline{R}_{xx}\underline{H}^\dagger}}{\sigma^2}\right) \tag{3.13}$$

Der Wert der Kapazität hängt von den Eigenschaften der Mehrwegeausbreitung (repräsentiert durch die MIMO-Übertragungsmatrix $\mathbf{\underline{H}}$) und dem Rauschpegel ab. Zudem wird sie maßgeblich von der Verteilung der Sendeleistung auf die Sendeantennen, repräsentiert durch $\mathbf{\underline{R}_{xx}}$, beeinflusst. Die Leistungsverteilung hängt vom Grad der Kanalkenntnis am Sender bzw. am Empfänger ab. Auf die wichtigsten Fälle wird nachfolgend eingegangen.

MIMO-Kapazität mit Kanalkenntnis am Sender und am Empfänger:
Mithilfe des in Abschnitt 3.1.1 aufgezeigten Verfahrens der parallelen Datenübertragung über orthogonale Subkanäle (vgl. Bild 3.2) ist es möglich, die Kapazität aus (3.12) zu maximieren. Hierfür muss allerdings die Qualität der Subkanäle beurteilt werden. In Abschnitt 3.1.1 wurde bereits erwähnt, dass sich diese über die Singulärwerte ς_{ii} aus der Singulärwertzerlegung des MIMO-Übertragungskanals $\mathbf{\underline{H}}$ nach (3.5) berechnen lässt. Setzt man (3.5) in (3.13) ein, so ergibt sich nach einigen Matrixumformungen die Kapazitätsformel für beidseitige Kanalkenntnis und den Sonderfall der Interferenzfreiheit [Sch04]:

$$C = \max_{\mathbf{P}:\mathrm{Tr}(\mathbf{P})\leq P_\mathrm{T}} \log_2 \det\left(\mathbf{I} + \frac{\mathbf{PD}^2}{\sigma^2}\right) \tag{3.14}$$

Die Matrix $\mathbf{P}$ ist die Zusammenfassung aus $\mathbf{P} = \mathbf{\underline{V}^\dagger \underline{R}_{xx}\underline{V}}$ [Sch04]. Es kann gezeigt werden, dass $\mathbf{P}$, um (3.14) zu maximieren, die Form einer Diagonalmatrix besitzen muss [RC98]: $\mathbf{P} = \mathrm{diag}\{p_{11}, p_{22}, \ldots, p_{KK}\}$. Die Diagonalelemente $p_{11}, \ldots, p_{KK}$ repräsentieren dann die Leistung, die auf die jeweiligen Subkanäle gegeben wird. Der Index K entspricht der Anzahl der Subkanäle: $K = \min\{M, N, R\}$ (vgl. Abschnitt 3.1.1). Die Kapazitätsformel (3.14) nimmt damit die folgende Gestalt an:

$$C = \max_{\mathbf{P}:\mathrm{Tr}(\mathbf{P})\leq P_\mathrm{T}} \log_2\left(\prod_{i=1}^{K}\left(1 + \frac{p_{ii}\varsigma_{ii}^2}{\sigma^2}\right)\right)$$
$$= \max_{\mathbf{P}:\mathrm{Tr}(\mathbf{P})\leq P_\mathrm{T}} \sum_{i=1}^{K}\log_2\left(1 + \frac{p_{ii}\varsigma_{ii}^2}{\sigma^2}\right) \tag{3.15}$$

Im allgemeinen Fall kann es jedoch sein, dass ein Subkanal extrem durch Interferenz gestört ist und es somit günstiger ist, diesen nicht in die Datenübertragung mit einzubeziehen. Wesentlich allgemeingültiger ist es deshalb, die Subkanalqualität über die Eigenwerte λ_{ii} aus der Eigenwertzerlegung $\underline{\mathbf{H}}^{\dagger}\underline{\mathbf{R}}_{\mathbf{zz}}^{-1}\underline{\mathbf{H}}$ (vgl. (3.12)) zu beurteilen, da diese Interferenz mit einschließen [Tel99]. Analog zu (3.6) seien im Folgenden die Eigenwerte $\lambda_{11}, \ldots, \lambda_{KK}$ der Größe nach angeordnet. Der Eigenwert λ_{11} beschreibt den Übertragungsgewinn inklusive Interferenz des besten Subkanals. Die Kapazität des Interferenz-Falls ergibt sich durch:

$$C = \max_{\mathbf{P}:\mathrm{Tr}(\mathbf{P}) \leq P_\mathrm{T}} \sum_{i=1}^{K} \log_2\left(1 + p_{ii}\lambda_{ii}\right) \tag{3.16}$$

Prinzipiell liefern (3.15) und (3.16) das gleiche Ergebnis wie (3.13). (3.15) und (3.16) beschreiben allerdings anschaulich, dass die MIMO-Kapazität im Fall perfekter Kanalkenntnis am Sender und Empfänger als Summe der Shannon-Kapazität der einzelnen Subkanäle interpretiert werden kann. Für den Sonderfall der Interferenzfreiheit (d.h. $\underline{\mathbf{R}}_{\mathbf{zz}} = \mathbf{I}\sigma^2$) gilt $\varsigma_{ii}^2 = \lambda_{ii}\sigma^2$, wodurch (3.16) in (3.15) übergeht.

Die Werte p_{ii}, welche (3.15) bzw. (3.16) maximieren, können mithilfe des *Waterfilling*-Verfahrens bestimmt werden [RC98], [Tel99], [And00], [KBJR01]. Dieses weist den Subkanälen anhand der Eigenwerte $\lambda_{11}, \ldots, \lambda_{JJ}$ unterschiedliche Leistung zu, wobei der beste Subkanal die meiste Leistung erhält (vgl. Abschnitt 3.1.1). Man unterscheidet zwischen zwei verschiedenen *Waterfilling*-Verfahren mit unterschiedlichen Zielsetzungen [RC98], [Cio02]:

- *Rate-Adaptive Waterfilling*: Maximierung der Datenrate, gemessen durch die Kapazität
- *Margin-Adaptive Waterfilling*: Minimierung der Sendeleistung bei einer vorgegebenen Datenrate

Beide Methoden werden in Anhang A.1 genauer beschrieben.

MIMO-Kapazität mit dominanter Eigenwert-Übertragung:
Wesentlich einfacher in Bezug auf die Systemkomplexität ist es, nur den stärksten Subkanal zur Datenübertragung zu nutzen und die gesamte Sendeleistung auf diesen zu geben. Die restlichen Subkanäle bleiben unbenutzt. Dieses Verfahren wird in der Literatur mit dominanter Eigenwert-Übertragung (engl. *dominant eigenmode transmission*) bezeichnet. Grundvoraussetzung zur Anwendung der dominanten Eigenwert-Übertragung ist sender- und empfängerseitige Kanalkenntnis. Diese wird benötigt, um die sender- und empfängerseitige *Beamforming*-Charakteristik des ersten (besten) Subkanals zu berechnen. Die Kapazitätsformel (3.16) vereinfacht sich, bei Anwendung von dominanter Eigenwert-Übertragung, zu:

$$C = \log_2(1 + P_\mathrm{T}\lambda_{11}) \tag{3.17}$$

Durch Umstellung von (3.17) kann diejenige Leistung P_T berechnet werden, welche benötigt wird, um eine geforderte Kapazität C zu erreichen[4]:

$$P_\mathrm{T} = \frac{2^C - 1}{\lambda_{11}} \tag{3.18}$$

---

[4]Mit Kapazität darf nach der Informationstheorie eigentlich nur die maximale Transinformation bezeichnet werden. In der MIMO-Literatur hat es sich jedoch eingebürgert, auch dann den Begriff der Kapazität zu verwenden, wenn keine Maximierung vorliegt, weshalb dies auch in dieser Arbeit so gehandhabt wird.

MIMO-Kapazität ohne Kanalkenntnis am Sender:
Ist volle Kanalkenntnis am Empfänger, hingegen keinerlei Kanalkenntnis am Sender des
MIMO-Systems vorhanden, kann keine optimale Multiplexübertragung nach dem in Bild 3.2
gezeigte Blockschaltbild aufgebaut werden. Denn durch die fehlende Kanalkenntnis ist es nicht
möglich, den Kanal zu diagonalisieren und die Gewichtungsmatrix $\underline{\mathbf{V}}$ sowie die Leistungen p_{ii}
zu berechnen. Um trotzdem eine Multiplexübertragung zur realisieren, kann das BLAST-
Sendekonzept eingesetzt werden (vgl. Abschnitt 3.1.2 [Fos96]). Dieses teilt die Sendeleistung
gleichmäßig auf die Sendeantennen auf und unterzieht die zu sendenden Datenströme einer
speziellen Codierung. Die Sendekovarianzmatrix ergibt sich dann zu:

$$\underline{\mathbf{R}}_{\mathbf{xx}} = \frac{P_{\mathrm{T}}}{M}\mathbf{I} \tag{3.19}$$

Durch Einsetzen von (3.19) in (3.12) erhält man die Kapazität im Interferenz-Fall

$$C = \log_2 \det\left(\mathbf{I} + \frac{P_{\mathrm{T}}}{M}\underline{\mathbf{H}}\underline{\mathbf{H}}^{\dagger}\underline{\mathbf{R}}_{\mathbf{zz}}^{-1}\right) \tag{3.20}$$

(3.13) geht im interferenzfreien Fall über in [FG98]:

$$C = \log_2 \det\left(\mathbf{I} + \frac{P_{\mathrm{T}}}{\sigma^2 M}\underline{\mathbf{H}}\underline{\mathbf{H}}^{\dagger}\right) \tag{3.21}$$

Kapazität des zeitlich/räumlich schwankenden MIMO-Übertragungskanals:
Bisher wurde die Kapazität für einen frequenzflachen MIMO-Übertragungskanal $\underline{\mathbf{H}}$ und ein
konstantes SNR zu einem festen Zeitpunkt betrachtet. In der Realität unterliegt jedoch
der MIMO-Übertragungskanal zeitlichen und räumlichen Schwankungen, welche z.B. durch
die Bewegung von Sender und/oder Empfänger verursacht werden. Die einzelnen Übertragungskoeffizienten des MIMO-Übertragungskanals sind somit zeitvariant, d.h. $\underline{H}_{nm}^{\mathrm{TP}}$ und
$\underline{\mathbf{H}}$ gehen über in $\underline{H}_{nm}^{\mathrm{TP}}(t)$ und $\underline{\mathbf{H}}(t)$.

Im Folgenden wird von einer bestimmten Anzahl $k_{\mathrm{s}} = 1, \ldots, K_{\mathrm{s}}$ an Kanalrealisierungen ausgegangen. Dabei kann es sich z.B. um eine zeitdiskrete Messung oder Simulation von $\underline{\mathbf{H}}(t)$
mit K_{s} Abtastwerten oder aber auch um K_{s} räumlich verteilte Abtastwerte von $\underline{\mathbf{H}}(k_{\mathrm{s}})$ in
einem Ausbreitungsszenario handeln. Bei einer Kanalrealisierung handelt es sich demzufolge
um eine Momentaufnahme des Funkkanals, weshalb man auch von einem Schnappschuss (engl.
snapshot) spricht. Die Erfassung der statistisch schwankenden Kapazitätswerte $C(k_{\mathrm{s}})$ über die
einzelnen Schnappschüsse erfolgt mithilfe der Verteilungsfunktion (CDF) der Kapazität. In
der MIMO-Literatur haben sich der Erwartungswert aller Kapazitätswerte (Mittelwert), der
Medianwert und die 10%-Ausfallkapazität als charakteristische Werte der CDF etabliert. Die
10%-Ausfallkapazität ist die Kapazität, die von 10% der Realisierungen unterschritten und
von 90% überschritten wird. Sie ist definiert durch[5]:

$$\mathrm{prob}\left\{C < C^{10\%}\right\} = 10\% \tag{3.22}$$

---

[5]prob $\{\cdot\}$ steht für Wahrscheinlichkeit, engl. *probability*

Kapazität des frequenzselektiven MIMO-Übertragungskanals:
In den bisherigen Kapazitätsformeln wurde davon ausgegangen, dass die Koeffizienten der MIMO-Übertragungsmatrix nicht frequenzselektiv sind. Die Bandbreite realer Kommunikationssysteme ist jedoch unterschiedlich groß, so dass man nicht immer von einem frequenzflachen Kanal ausgehen kann. In [PNG03] wird aufgezeigt, dass die MIMO-Kapazitätsformeln sehr einfach auf den frequenzselektiven Übertragungskanal erweitert werden können, indem die frequenzselektive MIMO-Übertragungsmatrix in $n_\mathrm{f} = 1, \ldots, N_\mathrm{f}$ schmalbandige, nicht frequenzselektive einzelne MIMO-Übertragungskanäle $\underline{\mathbf{H}}(f_{n_\mathrm{f}}, k_\mathrm{s})$ (Bandpass-Darstellung) bzw. $\underline{\mathbf{H}}(\nu_{n_\mathrm{f}}, k_\mathrm{s})$ (Basisband-Darstellung) aufgeteilt wird, mit $\nu_{n_\mathrm{f}} = f_{n_\mathrm{f}} - f_0$. In der Literatur sind Kapazitätsformeln für den frequenzselektiven MIMO-Übertragungskanal sowohl für den Fall perfekter Kanalkenntnis am Sender als auch für den Fall ohne Kanalkenntnis zu finden [PNG03], [Jan04].

Im Falle perfekter Kanalkenntnis erhält man die optimale Leistungsaufteilung, welche die Kapazität maximiert, mithilfe des sog. *Space-Frequency Waterfilling*-Verfahrens. Dieses teilt die Sendeleistung optimal sowohl räumlich (d.h. auf die Antennen) als auch über der Frequenz (d.h. auf die einzelnen Frequenzbänder) auf. Nähere Einzelheiten zur Funktionsweise des *Space-Frequency Waterfilling*-Verfahrens sind in [RC98] und [PNG03] zu finden.

Im Fall ohne Kanalkenntnis am Sender ist es am sinnvollsten, die Sendeleistung gleichverteilt auf die M Sendeantennen und N_f Subträger zu gegeben. Die Informationsmenge, welche im Mittel über einen Subträger pro Hz Bandbreite des Trägers übertragen werden kann, berechnet sich zu:

$$C(k_\mathrm{s}) = \frac{1}{N_\mathrm{f}} \sum_{n_\mathrm{f}=1}^{N_\mathrm{f}} \log_2 \det \left(\mathbf{I} + \frac{P_\mathrm{T}}{\sigma^2 M} \underline{\mathbf{H}}(\nu_{n_\mathrm{f}}, k_\mathrm{s}) \underline{\mathbf{H}}(\nu_{n_\mathrm{f}}, k_\mathrm{s})^\dagger \right) \tag{3.23}$$

(3.23) wird im Rahmen dieser Arbeit zur Verifikation des deterministischen Kanalmodells mit breitbandigen Messungen in Abschnitt 4.3 herangezogen.

Wie bereits angedeutet, muss in praktischen Systemen i.d.R. von einem frequenzselektiven Übertragungskanal ausgegangen werden. Die Frequenzmultiplex-Übertragungstechnik (OFDM: engl. *orthogonal frequency division multiplexing*) stellt deshalb eine optimale Ergänzung zu MIMO dar [MWW02], [STT$^+$02], [vZS03], [SBM$^+$04] [Kuh06]. Denn OFDM teilt das zur Verfügung stehende Übertragungsband in N_f schmalbandige Subbänder auf und nutzt jeden dieser Subträger zur Datenübertragung. Da sich Schwundeinbrüche in der Regel nicht auf allen Subbändern gleich stark auswirken, entsteht, verglichen mit nicht OFDM Systemen, ein Diversitätsgewinn. Je größer die gesamte OFDM-Übertragungsbandbreite, desto weniger macht sich schneller Schwund bemerkbar und desto steiler verläuft die CDF der mittleren Kapazität (desto größer ist $C^{10\%}$).

3.1.5 Normierung der MIMO-Übertragungsmatrix

Um die Kapazität von zeitlich bzw. räumlich schwankenden MIMO-Übertragungskanälen vergleichen zu können, ist es sinnvoll, einen Arbeitspunkt des MIMO-Systems festzulegen. Dies geschieht i.A. über eine geeignete Normierung der MIMO-Übertragungskanäle.

Normierung mit der Frobenius-Norm:
Um einen Vergleich von gemessenen mit simulierten Kapazitätswerten zu ermöglichen, wird jede einzelne MIMO-Übertragungsmatrix mithilfe der Frobenius-Norm normiert. Die Frobenius-Norm beschreibt in guter Näherung die mittlere Dämpfung des MIMO-Übertragungskanals zum Zeitpunkt k_s und berechnet sich über:

$$\|\underline{\mathbf{H}}(k_s)\|_F = \left(\sum_{m=1}^{M} \sum_{n=1}^{N} |\underline{H}_{nm}^{\mathrm{TP}}(k_s)|^2 \right)^{\frac{1}{2}} \tag{3.24}$$

Eine mit der Frobenius-Norm normierte Anzahl an MIMO-Übertragungskanälen

$$\underline{\mathbf{H}}_{norm}(k_s) = \frac{\sqrt{MN}}{\|\underline{\mathbf{H}}(k_s)\|_F}\underline{\mathbf{H}}(k_s) \tag{3.25}$$

hat eine konstante mittlere Dämpfung von eins. Wird $\underline{\mathbf{H}}_{norm}(k_s)$ anstelle von $\underline{\mathbf{H}}(k_s)$ in den in diesem Abschnitt hergeleiteten Kapazitätsformeln verwendet, so ist es möglich, das MIMO-System bei einem konstanten SNR zu untersuchen. Hierdurch kann der Einfluss der Struktur und der Korrelationseigenschaften der MIMO-Übertragungsmatrix getrennt vom Einfluss des SNRs auf die Kapazität untersucht werden [Wal04].

Im Fall von K_s breitbandigen, zeitlich bzw. räumlich schwankenden MIMO-Übertragungskanälen erfolgt die Berechnung der statistisch schwankenden Kapazität über (3.23). Um (3.23) anwenden zu können, müssen die einzelnen MIMO-Übertragungsmatrizen zunächst in $n_f = 1, \ldots, N_f$ schmalbandige Übertragungskanäle unterteilt werden. Anschließend erfolgt eine Normierung mit der Frobenius-Norm jeder einzelnen Übertragungsmatrix $\underline{\mathbf{H}}(\nu_{n_f}, k_s)$ mithilfe von:

$$\|\underline{\mathbf{H}}(\nu_{n_f}, k_s)\|_F = \left(\sum_{m=1}^{M} \sum_{n=1}^{N} |\underline{H}_{nm}^{\mathrm{TP}}(\nu_{n_f}, k_s)|^2 \right)^{\frac{1}{2}} \tag{3.26}$$

Man erhält $K_s N_f$ Dämpfungskoeffizienten $\|\underline{\mathbf{H}}(\nu_{n_f}, k_s)\|_F$. Zur Berechnung der Kapazität wird in (3.23) anstelle von $\underline{\mathbf{H}}(\nu_{n_f}, k_s)$ der normierte MIMO-Übertragungskanal $\underline{\mathbf{H}}_{norm}(\nu_{n_f}, k_s)$ eingesetzt:

$$\underline{\mathbf{H}}_{norm}(\nu_{n_f}, k_s) = \frac{\sqrt{MNN_f}}{\sum_{n_f}^{N_f} \|\underline{\mathbf{H}}(\nu_{n_f}, k_s)\|_F}\underline{\mathbf{H}}(\nu_{n_f}, k_s) \tag{3.27}$$

Arbeitspunkt für Mehrnutzer-MIMO-Simulationen:
Die Frobenius-Norm löscht aus der zeitvarianten MIMO-Übertragungsmatrix die komplette Information der mittleren Kanaldämpfung (langsamer Schwund). Bei Mehrnutzer-MIMO-Simulationen hätte eine Normierung mit der Frobenius-Norm zur Folge, dass die normierten Kanäle der einzelnen Nutzer keinen Leistungsunterschied mehr aufweisen würden. Nutzer mit stark gedämpften Kanälen könnten somit nicht mehr von Nutzern mit schwach gedämpften Kanälen unterschieden werden. Dies würde das Gesamtbild des Mehrnutzer-MIMO-Systems verzerren.

Für Mehrnutzer-MIMO-Simulationen ist es deshalb sinnvoll, den Arbeitspunkt über die Rauschleistung σ^2 festzulegen. Hierdurch hängt die Kapazität eines Nutzers direkt von seiner MIMO-Übertragungsmatrix und der zur Verfügung stehenden Sendeleistung P_T ab. Ein Nutzer mit einem stark gedämpften MIMO-Übertragungskanal benötigt dann zum Erreichen einer gewünschten Kapazität eine höhere Leistung P_T als ein Nutzer mit einem schwach gedämpften MIMO-Übertragungskanal.

3.2 MIMO in Punkt-zu-Mehrpunkt Systemen

In Punkt-zu-Mehrpunkt Systemen (Mehrnutzer-Systemen) kommuniziert eine Basisstation gleichzeitig mit einer Gruppe von Nutzern. Sobald die Basisstation mit mehreren Antennen und jeder Nutzer entweder mit einer oder auch mit mehreren Antennen ausgestattet ist, spricht man von einem Mehrnutzer-MIMO-System. Durch die Anwendung spezieller Mehrnutzer-MIMO-Algorithmen ist es möglich, Nutzer innerhalb einer Gruppe allein über ihren räumlich unterschiedlich ausgeprägten Ausbreitungskanal zu trennen. Lediglich die einzelnen Gruppen selbst müssen in eigene Frequenz- und/oder Zeitschlitze eingeteilt werden. Durch die zusätzliche räumliche Trennung wird der Kommunikationsraum, im Vergleich zu herkömmlichen SISO-Systemen, wesentlich effizienter ausgenutzt.

Wie in Abschnitt 1.3 bereits erwähnt, unterscheidet man bei der Beschreibung von Mehrnutzer-MIMO-Szenarien zwischen dem Hin- (engl. *uplink*) und dem Rückkanal (engl. *downlink*). Im *Uplink* senden mehrere Nutzer gleichzeitig ihre Daten an eine Basisstation. Dieser Fall ist in Bild 3.4(a) gezeigt und wird als MAC (engl. *multiple-access channel*) bezeichnet. Aufgrund des parallelen Sendens der Nutzer entsteht für Nutzer k durch die Signale der Nutzer $l = 1, \ldots, J, \forall l \neq k$ Intrazellinterferenz. Außerdem erzeugen aktive Nutzer in Nachbarzellen Interzellinterferenz. In dieser Arbeit wird davon ausgegangen, dass keine Kooperation zwischen den Nutzern möglich ist, da diese in realen Systemen schwer zu erreichen ist. Da die Erzeugung von nicht interferierenden *Uplink*-Sendesignalen ohne Kooperation der Nutzer (Sender) nicht möglich ist, ist es die Aufgabe der BS (Empfänger), die gleichzeitig ankommenden Signale der Nutzer zu trennen und die Interferenz zu minimieren.

Im *Downlink* (BC: engl. *broadcast channel*) versorgt die BS jeden Nutzer mit einem individuellen Datenstrom (vgl. Bild 3.5(a)). Betrachtet man Nutzer k, so empfängt dieser das eigene Nutzsignal sowie Signale, welche für die Nutzer $l = 1, \ldots, J, \forall l \neq k$ bestimmt sind und von Nutzer k als Intrazellinterferenz gesehen werden. Zudem erzeugen umliegende, aktive BS Interzellinterferenz. Die fehlende Kooperation zwischen den Nutzern (Empfängern) bedeutet, dass eine empfängerseitige Trennung der Sendesignale nicht möglich ist. Deshalb ist es Aufgabe der BS, mithilfe einer speziellen Vorprozessierung die Sendesignale so zu präparieren, dass die Intrazellinterferenz für jeden gleichzeitig zu versorgenden Nutzer minimal ist.

In den folgenden Abschnitten werden die theoretischen Grundlagen zu Mehrnutzer-MIMO-Systemen dargestellt. Zunächst wird die MIMO-Sytembeschreibung aus Abschnitt 3.1.1 auf Punkt-zu-Mehrpunkt MIMO-Systeme erweitert und eine Zusammenfassung der informationstheoretischen Zusammenhänge gegeben. In Abschnitt 3.2.2 werden allgemeingültige Formeln zur Ermittlung der Mehrnutzer-MIMO-Kapazität im MAC und im BC eingeführt und ein Überblick über den aktuellen Stand der Forschung zu Mehrnutzer-MIMO-Übertragungsverfahren gegeben. Die Abschnitte 3.2.3 und 3.2.4 gehen im Speziellen auf diejenigen *Downlink*-Mehrnutzer-MIMO-Algorithmen ein, welche in Abschnitt 7.5 bei der Anwendung des deterministischen und des geometrisch-stochastischen Kanalmodells zum Einsatz kommen. Die

Beschränkung auf den *Downlink* wurde bewusst vorgenommen. Denn es ist zu erwarten, dass, bedingt durch die wachsende Akzeptanz von IP basierten Datendiensten (z.B. Videoübertragung) und durch deren asynchrone Datenverteilung, die Netze im *Downlink* früher an ihre Kapazitätsgrenze stossen als im *Uplink*.

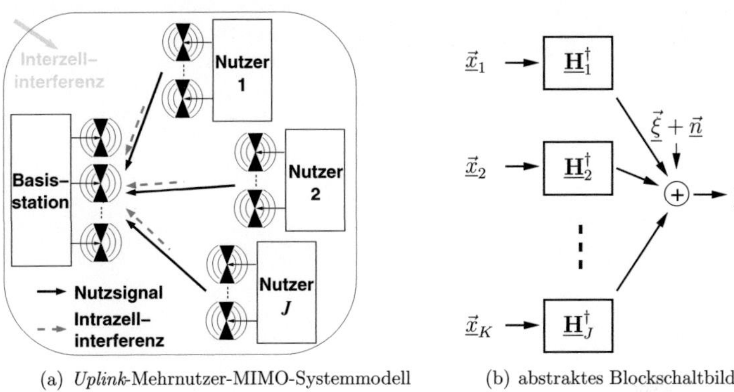

(a) *Uplink*-Mehrnutzer-MIMO-Systemmodell   (b) abstraktes Blockschaltbild

Bild 3.4: Mehrnutzer-MIMO-*Uplink* (MAC)

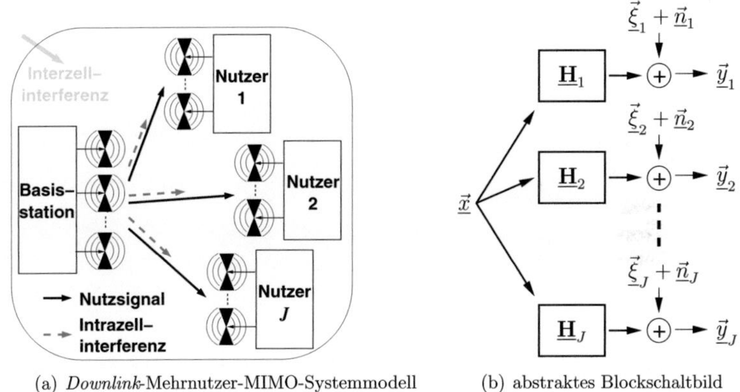

(a) *Downlink*-Mehrnutzer-MIMO-Systemmodell   (b) abstraktes Blockschaltbild

Bild 3.5: Mehrnutzer-MIMO-*Downlink* (BC)

3.2.1 Systembeschreibung von Mehrnutzer-MIMO-Systemen

Im Folgenden wird, aus Gründen der Übersichtlichkeit, ein Mehrnutzer-MIMO-System mit einer Basisstation betrachtet. Die mathematische Erweiterung auf ein System mit mehreren Basisstationen ist jedoch einfach möglich. Die Basisstation verfügt über ein Antennenarray mit M

Elementen und kommuniziert parallel mit einer Gruppe von $k = 1, \ldots, J$ Nutzern. Die Nutzer belegen dabei die gleiche Ressource in Zeit und Frequenz. Jeder Nutzer ist mit einem Antennenarray mit N_k Elementen ausgestattet. Bild 3.4(b) zeigt ein Blockschaltbild des Mehrnutzer-MIMO-*Uplink* und Bild 3.5(b) des Mehrnuzter MIMO-*Downlink*. $\underline{\mathbf{H}}_k \in \mathbb{C}^{M \times N_k} = \underline{\mathbf{H}}_{\mathrm{BC},k}$ ist die *Downlink*-MIMO-Übertragungsmatrix zwischen der Basisstation und dem k-ten Nutzer. Die MIMO-Übertragungsmatrix des *Uplinks* ist die Hermitische MIMO-Übertragungsmatrix des *Downlink*, d.h. $\underline{\mathbf{H}}_{\mathrm{MAC},k} \in \mathbb{C}^{N_k \times M} = \underline{\mathbf{H}}_{\mathrm{BC},k}^{\dagger} = \underline{\mathbf{H}}_k^{\dagger}.$[6] Anhand der Blockschaltbilder können mathematische Systemmodelle abgeleitet werden [VJG03], [Jaf03], [GJJV03], [Jor04]. Aufgrund ihrer Bedeutung für die Herleitung der Mehrnutzer-MIMO-Kapazitätsformeln werden diese nachfolgend kurz beschrieben.

Uplink: Vector Multiple Access Channel:
Die aus Bild 3.4(b) abgeleitete Systemgleichung ergibt sich zu:

$$\underline{\vec{y}} = \sum_{k=1}^{J} \left\{ \underline{\mathbf{H}}_k^{\dagger} \underline{\vec{x}}_k \right\} + \underline{\vec{\xi}} + \underline{\vec{n}} = \begin{bmatrix} \underline{\mathbf{H}}_1^{\dagger} \ldots \underline{\mathbf{H}}_J^{\dagger} \end{bmatrix} \begin{bmatrix} \vec{x}_1 \\ \vdots \\ \vec{x}_J \end{bmatrix} + \underline{\vec{\xi}} + \underline{\vec{n}} \tag{3.28}$$

Der Empfangssignalvektor $\underline{\vec{y}}$ des BS-Arrays hat die Dimension $M \times 1$ und die Sendesignalvektoren der Nutzer $\underline{\vec{x}}_1 \ldots \underline{\vec{x}}_J$ die Dimension $N \times 1$. Der Rauschvektor $\underline{\vec{n}} \in \mathbb{C}^{M \times 1}$ beschreibt das unabhängige additive weiße Gauß'sche Rauschen (AWGN) an den Empfangsantennen des BS-Arrays und $\underline{\vec{\xi}} \in \mathbb{C}^{M \times 1}$ die Interzellinterferenz. (3.28) kann in mehrere Therme aufgeteilt werden: Nutzsignal des k-ten Nutzers, Intrazellinterferenz, Interzellinterferenz und AWGN.

$$\underline{\vec{y}} = \underbrace{\underline{\mathbf{H}}_k^{\dagger} \underline{\vec{x}}_k}_{\text{Nutzsignal}} + \underbrace{\sum_{l=1, l \neq k}^{J} \underline{\mathbf{H}}_l^{\dagger} \underline{\vec{x}}_l}_{\text{Intrazellinterferenz}} + \underbrace{\underline{\vec{\xi}}}_{\text{Interzellinterferenz}} + \underbrace{\underline{\vec{n}}}_{\text{AWGN}} \tag{3.29}$$

$$= \underline{\mathbf{H}}_k^{\dagger} \underline{\vec{x}}_k + \underline{\vec{z}}$$

$\underline{\vec{z}}$ beschreibt die Zusammenfassung der Störsignale: Intrazell-, Interzellinterferenz und AWGN.

Downlink: Vector Broadcast Channel:
Die mathematische Beschreibung des BC gelingt anhand des in Bild 3.5(b) dargestellten Blockschaltbilds. Die Empfangssignale der $k = 1, \ldots, J$ Nutzer werden in einem Empfangsvektor zusammengefasst, wodurch sich die folgende Systemgleichung ergibt:

$$\begin{bmatrix} \vec{y}_1 \\ \vdots \\ \underline{\vec{y}}_J \end{bmatrix} = \begin{bmatrix} \mathbf{H}_1 \\ \vdots \\ \underline{\mathbf{H}}_J \end{bmatrix} \vec{x} + \begin{bmatrix} \vec{\xi}_1 \\ \vdots \\ \vec{\xi}_J \end{bmatrix} + \begin{bmatrix} \vec{n}_1 \\ \vdots \\ \vec{n}_J \end{bmatrix} \tag{3.30}$$

---

[6]Streng genommen gilt diese Behauptung nur für TDD Systeme. In FDD Systemen weicht die instantane *Uplink*-Kanalimpulsantwort von der im *Downlink* durch den Frequenzversatz ab. Die Langzeiteigenschaften des Funkkanals (z.B. Leistungsverzögerungsspektrum, Leistungswinkelspektrum) sind sich allerdings ähnlich.

Der $M \times 1$ Sendesignalvektor $\underline{\vec{x}}$ enthält die Signale der einzelnen Nutzer, die über das BS-Array abgestrahlt werden. Der Rauschvektor $\vec{n}_k \in \mathbb{C}^{N_k \times 1}$ beschreibt unabhängiges AWGN an den Empfangsantennen des k-ten Nutzers und $\underline{\vec{\xi}}_k \in \mathbb{C}^{N_k \times 1}$ die einfallende Interzellinterferenz.

Das Empfangssignal $\underline{\vec{y}}_k$ des k-ten Nutzers hat die Dimension $N_k \times 1$ und ergibt sich zu:

$$
\begin{aligned}
\underline{\vec{y}}_k &= \underline{\mathbf{H}}_k \sum_{l=1}^{J} \underline{\vec{x}}_l + \underline{\vec{\xi}}_k + \underline{\vec{n}}_k \\[2mm]
&= \underbrace{\underline{\mathbf{H}}_k \underline{\vec{x}}_k}_{\text{Nutzsignal}} + \underbrace{\underline{\mathbf{H}}_k \sum_{l=1,\, l\neq k}^{J} \underline{\vec{x}}_l}_{\text{Intrazellinterferenz}} + \underbrace{\underline{\vec{\xi}}_k}_{\text{Interzellinterferenz}} + \underbrace{\underline{\vec{n}}_k}_{\text{AWGN}} \\[2mm]
&= \underline{\mathbf{H}}_k \underline{\vec{x}}_k + \underline{\vec{z}}_k
\end{aligned}
\tag{3.31}
$$

$\underline{\vec{z}}_k$ beschreibt die Zusammenfassung der Störsignale für Nutzer k: Intrazell-, Interzellinterferenz und AWGN.

3.2.2 Mehrnutzer-MIMO-Kapazität

Im Mehrnutzer-Kontext hat der Begriff der Kapazität zweierlei Bedeutungen. Zum einen bezeichnet er die Kapazität eines einzelnen Nutzers in einem Mehrnutzer-MIMO-System, zum anderen die Summenkapazität, d.h. die Summe der Einzelkapazitäten aller Nutzer. Im Folgenden wird nur die Formel für die Summenkapazität angegeben, da diese die Kapazität der einzelnen Nutzer inhärent enthält.

Uplink: Vector Multiple Access Channel:
Die Summenkapazität des MAC berechnet sich aus [KC00], [YRC01], [YRC04], [RYC04]:

$$
C = \max_{\underline{\mathbf{R}}_{\mathbf{x}_k\mathbf{x}_k},\,\forall k} \log_2 \frac{\det\left(\underline{\mathbf{R}}_{\mathbf{z}\mathbf{z}} + \sum_{k=1}^{J} \underline{\mathbf{H}}_k^{\dagger} \underline{\mathbf{R}}_{\mathbf{x}_k\mathbf{x}_k} \underline{\mathbf{H}}_k\right)}{\det(\underline{\mathbf{R}}_{\mathbf{z}\mathbf{z}})}
\tag{3.32a}
$$

$$
\text{unter der Bedingung} \qquad \mathrm{Tr}(\underline{\mathbf{R}}_{\mathbf{x}_k\mathbf{x}_k}) \leq P_k \quad \forall k = 1, 2, \ldots, J
\tag{3.32b}
$$

Die Kovarianzmatrix $\underline{\mathbf{R}}_{\mathbf{z}\mathbf{z}}$ umfasst Rauschen und Interferenz. Um die maximale Summenkapazität zu erreichen, muss einerseits die Intrazellinterferenz minimiert und andererseits die Leistung P_k optimal auf die Subkanäle der Nutzer verteilt werden. Die Minimierung der Intrazellinterferenz an der Basisstation gelingt mithilfe des *Successive Interference Cancellation* Verfahrens (SIC-Verfahren). Bei diesem Verfahren werden die Sendesignalvektoren $\underline{\vec{x}}_1, \ldots, \underline{\vec{x}}_J$ (vgl. (3.28)) nacheinander detektiert (z.B. mithilfe der MMSE Methode) und decodiert. Das detektierte Signal wird anschließend vom Empfangssignalvektor $\underline{\vec{y}}$ abgezogen (annulliert). Es ergibt sich ein modifizierter Empfangssignalvektor mit einer geringeren Intrazellinterferenz. Dieses Vorgehen wird so lange wiederholt, bis alle Sendesignalvektoren detektiert sind. Das

Empfangssignal, welches zur Detektion des Sendesignals des k-ten Nutzers genutzt wird, ergibt sich zu:

$$\underline{\vec{y}} = \underbrace{\underline{\mathbf{H}}_k^\dagger \underline{\vec{x}}_k}_{\text{Nutzsignal}} + \underbrace{\sum_{l=1}^{k-1} \underline{\mathbf{H}}_l^\dagger \underline{\vec{x}}_l}_{\text{annulierte Nutzsignale}} + \underbrace{\sum_{l=k+1}^{J} \underline{\mathbf{H}}_l^\dagger \underline{\vec{x}}_l}_{\text{Intrazellinterferenz}} + \underbrace{\underline{\vec{\xi}}}_{\text{Interzellinterferenz}} + \underbrace{\underline{\vec{n}}}_{\text{AWGN}} \tag{3.33}$$

Durch Anwendung des SIC-Verfahrens kann die Summenkapazität des MAC aus (3.32) umgeformt werden in [GVK02]:

$$C = \max_{\underline{\mathbf{R}}_{\mathbf{x}_k \mathbf{x}_k} \, \forall k} \sum_{k=1}^{J} \log_2 \frac{\det(\tilde{\underline{\mathbf{R}}}_{\mathbf{z}_k \mathbf{z}_k} + \underline{\mathbf{H}}_k^\dagger \underline{\mathbf{R}}_{\mathbf{x}_k \mathbf{x}_k} \underline{\mathbf{H}}_k)}{\det(\tilde{\underline{\mathbf{R}}}_{\mathbf{z}_k \mathbf{z}_k})} \tag{3.34a}$$

$$\text{mit} \quad \mathrm{Tr}(\underline{\mathbf{R}}_{\mathbf{x}_k \mathbf{x}_k}) \le P_k \quad \text{und} \quad \tilde{\underline{\mathbf{R}}}_{\mathbf{z}_k \mathbf{z}_k} = \underline{\mathbf{R}}_{\mathbf{nn}} + \sum_{l=k+1}^{J} \underline{\mathbf{H}}_l^\dagger \underline{\mathbf{R}}_{\mathbf{x}_l \mathbf{x}_l} \underline{\mathbf{H}}_l + \underline{\mathbf{R}}_{\xi\xi} \tag{3.34b}$$

(3.33) und (3.34) verdeutlichen, dass das Empfangssignal von Nutzer 1 durch die Intrazellinterferenz der Nutzer 2, ..., J beeinflusst wird, wohingegen das Signal von Nutzer J im Idealfall frei von Intrazellinterferenz detektiert und decodiert werden kann. Es sei angemerkt, dass die Reihenfolge der Nutzer bei der Anwendung des SIC-Verfahrens die Kapazität der einzelnen Nutzer beeinflusst. Auf die erreichbare maximale Summenkapazität hat sie hingegen keinen Einfluss, da zum Zeitpunkt der Optimierung der Sendekovarianzmatrizen die Intrazellinterferenz bekannt ist. Die Berechnung der optimalen Sendekovarianzmatrizen $\underline{\mathbf{R}}_{\mathbf{x}_k \mathbf{x}_k}$ ist durch Anwendung von iterativem *Waterfilling* möglich [YRC04], [Sch04].

Downlink: Vector Broadcast Channel:
Die Summenkapazität des BC ergibt sich aus dem Optimierungsproblem [GVK02], [Gen03]:

$$C = \max_{\underline{\mathbf{R}}_{\mathbf{x}_k \mathbf{x}_k}, \forall k} \min_{\underline{\mathbf{R}}_{\mathbf{z}_k \mathbf{z}_k}, \forall k} \sum_{k=1}^{J} \log_2 \frac{\det(\underline{\mathbf{R}}_{\mathbf{z}_k \mathbf{z}_k} + \underline{\mathbf{H}}_k \underline{\mathbf{R}}_{\mathbf{x}_k \mathbf{x}_k} \underline{\mathbf{H}}_k^\dagger)}{\det(\underline{\mathbf{R}}_{\mathbf{z}_k \mathbf{z}_k})} \tag{3.35a}$$

$$\text{mit} \quad \sum_{k=1}^{J} \mathrm{Tr}(\underline{\mathbf{R}}_{\mathbf{x}_k \mathbf{x}_k}) \le P_T \quad \text{und} \quad \underline{\mathbf{R}}_{\mathbf{z}_k \mathbf{z}_k} = \underline{\mathbf{R}}_{\mathbf{n}_k \mathbf{n}_k} + \underline{\mathbf{H}}_k \left(\sum_{l=1, l\neq k}^{J} \underline{\mathbf{R}}_{\mathbf{x}_l \mathbf{x}_l} \right) \underline{\mathbf{H}}_k^\dagger + \underline{\mathbf{R}}_{\xi\xi} \tag{3.35b}$$

Einerseits wird eine optimale Aufteilung der Sendeleistung auf die Sendekovarianzmatrizen $\underline{\mathbf{R}}_{\mathbf{x}_k \mathbf{x}_k}$ gesucht. Andererseits ist eine effiziente Übertragung nur möglich, wenn die von der Basisstation erzeugte Intrazellinterferenz minimiert wird. Es ist ersichtlich, dass je nach Übertragungsverfahren die Kapazität (Rate) der Nutzer und somit auch die Summenkapazität der Zelle variiert. Anstelle einer einzelnen Summenrate erhält man eine Ratenregion, die so genannte Kapazitätsregion, welche durch eine obere Kapazitätsgrenze beschränkt wird.

Prinzipiell kann zwischen nichtlinearen und linearen Mehrnutzer-MIMO-Übertragungsverfahren für den MIMO-BC unterschieden werden. Die Arbeiten [CS03], [VJG03], [VT03], [VVH03], [YC04] zeigen auf, dass das nichtlineare *Dirty-Paper Coding* Verfahren (DPC-Verfahren) [Cos83], [Pee03] die Interferenz minimiert und die Punkte der oberen Grenze der MIMO-BC

Kapazitätsregion erreicht. Voraussetzung für die Anwendung des DPC-Verfahrens ist, dass der Sender über ideale Kenntnis der Nutzsignale verfügt. Mithilfe des DPC-Verfahrens werden die Signale der Nutzer der Reihe nach codiert. Das Signal von Nutzer k wird so codiert, dass die vorher codierten Nutzsignale $1, \ldots, k-1$ für Nutzer k keine Interferenz darstellen. Die Signale der Nutzer $k+1, \ldots, J$ rufen hingegen Interferenz hervor. Auch bei der Anwendung des DPC-Verfahrens beeinflusst die Reihenfolge der Nutzer zwar die individuell erreichbare Rate des Nutzers, jedoch nicht die Summenrate. Zur Ermittlung der optimalen Leistungsaufteilung, welche die Grenze der Ratenregion (Summenkapazität) erreicht, wird die Dualität zwischen dem BC und dem MAC ausgenutzt [VJG03]. Zur Berechnung der $\mathbf{R}_{\mathbf{x}_k \mathbf{x}_k}$ der einzelnen Nutzer kann das iterativen *Waterfilling*-Verfahren im dualen MAC angewendet werden [JJVG02], [JJVG02], [YC04], [JRV$^+$05]. Obwohl DPC das optimale Verfahren darstellt und in [ZSE02], [AFHS04] verschiedene Codes für das DPC-Verfahren präsentiert werden, ist es für den praktischen Einsatz nur bedingt geeignet. Ursache hierfür ist der sehr hohe Rechenaufwand, welcher durch die komplexen Codes verursacht wird sowie der damit verbundene Kostenfaktor. Zudem erfordert die Anwendung von DPC signifikante Änderungen im Systemdesign [Spe04]. Aus den genannten Gründen wird DPC in dieser Arbeit nicht herangezogen.

Eine alternative Methode zur Vermeidung von Intrazellinterferenz stellen Verfahren der linearen Signalverarbeitung dar [WML03], [Spe04], [SSH04], [CM04], [PWN04], [SH04], [She06], [BHS06]. Diese erreichen zwar nicht ganz die maximale Grenze der Ratenregion der Summenkapazität, jedoch sind sie mit wesentlich geringerem Aufwand als nichtlineare Verfahren in bestehende drahtlose Kommunikationssysteme zu integrieren. Deshalb werden bei den in dieser Arbeit vorgestellten Mehrnutzer-MIMO-Systemuntersuchungen lineare Punkt-zu-Mehrpunkt MIMO-Verfahren eingesetzt (vgl. Abschnitt 7.5).

3.2.3 Lineare Downlink-Mehrnutzer-MIMO-Signalverarbeitung

Die Grundidee linearer *Downlink*-Mehrnutzer-MIMO-Verfahren ist ähnlich dem in Abschnitt 3.1.4 für Punkt-zu-Punkt Systeme eingeführten Prinzip der orthogonalen Subkanäle. Ist Kanalkenntnis am Sender vorhanden, können die Sendesignale der Nutzer $\underline{x}_k$ mithilfe einer speziellen MIMO-Vorverarbeitungsmatrix (*Beamforming*-Matrix) auf Subkanäle aufgeteilt werden. Jeder Nutzer gewichtet seinerseits im MIMO-Nachverarbeitungsblock den Empfangsvektor $\underline{y}_k$ mithilfe einer empfangsseitigen *Beamforming*-Matrix. Grundvoraussetzung hierfür ist Kanalkenntnis am Sender. Die sende- und empfangsseitige *Beamforming*-Matrix wird auch Modulations- bzw. Demodulationsmatrix genannt. In den letzten Jahren sind mehrere lineare *Downlink*-Mehrnutzer-MIMO-Verfahren in der Literatur erschienen [QTM02], [SH04], [SSH04] [SPSH04]. Dazu zählen die beiden Verfahren *Block Diagonalization* (BD) und *Successive Optimization* (SO), welche in dieser Arbeit betrachtet werden [Spe04], [SSH04], [PSSH04]. Beide Verfahren sind in ihrer originären Version nur für solche Mehrnutzer-MIMO-Systeme geeignet, bei denen die Bedingung $\sum_{k=1}^{J} N_k \leq M$ erfüllt ist, wobei M die Anzahl der BS Antennen und N_k die Anzahl der Antennen des k-ten Nutzers angibt. Da im allgemeinen Fall jeder Nutzer mit mehr als einer Antenne ausgestattet ist, beschränkt dies die Anzahl der gleichzeitig versorgbaren Nutzer. Eine Erweiterung des BD und SO Verfahrens auf maximal M Nutzer, unabhängig von $\sum_{k=1}^{J} N_k$, ist durch Kooperation zwischen der sende- und der empfangsseitigen MIMO-Prozessierung möglich. Das zugrunde liegende Verfahren wird als *Coordinated Transmit Receive Processing* (CTRP) bezeichnet [Spe04], [SSH04], [PSSH04]. Nachfolgend wird die Theorie des *Block Diagonalization* Verfahrens mit CTRP (CTRP-BD) und des *Successive Optimization* Verfahrens mit CTRP (CTRP-SO) dargestellt. Beide Verfahren finden in Abschnitt 7.5 Anwendung.

Zur Beschreibung der Funktionsweise beider Verfahren werden die komplexen Modulations- und Demodulationsmatrizen der einzelnen Nutzer zu einer komplexen Gesamtmodulationsmatrix $\underline{\mathbf{M}}_S$ und Gesamtdemodulationsmatrix $\underline{\mathbf{R}}_S$ zusammengefasst:

$$\underline{\mathbf{M}}_S = [\underline{\mathbf{M}}_1 \quad \underline{\mathbf{M}}_2 \quad \dots \quad \underline{\mathbf{M}}_J] \quad \text{und} \quad \underline{\mathbf{R}}_S = [\underline{\mathbf{R}}_1 \quad \underline{\mathbf{R}}_2 \quad \dots \quad \underline{\mathbf{R}}_J] \tag{3.36}$$

Der Empfangsvektor $\underline{\vec{y}}_k$ des k-ten Nutzers (3.31) kann mit (3.36) umgeformt werden zu:

$$\underline{\vec{y}}_k = \underline{\mathbf{R}}_k^\dagger \underline{\mathbf{H}}_k \sum_{l=1}^{J} \underline{\mathbf{M}}_k \vec{x}_l + \underline{\mathbf{R}}_k^\dagger \underline{\vec{\xi}}_k + \underline{\mathbf{R}}_k^\dagger \vec{n}_k \tag{3.37}$$

Da die Basisstation den MIMO-Übertragungskanal $\underline{\mathbf{H}}_k$ zu jedem Nutzer kennt, ist sie in der Lage, die Vektoren, welche zum empfangsseitigen *Beamforming* genutzt werden, mithilfe der Singulärwertzerlegung

$$\underline{\mathbf{H}}_k = \underline{\mathbf{X}}_k \mathbf{Y}_k \mathbf{Z}_k^\dagger \tag{3.38}$$

zu bestimmen. Legt man die Anzahl s_k der Subkanäle fest, welche die BS zur Übertragung zu Nutzer k nutzten darf, so ergibt sich die Demodulationsmatrix $\underline{\mathbf{R}}_k$ aus den s_k ersten linksseitigen Singulärvektoren von $\underline{\mathbf{H}}_k$ zu: $\underline{\mathbf{R}}_k = \underline{\mathbf{X}}_k(:,1\!:\!s_k)$. Das Produkt $\underline{\mathbf{R}}_k^\dagger \underline{\mathbf{H}}_k$ wird als modifizierter MIMO-Übertragungskanal $\underline{\widehat{\mathbf{H}}}_k$ bezeichnet. Die modifizierten MIMO-Übertragungskanäle der Nutzer können zu einer modifizierten Mehrnutzer-MIMO-Gesamtübertragungsmatrix $\underline{\widehat{\mathbf{H}}}_S$ zusammengefasst werden:

$$\underline{\widehat{\mathbf{H}}}_S = [\underline{\widehat{\mathbf{H}}}_1^T \quad \underline{\widehat{\mathbf{H}}}_2^T \quad \dots \quad \underline{\widehat{\mathbf{H}}}_J^T]^T \tag{3.39}$$

Prinzipiell kann s_k frei gewählt werden, sofern die Bedingungen $s_k \leq \text{rang}(H_k)$ und $\sum_{k=1}^{J} s_k \leq M$ erfüllt sind. Unter der Annahme, dass jeder Nutzer versorgt werden soll, bedeutet dies für $J = M$, dass $s_k = 1, \forall k = 1, \dots, J$. Ist hingegen $J < M$ kann einzelnen Nutzern mehr als ein Subkanal zugewiesen werden. Welche Subkanalverteilung gewählt werden sollte, hängt vom Optimierungsziel ab. Für maximalen Systemdurchsatz ist es sinnvoll, die zusätzlichen Subkanäle auf die Nutzer mit den besten Übertragungseigenschaften zu verteilen. Dadurch kann ein sehr hoher Multiplexgewinn erzielt werden. Ist es hingegen das Ziel die Sendeleistung zu minimieren, kann es günstiger sein, die übrigen Subkanäle auf die Nutzer mit den schlechtesten Übertragungseigenschaften aufzuteilen. Die Lösung dieses Optimierungsproblems sowie das Design intelligenter *Scheduling*-Verfahren sind Gegenstand aktueller Forschung [Spe04], [SSH04], [TJ05], [PSS05].

Block Diagonalization Verfahren mit CTRP:
Ziel des ersten in dieser Arbeit verwendeten linearen Verfahrens ist es, solche Modulationsmatrizen zu finden, welche die Bedingung $\underline{\widehat{\mathbf{H}}}_k \underline{\mathbf{M}}_l = 0, \forall k \neq l$ erfüllen. Da das Produkt $\underline{\widehat{\mathbf{H}}}_S \underline{\mathbf{M}}_S$ somit blockdiagonal ist, wird das Verfahren *Block Diagonalization* genannt [Spe04], [SSH04]. Praktisch bedeutet die blockdiagonale Struktur, dass der Mehrnutzer-MIMO-Übertragungskanal in einzelne Ein-Nutzer MIMO-Übertragungskanäle aufgeteilt wird. Der Sendevektor des

k-ten Nutzers $\underline{\vec{x}}_k$ kann somit frei von Intrazellinterferenz übertragen werden. Das Empfangssignal (3.37) ergibt sich unter Anwendung des CTRP-BD-Verfahrens zu:

$$\underline{\vec{y}}_k = \mathbf{R}_k^\dagger \mathbf{H}_k \mathbf{M}_k \underline{\vec{x}}_k + \mathbf{R}_k^\dagger \underline{\vec{\xi}}_k + \mathbf{R}_k^\dagger \underline{\vec{n}}_k \tag{3.40}$$

Um die Bedingung $\widehat{\mathbf{H}}_k \underline{\mathbf{M}}_l = 0, \forall k \neq l$ zu erfüllen, muss die Modulationsmatrix $\underline{\mathbf{M}}_k$ im Nullraum der modifizierten MIMO-Übertragungsmatrizen alle anderen Nutzer liegen:

$$\underline{\mathbf{M}}_k \tilde{\mathbf{H}}_k = \underline{\mathbf{M}}_k [\widehat{\mathbf{H}}_1^T \quad \cdots \quad \widehat{\mathbf{H}}_{k-1}^T \quad \widehat{\mathbf{H}}_{k+1}^T \quad \cdots \quad \mathbf{H}_J^T]^T = 0 \tag{3.41}$$

Zur Ermittlung des Nullraums wird die Singulärwertzerlegung

$$\tilde{\mathbf{H}}_k = \tilde{\underline{\mathbf{U}}}_k \tilde{\mathbf{D}}_k [\tilde{\underline{\mathbf{V}}}_k^{(1)} \quad \tilde{\underline{\mathbf{V}}}_k^{(0)}]^\dagger \tag{3.42}$$

angewendet. Dabei steht $\tilde{\underline{\mathbf{V}}}_k^{(1)}$ für die $\tilde{r}_k$ ersten rechtsseitigen Singulärvektoren und $\tilde{\underline{\mathbf{V}}}_k^{(0)}$ für die $(M - \tilde{r}_k)$ letzten rechtsseitigen Singulärvektoren von $\tilde{\mathbf{H}}_k$, wobei M die Anzahl der Sendeantennen angibt. $\tilde{r}_k$ entspricht dem Rang der Matrix $\tilde{\mathbf{H}}_k$. Die Matrix $\tilde{\underline{\mathbf{V}}}_k^{(0)}$ enthält diejenigen Singulärvektoren, welche den Nullraum von $\tilde{\mathbf{H}}_k$ beschreiben. Sie sind somit potentielle Kandidaten für das sendeseitige *Beamforming*.

Da $\tilde{\underline{\mathbf{V}}}_k^{(0)}$ potentiell mehr *Beamforming*-Vektoren beinhaltet als Subkanäle von Nutzer k unterstützt werden können, muss eine optimale Linearkombination gesucht werden. Hierzu wird die Singulärwertzerlegung

$$\widehat{\mathbf{H}}_k \tilde{\underline{\mathbf{V}}}_k^{(0)} = \mathbf{U}_k \mathbf{D}_k [\underline{\mathbf{V}}_k^{(1)} \quad \underline{\mathbf{V}}_k^{(0)}]^\dagger \tag{3.43}$$

angewendet. Der Rang des Produkts $\widehat{\mathbf{H}}_k \tilde{\underline{\mathbf{V}}}_k^{(0)}$ sei nachfolgend mit r_k bezeichnet. $\underline{\mathbf{U}}_k$ beinhaltet die linksseitigen Singulärvektoren und $\underline{\mathbf{V}}_k^{(1)}$ die r_k ersten rechtsseitigen Singulärvektoren von $\widehat{\mathbf{H}}_k \tilde{\underline{\mathbf{V}}}_k^{(0)}$. Die sendeseitigen *Beamforming* Gewichtungskoeffizienten für Nutzer k, welche $\widehat{\mathbf{H}}_k$ orthogonalisieren und in r_k Subkanäle aufteilen, ergeben sich über das Produkt $\tilde{\underline{\mathbf{V}}}_k^{(0)} \underline{\mathbf{V}}_k^{(1)}$. Für das CTRP-BD-Verfahren sind jedoch nur die ersten s_k Subkanäle von Interesse, d.h. $\tilde{\underline{\mathbf{V}}}_k^{(0)} \mathbf{V}_k^{(1)}(:, 1:s_k)$.

Die Qualität der Subkanäle von Nutzer k ist über die Singulärwerte der Diagonalmatrix $\mathbf{D}_k$ gegeben. Anhand der Singulärwerte ist es möglich, die Leistungsgewichte der Subkanäle zu bestimmen. Wie im Punkt-zu-Punkt MIMO-System können hierfür verschiedenen Optimierungskriterien angesetzt werden (vgl. Abschnitt 3.1.4). Ziel der in Abschnitt 7.5 vorgestellten Systemsimulationen ist es, jeden Nutzer mit einer vorgegebenen individuellen Datenrate bei gleichzeitig minimaler Sendeleistung zu versorgen. Um dies zu erreichen, wird separat für jeden Nutzer das *Rate-Adaptive Waterfilling*-Verfahren angewendet (vgl. Anhang A.1) [RC98], [Cio02]. Dieses liefert für jeden Nutzer eine Diagonalmatrix $\mathbf{P}_k = \text{diag}\{p_{k,11}, \ldots, p_{k,s_k s_k}\}$, welche die Leistungsgewichte für die s_k Eigenmoden angibt. Die Gesamtleistung der Basisstation entspricht der Summe der einzelnen Subkanalleistungen der Nutzer.

Die Systemmodulationsmatrix ergibt sich aus den leistungsgewichteten *Beamforming*-Vektoren:

$$\underline{\mathbf{M}}_k = \tilde{\underline{\mathbf{V}}}_k^{(0)} \mathbf{V}_k(:, 1:s_k) \sqrt{\mathbf{P}_k} \tag{3.44}$$

Mit (3.44) berechnet sich die Kapazität des k-ten Nutzer für das CTRP-BD-Verfahren zu:

$$C_k = \log_2 \det \frac{\underline{\mathbf{R}}_{\mathbf{z}_k \mathbf{z}_k} + \widehat{\mathbf{H}}_k \underline{\mathbf{M}}_k \underline{\mathbf{M}}_k^\dagger \widehat{\mathbf{H}}_k^\dagger}{\underline{\mathbf{R}}_{\mathbf{z}_k \mathbf{z}_k}} \tag{3.45}$$

Da jeder Nutzer nach Anwendung des CTRP-BD-Verfahrens frei von Intrazellinterferenz ist, folgt:

$$\underline{\mathbf{R}}_{\mathbf{z}_k \mathbf{z}_k} = \mathbf{I}\sigma^2 + \underline{\mathbf{R}}_{\xi_k \xi_k} \tag{3.46}$$

Successive Optimization Verfahren mit CTRP:

Ein alternatives Verfahren zur simultanen Versorgung mehrerer Nutzer ist das *Successive Optimization* Verfahren mit Kooperation der sende- und empfangsseitigen MIMO-Prozessierung (CTRP-SO-Verfahren) [Spe04], [SSH04]. Es bestimmt die Modulationsmatrizen der Nutzer nacheinander so, dass Nutzer k keine Interferenz bei den Nutzern 1 bis $k-1$ erzeugt:

$$\underline{\mathbf{M}}_k \tilde{\mathbf{H}}_k = \underline{\mathbf{M}}_k [\widehat{\mathbf{H}}_1^T \quad \cdots \quad \widehat{\mathbf{H}}_{k-1}^T]^T = 0 \tag{3.47}$$

Dies bedeutet jedoch umgekehrt, dass die Signale, welche simultan von der Basisstation zu Nutzer 1 bis $k-1$ gesendet werden, für Nutzer k Interferenz erzeugen. Um dennoch kommunizieren zu können, muss die Subkanalleistung $\mathbf{P}_k$ des k-ten Nutzers so eingestellt werden, dass ein genügend großes SNIR erreicht wird. Die Rausch-plus-Interferenz-Kovarianzmatrix $\underline{\mathbf{R}}_{\mathbf{z}_k \mathbf{z}_k}$ ergibt sich unter der Bedingung (3.47) zu:

$$\underline{\mathbf{R}}_{\mathbf{z}_k \mathbf{z}_k} = \underline{\mathbf{R}}_{\mathbf{n}_k \mathbf{n}_k} + \widehat{\mathbf{H}}_k \left(\sum_{l=1}^{k-1} \underline{\mathbf{R}}_{\mathbf{x}_l \mathbf{x}_l} \right) \widehat{\mathbf{H}}_k^\dagger + \underline{\mathbf{R}}_{\xi_k \xi_k} = \mathbf{I}\sigma^2 + \sum_{l=1}^{k-1} \widehat{\mathbf{H}}_k \underline{\mathbf{M}}_l \underline{\mathbf{M}}_l^\dagger \widehat{\mathbf{H}}_k^\dagger + \underline{\mathbf{R}}_{\xi_k \xi_k} \tag{3.48}$$

Zur Ermittlung der Modulationsmatrix $\underline{\mathbf{M}}_k$ des k-ten Nutzers wird, analog zum CTRP-BD-Verfahren, zunächst mithilfe der Singulärwertzerlegung von $\tilde{\mathbf{H}}_k$ der Nullraum ermittelt (vgl. (3.42)):

$$\tilde{\mathbf{H}}_k = \underline{\tilde{\mathbf{U}}}_k \tilde{\mathbf{D}}_k [\underline{\tilde{\mathbf{V}}}_k^{(1)} \quad \underline{\tilde{\mathbf{V}}}_k^{(0)}]^\dagger \tag{3.49}$$

$\tilde{r}_k$ sei der Rang von $\tilde{\mathbf{H}}_k$. Die Spalten von $\underline{\tilde{\mathbf{V}}}_k^{(0)}$ sind die $(M - \tilde{r}_k)$ letzten rechtsseitigen Singulärvektoren von $\tilde{\mathbf{H}}_k$. Sie stellen potentielle *Beamforming*-Vektoren dar.

Unter Anwendung der Singulärwertzerlegung [Spe04], [SSH04]

$$\underline{\tilde{\mathbf{V}}}^{(0)\dagger} \widehat{\mathbf{H}}_k \dagger \underline{\mathbf{R}}_{\mathbf{z}_k \mathbf{z}_k}^{-1} \widehat{\mathbf{H}}_k \underline{\tilde{\mathbf{V}}}^{(0)} = \underline{\mathbf{V}}_k \mathbf{D}_k \underline{\mathbf{V}}_k^\dagger \tag{3.50}$$

lässt sich sich die Modulationsmatrix des CTRP-SO-Verfahrens berechnen:

$$\underline{\mathbf{M}}_k = \underline{\tilde{\mathbf{V}}}_k^{(0)} \underline{\mathbf{V}}_k \sqrt{\mathbf{P}_k} \tag{3.51}$$

Im Unterschied zu (3.43) fließt in (3.50) die Interferenzkovarianzmatrix mit ein. Somit beschreiben die Singulärwerte von $\mathbf{D}_k$ die Qualität der Subkanäle einschließlich der Interferenz. Die Bestimmung der Subkanalleistungen $\mathbf{P}_k = \mathrm{diag}\{p_{k,11}, \ldots, p_{k,s_k s_k}\}$ ist mithilfe des *Rate-Adaptive Waterfilling*-Verfahrens unter Einbeziehung der Interferenzleistung möglich.

Die Formel zur Berechnung der Kapazität des k-ten Nutzers entspricht der des CTRP-BD-Verfahrens:

$$C_k = \log_2 \det \frac{\mathbf{R}_{\mathbf{z}_k \mathbf{z}_k} + \hat{\mathbf{H}}_k \mathbf{M}_k \mathbf{M}_k^\dagger \hat{\mathbf{H}}_k^\dagger}{\mathbf{R}_{\mathbf{z}_k \mathbf{z}_k}} \tag{3.52}$$

Das Empfangssignal des k-ten Nutzers setzt sich aus der Nutzerinformation, der Inter- und Intrazellinterferenz sowie einem Ausdruck zur Beschreibung des AWGN zusammen:

$$\underline{\vec{y}}_k = \underline{\mathbf{R}}_k{}^\dagger \underline{\mathbf{H}}_k \underline{\mathbf{M}}_k \underline{\vec{x}}_k + \underline{\mathbf{R}}_k \sum_{l=1}^{k-1} \underline{\mathbf{H}}_k \underline{\mathbf{M}}_l \mathbf{M}_l^\dagger \mathbf{H}_k^\dagger + \underline{\mathbf{R}}_k \underline{\vec{\xi}}_k + \underline{\mathbf{R}}_k \underline{\vec{n}}_k \tag{3.53}$$

Abschließend sei angemerkt, dass die Reihenfolge, mit der die Nutzer prozessiert werden, aufgrund der Bedingung (3.47) Einfluss auf das Ergebnis des Subkanal-*Beamformings* und somit auch auf die individuelle Kapazität der Nutzer hat [Spe04], [SSH04]. Nähere Informationen hierzu werden im nächsten Abschnitt gegeben.

3.2.4 Gruppierung der Nutzer und zeitliche Reihenfolge

Bei den im letzten Abschnitt vorgestellten linearen *Downlink*-Mehrnutzer-MIMO-Verfahren ist die Anzahl der nutzbaren Subkanäle durch den Rang der MIMO-Übertragungsmatrix (d.h. $s_k \leq \text{rang}(H_k)$) und die Anzahl an Basisstationsantennen (d.h. $\sum_{k=1}^{J} s_k \leq M$) beschränkt. Selbst wenn jedem Nutzer nur ein Subkanal zugewiesen ist, können somit maximal $J = M$ Nutzer parallel versorgt werden. Da sowohl das CTRP-BD- als auch das CTRP-SO-Verfahren auf Subkanal-*Beamforming* basiert, ist deren Leistungsfähigkeit stark von der Korrelation der MIMO-Übertragungskanäle der Nutzer abhängig. Deren Verwendung erfordert somit den gleichzeitigen Einsatz eines *Scheduling*-Algorithmus, welcher die zu versorgenden Nutzer einer Zelle nach bestimmten Regeln einzelnen Gruppen zuweist. Nutzer innerhalb einer Gruppe werden dann über den Mehrnutzer-MIMO-Algorithmus zeitgleich und im gleichen Frequenzband versorgt. Die einzelnen Gruppen selbst sind hingegen in Frequenz oder Zeit getrennt.

Die Notwendigkeit eines Gruppierungsalgorithmus soll anhand des folgenden Beispiels verdeutlicht werden. In Bild 3.6(a) ist ein urbanes Mehrnuzter MIMO-Szenario mit einer Basisstation und zwei Nutzern gezeigt. Es wird angenommen, dass die BS über ein Antennenarray verfügt, welches aus vier linear angeordneten, dual polarisierten BS-Antennen des Typs Kathrein-Antenne 742265 besteht [Kat08]. Jedes Einzelelement hat bei der gewählten Frequenz von 2 GHz einen 3 dB Öffnungswinkel von 63° im Azimut und 4,9° in Elevation und einen Gewinn von 18,3 dBi. Der *Downtilt* sei auf 6° eingestellt. Der Abstand zwischen den Einzelelementen beträgt λ. Jedes MT verfügt über zwei parallele $\lambda/2$-Dipole mit einem Abstand von $\lambda/2$. Kopplungseffekte zwischen den Antennen werden nicht berücksichtigt.

Während der Simulation bewegen sich die Nutzer von ihrer Startposition MT_1 bzw. MT_2 entlang der in Bild 3.6(a) gezeigten Route aufeinander zu. Je näher sich die beiden Nutzer kommen, desto korrelierter sind deren Übertragungskanäle. Die Aufgabe der BS sei es, beide MTs mithilfe des CTRB-SO Verfahrens alleine über ihren räumlichen Ausbreitungskanal zu trennen und mit einer konstanten Datenrate von 5 bit/s/Hz zu versorgen. Die Anzahl der Subkanäle pro MT sei aus Gründen der Übersichtlichkeit auf eins beschränkt. Die maximale

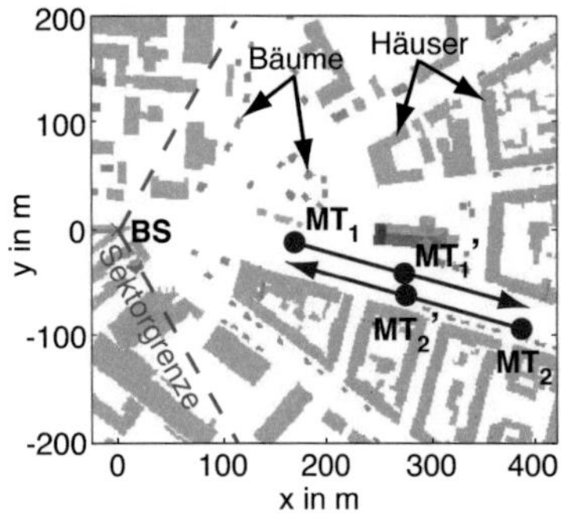

(a) Urbanes Szenario mit zwei Nutzern, die, ausgehend von der Startposition MT$_1$ und MT$_2$, aneinander vorbeifahren.

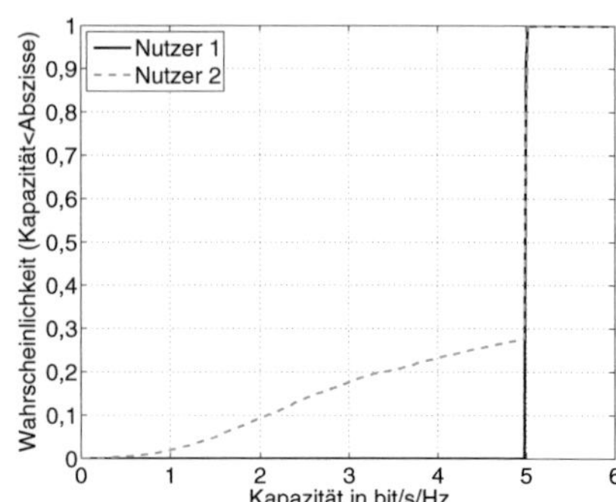

(b) Verteilungsfunktion der Kapazität der zwei Nutzer

Bild 3.6: Anwendungsbeispiel des CTRP-SO-Verfahrens ohne intelligente Nutzereinteilung

Sendeleistung der BS sei zu 36 dBm pro Nutzer gesetzt und die Rauschleistung zu -100 dBm (vgl. Abschnitt 3.1.5).[7]

Die mit dem CTRP-SO-Verfahren berechnete senderseitige *Beamforming*-Richtcharakteristik des ersten Subkanals, welche Nutzer 1 (durchgezogene Linie) und Nutzer 2 (gestrichelte Linie) versorgt, ist in den Azimut-Diagrammen in Bild 3.7 zu sehen. Bild 3.7(a) geht auf den Fall der schwach korrelierten (Position MT$_1$ und MT$_2$) und Bild 3.7(b) auf den Fall der stark korrelierten (Position MT$_1'$ und MT$_2'$) Kanäle ein. Zusätzlich sind in den Bildern die Ausfallswinkel der Mehrwegepfade an der BS für die beiden Nutzerkanäle eingezeichnet (Pfade zur Versorgung von Nutzer 1: durchgezogene Linien; Pfade zur Versorgung von Nutzer 2: gestrichelte Linien). Je stärker ein Pfad sichtbar ist, desto geringer ist dessen Übertragungsdämpfung.

Das CTRP-SO-Verfahren weist die Besonderheit auf, dass es die *Beamforming*-Richtcharakteristik zur Versorgung von Nutzer 1 ohne Berücksichtigung von Interferenz berechnet. Hingegen wählt es die *Beamforming*-Richtcharakteristik zur Versorgung von Nutzer 2 so, dass sie im Nullraum der Richtcharakteristik von Nutzer 1 liegt (vgl. (3.47)). Dies ist in den Bildern 3.7(a) und 3.7(b) zu sehen. Für die Startpositionen MT$_1$ und MT$_2$ sind die stärksten Ausbreitungspfade der beiden Nutzer noch ausreichend weit auseinander, so dass beide *Beamforming*-Richtcharakteristiken in die Richtung der jeweiligen stärksten Ausbreitungspfade zeigen. Für die Positionen MT$_1'$ und MT$_2'$ ist hingegen die Korrelation der jeweiligen Pfade zu hoch, so dass nur noch Nutzer 1 optimal versorgt werden kann. Bild 3.6(b) zeigt die Verteilungsfunktion der Kapazität für beide Nutzer. Diese ergibt sich aus den einzelnen Kapazitätswerten entlang der analysierten Strecke. Nutzer 1 wird über den kompletten Streckenverlauf mit den geforderten 5 bit/s/Hz versorgt. Nutzer 2 erreicht hingegen die 5 bit/s/Hz, aufgrund der hohen Korrelation im Moment der Vorbeifahrt, nur in 72 % der Fälle. Die Aufgabe eines intelligenten

---

[7]Bei der angesetzten Rausch- und Sendeleistung handelt es sich um typische Werte für mobile Kommunikationssysteme [LWN02]. Die Sendeleistung ist so angesetzt, dass eine *Down*- und *Uplink*-Kommunikation möglich ist. Begrenzendes Element ist hierbei die Maximalleistung des mobilen Terminals [TS 05], [TS 08].

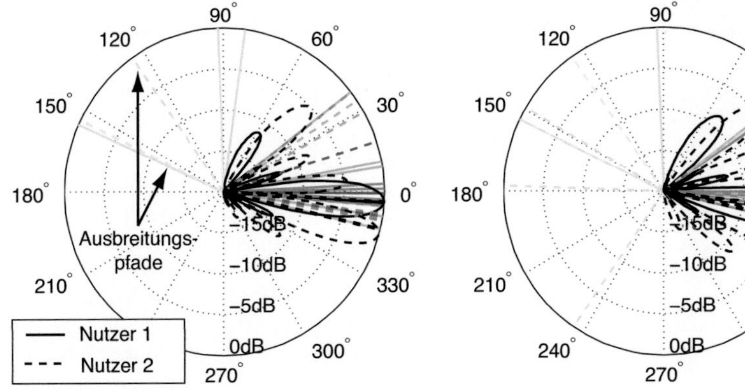

(a) schwach korrelierte Kanäle (Position: MT_1 und MT_2), beide Nutzer können versorgt werden

(b) stark korrelierte Kanäle (Position: MT_1' und MT_2'), nur Nutzer 1 kann versorgt werden

Bild 3.7: Azimut-Richtcharakteristik des ersten Subkanals zur Versorgung von Nutzer 1 und Nutzer 2 für das in Bild 3.6(a) gezeigte Szenario und bei Anwendung des CTRP-SO-Verfahrens ohne intelligente Nutzereinteilung

Gruppierungsalgorithmus wäre es, die hohe Korrelation der Nutzerkanäle zu erkennen und sie für den stark korrelierten Streckenabschnitt in Frequenz oder Zeit zu trennen.

Algorithmen zur Gruppierung von Nutzern in Mehrnutzer-MIMO-Szenarien sind aktueller Gegenstand der Forschung [FDGH05], [TJ05]. Im Rahmen dieser Arbeit wurde ein einfacher Algorithmus entwickelt und implementiert, welcher sich an dem in [FDGH05] vorgestellten Baumalgorithmus orientiert. Dieser weist Nutzer so lange Gruppen zu, wie die Bedingung $\sum_{k=1}^{J} s_k \leq M$ erfüllt ist. Zur Überprüfung, welche Nutzer miteinander gruppiert werden dürfen, wird in dieser Arbeit (anstelle der in [FDGH05] vorgeschlagen Metrik) die Korrelation zwischen den Unterräumen der Nutzer verwendet. Die Korrelation zwischen dem Übertragungskanal von Nutzer k und dem von Nutzer l ergibt sich aus [DGH04], [Por05b]:

$$\gamma_{k,l} = |\underline{\mathbf{Z}}_k(:,1)^\dagger \underline{\mathbf{Z}}_l(:,1)| \tag{3.54}$$

$\gamma_{k,l}$ entspricht dem Cosinus des Winkels zwischen den beiden Vektoren $\underline{\mathbf{Z}}_k(:,1)$ und $\underline{\mathbf{Z}}_l(:,1)$. $\underline{\mathbf{Z}}_k(:,1)$ und $\underline{\mathbf{Z}}_l(:,1)$ ergeben sich aus der Singulärwertzerlegung der zugehörigen MIMO-Übertragungsmatrix (vgl. (3.38)) und stellen den Unterraum der Nutzer k und l dar. Je stärker die Unterräume korreliert sind, desto kleiner ist der Winkel $\arccos(\gamma_{k,l})$. Ist $\gamma_{k,l}$ kleiner als ein vorzugebender Schwellwerte S_γ, d.h.

$$\gamma_{k,l} \leq S_\gamma \ , \tag{3.55}$$

können Nutzer k und l einer Gruppe zugewiesen werden. Weitere Einzelheiten hierzu sind in [Por05b] zu finden.

Aufgrund der Bedingung (3.47) beeinflusst insbesondere beim CTRP-SO-Verfahren die Reihenfolge, mit der die Nutzer innerhalb ihrer Gruppe prozessiert werden, die Intrazellinterferenz, das Subkanal-*Beamforming* und somit auch die individuelle Kapazität der einzelnen

Nutzer [Spe04], [SSH04]. Deshalb ist es wichtig zusätzlich zur Gruppenzugehörigkeit auch die Prozessierungsreihenfolge der Nutzer in ihrer Gruppe festzulegen. In der Literatur sind hierfür verschiedene Verfahren genannt [Spe04], [SSH04]. Das beste Ergebnis liefert die sog. *Brute-Force*-Methode, bei der alle Kombinationen durchprobiert werden und die günstigste Nutzerreihenfolge gewählt wird. Allerdings steigt der Aufwand an Rechenoperationen exponentiell mit der Anzahl der Nutzer.

Der in dieser Arbeit implementierte Algorithmus wählt die Reihenfolge nach der Leistung, welche benötigt wird, um den jeweiligen Nutzer zu versorgen [Spe04], [FPW06b]. Begonnen wird mit demjenigen Nutzer, welcher die geringste Leistung benötigt. Hierdurch wird beim CTRP-SO-Verfahren die Interferenz innerhalb der Gruppe möglichst gering gehalten. Zur Beurteilung der notwendigen Leistung wird die Frobenius-Norm der MIMO-Übertragungsmatrix des Nutzers verwendet (vgl. (3.24)). Diese beschreibt die mittlere Übertragungsdämpfung des Nutzerkanals. Die Vorteile des Gruppierungsalgorithmus liegen in seinem geringen Implementierungsaufwand und seiner geringen Komplexität. Hinsichtlich der Einhaltung des QoS stellt er jedoch nur eine suboptimale Lösung dar.

3.3 Metriken zur Bewertung von MIMO-Kanälen und zur Verifikation von MIMO-Kanalmodellen

Die in den vorangegangenen Abschnitten hergeleiteten Kapazitätsformeln zeigen, dass die erreichbare Kapazität sowohl in Punkt-zu-Punkt als auch in Punkt-zu-Mehrpunkt MIMO-Systemen vorrangig vom Grad der Kanalkenntnis, dem Übertragungsverfahren, dem SNR, der MIMO-Antennenanordnung und der Struktur der MIMO-Übertragungsmatrix abhängt. In Punkt-zu-Mehrpunkt MIMO-Systemen kommt zusätzlich noch die Korrelation zwischen den Kanälen der Nutzer und die Interferenz als einflussnehmender Faktor hinzu. Entscheidende einflussnehmende Größe für beide Systeme ist die Struktur der MIMO-Übertragungsmatrix des Nutzerkanals. Hierunter wird in dieser Arbeit die Verteilung der Erwartungswerte der Betragsquadrate der Übertragungskoeffizienten $E\left\{|\underline{h}_{nm}^{\mathrm{TP}}|^2\right\}$ innerhalb der MIMO-Übertragungsmatrix $\underline{\mathbf{H}}$ verstanden [Wal04]. Je nach Struktur ergeben sich Unterschiede bezüglich dem zu erwartenden *Beamforming*-, Diversitäts- und *Multiplexing*-Gewinn. Die Struktur hängt direkt vom Einsatzszenario des MIMO-Systems und den dort vorherrschenden statistischen Eigenschaften der Mehrwegeausbreitung ab. Zu den Eigenschaften zählen u.a.:

- Schwundverhalten der Mehrwegeausbreitung, d.h. Zeitvarianz, Frequenz- und Richtungsselektivität

- Korrelation zwischen den Übertragungskoeffizienten der MIMO-Übertragungsmatrix

- Wahrscheinlichkeit von LOS und Verteilung der Leistung auf die Mehrwegepfade

- Verhalten der unterschiedlichen Polarisationen der Übertragungskoeffizienten

Ziel dieses Abschnittes ist es, eine kompakte Zusammenfassung von Metriken zu geben, welche eine Bewertung von MIMO-Übertragungskanälen bzw. -Übertragungsmatrizen erlauben. Im Rahmen dieser Arbeit werden sie zum Vergleich und zur Analyse der entwickelten MIMO-Kanalmodelle eingesetzt. Ebenso können sie jedoch auch eingesetzt werden, um Vorhersagen bezüglich der Leistungsfähigkeit der in diesem Kapitel vorgestellten MIMO-Übertragungsverfahren (also *Beamforming-*, *Diversity-* oder *Muliplexing*-Verfahren) zu treffen.

Korrelation:

Mit Korrelation ist in diesem Zusammenhang die Ähnlichkeit zwischen den Signalen einzelner Antennen gemeint. Zur Bewertung der Ähnlichkeit werden im Folgenden drei verschiedene Korrelationskoeffizienten definiert [Lee82], [KCVW03]. Dies sind der komplexe Korrelationskoeffizient $\underline{\rho}(\underline{h}_{ij}^{\mathrm{TP}}, \underline{h}_{kl}^{\mathrm{TP}})$, der Korrelationskoeffizient der komplexen Einhüllenden $\rho_{\mathrm{env}}(|\underline{h}_{ij}^{\mathrm{TP}}|, |\underline{h}_{kl}^{\mathrm{TP}}|)$ und der Leistungskorrelationskoeffizient $\rho_{\mathrm{P}}(|\underline{h}_{ij}^{\mathrm{TP}}|^2, |\underline{h}_{kl}^{\mathrm{TP}}|^2)$. Der komplexe Korrelationskoeffizient $\underline{\rho}$ zwischen den Übertragungskoeffizienten $\underline{h}_{ij}^{\mathrm{TP}}$ und $\underline{h}_{kl}^{\mathrm{TP}}$ ergibt sich zu:

$$\underline{\rho}(\underline{h}_{ij}^{\mathrm{TP}}, \underline{h}_{kl}^{\mathrm{TP}}) = \frac{E\left\{\underline{h}_{ij}^{\mathrm{TP}}\underline{h}_{kl}^{\mathrm{TP}*}\right\} - E\left\{\underline{h}_{ij}^{\mathrm{TP}}\right\} E\left\{\underline{h}_{kl}^{\mathrm{TP}*}\right\}}{\sqrt{E\left\{|\underline{h}_{ij}^{\mathrm{TP}}|^2 - (|E\{\underline{h}_{ij}^{\mathrm{TP}}\}|)^2\right\} E\left\{|\underline{h}_{kl}^{\mathrm{TP}}|^2 - (|E\{\underline{h}_{ij}^{\mathrm{TP}}\}|)^2\right\}}} \tag{3.56}$$

Der Korrelationskoeffizient der komplexen Einhüllenden $\rho_{\mathrm{env}}(|\underline{h}_{ij}^{\mathrm{TP}}|, |\underline{h}_{kl}^{\mathrm{TP}}|)$ ist definiert als:

$$\rho_{\mathrm{env}}(|\underline{h}_{ij}^{\mathrm{TP}}|, |\underline{h}_{kl}^{\mathrm{TP}}|) = \frac{E\left\{|\underline{h}_{ij}^{\mathrm{TP}}||\underline{h}_{kl}^{\mathrm{TP}}|\right\} - E\left\{|\underline{h}_{ij}^{\mathrm{TP}}|\right\} E\left\{|\underline{h}_{kl}^{\mathrm{TP}}|\right\}}{\sqrt{E\left\{|\underline{h}_{ij}^{\mathrm{TP}}|^2 - (E\{|\underline{h}_{ij}^{\mathrm{TP}}|\})^2\right\} E\left\{|\underline{h}_{kl}^{\mathrm{TP}}|^2 - (E\{|\underline{h}_{ij}^{\mathrm{TP}}|\})^2\right\}}} \tag{3.57}$$

Der Leistungskorrelationskoeffizient $\rho_{\mathrm{P}}(|\underline{h}_{ij}^{\mathrm{TP}}|^2, |\underline{h}_{kl}^{\mathrm{TP}}|^2)$ berechnet sich über:

$$\rho_{\mathrm{P}}(|\underline{h}_{ij}^{\mathrm{TP}}|^2, |\underline{h}_{kl}^{\mathrm{TP}}|^2) = \frac{E\left\{|\underline{h}_{ij}^{\mathrm{TP}}|^2|\underline{h}_{kl}^{\mathrm{TP}}|^2\right\} - E\left\{|\underline{h}_{ij}^{\mathrm{TP}}|^2\right\} E\left\{|\underline{h}_{kl}^{\mathrm{TP}}|^2\right\}}{\sqrt{E\left\{|\underline{h}_{ij}^{\mathrm{TP}}|^4 - (E\{|\underline{h}_{ij}^{\mathrm{TP}}|^2\})^2\right\} E\left\{|\underline{h}_{kl}^{\mathrm{TP}}|^4 - (E\{|\underline{h}_{ij}^{\mathrm{TP}}|^2\})^2\right\}}} \tag{3.58}$$

Da die räumliche Autokorrelationsfunktion und das Leistungswinkelspektrum, wie in Abschnitt 2.2.3 gezeigt, über die Fourier-Transformation miteinander verknüpft sind, gilt: je geringer die Winkelspreizung, desto höher ist die Korrelation zwischen den Übertragungskoeffizienten der MIMO-Übertragungsmatrix $\underline{\mathbf{H}}$ [Jak74], [Lee82], [Wal04]. Wie in den Abschnitten 4.3.6, 7.2 und 7.3 gezeigt wird, kann in makrozellularen *Outdoor*-Szenarien mit einer BS über Gebäudeniveau davon ausgegangen werden, dass die Winkelspreizung an der Basisstation wesentlich geringer ausfällt als auf Seiten des Nutzers. Um eine völlige Dekorrelation zwischen den Übertragungskoeffizienten an der BS zu erreichen, sind bei kopolarisierten Antennenelementen somit Antennenabstände von mehreren Wellenlängen notwendig. Auf Seiten des Nutzers reichen hingegen bereits schon Abstände von $0{,}5\lambda$ aus.

Neben der räumlichen Verteilung der Sende- und Empfangsrichtung der Pfade beeinflusst auch die Verteilung der Pfadamplituden die Höhe der Korrelation. Eine gängige Größe zur Beschreibung der Verhältnisse der Pfadgewichte ist der K-Faktor.[8] Dieser beschreibt das Verhältnis der Leistung des direkten (leistungsdominanten) Pfades zur Summe der Leistungen aller anderen Pfade. Je höher der K-Faktor, desto ausgeprägter ist die Korrelation zwischen den Antennensignalen. Deshalb weisen insbesondere LOS-Szenarien eine hohe Korrelation auf. Generell bietet sich in stark korrelierten Szenarien der Einsatz von *Beamforming*-Verfahren zur Datenübertragung an. Will man trotz hoher Korrelation Diversitätsverfahren einsetzen, sollte man ein Antennenarray verwenden, welches neben räumlicher Diversität zusätzlich Polarisations- und Patterndiversität ausnutzt [Wal04].

---

[8]Der K-Faktor (Rice-Faktor) ist der charakteristische Parameter der Rice-Verteilung. Die Rice-Verteilung wird typischerweise zur Beschreibung des schnellen Schwundes in Mobilfunkkanälen eingesetzt [Pro01].

Multiplexing Gewinn:
Zur Ermittlung, inwieweit ein Szenario für eine Multiplexübertragung geeignet ist, wird in dieser Arbeit die Kapazitätsformel für Punkt-zu-Punkt MIMO-Systeme ohne Kanalkenntnis am Sender und die Kapazitätsformel für Punkt-zu-Punkt MIMO-Systeme mit Kanalkenntnis am Sender eingesetzt. Eingangsgröße für beide Formeln sind K_s gemessene oder simulierte Kanalrealisierungen bzw. MIMO-Übertragungsmatrizen. Jede MIMO-Übertragungsmatrix wird mithilfe der Frobenius-Norm normiert. Im Fall ohne Kanalkenntnis am Sender wird die Leistung gleichverteilt auf die Sendeantennen gegeben und die Kapazität für jede Kanalrealisierung mithilfe von (3.21) für ein fixes SNR berechnet. Mit Kanalkenntnis am Sender wird für jeden Schnappschuss eine Leistungsoptimierung (_Waterfilling_) durchgeführt und die Kapazität für jeden Schnappschuss mithilfe von (3.15) für ein fixes SNR ermittelt. Die Wahrscheinlichkeitsverteilung der so berechneten Werte $C(k)$ gibt Auskunft über den _Multiplexing_-Gewinn. Variiert man das SNR ist eine Beurteilung der Kapazität (z.B. 50%-Ausfallkapazität) über dem SNR möglich.

Zur Verdeutlichung des Zusammenhangs zwischen der Kapazität und der Struktur des Übertragungskanals wird nachfolgend ein 4×4 MIMO-System in drei verschiedenen Kanal-Szenarien analysiert. In Szenario 1 werden die MIMO-Übertragungsmatrizen mithilfe des i.i.d. MIMO-Rayleigh-Kanalmodells generiert (vgl. Abschnitt 1.5.2). Dieses geht davon aus, dass die MIMO-Übertragungsmatrix aus ideal unkorrelierten Rayleigh-verteilten Übertragungskoeffizienten mit gleicher mittlerer Leistung besteht. Die Übertragungskoeffizienten in Szenario 2 und Szenario 3 werden mithilfe eines _Ray Tracing_ (RT) Modells in einer realistischen makrozellularen _Outdoor_-Umgebung und bei einer Systemfrequenz von $f_0 = 2\,\text{GHz}$ berechnet. Näheres zum Kanal- und Umgebungsmodell ist in Abschnitt 4.1 beschrieben. Zur Erfassung der Statistik beinhalten beide _Ray Tracing_ Szenarien mehrere tausend LOS- als auch NLOS-Kanalrealisierungen für eine Senderposition (Basisstation) und zufällig verteilte Empfängerpositionen (Nutzer). Szenario 2 enthält nur solche Kanalrealisierungen, bei denen die BS-Azimut-Winkelspreizung $\sigma_{\psi_{\mathrm{T}},\vartheta\vartheta} = 35° - 80°$ beträgt (ca. 9.000 Kanalrealisierungen). In Szenario 3 gehen ca. 18.000 Kanalrealisierungen mit $\sigma_{\psi_{\mathrm{T}},\vartheta\vartheta} = 5° - 20°$. Der mittlere K-Faktor in Szenario 2 liegt bei 5,8 dB und in Szenario 3 bei 10,2 dB. Sowohl Sender als auch Empfänger sind mit einem linearen Antennenarray, bestehend aus vier vertikal polarisierten $\lambda/2$-Dipolen, ausgestattet. Der Abstand zwischen den Antennenelementen an der BS beträgt 3λ und am MT $0{,}5\lambda$. Da alleine die Auswirkung der unterschiedlichen Struktur der MIMO-Übertragungsmatrix auf die Kapazität verdeutlicht werden soll, werden Kopplungseffekte zwischen den Antennenelementen nicht berücksichtigt.

Bild 3.8 zeigt den sich ergebenden Medianwert der Kapazität (50% Ausfallkapazität) für die drei Kanal-Szenarien und für das 4×4 MIMO-System ohne Kanalkenntnis am Sender (uniform P_{T}), mit Kanalkenntnis am Sender (WF: _Waterfilling_) sowie ein SISO-System.

Beide MIMO-Systeme erreichen in allen drei Szenarien eine deutlich höhere Kapazität als das SISO-System. Mit steigendem SNR macht sich der Qualitätsunterschied zwischen den Subkanälen immer weniger bemerkbar, weshalb bei hohem SNR das _Multiplexing_-System ohne Kanalkenntnis nahezu die gleiche Kapazität erreicht wie das _Multiplexing_-System mit Kanalkenntnis am Sender. Neben dem SNR entscheidet die Korrelation zwischen den Übertragungskoeffizienten der MIMO-Übertragungsmatrix und der K-Faktor über die Höhe der erreichbaren Kapazität. In Szenario 1 (i.i.d. MIMO-Rayleigh-Kanalmodell) fällt aufgrund der

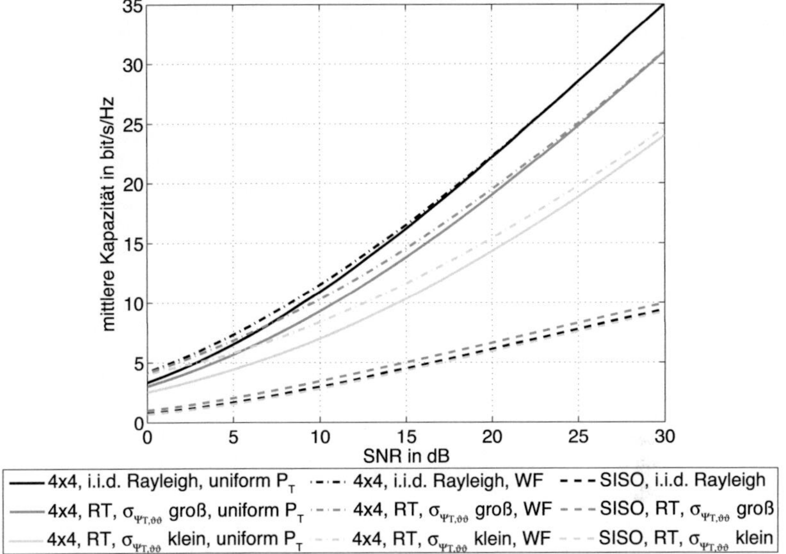

Bild 3.8: Medianwert der Kapazität für ein SISO-System, ein 4×4 MIMO-System ohne (uniform P_T) und ein 4×4 MIMO-System mit Kanalkenntnis am Sender (WF) und für drei verschiedene Kanal-Szenarien: i.i.d. MIMO-Rayleigh-Kanalmodell, *Ray Tracing* (RT) große BS-Azimut-Winkelspreizung ($\sigma_{\psi_\mathrm{T},\vartheta\vartheta} = 35° - 80°$), RT kleine BS-Azimut-Winkelspreizung ($\sigma_{\psi_\mathrm{T},\vartheta\vartheta} = 5° - 20°$)

Annahme der unkorrelierten Übertragungskoeffizienten der Medianwert der Kapazität gegenüber der Realität zu hoch aus. Aufgrund der höheren Azimut-Winkelspreizung und des niedrigeren mittleren K-Faktors liegt die Kapazität in Szenario 2 oberhalb von Szenario 3.

Die Höhe der erreichbaren Kapazität ist abhängig von der Wahrscheinlichkeitsverteilung der Eigenwerte der MIMO-Übertragungsmatrix (vgl. Abschnitt 3.1.4). Bild 3.9 zeigt die Wahrscheinlichkeitsverteilung der Eigenwerte der drei Kanal-Szenarien, wobei gilt $\lambda_{11} > \lambda_{22} > \lambda_{33} > \lambda_{44}$. Je kleiner das Verhältnis $\lambda_{11}/\sum_{ii=2}^{4} \lambda_{ii}$ ist, desto ungerichteter ist der MIMO-Übertragungskanal und desto höher fällt der *Multiplexing*-Gewinn aus. Je größer das Verhältnis $\lambda_{11}/\sum_{ii=2}^{4} \lambda_{ii}$ ist, desto gerichteter ist der MIMO-Übertragungskanal und lohnender ist der Einsatz von *Beamforming* bzw. dominanter-Eigenwert-Übertragung. Das Verhältnis $\lambda_{11}/\sum_{ii=2}^{4} \lambda_{ii}$ ist für den i.i.d. MIMO-Rayleigh-Kanal am kleinsten und für den *Ray Tracing* Kanal mit kleiner BS-Azimut-Winkelspreizung am größten. Somit eignet sich Szenario 1 am ehesten für eine Multiplexübertragung und Szenario 3 am wenigsten.

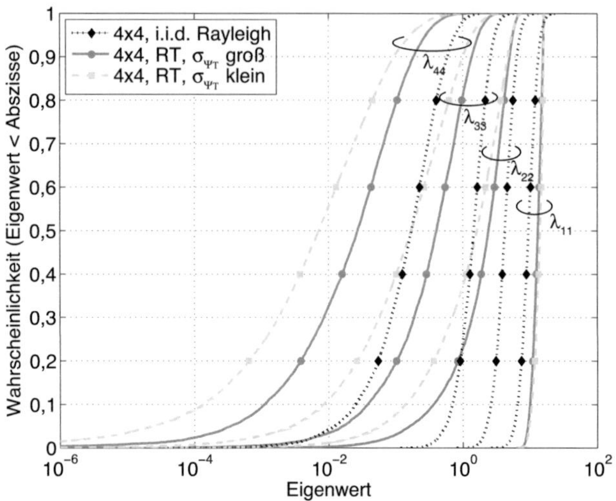

Bild 3.9: Vergleich der Eigenwerte ($\lambda_{11} > \lambda_{22} > \lambda_{33} > \lambda_{44}$) für ein 4x4 MIMO-System und für drei verschiedene Kanal-Szenarien: i.i.d. MIMO-Rayleigh-Kanalmodelle, *Ray Tracing* (RT) große BS-Azimut-Winkelspreizung ($\sigma_{\psi_{T,\vartheta\vartheta}} = 35° - 80°$), RT kleine BS-Azimut-Winkelspreizung ($\sigma_{\psi_{T,\vartheta\vartheta}} = 5° - 20°$)

Diversität des MIMO-Übertragungskanals:

Das räumliche Verhalten des MIMO-Übertragungskanals $\underline{\mathbf{H}}$ lässt sich über die $MN \times MN$ MIMO-Korrelationsmatrix $\underline{\mathbf{R}}_{\mathbf{H}}$ beschreiben. Diese ist definiert als:

$$\underline{\mathbf{R}}_{\mathbf{H}} = E\left\{ \text{vec}\left\{\underline{\mathbf{H}}\right\} \text{vec}\left\{\underline{\mathbf{H}}\right\}^{\dagger} \right\} \tag{3.59}$$

vec ist der Vektor-Operator, welcher die Spalten einer $M \times N$ Matrix zu einem $MN \times 1$ Vektor übereinander stapelt. $\underline{\mathbf{R}}_{\mathbf{H}}$ beinhaltet die komplexen Korrelationskoeffizienten zwischen allen Elementen der MIMO-Übertragungsmatrix. Zur Charakterisierung von $\underline{\mathbf{R}}_{\mathbf{H}}$ kann der Diversitätskoeffizient (engl. *diversity measure*) $\Psi_{\text{corr}}(\underline{\mathbf{R}}_{\mathbf{H}})$ verwendet werden [IN03], [Özc04]:

$$\Psi_{\text{corr}}(\underline{\mathbf{R}}_{\mathbf{H}}) = \left(\frac{\text{tr}\left\{\underline{\mathbf{R}}_{\mathbf{H}}\right\}}{\|\underline{\mathbf{R}}_{\mathbf{H}}\|_F} \right)^2 \tag{3.60}$$

Je diverser der MIMO-Übertragungskanal ist, desto höher fällt $\Psi_{\text{corr}}(\underline{\mathbf{R}}_{\mathbf{H}})$ aus. Maximal bewegt sich der Diversitätskoeffizient jedoch zwischen $1 \leq \Psi_{\text{corr}}(\underline{\mathbf{R}}_{\mathbf{H}}) \leq (NM)$.

Schlussfolgerungen:
Aus den dargestellten Sachverhalten ergeben sich die folgenden Schlussfolgerungen:

- Ein MIMO-System ohne Kanalkenntnis am Sender erreicht dann eine hohe Kapazität, wenn die Korrelation zwischen den Übertragungskoeffizienten der MIMO-Übertragungsmatrix $\mathbf{H}$ gering ist. Dies ist der Fall, wenn die Struktur von $\mathbf{H}$ einer Einheitsmatrix ähnelt, bzw. die Kovarianzmatrix von $\mathbf{H}$ Diagonalform hat [CTKV02], [ONBP03], [Wal04], [BJ04], [JB04].

- Ist Kanalkenntnis am Sender vorhanden und arbeitet das MIMO-System im niederen SNR-Bereich, wirkt sich ein hohe Korrelation zwischen den Übertragungskoeffizienten positiv auf die Kapazität aus. Denn aufgrund des niederen SNRs wird i.d.R. nur ein Subkanal zur Datenübertragung genutzt, weshalb eine hohe Korrelation zu einer Maximierung (Bündelung) der Empfangsleistung führt [NMI+06]. *Beamforming* bzw. dominante Eigenwert-Übertragung schneidet somit genauso gut ab wie *Multiplexing* mit Kanalkenntnis am Sender. Je gerichteter der MIMO-Übertragungskanal ist, desto höher fällt der *Beamforming*-Gewinn aus.

- Ist Kanalkenntnis am Sender vorhanden und arbeitet das MIMO-System im hohen SNR-Bereich, ist eine geringe Korrelation vorteilhaft. Denn dann ähnelt die Struktur von $\mathbf{H}$ einer Einheitsmatrix, wodurch eine optimale Multiplexübertragung möglich ist [CTKV02], [IN02].

- Ist der MIMO-Übertragungskanal sender- und/oder empfängerseitig im Winkelbereich stark eingeschränkt (hohe Korrelation) und soll ein Diversitätsverfahren eingesetzt werden, ist es sinnvoll, gleichzeitig mehrere Diversitätsarten (z.B. Raum-, Mode-, Polarisationsdiversität) zur Erhöhung von Empfangsleistung und Robustheit auszunutzen.

- Sind die MIMO-Übertragungskoeffizienten sowohl sender- als auch empfängerseitig dekorreliert, hängt es von den Systemanforderungen ab, ob Diversitätsverfahren oder *Multiplex*-Verfahren die bessere Lösung sind, je nachdem ob nur eine niedere Ausfallrate oder auch eine hohe Datenrate gewünscht ist.

- Sender- und empfängerseitige Dekorrelation der Antennensignale sind keine Garantie für eine hohe Kapazität. [GBGP00], [CFV00], [ATM06] zeigen, dass in speziellen Ausbreitungssituationen nur eine geringe Kapazität erreicht wird, obwohl die Antennensignale auf der Sende- und Empfangsseite dekorreliert sind. Ursache hierfür ist der sog. „Schlüsselloch"-Effekt (engl. *keyhole* oder engl. *pinhole*). Dieser tritt dann auf, wenn zwar die Mehrwegepfade in der Umgebung des Senders und Empfängers mit zahlreichen Streuobjekten interagieren, jedoch alle Pfade durch das gleiche „Schlüsselloch"(z.B. Beugungsobjekt, Straßenschlucht) hindurch müssen. Das Schlüsselloch wirkt sich dann reduzierend auf den Rang der MIMO-Übertragungsmatrix aus.

3.4 Zusammenfassung

In diesem Kapitel wurde die Kapazität zur Beurteilung der Leistungsfähigkeit von Punkt-zu-Punkt und Punkt-zu-Mehrpunkt MIMO-Systemen eingeführt. Die für diese Arbeit relevanten Kapazitätsformeln wurden behandelt und ihre Verknüpfung zu gängigen MIMO-Algorithmen aufgezeigt. Insbesondere die Betrachtungen und Analysen in den Abschnitten 3.3 und 3.2.4 zeigen, dass die Leistungsfähigkeit von MIMO-Systemen entscheidend vom Übertragungsmedium, d.h. dem richtungsaufgelösten Funkkanal, abhängt. Dies bedeutet, dass ein optimales Design von Punkt-zu-Punkt und Punkt-zu-Mehrpunkt MIMO-Systemen nur dann möglich ist, wenn dem Entwicklungsingenieur die statistischen Eigenschaften des MIMO-Übertragungskanals während der Systemplanung und dem -entwurf bekannt sind. Nur so ist er in der Lage, z.B. die MIMO-Antennenanordnung oder das MIMO-Übertragungsverfahren an das Ausbreitungsszenario, in dem das Kommunikationssystem später eingesetzt werden soll, anzupassen. Dies ist der Grund, weshalb dem MIMO-Kanalmodell bzw. der realistischen MIMO-Kanalmodellierung eine so hohe Bedeutung zukommt. Die Entwicklung, Implementierung und Verifikation von zwei verschiedenen realistischen MIMO-Kanalmodellen ist Gegenstand der nächsten Kapitel.

Kapitel 4

Deterministisches Kanalmodell für urbane Gebiete und Vergleich mit Messungen

Deterministische Kanalmodelle besitzen das Potential, die Zielsetzungen dieser Arbeit zu erreichen (vgl. Abschnitt 1.5). Von anderen Kanalmodellen heben sie sich insbesondere durch die inhärent enthaltene und für Mehrnutzer-MIMO-Systemsimulationen geforderte zeitliche und räumliche Korrelation einzelner Kanalimpulsantworten sowie durch die örtliche Beziehung einzelner Nutzerkanäle ab (vgl. Abschnitt 1.4). Zudem bieten sie als einziges Kanalmodell die Möglichkeit die Wellenausbreitung über eine Fläche zu berechnen, wodurch ortsgebundene Analysen der Versorgungs- und Interferenzsituation in einem Mobilfunknetz möglich werden. Verifikationsergebnisse bezüglich spezifischer MIMO-Kenngrößen (z.B. Richtungsselektivität und Kapazität) sind jedoch bisher für den urbanen makrozellularen Funkkanal, wie er in dieser Arbeit betrachtet wird, nur unzureichend verfügbar. Diese Lücke möchte diese Arbeit schließen.

Das in dieser Arbeit verwendete deterministische Kanalmodell besteht aus einem Umgebungs- und einem Wellenausbreitungsmodell. Abschnitt 4.1 gibt eine kurze Zusammenfassung beider Teile. Anhand von umfangreichen breitbandigen und zum Teil beidseitig richtungsaufgelösten Kanalmessungen im 2 GHz- und 5,2 GHz-Band erfolgt anschließend die Überprüfung der Gültigkeit des deterministischen Kanalmodells für dessen Einsatz in Mehrnutzer-MIMO-Systemsimulationen. Abschnitt 4.2 stellt die Messszenarien, die Messaufbauten, das Messsystem sowie das eingesetzte Parameterschätzverfahren zur Detektion der Mehrwegepfade und deren Pfadparameter aus den Messdaten vor. Abschnitt 4.3 diskutiert die Ergebnisse des Vergleichs zwischen Messung und Simulation. Die Vergleiche basieren dabei auf den in Abschnitt 2.2 eingeführten Kennfunktionen und Kenngrößen zur Charakterisierung der Zeitvarianz, Frequenz- und Richtungsselektivität. Zudem beziehen sie die in Abschnitt 3.3 eingeführten MIMO-Metriken mit ein. Hierdurch ist erstmals eine ganzheitliche Beurteilung der Qualität deterministischer Kanalmodelle möglich. Einzelne Verifikationsergebnisse wurden bereits in [FMKW06a], [FMKW06b], [FKL$^+$07] veröffentlicht.

4.1 Deterministische Kanalmodellierung

Das in dieser Arbeit verwendete deterministische Kanalmodell besteht aus einem Modell zur Beschreibung der Ausbreitungsumgebung und einem Modell zur Berechnung der Wellenausbreitung. Letzteres beruht auf einem strahlenoptischen Ansatz, wodurch eine vollständige dreidimensionale Beschreibung der Mehrwegeausbreitung möglich ist. In Abschnitt 4.1.1 wird zunächst das verwendete Umgebungsmodell beschrieben. Abschnitt 4.1.2 gibt einen kurzen Abriss über das strahlenoptische Ausbreitungsmodell. Eine umfassende Darstellung der Berechnungsverfahren des Ausbreitungsmodells ist in [Mau05] zu finden.

4.1.1 Umgebungsmodell

Die Grundlage für eine genaue deterministische Berechnung der Mehrwegeausbreitung ist ein möglichst exaktes Modell der Ausbreitungsumgebung. Prinzipiell ist es möglich, beliebige Umgebungsmodelle in das Kanalmodell einzubinden. In dieser Arbeit soll explizit das Verhalten der Mehrwegeausbreitung in städtischen makrozellularen Funkzellen betrachtet werden. Als Umgebungsmodell wurde ein Teil der Innenstadt Karlsruhe implementiert. Das Modell enthält Gebäude, große Bäume und eine Geländeoberfläche, welche der Bebauung unterlegt ist und die absolute Geländehöhe kennzeichnet. Da die topographischen Höhenunterschiede in der Karlsruher Innenstadt sehr gering sind, wird die Geländeoberfläche als eben angenommen. Andere Objekte, wie z.B. Brücken, Unterführungen, Straßenschilder oder Autos, können in das Modell eingefügt werden. Sie finden allerdings im betrachteten Fall keine Berücksichtigung. Die Lage und die Geometrie der Häuser und Bäume ist in Form von 3D-Vektordaten gespeichert.

Die Erzeugung des Vektordatenformats der Häuser erfolgt anhand von zwei verschiedenen Datenquellen. Zum einen werden Grundrissdaten verwendet, welche die Häuser durch die in die x-y-Ebene projizierten Gebäudeumrisseckpunkte beschreiben. Beim sukzessiven Durchlaufen der Umrisseckpunkte eines Gebäudes erhält man geschlossene Polygone, welche die einzelnen Gebäudeteile in der Draufsicht definieren. Die erzielbare Geländeauflösung ist durch die Genauigkeit der Grundrisspläne, bzw. der Polygoneckpunkte definiert. Zur Generierung des vorliegenden Umgebungsmodells wurden Grundrisspläne vom Vermessungs- und Liegenschaftsamt der Stadt Karlsruhe verwendet. Die Grundrissdaten besitzen eine Genauigkeit von $\approx 1\,\mathrm{m}$. In Verbindung mit einem Höhenprofil lassen sich die einzelnen Gebäude im betrachteten Gebiet 3D rekonstruieren. Die Gewinnung von Höhendaten einer Stadt ist auf unterschiedliche Art und Weise möglich [Cic94], [Bre00a]. Im vorliegenden Fall wurden Höhendaten einer flugzeuggestützten Laserabtastung verwendet. Deren Genauigkeit liegt im Dezimeterbereich. Eine Alternative zur Laserabtastung sind z.B. optische oder interferometrische Verfahren.

Die 3D-Rekonstruktion der Gebäude erfolgte am Institut für Photogrammetrie der Universität Stuttgart mithilfe eines speziellen dort entwickelten Verfahrens [Haa05]. Das Verfahren generiert anhand der Grundriss- und Höhendaten nacheinander automatisch für jeden Gebäudegrundriss ein 3D-Gebäudemodell. Dieses setzt sich aus grundflächendeckenden Primitiven zusammen, wobei Dachform und -höhe an die digitalen Oberflächendaten angepasst werden. Als Dachform sind Flach-, Giebel-, Walm- und Pultdach vorgesehen. In einem Folgeschritt wird aus der Vereinigung der ineinander verschachtelten Grundelemente der Primitive eine 3D-Randdarstellung erzeugt. Diese beschreibt die äußere Hülle eines jeden Gebäudes durch

Polygone. Nähere Informationen zum Algorithmus können in [Bre00a], [Bre00b] nachgeschlagen werden. Alle Häuserwände sind als eben modelliert. Unebenheiten und Strukturen, wie z.B. Fenster oder Türen, fließen nicht in das Modell ein. Die Beschaffenheit der Polygone ist anhand von Materialparametern beschrieben. Diese steuern die elektromagnetischen Eigenschaften, ebenso wie die für die Berechnung der Wellenausbreitung anzusetzende Rauigkeit der Objektoberflächen. Die gewählten Materialparameter der Häuser und des Bodens sind in Anhang A.2 aufgelistet.

Die Berücksichtigung von Vegetation erfolgt in Form von Bäumen, welche nachträglich, per Hand, mithilfe von Luftaufnahmen der Stadt Karlsruhe, in die Vektordatenbank eingefügt wurden. Da große Bäume die Wellenausbreitung in erheblich höherem Maße beeinflussen als kleine, finden nur diese Berücksichtigung. Die Baumkrone ist vereinfachend als Quader, mit einer bestimmten Höhe, Breite und Tiefe, modelliert [Mau05], [FMKW06a]. Zusätzlich weist sie einen gewissen Abstand zum Boden auf. Der Baumstamm wird nicht modelliert. Insgesamt werden fünf verschiedene Baumgrößen berücksichtigt. Die entsprechenden Parameter sind in Tabelle 4.1 zu finden.

Tabelle 4.1: Statistische Parameter der Bäume; alle Werte sind als normalverteilt angenommen mit (Mittelwert;Standardabweichung) / [Minimal-;Maximalwert]

	h_B in m	l_B bzw. t_B in m	h_S in m
Typ 1	(18;1) / [16;20]	(10;1) / [8;12]	(5;0,5) / [4;7]
Typ 2	(12;1) / [10;14]	(8;1) / [6;10]	(4;1) / [3;6]
Typ 3	(10;1) / [8;12]	(6;1) / [4;8]	(3;1) / [2;5]
Typ 4	(8;1) / [6;10]	(5;1) / [3;7]	(3;1) / [2;5]
Typ 5	(6;1) / [5;7]	(4;1) / [2;6]	(2;1) / [1;4]

h_B bezeichnet die Gesamthöhe des Baumes, l_B und t_B die Länge und Tiefe der Baumkrone und h_S den Abstand der Baumkrone vom Boden. Alle Werte sind als normalverteilt angenommen. Die für die Wellenausbreitung wichtigen zugehörigen Streuparameter sind in Anhang A.2 zu finden.

Das verwendete Modell des Ausschnitts der Stadt Karlsruhe ist in Bild 4.1 zu sehen. Es reicht vom IHE-Gebäude (linke obere Ecke) bis zum Badenwerk (rechte untere Ecke). Das Szenario umfasst eine Fläche von 2,2 km × 1 km. Die mittlere Gebäudehöhe beträgt ungefähr 12,5 m. Da exponierte Gebäude einen besonderen Einfluss auf die Wellenausbreitung in urbanen Gebieten ausüben, sind diese in Bild 4.1 durch Pfeile hervorgehoben und gesondert bezeichnet.

4.1.2 Strahlenoptisches Ausbreitungsmodell

Die Mehrwegepfade, welche sich in einem Szenario zwischen einem Sender- und einem Empfängerpunkt ausbreiten, werden in deterministischen Modellen mithilfe von strahlenoptischen Ausbreitungsmodellen berechnet. Die Berechnungsmethodik ist in zwei Schritte unterteilt. Zunächst werden mithilfe von Strahlsuch- bzw. Strahlverfolgungsverfahren die Interaktionspunkte des sich ausbreitenden elektromagnetischen Feldes mit den Objekten bzw. Hindernissen bestimmt. Dieser Prozess wird allgemein mit *Ray Tracing* bezeichnet. Die Interaktionspunkte legen die Ausbreitungswege der einzelnen Mehrwegepfade fest. In einem zweiten

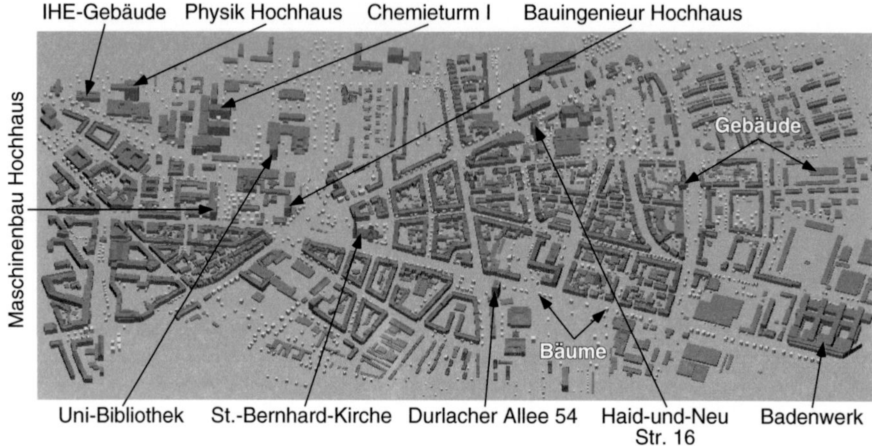

Bild 4.1: 3D-Modell der Stadt Karlsruhe

Schritt erfolgt die Bestimmung der Pfadparameter. Hierzu wird jedem Interaktionspunkt ein Ausbreitungsphänomen zugeordnet. Jeder Pfad durchläuft auf seinem Weg vom Sender zum Empfänger eine Reihe von Ausbreitungsphänomenen. Implementiert sind Modelle für Reflexion, Beugung und Streuung. Für die Wellenausbreitung zwischen den Interaktionen wird Freiraumausbreitung in Luft (bzw. Vakuum) angenommen. Die Transmission der elektromagnetischen Welle in Objekte hinein bzw. durch sie hindurch wird vernachlässigt [Mau05]. Die vollpolarimetrische komplexe Pfadübertragungsmatrix $\underline{\boldsymbol{\Gamma}}_q(t)$ berechnet sich durch eine einfache Kaskadierung der für diesen Pfad auftretenden Ausbreitungsphänomene. Die Richtung des ersten Pfadsegmentes beschreibt die Senderichtung (DoD) und die Richtung des letzten Pfadsegmentes die Empfangsrichtung (DoA). Die Laufzeit erhält man direkt aus der Pfadlänge. Lässt man den Einfluss der Sende- und Empfangsantenne unberücksichtigt, ergibt sich die zeitvariante gerichtete Tiefpass-Übertragungsfunktion des Funkkanals $\underline{\mathbf{H}}^{\mathrm{TP}}(\nu, t, \Omega_{\mathrm{T}}, \Omega_{\mathrm{R}})$ durch Superposition aller Pfade am Empfangsort gemäß (2.14).

Zur Bestimmung des an Objekten reflektierten Feldes werden modifizierte Fresnel-Reflexionsfaktoren verwendet [Bal89], [GW98]. Diese haben gegenüber normalen Fresnel-Reflexionsfaktoren den Vorteil, dass sie die schwache Rauigkeit von typischen Baumaterialien (z.B. Beton, Asphalt, Backstein) in die Berechnung mit einbeziehen. Die Berechnung der Beugung an Kanten erfolgt mittels der geometrischen Beugungstheorie (UTD: engl. *uniform geometrical theory of diffraction*). Das implementierte Beugungsmodell greift auf die korrespondierende heuristische Erweiterung der UTD nach Luebbers für dielektrische Keile mit rauer Oberfläche zurück. Einzelheiten zum Modell sind in [Lue84], [Lue88], [GW98], [Mau05] zu finden.

Wie in Abschnitt 4.1.1 bereits erwähnt, weisen Häuser in der Realität sehr viele Unregelmäßigkeiten in ihrer Struktur auf, z.B. stark raue Wände, Fenster, Balkone, Stege, Rinnen. Interagiert eine elektromagnetische Welle mit diesen Strukturen wird Leistung in von der Vorzugsrichtung der spiegelnden Reflexion abweichende Richtungen gestreut [LCLL00]. Für schwach raue Oberflächen werden zunächst noch die meisten Leistungsanteile in Richtung der spiegelnden Reflexion gestreut. Es liegt eine kohärente Streuung vor. Mit kleiner werdendem Verhältnis von Strukturgröße zu Wellenlänge wächst der sog. inkohärente oder diffuse Streuanteil, wodurch eine Vorzugsrichtung der spiegelnden Reflexion nicht mehr zu erkennen ist. Das Objekt generiert dann ein inkohärentes, diffuses Streufeld, mit einer gewissen Streucharakteristik (Volumenstreuung) [GW98]. Insbesondere Vegetation stellt eine inkohärente, diffuse Streuquelle dar. Hingegen weist das Streufeld von Häuserfronten i.d.R. einen dominanten kohärenten Streuanteil auf. Wie in [LKT$^+$02], [KLV$^+$03], [RLT04], [DEGd$^+$04], [DEFVF07] beschrieben und in Abschnitt 4.3 herausgearbeitet, wirkt sich diffuse Streuung auf die zeitliche und räumliche Charakteristik des Funkkanals sowie die Leistungsfähigkeit von MIMO-Systemen aus. In den Arbeiten [RSK06], [LST$^+$07] ist gezeigt, dass der durch diffuse Streuung am Empfänger hervorgerufene Leistungsanteil in Einzelfällen bis zu 90 % der Gesamtleistung betragen kann. Typischerweise liegt der Leistungsanteil jedoch eher im Bereich zwischen 20 % - 50 %. Dies bestätigen auch die im Rahmen dieser Arbeit durchgeführten Messungen (vgl. Abschnitt 4.3.3). Aus den genannten Gründen ist es wichtig, Streuung in deterministischen Kanalmodellen zu berücksichtigen.

Das in dieser Arbeit verwendete Umgebungsmodell verzichtet auf eine detaillierte Beschreibung von Objektstrukturen. Stattdessen ist es möglich, besonders unregelmäßigen Objekten spezielle Streuparameter zuzuweisen (siehe Anhang A.2). Das diffuse Streufeld von Bäumen wird mithilfe des in [Mau05], [FMKW06a] beschriebenen Streumodells berechnet. Es basiert auf der Theorie der Radiosität und beschränkt sich auf Einfachstreuprozesse. Mehrfachstreuung wird aufgrund der zu erwartenden sehr hohen Dämpfung des zugehörigen Ausbreitungspfades vernachlässigt. Zur Berechnung des Streufeldes von Häuserwänden wurde im Rahmen dieser Arbeit eine leicht modifizierte Version des Streumodells nach Esposti [DEFVF07] implementiert.

Zur Berechnung der einzelnen Pfadverläufe werden verschiedene Strahlsuchverfahren verwendet. Die Ermittlung des Verlaufs von reinen Reflexionspfaden erfolgt mithilfe der Spiegelungsmethode [MDDW00]. Zur Bestimmung des Verlaufs von reinen Beugungspfaden kommt das Fermat'sche Prinzip zum Einsatz [GW98]. Gemischte Pfade werden durch Kombination der beiden Modelle berechnet. Ein spezieller Vorverarbeitungsalgorithmus optimiert die Suche der Reflexions- und Beugungspfade hinsichtlich der Rechenzeit [MDDW00], [Mau05]. Da nur einfach interagierende Streupfade berücksichtigt werden, ist deren Verlauf direkt durch die Position von Sender, Interaktionspunkt und Empfänger bestimmt.

Um Rechenzeit einzusparen, ist es sinnvoll, den Dynamikbereich der Kanalimpulsantwort einzuschränken und bestimmte Abbruchkriterien bei der Pfadsuche zu definieren. Diese Arbeit berücksichtigt bei der Berechnung einer Kanalimpulsantwort - soweit nichts anderes genannt ist - nur diejenigen Pfade, deren Leistung nicht mehr als 70 dB unter dem stärksten Pfad liegt. Außerdem wird ein Pfad nur dann beachtet, wenn seine Anzahl an durchlaufenen Beugungsprozessen $\leq$ 2, Reflexionen $\leq$ 5 und kombinierten Interaktionen (Reflexion + Beugung) $\leq$ 5 beträgt.

Bild 4.2 zeigt exemplarisch ein Berechnungsergebnis des deterministischen Ausbreitungsmodells, angewendet auf das Umgebungsmodell der Karlsruher Innenstadt. Der Sender (Basisstation) ist auf einem 38,5 m hohen Hochhaus, 1,5 m über dem Flachdach platziert. Der

Empfängerpunkt befindet sich auf einer großen Kreuzung, 1,7 m über der Geländeoberfläche. Aus Gründen der Übersichtlichkeit sind in Bild 4.2 nur die stärksten 80 Pfade gezeigt. Streuung an Häuserwänden wurde bei der Rechnung nicht zugelassen. Deutlich zu erkennen sind jedoch Streubeiträge von zwei Bäumen. Durch den exponierten Standort des Senders treten in seiner unmittelbaren Umgebung keine Interaktionspunkte auf. Der Winkelbereich der Pfade am Sender (DoD) ist deshalb wesentlich eingeschränkter als am Empfänger (DoA).

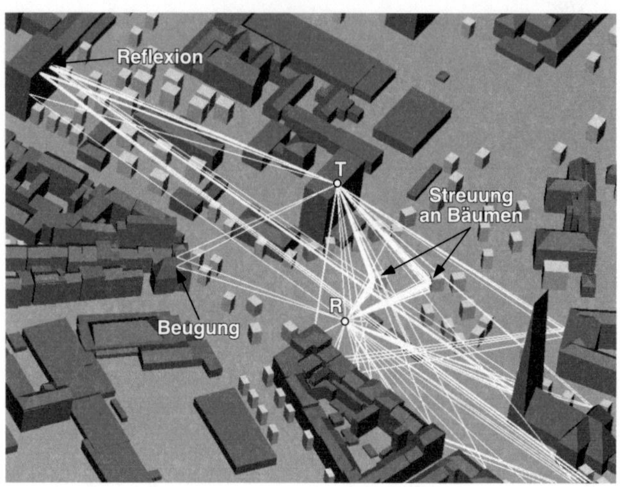

Bild 4.2: Ergebnis der Pfadberechnung in der Innenstadt Karlsruhe mit reinen und gemischten Reflexions- und Beugungspfaden sowie reinen Streupfaden an Bäumen

4.2 Beschreibung des Messsystems und der Messszenarien

Zur Verifikation des im letzten Abschnitt eingeführten deterministischen Kanalmodells werden Messungen im 2 GHz- und 5,2 GHz-Band aus zwei verschiedenen Messkampagnen eingesetzt. Zudem werden darauf basierende Kanalschätzungen verwendet. Die Messkampagnen fanden 2003 und 2006 im Rahmen der BMBF-Projekte HyEff (engl. *High Efficiency Mobile Networks*) und WIGWAM (engl. *Wireless Gigabit with Advanced Multimedia Support*) in Zusammenarbeit mit der Technischen Universität Ilmenau und der Firma MEDAV statt. Ziel der Kanalmessungen ist die Bestimmung des realen Übertragungskanals in typischen urbanen Szenarien zwischen einer exponierten Basisstation und einem mobilen Messfahrzeug (MT: engl. *mobile terminal*), welches sich entlang verschiedener Messstrecken bewegt. Als Messgebiet wurde ein Bereich der Innenstadt Karlsruhe, in der Nähe des Campus der Universität Karlsruhe (TH), ausgewählt. Die Messungen können aufgrund des Einsatzes unterschiedlicher Messantennen in eine SISO-, SIMO- und MIMO-Messreihe unterteilt werden, wobei jede Messreihe aus mehreren Messfahrten besteht. Motivation der Kanalschätzung ist die Detektion der Pfade und

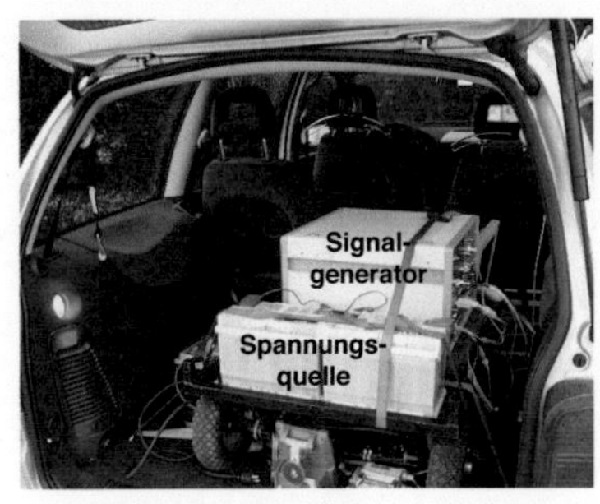

(a) Sender

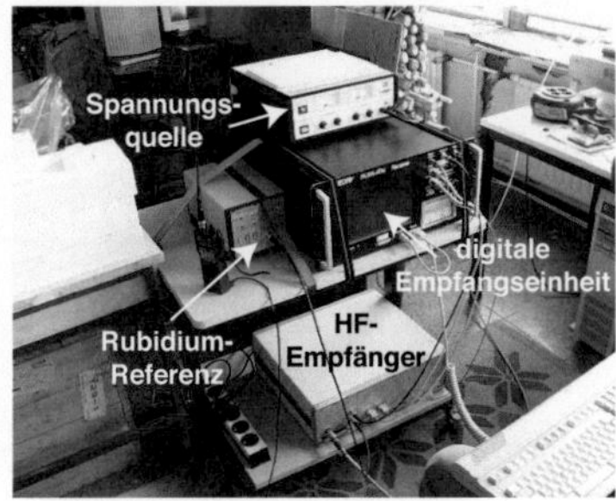

(b) Empfänger

Bild 4.3: Aufbau der Sende- und Empfangseinheit des RUSK ATM *Vector Channel Sounders*, welcher für die SISO- und SIMO-Messreihen verwendet wurde.

deren Pfadparameter, wodurch eine richtungsaufgelöste Funkkanalbeschreibung der einzelnen Messfahrten möglich wird.

Im folgenden Abschnitt wird die Funktionsweise des Messsystem erläutert. Abschnitt 4.2.2 gibt einen Überblick über die Motivation und die Messaufbauten für die SISO-, SIMO- und MIMO-Messreihe. Abschnitt 4.2.3 geht auf das Datenmodell des verwendeten hochauflösenden Schätzverfahrens RIMAX ein [TLR04], [Ric05].

4.2.1 Messsprinzip der Channel Sounder

Zur messtechnischen Erfassung des Übertragungskanals in den SISO- und SIMO-Szenarien wurde der RUSK ATM *Vector Channel Sounder* und in den MIMO-Szenarien der RUSK MIMO *Channel Sounder* eingesetzt [THR+00], [THR+01], [WBT04], [MED05]. Beide Messsysteme bestehen aus einer Sender- und einer Empfängereinheit (vgl. Bild 4.3). Das Messprinzip basiert auf einem Korrelationsmessverfahren, bei dem der Funkkanal periodisch mit einem breitbandigen Testsignal angeregt wird. Das verwendete Testsignal ist ein Multisinussignal, bestehend aus einer bestimmten Anzahl N_f harmonischer Schwingungen, mit einem konstanten Frequenzversatz Δf. Es wird im Digitalteil des Senders erzeugt, danach digital-analog (D/A) gewandelt, verstärkt und über die Sendeantenne abgestrahlt.

Betrachtet man das Testsignal im Zeitbereich, so weist es einen periodischen Verlauf auf. Zur vollständigen Erfassung des Funkkanals muss die Periodendauer T_P so gewählt werden, dass sie größer ist, als die größte zu erwartende Verzögerungszeit τ_n der Mehrwegepfade. Vom Messsystem werden mehrere Impulsantwortlängen von $0{,}8\,\mu\mathrm{s}$ bis $25{,}6\,\mu\mathrm{s}$ vorgegeben. Die eingestellten Werte für die SISO-, SIMO- und MIMO-Messreihe können der Tabelle 4.2 entnommen werden. In Tabelle 4.2 ist zudem der daraus resultierende Frequenzversatz Δf der N_f Träger des Testsignals angegeben, welcher sich aus $\Delta f = 1/T_\mathrm{P}$ ergibt.

Die Bandbreite des Testsignals beträgt für alle Messungen $B_\mathrm{M} = 120\,\mathrm{MHz}$. Sie bestimmt den aufzulösenden Laufzeitunterschied τ_res zweier Pfade, bzw. den minimal auflösbaren Pfadlängenunterschied L_res: $\tau_\mathrm{res} \approx 1/B_\mathrm{M} \approx 8{,}3\,\mathrm{ns}$, $L_\mathrm{res} = c_0\tau_\mathrm{res} \approx 2{,}5\,\mathrm{m}$. Pfade, deren Laufzeit-

Tabelle 4.2: Parameter des Messsystems für die SISO-, SIMO- und MIMO-Messreihe

Messsystem	RUSK ATM		RUSK MIMO
Messsreihe	SISO	SIMO	MIMO
Mittenfrequenz f_0	2 GHz	5,2 GHz	
Messbandbreite B_M	120 MHz		
Länge der Impulsantwort T_P	12,8 μs	6,4 μs	3,2 μs
Frequenzversatz der Träger Δf	78,125 kHz	156,25 kHz	312,5 kHz
Anzahl der Träger N_f	1537	769	385
Sendeleistung P_T	35,5 dBm	33 dBm	34 dBm
D/A-Wandler	8 bit, 320 MHz		10 bit, 640 MHz
Empfängerempfindlichkeit	−88 dBm		−88 dBm
Rauschzahl	6 dB		5 dB
AGC Regelbereich	57 dB		51 dB
Zwischenfrequenz	80 MHz		160 MHz
A/D-Wandler	8 bit, 320 MHz		10 bit, 640 MHz
Abtastinterval T_s	2,048 ms	3,072 ms	7,168 ms

bzw. Längenunterschied kleiner 8,3 ns bzw. 2,5 m ist, interferieren miteinander und sind im Leistungsverzögerungsspektrum als eine Komponente sichtbar. Weitere Systemparameter des Senders sind die Bandmittenfrequenz und die Sendeleistung. Die Mittenfrequenz für die SISO-Messstrecken beträgt $f_0 = 2$ GHz und für die SIMO- und MIMO-Messstrecken $f_0 = 5,2$ GHz (siehe Tabelle 4.2). Die Sendeleistung P_T am Eingang der Sendeantenne beträgt im SISO-Fall 35,5 dBm, im SIMO-Fall 33 dBm und im MIMO-Fall 34 dBm.

Im Empfänger wird das Empfangssignal zunächst Bandpass-gefiltert, danach auf eine Zwischenfrequenz von 80 MHz beim RUSK-ATM und 160 MHz beim RUSK-MIMO *Channel Sounder* heruntergemischt und nach einer weiteren Bandpassfilterung analog-digital (A/D) gewandelt. Der A/D-Wandler des RUSK ATM *Channel Sounders* arbeitet mit einer Abtastrate von 320 MHz und hat eine Auflösung von 8 bit. Die Abtastrate des RUSK-MIMO *Channel Sounders* beträgt 640 MHz und die Auflösung 10 bit. Mithilfe der *Fast Fourier Transformation* (FFT) transformiert der Empfänger das abgetastete Signal in den Frequenzbereich. Die dabei eingesetzte Länge der FFT richtet sich nach der gewählten Periodenlänge T_P (siehe Tabelle 4.2). Durch Korrelation des digitalisierten Empfangssignals mit dem abgespeicherten bekannten Testsignal wird die komplexe Einseitenband-Übertragungsfunktion $\underline{H}_\mathrm{Mess}(f, t)$ bestimmt und anschließend auf einer Festplatte gepeichert. Die Anzahl und der Abstand der Frequenzpunkte ist identisch zum gesendeten Testsignal.

Um den zeitlichen Verlauf von $\underline{H}_\mathrm{Mess}(f, t)$ entlang einer Messstrecke messen zu können, wird der Funkkanal zu diskreten Zeitpunkten mithilfe des Testsignals angeregt und empfängerseitig abgetastet. Die zeitlichen Momentaufnahmen werden im Folgenden als Schnappschuss bezeichnet. Das Abtastintervall T_s muss so gewählt werden, dass der schnelle Schwundanteil bzw. die Zeitvarianz des Übertragungskanals richtig erfasst wird. Dies ist dann der Fall, wenn das Abtasttheorem eingehalten wird. Dieses besagt, dass die Abtastfrequenz $f_\mathrm{s,min} = 1/T_\mathrm{s,max}$ mindestens zwei mal größer sein muss als die maximal im Funkkanal auftretende Doppler-

Verschiebung $f_{\mathrm{D,max}}$:

$$T_{\mathrm{s,max}} = \frac{1}{2f_{\mathrm{D,max}}} \tag{4.1}$$

Die in den Messreihen vorhandenen Doppler-Beiträge werden hauptsächlich durch die Bewegung des Messfahrzeugs verursacht. Die maximal zu erwartende Doppler-Verschiebung lässt sich somit einfach über die Geschwindigkeit v_{r} des Messfahrzeugs abschätzen:

$$f_{\mathrm{D,max}} = \frac{v_{\mathrm{r}}}{c_0} f_0 \tag{4.2}$$

Eingesetzt in (4.1) ergibt sich das maximale Abtastintervall zu:

$$T_{\mathrm{s,max}} = \frac{c_0}{2v_{\mathrm{r}} f_0} \tag{4.3}$$

Systembedingt kann T_{s} nur als ein Vielfaches von 1,024 ms gewählt werden. Würde man T_{s} auf den Minimalwert 1,024 ms setzen, so könnten Doppler-Verschiebungen von bis zu 488,28 Hz erfasst werden. Generell sollte die Abtastrate jedoch nicht zu hoch gewählt werden, da sie maßgeblich das Datenvolumen bestimmt. Der tatsächlich gewählte Wert beträgt $T_{\mathrm{s}} = 2{,}048$ ms für die SISO-Messreihe, $T_{\mathrm{s}} = 3{,}072$ ms für die SIMO-Messreihe und $T_{\mathrm{s}} = 7{,}168$ ms für die MIMO-Messreihe (vgl. Tabelle 4.2). Die Geschwindigkeit des Messfahrzeugs v_{r} beträgt in allen Szenarien $< 10{,}0$ km/h. Das Abtasttheorem ist somit stets eingehalten.

Zur optimalen Aussteuerung des A/D-Wandlers wird im Empfänger die Spitzenspannung des Empfangssignals zu jedem Abtastzeitpunkt geschätzt. Je nach Schätzwert verstärkt oder schwächt die *Automatic Gain Control* (AGC) in 3 dB Schritten das Empfangssignal. Der maximale Regelbereich der AGC beträgt beim RUSK ATM 57 dB und beim RUSK MIMO *Channel Sounder* 51 dB.

Zur synchronen Anregung und Abtastung des Funkkanals wird sowohl in der Sende- als auch in der Empfangseinheit ein hochgenauer Rubidium-Frequenznormal eingesetzt. Zu Beginn jeder Messreihe werden diese aufeinander abgestimmt. Gleichzeitig erfolgt eine Systemkalibrierung, bei der der Frequenzgang des *Channel Sounders* bestimmt und im Datenspeicher abgelegt wird. Anhand des gespeicherten Frequenzgangs kann nach der Messung die Übertragungsfunktion von den Einflüssen des Messsystems bereinigt werden. Sie charakterisiert dann ausschließlich den Übertragungskanal, bestehend aus Funkkanal und Antennen.

4.2.2 Messszenarien und Messantennen

Alle Messungen fanden in dem in Bild 4.4 gezeigten Gebiet der Karlsruher Innenstadt statt. Als Standort der Basisstation - nachfolgend mit AP (engl. *access point*) bezeichnet - diente das Bauingenieur Hochhaus (Geb. 10.50) auf dem Campus der Universität Karlsruhe (TH). Die Höhe des Gebäudes beträgt ca. 38,5 m. Die Basisstation ist somit deutlich exponiert, weshalb das Messszenario als eine makrozellulare Funkzelle klassifiziert werden kann. Auf dem Hochhaus wurden drei verschiedene Messstandorte ausgewählt. Diese sind in Bild 4.4 mit AP_1, AP_2 und AP_3 bezeichnet. Sie decken unterschiedliche Bereiche der Innenstadt Karlsruhe ab.

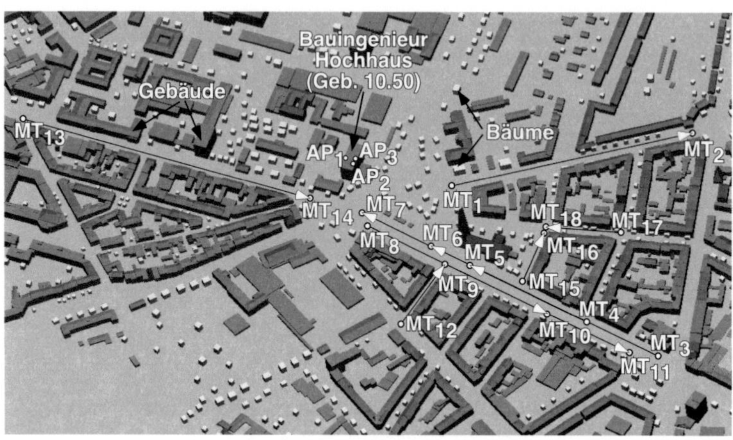

Bild 4.4: Modell der Karlsruher Innenstadt mit eingezeichneter Postion der *access points* (AP) und Start- und Endpunkte des Messfahrzeugs (MT)

Je nach Messreihe befand sich entweder die Sende- oder die Empfangseinheit des *Channel Sounders* auf dem Hochhaus. Um eine hohe Mobilität während der Messung zu gewährleisten, wurde der Gegenpart des *Channel Sounders* in einem Messfahrzeug (Pkw) platziert. Wie in Bild 4.4 angedeutet, bewegte sich das Messfahrzeug während jeder Messung von einem definierten Startpunkt, mit einer konstanten Geschwindigkeit in Pfeilrichtung zu einem definierten Endpunkt. Die genaue Position der Start- und Endpunkte ist in Bild 4.4 mit MT gekennzeichnet und mit einem fortlaufenden Index versehen. Die Messrouten wurden so gewählt, dass sie möglichst unterschiedliche Ausbreitungssituationen abdecken (LOS, NLOS, breite und schmale Straßen, Kreuzungen, offene Plätze). Die tatsächliche Kombination der Start- und Endpunkte, die dazugehörige Position des APs, die Länge der SISO-, SIMO- und MIMO-Strecken sowie die daraus resultierende Anzahl der gemessenen Schnappschüsse kann Tabelle 4.3 entnommen werden.[1] Nachfolgend sind die Hardware-Aufbauten und die Verifikationsziele der SISO-, SIMO- und MIMO-Messungen zusammengefasst.

SISO-Messungen:
Die SISO-Messungen dienen der Überprüfung des schmal- und breitbandigen Verhaltens des deterministischen Kanalmodells bei $f_0 = 2\,\text{GHz}$. Hierfür werden die in Abschnitt 2.2 eingeführten Kennfunktionen und Kenngrößen eingesetzt (z.B. mittlere Empfangsleistung, Doppler-Spektrum, PDP). Die SISO-Messreihe umfasst fünf verschiedene Messstrecken (vgl. Tabelle 4.3). Die Geschwindigkeit des Messfahrzeugs betrug während jeder Messung ca. 7,2 km/h. Wie in Bild 4.3(a) zu erkennen, befand sich die Sendeeinheit des RUSK ATM *Vector Channel Sounders* im Messfahrzeug. Als Sendeantenne wurde ein vertikal polarisierter $\lambda/4$-Monopol mit einem Konus als Masse und einem Gewinn von ca. 4,4 dBi verwendet. Mithilfe einer speziellen Halterung wurde die Antenne ca. 30 cm über dem Zentrum des Autodaches angebracht.

---

[1] Bei der Bezeichnung der Messstrecke ist zuerst der Standort des Senders angegeben. Start und Endpunkt des Messfahrzeugs ergeben sich aus dem Index des MTs.

Tabelle 4.3: Länge und Anzahl (#) der Abtastpunkte (Schnappschüsse) der SISO-, SIMO- und MIMO-Strecken (vgl. Bild 4.4)

SISO-Strecke	$MT_{1,2}$-AP_2	$MT_{3,6}$-AP_2	$MT_{9,11}$-AP_2	$MT_{12,9}$-AP_2	$MT_{13,14}$-AP_1
Länge in m	297	319	358	100	342
# Abtastpkt.	7124	7655	8603	2399	8199

SIMO-Strecke	$MT_{8,10}$-AP_2	$MT_{4,5}$-AP_2	$MT_{6,7}$-AP_2
Länge in m	286	193	73
# Abtastpkt.	17905	11395	4578

MIMO-Strecke	AP_3-$MT_{15,16}$	AP_3-$MT_{17,18}$
Länge in m	81	93
# Abtastpkt.	4720	5334

Die resultierende Gesamthöhe betrug ca. 2,1 m über Grund. Als Standort der Empfangsantenne dienten die Punkte AP_1 und AP_2. Die Empfangsantenne ist ähnlich zur Sendeantenne aufgebaut. Ihr Gewinn beträgt ca. 3,6 dBi. Mithilfe eines speziellen Statives wurde sie an der Position AP_1 bzw. AP_2 auf einer Höhe von ca. $1,5 - 2,0$ m über dem Hochhausdach platziert. Weitere Einzelheiten über den Aufbau und die Richtcharakteristik der Sende- und Empfangsantenne sind in Anhang A.3 zu finden.

Der gemessene Verlauf der komplexen Tiefpass-Übertragungsfunktion $\underline{H}_{\text{Mess}}^{\text{TP,SISO}}(\nu, t)$ entlang jeder SISO-Strecke umfasst 1537 Trägerfrequenzen und wird im Folgenden mit „Messung-SISO" bezeichnet.

SIMO-Messungen:
Ziel der SIMO-Messungen ist die Überprüfung der schmal- und breitbandigen Eigenschaften des Übertragungskanals bei 5,2 GHz sowie die Verifikation der räumlichen Eigenschaften des richtungsaufgelösten Funkkanals auf der Seite des APs. Die Überprüfung der schmal- und breitbandigen Eigenschaften erfolgt, wie im SISO-Fall, anhand der in Abschnitt 2.2 eingeführten Kennfunktionen und Kenngrößen. Zur Überprüfung der Richtungsselektivität müssen richtungsaufgelöste Messungen durchgeführt werden. Hierfür können entweder gerichtete Antennen oder Gruppenantennen eingesetzt werden [THR+00]. Diese ermöglichen das richtungsselektive bzw. sequentielle Anregen und/oder Abtasten des Übertragungskanals im Winkel- und Ortsbereich. Mithilfe eines hochauflösenden Parameterschätzverfahrens ist es anschließend möglich, die Messdaten in den sog. Parameterraum abzubilden. Dieser beschreibt den gerichteten Funkkanal, äquivalent zu deterministischen Kanalmodellen, anhand von Mehrwegepfaden und deren zugehörigen Pfadparametern gemäß Abschnitt 2.1.2.2 (d.h. Amplitude, Laufzeit, DoD, DoA und Doppler-Verschiebung). Typische Parameterschätzer sind z.B. Maximum-Likelihood-Estimation [Zis88], ESPRIT [PRK85], [THR+00], MUSIC [Sch86] oder SAGE [FTH+99]. Die im Rahmen dieser Arbeit verwendeten Schätzergebnisse wurden freundlicherweise vom Fachgebiet Elektronische Messtechnik (EMT) der Universität Ilmenau zur Verfügung gestellt. Als Schätzalgorithmus kam der dort entwickelte, hochauflösende RIMAX-Algorithmus zum Einsatz [TLR04], [Ric05]. Weitere Details zum RIMAX-Algorithmus sind in Abschnitt 4.2.3 beschrieben.

Bei den SIMO-Messungen wurden eine Sende- und mehrere Empfangsantennen eingesetzt. Richtungsauflösung ist somit nur auf der Empfängerseite erzielbar. Die Sendeeinheit des RUSK ATM *Vector Channel Sounders* befand sich in einem Pkw. Als Sendeantenne diente ein vertikal polarisierter $\lambda/4$-Monopol mit einem Gewinn von ca. 3,7 dBi. Die Sendeantenne wurde mithilfe einer Antennenhalterung ca. 30 cm über dem Zentrum des Autodaches platziert. Die resultierende Gesamthöhe betrug ca. 2,1 m über Grund. Die Empfangsantenne befand sich auf der Position AP_2 auf dem Bauingenieur Hochhaus (vgl. Bild 4.4). Als Empfangsantenne wurde ein dual polarisiertes *Patch Array* mit acht *Patch*-Elementen (PULA-16: engl. *polarimetric uniform linear patch array*) verwendet. Da der *Channel Sounder* nur über einen Messeingang verfügt, wurden die 16 Antennenports mithilfe einer schnellen Multiplexeinheit (quasi-) simultan abgegriffen. Aufgrund der Durchgangsdämpfung der Verbindungsleitungen zwischen der Multiplexeinheit und den Antennenports sowie der Durchgangsdämpfung der Multiplexeinheit, beträgt der über alle Antennenelemente gemittelte effektive Gewinn der Gesamtanordnung (*Patch*-Elemente, Verbindungsleitungen und Multiplexeinheit) nur ca. $-2,3$ dBi. Die Montagehöhe der Empfangsantenne lag bei ca. 40,5 m über Grund. Zusätzliche Details zur Richtcharakteristik und zum Aufbau der Antennen sind in Anhang A.3 beschrieben.

Eine Auflistung der SIMO-Messstrecken ist in Tabelle 4.3 zu finden. Die Geschwindigkeit des Messfahrzeugs betrug ca. 8,5 km/h. Längste Messstrecke ist $MT_{8,10}$ - AP_2 mit 286 m und 17905 Schnappschüssen. Jeder Schnappschuss besteht aus 769 Frequenzpunkten. Die Messdaten eines Schnappschusses können anhand einer 769 $\times$ 1 $\times$ 16 SIMO-Übertragungsmatrix $\underline{\mathbf{H}}_{\mathrm{Mess}}^{\mathrm{TP,SIMO}}(\nu)$ dargestellt werden. Durch die Bewegung des MTs ergibt sich ein zeitvarianter Verlauf von $\underline{\mathbf{H}}_{\mathrm{Mess}}^{\mathrm{TP,SIMO}}(\nu, t)$, welcher nachfolgend als „Messung-SIMO" bezeichnet wird. $\underline{\mathbf{H}}_{\mathrm{Mess}}^{\mathrm{TP,SIMO}}(\nu, t)$ beinhaltet die 16 Tiefpass-Übertragungsfunktionen $\underline{H}_{\mathrm{Mess},n,m=1}^{\mathrm{TP,SIMO}}(\nu, t)$ des SIMO-Übertragungskanals.

MIMO-Messungen:

Anhand der MIMO-Messungen soll das schmal- und breitbandige Verhalten, das beidseitig richtungsaufgelöste Verhalten und die MIMO-Tauglichkeit des deterministischen Kanalmodells bei 5,2 GHz überprüft werden. Wie aus Tabelle 4.3 ersichtlich, umfassen die MIMO-Messungen zwei verschiedene Messstrecken: AP_3 - $MT_{15,16}$ und AP_3 - $MT_{17,18}$. Die Geschwindigkeit des Messfahrzeugs betrug ca. 9,2 km/h. Für beide Messstrecken befand sich der Sender des RUSK MIMO *Channel Sounders* auf dem Bauingenieurgebäude (AP_3) und der Empfänger im Messfahrzeug. Um beidseitige Richtungsauflösung zu erreichen, wird der Funkkanal mithilfe von mehreren Sende- und Empfangsantennen örtlich angeregt und abgetastet. Anhand der örtlich zugeordneten Übertragungsfunktionen ist der RIMAX-Algorithmus in der Lage, alle relevanten Pfadparameter des Funkkanals zu schätzen (vgl. Abschnitt 4.2.3).

Als Sendeantenne diente die in Bild A.5(a) gezeigte lineare Gruppenantenne mit 8 dual polarisierten *Patch* Elementen (PULA-16). Zur sequentiellen Ansteuerung der einzelnen Elemente des *Arrays* wurde eine Multiplexeinheit verwendet. Der effektive Gewinn eines Strahlers inkl. vorgeschalteter Multiplexeinheit beträgt ca. $-2,3$ dBi. Die Höhe der Antenne betrug 40,6 m über Grund. Als Empfangsantenne wurde, wie in Bild A.5(b) gezeigt, eine gleichförmig zirkulare Gruppenantenne mit 16 vertikal polarisierten $\lambda/4$-Monopolen (UCA-16: engl. *uniform circular array*) verwendet. Das Abgreifen der einzelnen Monopole erfolgt auch hier über Multiplexer. Der mittlere effektive Gewinn eines Einzelelementes in der Gesamtanordnung

($\lambda/4$-Monopol, Verbindungsleitungen und Schalter) beträgt ca. 2,3 dBi. Die Höhe der Antenne betrug 2,55 m über Grund (45 cm über dem Autodach). Die gemessene Richtcharakteristik der Sende- und Empfangsantenne ist in Anhang A.3 dargestellt. Das Anregen und Abtasten der einzelnen Antennenelemente erfolgt sequentiell und gehorcht einer festgelegten Schaltreihenfolge (siehe [Ric05]).

Die Anzahl der Frequenzpunkte pro Schnappschuss und pro Antennenkombination wurde auf 385 gesetzt (vgl. Tabelle 4.2). $\underline{\mathbf{H}}_{\text{Mess}}^{\text{TP,Mess}}(\nu)$ stellt die MIMO-Übertragungsmatrix eines Schnappschusses dar und hat die Dimension $385 \times 16 \times 16$. Der gemessene Verlauf von $\underline{\mathbf{H}}_{\text{Mess}}^{\text{TP,MIMO}}(\nu, t)$ wird nachfolgend als „Messung-MIMO" bezeichnet. $\underline{\mathbf{H}}_{\text{Mess}}^{\text{TP,MIMO}}(\nu, t)$ beinhaltet die $16 \times 16 = 256$ Tiefpass-Übertragungsfunktionen $\underline{H}_{\text{Mess},n,m}^{\text{TP,MIMO}}(\nu, t)$ des MIMO-Übertragungskanals.

4.2.3 Beschreibung des Parameterschätzverfahrens RIMAX

Wie bereits im letzten Abschnitt erwähnt, erfolgte die Schätzung der Mehrwegepfade und deren Pfadparameter an der Universität Ilmenau mithilfe des dort entwickelten hochauflösenden RIMAX-Algorithmus. Ebenso wie der SAGE-Algorithmus, basiert dieser auf dem Prinzip eines Maximum-Likelihood-Schätzers. Er besitzt jedoch den Vorteil einer schnelleren Konvergenzgeschwindigkeit für kohärente Pfade (Reflexionspfade) [TLR04], [Ric05]. Auf die genaue Schätzmethodik soll hier nicht näher eingegangen werden. Wichtig für das weitere Verständnis dieser Arbeit ist jedoch die Erläuterung der Bestandteile des zugrundeliegenden Datenmodells.

Das Datenmodell des RIMAX-Algorithmus besteht aus drei Teilen. Das erste Teilmodell beschreibt die so genannten dominanten Ausbreitungspfade. Dominante Ausbreitungspfade (SC: engl. *specular component*) sind vorrangig auf Reflexions- oder Beugungseffekte der sich ausbreitenden Wellen zurückzuführen. Deren Eigenschaften können, wie in deterministischen Modellen, mithilfe von Pfadparametern (vgl. Abschnitt 2.1.2) beschrieben werden. Die Auflösungsgrenze der SCs in Raum und Zeit ist dabei im Wesentlichen durch die bei der Messung verwendete Antennengeometrie am Sender und Empfänger, die Bandbreite sowie die Messdauer bestimmt. Da die verwendeten Messantennen nicht den kompletten Raumbereich abdecken, ist eine fehlerfreie Schätzung der Pfade nur dann möglich, solange deren Einfalls- und Ausfallswinkel innerhalb der abgedeckten Winkelbereiche am Sender $\Omega_{\text{T,RIMAX}}$ und am Empfänger $\Omega_{\text{R,RIMAX}}$ liegen. Zur Beurteilung der Zuverlässigkeit eines Schätzresultats liefert der RIMAX-Algorithmus für jeden Pfad eine Pfadgüte (Varianz). Alle Pfade entlang einer Messroute, welche die Forderung $\min(\Omega_{\text{T,RIMAX}}) \leqslant \Omega_{\text{T}} \leqslant \max(\Omega_{\text{T,RIMAX}})$ und $\min(\Omega_{\text{R,RIMAX}}) \leqslant \Omega_{\text{R}} \leqslant \max(\Omega_{\text{R,RIMAX}})$ erfüllen und eine hohe Güte aufweisen, werden zu einer Pfadliste zusammengefasst. Diese wird im Folgenden als „RIMAX-SC Rohdaten" bezeichnet. Anhand der „RIMAX-SC Rohdaten" und unter Verwendung von (2.14) kann die gerichtete Tiefpass-Übertragungsmatrix des Funkkanals $\underline{\mathbf{H}}_{\text{SC}}^{\text{TP}}(\nu, t, \Omega_{\text{T}}, \Omega_{\text{R}})$ berechnet werden, welche nachfolgend für die Verifikation des deterministischen Kanalmodells herangezogen wird.

Herkömmliche Parameterschätzer verwenden nur den ersten Teil des Datenmodells. Untersuchungen haben jedoch ergeben, dass hiermit schwächere Ausbreitungspfade - obwohl sie in der Summe einen signifikanten Leistungsbeitrag zur Kanalimpulsantwort liefern - nur unzureichend aufgelöst werden. Dies ist einer der Gründe, weshalb Parameterschätzern oftmals eine begrenzte Anwendbarkeit und Leistungsfähigkeit bescheinigt wird. Wie in [RLT04], [DEGd$^+$04], [Ric05] und [LST$^+$07] gezeigt, handelt es sich bei den nichtaufgelösten Beiträgen vorrangig um diffuse Streubeiträge (DMC: engl. *dense multipath component*). Die Besonderheit des RIMAX-Algorithmus ist, dass er erstmals in der Lage ist, diffuse Streubeiträge zu schätzen und diese auf ein Datenmodell abzubilden. Dabei werden die detektierten Streukomponenten einer Kanalimpulsantwort zu einer mit wachsender Verzögerungszeit abfallenden Exponentialfunktion zusammengefasst. Als Ausgabe liefert der Schätzer für jeden Schnappschuss und jede Polarisationsrichtung die Parameter der Exponentialfunktion. Ein Beispiel einer geschätzten Exponentialfunktion ist in Bild 4.5 gezeigt. Sie kann durch die Parameter α_0, α_1, β, τ_n beschrieben werden. α_0 kennzeichnet den Rauschpegel, α_1 die maximale DMC-Leistung, β die normierte Kohärenzbandbreite und τ_n die Grundlaufzeit der e-Funktion [Ric05].

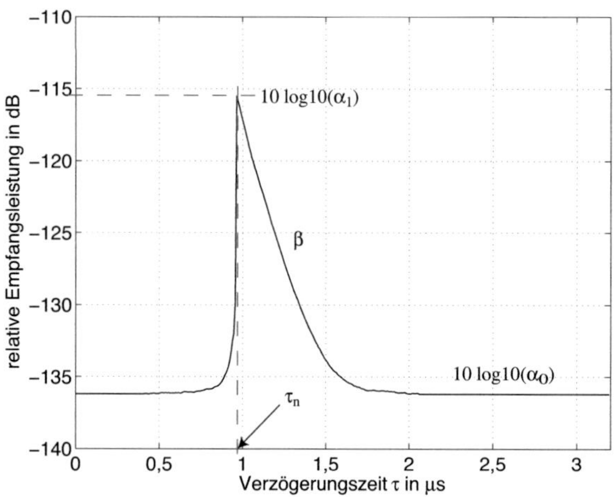

Bild 4.5: Modell der diffusen Streubeiträge (DMC) mit den Parametern α_0, α_1, β und τ_n

Es gilt zu beachten, dass die geschätzte DMC-Leistung bereits vom Gewinn der Sende- und Empfangsantenne befreit ist. Von Nachteil ist jedoch, dass den DMCs zwar eine Laufzeit, aber keine fundierte Winkelbeziehung zugeordnet werden kann. DMCs können deshalb nur im PDP, jedoch nicht im APS oder im Doppler-Spektrum sichtbar gemacht werden. Als letzten Teil des Datenmodells liefert der RIMAX-Algorithmus einen Schätzwert des Rauschpegels (N).

Mithilfe des Datenmodells des RIMAX-Algorithmus ist man in der Lage, das Ausbreitungsverhalten der Mehrwegepfade für einen Sende- und Empfangspunkt zu beschreiben. Dieser ist durch das Zentrum der Messantennen bestimmt. Schätzergebnisse können somit direkt mit SISO-Messungen verglichen werden. Um jedoch einen Vergleich mit MIMO-Messungen zu ermöglichen, müssen die geschätzten Pfade auf die jeweiligen Sende- und Empfangspunkte der Messantennen abgebildet werden. Dies ist mithilfe der sog. Extrapolationsmethode möglich, welche in Abschnitt 4.3.2 genauer beschrieben wird.

Aus den Schätzdaten können die folgenden sechs Datensätze abgeleitet werden:

- RIMAX-SC Rohdaten: gerichtete Übertragungsmatrix $\underline{\mathbf{H}}_{\mathrm{SC}}^{\mathrm{TP}}(\nu, t, \Omega_{\mathrm{T}}, \Omega_{\mathrm{R}})$ – generiert auf der Basis der dominanten Ausbreitungspfade (SC)

- RIMAX-SC: ungerichtete Tiefpass-Übertragungsfunktion $\underline{H}_{\mathrm{SC}}^{\mathrm{TP}}(\nu, t)$ – generiert auf der Basis von RIMAX-SC Rohdaten und unter Einbeziehung der Charakteristik einer Sende- und Empfangsantenne (vgl. (2.18))

- RIMAX-DMC: ungerichtete Tiefpass-Übertragungsfunktion $\underline{H}_{\mathrm{DMC}}^{\mathrm{TP}}(\nu, t)$ – generiert auf der Basis der DMCs und unter Einbeziehung der Charakteristik einer Sende- und Empfangsantenne (vgl. (2.18))

- RIMAX-SC/DMC: ungerichtete Tiefpass-Übertragungsfunktion $\underline{H}_{\mathrm{SC/DMC}}^{\mathrm{TP}}(\nu, t)$ – generiert auf der Basis der SCs und DMCs sowie unter Einbeziehung der Charakteristik einer Sende- und Empfangsantenne (vgl. (2.18))

- RIMAX-DMC/N: ungerichtete Tiefpass-Übertragungsfunktion $\underline{H}_{\mathrm{DMC/N}}^{\mathrm{TP}}(\nu, t)$ – generiert auf der Basis der DMCs und der geschätzten Rauschleistung N sowie unter Einbeziehung der Charakteristik einer Sende- und Empfangsantenne (vgl. (2.18))

- RIMAX-SC/DMC/N: ungerichtete Tiefpass-Übertragungsfunktion $\underline{H}_{\mathrm{SC/DMC/N}}^{\mathrm{TP}}(\nu, t)$ – generiert auf der Basis der SCs, DMCs und N sowie unter Einbeziehung der Charakteristik einer Sende- und Empfangsantenne (vgl. (2.18))

Alle Datensätze werden in den folgenden Abschnitten zur Verifikation des deterministischen Kanalmodells eingesetzt.

Zur Verdeutlichung der Funktionsweise des Schätzers, ist in Bild 4.6(a) für den ersten Schnappschuss der MIMO-Strecke AP_3 - $\mathrm{MT}_{15,16}$ das momentane mittlere Leistungsverzögerungsspektrum der MIMO-Messung $P_{\mathrm{Mess}}^{\mathrm{MIMO}}(\tau, t = t_0)$ dem der Schätzung RIMAX-SC/DMC/N $P_{\mathrm{SC/DMC/N}}^{\mathrm{MIMO}}(\tau, t = t_0)$ gegenübergestellt. Das momentane mittlere PDP entspricht nach (2.29) dem PDP zu einem festen Zeitpunkt $t = t_0$. $P_{\mathrm{Mess}}^{\mathrm{MIMO}}(\tau, t = t_0)$ ergibt sich aus der inversen diskreten Fourier Transformation (IDFT) der 16×16 momentanen Übertragungsfunktionen $\underline{H}_{\mathrm{Mess},n,m}^{\mathrm{TP,MIMO}}(\nu, t = t_0)$ und anschließender Betragsquadrat- und Mittelwert-Bildung. Zur Bestimmung von $P_{\mathrm{SC/DMC/N}}^{\mathrm{MIMO}}(\tau, t = t_0)$ werden zunächst die 16×16 Tiefpass-Übertragungsfunktionen $\underline{H}_{\mathrm{SC/DMC/N},n,m}^{\mathrm{TP,MIMO}}(\nu, t = t_0)$ unter Zuhilfenahme der Extrapolationsmethode generiert (vgl. Abschnitt 4.3.2). $P_{\mathrm{SC/DMC/N}}^{\mathrm{MIMO}}(\tau, t = t_0)$ lässt sich dann, äquivalent zur Messung, aus der IDFT der momentanen Tiefpass-Übertragungsfunktionen und anschließender Betragsquadrat- und Mittelwert-Bildung berechnen.

Gut zu erkennen ist in Bild 4.6 der hohe Grad der Übereinstimmung zwischen der Messung und dem Schätzergebnis RIMAX-SC/DMC/N. Zieht man vom gemessenen PDP die geschätzten SCs ab, so erhält man eine exponentiell abfallende Kurve, welche den diffusen Streuanteil der Kanalimpulsantwort plus Rauschen charakterisiert. Die vom RIMAX-Algorithmus angenäherte Exponentialfunktion zur Modellierung der DMCs ist in Bild 4.6(b) gezeigt. Zusätzlich ist in Bild 4.6(b) die Kurve RIMAX-DMC/N eingezeichnet.

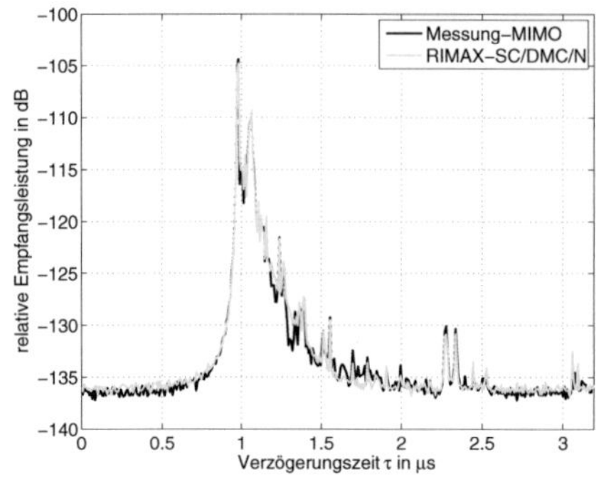

(a) Vergleich Messung-MIMO mit RIMAX-SC/DMC/N

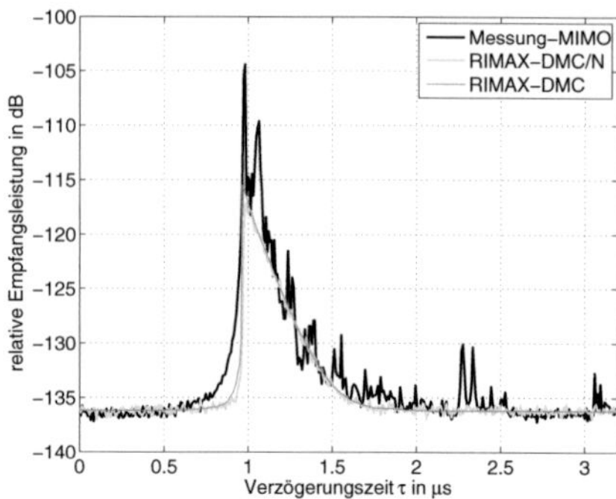

(b) Vergleich RIMAX-SC/DMC/N mit RIMAX-DMC/N und RIMAX-DMC

Bild 4.6: Gemessenes und geschätztes mittleres momentanes Leistungsverzögerungsspektrum für den ersten Schnappschuss der Messstrecke AP_3 - $MT_{15,16}$

4.3 Verifikation des deterministischen Kanalmodells

Zur Verifikation des deterministischen Kanalmodells werden die in den letzten Abschnitten beschriebenen SISO-, SIMO- und MIMO-Messdaten sowie die SIMO- und MIMO-Schätzdaten verwendet. Eine Übersicht der einzelnen Datensätze ist in Tabelle 4.4 gegeben. Um die deterministischen Kanalsimulationen mit den Mess- und Schätzdaten vergleichen zu können, müssen äquivalente Simulationsdaten erzeugt werden. Die Herangehensweise zu deren Erzeugung ist in den folgenden zwei Abschnitten erläutert. Die Darstellung der Verifikationsergebnisse erfolgt anschließend. Abschnitt 4.3.3 geht zunächst auf die Analyse des zeitvarianten Empfangspegels anhand der in Abschnitt 2.2.1 eingeführten Kenngrößen ein. Anschließend erfolgt in Abschnitt 4.3.4 die Verifikation der Frequenzselektivität. Abschnitt 4.3.5 präsentiert die Ergebnisse des Vergleichs der räumlichen Eigenschaften des Funkkanals entlang der SIMO- und MIMO-Messstrecken. Im letzten Abschnitt dieses Kapitels wird die Frage beantwortet, ob das *Ray Tracing* Modell bei MIMO-Link- und Systemsimulationen als Kanalmodell eingesetzt werden kann. Hierfür werden die in Abschnitt 3.3 eingeführten MIMO-Metriken verwendet. Aufgrund der hohen Datenmenge gehen die einzelnen Abschnitte nur auf zwei exemplarisch ausgewählte Strecken detailliert ein. Dies sind die SISO-Strecke $MT_{1,2}$ - AP_2 und die MIMO-Strecke AP_3 - $MT_{15,16}$. Die Ergebnisse der restlichen SISO-, SIMO- und MIMO-Strecken sind tabellarisch zusammengefasst.

4.3.1 Erzeugung der Simulationsdaten

***Ray Tracing* Rohdaten:**
Zur Verifikation des deterministischen Kanalmodells wird entlang jeder in Tabelle 4.3 aufgelisteten SISO-, SIMO- und MIMO-Strecke die Wellenausbreitung berechnet. Die Abtastzeitpunkte, die Position von Sender und Empfänger sowie die Mittenfrequenz entsprechen

Tabelle 4.4: Datensätze zur Verifikation des deterministischen Kanalmodells

	Ray Tracing	Messung	Schätzung
Rohdaten	**RT-Rohdaten** $\underline{H}_{\mathrm{RT}}^{\mathrm{TP,SISO}}(\nu, t, \Omega_{\mathrm{T}}\Omega_{\mathrm{R}})$	–	**RIMAX-SC Rohdaten** $\underline{H}_{\mathrm{SC}}^{\mathrm{TP,SIMO}}(\nu, t, \Omega_{\mathrm{T}}\Omega_{\mathrm{R}})$ $\underline{H}_{\mathrm{SC}}^{\mathrm{TP,MIMO}}(\nu, t, \Omega_{\mathrm{T}}\Omega_{\mathrm{R}})$
SISO	**RT-SISO** $\underline{H}_{\mathrm{RT}}^{\mathrm{TP,SISO}}(\nu, t)$	**Messung-SISO** $\underline{H}_{\mathrm{Mess}}^{\mathrm{TP,SISO}}(\nu, t)$	–
SIMO (1×16)	**RT-SIMO** $\underline{\mathbf{H}}_{\mathrm{RT}}^{\mathrm{TP,SIMO}}(\nu, t)$ bzw. $\underline{H}_{\mathrm{RT},n,m=1}^{\mathrm{TP,SIMO}}(\nu, t)$	**Messung-SIMO** $\underline{\mathbf{H}}_{\mathrm{Mess}}^{\mathrm{TP,SIMO}}(\nu, t)$ bzw. $\underline{H}_{\mathrm{Mess},n,m=1}^{\mathrm{TP,SIMO}}(\nu, t)$	nicht verwendet
MIMO (16×16)	**RT-MIMO** $\underline{\mathbf{H}}_{\mathrm{RT}}^{\mathrm{TP,MIMO}}(\nu, t)$ bzw. $\underline{H}_{\mathrm{RT},n,m}^{\mathrm{TP,MIMO}}(\nu, t)$	**Messung-MIMO** $\underline{\mathbf{H}}_{\mathrm{Mess}}^{\mathrm{TP,MIMO}}(\nu, t)$ bzw. $\underline{H}_{\mathrm{Mess},n,m}^{\mathrm{TP,MIMO}}(\nu, t)$	**RIMAX-SC** $\underline{\mathbf{H}}_{\mathrm{SC}}^{\mathrm{TP,MIMO}}(\nu, t)$ bzw. $\underline{H}_{\mathrm{SC},n,m}^{\mathrm{TP,MIMO}}(\nu, t)$ **RIMAX-SC/DMC** $\underline{\mathbf{H}}_{\mathrm{SC/DMC}}^{\mathrm{TP,MIMO}}(\nu, t)$ bzw. $\underline{H}_{\mathrm{SC/DMC},n,m}^{\mathrm{TP,MIMO}}(\nu, t)$ **RIMAX-SC/DMC/N** $\underline{\mathbf{H}}_{\mathrm{SC/DMC/N}}^{\mathrm{TP,MIMO}}(\nu, t)$ bzw. $\underline{H}_{\mathrm{SC/DMC/N},n,m}^{\mathrm{TP,MIMO}}(\nu, t)$

dabei den Vorgaben der jeweiligen Messung. Als Berechnungsergebnis liefert das deterministische Kanalmodell für jeden Schnappschuss entlang einer Strecke eine Pfadliste, die sog. „*Ray Tracing* Rohdaten" (RT-Rohdaten) (vgl. Tabelle 4.4). Eine Pfadliste beinhaltet die Pfade und deren Parameter. RT-Rohdaten sind unabhängig von Antenneneinflüssen und repräsentieren den richtungsaufgelösten Funkkanal. Anhand der Rohdaten lässt sich gemäß (2.14) die richtungsaufgelöste Übertragungsmatrix des Funkkanals $\underline{\mathbf{H}}_{\mathrm{RT}}^{\mathrm{TP}}(\nu, t, \Omega_{\mathrm{T}}, \Omega_{\mathrm{R}})$ berechnen. Diese bildet die Basis zur Verifikation der Richtungseigenschaften.

***Ray Tracing* SISO-Daten:**
Durch Gewichtung von $\underline{\mathbf{H}}_{\mathrm{RT}}^{\mathrm{TP}}(\nu, t, \Omega_{\mathrm{T}}, \Omega_{\mathrm{R}})$ mit der gemessenen Richtcharakteristik und dem gemessenen Gewinn der jeweiligen Messantennen und Integration über den Winkelbereich Ω_{T} und Ω_{R} entsprechend (2.18), erhält man die Tiefpass-Übertragungsfunktion $\underline{H}_{\mathrm{RT}}^{\mathrm{TP,SISO}}(\nu, t)$. Deren zeitvarianter Verlauf entlang einer SISO-Strecke wird im Folgenden mit „*Ray Tracing* SISO" (RT-SISO) bezeichnet (vgl. Tabelle 4.4).

***Ray Tracing* SIMO- bzw. MIMO-Daten:**
Zur Erzeugung vergleichbarer SIMO- und MIMO-Daten muss theoretisch für jede der $M \times N$ Antennenkombinationen ein RT-Rohdatensatz berechnet und durch Gewichtung mit den jeweiligen Antenneneigenschaften in einen RT-SISO Datensatz umgewandelt werden. Zur Reduktion des Rechenaufwands wird hierbei die bereits im letzten Abschnitt angesprochene Extrapolationsmethode verwendet. Diese ermöglicht es, anhand eines einzelnen mit *Ray Tracing* bestimmten Sende- und Empfangspunktes, auf die $M \times N$ richtungsaufgelösten Übertragungsmatrizen der SIMO- bzw. MIMO-Konfiguration zu schließen.

4.3.2 Extrapolation von SISO auf MIMO

Die Extrapolationsmethode wurde im Rahmen dieser Arbeit entwickelt und erstmals in [FSM+02] vorgestellt. Aufgrund ihrer Leistungsfähigkeit fand sie bereits in zahlreichen Arbeiten zu MIMO Verwendung [WFW02], [FWMW03], [FMKW04], [FPW06b]. Ausgangspunkt der Methode ist der richtungsaufgelöste Funkkanal. Dieser ist durch $\underline{\mathbf{H}}^{\mathrm{TP}}(\nu, t, \Omega_{\mathrm{T}}, \Omega_{\mathrm{R}})$ bzw. durch die Mehrwegepfade und deren Parameter vollständig beschrieben. Die Berechnung der Mehrwegepfade kann entweder mithilfe eines richtungsaufgelösten Kanalmodells oder auf Basis eines Parameterschätzers erfolgen. Richtungsaufgelöste Kanalmodelle können i.d.R. so spezifiziert werden, dass sie die Mehrwegeausbreitung für einen isotropen Sende- und Empfangspunkt, d.h. ohne Winkelbeschränkung, berechnen. Schätzdaten hingegen gelten nur für den verwertbaren Winkelbereich der Messantennen (vgl. Abschnitt 4.2.3). Dies muss bei Anwendung der Extrapolationsmethode berücksichtigt werden.

Nachfolgend wird die Extrapolationsmethode für den Empfangsfall erläutert. Sie lässt sich jedoch ohne Einschränkung auf den Sendefall übertragen. Es wird davon ausgegangen, dass $q = 1, \ldots, Q(t)$ Mehrwegepfade auf einen isotropen Empfangspunkt einfallen und deren Pfadparameter bekannt sind. Der Empfangspunkt wird als Referenzpunkt R_1 bezeichnet. Mithilfe der Einfallswinkel Ω_{R} in ϑ und ψ der Pfade ist es möglich, auf das Wellenfeld in der Nachbarregion von R_1 zu schließen und die richtungsaufgelöste Übertragungsmatrix des Funkkanals für benachbarte, virtuelle Empfangspunkte $\mathrm{R}_2, \ldots, \mathrm{R}_N$ zu berechnen. Die Gesamtheit der Punkte $\mathrm{R}_1, \ldots, \mathrm{R}_N$ bildet dann ein virtuelles Empfangsarray mit N Elementen. In Bild 4.7 ist ein virtuelles Empfangsarray exemplarisch gezeigt.

Sind die Abstände zwischen den virtuellen Empfangspunkten und R_1 klein, kann angenommen werden, dass die gleichen ebenen Wellen an $\mathrm{R}_2, \ldots, \mathrm{R}_N$ wie an R_1 einfallen. Sie weisen jedoch eine Phasenverschiebung und Amplitudenveränderung auf. Der Phasenunterschied $\Delta\varphi_{\mathrm{R}_n,q}$ zu Punkt R_n des q-ten Pfades ergibt sich zu:

$$\Delta\varphi_{\mathrm{R}_n,q} = \frac{2\pi}{\lambda}\Big((x_1 - x_n)\cos(\psi_q)\sin(\vartheta_q) + (y_1 - y_n)\sin(\psi_q)\sin(\vartheta_q) + (z_1 - z_n)\cos(\vartheta_q)\Big) \quad (4.4)$$

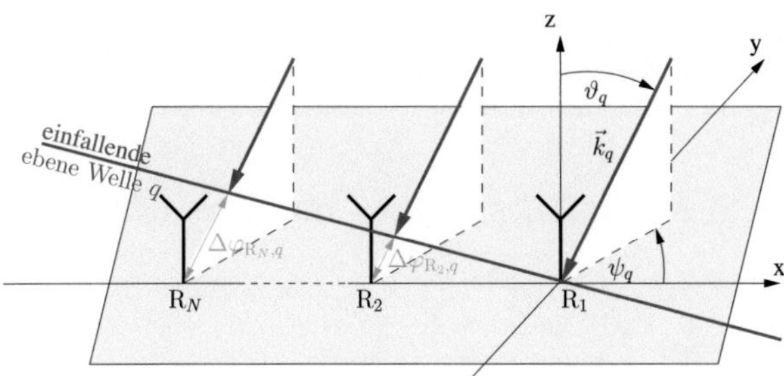

Bild 4.7: Extrapolationsmethode von SISO auf MIMO

Die Amplitudenänderung wird durch die laufzeitbedingte Dämpfung verursacht. Eine Verdopplung der Pfadlänge hat eine Amplitudenänderung von $3\,\mathrm{dB}$ zur Folge. Die maximale Amplitudenänderung ergibt sich, wenn R_1 bis R_N in Richtung der Fortpflanzungsrichtung der Welle $\vec{k}_q$ aufgereiht sind. Da die Distanz zwischen R_1 und R_N in einem MIMO-*Array* typischerweise im Bereich einiger weniger Wellenlängen liegt, die Pfadlänge hingegen im Bereich von mehreren $100\,\mathrm{m}$, ist die durch den Antennenabstand zu erwartende Amplitudenänderung vernachlässigbar klein. Die vollpolarimetrische komplexe Pfadübertragungsmatrix $\underline{\boldsymbol{\Gamma}}_q$ des q-ten Pfades kann deshalb bezüglich aller Parameter außer der Phase als konstant über dem Antennenabstand angenommen werden [FSM+02], [FWMW03].

Für ein virtuelles Sendearray, bestehend aus einem Referenzpunkt T_1 und virtuellen Sendepunkten $\mathrm{T}_2, \ldots, \mathrm{T}_M$, ergibt sich äquivalent zu (4.4) für jeden Mehrwegepfad ein Phasenversatz $\Delta\varphi_{\mathrm{T}_m,q}$. Die richtungsaufgelöste Übertragungsmatrix zwischen Sendepunkt T_m und Empfangspunkt R_n berechnet sich aus der Superposition aller phasenverschobenen Pfade:

$$\underline{\mathbf{H}}_{n,m}^{\mathrm{TP}}(\nu, t, \Omega_{\mathrm{T}}, \Omega_{\mathrm{R}}) = \left(\frac{c_0}{4\pi f_0}\right) \cdot \sum_{q=1}^{Q(t)} \underline{\boldsymbol{\Gamma}}_q(t) e^{-j2\pi(f_0+\nu)\tau_q(t) - j\Delta\varphi_{\mathrm{R}_n,q} - j\Delta\varphi_{\mathrm{T}_m,q}}$$
$$\delta(\Omega_{\mathrm{T}} - \Omega_{\mathrm{T},q}(t))\delta(\Omega_{\mathrm{R}} - \Omega_{\mathrm{R},q}(t)) \tag{4.5}$$

Gemäß (2.18) ist $\underline{\mathbf{H}}_{n,m}^{\mathrm{TP}}(\nu, t, \Omega_{\mathrm{T}}, \Omega_{\mathrm{R}})$ unter Annahme einer Sende- und Empfangsantenne in $\underline{H}_{n,m}^{\mathrm{TP}}(\nu, t)$ überführbar. Die Gesamtmenge der $M \times N$ Übertragungsfunktionen kann entsprechend (3.1) zur MIMO-Übertragungsmatrix zusammengefasst werden.

Je größer die Distanz zwischen dem äußeren virtuellen Punkt T_m bzw. R_n und dem Referenzpunkt T_1 bzw. R_1, desto eher trifft die Annahme des gleichen Welleneinfalls nicht zu. Der Gültigkeitsbereich der Extrapolationsmethode hängt direkt vom Szenario und der für dieses Szenario charakteristischen Lebensdauer bzw. Geburts- und Sterberate der Pfade ab. Im Rahmen dieser Arbeit wurde anhand des schnellen Schwundes und der MIMO-Kapazität eines 4×4 MIMO-Systems der Gültigkeitsbereich der Extrapolationsmethode in zwei verschiedenen Szenarien untersucht [FSM+02], [FWMW03]. Es zeigt sich, dass bis zu einem Abstand des äußeren virtuellen Punktes zum Referenzpunkt von $13\,\lambda$ im ersten und $5\,\lambda$ im zweiten Szenario eine sehr hohe Genauigkeit der Extrapolationsmethode gegeben ist.

Daraus folgt, dass für die in dieser Arbeit verwendeten kleinen Antennenabstände die Extrapolationsmethode verwendbar ist. Um den Fehler möglichst klein zu halten, wird der Referenzpunkt T_1 bzw. R_1 stets in die Mitte des virtuellen Antennenarrays gelegt.

4.3.3 Analyse der Empfangsleistung und der Zeitvarianz

Zur Analyse der Empfangsleistung und der Zeitvarianz wird der Betrag der gemessenen, simulierten und geschätzten äquivalenten Tiefpass-Übertragungsfunktion $|\underline{H}^{\mathrm{TP}}(\nu = 0, t)| = |\underline{H}^{\mathrm{TP}}(t)|$ bei der Bandmittenfrequenz $f = f_{\mathrm{HF}}$ (bzw. $\nu = 0$) entlang der einzelnen Messstrecken verglichen. Exemplarisch ist in Bild 4.8 der gemessene und simulierte zeitliche Verlauf von $|\underline{H}_{\mathrm{Mess}}^{\mathrm{TP,SISO}}(t)|^2$ und $|\underline{H}_{\mathrm{RT}}^{\mathrm{TP,SISO}}(t)|^2$ für die SISO-Strecke $\mathrm{MT}_{1,2}$-AP_2 dargestellt. Die Werte der Ordinate entsprechen der relativen Empfangsleistung in dB (Bezugswert: $0\,\mathrm{dBm}$).

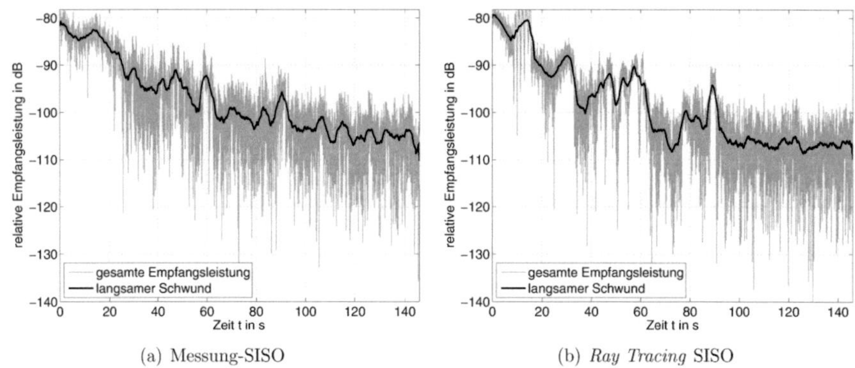

(a) Messung-SISO   (b) Ray Tracing SISO

Bild 4.8: Relative Empfangsleistung für die SISO-Strecke $\mathrm{MT}_{1,2}$-AP_2 bei $f_{\mathrm{HF}} = 2\,\mathrm{GHz}$

Da sich der Sender vom Empfänger entfernt, nimmt der Empfangspegel über der Zeit ab. Der Empfangspegel setzt sich, wie in Abschnitt 2.2.1 erläutert, aus einem langsamen $m(t)$ (Mittelwert) und eine schnellen Schwundanteil $r(t)$ zusammen. Um den Grad der Übereinstimmung genauer zu bestimmen, werden im Folgenden langsamer und schneller Schwundanteil getrennt voneinander analysiert.

4.3.3.1 Analyse des langsamen Schwundes

In Bild 4.9(a) ist der gemessene und simulierte Verlauf des langsamen Schwundanteils für die SISO-Strecke $\mathrm{MT}_{1,2}$-AP_2 dargestellt. Die Simulation bildet den Verlauf der Messung sehr gut nach. Die Genauigkeit der deterministischen Feldstärkeprädiktion kann mithilfe des Fehlerverlaufs $F_{\mathrm{abs,Mess-RT}}(t)$ beurteilt werden. Dieser beschreibt die absolute Differenz zwischen den dB-Werten der gemessenen und simulierten Empfangsleistung $P_{\mathrm{Mess}}(t)[\mathrm{dB}]$ und $P_{\mathrm{RT}}(t)[\mathrm{dB}]$:

$$F_{\mathrm{abs,Mess-RT}}(t) = P_{\mathrm{Mess}}(t)[\mathrm{dB}] - P_{\mathrm{RT}}(t)[\mathrm{dB}] \tag{4.6}$$

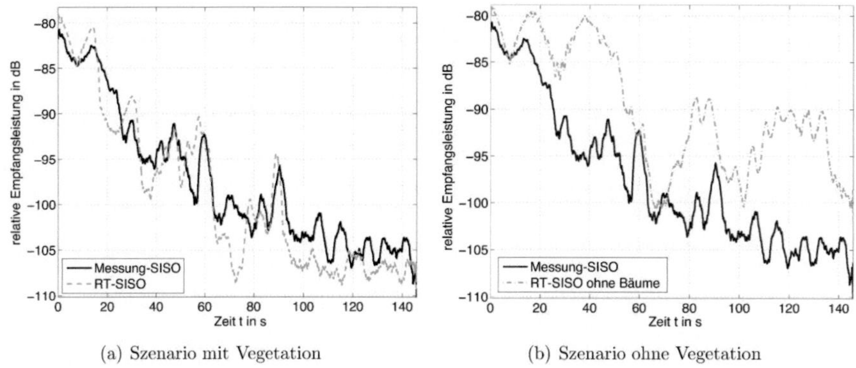

(a) Szenario mit Vegetation　　　　　　　(b) Szenario ohne Vegetation

Bild 4.9: Vergleich des langsamen Schwundanteils für die SISO-Strecke $MT_{1,2}$ - AP_2 bei $f_{HF} = 2\,GHz$

Charakteristische Größen von $F_{abs,Mess-RT}(t)$ sind die mittlere Abweichung μ_F und die zugehörige Standardabweichung σ_F. Letztere ist ein Maß für die Streuung um den Mittelwert. In der Regel ist μ_F für deterministische Kanalmodelle $< 3\,dB$. σ_F hingegen liegt typischerweise zwischen $3\,dB$ bis $9\,dB$ [HWL99], [Did00], [ANM00], [RWH02], [RG02]. Für die SISO-Strecke $MT_{1,2}$ - AP_2 beträgt $\mu_F = 1{,}3\,dB$. Auch die zugehörige Standardabweichung fällt mit $2{,}8\,dB$ sehr gering aus. Die Werte aller anderen SISO-Strecken liegen in der gleichen Größenordnung und sind in Tabelle 4.5 aufgelistet.

Tabelle 4.5: Mittelwert μ_F und Standardabweichung σ_F von $F_{abs,Mess-RT}(t)$ in dB für alle SISO-Strecken bei $f_{HF} = 2\,GHz$

SISO-Strecke	μ_F	σ_F
$MT_{1,2}$ - AP_2	1,3	2,8
$MT_{3,6}$ - AP_2	0,1	3,2
$MT_{9,11}$ - AP_2	0,8	4,6
$MT_{12,9}$ - AP_2	0,2	2,2
$MT_{13,14}$ - AP_1	−1,3	3,8

Zur Überprüfung des Einflusses von Vegetation auf die Wellenausbreitung ist in Bild 4.9(b) das Ergebnis einer Simulation der SISO-Strecke $MT_{1,2}$ - AP_2 zu sehen, bei der alle Bäume aus dem Modell der Stadt Karlsruhe entfernt wurden (Kurve RT-SISO ohne Bäume). Wie man erkennt, überschätzt die Simulation ohne Bäume in weiten Teilen der Strecke die mittlere gemessene Empfangsleistung. Dies kann wie folgt begründet werden:

- In der Messung wird der anfänglich noch vorhandene LOS-Pfad nach ca. 15 s durch eine Baumkrone zunehmend abgeschwächt.

- Bei der Simulation ohne Bäume existiert der LOS-Pfad bis zur Zeitmarke $\approx 55\,s$, geht dann in einen Beugungspfad über und stirbt schließlich bei $\approx 60\,s$. Die hohe Empfangsleistung im NLOS-Bereich ist auf starke Mehrfachreflexionen an den zum MT benachbarten Häuserwänden der Straßenschlucht zurückzuführen.

- Bei der Simulation mit Vegetation wird die Sichtverbindung ab der Zeitmarke 15,5 s durch einen Baum unterbrochen. Die Bäume entlang der Straße eliminieren teilweise die Mehrfachreflexionen in der Straßenschlucht.

Der mittlere Fehler zwischen der Simulation ohne Bäume und der Messung beträgt $\mu_F = -7,6\,\text{dB}$ und die Standardabweichung $\sigma_F = 4,6\,\text{dB}$.

Die Verifikation der schmalbandigen Eigenschaften des deterministischen Kanalmodells bei $f_{HF} = 5,2\,\text{GHz}$ erfolgt anhand der SIMO- und MIMO-Datensätze (vgl. Tabelle 4.4). Für jede SIMO-Strecke liegen 16 Verläufe der schmalbandigen äquivalenten Tiefpass-Übertragungsfunktion $|\underline{H}_{\text{Mess},n,m=1}^{\text{TP,SIMO}}(\nu = 0, t)|$ bzw. $|\underline{H}_{\text{RT},n,m=1}^{\text{TP,SIMO}}(\nu = 0, t)|$ vor. Auf deren Basis werden die langsamen Schwundanteile $m_{\text{Mess},n,m=1}^{\text{SIMO}}(t)$ bzw. $m_{\text{RT},n,m=1}^{\text{SIMO}}(t)$ extrahiert und die mittlere Leistung $\overline{P_{\text{Mess}}^{\text{SIMO}}}(t)$ aus den 16 langsamen Schwundanteilen bestimmt:

$$\overline{P_{\text{Mess}}^{\text{SIMO}}}(t) = \frac{1}{N} \sum_{n=1}^{N=16} m_{\text{Mess},n,m=1}^{\text{SIMO}}(t)^2 \text{ , bzw. } \overline{P_{\text{RT}}^{\text{SIMO}}}(t) = \frac{1}{N} \sum_{n=1}^{N=16} m_{\text{RT},n,m=1}^{\text{SIMO}}(t)^2 \qquad (4.7)$$

Eine graphische Gegenüberstellung der resultierenden mittleren gemessenen und simulierten Pegelverläufe ist in [Por05b] zu finden. Tabelle 4.6 listet die sich aus $F_{\text{abs,Mess-RT}}(t)$ ergebenden mittleren Abweichungen μ_F und Standardabweichungen σ_F auf. Für die recht hohe Abweichung bei Strecke $MT_{4,5}$ - AP_2 von σ_F mit 7,1 dB sind lokale Ungenauigkeiten im Modell des Szenarios verantwortlich. $|\mu_F|$ ist für alle Strecken kleiner 2 dB.

Tabelle 4.6: Mittelwert μ_F und Standardabweichung σ_F von $F_{\text{abs,Mess-RT}}(t)$ in dB für alle SIMO-Strecken bei $f_{HF} = 5,2\,\text{GHz}$

SIMO-Strecke	μ_F	σ_F
$MT_{4,5}$ - AP_2	0,6	7,1
$MT_{6,7}$ - AP_2	−1,9	2,6
$MT_{8,10}$ - AP_2	1,9	3,2

Die Verifikation des mittleren simulierten Empfangspegels entlang der MIMO-Strecken erfolgt auf Basis der Datensätze Messung-MIMO, RIMAX-SC, RIMAX-SC/DMC und RIMAX-SC/DMC/N (vgl. Tabelle 4.4). Jeder Datensatz besteht aus 256 Tiefpass–Übertragungsfunktionen (16 × 16 Antennenkombinationen: 8 vertikal und 8 horizontal angeregte *Patch*-Elemente auf 16 vertikal polarisierte Monopole). Anhand dieser werden bei der Bandmittenfrequenz $f_{HF} = 5,2\,\text{GHz}$ die 256 Verläufe des langsamen Schwundes $m_{\text{Mess},n,m}^{\text{MIMO}}(t)$, $m_{\text{RT},n,m}^{\text{MIMO}}(t)$, $m_{\text{SC},n,m}^{\text{MIMO}}(t)$, $m_{\text{SC/DMC},n,m}^{\text{MIMO}}(t)$ und $m_{\text{SC/DMC/N},n,m}^{\text{MIMO}}(t)$ extrahiert. Der Mittelwert aus den 256 langsamen Schwundanteilen bildet die Grundlage für den Vergleich. In Bild 4.10(a) ist dieser für alle 5 Datensätze der MIMO-Strecke AP_3 - $MT_{15,16}$ dargestellt (Bezugswert: 0 dBm). Obwohl sich der Abstand zwischen Sender und Empfänger nicht merklich ändert, nimmt die Empfangsleistung zu Beginn der Strecke deutlich ab. Dies ist darauf zurückzuführen, dass Mehrwegepfade, aus Richtung der direkten Verbindung zwischen AP_3 und MT (LOS-Richtung), zunehmend durch ein Gebäude (St.-Bernhard-Kirche) abgeschattet werden. Erst ab dem Moment, in dem das Empfängerfahrzeug wieder aus der Schattenregion heraus fährt (ca. bei 23 s), breiten sich wieder stärkere Pfade in LOS-Richtung aus. Die Simulation RT-MIMO folgt dem Verlauf der

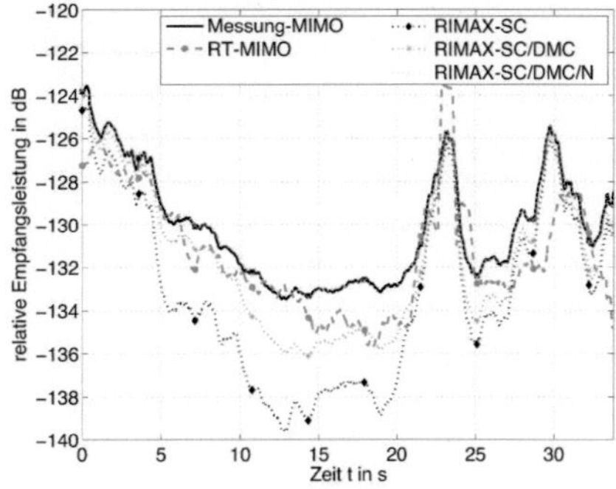

(a) Messung, Schätzung und *Ray Tracing* mit Streuung

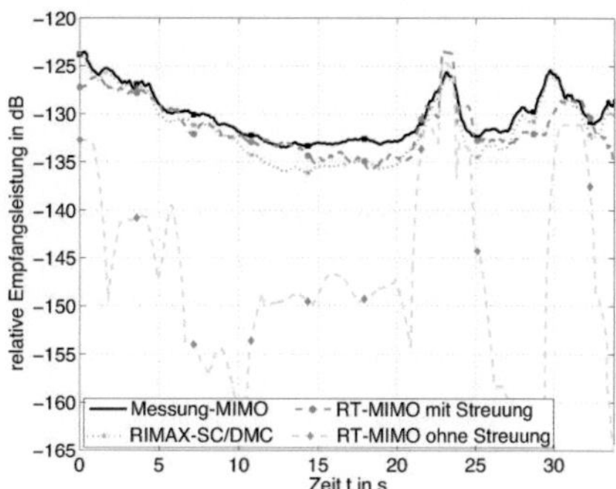

(b) Messung, Schätzung und *Ray Tracing* ohne Streuung

Bild 4.10: Vergleich der mittleren relativen Empfangsleistung für die MIMO-Strecke AP_3 - $MT_{15,16}$ bei $f_{HF} = 5{,}2\,\mathrm{GHz}$

Messung-MIMO über dem kompletten Zeitraum. Die meiste Zeit liegt der simulierte Empfangspegel unterhalb des gemessenen. Die mittlere Abweichung μ_F zwischen dem Empfangspegel Messung-MIMO und RT-MIMO beträgt $1{,}1\,\mathrm{dB}$ und die Standardabweichung $\sigma_F = 1{,}4\,\mathrm{dB}$.

Die Pegelverläufe RIMAX-SC/DMC/N und Messung-MIMO für die Strecke AP_3 - $MT_{15,16}$ sind nahezu identisch. Die Genauigkeit des RIMAX-Algorithmus kann mithilfe des Verlaufes $F_{\mathrm{abs,Mess-SC/DMC/N}}(t) = P_{\mathrm{Mess}}(t)[\mathrm{dB}] - P_{\mathrm{SC/DMC/N}}(t)[\mathrm{dB}]$ aufgezeigt werden. Die resultierende mittlere Abweichung μ_F und die Standardabweichung σ_F sind nahezu Null und betragen $-0{,}008\,\mathrm{dB}$ und $0{,}11\,\mathrm{dB}$.

Im Gegensatz zur reinen Messung bietet der Parametersatz RIMAX-SC/DMC die Möglichkeit, den Übertragungskanal ohne Einfluss von Rauschen (AWGN) zu charakterisieren. Die relative Empfangsleistung RIMAX-SC/DMC liegt in weiten Teilen der Strecke unterhalb der Messung-MIMO (vgl. Bild 4.10). Insbesondere in Regionen schwacher Empfangsleistung ist der Unterschied zur Kurve Messung-MIMO und RIMAX-SC/DMC/N deutlich zu erkennen. Unter der Voraussetzung, dass das Datenmodell RIMAX-SC/DMC den rauschfreien Funkkanal korrekt modelliert, bilden die Daten RIMAX-SC/DMC die ideale Basis zur Beurteilung der Qualität der Simulation. Die Empfangsleistung RT-MIMO folgt der Kurve RIMAX-SC/DMC über den kompletten Verlauf sehr gut. Eine Beurteilung der Genauigkeit der Simulation ist über den Verlauf der Abweichung $F_{\mathrm{abs,SC/DMC-RT}}(t) = P_{\mathrm{SC/DMC}}(t)[\mathrm{dB}] - P_{\mathrm{RT}}(t)[\mathrm{dB}]$ möglich. Die mittlere Abweichung beträgt $-0{,}3\,\mathrm{dB}$ bei einer Standardabweichung von $1{,}6\,\mathrm{dB}$ und verdeutlich erneut die hohe Qualität der *Ray Tracing* Prädiktion.

Eine Zusammenfassung der mittleren Abweichungen und Standardabweichungen für die MIMO-Strecken AP_3 - $MT_{15,16}$ und AP_3 - $MT_{17,18}$ ist in Tabelle 4.7 gegeben.

Durch einen Vergleich zwischen der Empfangsleistung RIMAX-SC/DMC und RIMAX-SC kann der Anteil an DMC-Leistung (diffuser Streuanteil) bestimmt werden. Für die MIMO-Strecke AP_3 - $MT_{15,16}$ ergibt sich ein Mittelwert von ca. $17\,\%$ und ein Maximalwert von $34\,\%$

Tabelle 4.7: Mittelwert μ_F und Standardabweichung σ_F der Abweichung $F_\mathrm{abs,Mess-RT}(t)$, $F_\mathrm{abs,Mess-SC/DMC/N}(t)$ und $F_\mathrm{abs,SC/DMC-RT}(t)$ in dB für alle MIMO-Strecken bei $f_\mathrm{HF} = 5{,}2\,\mathrm{GHz}$

MIMO-Strecke	$F_\mathrm{abs,Mess-RT}(t)$		$F_\mathrm{abs,Mess-SC/DMC/N}(t)$		$F_\mathrm{abs,SC/DMC-RT}(t)$	
	μ_F	σ_F	μ_F	σ_F	μ_F	σ_F
$\mathrm{AP_3\text{-}MT_{15,16}}$	1,1	1,4	−0,008	0,1	−0,3	1,6
$\mathrm{AP_3\text{-}MT_{17,18}}$	2,5	0,9	0,02	0,08	−1,3	1,5

(an der Stellle 12,5 s). Zur Beurteilung der Wirksamkeit des Streumodells des deterministischen Kanalmodells ist in Bild 4.10(b) die berechnete Empfangsleistung RT-MIMO der MIMO-Strecke $\mathrm{AP_3\text{-}MT_{15,16}}$ mit ein- und ausgeschaltetem Streumodell eingezeichnet. Der Pegelverlauf RT-MIMO ohne Streuung liegt über weite Teile der Strecke deutlich unterhalb der Referenz RIMAX-SC/DMC. Reflektierte und gebeugte Strahlen gelangen, begründet durch die starke Abschattung der LOS-Richtung (durch die St.-Bernhard Kirche), nur vereinzelt zum Empfänger. Ein Großteil des Leistungstransportes erfolgt somit über das Streumodell. Streuleistung des *Ray Tracing* Modells ist jedoch nur bedingt mit DMC-Leistung des RIMAX-Algorithmus gleichzusetzen. Denn einige Streukomponenten können sich in Raum und Zeit kohärent überlagern und würden dann vermutlich vom RIMAX-Algorithmus als spekulare Komponenten wahrgenommen werden.

4.3.3.2 Analyse des schnellen Schwundes mithilfe von CDF und LCR

Für die Genauigkeit von Systemsimulationen ist es wichtig, dass das deterministische Kanalmodell auch das statistische Verhalten des schnellen Schwundes $r(t)$ realistisch wiedergibt. Die Beschreibung der Statistik des schnellen Schwundes ist mithilfe der in Abschnitt 2.2.1 eingeführten Kennfunktionen Verteilungsfunktion (CDF) und Pegelunterschreitungsrate (LCR) möglich. Zur Analyse des schnellen Schwundes wird nachfolgend exemplarisch auf die SISO-Strecke $\mathrm{MT_{1,2}\text{-}AP_2}$ und die MIMO-Strecke $\mathrm{AP_3\text{-}MT_{15,16}}$ eingegangen. Die CDF- und LCR-Verläufe der übrigen Strecken verhalten sich sehr ähnlich und sind teilweise in [Por05b] zu finden.

In Bild 4.11 ist der gemessene und simulierte Verlauf der CDF (links) und der LCR (rechts) für die SISO-Strecke $\mathrm{MT_{1,2}\text{-}AP_2}$ dargestellt. Die CDF beschreibt die Wahrscheinlichkeit, mit der die Amplitude des schnellen Schwundes unterhalb der auf der x-Achse aufgetragenen Werte liegt. Der sich aus der Simulation ergebende Verlauf der CDF stimmt für den Bereich $-20\,\mathrm{dB}$ bis $10\,\mathrm{dB}$ sehr gut mit der Messung überein. Die maximale Abweichung in diesem Bereich beträgt 14 % und der über diesen Bereich berechnete Mittelwert 4 %. Amplitudenwerte $< -20\,\mathrm{dB}$ treten bei der Simulation mit einer höheren Wahrscheinlichkeit auf als bei der Messung.

Eine gängige Funktion zur Beschreibung des Amplitudenverhaltens des schnellen Schwundes ist die Rice-Verteilung (vgl. Abschnitt 3.3). Die an die Messung angepasste Rice-Verteilung ist in Bild 4.11(a) eingezeichnet. Lediglich für niedere Amplitudenwerte weicht die CDF der Messung von der analytischen Funktion ab. Die Simulation hingegen folgt der Rice-Verteilung über den kompletten Amplitudenbereich. Der K-Faktor für die SISO-Strecke $\mathrm{MT_{1,2}\text{-}AP_2}$ ist mit 1,1 dB, aufgrund des nur sehr kurzen LOS-Bereiches, relativ klein.

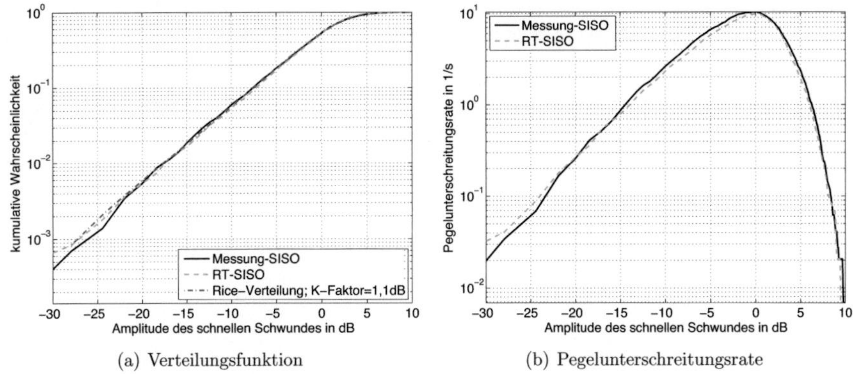

| (a) Verteilungsfunktion | (b) Pegelunterschreitungsrate |

Bild 4.11: Vergleich der gemessenen und simulierten Verteilungsfunktion und der Pegelunterschreitungsrate des schnellen Schwundes für die SISO-Strecke $\mathrm{MT}_{1,2}$ - AP_2 bei $f_{\mathrm{HF}} = 2\,\mathrm{GHz}$

Neben der CDF ist die LCR eine wichtige Funktion zur Beschreibung des stochastischen Verhaltens des schnellen Schwundes. Die LCR gibt an wie oft pro Sekunde die Amplitude des schnellen Schwundes unter den auf der x-Achse aufgetragen Wert fällt. Bild 4.11(b) zeigt die LCR für die SISO-Strecke $\mathrm{MT}_{1,2}$ - AP_2. Für Amplitudenwerte $< -20\,\mathrm{dB}$ überschätzt die aus der Simulation gewonnene LCR die gemessene leicht. Für den übrigen Bereich ergibt sich jedoch eine sehr gute Übereinstimmung.

Die CDF und LCR entlang der SIMO- bzw. MIMO-Strecken ergibt sich aus den aneinandergereihten $M \times N$ Verläufen des schnellen Schwundes $r_{n,m}(t)$ der einzelnen Antennenkombinationen. Bild 4.12 zeigt die sich für die MIMO-Strecke AP_3 - $\mathrm{MT}_{15,16}$ aus den Datensätzen Messung-MIMO, RT-MIMO, RIMAX-SC und RIMAX-SC/DMC ergebenden Verläufe der CDF und der LCR. Merkliche Abweichungen zwischen den einzelnen Kurven sind nicht zu finden. Da über den gesamten Bereich der MIMO-Strecke AP_3 - $\mathrm{MT}_{15,16}$ NLOS herrscht, ist der K-Faktor der angenäherten Rice-Verteilung mit $-3,1\,\mathrm{dB}$ sehr gering.

4.3.3.3 Analyse des Doppler-Verhaltens

Die Verifikation der komplexwertigen Übertragungsfunktion $\underline{H}^{\mathrm{TP}}(t)$ erfolgt anhand des momentanen zeitabhängigen Doppler-Spektrums (Spektrogramm) $S(f_{\mathrm{D}}, t)$. Dieses ergibt sich, wie in [Mau05], [FMKW06a] gezeigt, aus:

$$S(f_{\mathrm{D}}, t) = \left| \int_{t-\frac{T_{\mathrm{w}}}{2}}^{t+\frac{T_{\mathrm{w}}}{2}} \underline{r}(\xi) e^{-j2\pi f_{\mathrm{D}}\xi} \, d\xi \right|^2 \tag{4.8}$$

$\underline{r}(t) = \underline{H}^{\mathrm{TP}}(t)/m(t)$ stellt den zeitabhängigen komplexen schnellen Schwundanteil dar. Die Auflösung von $S(f_{\mathrm{D}}, t)$ im Frequenzbereich ist durch die Fensterlänge T_{w} bestimmt. Um eine Auflösung von $\Delta f_{\mathrm{D}} = 1\,\mathrm{Hz}$ zu erreichen, wird für alle Strecken $T_{\mathrm{w}} = 1/\Delta f_{\mathrm{D}} = 1\,\mathrm{s}$ gewählt.

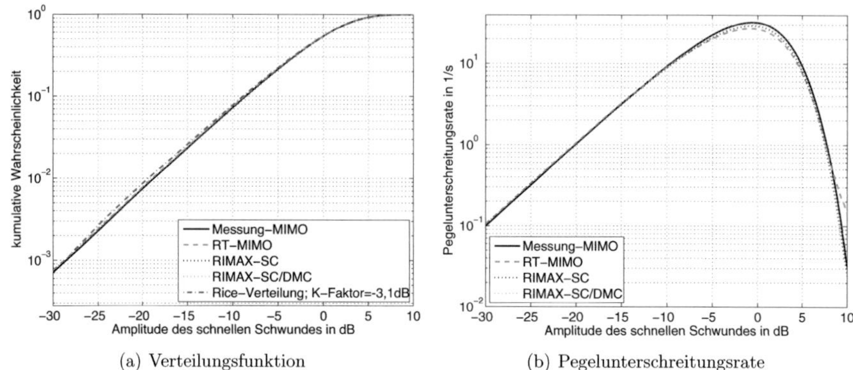

(a) Verteilungsfunktion   (b) Pegelunterschreitungsrate

Bild 4.12: Vergleich der gemessenen (Messung-MIMO), simulierten (RT-MIMO) und geschätzten (RIMAX-SC, RIMAX-SC/DMC) Verteilungsfunktion und Pegelunterschreitungsrate des schnellen Schwundes für die MIMO-Strecke AP_3-$MT_{15,16}$ bei $f_{HF} = 5,2\,\mathrm{GHz}$

Bild 4.13 zeigt die Spektrogramme der Messung und Simulation der SISO-Strecke $MT_{1,2}$-AP_2. Die verschiedenen Grauwerte geben die normierte Leistung P_0 in dB an. Die Normierung erfolgt für Messung und Simulation getrennt und jeweils bezüglich der stärksten Leistung des Spektrogramms.

Beide Spektrogramme weisen kontinuierliche Linien (Streifen mit ähnlichem Grauwert) auf. Diese werden durch Pfade bzw. Pfadgruppen mit ähnlich starker Leistung und Doppler-Verschiebung hervorgerufen. Prinzipiell verlassen während der Fahrt, sowohl bei der Messung als auch bei der Simulation, Pfade in alle Richtungen das Senderfahrzeug. Pfade, welche die Sendeantenne in Bewegungsrichtung verlassen, rufen eine positive Doppler-Verschiebung hervor. Pfade deren Ausfallswinkel entgegen der Bewegungsrichtung zeigt, erzeugen eine negative Doppler-Verschiebung. Die Geschwindigkeit des Senderfahrzeugs beträgt 7,2 km/h. Geht man davon aus, dass sich außer dem Messfahrzeug kein anderes bewegtes, interagierendes Objekt im Szenario befindet, ergibt sich ein Fenster von ±13,3 Hz, in dem alle relevanten Beiträge liegen müssen. Beiträge außerhalb des Fensters werden bei der Simulation ausschließlich durch die Nebenkeulen des angewandten Hamming-Fensters (Nebenkeulenniveau von ca. −43 dB) erzeugt. Bei der Messung kommt zusätzlich noch der Einfluss des thermischen Rauschens hinzu. Die stärksten Beiträge weisen eine Doppler-Verschiebung von ca. −13,4 Hz auf. Sie werden von Pfaden verursacht, welche entgegen der Bewegungsrichtung in Richtung der Sichtverbindung die Sendeantenne verlassen. Darin enthalten ist zu Beginn der Strecke auch der LOS-Pfad. Später handelt es sich ausschließlich um Pfade, welche wie in einem Wellenleiter über Mehrfachreflexionen an den Häusern der Straßenschlucht zum Empfänger gelangen. Die Doppler-Verschiebung von Pfaden, deren erster Interaktionspunkt auf Gebäudeflächen liegt, an denen das MT vorbei fährt, wechselt im Moment der Vorbeifahrt ihr Vorzeichen von plus nach minus. Dieser Effekt ist in beiden Spektrogrammen zu finden und erklärt die wellenförmige Struktur bzw. die Nulldurchgänge einiger Beiträge.

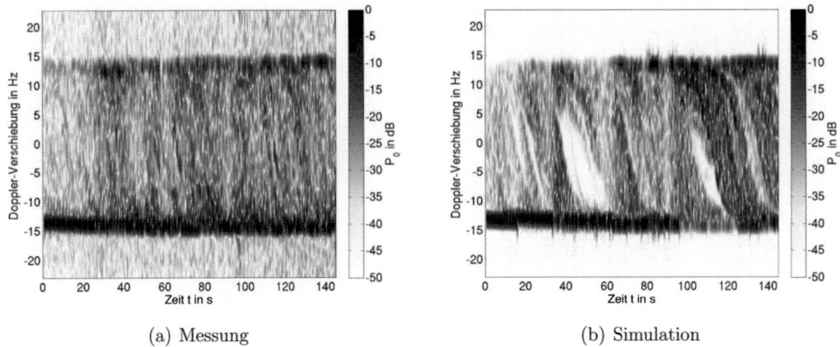

(a) Messung   (b) Simulation

Bild 4.13: Gemessenes und simuliertes Spektrogramm für die SISO-Strecke $\mathrm{MT}_{1,2}$-AP_2 bei $f_{\mathrm{HF}} = 2\,\mathrm{GHz}$

Die Beurteilung des Doppler-Verhaltens entlang der SIMO- und MIMO-Strecken bei $f_{\mathrm{HF}} = 5{,}2\,\mathrm{GHz}$ erfolgt anhand des über die Antennenkanäle gemittelten Spektrogramms $\overline{S}(f_{\mathrm{D}}, t)$:

$$\overline{S}(f_{\mathrm{D}}, t) = \frac{1}{MN} \sum_{m=1}^{M} \sum_{n=1}^{N} \left\{ \left| \int_{t-\frac{T_{\mathrm{w}}}{2}}^{t+\frac{T_{\mathrm{w}}}{2}} \underline{r}_{n,m}(\xi) e^{-j2\pi f_{\mathrm{D}}\xi}\, d\xi \right|^2 \right\} \tag{4.9}$$

Als exemplarisches Ergebnis zeigt Bild 4.14 das aus den Datensätzen Messung-MIMO, RIMAX/SC und RT-MIMO gewonnene mittlere Spektrogramm der MIMO-Strecke AP_3-$\mathrm{MT}_{15,16}$ bei $f_{\mathrm{HF}} = 5{,}2\,\mathrm{GHz}$.[2] Zu Beginn der Strecke beschleunigt das MT von $0\,\mathrm{km/h}$ auf $9{,}2\,\mathrm{km/h}$. Da die meisten Mehrwegepfade in diesem Streckenabschnitt von Hinten (in Bewegungsrichtung) auf den Empfänger treffen, entstehen negative Doppler-Verschiebungen. Die Doppler-Verschiebung steigt entsprechend der Beschleunigung des MTs an. Alle drei Spektrogramme bestätigen dieses Verhalten. Nach dem Beschleunigungsvorgang konzentrieren sich die wesentlichen Beiträge auf den durch die Geschwindigkeit des MTs und f_{HF} vorgegebenen Bereich von $f_{\mathrm{D,max}} \approx \pm 44{,}5\,\mathrm{Hz}$. Die starken Doppler-Beiträge mit einer Doppler-Verschiebung nahe $0\,\mathrm{Hz}$ kommen durch Pfade zustande, welche aus LOS-Richtung auf das MT treffen. Deren Einfallswinkel ist nahezu senkrecht zur Bewegungsrichtung des MTs. Die leichte Verschmälerung des Doppler-Bereiches am Ende der Strecke entsteht durch den Abbremsvorgang des MTs. Die Schätzung RIMAX-SC, ebenso wie die Simulation, bildet das Doppler-Spektrum der Messung-MIMO gut nach. Unterschiede zwischen Bild 4.14(a) und Bild 4.14(b) kommen hauptsächlich durch DMCs und thermisches Rauschen zustande.

Eine quantitative Beurteilung der Qualität der Schätzung und der Simulation ist mithilfe der beiden Kenngrößen mittlere Doppler-Verschiebung $\mu_{f_{\mathrm{D}}}$ und Doppler-Verbreiterung $\sigma_{f_{\mathrm{D}}}$ möglich (vgl. Abschnitt 2.2.1). Die mittlere Doppler-Verschiebung beschreibt die zu einem

---

[2]Ein Vergleich mit den Datensätzen RIMAX-SC/DMC und RIMAX-SC/DMC/N macht keinen Sinn, da der RIMAX-Algorithmus DMCs durch einen gedächtnisfreien Rauschprozess modelliert. DMCs würden im Spektrogramm somit zufällige Doppler-Verschiebungen hervorrufen und als Rauschen wahrgenommen werden.

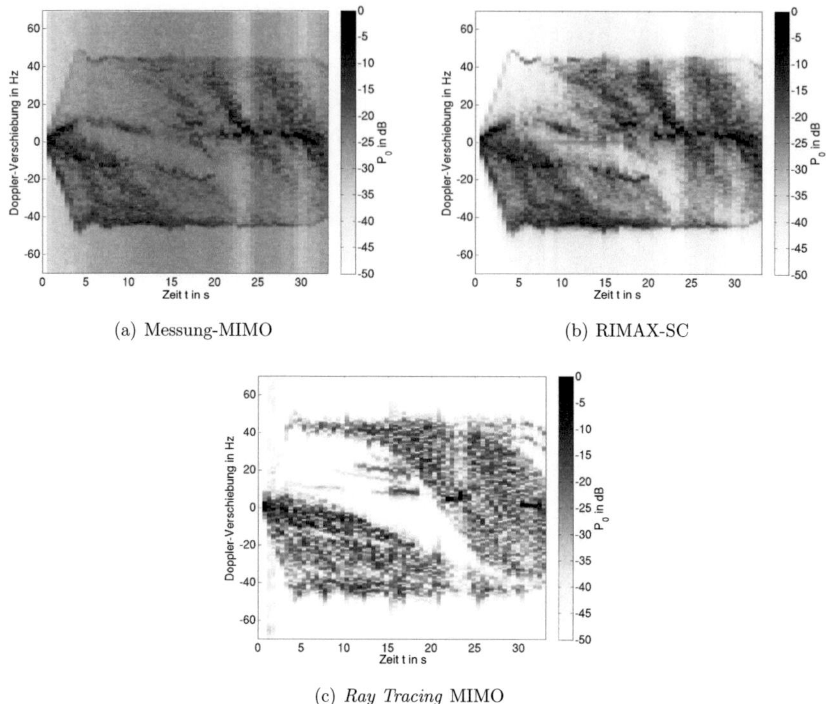

(a) Messung-MIMO

(b) RIMAX-SC

(c) *Ray Tracing* MIMO

Bild 4.14: Gemessenes, geschätztes und simuliertes mittleres Spektrogramm für die MIMO-Strecke AP_3 - $MT_{15,16}$ bei $f_{HF} = 5,2\,GHz$

diskreten Zeitpunkt vorhandene mittlere Frequenzverschiebung, die ein Trägersignal bei der Übertragung erfährt. Die Doppler-Verbreiterung beschreibt die zu diesem Zeitpunkt durch den Doppler-Effekt hervorgerufene Frequenzverbreiterung. Zur Reduktion des Einflusses des thermischen Rauschens bei der Messung, wird bei der Berechnung von μ_{f_D} und σ_{f_D} nur der Bereich zwischen $\pm 15\,Hz$ bei den SISO-, $\pm 50\,Hz$ bei den SIMO- und $\pm 45\,Hz$ bei den MIMO-Strecken berücksichtigt. Unerwünschte Effekte der Hamming-Fensterung werden reduziert, indem ausschließlich Leistungsbeiträge berücksichtig werden, welche maximal $43\,dB$ unterhalb der Maximalleistung des Schnappschusses liegen. Das Resultat ist ein diskreter zeitlicher Verlauf von $\mu_{f_D}(t)$ und $\sigma_{f_D}(t)$.

Zu Vergleichszwecken sind in Tabelle 4.8 der zeitliche Mittelwert der mittleren Doppler-Verschiebung $\overline{\mu_{f_D}}$ (Mittelwert über alle Schnappschüsse), der zeitliche Mittelwert der Doppler-Verbreiterung $\overline{\sigma_{f_D}}$ sowie die 10 %, 50 % und 90 %-Werte von $\sigma_{f_D}(t)$ der SISO-, SIMO- und MIMO-Strecken aufgelistet. Wie man erkennt, stimmen die simulierten Werte gut mit der Messung und der Schätzung RIMAX-SC überein. Zur Beurteilung der Qualität wird der Mittelwert der relativen Abweichung

Tabelle 4.8: Über der Zeit gemittelte mittlere Doppler-Verschiebung $\overline{\mu_{f_\mathrm{D}}}$, gemittelte Doppler-Verbreiterung $\overline{\sigma_{f_\mathrm{D}}}$ und 10 %, 50 % und 90 %-Werte von $\sigma_{f_\mathrm{D}}(t)$ in Hz für alle SISO- ($f_\mathrm{HF} = 2\,\mathrm{GHz}$), SIMO- ($f_\mathrm{HF} = 5{,}2\,\mathrm{GHz}$) und MIMO-Strecken ($f_\mathrm{HF} = 5{,}2\,\mathrm{GHz}$)

		$\overline{\mu_{f_\mathrm{D}}}$	$\overline{\sigma_{f_\mathrm{D}}}$	$\sigma_{f_\mathrm{D}}^{10\%}$	$\sigma_{f_\mathrm{D}}^{50\%}$	$\sigma_{f_\mathrm{D}}^{90\%}$
$\mathrm{MT}_{1,2}$ - AP_2	Messung-SISO	−3,7	19,8	17,8	20,0	21,5
	Ray Tracing SISO	−3,1	18,8	14,9	19,3	21,6
$\mathrm{MT}_{3,6}$ - AP_2	Messung-SISO	5,9	18,5	16,1	18,4	18,7
	Ray Tracing SISO	9,2	15,3	12,4	14,9	21,0
$\mathrm{MT}_{9,11}$ - AP_2	Messung-SISO	−5,9	20,1	17,9	20,1	22,4
	Ray Tracing SISO	−10,1	15,3	13,2	14,6	18,6
$\mathrm{MT}_{12,9}$ - AP_2	Messung-SISO	3,4	17,8	12,6	18,4	20,7
	Ray Tracing SISO	4,4	17,5	10,1	18,2	22,6
$\mathrm{MT}_{13,14}$ - AP_1	Messung-SISO	5,1	18,9	17,0	18,9	20,7
	Ray Tracing SISO	8,7	14,6	11,8	14,4	17,8

		$\overline{\mu_{f_\mathrm{D}}}$	$\overline{\sigma_{f_\mathrm{D}}}$	$\sigma_{f_\mathrm{D}}^{10\%}$	$\sigma_{f_\mathrm{D}}^{50\%}$	$\sigma_{f_\mathrm{D}}^{90\%}$
$\mathrm{MT}_{4,5}$ - AP_2	Messung-SIMO	17,8	65,3	59,3	64,5	72,3
	Ray Tracing SIMO	25,0	53,9	42,2	56,4	64,6
$\mathrm{MT}_{6,7}$ - AP_2	Messung-SIMO	15,1	51,0	46,3	50,4	57,3
	Ray Tracing SIMO	19,2	54,2	47,8	54,1	60,7
$\mathrm{MT}_{8,10}$ - AP_2	Messung-SIMO	−18,7	63,4	58,0	63,3	68,6
	Ray Tracing SIMO	−26,0	51,1	44,3	50,6	55,6

		$\overline{\mu_{f_\mathrm{D}}}$	$\overline{\sigma_{f_\mathrm{D}}}$	$\sigma_{f_\mathrm{D}}^{10\%}$	$\sigma_{f_\mathrm{D}}^{50\%}$	$\sigma_{f_\mathrm{D}}^{90\%}$
AP_3 - $\mathrm{MT}_{15,16}$	Messung-MIMO	−2,0	53,8	45,1	54,9	60,3
	RIMAX-SC	−3,9	46,6	32,2	46,0	59,6
	Ray Tracing MIMO	−2,0	52,1	40,2	51,4	62,2
AP_3 - $\mathrm{MT}_{17,18}$	Messung-MIMO	2,4	60,6	58,6	60,5	63,4
	RIMAX-SC	8,4	64,0	61,0	65,4	68,5
	Ray Tracing MIMO	4,6	56,3	52,7	56,5	60,7

zwischen Messung und Simulation $F_{\mathrm{rel},\mu_{f_\mathrm{D}}}(t) = (\mu_{f_\mathrm{D},\mathrm{RT}}(t)/\mu_{f_\mathrm{D},\mathrm{Mess}}(t) - 1) \cdot 100\,\%$ und $F_{\mathrm{rel},\sigma_{f_\mathrm{D}}}(t) = (\sigma_{f_\mathrm{D},\mathrm{RT}}(t)/\sigma_{f_\mathrm{D},\mathrm{Mess}}(t) - 1) \cdot 100\,\%$ herangezogen. Für die MIMO-Strecke AP_3 - $\mathrm{MT}_{15,16}$ stimmt die mittlere Doppler-Verschiebung der Simulation genau mit dem Wert der Messung überein. Die größte mittlere relative Abweichung ergibt sich für die MIMO-Strecke AP_3 - $\mathrm{MT}_{17,18}$ und beträgt 91,7 %. Bezüglich der Doppler-Verbreiterung fällt die mittlere relative Abweichung wesentlich geringer aus. Sie liegt zwischen −1,7 % ($\mathrm{MT}_{12,9}$ - AP_2) und −23,9 % ($\mathrm{MT}_{9,11}$ - AP_2). Für einen Großteil der Strecken gilt $|\overline{\mu_{f_\mathrm{D},\mathrm{Mess}}}| < |\overline{\mu_{f_\mathrm{D},\mathrm{RT}}}|$ und $\overline{\sigma_{f_\mathrm{D},\mathrm{Mess}}} > \overline{\sigma_{f_\mathrm{D},\mathrm{RT}}}$. Dieser Sachverhalt wird hauptsächlich durch Rauschbeiträge in der Messung hervorgerufen. Besonders in Bereichen geringen SNRs, verursachen Rauschbeiträge eine Verkleinerung von $|\overline{\mu_{f_\mathrm{D},\mathrm{Mess}}}|$ und eine Vergrößerung von $\overline{\sigma_{f_\mathrm{D},\mathrm{Mess}}}$. Die dargestellten Ergebnisse zeigen deutlich, dass das *Ray Tracing* Modell das zeitvariante Verhalten der komplexen Übertragungsfunktion im statistischen Mittel sehr gut nachbildet.

4.3.4 Analyse der Frequenzselektivität

Die im vorangegangenen Abschnitt aufgezeigten Verifikationsergebnisse beschränken sich auf die schmalbandigen Eigenschaften des Übertragungskanals bei den Frequenzen $f_{\mathrm{HF}} = 2\,\mathrm{GHz}$ und $5{,}2\,\mathrm{GHz}$. Sie ermöglichen eine Aussage über die durch die Mehrwegeausbreitung hervorgerufene Zeitvarianz, jedoch nicht über die Frequenzselektivität. Die Überprüfung der Frequenzselektivität, d.h. der breitbandigen Eigenschaften des Übertragungskanals, steht im Mittelpunkt dieses Abschnittes. Hierfür wird das zeitabhängige Leistungsverzögerungsspektrum (PDP) und die zugehörige Kenngröße Impulsverbreiterung ausgewertet (vgl. Abschnitt 2.2.2).

Die Berechnung des gemessenen (simulierten) zeitvarianten PDPs $P_{\mathrm{Mess}}^{\mathrm{SISO}}(\tau, t)$ $(P_{\mathrm{RT}}^{\mathrm{SISO}}(\tau, t))$ entlang der SISO-Strecken, erfolgt mittels inverser diskreter Fourier-Transformation (IDFT) und anschließender Betragsquadratbildung aus der breitbandigen zeitvarianten Übertragungsfunktion $\underline{H}_{\mathrm{Mess}}^{\mathrm{TP,SISO}}(\nu, t)$ $(\underline{H}_{\mathrm{RT}}^{\mathrm{TP,SISO}}(\nu, t))$. Dabei gilt es zu beachten, dass ein Ausbreitungspfad im gemessenen PDP durch die begrenzte Messbandbreite zusätzlich zum gewollten Hauptmaximum ungewollte Nebenmaxima erzeugt. Um den Einfluss der Nebenmaxima zu reduzieren, werden die gemessenen PDPs mit einem Hamming-Fenster der Bandbreite $120\,\mathrm{MHz}$ gefiltert. Das Nebenkeulenniveau des Hamming-Fensters liegt bei $-43\,\mathrm{dB}$ gegenüber der Hauptkeule. Um vergleichbare Simulations- und Schätzergebnisse zu erhalten, wird das Hamming-Fenster auch auf die simulierten und geschätzten PDPs angewendet.

Im Fall der SIMO-Strecken bilden die 1×16 zeitvarianten gemessenen und simulierten breitbandigen Tiefpass-Übertragungsfunktionen die Grundlage zur Berechnung des PDPs. Bei den MIMO-Strecken erfolgt die Verifikation auf Basis der 16×16 gemessenen, simulierten und geschätzten breitbandigen Tiefpass-Übertragungsfunktionen (vgl. Tabelle 4.4). Zu jeder der 1×16 bzw. 16×16 Übertragungsfunktionen wird mittels IDFT und anschließender Betragsquadratbildung ein eigenes zeitvariantes PDP berechnet. Ein Vergleich auf Basis der sich für jede Strecke ergebenden 16 (im SIMO-Fall) bzw. 256 (im MIMO-Fall) PDPs wäre zu aufwendig. Deshalb erfolgt zusätzlich eine Mittelung über die 16 bzw. 256 Verzögerungsspektren. Das mittlere PDP der Messung-MIMO $\overline{P_{\mathrm{Mess}}^{\mathrm{MIMO}}}(\tau, t)$ ergibt sich beispielsweise über:

$$\overline{P_{\mathrm{Mess}}^{\mathrm{MIMO}}}(\tau, t) = \frac{1}{MN} \sum_{m=1}^{M} \sum_{n=1}^{N} P_{\mathrm{Mess},n,m}^{\mathrm{MIMO}}(\tau, t) \tag{4.10}$$

Äquivalent zu (4.10) lassen sich die mittleren Verzögerungsspektren $\overline{P_{\mathrm{SC}}^{\mathrm{MIMO}}}(\tau, t)$, $\overline{P_{\mathrm{SC/DMC}}^{\mathrm{MIMO}}}(\tau, t)$ und $\overline{P_{\mathrm{RT}}^{\mathrm{MIMO}}}(\tau, t)$ berechnen. Für $m = M = 1$ kann (4.10) zur Berechnung von $\overline{P_{\mathrm{Mess}}^{\mathrm{SIMO}}}(\tau, t)$ und $\overline{P_{\mathrm{RT}}^{\mathrm{SIMO}}}(\tau, t)$ angewendet werden. Wie bei den SISO-Messungen erfolgt auch hier eine Hamming-Fensterung der gemessenen, simulierten und geschätzten PDPs.

Um Gemeinsamkeiten und Unterschiede zwischen Messung, Simulation und Schätzung aufzuzeigen, werden im Folgenden die sich ergebenden PDPs der SISO-Strecke $\mathrm{MT}_{1,2}$-AP_2 und der MIMO-Strecke AP_3-$\mathrm{MT}_{15,16}$ analysiert. Bild 4.15 präsentiert das gemessene und simulierte PDP für die Strecke $\mathrm{MT}_{1,2}$-AP_2. Die unterschiedlichen Grauwerte geben die normierte Empfangsleistung P_0 in dB an. Normiert ist auf das globale Maximum der gemessenen und simulierten Leistung.

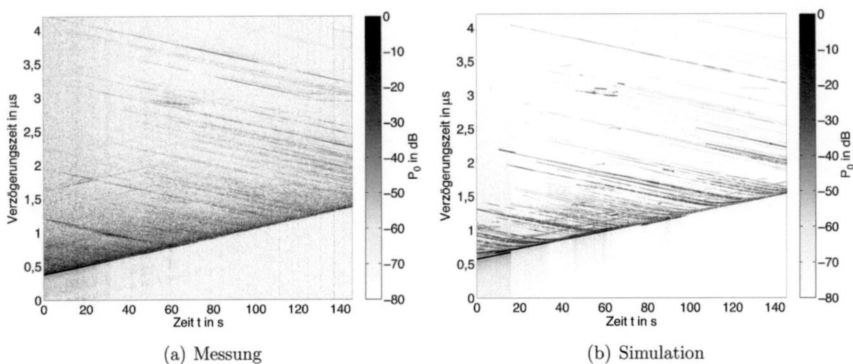

(a) Messung   (b) Simulation

Bild 4.15: Gemessenes und simuliertes Leistungsverzögerungsspektrum für die SISO-Strecke $MT_{1,2}$ - AP_2, Mittenfrequenz $f_0 = 2\,GHz$

Beide Bilder zeigen eine gewisse Linienstruktur. Die Linien kennzeichnen den zeitabhängigen Verlauf der Leistung der Mehrwegepfade. Die Steigung der Linien ist direkt mit der Längenänderung der Mehrwegepfade über der Zeit t verknüpft. Diese entsteht durch die Bewegung des MTs. Entlang einiger Linien sind deutliche Leistungsschwankungen zu erkennen, welche durch Interferenz, d.h. durch die Überlagerung von Pfaden mit ähnlicher Laufzeit, entstehen.[3] Da sich der Sender gleichförmig vom Empfänger entfernt, steigt die Verzögerungszeit τ des direkten Pfades linear mit der Zeit t an. Grob sind in den beiden PDPs zwei verschiedene Pfad-Typen zu finden. Einige Pfade weisen den gleichen positiven Anstieg der Verzögerungszeit mit t auf, wie der direkte Pfad. Deren Ausfallswinkel zeigt entgegen der Bewegungsrichtung des MTs. Bei Pfaden deren Ausfallswinkel hingegen in Bewegungsrichtung zeigt, verringert sich die Verzögerungszeit τ mit t. Die Steigung entspricht dabei der negativen Steigung des direkten Pfades. Der Vergleich zwischen den Bildern 4.15(a) und 4.15(b) zeigt eine gute Übereinstimmung. Die Simulation prognostiziert die meisten gemessenen Mehrwegepfade. Selbst die Pfadgruppe in der Region $\tau \approx 3{,}1\,\mu s$ und $t \approx 60\,s$ bildet die Simulation sehr gut nach.

Die sich ergebenden PDPs für die MIMO-Strecke AP_3 - $MT_{15,16}$ sind in Bild 4.16 gezeigt. Die Vergleichbarkeit der einzelnen PDPs ist durch eine einheitliche Normierung auf das globale Maximum des gemessenen, simulierten und geschätzten Verzögerungsspektrums sichergestellt. Der in Bild 4.16(a) vorhandene graue Grundpegel kommt durch thermisches Rauschen zustande. Der Vergleich zwischen den Bildern 4.16(a) (Messung-MIMO) und 4.16(b) (RIMAX-SC) zeigt, dass die Schätzung die relevanten dominanten Mehrwegepfade sehr gut erfasst. Jedoch sind in der Schätzung RIMAX-SC gewisse Leistungslücken zu erkennen, welche auf die nicht berücksichtigten DMCs zurückzuführen sind. Dieser Unterschied ist in Bild 4.16(c) (RIMAX-SC/DMC) nicht mehr existent. Das Schätzergebnis RIMAX-SC/DMC rekonstruiert das Messergebnis nahezu perfekt. Es bildet deshalb die genaueste Referenz zur Beurteilung der Qualität des simulierten Leistungsverzögerungsspektrums. Bild 4.16(d) (RT-MIMO) zeigt eine gute Übereinstimmung mit Bild 4.16(c) (RIMAX-SC/DMC).

---

[3]Bei den vorliegenden Messungen interferieren Pfade ab einem Weglängenunterschied kleiner $L_{res} = 2{,}5\,m$ ($L_{res} = c_0/B_M$).

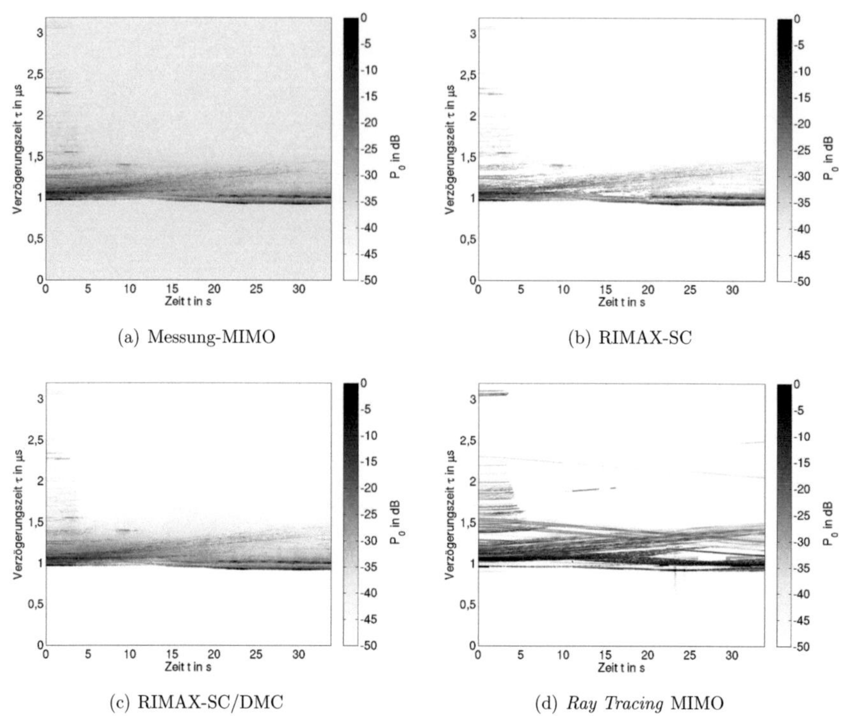

(a) Messung-MIMO   (b) RIMAX-SC

(c) RIMAX-SC/DMC   (d) Ray Tracing MIMO

Bild 4.16: Zeitvariantes Leistungsverzögerungsspektrum der Datensätze Messung-MIMO, RIMAX-SC, RIMAX-SC/DMC und *Ray Tracing* MIMO für die MIMO-Strecke AP_3-$MT_{15,16}$, Mittenfrequenz $f_0 = 5{,}2\,\mathrm{GHz}$

Charakteristischer Parameter zur Beschreibung der Frequenzselektivität ist die Impulsverbreiterung $\sigma_\tau(t)$. Die Grundlage zur Berechnung von $\sigma_\tau(t)$ bilden die zeitvarianten gemessenen, simulierten und ggf. geschätzten Verzögerungsspektren (vgl. (2.32)). Um die Nebenkeulen des Hamming-Fensters zu unterdrücken, werden die Leistungsverzögerungsspektren zu jedem Zeitpunkt t auf einen Dynamikbereich von $43\,\mathrm{dB}$ begrenzt. Die hierbei ebenfalls gelöschten schwachen Pfade können in guter Näherung vernachlässigt werden. Zur Reduktion des thermischen Rauschens wird das gemessene Leistungsverzögerungsspektrum zusätzlich zu jedem Zeitpunkt t auf den momentan vorhandenen Dynamikbereich (SNR) begrenzt. Die Simulation und die Schätzung RIMAX-SC und RIMAX-SC/DMC bleiben davon unbeeinflusst, da sie kein Rauschen beinhalten.

Die Werte der über der Zeit t bzw. Anzahl der Schnappschüsse K_s gemittelten Impulsverbreiterung $\overline{\sigma_\tau}$ sind in Tabelle 4.9 für alle SISO-, SIMO- und MIMO-Strecken aufgelistet. Zusätzlich zu den Mittelwerten sind in Tabelle 4.9 die Werte für $\sigma_\tau^{10\%}$, $\sigma_\tau^{50\%}$ und $\sigma_\tau^{90\%}$ angegeben. Diese geben den Wert an, welcher von $\sigma_\tau(t)$ in $10\,\%$, $50\,\%$ und $90\,\%$ der Fälle unterschritten wird.

Tabelle 4.9: Miittlere Impulsverbreiterung $\overline{\sigma_\tau}$ sowie 10 %, 50 % und 90 %-Werte von $\sigma_\tau(t)$ in ns für alle SISO-, SIMO- und MIMO-Strecken

		$\overline{\sigma_\tau}$	$\sigma_\tau^{10\%}$	$\sigma_\tau^{50\%}$	$\sigma_\tau^{90\%}$
$MT_{1,2}$ - AP_2	Messung-SISO	163,9	39,7	164,9	283,3
	Ray Tracing SISO	164,9	32,0	159,5	306,3
$MT_{3,6}$ - AP_2	Messung-SISO	360,1	145,4	357,8	593,8
	Ray Tracing SISO	304,1	64,8	306,0	586,5
$MT_{9,11}$ - AP_2	Messung-SISO	214,9	102,8	212,3	328,3
	Ray Tracing SISO	241,4	101,2	221,0	453,9
$MT_{12,9}$ - AP_2	Messung-SISO	118,2	45,7	121,5	180,7
	Ray Tracing SISO	104,0	41,1	98,8	171,4
$MT_{13,14}$ - AP_21	Messung-SISO	173,2	67,3	156,0	314,2
	Ray Tracing SISO	211,1	73,5	151,4	470,8

		$\overline{\sigma_\tau}$	$\sigma_\tau^{10\%}$	$\sigma_\tau^{50\%}$	$\sigma_\tau^{90\%}$
$MT_{4,5}$ - AP_2	Messung-SIMO	31,8	5,6	22,5	67,3
	Ray Tracing SIMO	33,9	10,7	26,8	68,3
$MT_{6,7}$ - AP_2	Messung-SIMO	63,5	39,4	64,5	88,9
	Ray Tracing SIMO	53,4	32,6	51,5	75,7
$MT_{8,10}$ - AP_2	Messung-SIMO	36,8	11,4	35,4	66,5
	Ray Tracing SIMO	28,6	5,8	21,1	65,5

		$\overline{\sigma_\tau}$	$\sigma_\tau^{10\%}$	$\sigma_\tau^{50\%}$	$\sigma_\tau^{90\%}$
AP_3 - $MT_{15,16}$	Messung-MIMO	109,5	78,7	103,2	141,9
	RIMAX-SC	80,1	48,6	82,3	108,9
	RIMAX-SC/DMC	94,9	64,4	90,8	127,0
	Ray Tracing MIMO	92,9	63,8	89,1	129,1
AP_3 - $MT_{17,18}$	Messung-MIMO	224,7	176,7	223,6	275,3
	RIMAX-SC	182,2	109,5	187,6	243,8
	RIMAX-SC/DMC	184,1	125,1	191,9	225,9
	Ray Tracing MIMO	205,5	151,5	204,4	264,1

Entlang aller Strecken zeigt die simulierte mittlere Impulsverbreiterung tendenziell den gleichen Verlauf, wie die gemessene bzw. die geschätzte. Die mittlere Impulsverbreiterung der Messung für die SISO-Strecke $MT_{1,2}$ - AP_2 liegt bei $\overline{\sigma_{\tau,\mathrm{Mess}}} = 163,9\,$ns, die der Simulation bei $\overline{\sigma_{\tau,\mathrm{RT}}} = 164,9\,$ns. Die relative Abweichung $F_{\mathrm{rel},\sigma_\tau}(t) = (\sigma_{\tau,\mathrm{RT}}(t)/\sigma_{\tau,\mathrm{Mess}}(t) - 1)100\,\%$ beträgt somit nur 0,6 %. Die maximale Abweichung bei den SISO-Strecken beträgt $-22,3\,\%$ für Strecke $MT_{8,10}$ - AP_2. Bei den MIMO-Strecken ist die Abweichung zwischen der Referenz $\overline{\sigma_{\tau,\mathrm{RIMAX-SC/DMC}}}$ und der Simulation $\overline{\sigma_{\tau,\mathrm{RT-MIMO}}}$ wesentlich geringer (vgl. Tabelle 4.9)

4.3.5 Analyse der Richtungsselektivität

Ausgangspunkt für den Vergleich der Richtungseigenschaften des Funkkanals sind die geschätzten (RIMAX-SC) und simulierten (RT) Rohdaten gemäß Tabelle 4.4 entlang der SIMO- und MIMO-Strecken bei der Trägerfrequenz $f_{\mathrm{HF}} = 5{,}2\,\mathrm{GHz}$ (bzw. $\nu = 0$). Die Rohdaten enthalten zu jedem Zeitpunkt t die Mehrwegepfade und deren Pfadparameter. Messbedingt beschränken sich die geschätzten Pfadparameter der SIMO-Strecken auf den $\vartheta\vartheta-$ und $\vartheta\psi-$polarisierten Übertragungskoeffizienten, die Laufzeit sowie den Azimut-Empfangswinkel. Die Pfadparameter der MIMO-Daten hingegen liegen vollpolarimetrisch und beidseitig richtungsaufgelöst in Azimut vor. Die Analyse der Winkeleigenschaften erfolgt anhand des zeitabhängigen Leistungsazimutspektrums und der zugehörigen Azimut-Winkelspreizung (vgl. Abschnitt 2.2.3). Das Leistungsazimutspektrum berechnet sich gemäß (2.38), unter Annahme einer unendlich großen Bandbreite, aus dem Betragsquadrat der Mehrwegepfade. Eine Analyse der Daten hat ergeben, dass sich die Leistungsazimutspektren der einzelnen Polarisationen stark ähneln. Im Folgenden wird deshalb nur auf die $\vartheta\vartheta$-polarisierte Komponente eingegangen. Anhand der MIMO-Strecke $\mathrm{AP_3}\text{-}\mathrm{MT}_{15,16}$ werden nachfolgend Gemeinsamkeiten und Unterschiede zwischen dem geschätzten und simulierten Leistungsazimutspektrum aufgezeigt. Anschließend erfolgt ein Vergleich der Kennwerte aller SIMO- und MIMO-Strecken in Form einer tabellarischen Gegenüberstellung.

Die im Rahmen dieser Arbeit durchgeführten MIMO-Messungen erlauben erstmals die beidseitig richtungsaufgelöste Verifikation des deterministischen Kanalmodells. Zum besseren Verständnis des sende- ($\mathrm{AP_3}$) und empfangsseitigen (MT) Winkelspektrums stellt Bild 4.17 die geschätzten und simulierten Mehrwegepfade im Ausbreitungsszenario für zwei verschiedene Zeitpunkte der MIMO-Strecke $\mathrm{AP_3}\text{-}\mathrm{MT}_{15,16}$ dar. Bild 4.17(a) und Bild 4.17(b) zeigen die geschätzten und simulierten Mehrwegepfade für die Startposition MT_{15}. Bild 4.17(c) und Bild 4.17(d) skizzieren die geschätzten und simulierten Mehrwegepfade für die Endposition MT_{16}. Die schwarzen Linien stellen die ersten Pfadsegmente der Mehrwegepfade aus Sicht des Senders ($\mathrm{AP_3}$) dar, die weißen Linien die letzten Pfadsegmente aus Sicht des Empfängers (MT). Die Linienlänge korrespondiert mit der Pfaddämpfung in dB. Je kürzer eine Linie, desto höher fällt die dazugehörige Dämpfung der $\vartheta\vartheta$-Komponente aus. Der Pfadwinkel entspricht dem Azimut-Ausfallswinkel am Sender (DoD) bzw. dem Azimut-Einfallswinkel am Empfänger (DoA). Zusätzlich zu den Pfaden sind die sich aus der Simulation ergebenden Winkelbereiche in die Bilder eingezeichnet (Kreisausschnitt mit Nummer). Die Winkelbereiche am Sender werden im Folgenden mit Ausfalls- und die am Empfänger mit Einfallsbereich bezeichnet.

Bei Betrachtung der Bilder fällt auf, dass die *Ray Tracing* Simulation eine wesentlich höhere Pfadanzahl aufweist als die Schätzung. Dies ist darauf zurückzuführen, dass die Simulation Streupfade beinhaltet, die Schätzung RIMAX-SC jedoch nicht. Die hohe Pfaddichte in einigen Regionen in den Bildern 4.17(b) und 4.17(d) kommt durch das Streumodell zustande (vgl. Anhang A.2). Eine starke Streuquelle bilden z.B. die Häuser entlang der Durlacher Allee. Am Sender ($\mathrm{AP_3}$) zeigt sich für beide Szenarien eine gute Übereinstimmung zwischen Schätzung und Simulation. Lediglich im Ausfallsbereich 4 in Bild 4.17(b) findet ausschließlich die Simulation Pfade. Auch für die Endposition MT_{16} bildet die Simulation die Schätzung sehr gut nach. In einigen Winkelbereichen schätzt der RIMAX-Algorithmus spekulare Pfade, wohingegen die Simulation dort fast ausschließlich Streupfade findet (vgl. z.B. Ausfallsbereich 2 von Bild 4.17(a) mit Bild 4.17(b)).

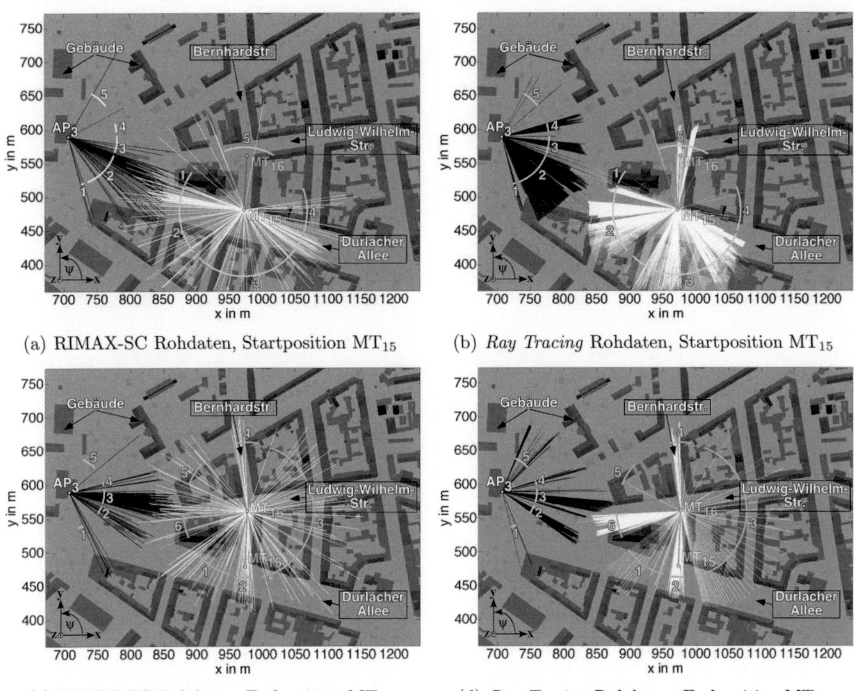

(a) RIMAX-SC Rohdaten, Startposition MT_{15}

(b) *Ray Tracing* Rohdaten, Startposition MT_{15}

(c) RIMAX-SC Rohdaten, Endposition MT_{16}

(d) *Ray Tracing* Rohdaten, Endposition MT_{16}

Bild 4.17: Momentaufnahme der Leistung und der Ausfalls- und Einfallswinkel der geschätzten und simulierten Pfade für die Start- und die Endposition der Strecke AP_3 - $\mathrm{MT}_{15,16}$

Zur Analyse der kompletten MIMO-Strecke AP_3 - $\mathrm{MT}_{15,16}$ sind in Bild 4.18 die sende- und empfangsseitigen Leistungsazimutspektren gezeigt. Die Grauwerte in den Bildern geben die normierte Empfangsleistung P_0 in dB der $\vartheta\vartheta$-Komponente über der Zeit t an. Die Empfangsleistung ist auf das globale Maximum der vier Leistungsazimutspektren normiert. Der Azimutwinkel ist entsprechend dem in Bild 4.17 gezeigten kartesischen Koordinatensystem aufgetragen, welches in den jeweiligen Bezugspunkt (Sender- oder Empfängerpunkt) gelegt wird. Die einzelnen Linien in den Leistungsazimutspektren zeigen den Verlauf der Empfangsleistung und der Azimut-Einfallswinkel der Mehrwegepfade über der Zeit t.

Die simulierten Leistungsazimutspektren zeigen tendenziell den gleichen charakteristischen Verlauf wie die geschätzten. Sowohl in Bild 4.18(a) als auch in Bild 4.18(b) finden sich Pfade, deren Ausfallswinkel zwischen $-20° \geqslant \Omega_\mathrm{T} \geqslant -70°$ liegt. Diese Pfade interagieren zunächst mit Häusern in der Durlacher-Allee, bevor sie aus Richtung $-30° \geqslant \Omega_\mathrm{T} \geqslant -210°$ auf das MT treffen. Auch der zweite dominate Ausfallsbereich zwischen $0° \geqslant \Omega_\mathrm{T} \geqslant -15°$ ist sowohl in der Schätzung als auch in der Simulation zu finden.

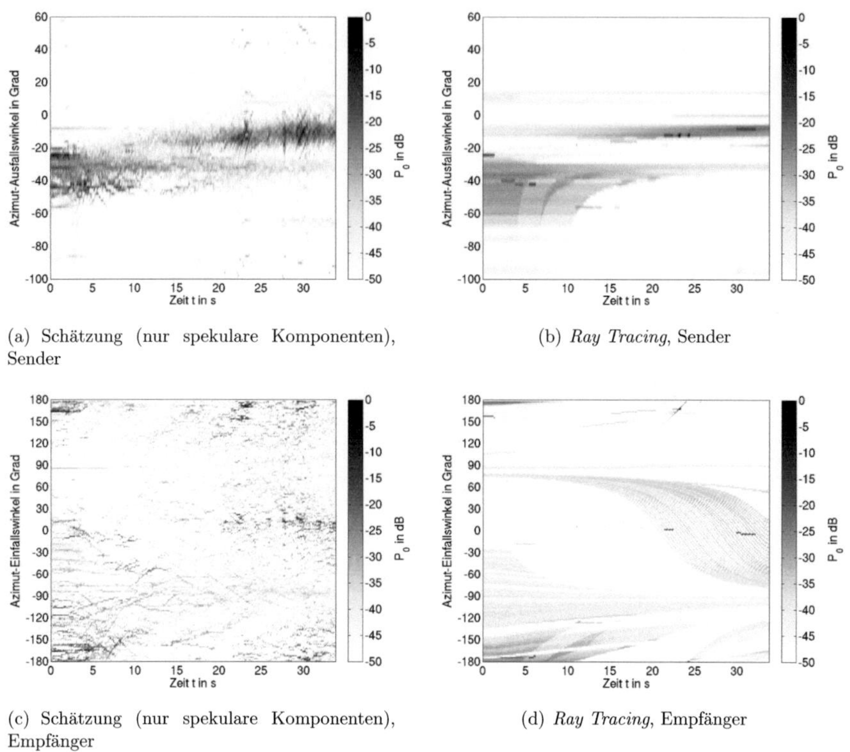

(a) Schätzung (nur spekulare Komponenten), Sender

(b) *Ray Tracing*, Sender

(c) Schätzung (nur spekulare Komponenten), Empfänger

(d) *Ray Tracing*, Empfänger

Bild 4.18: Geschätztes und simuliertes zeitvariantes Leistungsazimutspektrum am Sender und am Empfänger für die MIMO-Strecke AP_3-$MT_{15,16}$ bei $f_{HF} = 5{,}2\,\mathrm{GHz}$

Wie in den Bildern 4.18(c) und 4.18(d) zu sehen, sind die Azimut-Einfallswinkel auf der Empfangsseite über die kompletten 360° verteilt. In der Schätzung sind die Winkelbereiche wesentlich schlechter voneinander abzugrenzen als in der Simulation. Dies ist u.a. auf die Varianz der geschätzten Pfade zurückzuführen.

Die quantitative Gegenüberstellung zwischen Schätzung und Simulation erfolgt anhand der empfangsseitigen AP-Azimut-Winkelspreizung $\sigma_{\psi_{\mathrm{R},\vartheta\vartheta}}(t)$ der SIMO-Strecken sowie der sende- und empfangsseitigen AP- und MT-Azimut-Winkelspreizungen $\sigma_{\psi_{\mathrm{T},\vartheta\vartheta}}(t)$ und $\sigma_{\psi_{\mathrm{R},\vartheta\vartheta}}(t)$ der MIMO-Strecken. Das jeweilige zeitvariante Leistungsazimutspektrum bildet die Grundlage zur Berechnung der Azimut-Winkelspreizung. Die tatsächliche Berechnung erfolgt durch (2.40). Die sich aus den Verläufen der Azimut-Winkelspreizung ergebenden Mittel-, 10 %-, 50 %- und 90 %-Werte für die SIMO- und MIMO-Strecken sind in Tabelle 4.10 und Tabelle 4.11 angegeben.

Insgesamt liegen die simulierten Werte für alle Strecken in der gleichen Größenordnung wie die

Tabelle 4.10: Geschätzte und simulierte Mittel- und 10 %-, 50 %- und 90 %-Werte der empfangsseitigen AP-Azimut-Winkelspreizung $\sigma_{\psi_{\mathrm{R},\vartheta\vartheta}}(t)$ in Grad für die SIMO-Strecken bei $f_{\mathrm{HF}} = 5{,}2\,\mathrm{GHz}$

		$\overline{\sigma_{\psi_{\mathrm{R},\vartheta\vartheta}}}$	$\sigma_{\psi_{\mathrm{R},\vartheta\vartheta}}^{10\%}$	$\sigma_{\psi_{\mathrm{R},\vartheta\vartheta}}^{50\%}$	$\sigma_{\psi_{\mathrm{R},\vartheta\vartheta}}^{90\%}$
$\mathrm{MT}_{4,5}$ - AP_2	RIMAX-SC Rohdaten	8,6	5,7	7,8	9,6
	Ray Tracing Rohdaten	7,8	6,2	7,9	13,1
$\mathrm{MT}_{6,7}$ - AP_2	RIMAX-SC Rohdaten	14,6	11,6	14,4	17,5
	Ray Tracing Rohdaten	13,4	11,4	13,1	15,9
$\mathrm{MT}_{8,10}$ - AP_2	RIMAX-SC Rohdaten	10,1	6,4	8,9	15,5
	Ray Tracing Rohdaten	14,2	10,5	14,7	17,7

Tabelle 4.11: Geschätzte und simulierte Mittel- und 10 %-, 50 %- und 90 %-Werte der sendeseitigen AP-Azimut-Winkelspreizung $\sigma_{\psi_{\mathrm{T},\vartheta\vartheta}}(t)$ sowie der empfangsseitigen MT-Azimut-Winkelspreizung $\sigma_{\psi_{\mathrm{R},\vartheta\vartheta}}(t)$ in Grad für die MIMO-Strecken bei $f_{\mathrm{HF}} = 5{,}2\,\mathrm{GHz}$

		$\overline{\sigma_{\psi_{\mathrm{T},\vartheta\vartheta}}}$	$\sigma_{\psi_{\mathrm{T},\vartheta\vartheta}}^{10\%}$	$\sigma_{\psi_{\mathrm{T},\vartheta\vartheta}}^{50\%}$	$\sigma_{\psi_{\mathrm{T},\vartheta\vartheta}}^{90\%}$
AP_3 - $\mathrm{MT}_{15,16}$	RIMAX-SC Rohdaten	8,2	5,5	7,9	11,2
	Ray Tracing Rohdaten	9,6	4,5	10,8	13,6
AP_3 - $\mathrm{MT}_{17,18}$	RIMAX-SC Rohdaten	7,8	5,4	7,2	10,7
	Ray Tracing Rohdaten	8,0	5,5	8,0	11,1

		$\overline{\sigma_{\psi_{\mathrm{R},\vartheta\vartheta}}}$	$\sigma_{\psi_{\mathrm{R},\vartheta\vartheta}}^{10\%}$	$\sigma_{\psi_{\mathrm{R},\vartheta\vartheta}}^{50\%}$	$\sigma_{\psi_{\mathrm{R},\vartheta\vartheta}}^{90\%}$
AP_3 - $\mathrm{MT}_{15,16}$	RIMAX-SC Rohdaten	47,4	33,6	50,0	55,7
	Ray Tracing Rohdaten	40,3	28,2	40,8	55,1
AP_3 - $\mathrm{MT}_{17,18}$	RIMAX-SC Rohdaten	50,1	39,6	52,6	56,2
	Ray Tracing Rohdaten	41,1	36,3	41,3	47,8

geschätzten. Die größte relative Abweichung der mittleren AP-Azimut-Winkelspreizung ergibt sich für die SIMO-Strecke $\mathrm{MT}_{8,10}$ - AP_2 mit 40,6%, die kleinste für die MIMO-Strecke AP_3 - $\mathrm{MT}_{17,18}$ mit 2,6%. Die MT-Azimut-Winkelspreizung wird entlang der betrachteten Strecken von der Simulation leicht unterschätzt. Es ergeben sich relative Abweichungen von $-15{,}0\%$ für die Strecke AP_3 - $\mathrm{MT}_{15,16}$ und $-18{,}0\%$ für die Strecke AP_3 - $\mathrm{MT}_{17,18}$. Bei der Interpretation der Abweichungen sollte nicht außer Acht gelassen werden, dass die Simulation gestreute Pfade beinhaltet, die Schätzung RIMAX-SC jedoch nicht.

4.3.6 Vergleich der MIMO-Metriken

Zur ganzheitlichen Beurteilung der Genauigkeit von MIMO-Kanalmodellen ist eine Bewertung des Schwundverhaltens der simulierten Mehrwegeausbreitung nicht ausreichend. Vielmehr müssen zusätzlich spezifische MIMO-Merkmale, wie z.B. die Struktur der MIMO-Übertragungsmatrix, betrachtet werden. Abschnitt 3.3 führt deshalb spezielle Metriken ein, die einen Vergleich von MIMO spezifischen Merkmalen erlauben. Dies sind die Kapazität ohne und mit Kanalkenntnis am Sender, die Verteilung der Eigenwerte der zeitvarianten MIMO-Übertragungsmatrix, die Korrelationseigenschaften ihrer Übertragungskoeffizienten sowie der

Diversitätskoeffizient. Aufbauend auf diese Größen wird in diesem Abschnitt die Genauigkeit des deterministischen Kanalmodells hinsichtlich der Modellierung des MIMO-Übertragungskanals analysiert.

Die Basis zur Analyse der MIMO-Metriken stellen die MIMO-Datensätze Messung-MIMO, RIMAX-SC, RIMAX-SC/DMC, RIMAX-SC/DMC/N und RT-MIMO entlang der MIMO-Strecken dar. Jeder Datensatz beschreibt den Verlauf einer zeitvarianten MIMO-Übertragungsmatrix $\underline{\mathbf{H}}^{\mathrm{TP,MIMO}}(n_\mathrm{f}, k_\mathrm{s})$ der Dimension $N_\mathrm{f} \times M \times N \times K_\mathrm{s}$. Dabei beschreibt $N_\mathrm{f} = 385$ die Anzahl der Frequenzpunkte (Träger), $M = 16$ die Anzahl der Sendeantennen, $N = 16$ die Anzahl der Empfangsantennen und K_s die Anzahl der Schnappschüsse.

4.3.6.1 Analyse der Korrelationseigenschaften des MIMO-Übertragungskanals

Zur Beschreibung der Korrelation zweier Antennensignale wird in dieser Arbeit der Leistungskorrelationskoeffizient $\rho_\mathrm{P}(|\underline{h}_{ij}^{\mathrm{TP}}|^2, |\underline{h}_{kl}^{\mathrm{TP}}|^2)$ nach (3.58) verwendet. Dieser kann Werte zwischen $\rho_\mathrm{P} = 0$ (keine Ähnlichkeit der Einhüllenden des Leistungssignals) und $\rho_\mathrm{P} = 1$ (identische Einhüllende des Leistungssignals) annehmen. Der tatsächlich am Sender bzw. Empfänger vorherrschende Wert von ρ_P hängt vom Abstand der Antennen im *Array*, der Richtcharakteristik und Ausrichtung der einzelnen Antennen, der Mehrwegeausbreitung und der Frequenz ab. Allgemein gilt, je kleiner ρ_P ist, desto ungerichteter ist der MIMO-Übertragungskanal und desto stärker nähert sich die Kapazität des MIMO-Übertragungskanals der Kapazität des i.i.d. MIMO-*Rayleigh*-Kanals an. Desto lohnender ist somit der Einsatz eines *Diversity*- oder eines *Multiplexing*-Verfahrens. In der Literatur ist kein einheitlicher Wert für den Leistungskorrelationskoeffizienten genannt, ab dem von ausreichend unkorrelierten Signalen gesprochen werden kann. Im Rahmen dieser Arbeit wird von unkorrelierten Signalen gesprochen, wenn $\rho_\mathrm{P} \leq 0{,}5$ ist.

Eingangsgröße zur Berechnung des Leistungskorrelationskoeffizienten sind die zeitvarianten gemessenen, geschätzten und simulierten MIMO-Übertragungsmatrizen. Durch Anwendung von (3.58) auf die zeitvarianten Übertragungskoeffizienten von $\underline{\mathbf{H}}^{\mathrm{TP,MIMO}}(n_\mathrm{f}, k_\mathrm{s})$ ergibt sich eine Korrelationsmatrix der Dimension 256×256. Eine Analyse aller Leistungskorrelationskoeffizienten wäre zu aufwendig. Eine gängige Methode ist es deshalb, sich auf die Leistungskorrelationskoeffizienten $\rho_{\mathrm{P},k}^{\mathrm{T},i,j}(|\underline{h}_{ki}^{\mathrm{TP}}|^2, |\underline{h}_{kj}^{\mathrm{TP}}|^2)$ zwischen $\underline{h}_{ki}^{\mathrm{TP}}$ und $\underline{h}_{kj}^{\mathrm{TP}}$ am Sender[4] und die Leistungskorrelationskoeffizienten $\rho_{\mathrm{P},k}^{\mathrm{R},i,j}(|\underline{h}_{ik}^{\mathrm{TP}}|^2, |\underline{h}_{jk}^{\mathrm{TP}}|^2)$ zwischen $\underline{h}_{ik}^{\mathrm{TP}}$ und $\underline{h}_{jk}^{\mathrm{TP}}$ am Empfänger[5] zu beschränken.

Zur Berechnung des Leistungskorrelationskoeffizienten an einem bestimmten Ort im Szenario, muss gemäß (3.58) der Erwartungswert über eine Vielzahl an Kanalrealisierungen (Schnappschüsse) gebildet werden. Deshalb werden die MIMO-Strecken in $k_\mathrm{St} = 1, \ldots, K_\mathrm{St}$ Stützstellen unterteilt und die Leistungskorrelation blockweise an diesen Stützstellen, auf

---

[4] Der Hochindex T in $\rho_{\mathrm{P},k}^{\mathrm{T},i,j}(|\underline{h}_{ki}^{\mathrm{TP}}|^2, |\underline{h}_{kj}^{\mathrm{TP}}|^2)$ gibt an, dass es sich um einen Leistungskorrelationskoeffizienten zwischen verschiedenen Sendeantennen handelt. Die Indizes i und j bezeichnen die Elemente des Sendearrays, zwischen denen er berechnet wird. Der Tiefindex k bezeichnet das Element des Empfangsarrays.

[5] Der Hochindex R in $\rho_{\mathrm{P},k}^{\mathrm{R},i,j}(|\underline{h}_{ik}^{\mathrm{TP}}|^2, |\underline{h}_{jk}^{\mathrm{TP}}|^2)$ gibt an, dass es sich um einen Leistungskorrelationskoeffizienten zwischen verschiedenen Empfangsantennen handelt. Die Indizes i und j bezeichnen die Elemente des Empfangsarrays, zwischen denen er berechnet wird. Der Tiefindex k bezeichnet das Element des Sendearrays.

Basis der benachbarten Abtastwerte, berechnet. Um einen aussagekräftigen Wert des Leistungskorrelationskoeffizienten in der Region der Stützstellen zu erhalten, muss zum einen die Anzahl der Abtastwerte pro Block so groß wie möglich gewählt werden. Zum anderen müssen die Abtastwerte stationäres Verhalten aufweisen. Stationarität bezüglich des Ortes ist für die in dieser Arbeit betrachteten Szenarien für eine geringe Verschiebung des Messfahrzeugs im Bereich von bis zu $10\,\lambda$ in guter Näherung gewährleistet [Mol05]. Ferner wird davon ausgegangen, dass der Leistungskorrelationskoeffizient über die Messbandbreite von $120\,\mathrm{MHz}$ ($2{,}3\,\%$ relative Bandbreite) stationäres Verhalten zeigt. Zur Berechnung des Leistungskorrelationskoeffizienten an einer Stützstelle werden deshalb 21 Abtastwerte verwendet (Abtastwert an der Stützstelle $+$ 10 Abtastwerte vor und nach der Stützstelle). Mit $v_\mathrm{r} \approx 9{,}2\,\mathrm{km/h}$ und $T_\mathrm{s} = 7{,}168\,\mathrm{ms}$ ergibt sich somit eine räumliche Distanz zwischen dem ersten und dem letzten Abtastwert von ca. $0{,}367\,\mathrm{m}$ bzw. $6{,}4\,\lambda$. Zusätzlich zu den zeitlichen Abtastwerten wird jede Trägerfrequenz in die Berechnung des Erwartungswertes einbezogen. Der Leistungskorrelationskoeffizient am Sender $\rho_{\mathrm{P},k}^{\mathrm{T},i,j}(k_\mathrm{St})$ bzw. am Empfänger $\rho_{\mathrm{P},k}^{\mathrm{R},i,j}(k_\mathrm{St})$ an der Stützstelle k_St ergibt sich somit gemäß (3.58) über den Erwartungswert von insgesamt $21 \cdot 385 = 8085$ MIMO-Übertragungskoeffizienten.

Nachfolgend wird gesondert die Leistungskorrelation an der BS und am MT betrachtet. Da die beiden MIMO-Strecken $\mathrm{AP_3}$ - $\mathrm{MT_{15,16}}$ und $\mathrm{AP_3}$ - $\mathrm{MT_{17,18}}$ bezüglich der Leistungskorrelation ein sehr ähnliches Verhalten aufweisen, wird dabei lediglich auf die MIMO-Strecke $\mathrm{AP_3}$ - $\mathrm{MT_{15,16}}$ eingegangen.

Analyse der Leistungskorrelation an der Basisstation (Sender):
Der Wert des mittleren Leistungskorrelationskoeffizienten am Sender an der Stützstelle k_St ergibt sich über die Mittelwertbildung

$$\overline{\rho_\mathrm{P}^{\mathrm{T},i,j}}(k_\mathrm{St}) = \frac{1}{N} \sum_{k=1}^{k=N} \rho_{\mathrm{P},k}^{\mathrm{T},i,j}(k_\mathrm{St}) \,, \tag{4.11}$$

wobei i und j die Elemente des PULA-16 Sendearrays und $k = 1,\dots,N$ die Nummer des Elements des UCA-16 Empfangsarrays bezeichnen.

In [Jak74], [Lee82] ist gezeigt, dass der Leistungskorrelationskoeffizient zwischen zwei kopolarisierten Antennensignalen über dem Antennenabstand sinkt. Wird von einem aus allen Richtungen gleichförmigen Welleneinfall ausgegangen, so gleicht der Verlauf des Leistungskorrelationskoeffizienten über dem Antennenabstand einer Besselfunktion 0-ter Ordnung [Jak74], [Lee82]. Die erste Nullstelle tritt bei 0,38 Wellenlängen auf. In [Lee73] und [Wal04] wird gezeigt, dass je geringer die Winkelspreizung des Funkkanals bzw. je geringer ausgeprägt das *Fading*-Muster des Funkkanals ist, desto höher ist die Leistungskorrelation und desto größer müssen die Antennenabstände gewählt werden, um unkorrelierte Antennensignale zu erhalten. Bezüglich des *Fading*-Musters gilt, dass dieses geringer ausgeprägt ist, je geringer die Anzahl an Pfaden und je geringer der Anteil an diffusen Streupfaden ist.

Zur Analyse der beschriebenen Sachverhalte zeigt Bild 4.19 die zeitlichen Verläufe der mittleren Leistungskorrelationskoeffizienten am Sender $\overline{\rho_\mathrm{P}^{\mathrm{T},1\mathrm{H},2\mathrm{H}}}(k_\mathrm{St})$, $\overline{\rho_\mathrm{P}^{\mathrm{T},1\mathrm{V},2\mathrm{H}}}(k_\mathrm{St})$, $\overline{\rho_\mathrm{P}^{\mathrm{T},1\mathrm{H},2\mathrm{V}}}(k_\mathrm{St})$ und

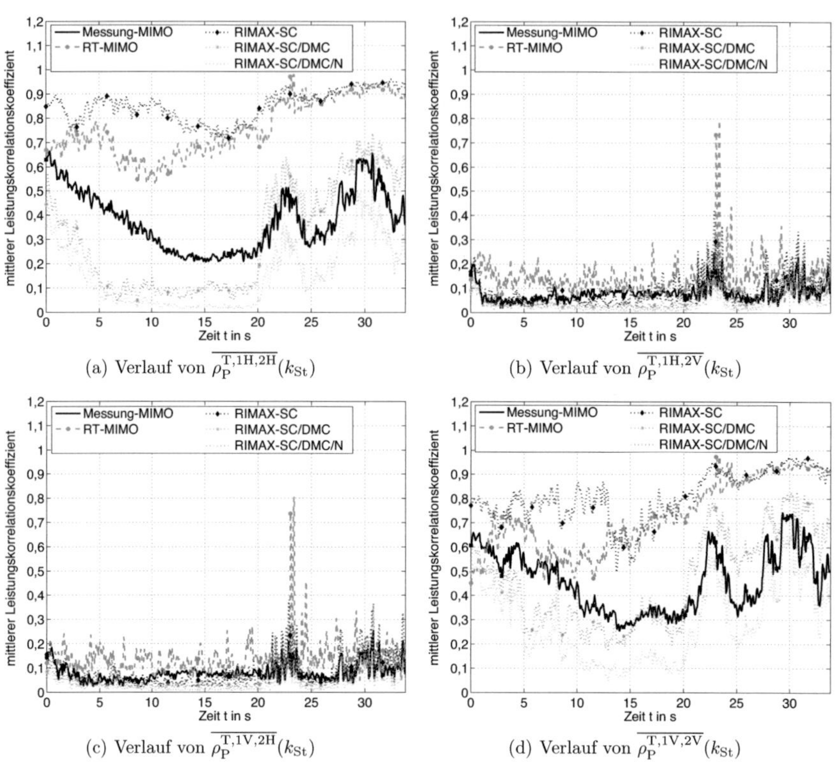

(a) Verlauf von $\overline{\rho_{\mathrm{P}}^{\mathrm{T},1\mathrm{H},2\mathrm{H}}}(k_{\mathrm{St}})$

(b) Verlauf von $\overline{\rho_{\mathrm{P}}^{\mathrm{T},1\mathrm{H},2\mathrm{V}}}(k_{\mathrm{St}})$

(c) Verlauf von $\overline{\rho_{\mathrm{P}}^{\mathrm{T},1\mathrm{V},2\mathrm{H}}}(k_{\mathrm{St}})$

(d) Verlauf von $\overline{\rho_{\mathrm{P}}^{\mathrm{T},1\mathrm{V},2\mathrm{V}}}(k_{\mathrm{St}})$

Bild 4.19: Zeitlicher Verlauf des mittleren Leistungskorrelationskoeffizienten am Sender zwischen dem ersten und zweiten horizontal bzw. vertikal angeregten *Patch*-Element der PULA-16 Gruppenantenne für die MIMO-Strecke AP_3 - $\mathrm{MT}_{15,16}$

$\overline{\rho_{\mathrm{P}}^{\mathrm{T},1\mathrm{V},2\mathrm{V}}}(k_{\mathrm{St}})$ zwischen dem ersten und dem zweiten horizontal bzw. vertikal angeregten *Patch*-Element der PULA-16 Sendeantenne sowie der verschiedenen Datensätze.[6]

Betrachtet man zunächst die Verläufe der Leistungskorrelation für kopolare Anregung in den Bildern 4.19(a) und 4.19(d), so stellt man fest, dass diese aufgrund der relativ geringen mittleren Azimut-Winkelspreizung von $\approx 9°$ (vgl. Abschnitt 4.3.5) und dem geringen Abstand der *Patch*-Elemente von $\approx 0,5\,\lambda$ sehr hoch ausfällt. Da sowohl AWGN als auch diffuse Streubeiträge zu einer niederen Korrelation führen, liegt der Verlauf RIMAX-SC oberhalb von RIMAX-SC/DMC und beide oberhalb von RIMAX-SC/DMC/N. Der Datensatz RIMAX-SC/DMC/N bildet annähernd den gemessenen zeitlichen Verlauf der Leistungskorrelation $\overline{\rho_{\mathrm{P}}^{\mathrm{T},1\mathrm{H},2\mathrm{H}}}(k_{\mathrm{St}})$ und $\overline{\rho_{\mathrm{P}}^{\mathrm{T},1\mathrm{V},2\mathrm{V}}}(k_{\mathrm{St}})$ nach. Abweichungen des RIMAX-Algorithmus

---

[6]Die zeitlichen Verläufe von $\overline{\rho_{\mathrm{P}}^{\mathrm{T},i,j}}(k_{\mathrm{St}})$ zwischen den anderen direkt benachbarten *Patch*-Elementen des PULA-16 sind sehr ähnlich, so dass auf eine gesonderte Darstellung verzichtet werden kann.

zur Messung entstehen typischerweise in Regionen mit einer sehr niederen Messdynamik [LKT$^+$07]. Da entlang der MIMO-Strecke AP$_3$ - MT$_{15,16}$ die Messdynamik teilweise auf Werte $\leq 10\,$dB abfällt, ist eine bessere Übereinstimmung nicht zu erwarten.

Wie aus den Bildern 4.19(a) und 4.19(d) ersichtlich, liegt der Verlauf des mittleren Leistungskorrelationskoeffizienten der Simulation RT-MIMO im vorderen Teil der Strecke zwischen den Kurven RIMAX-SC/DMC und RIMAX-SC. Im hinteren Teil der Strecke nähert er sich der Kurve RIMAX-SC an. In deterministischen Kanalmodellen bestimmt die Komplexität des Umgebungsmodells sowie die Genauigkeit der verwendeten Ausbreitungsmodelle (z.B. Fresnel-Reflexionsfaktoren, UTD, diffuses Streumodell) maßgeblich die Qualität der Kanalvorhersage. Da deterministische Modelle i.d.R. den diffusen Leistungsanteil unterschätzen, ist es verständlich, dass die Leistungskorrelation der Simulation RT-MIMO höher ausfällt als bei der Schätzung RIMAX-SC/DMC und der Messung.

Bei gleichzeitiger horizontaler und vertikaler Anregung der *Patch*-Elemente überlagern sich die Effekte von Raum-, Polarisations- und Patterndiversität [Wal04]. Deshalb liegen die Verläufe des mittleren Leistungskorrelationskoeffizienten in den Bildern 4.19(b) und 4.19(c) wesentlich tiefer als in den Bildern 4.19(a) und 4.19(d). Die Bilder 4.19(b) und 4.19(c) zeigen, dass die simulierten Verläufe gut mit der Referenz RIMAX-SC/DMC übereinstimmen. Lediglich bei der Zeitmarke von $\approx 23\,$s kommt es zu einem Ausreißer, welcher durch einen sehr starken Mehrwegepfad verursacht wird, der ausschließlich in der Simulation vorhanden ist.

Zur Analyse der Leistungskorrelation über dem Antennenabstand sind in den Bildern 4.20(a) bis 4.20(d) die Verläufe der zeitlichen Mittelwerte der mittleren Leistungskorrelationskoeffizienten zwischen dem ersten und dem j–ten ($j = 1, \ldots, 8$) horizontal bzw. vertikal angeregten *Patch*-Element der PULA-16 Gruppenantenne der fünf Datensätze aufgezeigt. Die Bilder 4.20(a) und 4.20(d) verdeutlichen, dass im Fall der Datensätze Messung-MIMO, RIMAX-SC/DMC und RIMAX-SC/DMC/N mit kopolarisierten Sendeantennen bereits Antennenabstände $> 0{,}5\,\lambda$ zu einer Leistungskorrelation von $\leq 0{,}5$ führen. Bei den Datensätzen RT-MIMO und RIMAX-SC sind hierfür hingegen Antennenabstände von $> 1 - 1{,}5$ Wellenlängen erforderlich.

Analyse der Leistungskorrelation am mobilen Terminal (Empfänger):
Die Basis zur Analyse der Leistungskorrelation auf Seiten des MTs bilden die zeitlichen Verläufe $\overline{\rho_{\mathrm{P,H}}^{\mathrm{R},i\mathrm{V},j\mathrm{V}}}(k_{\mathrm{St}})$ und $\overline{\rho_{\mathrm{P,V}}^{\mathrm{R},i\mathrm{V},j\mathrm{V}}}(k_{\mathrm{St}})$. $\overline{\rho_{\mathrm{P,H}}^{\mathrm{R},i\mathrm{V},j\mathrm{V}}}(k_{\mathrm{St}})$ beschreibt die Leistungskorrelation zwischen dem i-ten und j-ten Element des UCA-16 Empfangsarrays bei horizontaler Erregung des Funkkanals und ergibt sich aus:

$$\overline{\rho_{\mathrm{P,H}}^{\mathrm{R},i\mathrm{V},j\mathrm{V}}}(k_{\mathrm{St}}) = \frac{1}{M} \sum_{k=1}^{k=M} \rho_{\mathrm{P},k\mathrm{H}}^{\mathrm{R},i\mathrm{V},j\mathrm{V}}(k_{\mathrm{St}}) \ . \tag{4.12}$$

Dabei wird der Mittelwert über die $k = 1, \ldots, 8$ horizontal gespeisten *Patch*-Elemente des PULA-16 Sendearrays gebildet. $\rho_{\mathrm{P,V}}^{\mathrm{R},i\mathrm{V},j\mathrm{V}}(k_{\mathrm{St}})$ hingegen beschreibt die Leistungskorrelation zwischen dem i-ten und j-ten Element des UCA-16 Empfangsarrays bei vertikaler Erregung des Funkkanals. Die Berechnung von $\rho_{\mathrm{P,V}}^{\mathrm{R},i\mathrm{V},j\mathrm{V}}(k_{\mathrm{St}})$ erfolgt äquivalent zu (4.12), wobei die $k = 1, \ldots, 8$ vertikal gespeisten *Patch*-Elemente des PULA-16 Sendearrays zu verwenden sind.

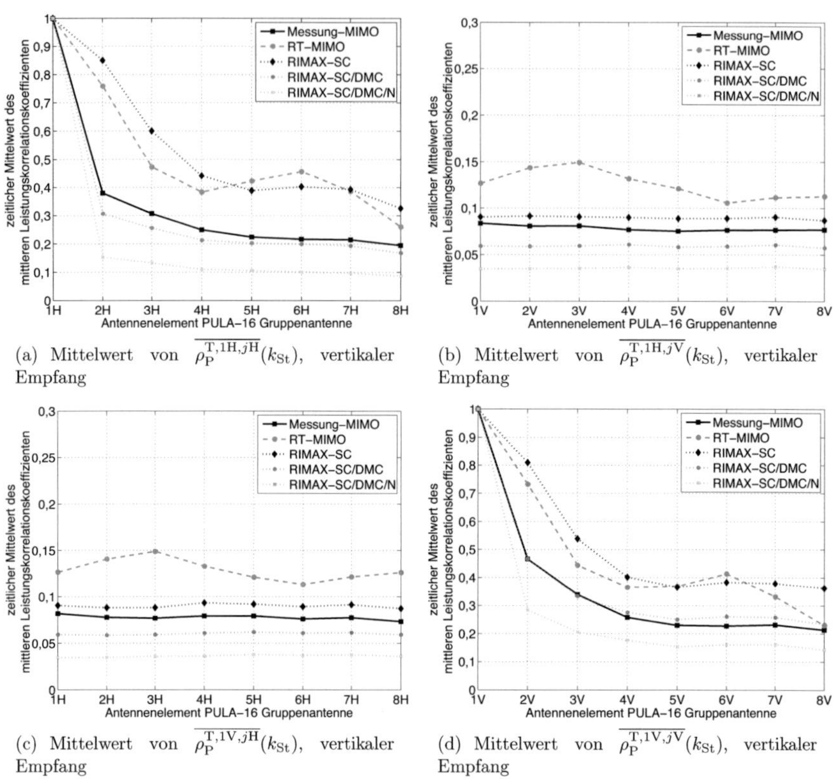

(a) Mittelwert von $\overline{\rho_{\mathrm{P}}^{\mathrm{T},1\mathrm{H},j\mathrm{H}}}(k_{\mathrm{St}})$, vertikaler Empfang

(b) Mittelwert von $\overline{\rho_{\mathrm{P}}^{\mathrm{T},1\mathrm{H},j\mathrm{V}}}(k_{\mathrm{St}})$, vertikaler Empfang

(c) Mittelwert von $\overline{\rho_{\mathrm{P}}^{\mathrm{T},1\mathrm{V},j\mathrm{H}}}(k_{\mathrm{St}})$, vertikaler Empfang

(d) Mittelwert von $\overline{\rho_{\mathrm{P}}^{\mathrm{T},1\mathrm{V},j\mathrm{V}}}(k_{\mathrm{St}})$, vertikaler Empfang

Bild 4.20: Verlauf des zeitlichen Mittelwerts des mittleren Leistungskorrelationskoeffizienten am Sender zwischen dem ersten und j–ten horizontal bzw. vertikal angeregten *Patch*-Element der PULA-16 Gruppenantenne für die MIMO-Strecke AP$_3$ - MT$_{15,16}$ und für vertikalen Empfang

Die Bilder 4.21(a) bis 4.21(b) zeigt den zeitlichen Mittelwert von $\overline{\rho_{\mathrm{P,H}}^{\mathrm{R},8\mathrm{V},j\mathrm{V}}}(k_{\mathrm{St}})$ und $\overline{\rho_{\mathrm{P,V}}^{\mathrm{R},8\mathrm{V},j\mathrm{V}}}(k_{\mathrm{St}})$ der fünf verschiedenen Datensätze (MIMO-Strecke AP$_3$ - MT$_{15,16}$).[7] Die Verläufe zeigen, dass bereits für direkt benachbarte Antennen unkorrelierte Antennensignale vorliegen. Der Grund für den im Vergleich zur Basisstation (vgl. Bilder 4.20(a) und 4.20(b)) wesentlich schnelleren Abfall der Leistungskorrelation liegt in der wesentlich höheren Azimut-Winkelspreizung am MT. Zudem haben die vorhandenen Kopplungseffekte zwischen den Monopolen im *Array* einen positiven Einfluss auf die Korrelationseigenschaften, da Patterndiversität auftritt. Das heißt die Monopole der UCA-16 Gruppenantenne gewichten auf Grund ihrer verschiedenen Richtcharakteristik die einfallenden Pfade je nach DoA unterschiedlich, was zu einer niederen Korrelation führt. Die Simulation RT-MIMO bildet diesen Effekt insgesamt gut nach, wobei

---

[7]Verwendet man anstelle des Elementes 8V ein anderes Element der UCA-16 Gruppenantenne ergibt sich ein sehr ähnlicher Verlauf, so dass auf eine gesonderte Darstellung verzichtet werden kann.

der mittlere Leistungskorrelationskoeffizient für direkt benachbarte Antennenelemente etwas höher ausfällt als bei der Referenz RIMAX-SC/DMC und der Messung-MIMO.

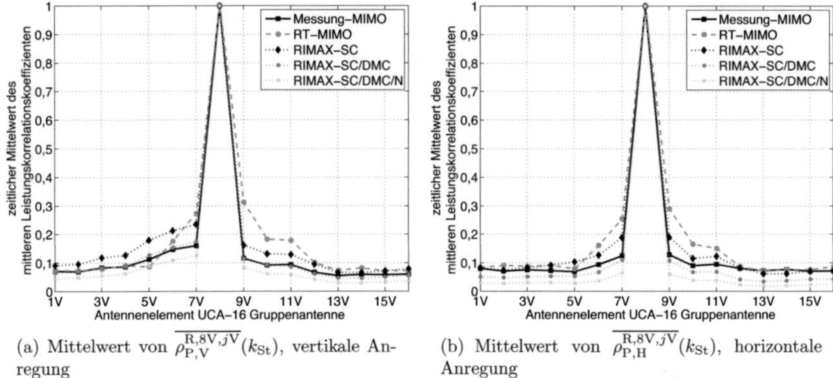

(a) Mittelwert von $\overline{\rho_{\mathrm{P,V}}^{\mathrm{R},8\mathrm{V},j\mathrm{V}}}(k_{\mathrm{St}})$, vertikale Anregung

(b) Mittelwert von $\overline{\rho_{\mathrm{P,H}}^{\mathrm{R},8\mathrm{V},j\mathrm{V}}}(k_{\mathrm{St}})$, horizontale Anregung

Bild 4.21: Verlauf des zeitlichen Mittelwerts des mittleren Leistungskorrelationskoeffizienten am Empfänger zwischen dem achten und $j-$ten vertikalen Monopol der UCA-16 Gruppenantenne für die MIMO-Strecke AP_3 - $\mathrm{MT}_{15,16}$ und horizontale bzw. vertikale Erregung des Funkkanals

4.3.6.2 MIMO-Antennenanordnungen

Die Größenordnung von *Multiplexing*-Gewinn und Diversität des zeitvarianten MIMO-Übertragungskanals hängt von der Anzahl und der Anordnung der Sende- und Empfangsantennen ab [PNG03], [Özc04]. Um diese Abhängigkeit in die Analyse mit einfließen zu lassen, werden aus den Datensätzen die in Tabelle 4.12 aufgelisteten MIMO-Antennenanordnungen extrahiert. Die extrahierte zeitvariante MIMO-Übertragungsmatrix eines Datensatzes und einer MIMO-Antennenanordnung wird nachfolgend mit $\hat{\underline{\mathbf{H}}}^{\mathrm{TP,MIMO}}(n_{\mathrm{f}}, k_{\mathrm{s}})$ bezeichnet. Die Antennenanordnung Nr. 1 verwendet z.B. am Sender das 1. und 2. horizontal (H) und vertikal (V) angeregte *Patch*-Element der PULA-16 Gruppenantenne und am Empfänger den 1., 5., 9. und 13. vertikalen Monopol der UCA-16 Gruppenantenne. $\hat{\underline{\mathbf{H}}}^{\mathrm{TP,MIMO}}(n_{\mathrm{f}}, k_{\mathrm{s}})$ der MIMO Antennenanordnung Nr. 1 besitzt somit die Dimension $385 \times 4 \times 4 \times K_{\mathrm{s}}$.

4.3.6.3 Analyse des *Multiplexing*-Gewinns

Die Analyse des *Multiplexing*-Gewinns basiert auf der Auswertung der Kapazität ohne Kanalkenntnis am Sender, der Kapazität mit Kanalkenntnis am Sender sowie der Statistik der Eigenwerte (vgl. Abschnitte 3.1.4 und 3.3). Die einzelnen Vergleichsgrößen werden nachfolgend für die MIMO-Strecke AP_3 - $\mathrm{MT}_{15,16}$ ausführlich in Form einer graphischen Darstellung analysiert und diskutiert. Die Kennwerte der MIMO-Strecke AP_3 - $\mathrm{MT}_{17,18}$ werden tabellarisch angegeben.

Tabelle 4.12: MIMO-Antennenanordnungen zur Analyse von *Multiplexing*-Gewinn und Diversität (H: horizontale Ausrichtung, V: vertikale Ausrichtung des Antennenelements)

Nr.	Dimension	gewählte Antennenelemente	
1	4×4	Sender (AP$_3$, PULA-16):	$[1H, 1V, 2H, 2V]$
		Empfänger (MT, UCA-16):	$[1V, 5V, 9V, 13V]$
2	4×4	Sender (AP$_3$, PULA-16):	$[1H, 3H, 5H, 7H]$
		Empfänger (MT, UCA-16):	$[1V, 5V, 9V, 13V]$
3	4×4	Sender (AP$_3$, PULA-16):	$[1V, 3V, 5V, 7V]$
		Empfänger (MT, UCA-16):	$[1V, 5V, 9V, 13V]$
4	4×4	Sender (AP$_3$, PULA-16):	$[1H, 1V, 8H, 8V]$
		Empfänger (MT, UCA-16):	$[1V, 5V, 9V, 13V]$
5	8×4	Sender (AP$_3$, PULA-16):	$[1H, 1V, 3H, 3V, 5H, 5V, 7H, 7V]$
		Empfänger (MT, UCA-16):	$[1V, 5V, 9V, 13V]$
6	8×2	Sender (AP$_3$, PULA-16):	$[1H, 1V, 3H, 3V, 5H, 5V, 7H, 7V]$
		Empfänger (MT, UCA-16):	$[1V, 9V]$
7	16×16	Sender (AP$_3$, PULA-16):	$[1H, 1V, 2H, 2V, \dots, 8H, 8V]$
		Empfänger (MT, UCA-16):	$[1V, 2V, \dots, 16V]$

Normierung:

Zur Berechnung der Kapazität und der Eigenwerte müssen die extrahierten MIMO-Übertragungsmatrizen der verschiedenen Datensätze und MIMO-Antennenanordnungen einer Normierung unterzogen werden (vgl. Abschnitt 3.1.5). Zur Normierung wird die Frobenius-Norm nach (3.26) und (3.27) getrennt für jede Kanalrealisierung, jeden Datensatz und jede MIMO-Antennenanordnung eingesetzt. Ziel der Frobenius-Norm ist es, den langsamen Schwundanteil der zeitvarianten Übertragungskoeffizienten der einzelnen extrahierten MIMO-Übertragungsmatrizen zu eliminieren. Durch die Normierung wird die Kapazität vorrangig von der Struktur bzw. den Korrelationseigenschaften der MIMO-Übertragungsmatrix sowie dem SNR beeinflusst. Da die Frobenius-Norm getrennt für jede Kanalrealisierung, jeden Datensatz und jede MIMO-Antennenanordnung eingesetzt wird, gehen die vorhandenen Pegelunterschiede zwischen den gemessenen, geschätzten und simulierten Übertragungskoeffizienten nicht in die Kapazität ein. Die Frobenius-Norm ist somit gleichzusetzen mit einer idealen Leistungsregelung.

Kapazität ohne Kanalkenntnis am Sender:

Im Folgenden geht man von einem MIMO-System ohne Kanalkenntnis am Sender aus. Die zeitvariante Kapazität eines jeden Datensatzes bzw. einer jeden MIMO-Antennenanordnung lässt sich dann mithilfe von (3.23) berechnen. Als Beispiel zeigt Bild 4.22 die Kapazitätsverläufe der Datensätze Messung-MIMO, RT-MIMO, RIMAX-SC, RIMAX-SC/DMC und RIMAX-SC/DMC/N für die MIMO-Antennenanordnung Nr. 1 und die MIMO-Strecke AP$_3$ - MT$_{15,16}$. Dabei wurde ein fixes SNR von 10 dB angenommen.

Alle Kapazitätsverläufe in Bild 4.22 weisen ein zeitvariantes Verhalten auf. Ein Vergleich mit dem Verlauf der Leistungskorrelation aus Bild 4.19 zeigt, dass ein Anstieg der Kapazität i.d.R. durch ein Absinken der Leistungskorrelation der MIMO-Übertragungsmatrix verursacht wird [SFGK00]. Typischerweise steigt gleichzeitig die Winkelspreizung am Sender und/oder

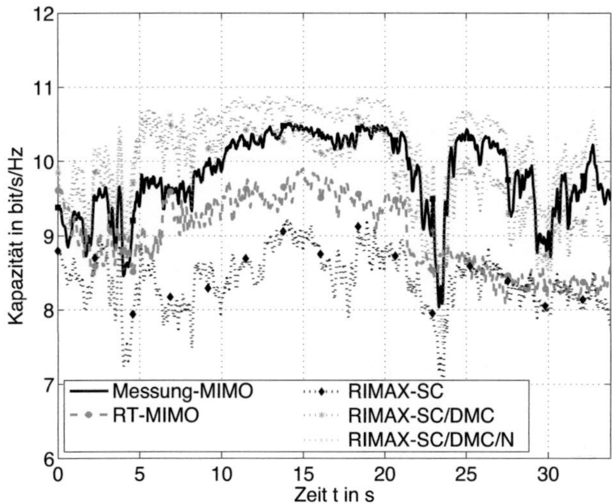

Bild 4.22: Verlauf der Kapazität ohne Kanalkenntnis am Sender für die MIMO-Antennenanordnung Nr. 1 (Tx :[1H, 1V, 2H, 2V] − Rx :[1V, 5V, 9V, 13V]) und die MIMO-Strecke AP_3 - $MT_{15,16}$ bei $SNR = 10\,dB$

Empfänger und sinkt der K-Faktor. Umgekehrt verhält es sich bei einem Absinken der Kapazität. Entsprechend der in Bild 4.19 aufgezeigten Verhältnisse der Leistungskorrelation, liegt die Kapazität RIMAX-SC/DMC/N oberhalb der Kapazität Messung-MIMO. Zudem verläuft die Kapazität RIMAX-SC/DMC/N oberhalb von RIMAX-SC/DMC und von RIMAX-SC. Die Kapazität RT-MIMO liegt, bis auf wenige Schnappschüsse, unterhalb der Referenz RIMAX-SC/DMC und nähert sich gegen Ende der MIMO-Strecke AP_3 - $MT_{15,16}$ dem Verlauf von RIMAX-SC an.

Eine Bewertung der Qualität des deterministischen Kanalmodells ist über die Abweichung $F_{\mathrm{rel,C}}(SNR, k_s)$ möglich. Diese berechnet sich aus dem relativen Unterschied zwischen $C_{\mathrm{RIMAX-SC/DMC}}(SNR, k_s)$ und $C_{\mathrm{RT-MIMO}}(SNR, k_s)$, bei einem vorgegebenen SNR:

$$F_{\mathrm{rel,C}}(SNR, k_s) = \frac{C_{\mathrm{RT-MIMO}}(SNR, k_s) - C_{\mathrm{RIMAX-SC/DMC}}(SNR, k_s)}{C_{\mathrm{RIMAX-SC/DMC}}(SNR, k_s)}\, 100\,\% \qquad (4.13)$$

Charakteristische Größe zur Beurteilung von $F_{\mathrm{rel,C}}(SNR, k_s)$ ist der zeitliche Mittelwert (Mittelwert über alle Schnappschüsse) $\mu_{F_{\mathrm{rel,C}}}(SNR)$. Für das angesetzte SNR von $10\,dB$ weicht die Simulation entlang der in Bild 4.22 gezeigten MIMO-Strecke AP_3 - $MT_{15,16}$ im Mittel um $-7,9\,\%$ von der Referenz RIMAX-SC/DMC ab.

Zur Analyse der Kapazität in Abhängigkeit vom SNR und der MIMO-Antennenanordnung wird im Folgenden der Verlauf der mittleren Kapazität über dem SNR für die verschiedenen MIMO-Antennenanordnungen, Datensätze und die MIMO-Strecke AP_3 - $MT_{15,16}$ betrachtet. Bild 4.23 stellt die sich ergebenden Verläufe bei Verwendung der MIMO-Antennenanordnung

Nr. 1 dar. Die Verläufe der mittleren Kapazität über dem SNR, bei Verwendung der MIMO-Antennenanordnungen Nr. 2 - Nr. 7, sind im Anhang in Bild A.8 gezeigt.

Allgemein kann festgestellt werden, dass die einzelnen Kurven den bekannten Zusammenhang zwischen erreichbarer Kapazität, SNR, Antennenzahl und -abstand aufweisen. Je größer das SNR, der Antennenabstand im *Array* oder die Anzahl der Sende - und Empfangsantennen (min $\{M, N\}$), desto höher fällt die mittlere Kapazität aus [PNG03]. Unter den betrachteten MIMO-Antennenkonfigurationen erreicht das 16×16 MIMO-System (Antennenanordnung Nr. 7) in Bild A.8(f) die höchste mittlere Kapazität über dem SNR und das 8×2 MIMO-System (Antennenanordnung Nr. 6) in Bild A.8(e) die niederste. Zur besseren Beurteilung der Qualität des deterministischen Kanalmodells ist zusätzlich zur Kapazität in allen Bildern der Verlauf der Abweichung $\mu_{F_{\mathrm{rel,C}}}(SNR)$ eingezeichnet.

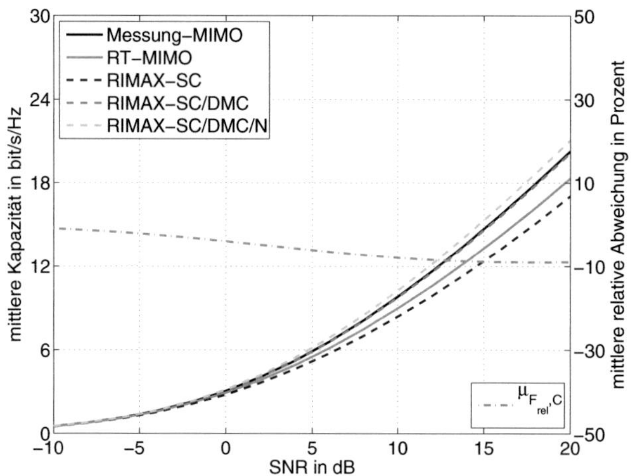

Bild 4.23: Mittlere Kapazität über dem SNR für die MIMO-Antennenanordnung Nr. 1 (Tx : $[1\mathrm{H}, 1\mathrm{V}, 2\mathrm{H}, 2\mathrm{V}]$ − Rx : $[1, 5, 9, 13]$), die verschiedenen Datensätze und die MIMO-Strecke AP_3 - $\mathrm{MT}_{15,16}$ bei gleichmäßig verteilter Sendeleistung

Eine Übersicht über die sich ergebenden Werte der mittleren Kapazität $\overline{C}(SNR = 10\,\mathrm{dB})$ ohne Kanalkenntnis am Sender sowie der Abweichung $\mu_{F_{\mathrm{rel,C}}}(SNR = 10\,\mathrm{dB})$ für alle Datensätze, alle MIMO-Antennenanordnungen und für die MIMO-Strecke AP_3 - $\mathrm{MT}_{15,16}$ sowie AP_3 - $\mathrm{MT}_{17,18}$ ist in Tabelle 4.13 zu finden. Die Abweichung der Simulation für MIMO-Systeme mit einer geringen Anzahl an Antennen (z.B. 2×2, 4×4, 8×4 und 8×2 MIMO-Antennenanordnung) und bei einem SNR $\leq 20\,\mathrm{dB}$ liegt in einem akzeptablen Bereich von ca. $0\,\%$ bis $-22\,\%$. Für das 16×16 MIMO-System (Antennenanordnung Nr. 7) steigt $\mu_{F_{\mathrm{rel,C}}}(SNR)$ jedoch auf ein inakzeptables Maß an.

Es kann allgemein festgehalten werden, dass $\mu_{F_{\mathrm{rel,C}}}(SNR)$ geringer ist, je niederer das SNR, geringer der Antennenabstand im *Array* und geringer die Anzahl an Sende- und Empfangsantennen (min $\{M, N\}$). Will man das deterministische Kanalmodell für MIMO-Untersuchungen einsetzen, sollte die Antennenzahl nicht zu hoch gewählt werden.

Tabelle 4.13: Mittlere Kapazität $\overline{C}$ in bit/s/Hz der verschiedenen MIMO-Strecken, MIMO-Antennenanordnungen und Datensätze sowie der sich ergebende zeitliche Mittelwert der Abweichung $\mu_{F_{\text{rel},C}}$ (gleichmäßig verteilte Sendeleistung, $SNR = 10\,\text{dB}$ am Empfänger)

Strecke	Bewertungsgröße	MIMO-Antennenanordnung						
		1	2	3	4	5	6	7
AP$_3$ - MT$_{15,16}$	$\overline{C}_{\text{Messung−MIMO}}$	9,8	9,9	9,5	10,3	14,7	10,0	33,2
	$\overline{C}_{\text{RT−MIMO}}$	9,0	8,7	8,9	10,2	13,8	9,9	23,4
	$\overline{C}_{\text{RIMAX−SC}}$	8,4	8,4	8,3	9,6	13,1	9,7	21,7
	$\overline{C}_{\text{RIMAX−SC/DMC}}$	9,8	10,2	9,3	10,2	14,5	10,0	33,0
	$\overline{C}_{\text{RIMAX−SC/DMC/N}}$	10,3	10,4	9,9	10,5	15,1	10,2	37,1
	$\mu_{F_{\text{rel},C}}$	−7,9	−11,9	−4,3	−0,4	−4,6	−1,1	−29,1
AP$_3$ - MT$_{17,18}$	$\overline{C}_{\text{Messung−MIMO}}$	10,5	10,5	10,3	10,6	15,4	10,1	39,0
	$\overline{C}_{\text{RT−MIMO}}$	8,3	7,6	7,4	9,1	12,4	9,4	18,4
	$\overline{C}_{\text{RIMAX−SC}}$	8,2	8,0	7,9	9,6	12,7	9,1	19,5
	$\overline{C}_{\text{RIMAX−SC/DMC}}$	9,6	9,6	9,3	10,1	14,3	9,7	31,9
	$\overline{C}_{\text{RIMAX−SC/DMC/N}}$	10,6	10,7	10,5	10,7	15,6	10,2	40,4
	$\mu_{F_{\text{rel},C}}$	−13,8	−21,2	−20,6	−9,8	−13,6	−4,0	−42,3

Mittlere Kapazität mit Kanalkenntnis am Sender *(Waterfilling)*:

Bild 4.24(a) zeigt die Verläufe der Kapazität für die MIMO-Strecke AP$_3$ - MT$_{15,16}$, ein fixes SNR von 10 dB am Empfänger und alle Datensätze. Bei der Kapazitätsberechnung wurde optimale Kanalkenntnis vorausgesetzt und das *Space-Frequency Waterfilling*-Verfahren angewendet (vgl. Abschnitt 3.1.4 und [PNG03], [Jan04]).

Durch Anwendung des *Space-Frequency Waterfilling*-Verfahrens, welches die Sendeleistung optimal auf die Subkanäle sowie die Frequenzschlitze verteilt, ergibt sich im Vergleich zur Kapazität ohne Kanalkenntnis am Sender für alle Datensätze ein Kapazitätszuwachs. Dieser beträgt für die MIMO-Strecke AP$_3$ - MT$_{15,16}$ und das in Bild 4.24(a) angesetzte SNR von 10 dB im Fall der Simulation RT-MIMO im Mittel 12,4 %. Der Kapazitätszuwachs im Fall des Datensatzes Messung-MIMO liegt bei 8,0 %. Die Größenordnung des Kapazitätszuwachses hängt von der Anordnung und der Anzahl der Sende- und Empfangsantennen ($\min\{M, N\}$), dem SNR und der Dämpfung der Eigenwerte $1/\lambda_{ii}$ ab (vgl. Abschnitt 3.3).

Der zeitliche Verlauf der mittleren Dämpfung der Eigenwerte (Mittelwert über die 385 Trägerfrequenzen) der Datensätze Messung-MIMO und RIMAX-SC/DMC/N und für die MIMO-Antennenanordnung Nr. 1 ist in Bild 4.24(b) dargestellt. Da es sich bei der MIMO-Antennenanordnung Nr. 1 um ein 4×4 MIMO-System handelt, kann das *Space-Frequency Waterfilling*-Verfahren maximal vier Subkanäle zur parallelen Datenübertragung nutzen. Die Dämpfung eines Eigenwertes ergibt sich über den Kehrwert $1/\lambda_{ii}$. Dabei gilt $1/\lambda_{11} < 1/\lambda_{22} < 1/\lambda_{33} < 1/\lambda_{44}$.

Bild 4.24(b) zeigt, dass der Verlauf der Dämpfung der zwei stärksten Eigenwerte $1/\lambda_{11}$ und $1/\lambda_{22}$ (d.h. der zwei besten Subkanäle) des Datensatzes RIMAX-SC/DMC/N sehr gut mit der Messung übereinstimmt. Für die zwei schwächeren Eigenwerte $1/\lambda_{33}$ und $1/\lambda_{44}$ prognostiziert die Schätzung eine leicht geringere Dämpfung, weshalb sie auch eine etwas höhere Kapazität liefert. Abschnittsweise ist für beide Datensätze $1/\lambda_{44} > 10\,\text{dB}$. Somit kann das *Space-*

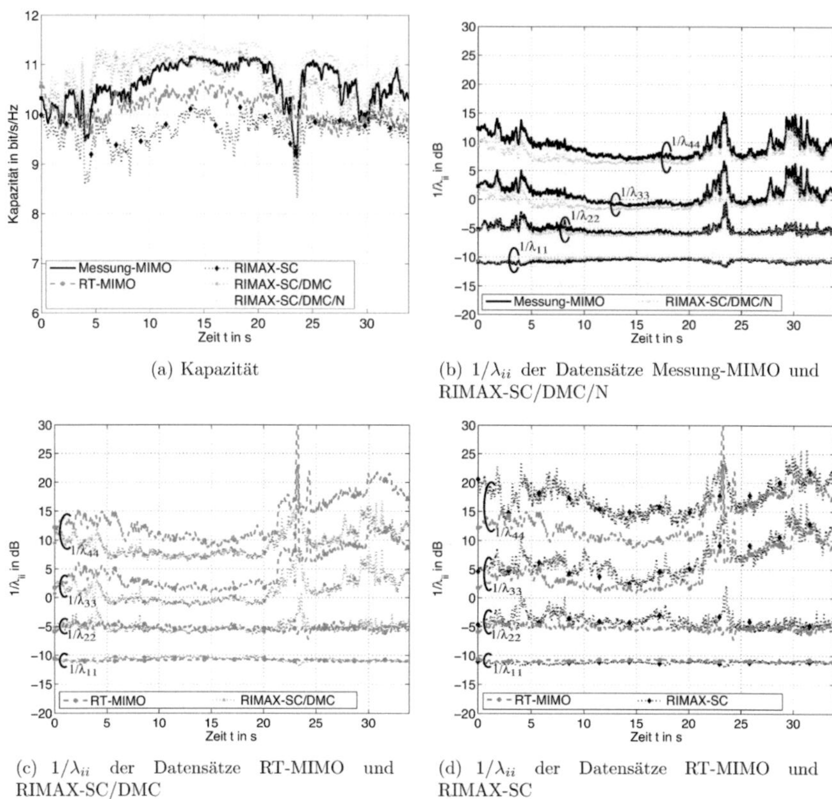

(a) Kapazität

(b) $1/\lambda_{ii}$ der Datensätze Messung-MIMO und RIMAX-SC/DMC/N

(c) $1/\lambda_{ii}$ der Datensätze RT-MIMO und RIMAX-SC/DMC

(d) $1/\lambda_{ii}$ der Datensätze RT-MIMO und RIMAX-SC

Bild 4.24: Verlauf der Kapazität mit Kanalkenntnis am Sender (*Space-Frequency Waterfilling*) bei $SNR = 10\,\text{dB}$ sowie Kehrwert der Eigenwerte $1/\lambda_{ii}$ für die MIMO-Antennenkonfiguration Nr. 1 (Tx :$[1\text{H}, 1\text{V}, 2\text{H}, 2\text{V}]$ − Rx :$[1\text{V}, 5\text{V}, 9\text{V}, 13\text{V}]$) und die MIMO-Strecke AP_3 - $\text{MT}_{15,16}$

Frequency Waterfilling-Verfahren bei einem SNR von $10\,\text{dB}$ nur zeitweise den schwächsten (vierten) Subkanal zur Datenübertragung nutzen.

Bild 4.24(c) stellt den Verlauf der mittleren Dämpfung der Eigenwerte der Datensätze RT-MIMO und RIMAX-SC/DMC und Bild 4.24(d) der Datensätze RT-MIMO und RIMAX-SC dar. Man erkennt, dass die Simulation die Dämpfung der beiden stärksten Eigenwerte sehr gut wiedergibt. Ginge man von einem *Beamforming* basierten MIMO-System aus, welches ausschließlich den besten Subkanal (d.h. λ_{11}) zur Datenübertragung nutzt, würde die Kapazität der Simulation RT-MIMO nahezu identisch zur Referenz RIMAX-SC/DMC sein. $1/\lambda_{33}$ bzw. $1/\lambda_{44}$ der Simulation liegen im Mittel um $5,7\,\text{dB}$ bzw. $6,2\,\text{dB}$ zu hoch, weshalb die Simulation die Kapazität RIMAX-SC/DMC für das in Bild 4.24(a) betrachtete 4×4 MIMO-System nicht ganz erreicht. Insbesondere im hinteren Teil der Strecke gleicht $1/\lambda_{33}$ bzw. $1/\lambda_{44}$

der Simulation eher der Schätzung RIMAX-SC als der Referenz RIMAX-SC/DMC. Somit entspricht in diesem Abschnitt die Kapazität der Simulation derjenigen von RIMAX-SC.

Zur Analyse der Kapazität mit Kanalkenntnis am Sender in Abhängigkeit vom SNR am Empfänger und der MIMO-Antennenanordnung sind in Bild 4.25 die Verläufe der mittleren Kapazität der einzelnen Datensätze für die MIMO-Antennenanordnung Nr. 1 gezeigt. Bild A.9 in Anhang A.4 geht auf die Verläufe der Datensätze der übrigen MIMO-Antennenanordnungen ein.

Zur besseren Übersicht über die sich ergebenden Werte von $\overline{C}$ und $\mu_{F_{\mathrm{rel,C}}}$ sind diese für beide MIMO-Strecken und alle Datensätze für ein fixes SNR von 10 dB am Empfänger in Tabelle 4.14 zusammengefasst. Wie bei der Kapazität ohne Kanalkenntnis am Sender überschätzt die Schätzung RIMAX-SC/DMC/N die Kapazität der Messung-MIMO leicht. Die Kapazität der Simulation RT-MIMO liegt für alle MIMO-Antennenanordnungen leicht unterhalb der Referenz RIMAX-SC/DMC. Bei einer geringen Anzahl an Sende- und Empfangsantennen und im gebräuchlichen SNR Bereich von 0 dB bis 20 dB liegt $\mu_{F_{\mathrm{rel,C}}}$ zwischen 0 % bis -15 %.

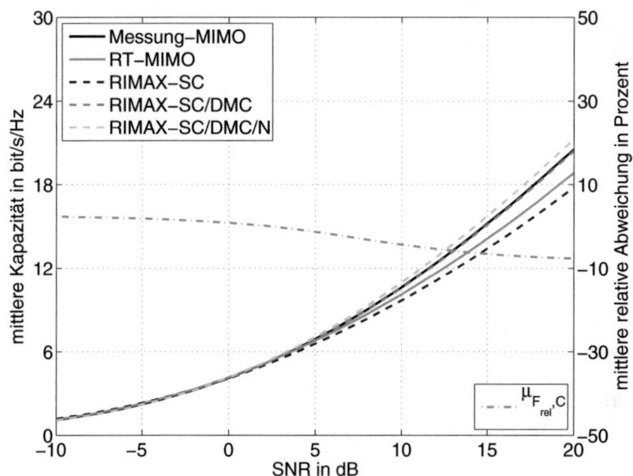

Bild 4.25: Mittlere Kapazität über dem SNR für die MIMO-Antennenanordnung Nr. 1 (Tx :[1H, 1V, 2H, 2V] − Rx :[1V, 5V, 9V, 13V]), die verschiedenen Datensätze und die MIMO-Strecke AP_3 - $MT_{15,16}$ bei optimaler Kanalkenntnis am Sender (*Space-Frequency Waterfilling*)

4.3.6.4 Analyse der Diversität

Die Beurteilung der Diversität des MIMO-Übertragungskanals erfolgt anhand des in Abschnitt 3.3 eingeführten Diversitätskoeffizienten $\Psi_{\mathrm{corr}}(\underline{\mathbf{R}}_{\mathbf{H}})$ nach (3.60). Eingangsgröße zu dessen Berechnung ist die ortsvariante MIMO-Korrelationsmatrix $\underline{\mathbf{R}}_{\mathbf{H}}$ eines Datensatzes und einer

Tabelle 4.14: Mittlere Kapazität $\overline{C}$ in bit/s/Hz der verschiedenen MIMO-Strecken, MIMO-Antennenanordnungen und Datensätze sowie der sich ergebende zeitliche Mittelwert der Abweichung $\mu_{F_{\mathrm{rel},C}}$ (Verteilung der Sendeleistung über das *Space-Frequency Waterfilling*-Verfahren, $SNR = 10\,\mathrm{dB}$ am Empfänger)

Strecke	Bewertungsgröße	MIMO-Antennenanordnung						
		1	2	3	4	5	6	7
AP$_3$ - MT$_{15,16}$	$\overline{C}_{\mathrm{Messung-MIMO}}$	10,6	10,6	10,3	11,0	14,7	10,0	36,9
	$\overline{C}_{\mathrm{RT-MIMO}}$	10,1	9,7	9,8	10,9	14,0	9,9	29,8
	$\overline{C}_{\mathrm{RIMAX-SC}}$	9,7	9,4	9,4	10,5	13,4	9,7	28,2
	$\overline{C}_{\mathrm{RIMAX-SC/DMC}}$	10,6	10,6	10,1	10,9	14,6	10,0	36,5
	$\overline{C}_{\mathrm{RIMAX-SC/DMC/N}}$	11,0	11,0	10,6	11,2	15,2	10,2	40,1
	$\mu_{F_{\mathrm{rel},C}}$	−4,3	−8,7	−3,7	−0,1	−3,9	−1,1	−18,2
AP$_3$ - MT$_{17,18}$	$\overline{C}_{\mathrm{Messung-MIMO}}$	11,1	11,1	10,9	11,2	15,4	10,1	41,9
	$\overline{C}_{\mathrm{RT-MIMO}}$	9,7	9,0	8,9	10,1	13,0	9,4	25,2
	$\overline{C}_{\mathrm{RIMAX-SC}}$	9,6	9,3	9,2	10,4	13,1	9,2	26,1
	$\overline{C}_{\mathrm{RIMAX-SC/DMC}}$	10,4	10,4	10,1	10,8	14,4	9,7	35,4
	$\overline{C}_{\mathrm{RIMAX-SC/DMC/N}}$	11,3	11,3	11,1	11,3	15,7	10,2	43,2
	$\mu_{F_{\mathrm{rel},C}}$	−6,8	−13,3	−12,2	−6,5	−9,8	−3,9	−28,6

MIMO-Antennenanordnung. Diese ergibt sich entsprechend (3.59) aus dem Erwartungswert

$$\underline{\mathbf{R}}_{\mathbf{H}} = E\left\{ \mathrm{vec}\left\{ \hat{\underline{\mathbf{H}}}^{\mathrm{TP,MIMO}} \right\} \mathrm{vec}\left\{ \hat{\underline{\mathbf{H}}}^{\mathrm{TP,MIMO}} \right\}^{\dagger} \right\} \tag{4.14}$$

$\hat{\underline{\mathbf{H}}}^{\mathrm{TP,MIMO}}$ stellt dabei die schmalbandige Tiefpass MIMO-Übertragungsmatrix eines Datensatzes und einer MIMO-Antennenanordnung an einem bestimmten Ort dar. Zur Berechnung des örtlichen Verlaufs des Diversitätskoeffizienten wird jede MIMO-Strecke, wie bei der Berechnung des Leistungskorrelationskoeffizienten, in einzelne Stützstellen mit einem Abstand von $6,4\,\lambda$ unterteilt. Für jede Stützstelle wird ein Wert von $\underline{\mathbf{R}}_{\mathbf{H}}$ bzw. $\Psi_{\mathrm{corr}}(\underline{\mathbf{R}}_{\mathbf{H}})$ berechnet. Die Datenbasis liefern dabei die MIMO-Übertragungsmatrizen der 21 zur Stützstelle benachbarten Abtastwerte einer jeden Trägerfrequenz. Somit gehen $21 \times 385 = 8085$ MIMO-Übertragungsmatrizen in die Berechnung von $\underline{\mathbf{R}}_{\mathbf{H}}$ bzw. $\Psi_{\mathrm{corr}}(\underline{\mathbf{R}}_{\mathbf{H}})$ einer Stützstelle ein.

Der zeitliche Verlauf des Diversitätskoeffizienten entlang der MIMO-Strecke AP$_3$ - MT$_{15,16}$ für die MIMO-Antennenanordnung Nr. 1 ist in Bild 4.26 gezeigt. Die Höhe des Diversitätskoeffizienten ist bestimmt durch die Verteilung der Eigenwerte der MIMO-Korrelationsmatrix $\underline{\mathbf{R}}_{\mathbf{H}}$. Je gleichmäßiger diese verteilt sind, desto höher fällt der Diversitätskoeffizient aus. Maximal kann er den Wert des Produkts aus der Anzahl der Sende- und Empfangsantennen (NM) annehmen [IN03]. Prinzipiell zeigen sich die gleichen Abweichungen der Schätzung RIMAX-SC/DMC/N zur Messung und der Simulation RT-MIMO zur Schätzung RIMAX-SC/DMC, wie beim Leistungskorrelationskoeffizienten und der Kapazität.

Tabelle 4.15 fasst den örtlichen Mittelwert von $\overline{\Psi_{\mathrm{corr}}}$ der Datensätze Messung-MIMO, RT-MIMO, RIMAX-SC, RIMAX-SC/DMC und RIMAX-SC/DMC/N, der MIMO-Antennenkonfigurationen sowie der beiden MIMO-Strecken zusammen. Tendenziell steigt der Diversitätskoeffizient (in Analogie zur Kapazität) bei Erhöhung der Gesamtzahl der Antennen oder des Abstands zwischen den Antennen im *Array*. Das deterministische Kanalmodell

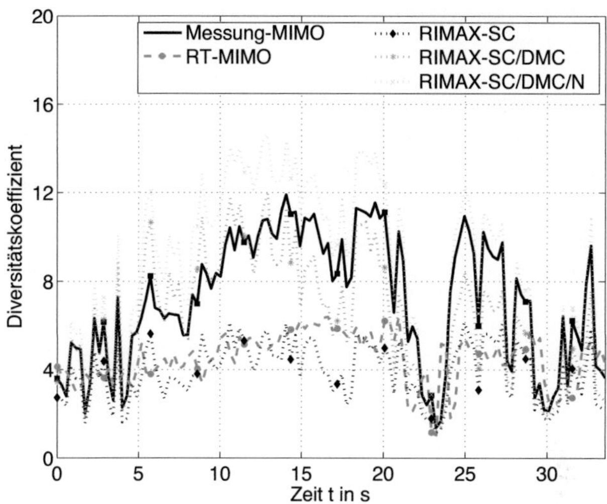

Bild 4.26: Verlauf des Diversitätskoeffizienten für die MIMO-Antennenkonfiguration Nr. 1 $(\text{Tx} :[1\text{H}, 1\text{V}, 2\text{H}, 2\text{V}] - \text{Rx} :[1\text{V}, 5\text{V}, 9\text{V}, 13\text{V}])$ und die MIMO-Strecke $\text{AP}_3 - \text{MT}_{15,16}$

unterschätzt die Diversität für alle MIMO-Antennenanordnungen. Die Abweichung der Simulation zur Schätzung RIMAX-SC/DMC liegt typischerweise zwischen $-25\,\%$ und $-45\,\%$. Die Größenordnung der Abweichung entspricht somit der von anderen MIMO-Kanalmodellen [Özc04].

Tabelle 4.15: Mittlerer Diversitätskoeffizient $\overline{\Psi_{\text{corr}}}$ abhängig von der MIMO-Antennenanordnung, dem Datensatz und der MIMO-Strecke. Zusätzlich ist die sich ergebende zeitliche mittlere Abweichung $\mu_{F_{\text{rel},\Psi_{\text{corr}}}}$ in % angegeben.

Szenario	Datensatz	MIMO-Antennenanordnung						
		1	2	3	4	5	6	7
$\text{AP}_3 - \text{MT}_{15,16}$	Messung-MIMO	7,2	8,4	6,2	8,7	11,2	6,6	23,0
	RT-MIMO	4,5	3,9	4,0	5,6	5,6	4,0	6,4
	RIMAX-SC	3,9	4,4	3,7	4,9	5,2	3,5	7,0
	RIMAX-SC/DMC	6,4	8,6	5,4	7,6	9,5	6,2	17,2
	RIMAX-SC/DMC-N	8,6	10,7	7,3	9,6	13,8	8,4	34,8
	$\mu_{F_{\text{rel},\Psi_{\text{corr}}}}$	$-29,8$	$-55,3$	$-25,9$	$-26,1$	$-41,6$	$-34,8$	$-62,5$
$\text{AP}_3 - \text{MT}_{17,18}$	Messung-MIMO	10,5	10,9	10,0	11,0	17,9	10,3	52,2
	RT-MIMO	4,3	3,6	3,2	4,7	5,2	3,5	7,0
	RIMAX-SC	4,0	3,5	4,0	5,3	5,5	3,7	7,3
	RIMAX-SC/DMC	6,1	5,9	5,8	7,4	9,0	5,8	14,4
	RIMAX-SC/DMC-N	11,1	11,6	10,8	11,8	19,5	11,1	70,4
	$\mu_{F_{\text{rel},\Psi_{\text{corr}}}}$	$-29,5$	$-38,6$	$-44,1$	$-36,1$	$-42,6$	$-40,2$	$-51,3$

4.4 Zusammenfassung

Im ersten Teil des vorliegenden Kapitels wurde das *Ray Tracing* Modell vorgestellt, welches im Rahmen dieser Arbeit als Kanalmodell für Mehrnutzer-MIMO-Systeme vorgeschlagen wird. Es setzt sich im Wesentlichen aus einem Umgebungsmodell und einem strahlenoptischen Wellenausbreitungsmodell zusammen. Im Mittelpunkt des zweiten Teils stand dagegen die Verifikation des deterministischen Kanalmodells in urbanen makrozellularen Szenarien. Hierfür wurden umfangreiche SISO-, SIMO- und MIMO-Messungen des Übertragungskanals im Stadtgebiet Karlsruhe im 2 GHz- und 5,2 GHz-Band durchgeführt. Zusätzlich wurden richtungsaufgelöste Schätzdaten des Funkkanals verwendet, wodurch erstmals Aussagen zur Richtungsselektivität des Funkkanals sowie zu den MIMO-Metriken getroffen werden konnten. Die herausgearbeiteten Ergebnisse lassen sich wie folgt zusammenfassen:

- Die Abschnitte 4.3.3 und 4.3.4 zeigen, dass das deterministische Kanalmodell sowohl die zeitvarianten als auch die frequenzselektiven Eigenschaften des Funk- und Übertragungskanals im statistischen Mittel sehr gut nachbildet. Die hohe Genauigkeit des *Ray Tracing* Modells äußert sich im Besonderen durch den niederen Betrag des mittleren Fehlers der prognostizierten mittleren Empfangsleistung von typischerweise < 1 dB sowie der geringen Standardabweichung von typischerweise 2 dB bis 4 dB. Auch beim Vergleich der Doppler-Verbreiterung und -Verschiebung sowie der Impulsverbreiterung zeigt das Modell eine gute Übereinstimmung mit der Messung und der Schätzung.

- Abschnitt 4.3.5 weist erstmals für den urbanen, makrozellularen Funkkanal nach, dass das deterministische Kanalmodell auch die Richtungsselektivität sehr gut erfasst.

- Die Analyse der MIMO-Metriken in Abschnitt 4.3.6 zeigt, dass das deterministische Kanalmodell die Leistungskorrelation leicht überschätzt und die Kapazität sowie den Diversitätskoeffizienten leicht unterschätzt. Hinsichtlich der MIMO-Kapazität und für übliche MIMO-Antennenanordnungen mit einer geringen Anzahl an Sende- und Empfangsantennen (z.B. 2×2, 4×4, 8×4, 8×2) liegt die Abweichung jedoch in einem tolerierbaren niederen Bereich. Für übliche MIMO-Antennenanordnungen kann das deterministische Kanalmodell somit in MIMO-Systemsimulationen eingesetzt werden.

Maßgebliche Faktoren, welche die Qualität der deterministischen Kanalvorhersage beeinflussen, sind die Komplexität des Umgebungsmodells sowie die Genauigkeit der verwendeten Ausbreitungsmodelle. Um eine noch genauere Prädiktion zu erreichen, könnte das Umgebungsmodell, durch das Hinzufügen von z.B. Straßenschildern, Laternen, Fenstern, Balkonen verfeinert werden. Hierdurch würde jedoch ein erheblicher Mehraufwand bezüglich der ohnehin schon sehr hohen Rechenzeit entstehen, welcher gegenüber der zu erwartenden Qualitätsverbesserung in keinem vertretbaren Verhältnis stehen würde. Es wurde gezeigt, dass diffuse Streuung maßgeblich die Leistungskorrelation und die MIMO-Kapazität beeinflusst. Es erscheint somit sinnvoll, das diffuse Streumodell in zukünftigen Arbeiten zu verfeinern bzw. weiterzuentwickeln.

Motiviert durch die hohe Leistungsfähigkeit des deterministischen Kanalmodells wird dieses in den Kapiteln 5, 6 und 7 zur Entwicklung, Parametrisierung und Verifikation eines neuartigen geometrisch-stochastischen Mehrnutzer-MIMO-Kanalmodells sowie zur direkten Mehrnutzer-MIMO-Systemsimulation (vgl. Abschnitt 7.5) eingesetzt.

Kapitel 5

Geometrisch-stochastische Kanalmodellierung

Eine sinnvolle Alternative zu deterministischen Modellen bilden, wie bereits in Abschnitt 1.5.2 dargestellt, geometrisch-stochastische Kanalmodelle. Ihr Vorteil liegt im Besonderen in ihrer geringeren Komplexität und notwendigen Rechenleistung. Ziel dieses Kapitels ist es, die Prinzipien der geometrisch-stochastischen Kanalmodellierung zu erläutern.

Die Grundprinzipien der geometrisch-stochastischen Kanalmodellierung sind bereits seit den 1970er Jahren bekannt [Lee73]. Mitte der 1990er Jahre wurden diese zur Modellierung des einseitig richtungsaufgelösten Funkkanals aus Sicht der Basisstation aufgegriffen [LR96], [FMB98], [PRR02], [Cor01]. Dabei wird ausgenutzt, dass jeder Mehrwegepfad durch einen Einfachstreuprozess (Einfachinteraktion) modelliert werden kann. Grundvoraussetzung dieses Ansatzes ist, dass der zu modellierende Pfad entweder tatsächlich eine Einfachstreuung erfährt oder, im Fall einer Mehrfachstreuung, durch einen äquivalenten Einfachstreuprozess beschrieben werden kann [PRR02]. Ferner wird ausgenutzt, dass mehrere Streuprozesse zu sog. Streu-*Clustern* zusammengefasst werden können, wobei mit jedem Streu-*Cluster* eine sog. Pfadgruppe interagiert. Eine genaue Definition der Begriffe Streu-*Cluster* und Pfadgruppe wird in Abschnitt 5.1 gegeben.

Bei der Modellierung des beidseitig richtungsaufgelösten MIMO-Funkkanals ist die Verwendung von Einfachstreuprozessen i.d.R. nur dann gültig, wenn tatsächlich eine Einfachstreuung vorliegt [Mol04]. In diesem Fall lassen sich alleine über die geometrische Lage der Streuer, der BS und des MTs die Ein- und Ausfallswinkel sowie die Laufzeit der Pfade bestimmen. Handelt es sich hingegen um einen mehrfach interagierenden Pfad, kann der tatsächliche Pfadwinkel am MT von demjenigen abweichen, welcher durch einen äquivalenten Einfachstreuer prognostiziert werden würde. Aus diesem Grund müssen MIMO-Kanalmodelle Mehrfachstreuprozesse berücksichtigen.

Die bisher in der Literatur verfügbaren geometrisch-stochastischen MIMO-Kanalmodelle sind, wie in Abschnitt 1.5.2 ausführlich dargelegt, nicht zur Kanalsimulation von Mehrnutzer-MIMO-Systemen geeignet. Ziel dieser Arbeit ist es deshalb, ein geeignetes mehrnutzerfähiges geometrisch-stochastisches MIMO-Kanalmodell bereitzustellen, welches den in Abschnitt 1.4 genannten Anforderungen gerecht wird. Bei der Herleitung der dazugehörigen Modellansätze und deren Parameter kann teilweise auf Ergebnisse aus der Literatur zurück gegriffen werden. Diese sind jedoch für den betrachteten makrozellularen urbanen Mehrnutzer-MIMO Funkkanal zu überprüfen und gegebenenfalls anzupassen. Hierfür werden deterministische *Ray Tracing*

Simulationen eingesetzt. Diese lassen im Vergleich zu Messungen eine wesentlich einfachere Analyse des richtungsaufgelösten Funkkanals zu und sind zudem bezüglich des Stichprobenumfangs weniger eingeschränkt. Da die Ausbreitungsmodelle des geometrisch-stochastischen Kanalmodells auf Streu-*Clustern* beruhen, wurden in dieser Arbeit zwei aufeinander aufbauende Algorithmen entwickelt, welche anhand von *Ray Tracing* Simulationen Streu-*Cluster* automatisch erfassen und deren Eigenschaften auswerten. Abschnitt 5.2 stellt die Algorithmen vor. Abschnitt 5.3 geht auf erste grundlegende Ergebnisse ein. Der abschließende Abschnitt dieses Kapitels beschreibt die prinzipielle Funktionsweise des neuen geometrisch-stochastischen Mehrnutzer-MIMO-Kanalmodells.

5.1 Streu-*Cluster* als Mittel der Kanalmodellierung

Geometrisch-stochastische Kanalmodelle berechnen die richtungsaufgelöste Kanalimpulsantwort des Funkkanals auf Basis von Pfadgruppen und Streu-*Clustern*. Die Bedeutung der beiden Begriffe wird im Folgenden anhand der in Bild 5.1 dargestellten Ausbreitungssituation erläutert. Gezeigt ist der Verlauf der Mehrwegeausbreitung zwischen einer exponierten Basisstation und einem Nutzer, welcher sich in einer Straßenschlucht befindet. Zur Berechnung der Mehrwegeausbreitung wird das in Kapitel 4 eingeführte deterministische Kanalmodell verwendet. Zur vollständigen Illustration der Pfadeigenschaften zeigt Bild 5.2 zudem das Leistungsverzögerungsspektrum über dem relativen Azimut-Winkel an der BS und am MT.

Bei allen Beschreibungen in diesem Abschnitt wird davon ausgegangen, dass die BS der Sender und das MT der Empfänger ist. Die relativen Pfadwinkel in Bild 5.2(a) entsprechen dann den Ausfallswinkeln (DoD) an der BS und sind bezogen auf die Verbindungsgerade von der BS zum MT (rechtshändiges Bezugssystem im Punkt der BS, x-Achse zeigt in Richtung des MTs, z-Achse zeigt aus der Bildebene heraus). In Bild 5.2(b) sind hingegen die Einfallswinkel (DoA) der Pfade dargestellt, welche auf die Verbindungsgerade vom MT zur BS bezogen sind (rechtshändiges Bezugssystem im Punkt des MTs, x-Achse zeigt in Richtung der BS, z-Achse zeigt aus der Bildebene heraus). Die Verzögerungszeit ist relativ zur kürzesten Pfadlaufzeit angegeben. Die Empfangsleistung der Pfade bezieht sich auf eine Sendeleistung von 0 dBm.

Betrachtet man die in den Bildern 5.1 und 5.2(a) dargestellte Mehrwegeausbreitung aus Sicht der BS, so fällt auf, dass die Mehrwegpfade visuell in fünf verschiedene, zeitlich und räumlich begrenzte Pfadgruppen bzw. Strahlbündel eingeteilt werden können. Hervorgerufen wird jedes dieser Strahlbündel durch ein Streu-*Cluster*. Der Begriff Streu-*Cluster* bezeichnet allgemein eine räumlich begrenzte Streuregion, welche Streupunkte zusammenfasst. Durch Gruppierung der Pfade über ihren zugehörigen Streupunkt erster Interaktion erhält man sog. BS-Streu-*Cluster*. Aufgrund der örtlichen Begrenzung der BS-Streu-*Cluster* weisen die Mehrwegpfade des zugehörigen Strahlbündels einen räumlich ähnlichen Verlauf sowie ähnliche Verzögerungszeiten und Ausfallswinkel an der BS auf. Wird eine Bewegung des MTs zugrunde gelegt, so weisen die Mehrwegpfade zudem ähnliche Langzeiteigenschaften z.B. bezüglich des langsamen Schwundes und der Veränderung der Pfadwinkel und der Verzögerungszeiten auf.

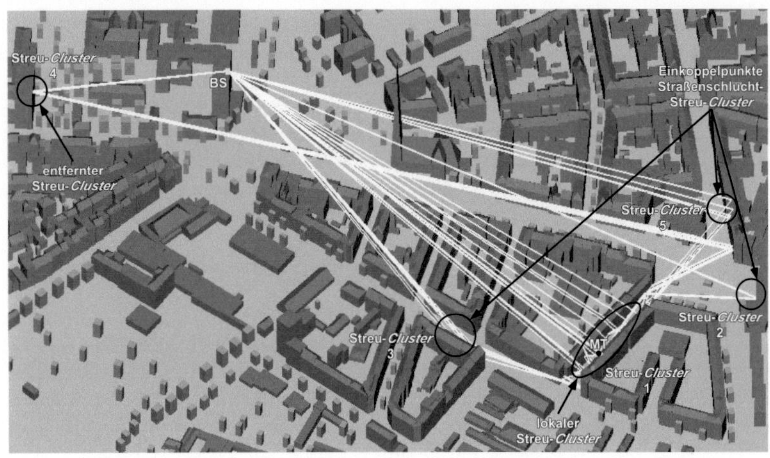

Bild 5.1: Visualisierung von Streu-*Clustern* aus Sicht der Basisstation in einer urbanen Makrozelle (deterministisches Kanalmodell, $f_{\mathrm{HF}} = 2\,\mathrm{GHz}$, $\vartheta\vartheta$-Polarisation)

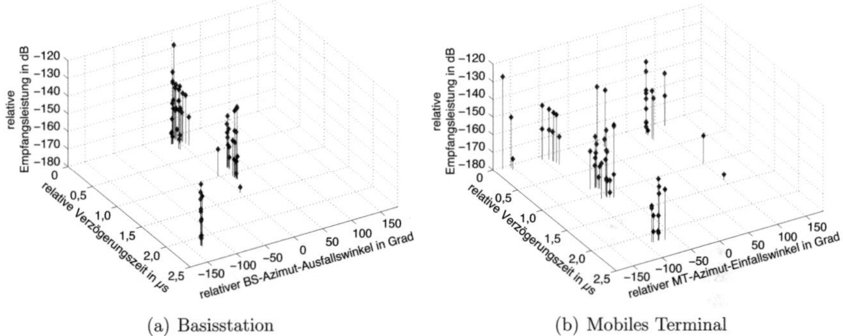

(a) Basisstation   (b) Mobiles Terminal

Bild 5.2: Simuliertes Leistungsverzögerungsspektrum über dem Azimut-Winkel (deterministisches Kanalmodell, Simulationsbeispiel aus Bild 5.1, $f_{\mathrm{HF}} = 2\,\mathrm{GHz}$, $\vartheta\vartheta$-Polarisation)

Analog zur Definition eines BS-Streu-*Clusters* lässt sich auch ein MT-Streu-*Cluster* definieren: Interagieren die Mehrwegepfade ein letztes Mal mit einem Umgebungsobjekt bevor sie das MT erreichen, können diejenigen Mehrwegepfade, welche eine ähnliche Laufzeit und einen ähnlichen Einfallswinkel aufweisen, zu einem MT-Strahlbündel zusammengefasst werden. Die Punkte letzter Interaktion der in Bild 5.1 dargestellten Ausbreitungssituation sind in Bild 5.2(b) festgehalten. Punktanhäufungen innerhalb dieser Darstellung bilden dann ein MT-Streu-*Cluster*.[1]

---

[1] Je nach Literaturstelle wird der Begriff des Streu-*Clusters* unterschiedlich definiert [SV87], [FMB98], [SJJS00], [CTL+03], [HS04a], [Mol04], [OCVJ04], [AGM+06], [CCB+06], [OC07].

Geometrisch-stochastische Kanalmodelle nutzen die Pfadgruppen und Streu-*Cluster* zur Modellierung des richtungsaufgelösten Funkkanals. Traditionell unterscheidet man zwischen drei verschiedenen Streu-*Cluster*-Arten [FMB98], [Cor01], [KRB00], [LKT$^+$02], [Mol04], [FMW$^+$04]: lokaler Streu-*Cluster* (engl. *local cluster*), Straßenschlucht-Streu-*Cluster* (engl. *street canyon cluster*) und entfernter Streu-*Cluster* (engl. *far cluster*). Nach der obigen Definition handelt es sich bei allen drei Streu-*Cluster*-Arten um BS-Streu-*Cluster*, da sie aus Sicht der BS Punkte erster Interaktion zusammenfassen. Im Folgenden wird deren Definition anhand der in Bild 5.1 dargestellten makrozellularen Ausbreitungssituation erläutert.

Lokaler Streu-*Cluster*:

Das Strahlbündel, welches dem lokalen Streu-*Cluster* zugeordnet ist, interagiert aus Sicht der BS erst kurz vor Erreichen des MTs zum ersten Mal mit der Ausbreitungsumgebung (vgl. Streu-*Cluster* 1 in Bild 5.1). Der lokale Streu-*Cluster* beinhaltet, aufgrund des exponierten Standorts der BS, typischerweise Pfade, welche durch eine Überdachbeugung, Einfachstreuung und/oder Ein- oder Mehrfachreflexion zum Nutzer gelangen. Die auf die x-y-Ebene projizierten Interaktionspunkte können allgemein in einem elliptischen Gebiet zusammengefasst werden, wobei das MT innerhalb dieses Gebietes liegt. Befindet sich das MT, wie in Bild 5.1 dargestellt, in einer Straßenschlucht, zeigt die große Halbachse der Ellipse im Allgemeinen in Richtung der Straße. Befindet sich das MT hingegen im Bereich einer Kreuzung, sind große und kleine Halbachse gleich ausgedehnt und die Ellipse geht im Allgemeinen in einen Kreis über. Die Strahlen des lokalen Streu-*Clusters* treffen dann nahezu gleichverteilt im Azimut am MT ein. Deren Spreizung bezüglich der Elevation am MT ist aufgrund der vorhandenen Überdachbeugung stets hoch [LKT$^+$02].

Straßenschlucht-Streu-*Cluster*:

Straßenschlucht-Streu-*Cluster* enthalten aus Sicht der BS Streu-Punkte erster Interaktion, welche eine Einkopplung der zugehörigen Pfade in eine Straßenschlucht bewirken (vgl. Streu-*Cluster* 2, 3 und 5 in Bild 5.1). Anschließend gelangen die Pfade über Vielfachreflexionen an den umliegenden Häuserwänden zum MT. Da die Geometrie der Straßenschlucht an einen Wellenleiter erinnert, in welchem Wellen über Vielfachreflexionen voranschreiten, wird dieser Ausbreitungsmechanismus auch Wellenleitereffekt (engl. *wave-guiding effect*) genannt. Typischerweise treten Straßenschlucht-Streu-*Cluster* im Bereich derjenigen Kreuzungen auf, welche direkt zur Position des MTs benachbart sind. Dies lässt sich dadurch begründen, dass dort der Wellenleiter aus Sicht des Nutzers zum ersten Mal unterbrochen ist und sich durch die Orientierung der Häuser im Bereich der Kreuzungen günstige Interaktionsmöglichkeiten bieten. Ob eine Kreuzung als Straßenschlucht-Streu-*Cluster* fungiert, hängt u.a. von der Orientierung der Straße in Bezug auf die Verbindungslinie zwischen BS und MT ab. Nähere Erläuterungen hierzu finden sich in den Abschnitten 5.2.3 und 6.3.

Da die Pfade eines Straßenschlucht-Streu-*Clusters* einen sehr ähnlichen Verlauf aufweisen, sind diese stärker korreliert als Pfade eines lokalen Streu-*Clusters*. Hierdurch reduziert sich gegenüber dem Idealfall (i.i.d. MIMO-Rayleigh-Kanal) der Rang der MIMO-Übertragungsmatrix und sinkt die MIMO-Kapazität (vgl. Abschnitt 3.3).

Entfernte Streu-*Cluster*:

Entfernte Streu-*Cluster* beinhalten Streu-Punkte erster Interaktion aus Sicht der BS, welche weit entfernt zum MT liegen und deshalb weder einem lokalen noch einem Straßenschlucht-Streu-*Cluster* zugeordnet werden können. Bei Streu-*Cluster* 4 in Bild 5.1 handelt es sich somit um einen solchen entfernten Streu-*Cluster*. Die Interaktionspunkte entfernter Streu-*Cluster* treten im Allgemeinen an großen Gebäudekomplexen auf, welche über das mittlere Gebäudeniveau hinausragen. Dies belegen nicht nur die in dieser Arbeit durchgeführten *Ray Tracing* Kanalsimulationen und -messungen in Karlsruhe (vgl. z.B. Bild 4.15), sondern auch Kanalmessungen in anderen Großstädten wie z.B. Frankfurt [Mar98], Paris [KRB00], San Francisco (CA) [RSS90] oder Stockholm [AMSM02].

Im Vergleich zum lokalen Streu-*Cluster* tragen die Pfade des entfernten Streu-*Clusters* nur selten wesentlich zur Gesamtleistung bei. Da deren Lage im Szenario jedoch oft von der Lage des lokalen Streu-*Clusters* abweicht, erzeugen sie eine Erhöhung der Azimut-Winkelspreizung an der BS sowie der Impulsverbreiterung. Wie in [Mol03] gezeigt, beeinflusst dies wiederum die Charakteristik des MIMO-Übertragungskanals, den Diversitäts- und *Multiplexing*-Gewinn sowie die Leistungsfähigkeit von MIMO-Systemen. Deshalb müssen entfernte Streu-*Cluster* im vorliegenden geometrisch-stochastischen Kanalmodell berücksichtigt werden.

5.2 Parameterextraktion und Ermittlung der stochastischen Zufallsprozesse

Das Verhalten geometrisch-stochastischer Kanalmodelle wird durch zahlreiche stochastische Zufallsprozesse bzw. Verteilungsfunktionen gesteuert (vgl. Abschnitt 1.5.2). Diese legen z.B. die Anzahl und Verteilung der Streu-*Cluster*, die Anzahl, Verteilung und Eigenschaften der Interaktionspunkte im Streu-*Cluster* oder die Auftrittswahrscheinlichkeit von LOS-Bereichen im Szenario fest. Erst durch die richtige Einstellung der Prozessparameter sind geometrisch-stochastische Kanalmodelle in der Lage, die Statistik richtungsaufgelöster Funkkanäle in einem Ausbreitungsszenario realistisch wiederzugeben. Durch Veränderung der Parameter ist es zudem möglich, das Verhalten des simulierten richtungsaufgelösten Funkkanals an unterschiedliche Frequenzbereiche oder Ausbreitungssituationen (z.B. ländlich, urban, suburban, indoor, Makro-, Mikro-, Pikozelle) anzupassen [Cor01], [Cor06].

Die Bestimmung der Verteilungsfunktionen erfolgt typischerweise auf Basis von einseitig oder beidseitig richtungsaufgelösten Messungen: Zunächst werden die gemessenen Kanalimpulsantworten mithilfe eines hochauflösenden Parameterschätzers in den Parameterraum abgebildet (vgl. Abschnitt 4.2.3). Anschließend erfolgt eine Einteilung der Pfade anhand ihrer DoD, DoA und Verzögerungszeit in Pfadgruppen. Üblicherweise geschieht dies visuell und „per Hand" auf Basis einer graphischen Darstellung der Pfade z.B. im Azimut-Verzögerungsspektrum oder im Azimut-Elevationsspektrum. Nach der Einteilung werden die Charakteristika der Pfadgruppen bestimmt. Beispiele einer messungsbasierten Streu-*Cluster*-Identifikation und -Charakterisierung sind in den Arbeiten [FMB98], [Mar98], [Paj98],[KRB00], [SMB01], [TLK+02], [TLK+02], [LKT+02], [KLV+03], [VVT03], [OCVJ04], [Czi07] zu finden. Aufgrund der Vielzahl an Messpunkten, die erforderlich sind, um eine ausreichende Stichprobengröße zu erreichen, sind Kanalmessungen jedoch zeitlich sehr aufwändig. Zudem sind sie, wegen der hohen Anforderung an das Messsystem, technisch sehr komplex. Weiterer Schwachpunkt der in den o.g. Arbeiten beschriebenen Herangehensweise ist, dass auch die visuelle Einteilung der Pfade in Pfadgruppen zeitlich sehr aufwändig und zudem ungenau ist. Denn insbesondere bei einer hohen Pfaddichte können visuell keine eindeutigen Streu-*Cluster*-Grenzen bestimmt werden. Die genannten Gründe tragen dazu bei, dass die in der Literatur beschriebenen geometrisch-stochastischen Kanalmodelle bisher nur grob parametrisiert sind. Um eine zuverlässigere und schnellere Einteilung der Wellenausbreitung in Streu-*Cluster* zu erreichen, wurde in den letzten Jahren verstärkt an einer automatischen Streu-*Cluster*-Extraktion gearbeitet [FMW05], [FMSW05], [Czi07].

Aus der Literatur bekannte Messergebnisse werden in dieser Arbeit unterstützend bei der Parametrisierung des geometrisch-stochastischen Kanalmodells eingesetzt. Der Großteil der erforderlichen Verteilungsfunktionen und Parameter wird jedoch auf Basis von deterministischen Simulationen mithilfe des in Kapitel 4 eingeführten Modells bestimmt. Verglichen mit Messungen bieten deterministische Simulationen den Vorteil der einfachen Visualisierung einzelner Ausbreitungspfade und -effekte, was eine Analyse der Mehrwegeausbreitung vereinfacht. Zudem ermöglichen sie die genaue Analyse des Funkkanals anhand einer beliebig großen Stichprobe. Nähere Informationen zu den Simulationsszenarien gibt Abschnitt 5.2.1.

Zur Extraktion der Streu-*Cluster* wurden im Rahmen dieser Arbeit zwei aufeinander aufbauende Algorithmen entwickelt und implementiert. Der erste Algorithmus ist in Abschnitt 5.2.2 beschrieben und ermöglicht eine Einteilung der Pfade in Pfadgruppen sowie in BS- und MT-Streu-*Cluster*. Der zweite Algorithmus dient der Ermittlung, ob die Pfade eines extrahierten BS-*Clusters* zu einem lokalen, zu einem Straßenschlucht- oder zu einem entfernten Streu-*Cluster* gehören und ist in Abschnitt 5.2.3 erläutert. Da beide Algorithmen auf definierten Regeln beruhen, ermöglichen sie eine wesentlich zuverlässigere Klassifizierung der Pfade in Pfadgruppen, als dies mit der bisherigen visuellen Methode möglich war. Nach ihrer Parametrisierung arbeiten die Algorithmen zudem vollautomatisch und bieten somit erstmalig die Möglichkeit, einen ausreichend hohen Stichprobenumfang auszuwerten.

5.2.1 Simulationsszenarien

Das zu entwickelnde geometrisch-stochastische Kanalmodell soll die Charakteristik des richtungsaufgelösten Funkkanals in einer urbanen Makrozelle wiedergeben. Zur Extraktion der in dieser Umgebung vorhandenen Streu-*Cluster* und zur Bestimmung ihrer Eigenschaften wurde mithilfe des deterministischen Kanalmodells die Wellenausbreitung entlang von 21 verschiedenen MT-Routen in der Innenstadt Karlsruhe simuliert. Der Verlauf der Routen ist in Bild 5.3 gezeigt.

Wie man erkennt, decken sie unterschiedliche Ausbreitungssituationen ab, d.h. sowohl LOS- als auch NLOS-Bereiche, ebenso wie offene Plätze, Straßenschluchten und Kreuzungen. Die Simulationsfrequenz beträgt 2 GHz. Sowohl Sende- als auch Empfangsantenne sind als isotrope Kugelstrahler mit vertikaler Polarisation angenommen. Als BS-Standort dient das 38,5 m hohe Bauingenieur Hochhaus auf dem Campus der Universität Karlsruhe. Zu jedem Schnappschuss werden die Pfadparameter sowie Informationen zum Pfadverlauf, d.h. Interaktionspunkte an den Hindernissen und Art der Interaktion (Reflexion, Beugung, Streuung) gespeichert. Diese Informationen dienen als Eingangsgrößen für den Algorithmus zur automatischen Streu-*Cluster*-Identifikation und den Algorithmus zur automatischen Klassifizierung der Mehrwegepfade in die drei Streu-*Cluster*-Arten.

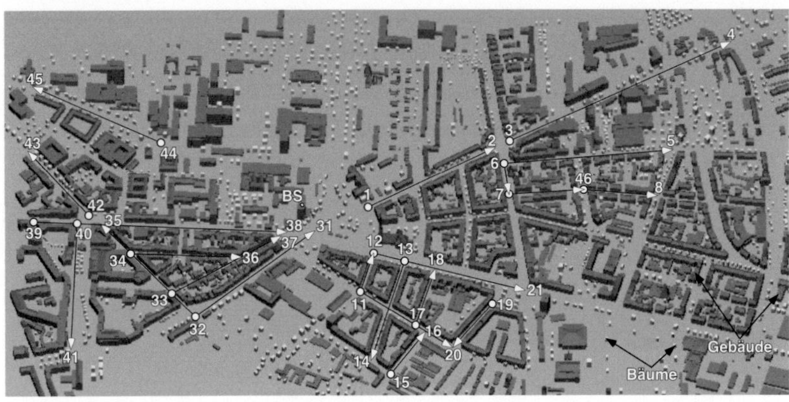

Bild 5.3: Lage der Basisstation und Verlauf der Simulationsstrecken im Umgebungsmodell der Innenstadt Karlsruhe

5.2.2 Algorithmus zur automatischen Streu-*Cluster*-Extraktion

Im Folgenden wird der Algorithmus zur automatischen Streu-*Cluster*-Extraktion erläutert. Der Einfachheit halber beschränken sich die Erklärungen auf die Extraktion von BS-Streu-*Clustern* und auf einen einzelnen Schnappschuss. In diesem Fall gehen lediglich Leistung, Laufzeit (TDA) und Ausfallswinkel $\Omega_{\mathrm{T},q}$ in Azimut und Elevation der Pfade in den Algorithmus ein. Die Einfallswinkel bleiben unberücksichtigt. Sollen stattdessen MT-Streu-*Cluster* extrahiert werden, müssen die $\Omega_{\mathrm{T},q}$ der Pfade durch die zugehörigen Einfallswinkel $\Omega_{\mathrm{R},q}$ ersetzt werden und die Ausfallswinkel bleiben unberücksichtigt.

Im ersten Schritt sortiert der Algorithmus die Pfade des Schnappschusses, entsprechend ihrer Leistung, der Stärke nach absteigend. Anschließend erfolgt eine Abbildung aller Pfade in einen 3D kartesischen Zustandsraum. Dabei ist jedem Pfad genau ein Punkt im Zustandsraum zugeordnet. Die x-Achse des Zustandsraumes gibt die DoD-Azimutwinkel, die y-Achse die DoD-Elevationswinkel und die z-Achse die Laufzeit der Pfade an. Zusätzlich ist jedem Punkt seine zugehörige Pfadleistung zugewiesen. Jede Pfadgruppe entspricht im kartesischen Zustandsraum einer Punktanhäufung. Ziel des Algorithmus ist es, diese Punktanhäufungen automatisch zu lokalisieren und die zugehörigen Punkte einer Pfadgruppe zuzuordnen. Der Einfachheit halber wird eine Punktanhäufung nachfolgend als Streu-*Cluster* bezeichnet. Zur Identifikation der Streu-*Cluster* bzw. der Punkte eines Streu-*Clusters* durchläuft der Algorithmus einen iterativen Prozess.

Im ersten Iterationsschritt ermittelt der Algorithmus zunächst den leistungsmäßig stärksten Punkt $P_1(x_{\mathrm{P},1}, y_{\mathrm{P},1}, z_{\mathrm{P},1})$. Dieser Punkt stellt im Folgenden den vorläufigen Mittelpunkt $C_1(x_{\mathrm{P},1}, y_{\mathrm{P},1}, z_{\mathrm{P},1})$ des 1. Streu-*Clusters* dar. Zum Durchsuchen der näheren Umgebung wird um C_1 ein Ellipsoid Nr. 1 der Gestalt

$$\left(\frac{x - x_{\mathrm{P},1}}{r_{\mathrm{Az}}}\right)^2 + \left(\frac{y - y_{\mathrm{P},1}}{r_{\mathrm{El}}}\right)^2 + \left(\frac{z - z_{\mathrm{P},1}}{r_{\mathrm{TDA}}}\right)^2 = 1 \tag{5.1}$$

gelegt. r_{Az}, r_{El} und r_{TDA} beschreiben dabei die Größe der Halbachsen des Ellipsoids bezüglich Azimut, Elevation und Verzögerungszeit. Auf den eingestellten Wert von r_{Az}, r_{El} und r_{TDA} wird im weiteren Verlauf dieses Abschnitts eingegangen. Alle Punkte $P_q(x_{\mathrm{P},q}, y_{\mathrm{P},q}, z_{\mathrm{P},q})$, welche innerhalb des Ellipsoids liegen, werden dem ersten Streu-*Cluster* zugewiesen.

Im zweiten Iterationsschritt wird um jeden gefundenen Punkt $P_q(x_{\mathrm{P},q}, y_{\mathrm{P},q}, z_{\mathrm{P},q})$ ein weiteres Ellipsoid Nr. q gelegt. Dieses besitzt jedoch nicht die gleichen Dimensionen wie Ellipsoid Nr. 1, sondern ist umso kleiner, je größer die Distanz d_q zwischen den Punkten P_q und C_1 ist, mit:

$$d_q = \sqrt{(x_{\mathrm{P},q} - x_{\mathrm{P},1})^2 + (y_{\mathrm{P},q} - y_{\mathrm{P},1})^2 + (z_{\mathrm{P},q} - z_{\mathrm{P},1})^2} \tag{5.2}$$

Die Gleichung des skalierten Ellipsoids Nr. q um Punkt P_q hat die Gestalt

$$\left(\frac{x - x_{\mathrm{P},q}}{r_{\mathrm{Az},q}}\right)^2 + \left(\frac{y - y_{\mathrm{P},q}}{r_{\mathrm{El},q}}\right)^2 + \left(\frac{z - z_{\mathrm{P},q}}{r_{\mathrm{TDA},q}}\right) \tag{5.3}$$

mit

$$r_{\mathrm{Az/El/TDA},q} = r_{\mathrm{Az/El/TDA}} \left(1 - s\,d_q\right) \tag{5.4}$$

und der Nebenbedingung

$$s\,d_q \leq 1 \ . \tag{5.5}$$

Der Faktor s ist über alle Kanalrealisierungen konstant und bestimmt gemeinsam mit d_q, wie stark die Halbachsen $r_{\mathrm{Az},q}$, $r_{\mathrm{El},q}$ und $r_{\mathrm{TDA},q}$ des Ellipsoids Nr. q skaliert sind. Alle Punkte, die innerhalb des Ellipsoids Nr. q liegen, werden Streu-*Cluster* 1 zugewiesen.

Im nächsten Iterationsschritt wird um jeden der neu gefundenen Punkte ein weiteres, noch kleineres Ellipsoid gelegt usw. Die Prozedur wiederholt sich solange, bis in den Ellipsoiden keine weiteren Punkte mehr gefunden werden oder die Halbachsen der Ellipsoide den Wert Null erreicht haben. Alle gefundenen Punkte bilden das 1. Streu-*Cluster*. Die Streu-*Cluster*-Leistung ergibt sich aus der Summe der Leistungen der im Streu-*Cluster* enthaltenen Punkte. Der finale Streu-*Cluster*-Mittelpunkt entspricht dem Schwerpunkt der zugehörigen Streu-*Cluster*-Punkte, d.h. dem leistungsgewichteten Zentrum.

Zur Extraktion des 2. Streu-*Clusters* wird, aus den noch nicht zugewiesenen Punkten, der leistungsmäßig stärkste Punkt herausgesucht. Dieser stellt das vorläufige Zentrum C_2 des 2. Streu-*Clusters* dar. Um das Zentrum wird ein Ellipsoid mit den Halbachsen r_{Az}, r_{El} und r_{TDA} gelegt und obiger Vorgang wiederholt sich. Das Ende des Algorithmus ist erreicht, wenn jeder Pfad des zu klassifizierenden Schnappschusses einem Streu-*Cluster* zugewiesen ist. Unter den Streu-*Clustern* können sich auch solche befinden, welche nur einen Punkt enthalten. Dies ist der Fall, wenn das erste unskalierte Ellipsoid keinen weiteren Punkt außer seinen Mittelpunkt enthält. Ein solches Streu-*Cluster* wird im weiteren Verlauf der Arbeit nur dann berücksichtigt, wenn es mehr als $-10\,\mathrm{dB}$ zur Gesamtleistung beiträgt.

Die Parameter r_Az, r_El, r_TDA und s bestimmen, wie weit eine Streu-*Cluster*-Struktur wächst und wie viele Streu-*Cluster* insgesamt im Schnappschuss gefunden werden können. Wenn das erste Ellipsoid zu klein gewählt wird, werden im Extremfall nur Streu-*Cluster* gefunden, die aus einem Punkt bestehen. Wird hingegen das erste Ellipsoid zu groß gewählt, läuft man Gefahr, benachbarte Punktansammlungen zusammenzufassen. Im Extremfall würden sämtliche Punkte des Schnappschusses zu einem einzigen Streu-*Cluster* zusammengefasst werden. Daher wurden die Parameter r_Az, r_El, r_TDA und s mithilfe einzelner Kanalrealisierungen empirisch an die Ausbreitungsgegebenheiten im Szenario angepasst. Die sinnvollsten Ergebnisse konnten mit $r_\mathrm{Az} = 6°$, $r_\mathrm{El} = 3°$, $r_\mathrm{TDA} = 100\,\mathrm{ns}$ und $s = 0{,}1$ erzielt werden. Die maximal mögliche Streu-*Cluster* Ausdehnung beträgt somit 60° in Azimut, 30° in Elevation und $1\,\mu\mathrm{s}$ bezüglich der Laufzeit.

Die Bilder 5.4(a) und 5.4(b) zeigen das Ergebnis der automatischen Streu-*Cluster*-Extraktion aus Sicht der BS für den in Bild 5.1 dargestellten Schnappschuss. Bild 5.4(a) geht dabei auf die Einteilung der BS-Streu-*Cluster* in der Azimut-Verzögerungszeitebene und Bild 5.4(b) in der Azimut-Elevationsebene ein. Ausfallswinkel und Verzögerungszeit der Pfadpunkte sind dabei entsprechend der in Abschnitt 5.1 eingeführten Konvention angegeben. Die Graufärbung der Pfadpunkte gibt die relative Empfangsleistung an. Die identifizierten BS-Streu-*Cluster* sind durch Ellipsen gekennzeichnet und durchnummeriert. Je kleiner die Nummer, desto höher ist der Beitrag des BS-Streu-*Clusters* zur Gesamtleistung. Die vom Algorithmus durchgeführte Einteilung entspricht im Wesentlichen der visuellen Einteilung aus Bild 5.1. Lediglich für BS-Streu-*Cluster* 3 in Bild 5.1 nimmt der Algorithmus eine unterschiedliche Einteilung vor. Dieser beinhaltet Pfade mit ähnlichen Winkeleigenschaften, jedoch stark unterschiedlichen Laufzeiten, welche durch Mehrfachreflexionen verursacht werden. Deshalb teilt der Algorithmus die Pfade in zwei BS-Streu-*Cluster* auf, welche in den Bildern 5.4(a) und 5.4(b) mit der Nummer 3 und 6 bezeichnet sind. Insbesondere für die Parametrisierung von *Tapped-Delay-Line* Modellen, wie z.B. das erweiterte Saleh-Valenzuela Modell [SJJS00], [HL03], [CTL$^+$03], ist diese Unterscheidung wichtig.

Die Bilder 5.4(c) und 5.4(d) stellen das Ergebnis der extrahierten MT-Streu-*Cluster* dar. Gezeigt sind die Punkte letzter Interaktion aus Sicht der BS über dem relativen DOA-Azimutwinkel und der relativen Verzögerungszeit (Konvention nach Abschnitt 5.1). Auch hier sind die extrahierten Streu-*Cluster* durch Ellipsen gekennzeichnet und durchnummeriert. Die erste Nummer gibt dabei die Signifikanz des MT-Streu-*Clusters* an. Die zweite Nummer gibt Aufschluss, welchem BS-Streu-*Cluster* die Punkte entstammen. Insgesamt werden 15 MT-Streu-*Cluster* gefunden. Die Punkte aus BS-Streu-*Cluster* 1 (lokaler Streu-*Cluster*) sind am MT aufgrund unterschiedlicher DoA-Azimut- und Elevationswinkel in 8 verschiedene MT-Streu-*Cluster* aufgeteilt. BS-Streu-*Cluster* 2 und 4 sind aufgrund des Wellenleitereffektes jeweils in zwei MT-Streu-*Cluster* gespreizt. Diese repräsentieren Streupunkte letzter Interaktion an gegenüberliegenden Straßenseiten. Die Ausbreitungspfade, welche in BS-Streu-*Cluster* 3, 5 und 6 zusammengefasst sind, kommen auch am MT als Strahlbündel an.

Anhand der BS- und MT-Streu-*Cluster* können zahlreiche und für geometrisch-stochastische Kanalmodelle wichtige Streu-*Cluster*-Charakteristika ermittelt werden: z.B. die Anzahl der

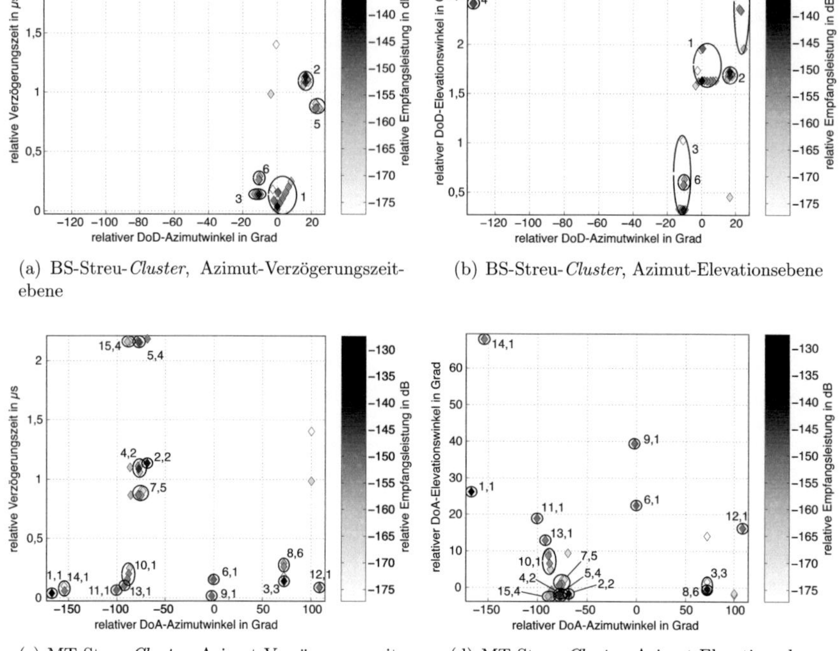

(a) BS-Streu-*Cluster*, Azimut-Verzögerungszeitebene

(b) BS-Streu-*Cluster*, Azimut-Elevationsebene

(c) MT-Streu-*Cluster*, Azimut-Verzögerungszeitebene

(d) MT-Streu-*Cluster*, Azimut-Elevationsebene

Bild 5.4: Automatisch extrahierte Streu-*Cluster* (deterministisches Kanalmodell, Simulationsbeispiel
aus Bild 5.1, $f_{\mathrm{HF}} = 2\,\mathrm{GHz}$, $\vartheta\vartheta$-Polarisation)

Streu-*Cluster* und der Punkte innerhalb der Streu-*Cluster*, der Leistungsanteil, die Winkelspreizung in Azimut und Elevation und die Impulsverbreiterung der Streu-*Cluster*. Eine umfassende Darstellung der Charakteristika ist in [FMSW05], [FMW05] und [Por05a] zu finden.

5.2.3 Algorithmus zur Klassifizierung von Mehrwegepfaden

Mithilfe des im letzten Abschnitt beschriebenen Algorithmus ist es möglich, Punktanhäufungen bzw. Streu-*Cluster* im kartesischen Zustandsraum aus Sicht der BS und des MTs
automatisch zu extrahieren. Der Algorithmus liefert jedoch keine Auskunft darüber, ob die
zugehörigen Pfade bzw. Pfadgruppen einem lokalen, einem Straßenschlucht- oder einem entfernten Streu-*Cluster* zuzuordnen sind. Im letzten Abschnitt wurde deshalb rein visuell ent-
schieden, zu welcher Streu-*Cluster*-Art die Pfade der Pfadgruppen gehören. Ziel des in diesem

Abschnitt beschriebenen zweiten Algorithmus ist es, eine automatische Einteilung von Pfaden in eine der drei Streu-*Cluster*-Arten vorzunehmen.

Allgemein lässt sich sagen, dass Pfade aus einem lokalen Streu-*Cluster* stets eine kurze Laufzeit besitzen. Der Umkehrschluss ist jedoch nicht gültig. Denn Pfade mit kurzen Laufzeiten können, wie am Beispiel der Punktanhäufungen 3 und 6 in Bild 5.4(a) zu sehen, ebenso zu einem Straßenschlucht-Streu-*Cluster* gehören. Auch ist es fraglich, wie lang die Laufzeit eines Pfades sein darf, damit er noch zu einem Straßenschlucht- und nicht schon zu einem entfernten Streu-*Cluster* zu zählen ist. Beide Beispiele zeigen, dass eine Klassifizierung eines Pfades alleine über seine Pfadlaufzeit nicht möglich ist.

Im Folgenden geht man davon aus, dass sich das MT entlang eines der in Bild 5.3 gezeigten Streckenverläufe bewegt und $q = 1, \ldots, Q$ Mehrwegepfade eines Schnappschusses zu klassifizieren sind. Im ersten Schritt ermittelt der Algorithmus den Pfad mit der kürzesten Pfadlaufzeit $\tau_{\min} = \min\{\tau_q\}$. Anschließend berechnet er für alle Pfade jeweils den Abstand $d_{\mathrm{MT,I},q}$ zwischen der Position des MTs und dem Ort der ersten Interaktion I_q aus Sicht der BS. Ein Pfad q ist dann dem lokalen Streu-*Cluster* zuzuordnen, wenn gilt:

$$d_{\mathrm{MT,I},q} < d_{\max} \tag{5.6}$$

und

$$\tau_q < k_\tau \tau_{\min} \tag{5.7}$$

$d_{\max}$ stellt eine empirisch zu ermittelnde maximal zulässige Distanz dar und k_τ ist ein empirisch zu ermittelnder Faktor zur Justierung der maximal zulässigen Pfadlaufzeit. Für die betrachteten Szenarien wurden mit $d_{\max} = 70\,\mathrm{m}$ (ungefähr mittlere halbe Straßenlänge) und $k_\tau = 1{,}25$ die zuverlässigsten Ergebnisse erzielt [Tim06a].

Ist eine der beiden Bedingungen nicht eingehalten, gehört der Pfad q entweder zu einem Straßenschlucht- oder zu einem entfernten Streu-*Cluster*. Nach der Definition in Abschnitt 5.1 fassen Straßenschlucht-Streu-*Cluster* Punkte erster Interaktion aus Sicht der BS zusammen, welche eine Einkopplung in die Straßenschlucht bewirken. Diese Einkoppelstellen treten i.d.R. in derjenigen Straße auf, in der sich das MT befindet oder in direkt daran anknüpfenden Straßen. Entfernte Streu-*Cluster* sind hingegen viel weiter vom MT entfernt. Diesen Sachverhalt verwendet der Algorithmus zur Pfadklassifizierung. Die Suchbereiche, in denen Punkte erster Interaktion liegen müssen, damit sie zu einem Straßenschlucht-Streu-*Cluster* zählen, sind vom Benutzer für jede MT-Route vorzugeben. Sie werden als Rechtecke modelliert und markieren jeweils einen relevanten Straßenabschnitt in der direkten Umgebung zum MT. Ihre Ausrichtung und Größe richtet sich dabei nach dem Straßenabschnitt.

Ob sich aus Sicht der BS ein Punkt erster Interaktion innerhalb eines Suchbereiches aufhält, kann durch die in Bild 5.5 gezeigte geometrische Betrachtung in der x-y-Ebene überprüft werden. Gegeben sei ein rechteckiger Suchbereich zwischen den Punkten A und B der Länge $|\vec{c}|$ und der Breite d_S. Die Lage der Punkte A und B ist durch die Vektoren $\vec{a}$ und $\vec{b}$ charakterisiert, mit $\vec{c} = \vec{AB}$. I_q sei der auf die x-y-Ebene projizierte und zu klassifizierende Punkt erster Interaktion des q-ten Pfades. Seine Lage ist durch den Vektor $\vec{i}_q$ beschrieben. Projiziert man I_q auf die Gerade g, welche durch A und B verläuft, erhält man den Lotfußpunkt L_q. Dessen Lage ist durch $\vec{l}_q$ beschrieben. $d_{\mathrm{L,I},q}$ gibt die Distanz zwischen I_q und dem Lotfußpunkt L_q an.

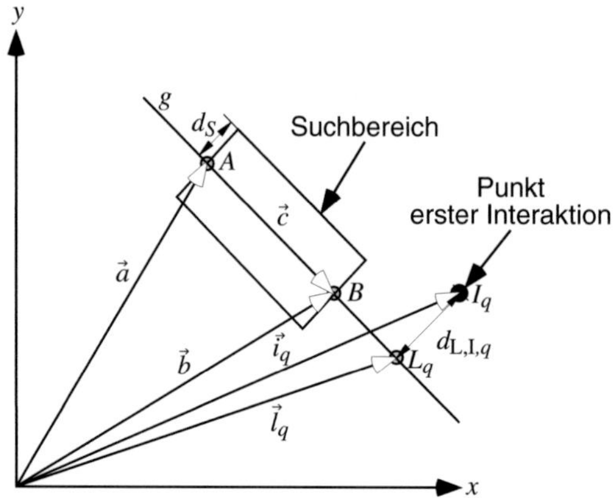

Bild 5.5: Definition eines Suchbereiches zur Klassifizierung von Mehrwegepfaden

Ob sich der Punkt erster Interaktion I_q innerhalb des rechteckigen Suchbereiches befindet, kann anhand von zwei geometrischen Bedingungen überprüft werden. Zum einen muss sich der Lotfußpunkt L_q zwischen den Punkten A und B befinden. Mit

$$\vec{l}_q = \vec{a} + \delta_\mathrm{S}\vec{c} \tag{5.8}$$

folgt

$$\delta_\mathrm{S} = \frac{\vec{c} \cdot (\vec{l}_q - \vec{a})}{\vec{c} \cdot \vec{c}} \ , \tag{5.9}$$

so dass L_q zwischen A und B liegt, wenn gilt:

$$0 \leq \delta_\mathrm{S} \leq 1 \tag{5.10}$$

Außerdem muss für den Abstand $d_{\mathrm{L,I},q}$ gelten

$$d_{\mathrm{L,I},q} \leq d_\mathrm{S} \ , \tag{5.11}$$

mit

$$d_{\mathrm{L,I},q} = |\vec{i}_q - \vec{l}_q| \ . \tag{5.12}$$

Sind (5.10) und (5.11) für I_q erfüllt, wird der zugehörige Mehrwegepfad der Klasse Straßenschlucht-Streu-*Cluster* zugewiesen, ansonsten der Klasse entfernter Streu-*Cluster*.

Zur Demonstration der Leistungsfähigkeit des Algorithmus ist in Bild 5.6 das Ergebnis der Pfadklassifizierung für die Ausbreitungssituation aus Bild 5.1 gezeigt. Die Bilder 5.6(a) bis 5.6(d) stellen der Reihe nach das MT-Azimut-Verzögerungs-Spektrum für alle Pfade des Schnappschusses, alle Pfade aus dem lokalen Streu-*Cluster*, alle Pfade aus den Straßenschlucht-Streu-*Clustern* und alle Pfade aus den entfernten Streu-*Clustern* dar. Die MT-Azimutwinkel der Pfade werden dabei ausgehend von der Verbindungsgeraden vom MT zur BS gemessen (rechtshändiges Bezugssystem, x-Achse in Richtung der BS, z-Achse aus Bildebene heraus).

Zusammenfassend lässt sich zum analysierten Schnappschuss sagen:

- Die Pfade des lokalen Streu-*Clusters* besitzen alle eine sehr kurze Laufzeit und sind am MT über den kompletten Winkelbereich verteilt. Die Einfallswinkel entsprechen in dem analysierten Schnappschuss jedoch keiner Gleichverteilung, wie sie z.B. in [KRB00] gefunden wurde. Dies liegt hauptsächlich daran, dass das MT in einer Kreuzung platziert ist und somit die meisten Pfade aus Richtung der Straße auf das MT treffen. Es ergibt sich eine leistungsmäßig dominante Einfallsrichtung im Bereich zwischen 250° bis 280°. Der Leistungsbeitrag des lokalen Streu-*Clusters* zur Gesamtleistung des Schnappschusses beträgt 82,6 %. Die Analyse weiterer MT-Positionen ergibt, dass eine Gleichverteilung typischerweise dann vorliegt, wenn sich das MT in einer Kreuzung oder auf einem offenen Platz befindet.

- Die Pfade aus Straßenschlucht-Streu-*Clustern* (vgl. Bild 5.6(c)) tragen bei dem analysierten Schnappschuss 17,0 % zur Gesamtleistung bei. Die Einfallswinkel am MT sind um die Richtung der Straße konzentriert. Die meiste Leistung wird aus Richtung $270° - 290°$ empfangen.

- Die Pfade aus entfernten Streu-*Clustern* tragen lediglich mit 0,4 % zur Empfangsleistung bei. Sie fallen ebenfalls aus Richtung der Straße im Bereich zwischen $270° - 290°$ auf das MT ein, weisen jedoch eine wesentlich höhere Laufzeit als die Pfade aus Straßenschlucht-Streu-*Clustern* auf.

5.2.4 Zusammenspiel der beiden Algorithmen

Ein wichtiger Modellparameter geometrisch-stochastischer Kanalmodell ist z.B. die Anzahl von lokalen, Straßenschlucht- und entfernten Streu-*Clustern*, welche pro Schnappschuss zu generieren sind. Durch eine Kombination der Einteilungsergebnisse der in den letzten beiden Abschnitten beschriebenen Algorithmen ist es möglich, hierüber eine Aussage zu treffen.

Dabei werden nacheinander die Pfade der BS-Streu-*Cluster* (Ergebnis des Algorithmus aus Abschnitt 5.2.2) durchgegangen und die Anzahl der Treffer „Pfad aus lokalem Streu-*Cluster*", „Pfad aus Straßenschlucht-Streu-*Cluster*" und „Pfad aus entferntem Streu-*Cluster*"(Ergebnis des Algorithmus aus Abschnitt 5.2.3) gezählt. Diejenige Kategorie, welche am Ende die meisten Treffer zählt, bestimmt die Zuweisung des BS-Streu-*Clusters* zu einer Streu-*Cluster*-Art.

Für die in Bild 5.1 bzw. Bild 5.4(a) und Bild 5.4(b) dargestellte Ausbreitungssituation erhält man das folgende Ergebnis: die Pfade aus BS-Streu-*Cluster* 1 sind der Klasse lokaler Streu-*Cluster* zugeordnet, die Pfade aus BS-Streu-*Cluster* 2, 3, 5 und 6 der Klasse Straßenschlucht-Streu-*Cluster* und die Pfade aus BS-Streu-*Cluster* 4 der Klasse entfernter Streu-*Cluster*. Die Einteilung entspricht somit der visuellen Einteilung und der Definition aus Abschnitt 5.1. Lediglich BS-Streu-*Cluster* 3 in Bild 5.1 wurde aus den in Abschnitt 5.2.2 genannten Gründen in das Straßenschlucht-Streu-*Cluster* 3 und 6 aufgeteilt.

Mithilfe des Quotienten aus höchster Trefferzahl und Anzahl der Pfade einer Pfadgruppe kann die Zuverlässigkeit des Algorithmus überprüft werden. Im Idealfall ist der Quotient 1, d.h. die Punktanhäufung bzw. das zugehörige Strahlbündel kann eindeutig klassifiziert werden. Im schlechtesten Fall ist der Quotient 0,333. Dann haben nämlich alle drei Kategorien die gleiche

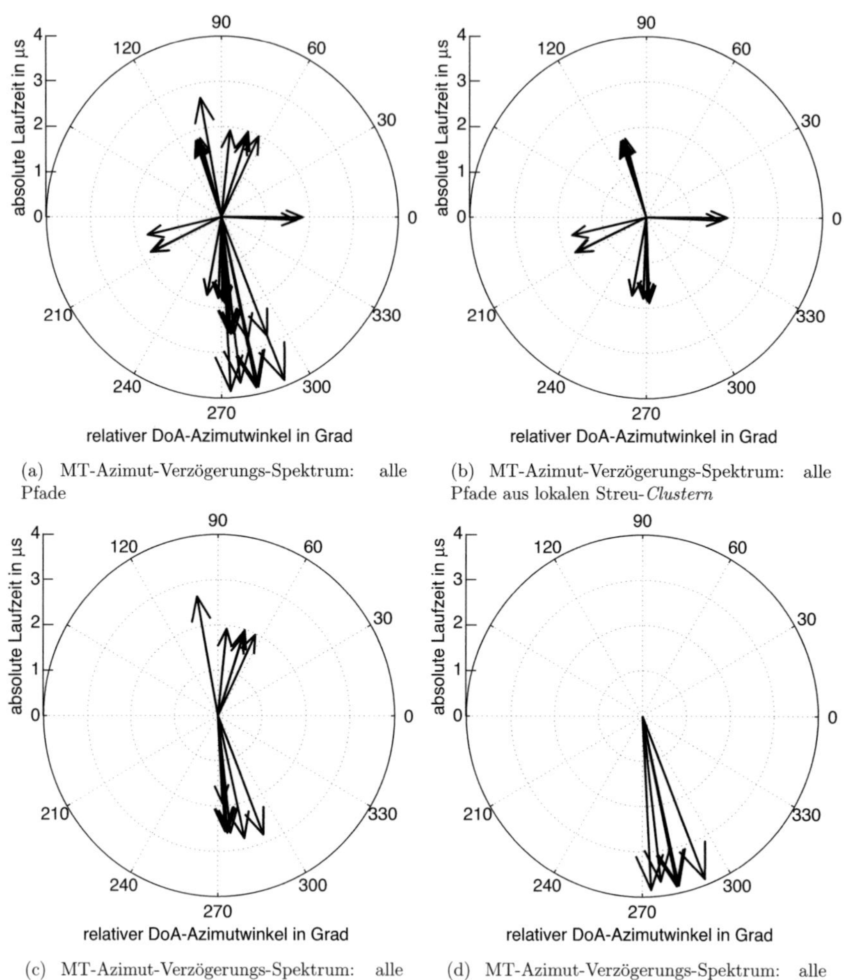

(a) MT-Azimut-Verzögerungs-Spektrum: alle Pfade

(b) MT-Azimut-Verzögerungs-Spektrum: alle Pfade aus lokalen Streu-*Clustern*

(c) MT-Azimut-Verzögerungs-Spektrum: alle Pfade aus Straßenschlucht-Streu-*Clustern*

(d) MT-Azimut-Verzögerungs-Spektrum: alle Pfade aus entfernten Streu-*Clustern*

Bild 5.6: Klassifizierte Pfade aus Sicht des MTs (deterministisches Kanalmodell, Simulationsbeispiel aus Bild 5.1, $f_{\mathrm{HF}} = 2\,\mathrm{GHz}$, $\vartheta\vartheta$-Polarisation)

Trefferzahl erhalten und eine Klassifizierung ist willkürlich. Nach Auswertung aller Simulationsstrecken ergibt sich für den lokalen Streu-*Cluster* ein mittlerer Quotient von 0,87, für Straßenschlucht-Streu-*Cluster* ein mittlerer Quotient von 0,95 und für entfernte Streu-*Cluster* ein mittlerer Quotient von 0,98. Insgesamt lässt sich festhalten, dass die Algorithmen eine ausreichend genaue Einteilung der Pfade in Streu-*Cluster* und Streu-*Cluster*-Arten ermöglichen.

5.3 Grundlegende Ergebnisse der Streu-*Cluster*-Analyse

Auf Basis der in Abschnitt 5.2.1 vorgestellten *Ray Tracing* Routen und der im letzten Abschnitt eingeführten Algorithmen, wurden im Rahmen dieser Arbeit einzelne, für das geometrisch-stochastische Kanalmodell wichtige, Modellparameter und Wahrscheinlichkeitsdichten bestimmt. Hierzu zählen z.B.:

- Anzahl der Streu-*Cluster*
- Anzahl der Pfade pro Streu-*Cluster*
- räumliche Ausdehnung der Streu-*Cluster*
- Anteil der Leistung eines Streu-*Clusters* an der Gesamtleistung der Kanalimpulsantwort
- geometrische Position der Streu-*Cluster* relativ zur Position von BS und MT
- Impulsverbreiterung der Streu-*Cluster*
- Winkelspreizung der Streu-*Cluster*

Zu beachten ist, dass die so ermittelten Modellparameter und Wahrscheinlichkeitsdichten streng genommen nur für das zugrunde liegende Simulationsszenario, die angesetzte BS-Höhe und den Frequenzbereich um 2 GHz gelten. Soll das Kanalmodell für eine andere städtische Umgebung, eine stark veränderte BS-Höhe oder einen anderen Frequenzbereich angewendet werden, ist deren erneute Bestimmung notwendig. Dies ist jedoch einfach möglich, da hierzu lediglich die *Ray Tracing* Simulationen ausgetauscht und die Suchbereiche der Algorithmen angeglichen werden müssen. Die Berechnung der Wahrscheinlichkeitsdichten und Modellparameter erfolgt dann, mithilfe der in den letzten Abschnitten vorgestellten Algorithmen, automatisch.

Aufgrund der hohen Anzahl von Ergebnissen ist es hier nicht möglich, auf alle im Detail einzugehen. Im Folgenden werden deshalb exemplarisch die Ergebnisse der beiden ersten, weiter oben aufgezählten Modellparameter vorgestellt. Auf einzelne zusätzlich wichtige Ergebnisse der Streu-*Cluster*-Analyse wird im Verlauf der Beschreibung des neuen geometrisch-stochastischen Kanalmodells eingegangen (vgl. Kapitel 6). Eine umfassende Diskussion der Charakteristika ist in den Studien- und Diplomarbeiten [Por05a], [Tim06a], [Tim06b] zu finden.

Anzahl der Streu-*Cluster* einer Streu-*Cluster*-Art:
Bild 5.7(a) zeigt den Mittelwert der Anzahl von lokalen, Straßenschlucht- und entfernten Streu-*Clustern*, aus denen eine Kanalimpulsantwort besteht. Der Mittelwert der Anzahl von lokalen Streu-*Clustern* pro Schnappschuss wurde zu 1,12 bestimmt (Medianwert 1,00), bei einer Standardabweichung von 0,92. Einige Schnappschüsse enthalten somit laut Algorithmus mehr als einen lokalen Streu-*Cluster*. Diese Fälle treten insbesondere dann auf, wenn der Abstand zwischen BS und MT klein ist und LOS-Bedingung herrscht. Einer der beiden Streu-*Cluster* enthält dann den LOS-Pfad und den bodenreflektierten Pfad, der andere die übrigen Pfade, welche in unmittelbarer Nähe zum MT ihre erste Interaktion aus Sicht der BS aufweisen. Da die beiden Streu-*Cluster* prinzipiell das gleiche Ausbreitungsphänomen beschreiben, werden sie bei der späteren Kanalmodellierung zu einem einzigen lokalen Streu-*Cluster* zusammengefasst.

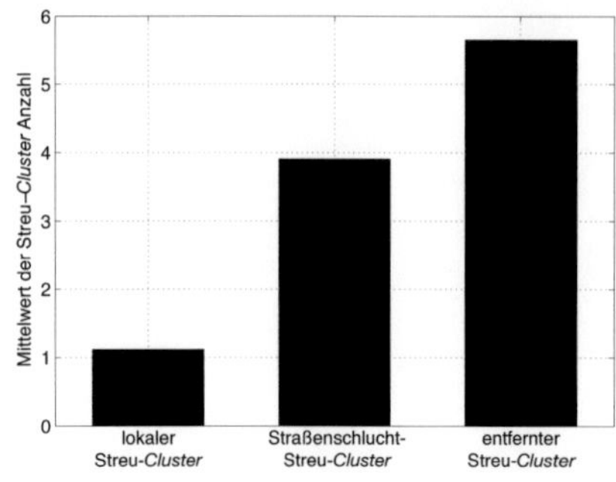

(a) Mittelwert der Anzahl von Streu-*Clustern* in einem Schnappschuss, aufgeteilt in die drei Streu-*Cluster*-Arten

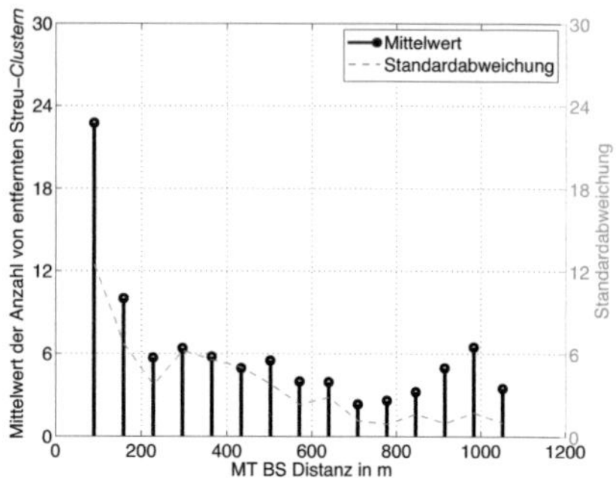

(b) Mittelwert der Anzahl von entfernten Streu-*Clustern* in einem Schnappschuss über der Distanz zwischen BS und MT

Bild 5.7: Anzahl der Streu-*Cluster* (deterministisches Kanalmodell, Simulationsrouten aus Bild 5.3, $f_{\mathrm{HF}} = 2\,\mathrm{GHz}$, $\vartheta\vartheta$-Polarisation)

Die mittlere Anzahl von Straßenschlucht-Streu-*Clustern* pro Schnappschuss beträgt 3,91 (Medianwert 4,00). Eine ausgeprägte Abhängigkeit dieses Wertes vom Abstand zwischen BS und MT wurde nicht gefunden. Die Standardabweichung ist mit 2,40 jedoch relativ hoch. Die Anzahl von Straßenschlucht-Streu-*Clustern* pro Schnappschuss ist, wie bereits erwähnt, stark von der Position des MTs innerhalb der Straße und der Orientierung der Straße abhängig.

Die mittlere Anzahl von entfernten Streu-*Clustern* pro Schnappschuss beträgt 5,66 (Medianwert 3,00), bei einer Standardabweichung von 6,80. Bild 5.7(b) zeigt zudem, dass die Anzahl von entfernten Streu-*Clustern* hin zu größeren Distanzen zur BS sinkt. Eine Erklärung dieses Phänomens wird in Abschnitt 6.4 gegeben.

Pfadanzahl pro Streu-*Cluster*-Art:
Bild 5.8(a) stellt die mittlere Anzahl von Pfaden der drei Streu-*Cluster*-Arten dar. Ein lokaler Streu-*Cluster* enthält im Mittel 10,82 Pfade (Medianwert 7,0), bei einer Standardabweichung von 11,3.

Straßenschlucht-Streu-*Cluster* hingegen enthalten i.d.R. zwischen 5 und 10 Pfade. Der Mittelwert über alle Schnappschüsse beträgt 8,51, der Medianwert 4,00 und die Standardabweichung 7,92.

Ein entfernter Streu-*Cluster* enthält im Mittel wesentlich weniger Pfade als ein lokaler oder Straßenschlucht-Streu-*Cluster*. Dies liegt hauptsächlich daran, dass die räumliche Ausdehnung eines entfernten Streu-*Clusters* i.A. wesentlich geringer ist. Geht man von einer Gleichverteilung der Punkte erster Interaktion aus, können somit wesentlich weniger Pfade im Bereich des Streu-*Clusters* interagieren. Der Mittelwert über alle Schnappschüsse beträgt 3,31, der Medianwert 2,00 und die Standardabweichung 2,43. Wie in Bild 5.8(b) zu sehen, zeigt die Pfadanzahl, im Unterschied zur Streu-*Cluster*-Anzahl, keine ausgeprägte Abstandsabhängigkeit.

134

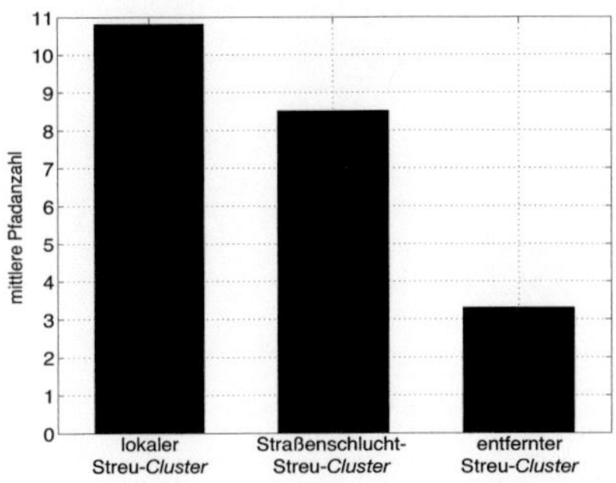

(a) Mittlere Pfadanzahl eines Streu-*Clusters* aufgeteilt in die drei Streu-*Cluster*-Arten

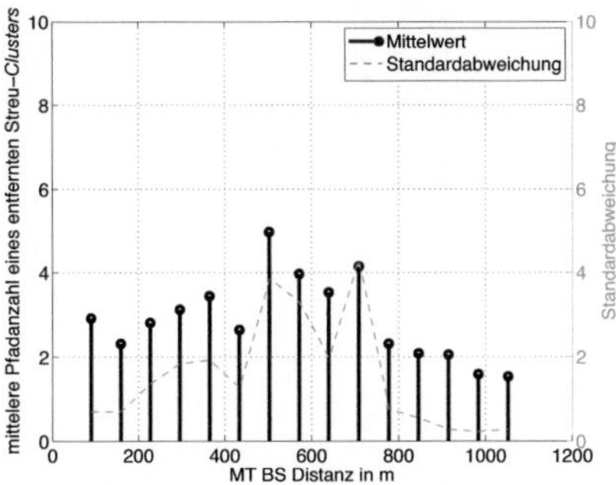

(b) Mittlere Pfadanzahl eines entfernten Streu-*Clusters* über der Distanz zwischen BS und MT

Bild 5.8: Anzahl von Pfaden eines Streu-*Clusters* (deterministisches Kanalmodell, Simulationsrouten aus Bild 5.3, $f_{\mathrm{HF}} = 2\,\mathrm{GHz}$, $\vartheta\vartheta$-Polarisation)

5.4 Prinzip des neuen geometrisch-stochastischen Mehrnutzer-MIMO-Kanalmodells

Die im letzten Abschnitt dargestellten Streu-*Cluster* bilden die Grundlage des im Rahmen dieser Arbeit entwickelten geometrisch-stochastischen Mehrnutzer-MIMO-Kanalmodells. In deterministischen Modellen werden die im Streu-*Cluster* zusammengefassten Interaktionspunkte auf der Basis eines Modells der realen Ausbreitungsumgebung ermittelt. Anstelle von realen Umgebungsobjekten platziert das geometrisch-stochastische Mehrnutzer-MIMO-Kanalmodell hingegen auf Basis von Wahrscheinlichkeitsverteilungen nur Streu-*Cluster* und deren Streuer. Es sollte angemerkt werden, dass der Begriff Streuer in der Literatur unterschiedlich definiert ist. In dieser Arbeit wird er für ein Polygon verwendet, welches sowohl Laufzeit, Sende- und Empfangswinkel als auch Amplitude, Polarisation und Phase eines Pfades verändert. Streuer sollen jedoch nicht das Streuverhalten spezieller Umgebungsobjekte nachbilden. Vielmehr sollen sie Reflexionsvorgänge an einer großen Fläche, diffuse Streuung an einer rauen Oberfläche oder einer Fläche mit kleinen Strukturen als auch Beugungsvorgänge im statistischen Mittel beschreiben, ohne dabei jedoch auf wichtige physikalische Eigenschaften der Streuung zu verzichten. Hierzu zählt die Abhängigkeit der Amplitude des gestreuten Pfades vom Ein- und Ausfallswinkel am Streuer und der Orientierung des Streuers, ebenso wie die Depolarisation des Pfades durch den Streuprozess [Bal89], [GW98]. Zur Beschreibung des Streuvorgangs eines Pfades mit einem Streuer wird das Streumodell aus [Sva01a] und [Sva01b] verwendet. Genauere Informationen zum Streumodell werden in Abschnitt 6.2.5 gegeben. Die Berechnung des Pfadverlaufes zwischen dem Sender, den einem Pfad zugeordneten Streuern und dem Empfänger erfolgt auf Basis eines einfachen *Ray Tracing* Ansatzes. Da die Pfadsuche, wie sie in deterministischen Modellen benötigt wird, durch die Reduktion der Ausbreitungsumgebung auf Streu-*Cluster* und Streuer wegfällt, weisen geometrisch-stochastische Kanalmodelle eine wesentlich geringere Komplexität und erforderliche Rechenleistung auf.

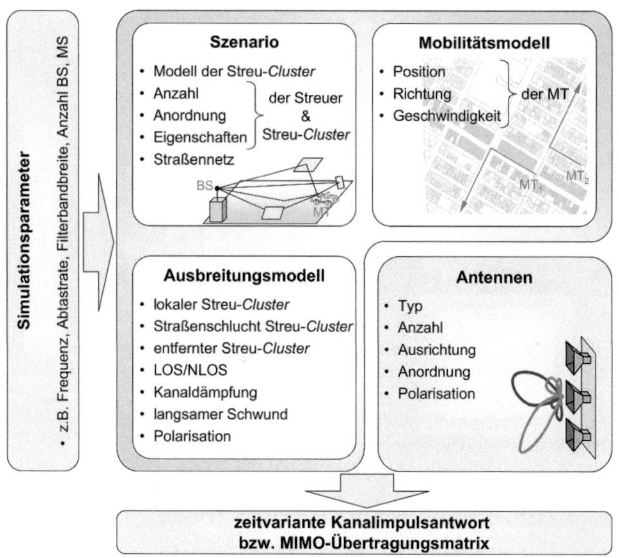

Bild 5.9: Module des geometrisch-stochastischen Mehrnutzer-MIMO-Kanalmodells

Das Gesamtkonzept des neuen geometrisch-stochastischen Mehrnutzer-MIMO-Kanalmodells ist in Bild 5.9 dargestellt. Es besteht im Wesentlichen aus drei Modulen, welche das Szenario, die Bewegung der Nutzer im Szenario und die Ausbreitung der Strahlen modellieren. Hinzu kommt ein viertes, externes Modul, welches der Modellierung der Antenneneinflüsse dient.

Vor Beginn einer jeden Simulation müssen externe Parameter, wie z.B. Bandmittenfrequenz f_0, Filterbandbreite B_S, Abtastrate, Anzahl, Höhe und Position der BS sowie Anzahl und Höhe der MT, festgelegt werden. Hinzu kommen Parameter, welche allgemein das Szenario (z.B. Zellgröße, mittlere Gebäudehöhe, mittlere Straßenbreite) aber auch die Wahrscheinlichkeitsverteilung der Streuregionen (z.B. Anzahl, Anordnung und Eigenschaften der Streuer) beschreiben. Eine Liste aller Modellparameter ist in Anhang A.5 zu finden. Zur Übersicht über die Funktionsweise des geometrisch-stochastischen Mehrnutzer-MIMO-Kanalmodells werden im Folgenden die einzelnen Module kurz erklärt. Eine detaillierte Beschreibung folgt anschließend in Kapitel 6.

Mobilitätsmodellierung:
Anhand der vom Benutzer vorzugebenden externen Parameter wird im Zuge einer Vorprozessierung ein künstliches Straßennetz generiert. Dieses beschreibt die Wege, auf denen sich Nutzer bewegen können. Im Folgeschritt werden die Positionen der einzelnen Basisstationen und der Nutzer im Netz festgelegt. Ein Beispiel eines solchen Straßennetzes mit 7 Basisstationen und 8 Nutzern ist in Bild 5.10 gezeigt. Die Bezeichnung BS wird im Folgenden als Synonym für einen BS-Standort verwendet (d.h. BS bezeichnet einen für den BS-Standort repräsentativen Antennenpunkt). Ein stochastisches Mobilitätsmodell steuert die Bewegung

der Nutzer durch das Szenario. Als Ausgabe liefert es eine realistische Verkehrssituation eines urbanen Mehrnutzer-Mobilfunknetzes. Genauere Informationen zum Mobilitätsmodell sind in Abschnitt 6.1 zu finden.

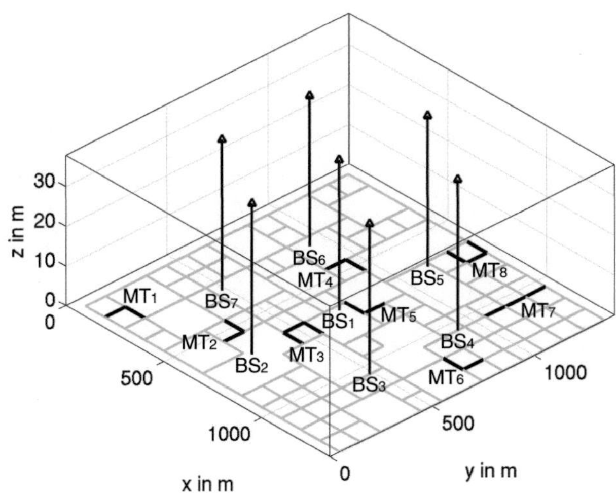

Bild 5.10: Beispiel eines mit dem geometrisch-stochastischen Mehrnutzer-MIMO-Kanalmodell generierten Mobilfunkszenarios mit 7 BS und 8 MT

Umgebungsmodellierung:

Die Abmessung des Straßennetzes sowie die Position der Basisstationen dienen als Vorlage für die Umgebungsmodellierung. Die Aufgabe der Umgebungsmodellierung ist es, für jede BS eine künstliche Stadt (virtuelles Streuszenario), bestehend aus Streu-*Clustern* und Streuern, zu generieren. Hierfür werden verschiedene Wahrscheinlichkeitsverteilungen verwendet, welche z.B. die Position der Streu-*Cluster* in Abhängigkeit von der Entfernung zur BS beschreiben. Für jeden BS-Standort und jede x-y-Koordinate des Szenarios legt das Umgebungsmodell eine Umgebungsdatenbank an. Darin enthalten sind die Positionen der Streu-*Cluster* und der Streuer sowie zusätzliche Informationen, welche zur Berechnung der Ausbreitungseffekte lokaler, entfernter und Straßenschlucht-Streu-*Cluster* notwendig sind.

Die Streuumgebung bleibt während eines Simulationsdurchlaufs unverändert. Die Dauer eines Simulationsdurchlaufs ist vom Anwender frei wählbar und entspricht der realen Beobachtungszeit (Echtzeit) der Funkkanäle der MT. Von Vorteil ist, dass auf Basis des in der Umgebungsdatenbank abgelegten Streuszenarios die für Mehrnutzer-MIMO-Systeme geforderte zeitliche und räumliche Korrelation der Funkkanäle leicht zu erreichen ist und Kanalsimulationen stets reproduzierbar sind (vgl. Abschnitt 1.4).

Modellierung der Mehrwegeausbreitung:
Die sich ausbreitenden Mehrwegepfade zwischen den Basisstationen, den Streuern und den Nutzern werden anhand verschiedener Ausbreitungsmodelle berechnet (vgl. Bild 5.9). Die Grundlage zur Berechnung bildet die für jede BS stochastisch generierte Streuumgebung. Fährt ein Nutzer eine x-y-Koordinate im Szenario an, so werden die an dieser Stelle vorhandenen Ausbreitungseffekte aus der Umgebungsdatenbank abgerufen. Mögliche Ausbreitungseffekte sind lokaler, Straßenschlucht- und entfernte Streu-*Cluster* sowie LOS oder NLOS.

Sei J die Anzahl der Nutzer und N_{BS} die Anzahl der Basisstationen, so liefert das Ausbreitungsmodell insgesamt JN_{BS} Pfadlisten. Jede Pfadliste enthält die für die betrachtete BS-MT Kombination vorhandenen Ausbreitungspfade und deren Pfadparameter (vgl. Abschnitt 2.1.2):

- $\underline{\tilde{\mathbf{\Gamma}}}_q(t)$: vollpolarimetrische komplexe Gesamt-Pfadübertragungsmatrix
- $\tau_q(t)$: Laufzeit
- $\Omega_{\mathrm{T},q}(t)$: Senderichtung
- $\Omega_{\mathrm{R},q}(t)$: Empfangsrichtung

t kennzeichnet dabei die zeitliche Veränderung der Pfadparameter über der Beobachtungszeit.

Obwohl der Modellierungsansatz eine Implementierung von bewegten Streuern zulassen würde, finden diese in der aktuellen Version des Kanalmodells aus Komplexitätsgründen keine Berücksichtigung. Da sich in urbanen Makrozellen der leistungsmäßig signifikante Anteil an Mehrwegepfaden i.d.R. über Gebäude oder andere stationäre Objekte ausbreitet, ist durch den Verzicht auf bewegte Streuer keine maßgebliche Veränderung der Charakteristik der Mehrwegeausbreitung zu erwarten [VVT03]. Die zeitliche Veränderung der Pfadparameter über der Beobachtungszeit entsteht somit im vorliegenden Kanalmodell ausschließlich durch die Bewegung des MTs.

Aufgrund der im Verhältnis zur Bandmittenfrequenz f_0 relativ kleinen Bandbreiten der betrachteten Funksysteme ist es zulässig, $\underline{\tilde{\mathbf{\Gamma}}}_q(t)$ alleine bei f_0 zu bestimmen und als frequenzunabhängig anzunehmen.[2] Aus der Überlagerung aller Ausbreitungspfade lässt sich, analog zu (2.14), die für die betrachtete BS-MT Kombination vorliegende zeitvariante gerichtete Tiefpass-Übertragungsfunktion des Funkkanals $\underline{\mathbf{H}}^{\mathrm{TP}}(\nu,t,\Omega_{\mathrm{T}},\Omega_{\mathrm{R}})$ berechnen:

$$\underline{\mathbf{H}}^{\mathrm{TP}}(\nu,t,\Omega_{\mathrm{T}},\Omega_{\mathrm{R}}) = \sum_{q=1}^{Q(t)} \underline{\tilde{\mathbf{\Gamma}}}_q(t) e^{-j2\pi(f_0+\nu)\tau_q(t)} \delta(\Omega_{\mathrm{T}} - \Omega_{\mathrm{T},q}(t))\delta(\Omega_{\mathrm{R}} - \Omega_{\mathrm{R},q}(t)) \tag{5.13}$$

Definitionsgemäß ist $\underline{\mathbf{H}}^{\mathrm{TP}}(\nu,t,\Omega_{\mathrm{T}},\Omega_{\mathrm{R}})$ unabhängig von jeglichen Antenneneinflüssen.

Modellierung der Antenneneinflüsse:
Zur Berücksichtigung von Antenneneinflüssen muss $\underline{\mathbf{H}}^{\mathrm{TP}}(\nu,t,\Omega_{\mathrm{T}},\Omega_{\mathrm{R}})$ mithilfe von (2.18) in die ungerichtete Übertragungsfunktion des Übertragungskanals $\underline{H}^{\mathrm{TP}}(\nu,t)$ überführt werden (vgl. Abschnitt 2.1.2.2). Hierfür steht, wie in Bild 5.9 gezeigt, ein externes Antennenmodul zur Verfügung. Für eine SISO-Konfiguration genügt es, Gewinncharakteristik und

---

[2]Diese Näherung gilt nicht für UWB-Systeme. Sie werden allerdings in dieser Arbeit nicht betrachtet.

Ausrichtung der Sende- und Empfangsantenne vorzugeben. Mithilfe der inversen Fourier-Transformation von $\underline{H}^{\mathrm{TP}}(\nu, t)$ bezüglich ν ergibt sich nach (2.8) die äquivalente zeitvariante Tiefpass-Impulsantwort $\underline{h}^{\mathrm{TP}}(\tau, t)$ des Übertragungskanals.

Bei einer SIMO-, MISO oder MIMO-Konfiguration müssen hingegen $M \times N$ gerichtete bzw. ungerichtete Übertragungsfunktionen bestimmt werden. Entsprechen die Abstände der Antennen im Antennenarray am Sender und Empfänger den in Abschnitt 4.3.2 genannten Grenzen der Extrapolationsmethode, kann diese hierfür eingesetzt werden. Eingabeparameter sind die exakten Positionen der MIMO-Antennen im Sende- und Empfangsarray, deren Gewinncharakteristik und Ausrichtung sowie die Pfade und Pfadparameter der Referenzposition. Als Ausgabe liefert die Extrapolationsmethode $M \times N$ komplexe zeitvariante Tiefpass-Impulsantworten $\underline{h}_{nm}^{\mathrm{TP}}(\tau, t)$, welche nach (3.1) zur komplexen zeitvarianten MIMO-Übertragungsmatrix $\underline{\mathbf{H}}^{\mathrm{TP}}(\tau, t)$ zusammengefasst werden können.

Entsprechen die Abmessungen der Antennenarrays hingegen nicht den in Abschnitt 4.3.2 beschriebenen Voraussetzungen der Extrapolationsmethode, müssen die $\underline{h}_{nm}^{\mathrm{TP}}(\tau, t)$ der einzelnen Antennenkombinationen separat über das Kanalmodell berechnet werden. Hierbei greift jede Antenne auf das für ihren BS-Standort angelegte Streuszenario zurück.

Kapitel 6

Geometrisch-stochastisches Kanalmodell für urbane Mehrnutzer-MIMO-Systeme

Im letzten Abschnitt wurden bereits die Bestandteile und die prinzipielle Funktionsweise des neuen geometrisch-stochastischen Mehrnutzer-MIMO-Kanalmodells vorgestellt. Ziel dieses Kapitels ist es nun, die einzelnen Modellierungskonzepte im Detail zu beschreiben. Abschnitt 6.1 geht auf die Mobilitätsmodellierung ein. Die Abschnitte 6.2 - 6.4 beschreiben nacheinander die Funktionsweise des Modells für den Ausbreitungseffekt lokaler, Straßenschlucht- und entfernter Streu-*Cluster*. Die Herangehensweise zur Modellierung der Sichtverbindung (LOS-Pfad) ist in Abschnitt 6.5 beschrieben. Zur Skalierung der distanzabhängigen mittleren Übertragungsdämpfung zwischen den Basisstationen und den Nutzern im Netz werden für den NLOS- und den LOS-Fall zwei verschiedene Wegdämpfungsmodelle eingesetzt. Deren Funktionsweise ist in Abschnitt 6.6 erläutert. Wie die Ergebnisse der genannten Ausbreitungsmodelle zu einer polarimetrischen Gesamt-Pfadübertragungsmatrix $\underline{\tilde{\Gamma}}_q(t)$ zusammengesetzt werden, ist in Abschnitt 6.7 erklärt. Aus Übersichtsgründen wird bei den folgenden Beschreibungen meist von einer BS und einem MT ausgegangen und auf den Index der BS und des MTs bei der Darstellung der Symbole und Variablen verzichtet. In einem Netz mit mehreren BS und MT sind die dargestellten Modellierungs- und Rechenschritte für alle BS-MT Kombinationen zu wiederholen.

Das geometrisch-stochastische Mehrnutzer-MIMO-Kanalmodell wurde erstmals in [FMW$^+$04] publiziert und bereits mehrfach erfolgreich in Mehrnutzer-MIMO-Systemuntersuchungen eingesetzt [FMKW04], [FKMW04], [FKW05].

6.1 Mobilitätsmodell und zeitliche Rasterung

Das zeitvariante Verhalten des Funkkanals zwischen einer BS und einem Nutzer wird im vorliegenden geometrisch-stochastischen Mehrnutzer-MIMO-Kanalmodell ausschließlich durch die Bewegung des Nutzers verursacht. Die Steuerung der Bewegung erfolgt dabei auf Basis eines Mobilitätsmodells. Einen guten Überblick über Mobilitätsmodelle liefert die Arbeit [Jug01].

Der im vorliegenden Modell implementierte Ansatz ähnelt dem sog. ETSI-Manhattan Mobilitätsmodell [TR 98]. Dieses wurde vom europäischen Standardisierungsgremium für Telekommunikation (ETSI: engl. *European Telecommunications Standards Institute*) zur Beschreibung der Nutzerbewegung in zellularen, innerstädtischen Mobilfunknetzen definiert. Ziel des Modells ist die Erzeugung eines Straßennetzes sowie die Beschreibung der Nutzerbewegung auf den Straßen.

Erzeugung des Straßennetzes:
Entsprechend [TR 98] wird das Straßennetz als schachbrettartige Graphenstruktur angelegt (vgl. Bild 5.10). Die Knoten des Graphen stellen die Kreuzungen und die Kanten die Straßen dar. Zur Generierung der Knoten wird ein gitterförmiges, rechtwinkliges Einheitsnetz erzeugt, bei dem der Abstand von Knoten zu Knoten zunächst eins beträgt. Nachträglich werden zufällig vereinzelte Knoten (Kreuzungen) wieder aus dem Einheitsnetz entfernt und so das Straßennetz an „europäische" Städte angepasst. Dabei wird darauf geachtet, dass keine Inselstrukturen entstehen, d.h. unabhängige Straßennetze, welche keine Verbindung nach außen aufweisen. Ferner werden Unregelmäßigkeiten grundsätzlich nicht am Rand eingefügt.

Im letzten Schritt wird das Einheitsnetz auf reale Gegebenheiten projiziert, so dass der Abstand zwischen den Knoten der Summe aus gewählter Straßenlänge und Straßenbreite $l_\text{Straße} + w_\text{Straße}$ entspricht. Zusätzlich wird die Anzahl der Knotenpunkte an die Abmessungen des Szenarios in der x-y-Ebene x_Area und y_Area angepasst. Die Koordinaten der Knotenpunkte sind in einem globalen kartesischen Koordinatensystem durch den Ortsvektor $\vec{x}_{\text{X},n_\text{X}}$ definiert (vgl. Bild 5.10). Jeder Knoten erhält eine eigene Knotennummer $n_\text{X} = 1, \ldots, N_\text{X}$ und ist somit später im Zuge der Mobilitätsmodellierung direkt ansprechbar.

Position der Basisstationen und Bewegung der Nutzer:
Die Positionen der $n_\text{BS} = 1, \ldots, N_\text{BS}$ BS sowie der $k = 1, \ldots, J$ Nutzer sind im globalen kartesischen Koordinatensystem definiert. Die einzelnen $\vec{x}_{\text{BS},n_\text{BS}}$ muss der Anwender des Kanalmodells dem Umgebungsmodell vorgeben. Die zeitabhängige x- und y-Koordinate der Nutzer wird über das ETSI-Manhattan-Mobilitätsmodell generiert [TR 98]. Zum Zeitpunkt $t = t_0$ sind alle Nutzer gleichverteilt auf den Straßen des Straßennetzes platziert. Die z-Koordinate der Nutzer, d.h. deren Höhe über Grund, wird nachfolgend als h_MT bezeichnet und muss ebenfalls vom Anwender vorgegeben werden.

Auf die Implementierung eines Modells zur Beschreibung der Aufenthaltswahrscheinlichkeit und der Kanalhaltezeit der Teilnehmer wurde aus Komplexitätsgründen verzichtet. Verschiedene Implementierungsmöglichkeiten sind in [Jug01], [LWN02] aufgezeigt. Alle Teilnehmer sind somit während eines kompletten Simulationsdurchlaufes der Dauer T_D für alle BS sichtbar. Die Teilnehmerbewegung erfolgt geradlinig entlang der Straßen. Die anfängliche Bewegungsrichtung der Nutzer wird zufällig gewählt. Richtungswechsel sind nur an Kreuzungen möglich. Erreicht ein Nutzer eine Kreuzung wird die Richtung der Weiterfahrt per Zufall gleichwahrscheinlich ausgewürfelt. Eine komplette Richtungsumkehr ist nur dann möglich, wenn sich der Teilnehmer in einer Sackgasse befindet. Die Wegstrecke, welche die J Teilnehmer während T_D zurücklegen, wird im Zuge einer Vorprozessierung vollständig generiert.

Diskretisierung:
Zur Implementierung einer Teilnehmerbewegung in einem Computermodell muss diese in der Zeit t diskretisiert werden. Die Strecke

$$\Delta x_{\mathrm{s},k} = |\vec{x}_{\mathrm{MT},k}(t_{\mathrm{s}}) - \vec{x}_{\mathrm{MT},k}(t_{\mathrm{s}-1})| \ , \tag{6.1}$$

welche der k-te Teilnehmer im Intervall $T_{\mathrm{s}} = t_{\mathrm{s}} - t_{\mathrm{s}-1}$ zurücklegt, ergibt sich direkt über dessen momentane Geschwindigkeit.

Das Mobilitätsmodell geht in dieser Arbeit stets von einer über der Zeit t gleichförmigen und konstanten Teilnehmergeschwindigkeit v_{w} aus. Ein Modell zur Beschreibung eines individuellen Teilnehmerverhaltens über der Zeit kann jedoch ohne größeren Aufwand nachträglich hinzugefügt werden.

Zur richtigen Erfassung des zeitvarianten Verhaltens des Funkkanals muss für jeden Nutzerkanal das Nyquist-Shannon'sche Abtasttheorem eingehalten werden. Dieses besagt, dass die Abtastrate mindestens der doppelten maximal auftretenden Dopplerfrequenz entsprechen muss (vgl. (4.1)):

$$T_{\mathrm{s}} = \frac{c_0}{2\max\left\{v_{\mathrm{w}}\right\} f_0} \tag{6.2}$$

6.2 Modellierung lokaler Streu-*Cluster*

Wie in Abschnitt 5.3 aufgezeigt, weist jede urbane makrozellulare Ausbreitungssituation typischerweise genau einen lokalen Streu-*Cluster* auf. Aufgrund seines dominanten Einflusses auf die richtungsaufgelöste Kanalimpulsantwort findet er in nahezu allen geometrischstochastischen Kanalmodellen Berücksichtigung [FMB98], [MKL$^+$99], [Mol04], [HS04a]. Um das gewünschte Verhalten des lokalen Streu-*Clusters* zu erreichen, wurden die in der Literatur beschriebenen Modellierungskonzepte im Rahmen dieser Arbeit umfangreich angepasst und ergänzt. Auf die Ergänzungen wird in den nachfolgenden Abschnitten an entsprechender Stelle hingewiesen.

Der Ausbreitungseffekt lokaler Streu-*Cluster* wird wie folgt modelliert:

- Wie in Bild 6.1 angedeutet, werden im Zuge der Umgebungsmodellierung für jede BS $i = 1, \ldots, N_{\mathrm{xs,LC}}$ Streuer im Szenario platziert. Jeder Streuer ist als quadratische Platte modelliert. Seine Größe, Ausrichtung und Lage wird auf Basis von Wahrscheinlichkeitsdichten festgelegt (vgl. Abschnitt 6.2.1).

- Für eine gegebene BS-MT Kombination trägt aus der Menge der zur BS zugeordneten Streuer immer nur ein bestimmter Anteil aktiv zum lokalen Streu-*Cluster* und somit zur Kanalimpulsantwort bei. Der Anteil aktiver Streuer hängt von der Position des MTs im Straßennetz ab und wird mithilfe einer Suchfunktion ermittelt. Die Eigenschaften der Suchfunktion sind in den Abschnitten 6.2.2 und 6.2.3 erläutert.

- Mit jedem aktiven Streuer interagiert ein einzelner Ausbreitungspfad. Zur Bestimmung seiner Pfadparameter Laufzeit, Ein- und Ausfallswinkel werden vorhandene Analogien des Streumodells zur geometrischen Optik ausgenutzt (vgl. Abschnitt 6.2.4).

- Auf Basis des in [Sva01a] und [Sva01b] beschriebenen Streumodells wird zu jedem Pfad eine komplexe polarimetrische Streumatrix $\underline{\mathbf{S}}_{\mathrm{LC},i,q}$ ermittelt. Diese beschreibt die Wechselwirkung des q-ten Pfades mit dem i-ten Streuer des lokalen Streu-*Clusters* (vgl. Abschnitt 6.2.5). $\underline{\mathbf{S}}_{\mathrm{LC},i,q}$ bildet den Kern der normierten Pfadübertragungsmatrix $\underline{\mathbf{T}}_q(t)$, welche die zeitvariante polarimetrische Amplitude des q-ten Pfades in Bezug auf die Grundübertragungsdämpfung des LOS-Pfades beschreibt (vgl. Abschnitt 6.2.6).

- Im letzten Rechenschritt wird zu jedem Pfad die zeitvariante polarimetrische Gesamt-Pfadübertragungsmatrix $\underline{\tilde{\mathbf{\Gamma}}}_q(t)$ bestimmt (vgl. Abschnitt 6.7). Aus dieser folgt dann mit (2.17) $\underline{\mathbf{h}}^{\mathrm{TP}}(\tau, t, \Omega_{\mathrm{T}}, \Omega_{\mathrm{R}})$.

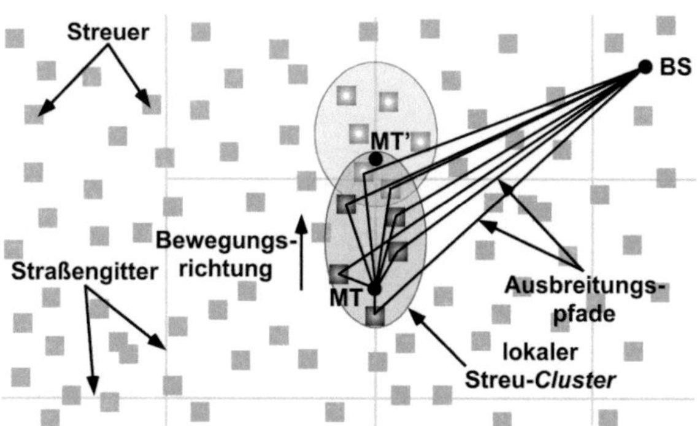

Bild 6.1: Modell des lokalen Streu-*Clusters*: Der Nutzer bewegt sich von der Position MT zur Position MT'. Nur diejenigen Streuer, welche sich innerhalb der elliptischen Suchfunktion aufhalten, leisten einen Beitrag zur Kanalimpulsantwort.

6.2.1 Platzierung und Eigenschaften der Streuer

Wie in Kapitel 5 aufgezeigt, beinhaltet der lokale Streu-*Cluster* zwei verschiedene Pfadsorten. Zum einen handelt es sich um Pfade, welche ausgehend von der BS nach einer Überdachbeugung, Einfachreflexion oder Einfachstreuung auf das MT treffen. Diese Pfade besitzen aus Sicht des MTs einen großen relativen Elevationswinkel (in Bezug auf die LOS-Richtung). Zum anderen handelt es sich um Pfade, welche erst nach einer Mehrfachinteraktion das MT erreichen. Im Verlauf der Mehrfachreflexion sinkt deren relativer Elevationswinkel aus Sicht des MTs und steigt deren Pfadlaufzeit.

Zur Modellierung der beiden Pfadsorten werden vom Umgebungsmodell für jede BS $N_{\mathrm{xs,LC}}$ Streuer mit einer bestimmten Streudichte im Szenario platziert. Auf die Streudichte wird in Abschnitt 6.2.3 eingegangen. Die $N_{\mathrm{xs,LC}}$ Streuer sind in zwei Streugruppen aufgeteilt. $\mathrm{p}_{\mathrm{xs,LC}}\,\%$ der Streuer dienen der Modellierung von einfachinteragierenden und die restlichen $100\,\% - \mathrm{p}_{\mathrm{xs,LC}}\,\%$ der Modellierung von mehrfachinteragierenden Pfaden. Dabei wird angenommen, dass mehrfachinteragierende Pfade des lokalen Streu-*Clusters* in grober Näherung durch einen äquivalenten Einfachstreuer mit angepasster Höhe und Dämpfung modelliert werden können. Nach [Cor01], [Cor06] ist dies für Pfade des lokalen Streu-*Clusters* in guter Näherung

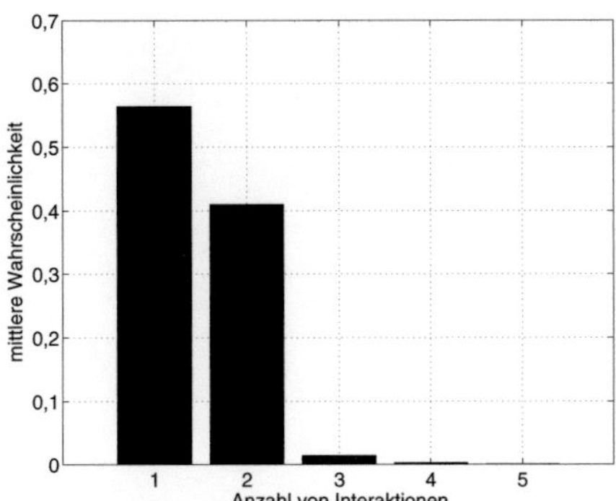

Bild 6.2: Mittlere Wahrscheinlichkeit der Anzahl von Interaktionen der Pfade des lokalen Streu-*Clusters* (deterministisches Kanalmodell, Ergebnis der Streu-*Cluster*-Analyse, Simulationsrouten aus Bild 5.3, $f_{\mathrm{HF}} = 2\,\mathrm{GHz}$, $\vartheta\vartheta$-Polarisation)

zulässig. Der mithilfe der Streu-*Cluster*-Analyse bestimmte (vgl. Abschnitte 5.2 und 5.3) und sich aus Bild 6.2 ergebende Wert von $p_{\mathrm{xs,LC}}$ beträgt ca. 58 %.

Es sei darauf hingewiesen, dass die $N_{\mathrm{xs,LC}}$ Streuer ausschließlich der Modellierung des lokalen Streu-*Clusters* dienen. Zur Modellierung der Straßenschlucht- und der entfernten Streu-*Cluster* werden zusätzliche Streuer platziert (vgl. Abschnitte 6.3 und 6.4).

Die Position der $N_{\mathrm{xs,LC}}$ Streuer wird über die Lage der Streuzentren $Q_{\mathrm{xs,LC},i}$ und die zugehörigen Ortsvektoren $\vec{x}_{Q_{\mathrm{xs,LC},i}}$ im globalen Koordinatensystem beschrieben (vgl. Bild 6.3). Die Erzeugung der x-y-Koordinate eines jeden Streuers erfolgt über eine Gleichverteilung. Die zugehörige z-Koordinate wird über eine nach unten und oben begrenzte Normalverteilung generiert, wobei zwischen Streuern der ersten und zweiten Streugruppe unterschieden wird. Streuer der ersten Streugruppe sollen aus Sicht der BS einen Punkt erster Interaktion im Bereich der mittleren Gebäudehöhe h_{b} repräsentieren. Der Mittelwert der Normalverteilung wird deshalb zu $\mu_{\mathrm{h,xs,LC,1}} = h_{\mathrm{b}}$ gesetzt.[1] Die zugehörige Standardabweichung $\sigma_{\mathrm{h,xs,LC,1}}$ muss entsprechend der Homogenität der Gebäudehöhe gewählt werden. Für Karlsruhe hat sich $\sigma_{\mathrm{h,xs,LC,1}} = 1\,\mathrm{m}$ als ein realistischer Wert herausgestellt. Für Städte mit stärker variierenden Gebäudehöhen ist ein entsprechend höherer Wert anzusetzen. Die z-Koordiante der Streuer in der zweiten Streugruppe wird anhand einer Normalverteilung mit Mittelwert

$$\mu_{\mathrm{h,xs,LC,2}} = h_{\mathrm{MT}} + 0{,}5(h_{\mathrm{b}} - h_{\mathrm{MT}}) \tag{6.3}$$

und Standardabweichung $\sigma_{\mathrm{h,xs,LC,2}} = \sigma_{\mathrm{h,xs,LC,1}} = 1\,\mathrm{m}$ generiert (zur Herleitung von (6.3) siehe Bild 6.23(a)).[2] Deren mittlere Höhe entspricht somit der durchschnittlichen Höhe der letzten Interaktionspunkte aus Sicht der BS von zweifach interagierenden Pfaden. Die Höhe der Streuer beider Streugruppen ist auf den Bereich zwischen h_{MT} und h_{LC} beschränkt, wenn h_{LC} die Höhe des lokalen Streu-*Clusters* angibt (vgl. Abschnitt 6.2.2). Wie in Bild 6.2 gezeigt,

---

[1] Der Tiefindex 1 soll verdeutlichen, dass es sich um einen Streuer der ersten Streugruppe handelt.

[2] Der Tiefindex 2 soll verdeutlichen, dass es sich um einen Streuer der zweiten Streugruppe handelt.

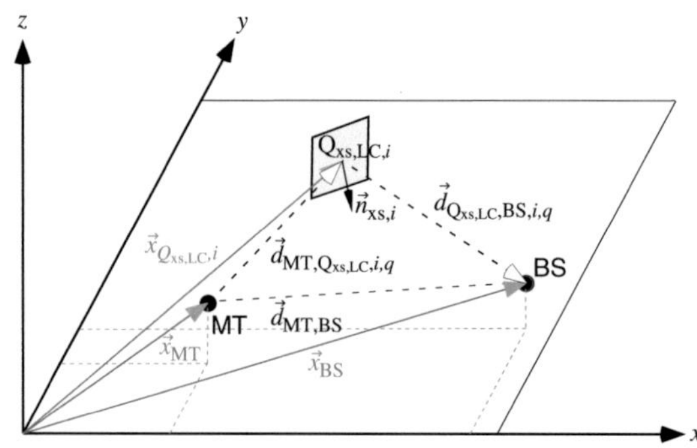

Bild 6.3: Geometrie zur Beschreibung des Streuprozesses an einem Streuer

spielen drei- bis fünffach interagierende Pfade beim lokalen Streu-*Cluster* bezüglich ihrer Auftrittswahrscheinlichkeit und Leistung eine untergeordnete Rolle und werden deshalb nicht gesondert modelliert.

Alle Streuer im geometrisch-stochastischen Mehrnutzer-MIMO-Kanalmodell werden gemäß [Sva01a] und [Sva01b] als quadratische Platten mit Kantenlänge $a_{\mathrm{xs},i}$ und Fläche $A_{\mathrm{xs},i} = (a_{\mathrm{xs},i})^2$ modelliert. Die Kantenlänge $a_{\mathrm{xs},i}$ wird durch eine nach unten begrenzte Gauß-Verteilung mit Mittelwert $\mu_{\mathrm{a,xs}}$, Standardabweichung $\sigma_{\mathrm{a,xs}}$ und Minimalwert $a_{\mathrm{xs,min}}$ erzeugt. Der Normalenvektor $\vec{n}_{\mathrm{xs},i}$ gibt dabei die Orientierung des i-ten Streuers an. Dessen x-, y-, und z-Wert wird entsprechend [Sva01a] und [Sva01b] über voneinander unabhängige Gleichverteilungen mit Minimal- und Maximalwert -1 und $+1$ generiert.

Die Parameter der Streuer beeinflussen direkt deren Streuverhalten (vgl. Abschnitt 6.2.5). Die im Rahmen dieser Arbeit ermittelten Werte von $\mu_{\mathrm{a,xs}}$, $\sigma_{\mathrm{a,xs}}$ und $a_{\mathrm{xs,min}}$ können Anhang A.5 entnommen werden. Die Lage, Ausrichtung und Ausdehnung der Streuer bleibt während der Simulationszeit T_{D} unverändert. Bewegte Streuer könnten berücksichtigt werden, sind jedoch in der momentanen Version des Kanalmodells nicht realisiert. Auf die Elevations-Winkelspreizung am MT, welche sich aus der Höhenverteilung der Streuer ergibt, wird in Abschnitt 6.2.7 eingegangen.

6.2.2 Suchfunktion für den lokalen Streu-*Cluster*

Zur richtungsaufgelösten Kanalimpulsantwort zwischen einem MT und einer BS dürfen nur diejenigen Streuer einen aktiven Beitrag leisten, welche für die gegebene MT-Position zum lokalen Streu-*Cluster* gehören. Die Zugehörigkeit kann über eine geometrische Suchfunktion bestimmt werden. In der Literatur wird hierfür i.d.R. ein Kreiszylinder verwendet, welcher um das MT platziert ist und diejenigen Streuer aktiv schaltet welche sich innerhalb des Zylinders befinden [FMB98], [Cor01]. Aus Bild 5.1 ist jedoch ersichtlich, dass mithilfe eines Kreiszylinders die in der Realität vorhandene Form des lokalen Streu-*Clusters* nur bedingt modelliert werden kann. Wesentlich flexibler ist man bei Verwendung eines Zylinders mit elliptischer

Grundfläche, da dann die Form der Suchfunktion über die große Halbachse $a_{\mathrm{major,LC}}$, die kleine Halbachse $a_{\mathrm{minor,LC}}$ und die Höhe h_{LC} in der x-, y- und z-Dimension gesteuert werden kann.

Die Ausgangssituation zur Suche nach Streuern für den lokalen Streu-*Cluster* ist in Bild 6.4 gezeigt (Draufsicht). $\vec{x}_{\mathrm{C_{LC}}}(t)$ stellt den auf das rechtshändige globale kartesische Koordinatensystem bezogenen Ortsvektor des Mittelpunktes C_{LC} der elliptischen Grundfläche der Suchfunktion dar. Die zeitliche Veränderung von $\vec{x}_{\mathrm{C_{LC}}}(t)$ entsteht durch die Bewegung des Nutzers (vgl. Abschnitt 6.2.3).

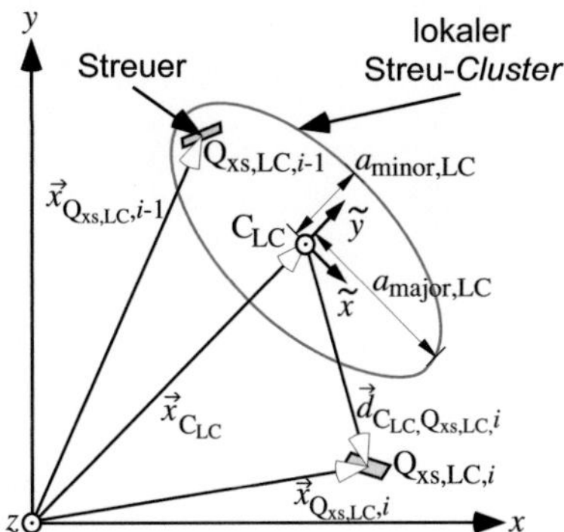

Bild 6.4: Geometrie zur Suche nach Streuern für den lokalen Streu-*Cluster*

$\vec{d}_{\mathrm{C_{LC},Q_{xs,LC},i}}(t)$ beschreibt den Abstandsvektor zwischen dem Streuzentrum des i-ten Streuers $Q_{\mathrm{xs,LC},i}$ und C_{LC}:

$$\vec{d}_{\mathrm{C_{LC},Q_{xs,LC},i}}(t) = \vec{x}_{Q_{\mathrm{xs,LC},i}} - \vec{x}_{\mathrm{C_{LC}}}(t) \tag{6.4}$$

Im Mittelpunkt der elliptischen Grundfläche befindet sich ein lokales rechtshändiges kartesisches Koordinatensystem mit den Achsen $\tilde{x}$, $\tilde{y}$ und $\tilde{z}$ (vgl. Bild 6.4). Das Koordinatensystem ist dabei so gedreht, dass die große Halbachse der Ellipse mit der $\tilde{x}$-Achse und die kleine Halbachse mit der $\tilde{y}$-Achse zusammenfällt. Der Rand der elliptischen Grundfläche bezüglich des lokalen Koordinatensystems ist gegeben durch:

$$\frac{\tilde{x}^2}{a_{\mathrm{major,LC}}^2(t)} + \frac{\tilde{y}^2}{a_{\mathrm{minor,LC}}^2(t)} = 1 \tag{6.5}$$

Im Folgenden wird die Suchfunktion zu einem festen Zeitpunkt $t = t_k$ betrachtet. Über eine einfache Koordinatentransformation von $\vec{d}_{\mathrm{C_{LC},Q_{xs,LC},i}}(t = t_k)$ lässt sich die Lage des Streuzentrums $Q_{\mathrm{xs,LC},i}(\tilde{x}_i, \tilde{y}_i, \tilde{z}_i)$ des i-ten Streuers bezüglich des lokalen Koordinatensystems bestimmen. Ein Streuer trägt dann aktiv zum lokalen Streu-*Cluster* bei, wenn er bezüglich seiner $\tilde{x}$- und $\tilde{y}$-Koordinate die Bedingung

$$d_{\mathrm{norm,LC},i}(t = t_k) = \sqrt{\left(\frac{Q_{\mathrm{xs,LC},i}(\tilde{x}_i, t = t_k)}{a_{\mathrm{major,LC}}(t = t_k)}\right)^2 + \left(\frac{Q_{\mathrm{xs,LC},i}(\tilde{y}_i, t = t_k)}{a_{\mathrm{minor,LC}}(t = t_k)}\right)^2} \leq 1 \tag{6.6}$$

erfüllt. $d_{\mathrm{norm,LC},i}(t = t_k)$ entspricht dem normierten Abstand des i-ten Streuers zum Mittelpunkt C_{LC}.

6.2.3 Dynamisches Verhalten der Suchfunktion

Bild 6.1 veranschaulicht das zeitliche Verhalten des lokalen Streu-*Clusters* für einen Nutzer, der sich von der Position MT zur Position MT' bewegt. Die Lage der Suchfunktion ist an die Position des MTs im Szenario gekoppelt. Bewegt sich der Nutzer, erfasst die Suchfunktion über der Zeit t ständig neue Streuer, während alte verschwinden. Mit jedem aktiven Streuer interagiert genau ein Mehrwegepfad. Streuer und Mehrwegepfad tragen somit immer nur für eine gewisse Zeitdauer zum lokalen Streu-*Cluster* und zur Kanalimpulsantwort bei. Ein solches Verhalten wird in der Literatur als Geburts- und Sterbeprozess (engl. *birth- and death-process*) bezeichnet [Zwi99]. Neben der Pfadanzahl verändern sich die Pfadparameter Laufzeit, Amplitude, Phase und Pfadwinkel am Nutzer mit t. Der Grad der Veränderung ist abhängig von der Bewegung des Nutzers, der Lage und Form der Suchfunktion sowie der Position der BS und der Streuer.

Ein- und Ausblendvorgang der Streuer:
Um einen bezüglich der Pfadamplitude kontinuierlichen Geburts- und Sterbeprozess zu erreichen, erhöht eine Gewichtungsfunktion $A_{\mathrm{F},q}(t) = A_{\mathrm{w}}(d,t)$ die Dämpfung des q-ten Pfades, sobald sein zugeordneter Streuer i im Randbereich der Suchfunktion liegt:

$$A_{\mathrm{w}}(d,t) = \begin{cases} \frac{1}{2} - \frac{1}{\pi}\arctan\left(\frac{2\sqrt{2}y_{\mathrm{A}}(t)}{\sqrt{\lambda x_{\mathrm{A}}}}\right) & \text{, für } 0 \le d(t) \le 1 \\ 0 & \text{, sonst} \end{cases} \tag{6.7}$$

mit

$$d(t) = d_{\mathrm{norm,LC},i}(t) \ \text{ in m,} \tag{6.8}$$

$$y_{\mathrm{A}}(t) = 20\,\mathrm{m} + 100\,d_{\mathrm{norm,LC},i}(t) - 100\,\mathrm{m}\,, \tag{6.9}$$

und

$$x_{\mathrm{A}} = 20\,\mathrm{m} \tag{6.10}$$

Eingangsgröße der Dämpfungsfunktion ist der auf die elliptische Grundfläche normierte Abstand $d_{\mathrm{norm,LC},i}(t)$ aus (6.6). λ ist die Wellenlänge.

(6.7) stellt eine Approximation des Fresnel-Integrals dar [AMSM02].[3] Wie aus Bild 6.5 ersichtlich, nimmt für $d_{\mathrm{norm,LC},i}(t) \le 0{,}75$ die Gewichtungsfunktion ungefähr den Wert $0\,\mathrm{dB}$ ($20\log_{10} A_{\mathrm{w}}$) an. Ab $d_{\mathrm{norm,LC},i}(t) > 0{,}75$ fällt A_{w} kontinuierlich und schnell bis auf einen Wert von $-40\,\mathrm{dB}$ zum Rand der Suchfunktion ab. Bei $d_{\mathrm{norm,LC},i}(t) = 0{,}8$ ist die Gewichtungsfunktion bereits auf den Wert $A_{\mathrm{w}} = 0{,}5$ ($\approx -6\,\mathrm{dB}$) abgefallen. Dieser Wert stimmt genau mit dem Wert überein, den das Fresnel-Integral an dieser Stelle einnehmen würde.

---

[3]Das Fresnel-Integral stellt eine Lösung zur Berechnung des Streuvorgangs an einer absorbierenden Halbebene (engl. *knive-edge*) dar (Kantenbeugung) [GW98].

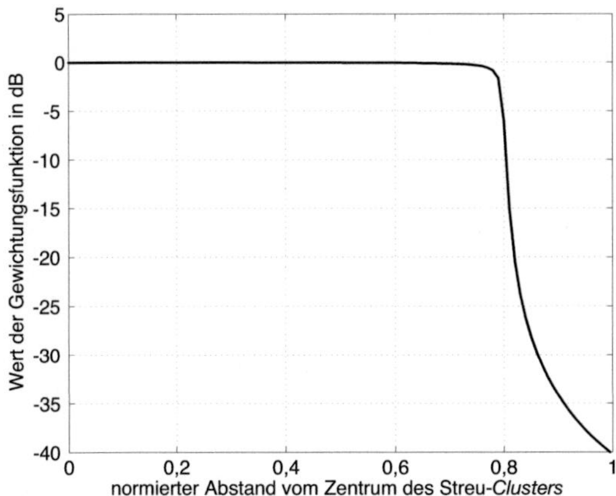

Bild 6.5: Wert der Gewichtungsfunktion $A_{\mathrm{w}}(d,t)$ in dB in Abhängigkeit vom normierten Abstand $d(t) = d_{\mathrm{norm,LC},i}(t)$ des Streuers vom Zentrum des Streu-*Clusters*

Länge der Halbachsen der elliptischen Grundfläche der Suchfunktion:
Die im Rahmen dieser Arbeit durchgeführten Funkkanalmessungen und *Ray Tracing* Simulationen haben gezeigt, dass die Richtungen der Pfade des lokalen Streu-*Clusters* aus Sicht des MTs insbesondere dann einer Gleichverteilung entsprechen, wenn sich das MT auf einem offenen Platz oder im Bereich einer Kreuzung aufhält [FMW03], [FMW05]. Ist hingegen das MT, wie in dem in Bild 5.1 gezeigten Beispiel, in einer Straßenschlucht platziert, so zeichnet sich eine Vorzugsrichtung der Pfade entlang der Straßenschlucht ab. Dabei ist i.A. eine der beiden Richtungen der Straßenschlucht hinsichtlich der Pfadanzahl und der Empfangsleistung stärker ausgeprägt als die andere. Diesen Sachverhalt bestätigen auch beidseitig richtungsaufgelöste Funkkanalmessungen in der Innenstadt Helsinki [KLV+03]. Das MT befindet sich somit streng genommen nicht mehr im Zentrum des Streu-*Clusters*, sondern ist um einen gewissen Offset in Straßenrichtung versetzt (vgl. Bild 5.1). Wie in Bild 6.5 gezeigt, sind zur Einbindung der beschriebenen Sachverhalte in das Modell des lokalen Streu-*Clusters* Form und Lage der Suchfunktion an die Position des MTs im Straßennetz gekoppelt. Ist das MT in einer Straßenschlucht platziert, entspricht die Grundfläche der Suchfunktion einer Ellipse. Fährt das MT auf eine Kreuzung zu, geht die elliptische Grundfläche kontinuierlich in einen Kreis mit dem Radius r_{LC} über. Überschreitet das MT den Mittelpunkt der Kreuzung, formt sich die Grundfläche wieder zu einer Ellipse.

Es wird angenommen, dass die elliptische Grundfläche dann ihre maximale Exzentrizität erreicht, wenn das MT maximal weit von den unmittelbar benachbarten Kreuzungen entfernt ist. Dies entspricht den Beobachtungen bei der Streu-*Cluster*-Analyse. Maximale Exzentrizität bedeutet, dass die große Halbachse maximal und die kleine minimal ausgedehnt ist. Es hat sich als sinnvoll erwiesen, die Werte von $a_{\mathrm{major,LC,max}} = \max\{a_{\mathrm{major,LC}}\}$ und $a_{\mathrm{minor,LC,min}} = \min\{a_{\mathrm{minor,LC}}\}$ an die mittlere Straßenlänge $l_{\mathrm{Straße}}$ und den mittleren Gebäudeabstand w_{b} (vgl. Bild 6.23(a)) zu koppeln, wobei der folgende Zusammenhang das mittlere Verhalten aus *Ray Tracing* recht gut wieder gibt:

$$a_{\mathrm{major,LC,max}} = \frac{l_{\mathrm{Straße}}}{2} \tag{6.11}$$

$$a_{\mathrm{minor,LC,min}} = w_{\mathrm{b}} \tag{6.12}$$

Prinzipiell ist die Überführungsfunktion von der elliptischen zur kreisförmigen Grundfläche des lokalen Streu-*Clusters* frei wählbar. Um jedoch im Suchvolumen eine von $a_{\mathrm{minor,LC}}(t)$ und $a_{\mathrm{major,LC}}(t)$ unabhängige und konstante mittlere Anzahl von Streuern zu erhalten, muss die Grundfläche der Suchfunktion die nachfolgende Bedingung der Flächengleichheit einhalten:

$$\pi a_{\mathrm{major,LC,max}} a_{\mathrm{minor,LC,max}} = \pi r_{\mathrm{LC}}^2 \tag{6.13}$$

Durch Umstellung von (6.13) nach r_{LC} ergibt sich der einzuhaltende Radius des Kreises:

$$r_{\mathrm{LC}} = \sqrt{a_{\mathrm{major,LC,max}} a_{\mathrm{minor,LC,max}}} \tag{6.14}$$

Zur Überführung der großen Halbachse von $a_{\mathrm{major,LC,max}}$ nach r_{LC} bei konstanter Grundfläche geht man wie folgt vor: Sei $d_{\mathrm{MT,X}}(t)$ der Abstand des MTs zum nächsten Kreuzungspunkt. Sei ferner $d_{\mathrm{MT,X,max}} = l_{\mathrm{Straße}}/2 + w_{\mathrm{Straße}}/2$ der maximale Abstand, den das MT aufgrund der geometrischen Gegebenheiten des Szenarios zur nächsten Kreuzung einnehmen kann. Die relative Position des MTs in der Straße lässt sich dann durch das Verhältnis

$$d_{\mathrm{ratio}}(t) = d_{\mathrm{MT,X}}(t)/d_{\mathrm{MT,X,max}} \tag{6.15}$$

beschreiben. Sei nun $f_{\mathrm{LC}}(d_{\mathrm{ratio}}, t)$ die Überführungsfunktion, welche den Übergang von $a_{\mathrm{major,LC,max}}$ zu r_{LC} in Abhängigkeit von $d_{\mathrm{ratio}}(t)$ beschreibt. Mithilfe dieser Größen ergibt sich der Wert von $a_{\mathrm{major,LC}}(t)$ zu:

$$a_{\mathrm{major,LC}}(t) = a_{\mathrm{major,LC,max}} \left(1 - f_{\mathrm{LC}}(d_{\mathrm{ratio}}(t))\right) + r_{\mathrm{LC}} f_{\mathrm{LC}}(d_{\mathrm{ratio}}, t) \tag{6.16}$$

$f_{\mathrm{LC}}(d_{\mathrm{ratio}}, t)$ beeinflusst das Verhalten der Suchfunktion. Um eine konstante Grundfläche zu erhalten, muss $f_{\mathrm{LC}}(d_{\mathrm{ratio}}, t)$ die folgenden zwei Randbedingungen einhalten:

- Für $d_{\mathrm{MT,X}} = d_{\mathrm{MT,X,max}}$ muss die Überführungsfunktion f_{LC} den Wert 0 aufweisen, damit in (6.16) gilt: $a_{\mathrm{major,LC}} = a_{\mathrm{major,LC,max}}$

- Ist hingegen $d_{\mathrm{MT,X}} = 0$, muss f_{LC} den Wert 1 aufweisen, so dass in (6.16) gilt: $a_{\mathrm{major,LC}} = r_{\mathrm{LC}}$

Typischerweise wird der Übergang von der elliptischen zur kreisförmigen Grundfläche erst kurz vor Erreichen des Kreuzungsmittelpunkts vollzogen. Eine genaue Bestimmung der Übergangsfunktion mithilfe der *Ray Tracing* Daten erwies sich jedoch als äußerst schwierig. Aus Mangel an ausreichenden Informationen wurde für $f_{\mathrm{LC}}(d_{\mathrm{ratio}}, t)$ eine mit $d_{\mathrm{ratio}}(t)$ quadratisch abfallende Funktion angesetzt:

$$f_{\mathrm{LC}}(d_{\mathrm{ratio}}, t) = 1 - d_{\mathrm{ratio}}(t)^2 \tag{6.17}$$

Die von $d_{\mathrm{ratio}}(t)$ abhängige Länge der kleinen Halbachse ergibt sich aus der Forderung der Flächengleichheit zu:

$$a_{\mathrm{minor,LC}}(t) = \frac{r_{\mathrm{LC}}^2}{a_{\mathrm{major,LC}}(t)} \tag{6.18}$$

Position des MTs innerhalb der elliptischen Grundfläche der Suchfunktion:
Der bereits angesprochene Versatz des lokalen Streu-*Clusters* (vgl. Bilder 5.1 und 6.1) wird so modelliert, dass sich das MT stets in demjenigen Brennpunkt der Grundfläche aufhält, welcher am weitesten von der betrachteten BS entfernt ist. Ist das MT einmal nach Verlassen einer Kreuzung einem Brennpunkt zugeordnet, so behält es diese Position in der Ellipse bis zum Erreichen der nächsten Kreuzung bei. Die Distanz des MTs vom Mittelpunkt der elliptischen Grundfläche entspricht der linearen Exzentrizität $\varepsilon_{\mathrm{LC}}(t)$.[4] Der Wert von $\varepsilon_{\mathrm{LC}}(t)$ hängt von $d_{\mathrm{ratio}}(t)$, d.h. von der Ausdehnung der elliptischen Grundfläche und der Distanz des Nutzers von der nächsten Kreuzung ab:

$$\varepsilon_{\mathrm{LC}}(t) = d_{\mathrm{ratio}}(t)\varepsilon_{\mathrm{LC,max}} \tag{6.19}$$

$\varepsilon_{\mathrm{LC,max}}$ gibt die maximale lineare Exzentrizität an, welche dann erreicht ist, wenn sich das MT zwischen zwei Kreuzungen befindet, d.h. $d_{\mathrm{ratio}} = 1$ ist:

$$\varepsilon_{\mathrm{LC,max}} = \sqrt{a_{\mathrm{major,max}} + a_{\mathrm{minor,max}}} \tag{6.20}$$

Anzahl von Streuern zur Modellierung des lokalen Streu-*Clusters*:
Die Gesamtzahl von Streuern $N_{\mathrm{xs,LC}}$, welche im Zuge der Umgebungsmodellierung im Szenario zu platzieren sind, ergibt sich zu:

$$N_{\mathrm{xs,LC}} = \overline{N_{\mathrm{xs,LC,aktiv}}}\frac{V_{\mathrm{Area}}}{V_{\mathrm{LC}}} \tag{6.21}$$

$\overline{N_{\mathrm{xs,LC,aktiv}}}$ gibt die mittlere Anzahl von Streuern im lokalen Streu-*Clusters* , $V_{\mathrm{LC}} = \pi r_{\mathrm{LC}}^2 h_{\mathrm{LC}}$ das Volumen des lokalen Streu-*Clusters* und $V_{\mathrm{Area}} = x_{\mathrm{Area}}y_{\mathrm{Area}}h_{\mathrm{LC}}$ das Gesamtvolumen des Szenarios an. Zur Ermittlung von $\overline{N_{\mathrm{xs,LC,aktiv}}}$ wird Bild 5.8(a) herangezogen.

6.2.4 Berechnung der Winkel und der Verzögerungszeit der Pfade

Da das Modell des lokalen Streu-*Clusters* ausschließlich von Einfachstreuern ausgeht, ergibt sich die Ausrichtung des q-ten Pfades am MT $\hat{d}_{\mathrm{MT,Q_{xs,LC}},i,q}(t)$ anhand der Position des MTs mit dem Ortsvektor $\vec{x}_{\mathrm{MT}}(t)$ und der Position der aktiven Streuer mit dem jeweiligen Ortsvektor $\vec{x}_{\mathrm{Q_{xs,LC}},i,q}$ zu:

$$\hat{d}_{\mathrm{MT,Q_{xs,LC}},i,q}(t) = \frac{\vec{x}_{\mathrm{Q_{xs,LC}},i,q} - \vec{x}_{\mathrm{MT}}(t)}{|\vec{x}_{\mathrm{Q_{xs,LC}},i,q} - \vec{x}_{\mathrm{MT}}(t)|} \tag{6.22}$$

Der Winkel von Pfad q an der BS $\hat{d}_{\mathrm{Q_{xs,LC},BS},i,q}$ berechnet sich mithilfe des Ortsvektors $\vec{x}_{\mathrm{BS}}$ der BS zu:

$$\hat{d}_{\mathrm{Q_{xs,LC},BS},i,q} = \frac{\vec{x}_{\mathrm{BS}} - \vec{x}_{\mathrm{Q_{xs}},i,q}}{|\vec{x}_{\mathrm{BS}} - \vec{x}_{\mathrm{Q_{xs}},i,q}|} \tag{6.23}$$

Mit den Abstandsvektoren $\vec{d}_{\mathrm{MT,Q_{xs,LC}},i,q}(t)$ und $\vec{d}_{\mathrm{Q_{xs,LC},BS},i,q}$ kann die Laufzeit $\tau_q(t)$ des q-ten gestreuten Pfades bestimmt werden:

$$\tau_q(t) = \frac{|\vec{d}_{\mathrm{MT,Q_{xs,LC}},i,q}(t)| + |\vec{d}_{\mathrm{Q_{xs,LC},BS},i,q}|}{c_0} = \frac{d_{\mathrm{MT,Q_{xs,LC},BS},i,q}(t)}{c_0} \tag{6.24}$$

---

[4]Als lineare Exzentrizität wird der Abstand der Brennpunkte vom Mittelpunkt einer Ellipse bezeichnet.

$\vec{d}_{\mathrm{MT},Q_{\mathrm{xs,LC}},i,q}(t)$ beschreibt den Abstand zwischen dem MT und dem Streuzentrum $Q_{\mathrm{xs,LC},i}$ und $\vec{d}_{Q_{\mathrm{xs,LC}},\mathrm{BS},i,q}$ den Abstand zwischen $Q_{\mathrm{xs,LC},i}$ und der BS. $d_{\mathrm{MT},Q_{\mathrm{xs,LC}},\mathrm{BS},i,q}(t)$ stellt die skalare Gesamtlänge des q-ten Pfades dar.

6.2.5 Berechnung der Streumatrix

Die Ausgangssituation zur Beschreibung des Streuvorgangs an einem Streuer ist in den Bildern 6.3 und 6.6 dargestellt. Beide Bilder zeigen den Einfall einer ebenen Welle auf eine Platte. Die Einfallsrichtung der Welle ist durch den Einheitsvektor $\vec{e}_k^{\,i}$ gekennzeichnet. Aus Übersichtsgründen wird in diesem Abschnitt auf den Pfadindex q und Streuerindex i verzichtet. θ_i kennzeichnet den Winkel des einfallenden Strahls bezüglich dem Flächennormalenvektor $\vec{n}_{\mathrm{xs}}$. Die Vektoren $\vec{e}_k^{\,i}$ und $\vec{n}_{\mathrm{xs}}$ spannen die sog. Einfallsebene auf. Gemäß [Bal89] kann das auf den Streuer mit der Fläche $A_{\mathrm{xs},i}$ einfallende Feld in die zwei zueinander orthogonalen Komponenten $\underline{\vec{E}}_s^{\,i}$ und $\underline{\vec{E}}_p^{\,i}$ zerlegt werden. Dabei ist $\underline{\vec{E}}_s^{\,i}$ senkrecht und $\underline{\vec{E}}_p^{\,i}$ parallel zur Einfallsebene orientiert. $\underline{\vec{E}}_s^{\,i}$, $\underline{\vec{E}}_p^{\,i}$ und $\vec{e}_k^{\,i}$ spannen dann ein lokales strahlbasiertes Koordinatensystem auf.

Für den Fall $\theta_s = \theta_i$ liegt eine Reflexion vor, d.h. einfallender Strahl, Normalenvektor $\vec{n}_{\mathrm{xs}}$ und ausfallender Strahl $\vec{e}_k^{\,r}$ liegen in einer Ebene. Im allgemeinen Fall ist jedoch das Reflexionsgesetz nicht erfüllt, so dass die tatsächliche Ausbreitungsrichtung des gestreuten Pfades $\vec{e}_k^{\,s}$ von der Richtung der spekularen Reflexion $\vec{e}_k^{\,r}$ abweicht. Ebenso wie das gesendete E-Feld kann auch das gestreute in einen senkrechten und parallelen Anteil $\underline{\vec{E}}_s^{\,s}$ und $\underline{\vec{E}}_p^{\,s}$ zerlegt werden, jedoch bezüglich des lokalen Koordinatensystems des ausfallenden Pfades.

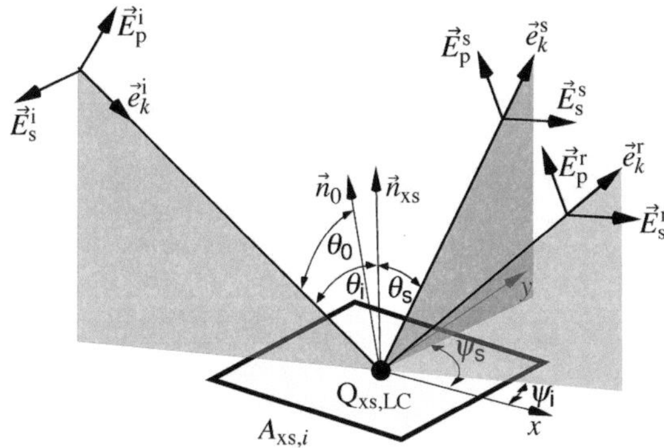

Bild 6.6: Geometrie zur Beschreibung des Streuprozesses an einem Streuer

Das auf den Streuer einfallende Feld wird durch den Streuprozess in Amplitude, Phase und Polarisation verändert. Mathematisch kann diese Veränderung durch eine komplexe polarimetrische Streumatrix $\underline{\mathbf{S}}$ ausgedrückt werden. Zur Berechnung der Streumatrix wird der in [Sva01a] bzw. [Sva01b] beschriebene Streuansatz verwendet. Ziel des Streuansatzes ist es, den Streueinfluss (d.h. sowohl Reflexion, Beugung, Streuung) beliebiger Objekte im statistischen

Mittel durch eine physikalisch begründete Herangehensweise zu beschreiben. Hierzu wird eine kompakte Dyadennotation verwendet, bei der anstelle von $\underline{S}$ eine dyadische Streumatrix $\underline{\vec{S}}$ berechnet wird [Bal89]. Informationen zu den anzuwendenden Koordinatentransformationen sind z.B. in [Bur95], [Mil99] zu finden.

Die dyadische Streumatrix $\underline{\vec{S}}$ zu einem festen Zeitpunkt berechnet sich zu [Sva01a]:

$$\underline{\vec{S}} = \rho_{xs}\underline{\vec{S}}_p \tag{6.25}$$

Die Komponenten in $\underline{\vec{S}}_p$ beschreiben die Depolarisation der Welle, welche durch den Streuvorgang entsteht. Jeder Streuer besitzt eine bestimmte Streucharakteristik, welche die Amplitude des gestreuten Pfades beeinflusst. Dies ist in (6.25) durch den skalaren reellen Faktor ρ_{xs} berücksichtigt. Sowohl $\underline{\vec{S}}_p$ als auch ρ_{xs} hängen von der Einfallsrichtung, der Streurichtung und der Orientierung des Streuers ab[5] und sind bei einer Bewegung des MTs als zeitvariant anzusetzen.

Es kann gezeigt werden [Bal89] und [Sva01b], dass das gestreute Feld an einer rauen Oberfläche in der gleichen Art und Weise depolarisiert ist, wie das reflektierte Feld einer virtuell angenommenen Platte, welche so gekippt ist, dass ihre Reflexionsrichtung $\vec{e}_k^{\,r}$ mit der Ausbreitungsrichtung $\vec{e}_k^{\,s}$ des gestreuten Feldes übereinstimmt. Diesen Sachverhalt macht man sich bei der Bestimmung von $\underline{\vec{S}}_p$ zunutze. Sei $\vec{n}_0$ der Normalenvektor (Länge Eins) der gekippten, virtuellen Platte

$$\vec{n}_0 = \frac{\vec{e}_k^{\,s} - \vec{e}_k^{\,i}}{|\vec{e}_k^{\,s} - \vec{e}_k^{\,i}|} \tag{6.26}$$

und θ_0 der Einfallswinkel des Pfades an der gekippten, virtuellen Platte bezüglich $\vec{n}_0$:

$$\vec{e}_k^{\,s} \cdot \vec{n}_0 = -\vec{e}_k^{\,i} \cdot \vec{n}_0 = \cos\theta_0 \tag{6.27}$$

Mithilfe der in Bild 6.6 dargestellten Ausgangssituation und den Gleichungen (6.26) und (6.27) berechnet sich dann die Streudyade $\underline{\vec{S}}_p$ zu [Sva01a], [Sva01b], [Sva02]:

$$\underline{\vec{S}}_p = -\frac{(\vec{n}_0 \times \vec{e}_k^{\,i})\vec{n}_0 \times \vec{e}_k^{\,i} + (\vec{n}_0 \cos(2\theta_0) + \vec{e}_k^{\,i} \cos\theta_0)\vec{n}_0}{\sin^2\theta_0} \tag{6.28}$$

Alle Streuplatten werden als metallische Platten modelliert, wobei ihre Streucharakteristik ρ_{xs} dann einer $\sin(x)/x$ Charakteristik entspricht. x ist dabei eine Funktion der Kantenlänge der Platte sowie des Ein- und Ausfallswinkels des Feldes [Bal89]. Wenn $\mathrm{sinc}(\cdot)$ die $\sin(x)/x$ Funktion darstellt und a_{xs} die Kantenlänge des als quadratisch modellierten Streuers, so berechnet sich ρ_{xs} über:

$$\rho_{xs} = \mathrm{sinc}(a_{xs}|\vec{e}_k^{\,s} - \vec{e}_k^{\,r}|) = \mathrm{sinc}(a_{xs}|\vec{e}_k^{\,s} - \vec{e}_k^{\,i} + 2(\vec{e}_k^{\,i} \cdot \vec{n}_{xs})\vec{n}_{xs}|). \tag{6.29}$$

Zusammenfassend lässt sich festhalten, dass Amplitude und Phase des gestreuten Feldes von den Größen $\vec{e}_k^{\,i}$, $\vec{e}_k^{\,s}$, $\vec{n}_{xs}$ und a_{xs} abhängen. Informationen zur Auswirkung einzelner Parametereinstellungen auf die Empfangsleistung sind in [Sva01b] zu finden. Die Ausrichtung und Kantenlänge der Streuer werden entsprechend den Angaben in Abschnitt 6.2.1 und Anhang A.5

---

[5]Sie müssten somit streng genommen mit den Indizes i und q des Streuers und Pfades versehen werden.

modelliert. Die übrigen Größen werden interaktiv berechnet, da sie von der Position der BS und der momentanen Position des MTs abhängen. Es sei darauf hingewiesen, dass bei ausschließlicher Verwendung des Streumodells die Polarisationsdiskriminierung der elektromagnetischen Welle nicht ausreichend erfasst ist. Deshalb wird das Streumodell lediglich zur Berechnung der kopolarisierten Komponenten $\underline{S}_{\vartheta\vartheta}$ und $\underline{S}_{\psi\psi}$ eines Pfades eingesetzt. Die kreuzpolarisierten Komponenten werden in einem gesonderten Schritt modelliert (siehe nächster Abschnitt).

6.2.6 Berechnung der normierten Pfadübertragungsmatrix

Alle Pfade des lokalen Streu-*Clusters* weisen lediglich eine Interaktion mit einem einzigen Streuer auf. Der Weg des q-ten Pfades läuft somit vom MT über den i-ten Streuer zur BS. Bei der Anwendung des im letzten Abschnitt beschriebenen Streumodells sind demzufolge die Einheitsvektoren $\vec{e}_{\mathrm{k}}^{\,\mathrm{i}} = \hat{d}_{\mathrm{MT,Q_{xs,LC}},i,q}$ und $\vec{e}_{\mathrm{k}}^{\,\mathrm{s}} = \hat{d}_{\mathrm{Q_{xs,LC},BS},i,q}$ zu setzen. Zur Berechnung der normierten Pfadübertragungsmatrix $\underline{\mathbf{T}}_q(t)$ wird die dyadische Streumatrix des betrachteten Pfades $\vec{\underline{\mathbf{S}}}_q$ über eine Koordinatentransformationen in die komplexe polarimetrische Streumatrix $\underline{\mathbf{S}}_q$ umgewandelt [Bur95], [Mil99]. Die zeitvariante komplexe normierte polarimetrische Pfadübertragungsmatrix des q-ten Pfades $\underline{\mathbf{T}}_q(t)$ des lokalen Streu-*Clusters* ergibt sich dann unter Verwendung von $\underline{S}_{\mathrm{LC},\vartheta\vartheta,i,q}(t)$, $\underline{S}_{\mathrm{LC},\psi\psi,i,q}(t)$ sowie der Pfadlänge $d_{\mathrm{MT,Q_{xs,LC},BS},i,q}(t)$ zu:

$$\underline{\mathbf{T}}_q(t) = \left(\frac{c_0}{4\pi f_0}\right) \frac{1}{d_{\mathrm{MT,Q_{xs,LC},BS},i,q}(t) A_{\mathrm{LOS}}(t)} \sqrt{f_\tau(t,\tau_q')}$$

$$\cdot\, \alpha_{\mathrm{A}} \left[\begin{array}{cc} \underline{S}_{\mathrm{LC},\vartheta\vartheta,i,q}(t)\underline{X}_{\vartheta\vartheta,q} & \underline{S}_{\mathrm{LC},\vartheta\vartheta,i,q}(t)\underline{X}_{\vartheta\psi,q} \\ \underline{S}_{\mathrm{LC},\psi\psi,i,q}(t)\underline{X}_{\psi\vartheta,q} & \underline{S}_{\mathrm{LC},\psi\psi}(t)\underline{X}_{\psi\psi,q} \end{array} \right] \tag{6.30}$$

A_{LOS} gibt die Grundübertragungsdämpfung des LOS-Pfades an:

$$A_{\mathrm{LOS}}(t) = \left(\frac{c_0}{4\pi f_0}\right) \frac{1}{d_{\mathrm{MT,BS}}(t)} \tag{6.31}$$

$d_{\mathrm{MT,BS}}(t)$ stellt die zeitabhängige Distanz zwischen der BS und dem MT dar. Die Normierung mit $A_{\mathrm{LOS}}(t)$ bewirkt, dass sich der Faktor $c_0/4\pi f_0$ in (6.30) heraus kürzt und die polarimetrische Pfadamplitude stets ≤ 1 ist. Über den Faktor α_{A} kann die mittlere Dämpfung der Pfade der ersten und zweiten Streugruppe an realistische Gegebenheiten angepasst werden. Die Streu-*Cluster*-Analyse (vgl. Abschnitte 5.2 und 5.3) hat ergeben, dass die mittlere Pfadleistung von zweifach interagierenden Pfaden ungefähr 14 dB unterhalb der mittleren Pfadleistung von einfachinteragierenden Pfaden liegt. Für Pfade aus Streugruppe eins wird deshalb mit $\alpha_{\mathrm{A}} = 1$ gerechnet und für Pfade der Streugruppe zweiten mit $\alpha_{\mathrm{A}} = 0{,}2$.

Die Funktion $f_\tau(t,\tau_q')$ bietet einen zusätzlichen Freiheitsgrad zur Einstellung der polarisationsunabhängigen mittleren Leistungsverteilung der Pfade des lokalen Streu-*Clusters* über der relativen Verzögerungszeit τ_q' (vgl. nächster Absatz). Die vier Parameter $\underline{X}_{\vartheta\vartheta,q}$, $\underline{X}_{\vartheta\psi,q}$, $\underline{X}_{\psi\vartheta,q}$ und $\underline{X}_{\psi\psi,q}$ werden zur Gewichtung der unterschiedlichen Polarisationen eingesetzt (vgl. übernächster Absatz).

Leistungsverteilung der Pfade über der relativen Verzögerungszeit:
In der Literatur wird für $f_\tau(t, \tau'_q)$ stets eine Exponentialfunktion angenommen [SV87], [GEYC97], [DC99], [Cor01], [Cor06]:

$$f_\tau(t, \tau'_q) = e^{\frac{-\tau'_q(t)}{\tau_A}} \tag{6.32}$$

Die relative Pfadlaufzeit τ'_q ergibt sich aus der Differenz zwischen der Laufzeit des q-ten Pfades und der Laufzeit des kürzesten Pfades des lokalen Streu-*Clusters*. τ_A beschreibt die Abklingkonstante der Exponentialfunktion, welche nach [GEYC97], [Cor01] durch eine Lognormalverteilung beschrieben werden kann. Aus Komplexitätsgründen wird im vorliegenden Modell τ_A lediglich über seinen distanzabhängigen Mittelwert beschrieben:

$$\tau_A = \mu_{\tau_A} \sqrt{\frac{d_{\mathrm{MT,BS}}}{1000\,\mathrm{m}}} \tag{6.33}$$

Der Wert von μ_{τ_A} ist aus [GEYC97] entnommen (vgl. Anhang A.5).

Polarisation:
Die vier Parameter $\underline{X}_{\vartheta\vartheta,q}$, $\underline{X}_{\vartheta\psi,q}$, $\underline{X}_{\psi\vartheta,q}$ und $\underline{X}_{\psi\psi,q}$ in (6.30) dienen der Einstellung der Polarisationsabhängigkeit der normierten Pfadübertragungsmatrix. Die kopolarisierten Komponenten sind bereits über das Streumodell eingestellt, weshalb $\underline{X}_{\vartheta\vartheta,q} = \underline{X}_{\psi\psi,q} = 1$ zu setzen ist. Die Polarisationsdrehung wird in der Literatur auf unterschiedliche Art und Weise charakterisiert [Cor01], [LKT+02], [MRAB05], [YFJS06], [CCG+06], [Cor06], [ABH+07], [LST+07], [DC08]. Am häufigsten wird das Leistungsverhältnis zwischen den kreuzpolarisierten Komponenten verwendet (XPR: engl. *cross-polarization ratio*) [6]:

$$XPR_{\vartheta\psi} = 10\log_{10}\left\{\frac{P_{\vartheta\vartheta}}{P_{\vartheta\psi}}\right\}\ , \text{ in dB} \tag{6.34}$$

bzw.

$$XPR_{\psi\vartheta} = 10\log_{10}\left\{\frac{P_{\psi\psi}}{P_{\psi\vartheta}}\right\}\ , \text{ in dB} \tag{6.35}$$

Weniger verbreitet ist das XPD (engl. *cross-polarization discrimination*), welches das Verhältnis zwischen ko- zu kreuzpolarisierter Leistung angibt:

$$XPD = 10\log_{10}\left\{\frac{P_{\vartheta\vartheta} + P_{\psi\psi}}{P_{\vartheta\psi} + P_{\psi\vartheta}}\right\}\ , \text{ in dB} \tag{6.36}$$

Die Bestimmung von XPR und XPD ist auf unterschiedliche Art und Weise möglich. Meist wird der gemessene schmalbandige Empfangspegel zwischen ϑ und ψ polarisierten Sende- und Empfangsantennen verwendet. Zur Charakterisierung des pfadbasierten Verhaltens der Größen können auch geschätzte Ausbreitungspfade eingesetzt werden [LST+07]. Ebenso ist die Verwendung deterministischer Simulationen möglich. Dabei muss jedoch beachtet werden, dass aufgrund der in Abschnitt 4.3 aufgezeigten leichten Unterschätzung der diffusen Streuleistung

---

[6]Für die übliche Wahl der lokalen Koordinatensysteme am Sender und Empfänger bedeutet ϑ-Polarisation vertikale Polarisation und ψ-Polarisation horizontale Polarisation.

auch die Polarisationsdiskriminierung abweichen würde. Deshalb stützt sich das in dieser Arbeit implementierte Modell ausschließlich auf Messwerte aus der in diesem Abschnitt zitierten Literatur.

XPR und XPD unterscheiden sich nur selten, da häufig gilt: $P_{\vartheta\vartheta} \approx P_{\psi\psi}$ und $P_{\vartheta\psi} \approx P_{\psi\vartheta}$. Die Wahrscheinlichkeitsdichte des XPRs und XPDs lässt sich i.A. durch eine Lognormalverteilung beschreiben, wobei in urbanen Gebieten der gemessene Mittelwert typischerweise zwischen $4 - 8\,\mathrm{dB}$ liegt, bei einer ähnlichen Standardabweichung. In [TLK$^+$02], [SZM$^+$06],[CCG$^+$06], [DC08] wird zusätzlich von einer Abhängigkeit des XPRs bzw. XPDs von der Distanz zwischen dem MT und der BS, der Pfadlaufzeit, dem Ein- und Ausfallswinkel des Pfades sowie der Pfadleistung berichtet. Aus Ermangelung ausreichender Daten ist eine fundierte Aussage über diese Abhängigkeiten jedoch nicht möglich und wird hier deshalb nicht weiter berücksichtigt.

Die für die Berechnung der normierten Pfadübertragungsmatrix $\underline{\mathbf{T}}_q(t)$ (6.30) notwendigen komplexen Gewichtungskoeffizienten der Kreuzpolarisation setzen sich zusammen aus:

$$\underline{X}_{\vartheta\psi,q} = \frac{1}{\sqrt{XPR_{\vartheta\psi,q}}}e^{j\varphi_{\vartheta\psi,q}} = \frac{1}{\sqrt{10^{XPR_{\mathrm{dB},\vartheta\psi,q}/10}}}e^{j\varphi_{\vartheta\psi,q}} \tag{6.37}$$

und

$$\underline{X}_{\psi\vartheta,q} = \frac{1}{\sqrt{XPR_{\psi\vartheta,q}}}e^{j\varphi_{\psi\vartheta,q}} = \frac{1}{\sqrt{10^{XPR_{\mathrm{dB},\psi\vartheta,q}/10}}}e^{j\varphi_{\psi\vartheta,q}} \tag{6.38}$$

Die Phasenterme in (6.37) und (6.38) können als voneinander unabhängige und zwischen 0 und 2π gleichverteilte Zufallsvariablen generiert werden [Cor01]. Die Amplitudenterme $XPR_{\mathrm{dB},\vartheta\psi,q}$ und $XPR_{\mathrm{dB},\psi\vartheta,q}$ werden hingegen über unabhängige Lognormalverteilungen mit Mittelwert $\mu_{\mathrm{XPR}} = 6\,\mathrm{dB}$ und Standardabweichung $\sigma_{\mathrm{XPR}} = 6\,\mathrm{dB}$ generiert (vgl. Anhang A.5). $\underline{X}_{\vartheta\psi,q}$ und $\underline{X}_{\psi\vartheta,q}$ werden im Zuge der Vorprozessierung für jeden Streuer generiert und bleiben während der Simulationsdauer T_{D} unverändert.

6.2.7 Veranschaulichung der Wirkungsweise des lokalen Streu-*Clusters*

Zur Veranschaulichung der Wirkungsweise der dynamischen Suchfunktion wird im Folgenden der Verlauf der Azimut-Winkelspreizung am MT des lokalen Streu-*Clusters* entlang einer charakteristischen Simulationsstrecke betrachtet. Die Bestimmung der MT-Azimut-Winkelspreizung erfolgt nach (2.40), wobei ausschließlich Leistung und Winkel der Pfade des lokalen Streu-*Clusters* am MT verwendet werden. Als Referenz dienen die Daten der Streu-*Cluster*-Analyse der Simulationsstrecke BS $-$ MT$_{11,12}$ (vgl. Abschnitte 5.2 und 5.3), wobei das erste Teilstück herausgegriffen wird. Der Startpunkt des Teilstücks liegt in einer Kreuzung (vgl. Bild 5.3), der Endpunkt befindet sich in einer Straßenschlucht, ungefähr in der Mitte der Strecke BS $-$ MT$_{11,12}$. Bild 6.7(a) zeigt den resultierenden Verlauf der MT-Azimut-Winkelspreizung des lokalen Streu-*Clusters*.

Der in Bild 6.7(b) dargestellte korrespondierende Verlauf des geometrisch-stochastischen Mehrnutzer-MIMO-Kanalmodells stammt von einer exemplarisch herausgegriffenen Simulationsstrecke (Modellparameter entsprechend Anhang A.5). Auch hier startet das MT im Zentrum einer Kreuzung und fährt dann in eine Straßenschlucht mit einer ähnlichen Orientierung

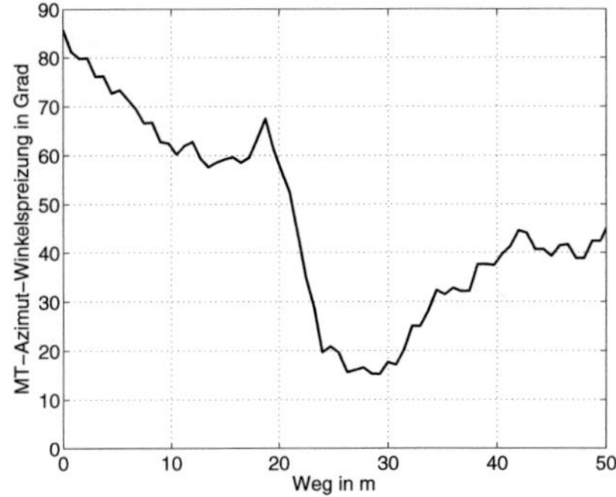

(a) deterministisches Kanalmodell, Simulationsstrecke BS − MT$_{11,12}$ aus Bild 5.3

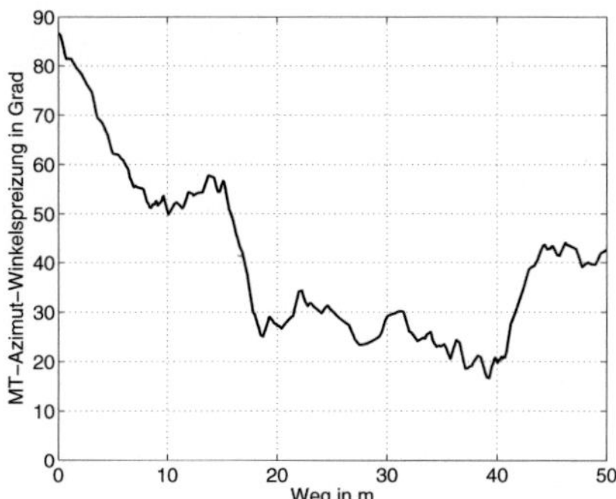

(b) parametrisiertes geometrisch-stochastisches Mehrnutzer-MIMO-Kanalmodell, charakteristische Simulationsstrecke (Parameter nach Anhang A.5)

Bild 6.7: Azimut-Winkelspreizung am mobilen Terminal in Grad für den lokalen Streu-*Cluster* und für eine charakteristische Simulationsstrecke ($f_{\mathrm{HF}} = 2\,\mathrm{GHz}$, $\vartheta\vartheta$-Polarisation)

wie bei *Ray Tracing* hinein. Die Distanz zur BS liegt ebenfalls in der gleichen Größenordnung wie bei *Ray Tracing*.

Durch die Vorzugsrichtung der Straßenschlucht und die daraus resultierende Bündelung der Einfallsrichtung der Strahlen am MT sinkt in den Bildern 6.7(a) und 6.7(b) die MT-Azimut-Winkelspreizung von anfänglich ca. 85° im Verlauf der Strecke stark ab. Typischwerweise beträgt im NLOS-Fall und in Kreuzungsbereichen die MT-Azimut-Winkelspreizung bei *Ray Tracing* 50° − 100°. In Straßenschluchten beträgt sie hingegen je nach Position des MTs und Tiefe der Schlucht zwischen 10° und 50°.[7] Das geometrisch-stochastische Mehrnutzer-MIMO-Kanalmodell gibt dieses Verhalten gut wieder, wobei sich, wie in der Realität, die MT-Azimut-Winkelspreizung einzelner Nutzer je nach Leistung, Anzahl und Verteilung der Streuer bzw. Pfade des lokalen Streu-*Clusters* stark unterscheiden kann.

Zur Beurteilung des Gesamtverhaltens des lokalen Streu-*Clusters* zeigt Bild 6.8 die sich aus den Pfaden des lokalen Streu-*Clusters* ergebende Verteilungsfunktion der MT-Azimut- und MT-Elevations-Winkelspreizung (nur NLOS-Situationen). Die hierfür verwendeten Daten stammen im Fall von *Ray Tracing* aus der Streu-*Cluster*-Analyse aller in Bild 5.3 gezeigten Strecken (vgl. Abschnitte 5.2 und 5.3). Im Fall des geometrisch-stochastischen Mehrnutzer-MIMO-Kanalmodells stammen sie von umfangreichen Monte-Carlo-Simulationen (siehe Abschnitt 7.1.1).

Die Azimut- und Elevations-Winkelspreizung an der BS ist sowohl bei *Ray Tracing* als auch beim geometrisch-stochastischen Mehrnutzer-MIMO-Kanalmodell i.d.R. von der Form des lokalen Streu-*Clusters* wesentlich weniger beeinflusst. Sie liegt typischerweise im Bereich 0,2° bis 2° [Tim06b]. Die BS-Elevations-Winkelspreizung ist typischerweise < 1°.

---

[7] Im LOS-Fall fällt sie aufgrund der Leistungsdominanz des LOS-Pfades für gewöhnlich niedriger aus.

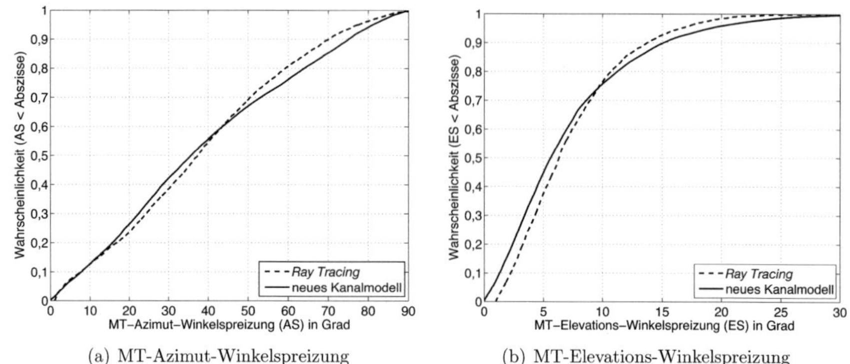

(a) MT-Azimut-Winkelspreizung   (b) MT-Elevations-Winkelspreizung

Bild 6.8: Verteilungsfunktion der Azimut- und Elevations-Winkelspreizung am mobilen Terminal für den lokalen Streu-*Cluster* (deterministisches Kanalmodell, Ergebnis der Streu-*Cluster*-Analyse, Simulationsstrecken aus Bild 5.3, im Vergleich zum parametrisierten geometrisch-stochastischen Mehrnutzer-MIMO-Kanalmodell, $f_{HF} = 2\,\text{GHz}$, $\vartheta\vartheta$-Polarisation)

6.3 Modellierung des Wellenleitereffekts in Straßenschluchten

In Kapitel 5 wurde aufgezeigt, dass in urbanen Makrozellen neben dem lokalen Streu-*Cluster* zusätzlich Straßenschlucht-Streu-*Cluster* auftreten. Trotz ihres starken Einflusses auf die Charakteristika des Funkkanals finden sie jedoch bisher nur in wenigen geometrisch-stochastischen Kanalmodellen Berücksichtigung [Mol04], [Net07]. Deshalb wurde im Rahmen dieser Arbeit ein eigenes Modell entwickelt und implementiert, welches in zwei Teilmodelle gegliedert ist:

- Das erste Teilmodell dient der Ausbreitungsmodellierung zwischen der BS und den Einkoppelpunkten in die Straßenschluchten und ist in Abschnitt 6.3.1 beschrieben. Zur Modellierung der Einkoppelpunkte werden, wie beim lokalen Streu-*Cluster*, im Zuge der Umgebungsmodellierung Streuer im kompletten Szenario verteilt. Die Entscheidung, welcher der Streuer für eine betrachtete BS-MT Kombination tatsächlich einen Einkoppelpunkt darstellt, wird während der Berechnung der Kanalimpulsantwort getroffen. Hierzu werden mithilfe eines Wahrscheinlichkeitsmodells jene Kreuzungen selektiert, in denen jeweils ein Straßenschlucht-Streu-*Cluster* liegen soll. Auf Basis einer Suchfunktion, welche in den Bereich einer jeden selektierten Kreuzung gelegt wird, ist es anschließend möglich, diejenigen Streuer zu ermitteln, welche einen Einkoppelpunkt darstellen. Die Berechnung der physikalischen Wechselwirkung der Pfade mit den Streuern erfolgt auf Basis des in Abschnitt 6.2.5 eingeführten Streumodells.

- Das zweite Teilmodell ermöglicht die Ausbreitung der Pfade innerhalb der Straßenschluchten zu beschreiben und ist in Abschnitt 6.3.2 erläutert. Es wird angenommen, dass entlang der Straßenabschnitte lückenlos Gebäude platziert sind. Die der Straße zugewandten Häuserwände begrenzen dann die Straßen und bilden eine Wellenleiter-Struktur. Ausgehend von den Einkoppelpunkten breiten sich die Wellen entlang der

Straßen in Richtung des MTs aus und interagieren dabei über Mehrfachreflexionen mit den Häuserwänden. Zur Bestimmung der Interaktionspunkte an den Häuserwänden und der Pfadverläufe wird das aus der geometrischen Optik bekannte Prinzip der Spiegelungsmethode angewendet [MDDW00]. Zur Berechnung des an den Häuserwänden reflektierten Feldes werden in die Interaktionspunkte Streuer gelegt und das Streumodell nach Abschnitt 6.2.5 verwendet.

6.3.1 Platzierung und Eigenschaften der Straßenschlucht-Streu-*Cluster*

Im Folgenden wird auf die Generierung der Streuer, die Auswahl der aktiven Kreuzungsbereiche und die Selektion der Streuer in den aktiven Kreuzungsbereichen eingegangen.

Generierung der Streuer:

Im Zuge der Umgebungsmodellierung werden für jede BS insgesamt $i = 1, \ldots, N_{\mathrm{xs,SC}}$ Streuer im Szenario platziert. Die Anzahl $N_{\mathrm{xs,SC}}$ richtet sich nach der mittleren Anzahl von Streuern, welche später in einem Straßenschlucht-Streu-*Cluster* liegen sollen. Auf $N_{\mathrm{xs,SC}}$ wird in einem späteren Paragraphen genauer eingegangen. Die Position eines jeden Streuers ist durch die Lage seines Streuzentrums $Q_{\mathrm{xs,SC},i}$ bzw. den zugehörigen Ortsvektor $\vec{x}_{Q_{\mathrm{xs,SC}},i}$ im globalen Koordinatensystem beschrieben. Die Generierung der x-y-Koordinate der Streuer erfolgt über eine Gleichverteilung, wobei die Länge und Breite des Szenarios in x- und y-Richtung einzuhalten ist. Die Höhe der Streuer wird in zwei Schritten erzeugt. Im Zuge der Umgebungsmodellierung werden die relativen Höhen $h_{\mathrm{xs,SC,rel},i}$ der einzelnen Streuer zueinander ermittelt. Hierfür wird eine mittelwertfreie Normalverteilung mit einer Standardabweichung von $\sigma_{\mathrm{h,xs,SC}} = 0{,}5\,\mathrm{m}$ verwendet. Die geringe Standardabweichung ist, wie in Bild 6.9 zu sehen, durch die typischerweise sehr geringe Elevations-Winkelspreizung von Straßenschlucht-Streu-*Clustern* begründet. Die Zuweisung der absoluten Höhe $h_{\mathrm{xs,SC},i}$ erfolgt erst während der Ausbreitungsberechnung, da dann bekannt ist, welcher der Streuer tatsächlich aktiv ist und wo sich das betrachtete MT im Szenario befindet. Auf die Berechnung der absoluten Höhe wird im übernächsten Paragraphen eingegangen. Die Größe $a_{\mathrm{xs},i}$ und die Ausrichtung $n_{\mathrm{xs},i}$ der Streuer sind entsprechend Abschnitt 6.2.1 zu generieren. Wie in Bild 6.9 zu sehen, erzeugt das parametrisierte geometrisch-stochastische Mehrnutzer-MIMO-Kanalmodell (Parameter nach Anhang A.5) eine sehr realistische Wiedergabe der MT-Elevations-Winkelspreizung von Straßenschlucht-Streu-*Clustern*.

Auswahl aktiver Kreuzungsbereiche:

Entsprechend den Angaben aus den Abschnitten 5.1 und 5.2.3 trägt immer nur eine begrenzte Anzahl von Kreuzungsbereichen zum Ausbreitungseffekt Straßenschlucht-Streu-*Cluster* bei. Welche Kreuzungsbereiche dies sind, hängt von der Position des MTs im Szenario ab. Zur Veranschaulichung der möglichen Einkoppelstellen ist in Bild 6.10 ein Straßennetz mit einer BS und einem MT skizziert. Die weißen Bereiche stellen die Straßen und die grauen die Häuserblöcke dar. Die Position der BS und des MTs im Straßennetz ist willkürlich gewählt. Entsprechend den Abschnitten 5.1 und 5.2.3 treten Straßenschlucht-Streu-*Cluster* ausschließlich in den Kreuzungsbereichen X_1 bis X_{10} auf. Der Bereich zwischen X_9 und X_{10} bildet die

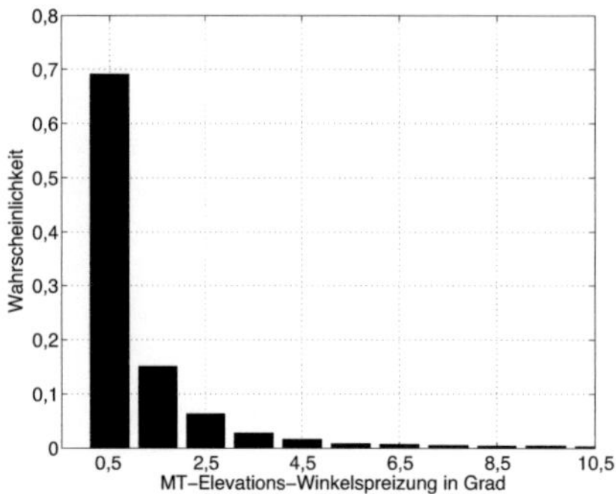

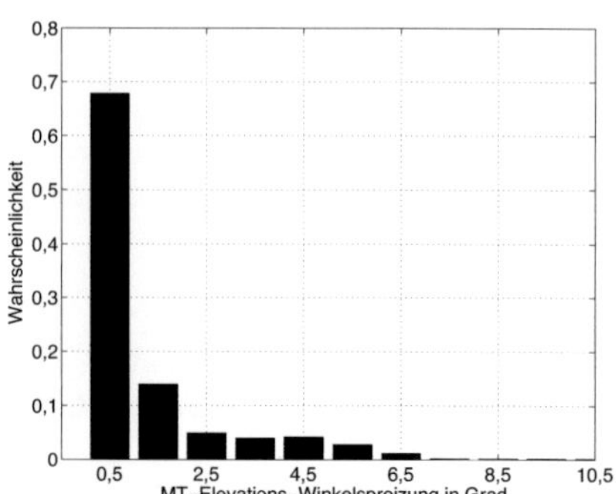

(a) deterministisches Kanalmodell, Ergebnis der Streu-*Cluster*-Analyse, Simulationsstrecken aus Bild 5.3

(b) Monte-Carlo-Simulation mit parametrisiertem geometrisch-stochastischem Mehrnutzer-MIMO-Kanalmodell (Parameter nach Anhang A.5)

Bild 6.9: Wahrscheinlichkeit für die Elevations-Winkelspreizung am MT in Grad für Straßenschlucht-Streu-*Cluster* ($f_{\mathrm{HF}} = 2\,\mathrm{GHz}$, $\vartheta\vartheta$-Polarisation)

Hauptachse der möglichen Einkoppelbereiche und ist durch die Straße vorgegeben, in der sich das MT befindet.

Auf Basis der Streu-*Cluster*-Analyse (vgl. Abschnitte 5.2 und 5.3) konnten hinsichtlich dem Auftreten von Straßenschlucht-Streu-*Clustern* die folgenden Sachverhalte beobachtet werden:

- In keinem der analysierten Schnappschüsse tritt gleichzeitig in jedem Kreuzungsbereich ein Straßenschlucht-Streu-*Cluster* auf.

- Am häufigsten treten Einkoppelpunkte im Bereich der direkt zum MT benachbarten Kreuzungen X_1 und X_2 auf. Die Wahrscheinlichkeit, dass mindestens in einem der beiden Kreuzungsbereiche ein Straßenschlucht-Streu-*Cluster* auftritt, beträgt 82,9 %.

- In den Kreuzungsbereichen X_3 und X_4 (X_5 und X_6) kommen Straßenschlucht-Streu-*Cluster* nur dann vor, wenn sich das MT in der Nähe der Kreuzung X_1 (X_2) befindet, d.h. die Sichtverhältnisse dies zulassen.

- Mit wachsender Distanz zwischen der Position des MTs und einer Kreuzung sinkt die Wahrscheinlichkeit, dass in diesem Kreuzungsbereich ein Straßenschlucht-Streu-*Cluster* auftritt. Für das in Bild 6.10 gezeigte Szenario bedeutet dies, dass Straßenschlucht-Streu-*Cluster* in den äußeren Kreuzungsbereichen X_9 und X_{10} seltener auftreten als in X_7 und X_8 bzw. X_1 und X_2.

- In Kreuzungsbereichen, welche der BS zugewandt sind, treten häufiger Straßenschlucht-Streu-*Cluster* auf als in Kreuzungsbereichen, welche der BS abgewandt sind. Als zugewandt wird eine Kreuzung bezeichnet, wenn ihr Orientierungswinkel $\phi \leq 90°$ ist und als abgewandt, wenn $\phi > 90°$ ist (zur Berechnung von ϕ siehe Bild 6.10).

Die Modellierung der beobachteten Sachverhalte erfolgt mithilfe des folgenden Wahrscheinlichkeitsmodells. Jeder Kreuzung wird im Rahmen der Umgebungsmodellierung für jeden

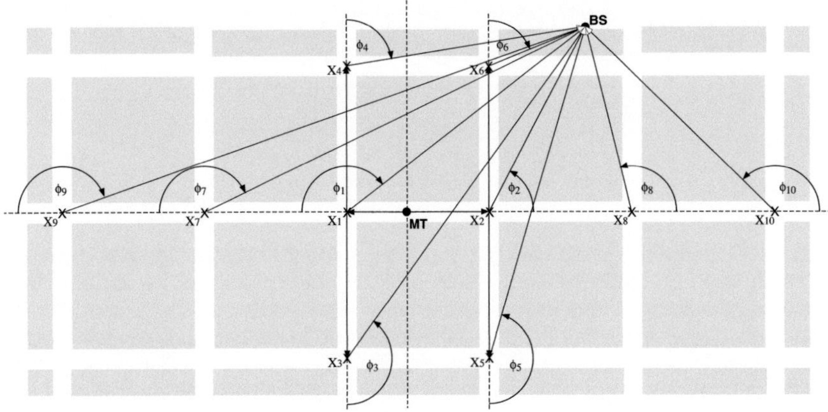

Bild 6.10: Kreuzungsbereiche in denen Straßenschlucht-Streu-*Cluster* liegen können sowie Bezugswinkel zur Bestimmung der aktiven Kreuzungsbereiche

BS-Standort eine gleichverteilte Zufallszahl Z_{n_x} im Intervall $[0; 1]$ zugewiesen. Ausgehend von der Position der betrachteten BS und der zum Zeitpunkt t vorliegenden Position des betrachteten MTs werden im Zuge der Ausbreitungsmodellierung aus der Menge der Kreuzungen diejenigen zehn selektiert, welche zum MT benachbart sind. Für jede der zehn Kreuzungen wird der dazugehörige Orientierungswinkel ϕ entsprechend Bild 6.10 bestimmt. Erreicht das MT zu einem Zeitpunkt eine Kreuzung wird anhand der Richtung der Weiterfahrt ermittelt, welche Kreuzungen als potentielle Einkoppelbereiche hinzukommen und welche verschwinden. Den Kreuzungsbereichen X_1 bis X_{10} ist entsprechend Tabelle 6.1 genau ein Schwellwert $S_{\mathrm{SC},z,i}$ oder $S_{\mathrm{SC},a,i}$ zugeordnet. Die Schwellwerte geben die mithilfe der Streu-*Cluster*-Analyse (vgl. Abschnitte 5.2 und 5.3) bestimmten Wahrscheinlichkeiten an, mit der in den inneren ($i = 1$), mittleren ($i = 2$) und äußeren ($i = 3$) Kreuzungsbereichen ein Straßenschlucht-Streu-*Cluster* auftritt. Dabei wird zusätzlich zwischen dem Fall zugewandte (Index z) und abgewandte (Index a) Kreuzung unterschieden. Die Entscheidung, welche der zehn betrachteten Kreuzungen zum Zeitpunkt t der BS zugewandt und welche abgewandt sind, wird über den jeweiligen Orientierungswinkel $\phi(t)$ getroffen. Für jede Kreuzung wird anhand ihrer Zufallszahl und des zugeordneten Schwellwerts überprüft, ob sich innerhalb ihres Kreuzungsbereiches ein Straßenschlucht-Streu-*Cluster* befindet. Geht man z.B. von einer inneren zugewandten Kreuzung mit der Zufallszahl Z_{n_x} aus, so befindet sich dann innerhalb ihres Bereiches ein Straßenschlucht-Streu-*Cluster*, wenn für sie die Bedingung $Z_{n_x} \leq S_{\mathrm{SC},z,1}$ erfüllt ist. Wäre die Kreuzung für eine andere betrachtete BS-MT-Kombination zum Zeitpunkt t abgewandt, so wäre für sie die Bedingung $Z_{n_x} \leq S_{\mathrm{SC},a,1}$ zu überprüfen.

Selektion der Streuer in einem aktiven Kreuzungsbereich:
Zur Bestimmung der Streuer in aktiven Kreuzungsbereichen wird, wie bei der Ermittlung der Streuer des lokalen Streu-*Clusters*, eine Suchfunktion mit einer elliptischen Grundfläche verwendet (vgl. Bild 6.4). Der Mittelpunkt der Suchfunktion ist durch den Knotenpunkt der Kreuzung definiert, in welcher der Straßenschlucht-Streu-*Cluster* liegen soll. Die Koordinaten

Tabelle 6.1: Schwellwerte zur Bestimmung der aktiven Kreuzungsbereiche (deterministisches Kanalmodell, Ergebnis der Streu-*Cluster*-Analyse, Simulationsstrecken aus Bild 5.3, $f_{\mathrm{HF}} = 2\,\mathrm{GHz}$, $\vartheta\vartheta$-Polarisation, isotrope Sende- und Empfangsantenne)

Kreuzung	Schwellwert	
X_1 bis X_6	$S_{\mathrm{SC,z,1}} = 0{,}71$ oder	$S_{\mathrm{SC,a,1}} = 0{,}37$
X_7 und X_8	$S_{\mathrm{SC,z,2}} = 0{,}47$ oder	$S_{\mathrm{SC,z,2}} = 0{,}33$
X_9 und X_{10}	$S_{\mathrm{SC,z,3}} = 0{,}26$ oder	$S_{\mathrm{SC,a,3}} = 0{,}24$

der Kreuzung sind durch den Ortsvektor $\vec{x}_{\mathrm{X},n_{\mathrm{X}}}$ im globalen Koordinatensystem gegeben. In den Mittelpunkt der elliptischen Grundfläche wird ein lokales rechtshändiges kartesisches Koordinatensystem gelegt. Dieses ist so orientiert, dass seine $\tilde{x}$-Achse mit der großen Halbachse der Ellipse $a_{\mathrm{major,SC}}$ und seine $\tilde{y}$-Achse mit der kleinen Halbachse $a_{\mathrm{minor,SC}}$ zusammenfällt. Es wird angenommen, dass die große Halbachse der elliptischen Grundfläche $a_{\mathrm{major,SC}}$ stets in diejenige Straßenrichtung zeigt, welche mit der Sichtverbindungslinie einen Winkel $< 45°$ bildet. Die aus der Streu-*Cluster*-Analyse (vgl. Abschnitte 5.2 und 5.3) resultierenden Werte von $a_{\mathrm{major,SC}}$ und $a_{\mathrm{minor,SC}}$ sind in Anhang A.5 angegeben.

Der Rand der elliptischen Grundfläche ist im lokalen Koordinatensystem durch (6.5) beschrieben, wobei die Parameter $a_{\mathrm{major,SC}}$ und $a_{\mathrm{minor,SC}}$ anstelle von $a_{\mathrm{major,LC}}$ und $a_{\mathrm{minor,LC}}$ zu verwenden sind. Zur Ermittlung ob sich ein Streuer innerhalb der Suchfunktion aufhält, wird äquivalent zu (6.6) vorgegangen. Der normierte Abstand $d_{\mathrm{norm,SC},i}$ des Streuers i zum Knotenpunkt der Kreuzung ergibt sich zu:

$$d_{\mathrm{norm,SC},i} = \sqrt{\left(\frac{Q_{\mathrm{xs,SC},i}(\tilde{x}_i)}{a_{\mathrm{major,SC}}}\right)^2 + \left(\frac{Q_{\mathrm{xs,SC},i}(\tilde{y}_i)}{a_{\mathrm{minor,SC}}}\right)^2} \leq 1 \tag{6.39}$$

Alle Streuer, für die $d_{\mathrm{norm,SC},i} \leq 1$ gilt, liegen innerhalb der Suchfunktion und bilden einen Einkoppelpunkt des Ausbreitungseffektes Straßenschlucht-Streu-*Cluster*.

Absolute Höhe der Streuer eines Straßenschlucht-Streu-*Clusters*:
Die absolute Höhe $h_{\mathrm{xs,SC},i}$ der über die Suchfunktion selektierten Streuer eines Straßenschlucht-Streu-*Clusters* ergibt sich über

$$h_{\mathrm{xs,SC},i}(t) = h_{\mathrm{xs,rel},i} + h_{\mathrm{xs,SC},n_{\mathrm{X}}}(t) \,, \tag{6.40}$$

wobei $h_{\mathrm{xs,SC},n_{\mathrm{X}}}(t)$ eine Korrekturhöhe darstellt, durch welche jeder der Streuer des betrachteten Straßenschlucht-Streu-*Clusters* während der Kanalsimulation auf seine absolute Höhe verschoben wird. Die Korrekturhöhe beschreibt die mittlere Gesamthöhe der Streuer im betrachteten Straßenschlucht-Streu-*Cluster*. Sie ergibt sich aus dem geometrischen Verhältnis:

$$h_{\mathrm{xs,SC},n_{\mathrm{X}}}(t) = h_{\mathrm{MT}} + \frac{(h_{\mathrm{BS}} - h_{\mathrm{MT}})d_{\mathrm{X,MT},n_{\mathrm{X}}}(t)}{d_{\mathrm{BS,X},n_{\mathrm{X}}} + d_{\mathrm{X,MT},n_{\mathrm{X}}}(t)} \tag{6.41}$$

$d_{\mathrm{BS,X},n_{\mathrm{X}}}$ stellt dabei die Distanz der betrachteten BS zur Kreuzung des Straßenschlucht-Streu-*Clusters* und $d_{\mathrm{X,MT},n_{\mathrm{X}}}(t)$ die Distanz zwischen Kreuzung und MT dar. Die zeitliche Veränderung von $h_{\mathrm{xs,SC},n_{\mathrm{X}}}(t)$ entsteht durch die Bewegung des MTs.

Anzahl der zu platzierenden Streuer:
Aus Bild 5.7 ist bekannt, dass im Mittel 8,51 Pfade von einem Straßenschlucht-Streu-*Cluster* hervorgerufen werden (Medianwert 4,0). Bei der Interpretation dieses Ergebnisses gilt es jedoch zu beachten, dass die mittlere Pfadanzahl nicht der mittleren Anzahl von Einkoppelpunkten (Streuern) eines Straßenschlucht-Streu-*Clusters* entsprechen muss. Denn je nach Lage eines Einkoppelpunktes können sich, wie im nachfolgenden Abschnitt gezeigt wird, zwischen ihm und dem MT mehrere Ausbreitungspfade ausbreiten. Die Streu-*Cluster*-Analyse hat gezeigt, dass ein Einkoppelpunkt im Mittel 2,8 leistungsmäßig relevante Pfade hervorruft. Für $\overline{N_{\mathrm{xs,SC,aktiv}}}$ wird deshalb 3,0 gewählt.

Unter Verwendung von $\overline{N_{\mathrm{xs,SC,aktiv}}}$ ergibt sich die Anzahl von Streuern $N_{\mathrm{xs,SC}}$, welche pro BS im Szenario zu platzieren sind, über:

$$N_{\mathrm{xs,SC}} = \overline{N_{\mathrm{xs,SC,aktiv}}} \frac{A_{\mathrm{Area}}}{A_{\mathrm{SC}}} \tag{6.42}$$

$A_{\mathrm{Area}} = x_{\mathrm{Area}} y_{\mathrm{Area}}$ stellt dabei die Grundfläche des Szenarios und $A_{\mathrm{SC}} = \pi a_{\mathrm{major,SC}} a_{\mathrm{minor,SC}}$ die Grundfläche der Suchfunktion des Straßenschlucht-Streu-*Clusters* dar.

6.3.2 Spiegelungsmethode

Eine geeignete Methode zur Modellierung von Mehrfachreflexionen ist die sog. Spiegelungsmethode, mit der Reflexionspfade einer beliebig hohen Reflexionsordnung effektiv berechnet werden können. Der Ausdruck Ordnung bezieht sich dabei auf die Anzahl durchlaufener Reflexionen $K_{\mathrm{r},q}$ des betreffenden Pfades q in der Straßenschlucht. Zur Erläuterung der Funktionsweise der Spiegelungsmethode ist in Bild 6.11 eine exemplarische Straßenschlucht gezeigt, welche in einer Kreuzung endet. Das MT befindet sich in der Straßenschlucht, die BS ist beliebig im Szenario positioniert. Im Bereich der Kreuzung liegt ein Straßenschlucht-Streu-*Cluster* mit vier Streuern. Die Streuer stellen die Einkoppelpunkte der Pfade in die Straße dar. Zusätzlich sind zwei mögliche Reflexionspfade eingezeichnet, einer erster und einer zweiter Ordnung. Startpunkt beider Pfade bildet die Position der BS, Punkt erster Interaktion ist der Streuer $Q_{\mathrm{xs,SC},i}$ und Endpunkt die Position des MTs. Die Pfadpunkte zwischen $Q_{\mathrm{xs,SC},i}$ und der Position des MTs ergeben sich über einen strahlenoptischen Ansatz.

Berechnung der Reflexionspunkte der Pfade im Wellenleiter:
Möchte man beispielsweise den Reflexionspfad erster Ordnung bestimmen, spiegelt man zunächst die Position des MTs an der Ebene der oberen Hauswand 1. Die Ausrichtung der Ebene der Hauswand ist dabei durch deren Normalenvektor $\vec{n}_1$ gegeben, wobei $\vec{n}_1$ definitionsgemäß in Richtung der Vorderseite der Hauswand d.h. in die Straßenschlucht hinein zeigt. Mit dem Ortsvektor des MTs $\vec{x}_{\mathrm{MT}}$, dem Normalenvektor $\vec{n}_1$ und dem Ortsvektor $\vec{x}_{m_1}$ des Schnittpunktes der Verbindungsgeraden zwischen MT und I_1 mit der Ebene der Hauswand 1 (vgl. Bild 6.11) ergibt sich der Spiegelpunkt I_1 erster Ordnung zu:

$$I_1 = \vec{x}_{\mathrm{MT}} - (2|\vec{x}_{m_1} - \vec{x}_{\mathrm{MT}}|\vec{n}_1) \tag{6.43}$$

Ausgehend vom Streuer berechnet sich der Reflexionspunkt $Q_{\mathrm{r},1,q}$ durch den Schnittpunkt der Geraden zwischen $Q_{\mathrm{xs,SC},i}$ und I_1 mit der Ebene der Hauswand 1. Der Index 1 in der

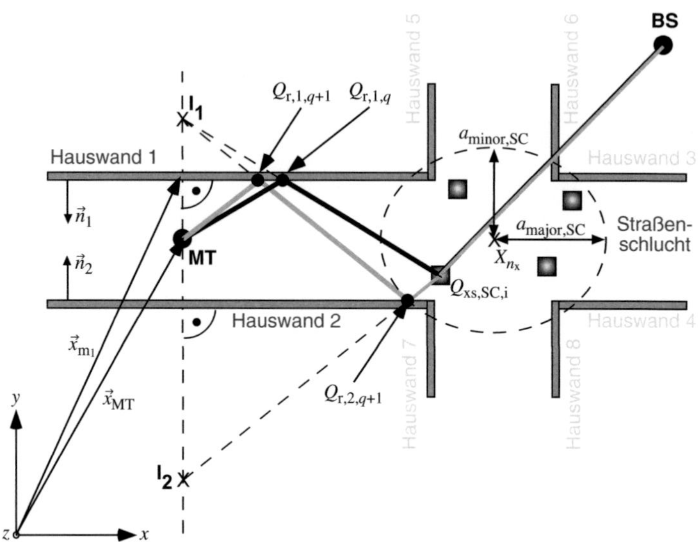

Bild 6.11: Spiegelungsmethode zur Berechnung des Wellenleitereffektes in Straßenschluchten, geometrischer Verlauf von zwei Mehrwegepfaden

Bezeichnung von $Q_{\mathrm{r},1,q}$ gibt an, dass es sich um einen Reflexionspunkt erster Ordnung handelt. Bei der Berechnung von $Q_{\mathrm{r},1,q}$ wird implizit das Reflexionsgesetz angewendet, mit $\theta_\mathrm{i} = \theta_\mathrm{r}$, wenn θ_i den Winkel des einfallenden und θ_r den Winkel des reflektierten Strahlsegments gegenüber dem Lot der Hauswand bezeichnet. Ein so konstruierter Reflexionspfad existiert jedoch nur dann, wenn erstens der Reflexionspunkt $Q_{\mathrm{r},1,q}$ innerhalb des Bereiches der Hauswand liegt und zweitens ausgehend vom Streuer $Q_{\mathrm{xs,SC},i}$ die Vorderseite der Hauswand sichtbar ist. Zur Ermittlung ob die zweite Forderung erfüllt ist, muss gelten:

$$(\vec{x}_{Q_{\mathrm{xs,SC},i}} - \vec{x}_{\mathrm{m}_1}) \cdot \vec{n}_1 > 0 \tag{6.44}$$

Zur Berechnung des eingezeichneten Pfades $q+1$ zweiter Ordnung muss zunächst der Spiegelpunkt I_2 zweiter Ordnung durch Spiegelung von I_1 an Hauswand 2 berechnet werden. Über I_2 und I_1 kann der zweifachreflektierte Pfad ausgehend von $Q_{\mathrm{xs,SC},i}$ aufgelöst werden. Den Reflexionspunkt zweiter Ordnung $Q_{\mathrm{r},2,q+1}$ an Hauswand 2 erhält man durch den Schnittpunkt der Geraden zwischen $Q_{\mathrm{xs,SC},i}$ und I_2 mit der Ebene der unteren Hauswand 2. Die Orientierung der Hauswand 2 sei dabei durch $\vec{n}_2$ gegeben. Der Reflexionspunkt erster Ordnung $Q_{\mathrm{r},1,q+1}$ des Pfades $q+1$ entspricht dem Schnittpunkt der Geraden zwischen $Q_{\mathrm{r},2,q+1}$ und I_1. Auch hier existiert der Pfad nur dann, wenn $Q_{\mathrm{r},1,q+1}$ und $Q_{\mathrm{r},2,q+1}$ innerhalb der Bereiche der Hauswände liegen, an denen gespiegelt wird und wenn kein Pfadsegment eine Hauswand durchstößt.

Zur Bestimmung aller Pfade, welche vom Streuer i ausgehen, muss der beschriebene Prozess weitere Male durchlaufen werden, dann aber mit der ersten Spiegelung von $\vec{x}_{\mathrm{MT}}$ an den anderen umliegenden Hauswänden. Reflexionspfade höherer Ordnung werden mithilfe der Spiegelpunkte höherer Ordnung berechnet. Eingabeparameter des Modells ist die maximale Reflexionsordnung eines Pfades N_r, welche für alle in dieser Arbeit durchgeführten Simulationen zu zwei gesetzt wurde. Die maximale Gesamtzahl an Interaktionen beträgt somit drei. $N_\mathrm{r} = 2$ stellt einen guten Kompromiss aus Rechenzeit und Genauigkeit des Modells dar.

Berechnung des reflektierten Feldes:
Zur Berechnung des Einflusses der Reflexion auf einen sich ausbreitenden Mehrwegepfad wird in jeden Reflexionspunkt des Pfades $Q_{\mathrm{xs,SC},i}$ ein Streuer gelegt. Es hat sich gezeigt, dass auf eine gesonderte Erzeugung von Streuern verzichtet werden kann, indem jeweils eine Kopie des zum Pfad q gehörigen Streuers mit identischen Eigenschaften verwendet wird. Die Berechnung der durch die Interaktion hervorgerufenen Pfaddämpfung erfolgt dann mithilfe des Streumodells aus Abschnitt 6.2.5. Zur Verwendung des Streumodells müssen die Ausrichtung des Streuers sowie die Ausbreitungsrichtungen $\vec{e}_\mathrm{k}^{\,\mathrm{i}}$ und $\vec{e}_\mathrm{k}^{\,\mathrm{s}}$ der einfallenden und der ausfallenden Welle am Streuer bekannt sein. Die Ausrichtung des Streuers i ist durch den Normalenvektor $\vec{n}_{\mathrm{xs},i}$ beschrieben. Sei $\vec{x}_{k_\mathrm{r},q}$ der Ortsvektor des Reflexionspunktes, $\vec{x}_{k_\mathrm{r}-1,q}$ der Ortsvektor des Pfadpunktes davor und k_r die Reflexionsordnung des betrachteten Reflexionspunktes, so gilt für die Ausbreitungsrichtung der einfallenden Welle:

$$\vec{e}_\mathrm{k}^{\,\mathrm{i}} = \frac{\vec{x}_{k_\mathrm{r},q} - \vec{x}_{k_\mathrm{r}-1,q}}{|\vec{x}_{k_\mathrm{r},q} - \vec{x}_{k_\mathrm{r}-1,q}|} \tag{6.45}$$

Der Einheitsvektor des ausfallenden Strahls $\vec{e}_\mathrm{k}^{\,\mathrm{s}}$ berechnet sich aus:[8]

$$\vec{e}_\mathrm{k}^{\,\mathrm{s}} = \frac{\vec{x}_{k_\mathrm{r}+1,q} - \vec{x}_{k_\mathrm{r},q}}{|\vec{x}_{k_\mathrm{r}+1,q} - \vec{x}_{k_\mathrm{r},q}|} \tag{6.46}$$

6.3.3 Berechnung der Pfadeigenschaften

Anhand der Position des MTs und der Position des ersten Reflexionspunktes aus Sicht des MTs $\vec{x}_{\mathrm{Q_r},1,q}(t)$ ergibt sich die Richtung $\hat{d}_{\mathrm{MT,Q_r},q}(t)$ des q-ten Pfades am MT zu:

$$\hat{d}_{\mathrm{MT,Q_r},q}(t) = \frac{\vec{x}_{\mathrm{Q_r},1,q}(t) - \vec{x}_\mathrm{MT}(t)}{|\vec{x}_{\mathrm{Q_r},1,q}(t) - \vec{x}_\mathrm{MT}(t)|} \tag{6.47}$$

Die Richtung $\hat{d}_{\mathrm{Q_{xs},SC,BS},q}$ des q-ten Pfades an der BS berechnet sich aus

$$\hat{d}_{\mathrm{Q_{xs},SC,BS},q} = \frac{\vec{x}_\mathrm{BS} - \vec{x}_{\mathrm{Q_{xs},SC},i,q}}{|\vec{x}_\mathrm{BS} - \vec{x}_{\mathrm{Q_{xs},SC},i,q}|} \, , \tag{6.48}$$

wobei $\vec{x}_{\mathrm{Q_{xs},SC},i,q}$ den Ortsvektor des Streuers aus dem Straßenschlucht-Streu-*Cluster* darstellt, mit dem der Pfad q interagiert.

---

[8]Den Startpunkt $\vec{x}_{0,q}$ des Pfades bildet die Position des i-ten Streuers des Straßenschlucht-Streu-*Clusters*, mit dem der q-te Pfad interagiert. Die Position des Streuers ist dabei gegeben durch $\vec{x}_{\mathrm{Q_{xs},SC},i,q}$. Den Endpunkt des Pfades bildet die Position des MTs mit $\vec{x}_\mathrm{MT}$. $\vec{x}_{k_\mathrm{r}=1,q}$ ist der Ortsvektor des Reflexionspunktes erster Ordnung mit $\vec{x}_{k_\mathrm{r}=1,q} = \vec{x}_{\mathrm{Q_r},1,q}$.

Die Laufzeit $\tau_q(t)$ des Pfades erhält man über

$$\tau_q(t) = \frac{d_{\mathrm{MT,Q_r,Q_{xs,SC},BS},i,q}(t)}{c_0} \, , \tag{6.49}$$

wenn $d_{\mathrm{MT,Q_r,Q_{xs,SC},BS},i,q}(t)$ die Gesamtlänge des q-ten Pfades angibt, welche der Summe der Längen der einzelnen Pfadsegmente entspricht.

Die komplexe polarimetrische Pfadübertragungsmatrix $\underline{\mathbf{T}}_q(t)$ berechnet sich aus der multiplikativen Verknüpfung der beteiligten einzelnen Streuprozesse:

$$\underline{\mathbf{T}}_q(t) = \left(\frac{c_0}{4\pi f_0}\right) \frac{1}{d_{\mathrm{MT,Q_r,Q_{xs,SC},BS},i,q}(t) A_{\mathrm{LOS}}(t)} \sqrt{f_\tau(t,\tau_q')}$$

$$\cdot \begin{bmatrix} \underline{X}_{\vartheta\vartheta,q}\underline{S}_{\mathrm{SC},\vartheta\vartheta,i,q}(t) \prod\limits_{k_r=1}^{K_{r,q}} \underline{S}_{\mathrm{Q_r},\vartheta\vartheta,k_r,i,q}(t) & \underline{X}_{\vartheta\psi,q}\underline{S}_{\mathrm{SC},\vartheta\vartheta,i,q}(t) \prod\limits_{k_r=1}^{K_{r,q}} \underline{S}_{\mathrm{Q_r},\vartheta\vartheta,k_r,i,q}(t) \\ \underline{X}_{\psi\vartheta,q}\underline{S}_{\mathrm{SC},\psi\psi,i,q}(t) \prod\limits_{k_r=1}^{K_{r,q}} \underline{S}_{\mathrm{Q_r},\psi\psi,k_r,i,q}(t) & \underline{X}_{\psi\psi,q}\underline{S}_{\mathrm{SC},\psi\psi,i,q}(t) \prod\limits_{k_r=1}^{K_{r,q}} \underline{S}_{\mathrm{Q_r},\psi\psi,k_r,i,q}(t) \end{bmatrix}$$

$$\tag{6.50}$$

Die Gewichtungskoeffizienten der Kopolarisation sind gemäß Abschnitt 6.2.6 zu $\underline{X}_{\vartheta\vartheta,q} = \underline{X}_{\vartheta\vartheta,q} = 1$ zu setzen. $\underline{X}_{\vartheta\psi,q}$ und $\underline{X}_{\psi\vartheta,q}$ sind hingegen über unabhängige Lognormalverteilungen zu generieren, wobei deren Phase als gleichverteilt zwischen 0 und 2π angenommen wird (vgl. (6.37) und (6.38)). $A_{\mathrm{LOS}}(t)$ entspricht der Grundübertragungsdämpfung des LOS-Pfades aus (6.31). Mithilfe der Funktion $f_\tau(t,\tau_q')$ wird, wie beim lokalen Streu-*Cluster*, das Abklingverhalten der Pfadamplituden aller Pfade eines Straßenschlucht-Streu-*Clusters* in Abhängigkeit ihrer relativen Laufzeit zueinander eingestellt. Zur Berechnung von $f_\tau(t,\tau_q')$ werden, entsprechend den Erläuterungen aus Abschnitt 6.2.6, zunächst die Laufzeiten aller Pfade des betrachteten Straßenschlucht-Streu-*Clusters* auf den Pfad mit der kürzesten Laufzeit normiert. Die zugehörigen Pfadgewichte ergeben sich dann durch Anwendung von (6.32). Der Parameter τ_A ist entsprechend (6.33) zu wählen.

6.4 Modellierung entfernter Streu-*Cluster*

Der Ausbreitungseffekt entfernter Streu-*Cluster* ist bereits Bestandteil zahlreicher geometrisch-stochastischer Kanalmodelle [Cor01], [AMSM02], [HS04b], [Cor06], [MAH⁺06], [AGM⁺06]. Da die meisten geometrisch-stochastischen Kanalmodelle jedoch lediglich in der Lage sind, das Verhalten des einseitig richtungsaufgelösten Funkkanals an der BS zu beschreiben, ist eine direkte Implementierung der darin enthaltenen Ansätze nicht möglich. Ein Kernpunkt dieser Arbeit lag deshalb in der Überprüfung und Anpassung der Ansätze auf Basis von umfangreichen deterministischen Simulationen des MIMO-Funkkanals.

Das implementierte Modell besteht aus den drei Elementen:

- entfernte Streu-*Cluster*

- Sichtbereiche

- MT-Streu-*Cluster*

Entfernte Streu-*Cluster* werden im Zuge der Umgebungsmodellierung nach bestimmten Wahrscheinlichkeitsdichten um die BS platziert. Wie in Bild 6.12 gezeigt, enthält jeder entfernte Streu-*Cluster* mehrere Streuer. Diese stellen mögliche Orte erster Interaktion aus Sicht der BS dar. Prinzipiell trägt in der Realität ein entfernter Streu-*Cluster* (z.B. ein Hochhaus) nur dann zur Kanalimpulsantwort bei, wenn sich das MT in einer bestimmten Region im Szenario aufhält. Zur Modellierung dieses Verhaltens, wird in Anlehnung an die Literatur zu jedem entfernten Streu-*Cluster* eine sog. *Far Cluster Visibility Region* (FC-VR) platziert, welche die Aktivierung und Deaktivierung übernimmt.

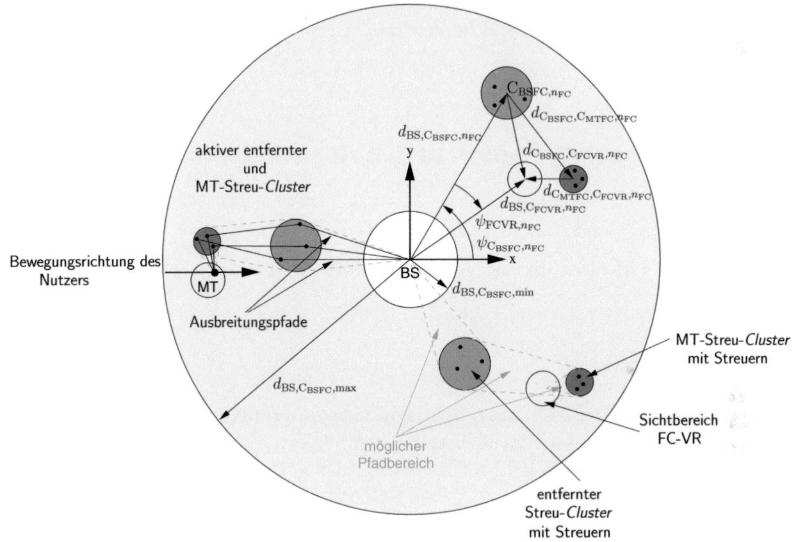

Bild 6.12: Konzept zur Modellierung des Ausbreitungseffektes entfernter Streu-*Cluster*

In Kapitel 5 wurde gezeigt, dass Pfade von entfernten Streu-*Clustern* i.d.R. nicht direkt auf das MT treffen. Vielmehr koppeln sie nach ihrer Interaktion mit den Streuern des entfernten Streu-*Clusters* über eine Kreuzung in diejenige Straßenschlucht ein, in der sich das MT aufhält. Dies bestätigen auch die Arbeiten [FMB98] und [LKT⁺02]. Durch die Einkopplung vergrößert sich die Laufzeit und verändert sich der Einfallswinkel der Pfade am MT. Zur Modellierung der Einkopplung bzw. Punkte letzter Interaktion wurde das in der Literatur beschriebene Ausbreitungsmodell entfernter Streu-*Cluster* im Rahmen dieser Arbeit um sog. MT-Streu-*Cluster* erweitert. Zu jeder FC-VR gehört nun genau ein entfernter und ein MT-Streu-*Cluster*, mit je $N_{\mathrm{xs,FC}}$ Streuern. Hält sich das MT, wie in Bild 6.12 angedeutet, in einer FC-VR auf, werden der entfernte und der MT-Streu-*Cluster* aktiv geschaltet. Mit jedem Streuer im entfernten und MT-Streu-*Cluster* interagiert dann genau ein Mehrwegepfad, so dass $N_{\mathrm{xs,FC}}$ Pfade geboren werden. Fährt das MT aus der FC-VR heraus, sterben der Streu-*Cluster* und die Mehrwegepfade wieder. Zur Bestimmung der jeweiligen polarimetrischen Pfadamplitude wird das in Abschnitt 6.2.5 eingeführte Streumodell verwendet.

Typischerweise sind aufgrund der räumlichen Distanz der einzelnen BS-Standorte für jeden BS-Standort verschiedene FC-VRs, entfernte und MT-Streu-*Cluster* relevant. Demzufolge werden die Position der entfernten und der MT-Streu-*Cluster*, die Position und die Eigenschaften der darin enthaltenen Streuer sowie die Position der FC-VRs für jeden BS-Standort getrennt im Zuge der Umgebungsmodellierung generiert. Entgegen des in Bild 6.12 gezeigten Beispiels befindet sich das MT zudem zu jedem Zeitpunkt i.d.R. in mehr als einer FC-VR. Die Wahrscheinlichkeitsdichten zur Platzierung der entfernten und MT-Streu-*Cluster* sowie der FC-VRs werden in den nachfolgenden Abschnitten aus den *Ray Tracing* Daten der Streu-*Cluster*-Analyse (vgl. Abschnitte 5.2 und 5.3) hergeleitet.

6.4.1 Platzierung und Eigenschaften der entfernten Streu-*Cluster*

Im Folgenden wird das Vorgehen zur Generierung der zu einem BS-Standort zugehörigen $n_{\mathrm{FC}} = 1, \ldots, N_{\mathrm{FC}}$ entfernten Streu-*Cluster* und ihrer jeweiligen $i = 1, \ldots, N_{\mathrm{xs,FC}}$ Streuer vorgestellt.

Position entfernter Streu-*Cluster* bezüglich der zugehörigen BS:
Entfernte Streu-*Cluster* werden als Kreiszylinder modelliert. Mit Bezug auf das in Bild 6.12 gezeigte Koordinatensystem ist die Position eines jeden entfernten Streu-*Clusters* vollständig durch die Lage des Zentrums $\mathrm{C}_{\mathrm{BSFC},n_{\mathrm{FC}}}$ seiner Grundfläche definiert. $d_{\mathrm{BS,C_{BSFC}},n_{\mathrm{FC}}}$ stellt den Abstand des Zentrums vom BS-Standort und $\psi_{\mathrm{C_{BSFC}},n_{\mathrm{FC}}}$ die Winkelablage dar. Die Bestimmung der Wahrscheinlichkeit, mit der entfernte Streu-*Cluster* in Abhängigkeit von ihrer Distanz zur BS $d_{\mathrm{BS,C_{BSFC}},n_{\mathrm{FC}}}$ auftreten, ist mithilfe der in Abschnitt 5.2 eingeführten Algorithmen und der *Ray Tracing* Daten der Innenstadt Karlsruhe möglich. Das Ergebnis der durchgeführten Analyse ist in Bild 6.13(a) dargestellt. Man erkennt deutlich, dass für Distanzen $d_{\mathrm{BS,C_{BSFC}}} < d_{\mathrm{BS,C_{BSFC},min}}$ nahezu keine entfernten Streu-*Cluster* auftreten. Dies kann als repräsentativ für makrozellulare BS-Standorte angesehen werden, denn i.d.R. werden BS-Antennen so platziert, dass sich in ihrer direkten Umgebung keine großen interagierenden Objekte befinden. Ebenso charakteristisch ist, dass ab einer Distanz $d_{\mathrm{BS,C_{BSFC}}} > d_{\mathrm{BS,C_{BSFC},max}}$ keine entfernten Streu-*Cluster* mehr auftreten [Cor01], [AMSM02]. Dies liegt zum einen daran, dass die Wahrscheinlichkeit einer Sichtverbindung zwischen der BS und einem hohen Gebäude mit wachsender Distanz zur BS sinkt. Zum anderen sind Pfade von sehr weit entfernten Gebäuden zudem stark abgeschwächt und werden somit nicht mehr detektiert.

Die sich aus den *Ray Tracing* Daten ergebende Wahrscheinlichkeitsdichte für den Abstand $d_{\mathrm{BS,C_{BSFC}}}$ hat die Gestalt

$$f_{\mathrm{FC}}(d_{\mathrm{BS,C_{BSFC}}}, \psi_{\mathrm{C_{BSFC}}}) = \begin{cases} \dfrac{1}{2\pi\mu_{d_{\mathrm{BS,C_{BSFC}}}}} e^{-\frac{d_{\mathrm{BS,C_{BSFC}}} - d_{\mathrm{BS,C_{BSFC},min}}}{\mu_{d_{\mathrm{BS,C_{BSFC}}}}}} & \text{für } d_{\mathrm{BS,C_{BSFC},min}} \leq d_{\mathrm{BS,C_{BSFC}}} \\ & \qquad \leq d_{\mathrm{BS,C_{BSFC},max}} \\ 0 & \text{sonst} \end{cases}$$

$$(6.51)$$

Der Winkel eines jeden entfernten Streu-*Clusters* $\psi_{\mathrm{C_{BSFC}},n_{\mathrm{FC}}}$ wird über eine Gleichverteilung zwischen 0° und 360° zufällig gezogen. Setzt man die Parameter $d_{\mathrm{BS,C_{BSFC},min}}$, $d_{\mathrm{BS,C_{BSFC},max}}$ und $\mu_{d_{\mathrm{BS,C_{BSFC}}}}$ in (6.51) auf 70 m, 1350 m und 350 m und generiert eine zu *Ray Tracing* identische Anzahl an entfernten Streu-*Clustern*, erhält man die in Bild 6.13(b) dargestellte Wahrscheinlichkeitsverteilung für $d_{\mathrm{BS,C_{BSFC}}}$, welche mit Bild 6.13(a) sehr gut übereinstimmt.

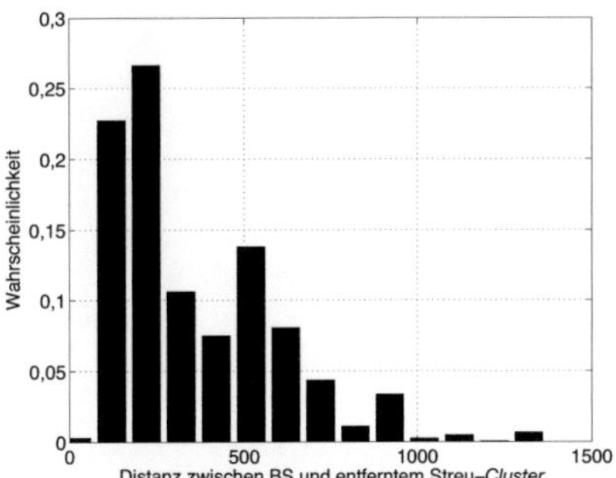

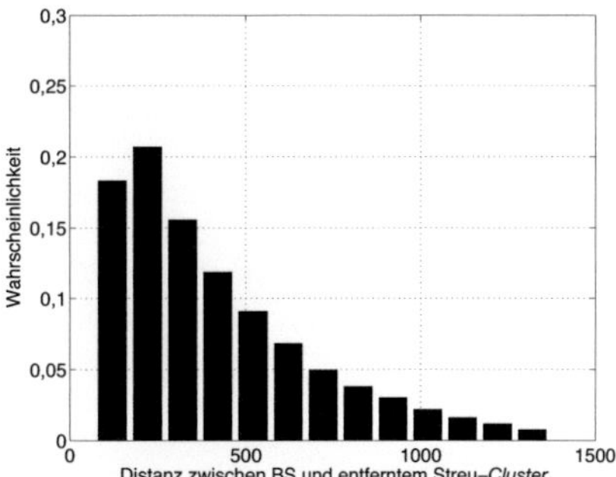

(a) deterministisches Kanalmodell, Ergebnis der Streu-*Cluster*-Analyse, Simulationsstrecken aus Bild 5.3

(b) Modellierung im geometrisch-stochastischen Mehrnutzer-MIMO-Kanalmodell unter Anwendung von (6.51)

Bild 6.13: Wahrscheinlichkeit für den Abstand $d_{\mathrm{BS,C_{BSFC}}}$ zwischen der BS und entfernten Streu-*Clustern* ($f_{\mathrm{HF}} = 2\,\mathrm{GHz}$, $\vartheta\vartheta$-Polarisation)

Position und Anzahl der Streuer des entfernten Streu-*Clusters*:

Jeder entfernte Streu-*Cluster* besteht aus mehreren Streuern, welche im Zuge der Umgebungsmodellierung generiert werden. Aus Bild 5.8(a) ist bekannt, dass die mittlere Anzahl $N_{\mathrm{xs,FC}}$ von Streuern pro entferntem Streu-*Cluster* nahezu unabhängig vom Abstand des entfernten Streu-*Clusters* zur BS ist und $N_{\mathrm{xs,FC}} \approx$ konst. ≈ 3 beträgt.

Die x- und y-Koordinate der $i = 1, \ldots, N_{\mathrm{xs,FC}}$ Streuer innerhalb eines Streu-*Clusters* wird ausgehend von einem Polarkoordinatensystem generiert, welches sich im Zentrum $\mathrm{C_{BSFC},n_{FC}}$ der zirkularen Grundfläche des betrachteten entfernten Streu-*Clusters* befindet.[9] Der Abstand $d_{\mathrm{C_{BSFC},Q_{xs,BSFC}},i}$ des Streuers zum Zentrum $\mathrm{C_{BSFC},n_{FC}}$ kann nach [LMB98] durch eine einseitige,

---

[9]Die Polarachse des Polarkoordinatensystem zeigt dabei in Richtung der x-Achse des globalen Koordinatensystems.

nach oben beschränkte Normalverteilung und seine auf die x-Achse bezogene Winkelablage $\psi_{Q_{xs,BSFC},i}$ durch eine Gleichverteilung zwischen 0 und 2π modelliert werden. Die resultierende Wahrscheinlichkeitsdichte $f_{xs,BSFC}(d_{C_{BSFC},Q_{xs,BSFC}}, \psi_{Q_{xs,BSFC}})$ für $d_{C_{BSFC},Q_{xs,BSFC},i}$ hat die Gestalt:

$$f_{xs,BSFC}(d_{C_{BSFC},Q_{xs,BSFC}}, \psi_{Q_{xs,BSFC}}) = e^{-\frac{\left(d_{C_{BSFC},Q_{xs,BSFC}}\right)^2}{2\left(\sigma_{xs,BSFC}\right)^2}} \quad \text{für } d_{C_{BSFC},Q_{xs,BSFC}} \geq 0 \qquad (6.52)$$

$\sigma_{xs,BSFC}$ wird zu 20 m gewählt, da dann die mittlere räumliche Ausdehnung der entfernten Streu-*Cluster* gut mit dem Mittelwert übereinstimmt, welcher mithilfe der Streu-*Cluster*-Analyse (vgl. Abschnitte 5.2 und 5.3) bestimmt wurde [Tim06b]. Der maximal zulässige Abstand eines Streuers von seinem Streu-*Cluster*-Zentrum wird auf $r_{BSFC} = \max\left\{d_{C_{BSFC},Q_{xs,BSFC}}\right\} = 3\sigma_{xs,BSFC}$ beschränkt, wenn r_{BSFC} den Radius des entfernten Streu-*Clusters* darstellt [Cor06].

Die Höhenverteilung der Streuer im entfernten Streu-*Cluster* kann nach [Sva02] über eine Normalverteilung mit Mittelwert $\mu_{h,xs,BSFC,n_{FC}}$ und Standardabweichung $\sigma_{h,xs,BSFC}$ generiert werden. In Anlehnung an die Prinzipien der geometrischen Optik wird $\mu_{h,xs,BSFC,n_{FC}}$ für jeden entfernten Streu-*Cluster* an die Position der BS sowie des MT-Streu-*Clusters* angepasst. Sei $d_{C_{BSFC},C_{MTFC},n_{FC}}$ die Distanz zwischen dem Zentrum der Grundfläche des n_{FC}-ten entfernten Streu-*Clusters* und dem Zentrum der Grundfläche des zugehörigen n_{FC}-ten MT-Streu-*Clusters*. Sei ferner $d_{C_{MTFC},C_{FCVR},n_{FC}}$ die Distanz zwischen dem Zentrum der Grundfläche des MT-Streu-*Clusters* und dem Zentrum des Sichtbereiches in dem sich das MT befindet (vgl. Bild 6.12). Dann ergibt sich der Mittelwert $\mu_{h,xs,BSFC,n_{FC}}$ aus dem geometrischen Verhältnis:

$$\mu_{h,xs,BSFC,n_{FC}} = h_{MT} + \frac{(h_{BS} - h_{MT})(d_{C_{BSFC},C_{MTFC},n_{FC}} + d_{C_{MTFC},C_{FCVR},n_{FC}})}{d_{BS,C_{BSFC},n_{FC}} + d_{C_{BSFC},C_{MTFC},n_{FC}} + d_{C_{MTFC},C_{FCVR},n_{FC}}} \qquad (6.53)$$

Der Wert von $\sigma_{h,xs,BSFC}$ wurde empirisch anhand der Streu-*Cluster*-Analyse (vgl. Abschnitte 5.2 und 5.3) zu 1,5 m ermittelt.

Die Erzeugung der Kantenlänge und der Richtung des Normalenvektors der einzelnen Streuer erfolgt über die in Abschnitt 6.2.1 angegebenen Wahrscheinlichkeitsdichten.

6.4.2 Platzierung und Eigenschaften der MT-Streu-*Cluster*

Bewegt sich das MT in einen Sichtbereich hinein, wird zusätzlich zum entfernten Streu-*Cluster* ein MT-Streu-*Cluster* eingeblendet. Jedem entfernten Streu-*Cluster* ist somit genau ein MT-Streu-*Cluster* zugeordnet. Dessen Aufgabe ist es, die Einfallsrichtungen der zugehörigen Pfade am MT zu modellieren. MT-Streu-*Cluster* werden, wie auch entfernte Streu-*Cluster*, als Kreiszylinder modelliert.

Position der MT-Streu-*Cluster*:
Bezüglich der Positionierung von MT-Streu-*Clustern* sind in der Literatur nur wenige Angaben zu finden. Dies liegt hauptsächlich daran, dass die meisten geometrisch-stochastischen Kanalmodelle bisher keine MT-Streu-*Cluster* berücksichtigen.

Eine visuelle Sichtung der Pfadverläufe entlang der in Bild 5.3 gezeigten *Ray Tracing* Strecken hat ergeben, dass die meisten Pfade aus entfernten Streu-*Clustern*, bevor sie auf das MT treffen, mit einem Gebäude interagieren, welches sich im Bereich einer direkt zum MT benachbarten Kreuzung befindet. Begründet durch die visuelle Analyse werden MT-Streu-*Cluster* stets im Bereich einer der beiden direkt zur zugehörigen FC-VR benachbarten Kreuzungen platziert. Welche der beiden Kreuzungen dabei gewählt wird, ist zufällig. Die Position eines MT-Streu-*Clusters* ist vollständig durch die Lage des Zentrums $C_{\mathrm{MTFC},n_{\mathrm{FC}}}$ seiner kreisförmigen Grundfläche und dem zugehörigen Ortsvektor $\vec{x}_{\mathrm{C_{MTFC}},n_{\mathrm{FC}}}$ im globalen Koordinatensystem definiert. Mit dem Ortsvektor des Knotenpunktes der Kreuzung $\vec{x}_{\mathrm{X},n_{\mathrm{X}}}$, in dem das MT-Streu-*Cluster* platziert werden soll, ergibt sich $\vec{x}_{\mathrm{C_{MTFC}},n_{\mathrm{FC}}}$ über:

$$\vec{x}_{\mathrm{C_{MTFC}},n_{\mathrm{FC}}} = \begin{pmatrix} \vec{x}_{\mathrm{X},n_{\mathrm{X}}}(x) + d_{\mathrm{C_{MTFC}},\mathrm{X}}\cos(\psi_{\mathrm{C_{MTFC}},\mathrm{X},n_{\mathrm{FC}}}) \\ \vec{x}_{\mathrm{X},n_{\mathrm{X}}}(y) + d_{\mathrm{C_{MTFC}},\mathrm{X}}\sin(\psi_{\mathrm{C_{MTFC}},\mathrm{X},n_{\mathrm{FC}}}) \\ 0 \end{pmatrix} \tag{6.54}$$

Wie in Bild 6.14 gezeigt, stellen die Parameter $d_{\mathrm{C_{MTFC}},\mathrm{X}}$ und $\psi_{\mathrm{C_{MTFC}},\mathrm{X},n_{\mathrm{FC}}}$ sicher, dass das Zentrum der Grundfläche des MT-Streu-*Clusters* stets außerhalb der Straßen platziert ist. Sie verhindern somit eine Durchfahrt des MTs durch das Streu-*Cluster* und eine hieraus resultierende unrealistische Verteilung der Pfadwinkel am MT.

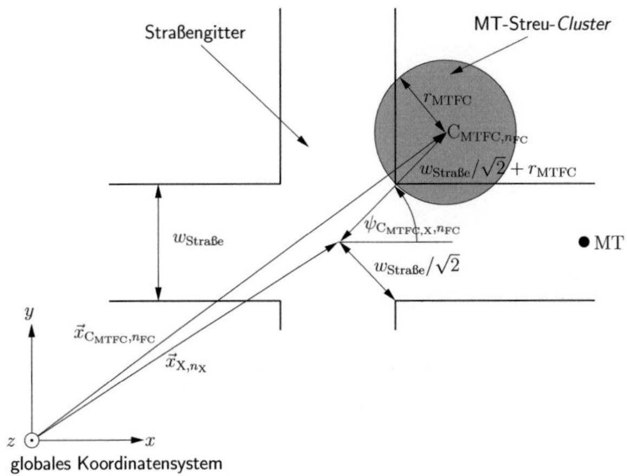

Bild 6.14: Skizze zur Platzierung von MT-Streu-*Clustern*

$d_{\mathrm{C_{MTFC}},\mathrm{X}}$ stellt die radiale Distanz zwischen $C_{\mathrm{MTFC},n_{\mathrm{FC}}}$ und dem Knotenpunkt der Kreuzung dar und wird fest zu

$$d_{\mathrm{C_{MTFC}},\mathrm{X}} = \frac{w_{\mathrm{Straße}}}{\sqrt{2}} + r_{\mathrm{MTFC}} \tag{6.55}$$

gesetzt. r_{MTFC} ist die maximale Ausdehnung des MT-Streu-*Clusters* (vgl. nächster Absatz). $\psi_{\mathrm{C_{MTFC}},\mathrm{X},n_{\mathrm{FC}}}$ gibt die dazugehörige Winkelablage entsprechend Bild 6.14 an. Die Winkelablage wird stets so gewählt, dass das MT-Streu-*Cluster* in einer der vier Ecken der Kreuzung platziert ist. $\psi_{\mathrm{C_{MTFC}},\mathrm{X},n_{\mathrm{FC}}}$ darf somit ausschließlich die Werte 45°, 135°, 225° und 315° annehmen. Die Auftrittswahrscheinlichkeit der vier Winkel wird zu 0,25 gesetzt.

Position und Anzahl der Streuer des MT-Streu-*Clusters*:

Innerhalb eines MT-Streu-*Clusters* befinden sich genauso viele Streuer wie in einem entfernten Streu-*Cluster*, d.h. $N_{\mathrm{xs,FC}}$ = konst. = 3. Deren x- und y-Position wird in Bezug auf das Zentrum der Grundfläche des MT-Streu-*Clusters* $C_{\mathrm{MTFC},n_{\mathrm{FC}}}$ generiert (polares Koordinatensystem in $C_{\mathrm{MTFC},n_{\mathrm{FC}}}$, Polarachse zeigt in Richtung der x-Achse des globalen Koordinatensystems). $d_{C_{\mathrm{MTFC}},Q_{\mathrm{xs,MTFC}},n_{\mathrm{FC}},i}$ gibt dabei den Abstand des Streuers von $C_{\mathrm{MTFC},n_{\mathrm{FC}}}$ an und $\psi_{Q_{\mathrm{xs,MTFC}},n_{\mathrm{FC}},i}$ die dazugehörige Winkelablage. $d_{C_{\mathrm{MTFC}},Q_{\mathrm{xs,MTFC}},n_{\mathrm{FC}},i}$ wird äquivalent zum entfernten Streu-*Cluster* über eine einseitige Normalverteilung generiert (vgl. (6.52)). Die Standardabweichung $\sigma_{\mathrm{xs,MTFC}}$ wird dabei zu 5 m gesetzt, da dann die am MT resultierende mittlere Azimut-Winkelspreizung gut mit dem Mittelwert und 90%-Wert von 3,9° und 9,8° aus der Streu-*Cluster*-Analyse (vgl. Abschnitte 5.2 und 5.3) übereinstimmt. Der Mittelwert und 90%-Wert des geometrisch-stochastischen Mehrnutzer-MIMO-Kanalmodells beträgt zum Vergleich 4,3° und 10,6° (Monte-Carlo-Simulation, Parameter nach Anhang A.5). Die maximal zulässige Distanz der Streuer zu $C_{\mathrm{MTFC},n_{\mathrm{FC}}}$ wird auf $r_{\mathrm{MTFC}} = \max\{d_{\mathrm{MTFC},Q_{\mathrm{xs,MTFC}}}\} = 3\sigma_{\mathrm{xs,MTFC}}$ beschränkt. $\psi_{Q_{\mathrm{xs,MTFC}},n_{\mathrm{FC}},i}$ wird als unabhängig gleichverteilt zwischen 0 und 2π modelliert.

Die z-Koordinate der Streuer eines jeden MT-Streu-*Clusters* wird über eine nach unten begrenzte Normalverteilung modelliert. Die mittlere Höhe der Streuer $\mu_{\mathrm{h,xs,MTFC},n_{\mathrm{FC}}}$ ergibt sich dabei über das geometrische Verhältnis:

$$\mu_{\mathrm{h,xs,MTFC},n_{\mathrm{FC}}} = h_{\mathrm{MT}} + \frac{(h_{\mathrm{BS}} - h_{\mathrm{MT}})d_{C_{\mathrm{MTFC}},C_{\mathrm{FCVR}},n_{\mathrm{FC}}}}{d_{\mathrm{BS},C_{\mathrm{BSFC}},n_{\mathrm{FC}}} + d_{C_{\mathrm{BSFC}},C_{\mathrm{MTFC}},n_{\mathrm{FC}}} + d_{C_{\mathrm{MTFC}},C_{\mathrm{FCVR}},n_{\mathrm{FC}}}} \tag{6.56}$$

Falls $\mu_{\mathrm{h,xs,MTFC},n_{\mathrm{FC}}} > h_{\mathrm{b}}$, wird $\mu_{\mathrm{h,xs,MTFC},n_{\mathrm{FC}}} = h_{\mathrm{b}}$ gesetzt (h_{b} ist die mittlere Gebäudehöhe). Die Standardabweichung der Normalverteilung wurde anhand der Streu-*Cluster*-Analyse zu $\sigma_{\mathrm{h,xs,MTFC}} = 1{,}5\,\mathrm{m}$ bestimmt [Por05a]. Die minimal zulässige Höhe eines Streuers wird auf $h_{Q_{\mathrm{xs,MTFC}},\min} = h_{\mathrm{MT}}$ beschränkt. Die Kantenlänge (Größe) und der Normalenvektor (Ausrichtung) eines jeden Streuers wird entsprechend den Angaben in Abschnitt 6.2.1 erzeugt.

6.4.3 Modellierung der Sichtbereiche

Der Ein- und Ausblendvorgang entfernter und MT-Streu-*Cluster* wird über Sichtbereiche (FC-VR) geregelt. Dabei ist jedem Paar aus entferntem und MT-Streu-*Cluster* genau ein Sichtbereich zugeordnet. Sichtbereiche werden, wie in Bild 6.15 gezeigt, als kreisrunde Flächen mit Radius r_{FCVR} und effektivem Radius $r_{\mathrm{FCVR}} - L_{\mathrm{FCVR}}$ modelliert. Der Parameter L_{FCVR} dient der Modellierung eines Übergangsbereiches zwischen aktivem und inaktivem Ausbreitungseffekt (vgl. Abschnitt 6.4.5 und [AMSM02]). r_{FCVR} und L_{FCVR} werden zu 50 m und 20 m gesetzt, da dann die in [FMW05] aufgezeigte Lebensdauer der entfernten Streu-*Cluster* im Mittel gut wiedergegeben wird. Anzumerken sei, dass die Verwendung von Kreisen nicht physikalisch begründet ist, sondern lediglich eine einfach handhabbare Funktion darstellt, welche sich als Standard bei geometrisch-stochastischen Kanalmodellen durchgesetzt hat [Cor01], [AMSM02], [Cor06].

Der Ort eines Sichtbereiches ist, wie in Bild 6.12 gezeigt, durch seine Entfernung $d_{\mathrm{BS},C_{\mathrm{FCVR}},n_{\mathrm{FC}}}$ zur BS, durch seine Winkelablage $\psi_{\mathrm{FCVR},n_{\mathrm{FC}}}$ sowie durch seine Entfernung zum entfernten Streu-*Cluster* $d_{C_{\mathrm{BSFC}},C_{\mathrm{FCVR}},n_{\mathrm{FC}}}$ beschrieben. $\psi_{\mathrm{FCVR},n_{\mathrm{FC}}}$ bezieht sich dabei auf den Winkel zwischen der Geraden von der BS zum entfernten Streu-*Cluster* und der Geraden von der BS zur FC-VR.

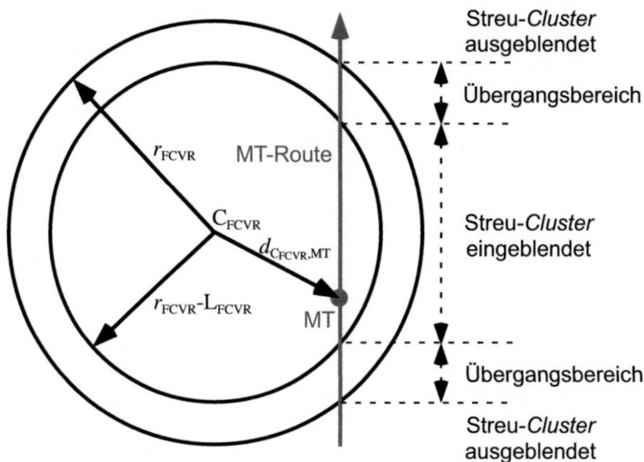

Bild 6.15: Parameter eines Sichtbereiches zur Modellierung des Ein- und Ausblendvorgangs von entfernten und MT-Streu-*Clustern*

Winkelablage der Sichtbereiche:

Ein weit verbreitetes Modell zur Generierung von $\psi_{\mathrm{FCVR},n_{\mathrm{FC}}}$ ist in [AMSM02] beschrieben. Dieses geht davon aus, dass die Wahrscheinlichkeit für das Auftreten eines entfernten Streu-*Clusters* dann am größten ist, wenn $\psi_{\mathrm{FCVR},n_{\mathrm{FC}}} = 0°$ ist. Zudem geht es davon aus, dass mit wachsender Winkelablage die Wahrscheinlichkeit entsprechend einer Normalverteilung absinkt. Der Mittelwert der Normalverteilung ist in [AMSM02] zu $\mu_{\psi_{\mathrm{FCVR}}} = 0°$ angegeben und die Standardabweichung zu $\sigma_{\psi_{\mathrm{FCVR}}} = 60°$. Beide Werte sind als konstant über der Distanz $d_{\mathrm{BS},C_{\mathrm{FCVR}},n_{\mathrm{FC}}}$ angenommen.

Da eine messtechnische Verifikation der in [AMSM02] getroffenen Annahmen bisher in der Literatur nicht verfügbar ist, wurden die Annahmen im Rahmen dieser Arbeit erstmalig auf Basis der *Ray Tracing* Daten überprüft. Hierzu wurde, ausgehend von den extrahierten entfernten Streu-*Clustern*, der Winkel ψ_{FCVR} als Funktion des Abstandes $d_{\mathrm{BS},C_{\mathrm{BSFC}}}$ bestimmt, wobei $d_{\mathrm{BS},C_{\mathrm{BSFC}}}$ in 100 m breite Intervalle unterteilt wurde. Der Ort der FC-VR ist dabei durch die Position des MTs gegeben.

Bild 6.16(a) zeigt die sich aus der Streu-*Cluster*-Analyse (vgl. Abschnitte 5.2 und 5.3) ergebende Verteilungsfunktion der Winkelablage ψ_{FCVR} für die Abstandsintervalle 100 m − 200 m, 500 m − 600 m und 800 m − 900 m (durchgezogene Linie). Bild 6.16(a) enthält zudem eine an das jeweilige Abstandsintervall angepasste analytische Wahrscheinlichkeitsverteilung (gestrichelte Linie). Es zeigt sich, dass die in [AMSM02] getroffenen Annahme der um $\psi_{\mathrm{FCVR}} = 0°$ konzentrierten Normalverteilung erst ab einer Distanz von $d_{\mathrm{BS},C_{\mathrm{BSFC}}} > 200$ m erfüllt ist. Unterhalb vom 200 m liegt eher eine Gleichverteilung vor. Für das Abstandsintervall 0 m − 200 m ergibt sich eine Wahrscheinlichkeit für $|\psi_{\mathrm{FCVR}}| > 90°$ von 65,0%. Für das Abstandsintervall 200 m − 400 m beträgt sie nur noch 28,3% und für $d_{\mathrm{BS},C_{\mathrm{BSFC}}} \geq 400$ m treten Sichtbereiche nur noch im Bereich $-90° \leq \psi_{\mathrm{FCVR}} \leq 90°$ auf.

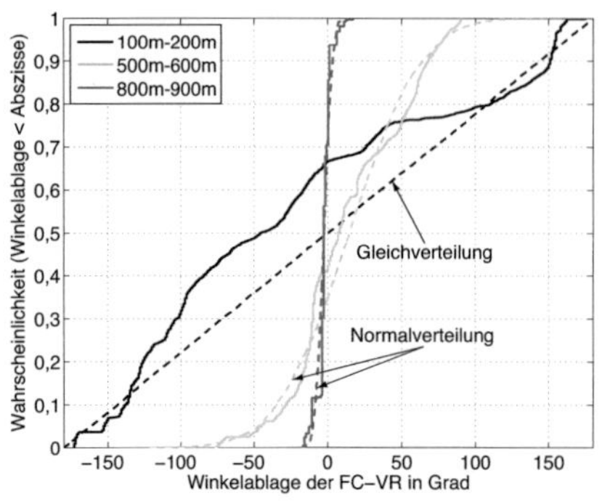

(a) Verteilungsfunktion der Winkelablage ψ_{FCVR} in Abhängigkeit von verschiedenen Abstandsintervallen $d_{\mathrm{BS,C_{BSFC}}}$ (durchgezogen: deterministisches Modell; gestrichelt: angenäherte Verteilungsfunktion)

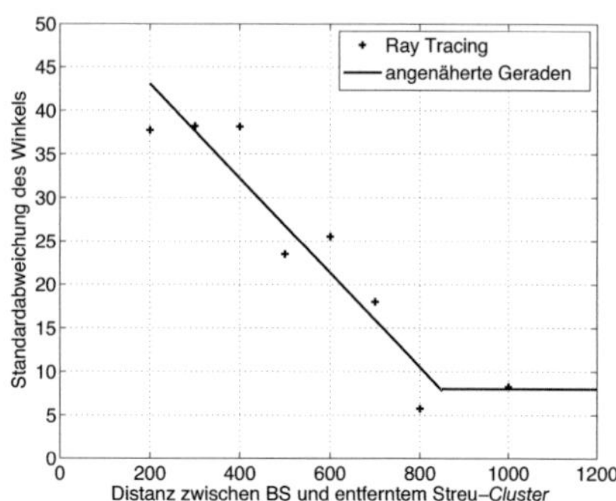

(b) Standardabweichung $\sigma_{\psi_{\mathrm{FCVR}}}(d_{\mathrm{BS,C_{BSFC}}})$ der an die *Ray Tracing* Daten angepassten Normalverteilung sowie angepassten Geraden für Modellierung der Winkelablage der Sichtbereiche

Bild 6.16: Kenngrößen des Modells zur Generierung der Sichtbereiche entfernter Streu-*Cluster* (deterministisches Kanalmodell, Ergebnis der Streu-*Cluster*-Analyse, Simulationsstrecken aus Bild 5.3, $f_{\mathrm{HF}} = 2\,\mathrm{GHz}$, $\vartheta\vartheta$-Polarisation)

Bild 6.16(b) zeigt den Verlauf der Standardabweichung $\sigma_{\psi_{\mathrm{FCVR}}}$ der angenäherten Normalverteilung über $d_{\mathrm{BS,C_{BSFC}}}$. Man erkennt deutlich die Abnahme von $\sigma_{\psi_{\mathrm{FCVR}}}$ mit wachsender Distanz $d_{\mathrm{BS,C_{BSFC}}}$. Für $d_{\mathrm{BS,C_{BSFC}}} > 820\,\mathrm{m}$ kann $\sigma_{\psi_{\mathrm{FCVR}}}$ als konstant angesetzt werden.

Auf Basis der beschriebenen Sachverhalte wird der Winkel $\psi_{\mathrm{FCVR},n_{\mathrm{FC}}}$ in Abhängigkeit von seiner Distanz $d_{\mathrm{BS,C_{BSFC}},n_{\mathrm{FC}}}$ entsprechend Tabelle 6.2 erzeugt. Für einige Distanzen $d_{\mathrm{BS,C_{BSFC}},n_{\mathrm{FC}}}$ wird eine Normalverteilung angesetzt. Als Mittelwert wird stets $\mu_{\psi_{\mathrm{FCVR}}} = 0°$ verwendet. Die Standardabweichung im Intervall $d_{\mathrm{BS,C_{BSFC}},n_{\mathrm{FC}}} = 200\,\mathrm{m} \ldots 820\,\mathrm{m}$ ergibt sich über:

$$\sigma_{\psi_{\mathrm{FCVR}}}(d_{\mathrm{BS,C_{BSFC}},n_{\mathrm{FC}}}) = -\frac{1°}{18{,}43\,\mathrm{m}} d_{\mathrm{BS,C_{BSFC}},n_{\mathrm{FC}}} + 53{,}92° \qquad (6.57)$$

Distanz zwischen BS und Sichtbereich sowie zwischen Sichtbereich und entferntem Streu-*Cluster*:

Als zweiter Parameter der FC-VR muss ihr Abstand $d_{\mathrm{BS,C_{FCVR}},n_{\mathrm{FC}}}$ zur BS festgelegt werden. Bild 6.17 zeigt hierzu die sich aus der Streu-*Cluster*-Analyse (vgl. Abschnitte 5.2 und 5.3) ergebende Verteilungsfunktion von $d_{\mathrm{BS,C_{FCVR}}}$ für verschiedene Abstandsintervalle $d_{\mathrm{BS,C_{BSFC}}}$. Ein Vergleich mit gängigen analytischen Wahrscheinlichkeitsverteilungen hat ergeben, dass sich $d_{\mathrm{BS,C_{FCVR}}}$ am ehesten durch eine Lognormalverteilung beschreiben lässt. Deren Parameter hängen dabei jedoch von der Distanz $d_{\mathrm{BS,C_{BSFC}},n_{\mathrm{FC}}}$ des zugehörigen entfernten Streu-*Clusters* zur BS ab. Der Verlauf der angepassten Lognormalverteilung ist als gestrichelte Linie in Bild 6.17 für einzelne Abstandsintervalle eingezeichnet. Bild 6.17 bestätigt die in [AMSM02] getroffene Annahme einer Gleichverteilung von $d_{\mathrm{BS,C_{FCVR}},n_{\mathrm{FC}}}$ im Intervall zwischen der BS-Position und dem Zellrand nicht.

Tabelle 6.2: Modellierung des Winkels $\psi_{\mathrm{FCVR},n_{\mathrm{FC}}}$ in Abhängigkeit von der Distanz $d_{\mathrm{BS},\mathrm{C}_{\mathrm{BSFC}},n_{\mathrm{FC}}}$ des zugehörigen entfernten Streu-*Clusters* (deterministisches Kanalmodell, Ergebnis der Streu-*Cluster*-Analyse, Simulationsstrecken aus Bild 5.3, $f_{\mathrm{HF}} = 2\,\mathrm{GHz}$, $\vartheta\vartheta$-Polarisation, isotrope Sende- und Empfangsantenne)

$d_{\mathrm{BS},\mathrm{C}_{\mathrm{BSFC}},n_{\mathrm{FC}}}$	Modellierung von $\psi_{\mathrm{FCVR},n_{\mathrm{FC}}}$
$0\,\mathrm{m}\dots 200\,\mathrm{m}$	gleichverteilt zwischen $0°$ und $360°$
$200\,\mathrm{m}\dots 400\,\mathrm{m}$	• mit Wahrscheinlichkeit von $28{,}3\%$ gleichverteilt zwischen $-180°\dots-90°$ und $90°\dots 180°$ • mit Wahrscheinlichkeit von $71{,}7\%$ normalverteilt mit $\sigma_{\psi_{\mathrm{FCVR}}}$ entsprechend (6.57)
$400\,\mathrm{m}\dots 820\,\mathrm{m}$	normalverteilt mit $\sigma_{\psi_{\mathrm{FCVR}}}$ entsprechend (6.57)
$> 820\,\mathrm{m}$	normalverteilt mit $\sigma_{\psi_{\mathrm{FCVR}}} = 8°$

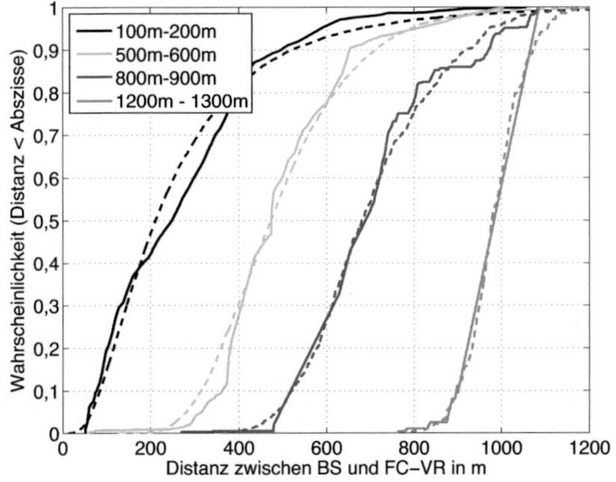

Bild 6.17: Verteilungsfunktion der Distanz zwischen der BS und den FC-VR in Abhängigkeit verschiedener Abstandsintervalle $d_{\mathrm{BS},\mathrm{C}_{\mathrm{BSFC}}}$ (durchgezogen: deterministisches Kanalmodell, Ergebnis der Streu-*Cluster*-Analyse, Simulationsstrecken aus Bild 5.3, $f_{\mathrm{HF}} = 2\,\mathrm{GHz}$, $\vartheta\vartheta$-Polarisation; gestrichelt: angepasste Lognormalverteilung)

Eine Lognormalverteilung lässt sich in logarithmischem Maßstab durch eine Normalverteilung beschreiben. Bild 6.18(a) und Bild 6.18(b) zeigen den Verlauf des Mittelwertes $\mu_{d_{\mathrm{BS},\mathrm{C}_{\mathrm{FCVR}}}}$ und der Standardabweichung $\sigma_{d_{\mathrm{BS},\mathrm{C}_{\mathrm{FCVR}}}}$ der Normalverteilung in Abhängigkeit von der Distanz $d_{\mathrm{BS},\mathrm{C}_{\mathrm{BSFC}}}$ (100 m breite Abstandsintervalle). Wie aus den einzelnen Stützstellen ersichtlich, kann das Verhalten der beiden Parameter durch eine Gerade angenähert werden:

$$\mu_{d_{\mathrm{BS},\mathrm{C}_{\mathrm{FCVR}}}}(d_{\mathrm{BS},\mathrm{C}_{\mathrm{BSFC}},n_{\mathrm{FC}}}) = 5{,}2\,\mathrm{m} + \frac{d_{\mathrm{BS},\mathrm{C}_{\mathrm{BSFC}},n_{\mathrm{FC}}}}{759{,}8} \tag{6.58}$$

und

$$\sigma_{d_{\text{BS}},C_{\text{FCVR}}}(d_{\text{BS}},C_{\text{BSFC}},n_{\text{FC}}) = 0{,}8633\,\text{m} - \frac{d_{\text{BS}},C_{\text{BSFC}},n_{\text{FC}}}{1742}\,. \tag{6.59}$$

Es sei angemerkt, dass bei der Generierung eines Sichtbereiches definitionsgemäß stets eine Minimaldistanz zum zugehörigen entfernten Streu-*Cluster* einzuhalten ist (vgl. Kapitel 5). Diese Minimaldistanz wurde empirisch mithilfe der Streu-*Cluster*-Analyse (vgl. Abschnitte 5.2 und 5.3) zu $d_{C_{\text{BSFC}},C_{\text{FCVR}},\text{min}} = 75\,\text{m}$ bestimmt.

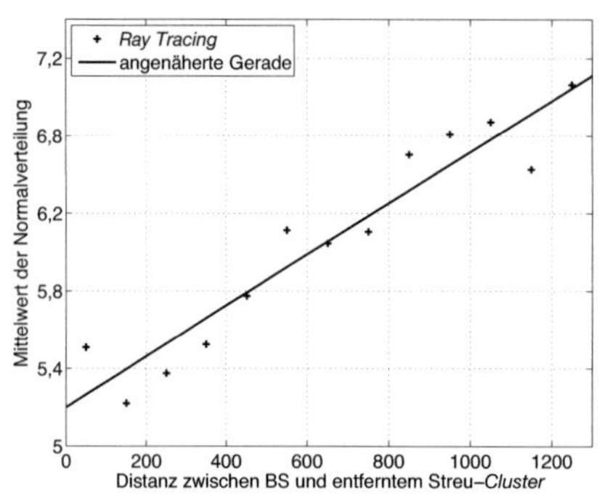

(a) Mittelwert $\mu_{d_{\text{BS}},C_{\text{FCVR}}}(d_{\text{BS}},C_{\text{BSFC}})$ der Normalverteilung

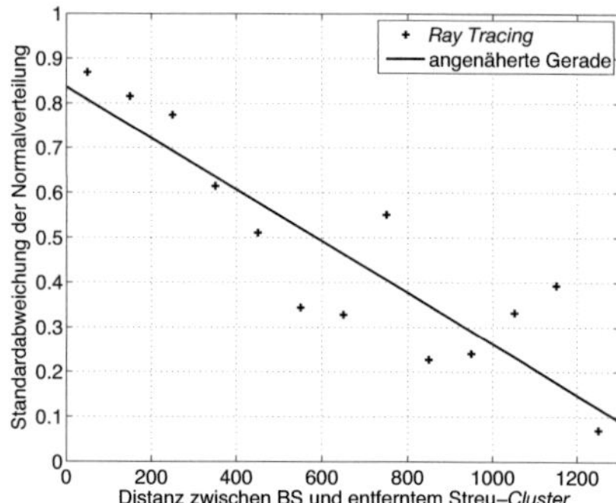

(b) Standardabweichung $\sigma_{d_{\text{BS}},C_{\text{FCVR}}}(d_{\text{BS}},C_{\text{BSFC}})$ der Normalverteilung

Bild 6.18: Verlauf der Kenngrößen der Normalverteilung zur Generierung der Distanz $d_{\text{BS}},C_{\text{FCVR}}$ zwischen BS und FC-VR, in Abhängigkeit von der Distanz $d_{\text{BS}},C_{\text{BSFC}}$ zwischen BS und betrachtetem entferntem Streu-*Cluster* (deterministisches Kanalmodell, Ergebnis der Streu-*Cluster*-Analyse, Simulationsstrecken aus Bild 5.3, $f_{\text{HF}} = 2\,\text{GHz}$, $\vartheta\vartheta$-Polarisation)

6.4.4 Anzahl der Streu-*Cluster* und der Sichtbereiche im Szenario

Wie bereits erwähnt, ist jedem entfernten Streu-*Cluster* genau ein MT-Streu-*Cluster* und ein Sichtbereich zugeordnet. Die Anzahl von entfernten Streu-*Clustern*, welche zu einer Kanalimpulsantwort beiträgt, hängt deshalb von der Anzahl N_{FC}, Verteilung und Größe der FC-VRs um den BS-Standort ab.

Da eine analytische Bestimmung von N_{FC} nur schwer möglich ist, wurde N_{FC} mithilfe von Monte-Carlo-Simulationen ermittelt. Dabei wurde der Parameter N_{FC} so lange verändert, bis das in Bild 5.7(b) gezeigte gewünschte Verhalten der mittleren Anzahl von entfernten Streu-*Clustern* erreicht wurde. Für N_{FC} konnte hierbei der folgende Zusammenhang bestimmt werden[10]:

$$N_{\text{FC}} = \left\lceil \frac{\overline{N_{\text{FC}}}\, d_{\text{BS}},C_{\text{BSFC}},\text{max}}^{2}}{(r_{\text{FCVR}} - L_{\text{FCVR}})^{2}} \right\rceil \tag{6.60}$$

---

[10] $\lceil x \rceil$ rundet die reelle Zahl x auf die kleinste ganze Zahl auf, die größer oder gleich x ist.

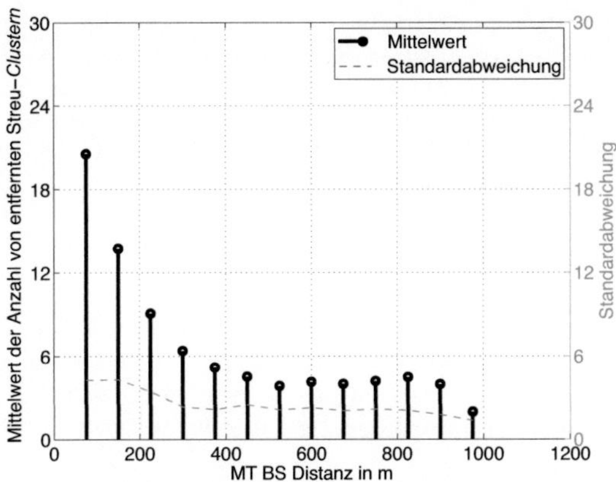

Bild 6.19: Mittelwert der Anzahl von entfernten Streu-*Clustern* in einem Schnappschuss über der Distanz zwischen BS und MT (Monte-Carlo-Simulation mit dem neuen geometrisch-stochastischen Mehrnutzer-MIMO-Kanalmodell, Parameter nach Anhang A.5)

Die Parameter $d_{\mathrm{BS,C_{BSFC},max}}$ und $\overline{N_{\mathrm{FC}}}$ sind vom Anwender des Kanalmodells vorzugeben und wurden anhand von Bild 5.7(b) zu $d_{\mathrm{BS,C_{BSFC},max}} = 1350\,\mathrm{m}$ und $\overline{N_{\mathrm{FC}}} = 3$ bestimmt ($r_{\mathrm{FCVR}} = 50\,\mathrm{m}$ und $L_{\mathrm{FCVR}} = 20\,\mathrm{m}$). Der daraus resultierende Verlauf der mittleren Anzahl an entfernten Streu-*Clustern* pro Schnappschuss und Verlauf der zugehörigen Standardabweichung sind in Bild 6.19 gezeigt. Der Vergleich mit Bild 5.7(b) zeigt eine ausreichend gute Übereinstimmung des neuen geometrisch-stochastischen Mehrnutzer-MIMO-Kanalmodells mit der Vorgabe der Streu-*Cluster*-Analyse.

6.4.5 Ein- und Ausblendvorgang entfernter und MT-Streu-*Cluster*

Wie bei den Pfaden des lokalen Streu-*Clusters* sollen auch die Pfade des entfernten und des MT-Streu-*Clusters* beim Eintreten des MTs in die zugehörige FC-VR langsam ein- und ausgeblendet werden (vgl. Bild 6.15). Hierzu wird entsprechend (6.7) die Amplitude eines jeden Pfades mit einer Gewichtungsfunktion $A_{\mathrm{F},q}(t)$ abhängig vom Abstand $d_{\mathrm{C_{FCVR},MT},n_{\mathrm{FC}}}(t)$ des MTs zum Zentrum der FC-VR $\mathrm{C_{FCVR},n_{FC}}$ gwichtet:

$$A_{\mathrm{F},q}(t) = A_{\mathrm{w}}(d,t) \tag{6.61}$$

mit den Parametern (vgl. (6.7))

$$d(t) = d_{\mathrm{C_{FCVR},MT},n_{\mathrm{FC}}}(t) = |\vec{x}_{\mathrm{MT}}(x,y) - \vec{x}_{\mathrm{C_{FCVR}},n_{\mathrm{FC}}}(x,y)| \text{ in m,} \tag{6.62}$$

$$y_{\mathrm{A}}(t) = L_{\mathrm{FCVR}} + d_{\mathrm{C_{FCVR},MT},n_{\mathrm{FC}}}(t) - r_{\mathrm{FCVR}} \text{ in m} \tag{6.63}$$

und

$$x_{\mathrm{A}} = L_{\mathrm{FCVR}} \text{ in m.} \tag{6.64}$$

$\vec{x}_{\mathrm{MT}}$ in (6.62) ist der Ortsvektor des MTs und $\vec{x}_{\mathrm{C_{FCVR},n_{FC}}}$ der Ortsvektor von $\mathrm{C_{FCVR},n_{FC}}$ im globalen Koordinatensystem. (x,y) kennzeichnet, dass nur der x- und y-Wert verwendet werden. Der prinzipielle Verlauf der Dämpfungsfunktion entspricht Bild 6.5, wobei die Werte der x-Achse mit $r_{\mathrm{FCVR}} = 50\,\mathrm{m}$ zu multiplizieren sind und die x-Achse dann den Abstand $d_{\mathrm{C_{FCVR},MT},n_{FC}}(t)$ angibt.

6.4.6 Berechnung der Pfadeigenschaften

Da der Ausbreitungseffekt entfernter Streu-*Cluster* auf Streuern und deren Streueigenschaften aufbaut, können die Eigenschaften der Pfade in Analogie zum lokalen Streu-*Cluster* berechnet werden. Jedem Pfad q ist dabei aus der Menge der MT- und BS-Streuer genau ein Paar an Streuern zugeordnet. Dieses wird nachfolgend mit dem Index i gekennzeichnet.

Sei $\vec{x}_{\mathrm{Q_{xs},MTFC},i}$ der Ortsvektor des Streuzentrums des zugeordneten MT-Streuers, so gilt für die Richtung $\hat{d}_{\mathrm{MT},\mathrm{Q_{xs},MTFC},i,q}(t)$ des q-ten Pfades am MT:

$$\hat{d}_{\mathrm{MT},\mathrm{Q_{xs},MTFC},i,q}(t) = \frac{\vec{x}_{\mathrm{Q_{xs},MTFC},i} - \vec{x}_{\mathrm{MT}}(t)}{|\vec{x}_{\mathrm{Q_{xs},MTFC},i} - \vec{x}_{\mathrm{MT}}(t)|} \tag{6.65}$$

Mit dem Ortsvektor des Streuzentrums des zugeordneten BS-Streuers $\vec{x}_{\mathrm{Q_{xs},BSFC},i}$ berechnet sich die Richtung $\hat{d}_{\mathrm{Q_{xs},BSFC},\mathrm{BS},i,q}$ des q-ten Pfades an der BS zu:

$$\hat{d}_{\mathrm{Q_{xs},BSFC},\mathrm{BS},i,q} = \frac{\vec{x}_{\mathrm{BS}} - \vec{x}_{\mathrm{Q_{xs},BSFC},i}}{|\vec{x}_{\mathrm{BS}} - \vec{x}_{\mathrm{Q_{xs},BSFC},i}|} \tag{6.66}$$

Die Laufzeit $\tau_q(t)$ erhält man aus der Kaskadierung der einzelnen Pfadsegmente:

$$\tau_q(t) = \frac{d_{\mathrm{MT},\mathrm{Q_{xs},MTFC},i,q}(t) + d_{\mathrm{Q_{xs},MTFC},\mathrm{Q_{xs},BSFC},i,q} + d_{\mathrm{Q_{xs},BSFC},\mathrm{BS},i,q}}{c_0} = \frac{d_{\mathrm{MT},\mathrm{Q_{xs},MTFC},\mathrm{Q_{xs},BSFC},\mathrm{BS},i,q}(t)}{c_0}$$
$$\tag{6.67}$$

$d_{\mathrm{MT},\mathrm{Q_{xs},MTFC},i,q}(t)$ gibt dabei die Länge des Pfadsegementes vom MT zum MT-Streuer, $d_{\mathrm{Q_{xs},MTFC},\mathrm{Q_{xs},BSFC},i,q}$ die Länge des Pfadsegmentes vom MT-Streuer zum BS-Streuer und $d_{\mathrm{Q_{xs},BSFC},\mathrm{BS},i,q}$ die Länge des Pfadsegmentes vom BS-Streuer zur BS an.

Der Streuvorgang des q-ten Pfades an einem Streuer des MT-Streu-*Clusters* ist durch die vollpolarimetrische komplexe Streumatrix $\underline{\mathbf{S}}_{\mathrm{MTFC},i,q}(t)$ beschrieben. Der zweite Streuvorgang an einem Streuer des BS-Streu-*Clusters* durch $\underline{\mathbf{S}}_{\mathrm{BSFC},i,q}(t)$. Die zeitvariante komplexe normierte polarimetrische Pfadübertragungsmatrix des q-ten Pfades $\underline{\mathbf{T}}_q(t)$ berechnet sich in Analogie zu (6.30) und (6.50) über:

$$\underline{\mathbf{T}}_q(t) = \left(\frac{c_0}{4\pi f_0}\right) \frac{1}{d_{\mathrm{MT},\mathrm{Q_{xs},MTFC},\mathrm{Q_{xs},BSFC},\mathrm{BS},i,q}(t) A_{\mathrm{LOS}}(t)} \sqrt{f_\tau(t,\tau_q')}$$
$$\tag{6.68}$$

$$\cdot \begin{bmatrix} \underline{S}_{\mathrm{MTFC},\vartheta\vartheta,i,q}(t)\underline{S}_{\mathrm{BSFC},\vartheta\vartheta,i,q}(t)\underline{X}_{\vartheta\vartheta,q} & \underline{S}_{\mathrm{MTFC},\vartheta\vartheta,i,q}(t)\underline{S}_{\mathrm{BSFC},\vartheta\vartheta,i,q}(t)\underline{X}_{\vartheta\psi,q} \\ \underline{S}_{\mathrm{MTFC},\psi\psi,i,q}(t)\underline{S}_{\mathrm{BSFC},\psi\psi,i,q}(t)\underline{X}_{\psi\vartheta,q} & \underline{S}_{\mathrm{MTFC},\psi\psi,i,q}(t)\underline{S}_{\mathrm{BSFC},\psi\psi,i,q}(t)\underline{X}_{\psi\psi,q} \end{bmatrix}$$

Dabei werden die beiden Streumatrizen multiplikativ verknüpft. Gemäß Abschnitt 6.2.6 ist $\underline{X}_{\vartheta\vartheta,q} = \underline{X}_{\psi\psi,q} = 1$. Der Betrag $|\underline{X}_{\vartheta\psi,q}|$ und $|\underline{X}_{\psi\vartheta,q}|$ wird über eine unabhängige Lognormalverteilung generiert und die zugehörige Phase über eine Gleichverteilung zwischen 0 und 2π (vgl. (6.37) und (6.38)). Die Werte von $\underline{X}_{\vartheta\psi,q}$, $\underline{X}_{\psi\vartheta,q}$ sind fest mit den Streuern der BS- und MT-Streu-*Cluster* verbunden und sind somit bei mehrmaligem Erscheinen eines entfernten Streu-*Clusters* identisch. Zur Berechnung von $f_\tau(t, \tau_q')$ wird entsprechend den Erläuterungen aus Abschnitt 6.2.6 zunächst der Pfad des betrachteten Streu-*Cluster*-Paares mit der kürzesten Laufzeit gesucht. Die Gewichte aller Pfade des Streu-*Cluster*-Paares ergeben sich dann durch Anwendung von (6.32) und (6.33).

6.5 Modellierung der Sichtverbindung (LOS)

In Anlehnung an das Modell des Ausbreitungseffektes entfernter Streu-*Cluster* beruht auch das Modell der Sichtverbindung auf Sichtbereichen (LOS-VR: engl. *line of sight visibility region*). Die Herangehensweise zur Modellierung der LOS-VRs wurde erstmals in [AB99a] und [AB99b] beschrieben. LOS-VRs markieren Regionen im Szenario, in denen Sichtverbindung zur BS besteht. Sie werden als kreisrunde Flächen mit konstantem Radius r_{LOSVR} und konstantem effektivem Radius $r_{\mathrm{LOSVR}} - L_{\mathrm{LOSVR}}$ modelliert. Der Parameter L_{LOSVR} dient, wie bei den FC-VRs, zur Modellierung eines Übergangsbereiches zwischen NLOS und LOS (vgl. Bild 6.15). Die Lage einer LOS-VR ist durch die Position des zugehörigen Kreismittelpunktes C_{LOSVR} im globalen Koordinatensystem bestimmt. Die LOS-Wahrscheinlichkeit zu einzelnen BS-Standorten kann i.A. aufgrund der großen Entfernung der BS-Standorte zueinander als voneinander unabhängig betrachtet werden. Deshalb wird jedem BS-Standort eine eigene Menge an LOS-VRs zugeordnet. Diese wird im Zuge der Umgebungsmodellierung anhand bestimmter Wahrscheinlichkeitsdichten generiert. Bild 6.20 zeigt eine typische Platzierung von LOS-VRs um eine BS. Zusätzlich zur Position der BS ist eine zufällig gewählte MT-Route eingezeichnet. Bewegt sich das MT bezüglich seiner x-y-Koordinate in das Gebiet einer LOS-VR hinein, wird zwischen der zugehörigen BS und dem MT der LOS-Pfad eingeblendet. Fährt das MT wieder aus der LOS-VR heraus, wird der LOS-Pfad ausgeblendet.

6.5.1 Modellierung der Sichtbereiche für LOS und NLOS

Wichtiges Kriterium bei der Modellierung der LOS-VRs stellt deren Auftrittswahrscheinlichkeit im Szenario dar. In [AB99a] und [AB99b] wird die LOS-Auftrittswahrscheinlichkeit $f_{\mathrm{LOS}}(d_{\mathrm{MT,BS}})$ in Abhängigkeit von der Distanz $d_{\mathrm{MT,BS}}$ des MTs zur BS für den Innenstadtbereich der Stadt Stockholm untersucht. Es zeigt sich, dass $f_{\mathrm{LOS}}(d_{\mathrm{MT,BS}})$ durch eine linear mit dem Abstand $d_{\mathrm{MT,BS}}$ abfallende Funktion modelliert werden kann. Der Schnittpunkt der Geraden mit der Abszisse, auf welcher der Abstand aufgetragen ist, kennzeichnet die sog. *cut off* Distanz d_{co}. Dies ist diejenige Distanz zur BS, ab der die Wahrscheinlichkeit für LOS Null ist. Neben $d_{\mathrm{MT,BS}}$ und d_{co} bestimmt die Höhe der BS h_{BS} und die mittlere Gebäudehöhe h_{b} die LOS-Auftrittswahrscheinlichkeit. Bild 6.21(a) zeigt eine Darstellung von $f_{\mathrm{LOS}}(d_{\mathrm{MT,BS}})$ für Stockholm [AB99a], [AB99b]. Es stellt sich jedoch die Frage, ob das Modell für $f_{\mathrm{LOS}}(d_{\mathrm{MT,BS}})$ in Stockholm auch für die Innenstadt Karlsruhe anwendbar ist.

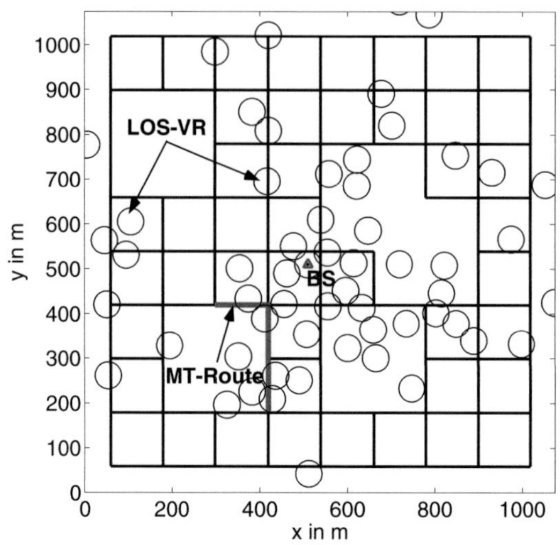

Bild 6.20: Szenario mit Sichtregionen für LOS ($r_{\mathrm{LOSVR}} = 30\,\mathrm{m}$, $h_{\mathrm{BS}} = 38\,\mathrm{m}$, $h_{\mathrm{b}} = 12{,}5\,\mathrm{m}$)

Zur Bestimmung von $f_{\mathrm{LOS}}(d_{\mathrm{MT,BS}})$ in Karlsruhe wurde mithilfe des in Kapitel 4 eingeführten deterministischen Kanalmodells eine Sichtprüfung für 7 BS-Standorte im Modell der Innenstadt Karlsruhe durchgeführt. Die BS-Standorte waren dabei bezüglich ihrer x-y-Koordinate annähernd gleichverteilt. Die sich ergebende mittlere relative Häufigkeit der Sichtverbindung in Abhängigkeit vom Abstand des MTs zur BS $d_{\mathrm{MT,BS}}$ und von der Höhe der BS h_{BS} ist in Bild 6.21(b) gezeigt (Mittelung über die 7 BS-Standorte). Im Unterschied zum Modell aus [AB99a] und [AB99b] ergibt sich näherungsweise eine mit wachsendem Abstand zur BS exponentiell abfallende LOS-Wahrscheinlichkeit. Diese kann durch die Funktion

$$f_{\mathrm{LOS}}(d_{\mathrm{MT,BS}}) = \begin{cases} \max\left(\frac{h_{\mathrm{BS}}-h_{\mathrm{b}}}{h_{\mathrm{BS}}}, 0\right) e^{-\frac{d_{\mathrm{MT,BS}}}{6h_{\mathrm{BS}}}} & \text{für } d_{\mathrm{MT,BS}} < d_{\mathrm{co}} \text{ und } h_{\mathrm{BS}} > h_{\mathrm{b}} \\ 0 & \text{sonst} \end{cases} \qquad (6.69)$$

angenähert werden (vgl. Bilder 6.21(c) und 6.21(d)).

Zur Implementierung von (6.69) in das geometrisch-stochastische Mehrnutzer-MIMO-Kanalmodell wurde ein eigenes Modell entwickelt. Dieses teilt die Region um die BS in ringförmige Streifen (Kreisringe) ein und platziert LOS-VRs getrennt für jeden Streifen. Durch die Aufteilung in Kreisringe wird eine gleichförmige Verteilung der LOS-VRs bezüglich ihres Abstandes zur BS und ihrer Winkelablage erreicht. Jeder Kreisring hat eine Breite von $2r_{\mathrm{LOSVR}}$, wobei r_{LOSVR} den Radius der LOS-VR angibt. Zur Bestimmung der Anzahl von LOS-VRs, welche pro Kreisring zu platzieren sind, werden diese durch kreisförmig, verkettete Hexagone angenähert. Die Größe der Hexagone wird dabei so gewählt, dass die Fläche des Umkreises um ein Hexagon so groß ist, wie die Fläche einer kreisförmigen LOS-VR. Der Radius des Innenkreises des Hexagons beträgt:

$$r_{\mathrm{Hex}} = \frac{r_{\mathrm{LOSVR}}}{2}\sqrt{3} \qquad (6.70)$$

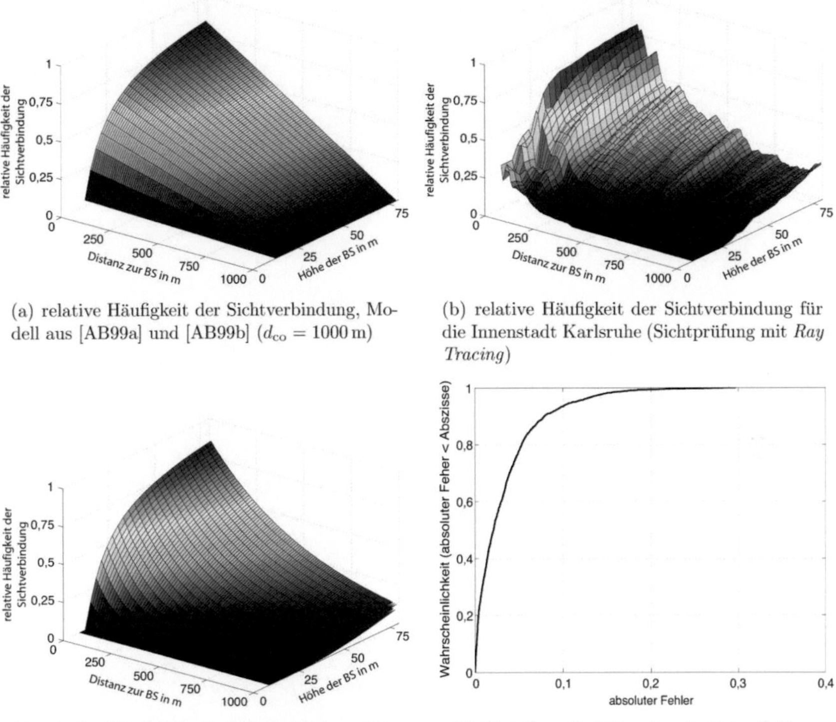

(a) relative Häufigkeit der Sichtverbindung, Modell aus [AB99a] und [AB99b] ($d_{co} = 1000\,\mathrm{m}$)

(b) relative Häufigkeit der Sichtverbindung für die Innenstadt Karlsruhe (Sichtprüfung mit *Ray Tracing*)

(c) relative Häufigkeit der Sichtverbindung, Modell aus (6.69)

(d) Verteilungsfunktion des absoluten Fehlers

Bild 6.21: Relative Häufigkeit der Sichtverbindung in Abhängigkeit vom Abstand des Nutzers zur Basisstation $d_{\mathrm{MT,BS}}$ und der Höhe der Basisstation h_{BS} ($h_{\mathrm{b}} = 12{,}5\,\mathrm{m}$) sowie absoluter Fehler zwischen dem Modell nach (6.69) und der Sichtprüfung mit *Ray Tracing* in der Innenstadt Karlsruhe

Die Anzahl der Hexagone im i-ten Ring lässt sich aus

$$k(i) = \begin{cases} 1 & \text{für } i = 1 \\ 6 \cdot i & \text{für } i > 1 \end{cases} \tag{6.71}$$

berechnen, wobei der erste Ring ($i = 1$) den innersten Ring um die BS darstellt. Entsprechend (6.69) bzw. Bild 6.21(c) genügt es, sich bei der Modellierung von $f_{\mathrm{LOS}}(d_{\mathrm{MT,BS}})$ auf den Bereich $d_{\mathrm{MT,BS}} < d_{co}$ zu beschränken. Die maximale Anzahl von Ringen um die BS beträgt somit $d_{co}2r_{\mathrm{Hex}}$.

Jedem Ring ist mit $d_{\mathrm{BS,Ring}} = (i - 1)2r_{\mathrm{Hex}}$ eine eindeutige Distanz zur BS zugewiesen. Somit kann über (6.69) bestimmt werden, wie viele kreisrunde LOS-VRs pro Ring zu platzieren sind, um die in Bild 6.21(c) gezeigte Häufigkeit der Sichtverbindung zu erreichen. Hierzu geht man wie folgt vor:

Sei A_Hex die Fläche eines Hexagons. Dann beträgt die Fläche $A_\text{Ring}(i)$ des i-ten Kreisringes:

$$A_\text{Ring}(i) \approx k(i) A_\text{Hex} \tag{6.72}$$

Die Fläche pro Ring, in der LOS herrschen soll, wird durch

$$A_\text{Ring,LOS}(i) = f_\text{LOS}(i) A_\text{Ring}(i) \tag{6.73}$$

bestimmt. Innerhalb dieser Fläche haben

$$N_\text{Hex,LOS}(i) = \frac{A_\text{Ring,LOS}(i)}{A_\text{Hex}} \tag{6.74}$$

sich nicht überlappende Hexagone Platz. Um die Anzahl der kreisförmigen LOS-VRs innerhalb des i-ten Rings $N_\text{LOSVR}(i)$ zu erhalten, wird $N_\text{hex,LOS}(i)$ aufgerundet:

$$N_\text{LOSVR}(i) = \lceil N_\text{hex,LOS}(i) \rceil \tag{6.75}$$

D.h. im i-ten Ring können $N_\text{LOSVR}(i)$ kreisförmige LOS-VRs platziert werden. Für den innersten Ring ($i = 1$) gilt $A_\text{Ring}(i = 1) \approx A_\text{Hex}$ und somit $N_\text{LOSVR}(i = 1) = \lceil f_\text{LOS}(i = 1) \rceil = 1$ (Nebenbedingung: $h_\text{BS} > h_\text{b}$). Somit wird im innersten Ring stets eine LOS-VR exakt um die BS platziert.

Der Abstand der $N_\text{LOSVR}(i)$ LOS-VRs zur BS ist durch die Distanz des i-ten Ringes zur BS und durch den Radius r_LOSVR festgelegt. Die zugehörige Winkelablage ψ_LOSVR der einzelnen LOS-VRs wird mithilfe einer Gleichverteilung generiert, wobei sich LOS-VRs in Umlaufrichtung nur innerhalb ihres Übergangsbereiches überlappen dürfen (vgl. Bild 6.15).

Bild 6.22(a) zeigt die LOS-Wahrscheinlichkeit in Abhängigkeit von der Distanz zwischen BS und LOS-VR für die Sichtprüfung mit *Ray Tracing* in der Innenstadt Karlsruhe sowie für das LOS-Modell des geometrisch-stochastischen Mehrnutzer-MIMO-Kanalmodells nach (6.69) ($r_\text{LOSVR} = 30\,\text{m}$ [Cor01], $h_\text{BS} = 38\,\text{m}$ und $h_\text{b} = 12{,}5\,\text{m}$). Da im LOS-Modell die Anzahl der LOS-VRs pro Kreissegment ganzzahlig sein muss (vgl. (6.75)), ergeben sich für kleine Distanzen zur BS relativ große Abweichungen zur *Ray Tracing* Referenz. Für größere Distanzen ist die Übereinstimmung zum *Ray Tracing* Ergebnis jedoch nahezu ideal. Bild 6.22(b) zeigt die Anzahl der LOS-VRs über ihrer Distanz zur BS. Der Abstand $0\,\text{m}$ korrespondiert mit dem innersten Ring zur BS. Die dargestellten Distanzen der LOS-VRs entsprechen genau denjenigen, welche sich in Bild 6.20 ausmessen lassen. Die in Bild 6.22(b) aufgetragene Anzahl von LOS-VRs, welche mit den Werten $1, 3, 5,$ usw. beginnt, deckt sich ebenfalls mit Bild 6.20.

6.5.2 Ein- und Ausblendvorgang des LOS-Pfades

Zur Modellierung eines kontinuierlichen Übergangs zwischen NLOS und LOS wird in Analogie zu (6.7) und (6.61) eine Gewichtungsfunktion $A_\text{F,LOS}(t)$ verwendet:

$$A_\text{F,LOS}(t) = A_\text{w}(d, t) \tag{6.76}$$

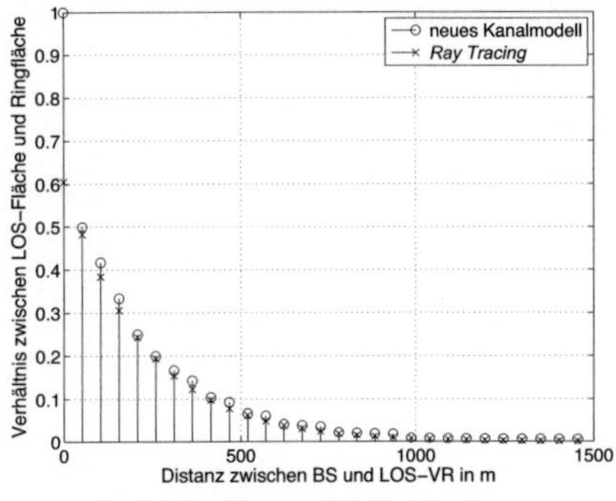

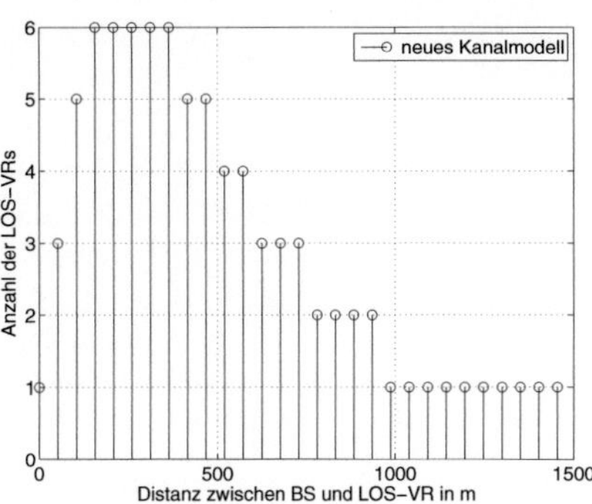

(a) Wahrscheinlichkeit der Sichtverbindung in Abhängigkeit von der Distanz zur BS

(b) Anzahl der LOS-VRs in Abhängigkeit von der Distanz zur BS

Bild 6.22: Kenngrößen des Modells zur Generierung von LOS-Sichtbereichen ($r_{\mathrm{LOSVR}} = 30\,\mathrm{m}$, $h_{\mathrm{BS}} = 38\,\mathrm{m}$, $h_{\mathrm{b}} = 12{,}5\,\mathrm{m}$)

mit den Parametern (vgl. (6.7))

$$d(t) = d_{\mathrm{C_{LOSVR},MT}}(t) = |\vec{x}_{\mathrm{MT}}(x,y) - \vec{x}_{\mathrm{C_{LOSVR}}}(x,y)| \text{ in m}, \tag{6.77}$$

$$y_{\mathrm{A}}(t) = L_{\mathrm{LOSVR}} + d_{\mathrm{C_{LOSVR},MT}}(t) - r_{\mathrm{LOSVR}} \text{ in m} \tag{6.78}$$

und

$$x_{\mathrm{A}} = L_{\mathrm{LOSVR}} \text{ in m.} \tag{6.79}$$

Die Aufgabe von $A_{\mathrm{F,LOS}}(t)$ ist es, je nach Abstand $d_{\mathrm{C_{LOSVR},MT}}(t)$ des MTs zum Zentrum der LOS-VR, die Dämpfung des LOS-Pfades zu erhöhen oder zu senken. Zur Bestimmung von $d_{\mathrm{C_{LOSVR},MT}}(t)$ werden lediglich die x- und y-Koordinate der Ortsvektoren verwendet.

Im Falle überlappender LOS-Sichtbereiche wird diejenige LOS-VR gewählt, welche die geringere Dämpfung $A_{\mathrm{F,LOS}}(t)$ aufweist. Die Parameter r_{LOSVR} und L_{LOSVR} werden zu $30\,\mathrm{m}$ und $20\,\mathrm{m}$ gesetzt. Der effektive maximale LOS-Bereich beträgt somit $2(r_{\mathrm{LOSVR}} - L_{\mathrm{LOSVR}}) = 20\,\mathrm{m}$.

6.5.3 Eigenschaften des LOS-Pfades

Aus der Position des MTs mit dem Ortsvektor $\vec{x}_{\mathrm{MT}}$ und der Position der zur LOS-VR zugehörigen BS mit dem Ortsvektor $\vec{x}_{\mathrm{BS}}$ ergibt sich der Abstandsvektor

$$\vec{d}_{\mathrm{MT,BS}}(t) = \vec{x}_{\mathrm{BS}} - \vec{x}_{\mathrm{MT}}(t)\,, \tag{6.80}$$

der skalare Abstand

$$d_{\mathrm{MT,BS}}(t) = |\vec{d}_{\mathrm{MT,BS}}(t)| \tag{6.81}$$

sowie die Ausrichtung der Verbindungslinie zwischen MT und BS (Ausrichtung des LOS-Pfades)

$$\hat{d}_{\mathrm{MT,BS}}(t) = \frac{\vec{d}_{\mathrm{MT,BS}}(t)}{|\vec{d}_{\mathrm{MT,BS}}(t)|}\,. \tag{6.82}$$

Die Laufzeit des LOS-Pfades $\tau_1(t)$ berechnet sich mit dem skalaren Abstand $d_{\mathrm{MT,BS}}(t)$ zu[11]:

$$\tau_1(t) = \frac{d_{\mathrm{MT,BS}}(t)}{c_0} \tag{6.83}$$

Für die Pfade der Streu-*Cluster* wurde bisher stets nur eine normierte komplexe polarimetrische Pfadübertragungsmatrix $\underline{\mathbf{T}}_q(t)$ angegeben. Der Übergang auf die komplexe polarimetrische Gesamt-Pfadübertragungsmatrix $\underline{\tilde{\mathbf{\Gamma}}}_q(t)$ erfolgt in einem Folgeschritt unter Zuhilfenahme eines Wegdämpfungsmodells (vgl. Abschnitt 6.6). Im Gegensatz hierzu ist es beim LOS-Pfad möglich, direkt aus der bekannten Formel der Freiraumausbreitung die abstandsabhängige Pfaddämpfung $\underline{\tilde{\mathbf{\Gamma}}}_1(t)$ zu berechnen [GW98]:

$$\underline{\tilde{\mathbf{\Gamma}}}_1(t) = \left(\frac{c_0}{4\pi f_0} \right) \frac{1}{d_{\mathrm{MT,BS}}} \begin{pmatrix} 1 & 0 \\ 0 & 1 \end{pmatrix} A_{\mathrm{F,LOS}}(t) \tag{6.84}$$

$d_{\mathrm{MT,BS}}$ stellt dabei die Distanz zwischen BS und MT dar und $A_{\mathrm{F,LOS}}(t)$ die Gewichtungsfunktion aus (6.76). Ist für die betrachtete BS-MT-Kombination das MT in keiner LOS-VR, so wird $\underline{\tilde{\mathbf{\Gamma}}}_1(t) = 0$ gesetzt.

6.6 Mittlere Übertragungsdämpfung

Bisher ist die polarisationsabhängige Dämpfung der einzelnen Pfadgewichte $\underline{\mathbf{T}}_q(t)$ auf die Grundübertragungsdämpfung des LOS-Pfades $A_{\mathrm{LOS}}(t)$ normiert (vgl. (6.30), (6.50), (6.68)). Die Anpassung der Pfaddämpfungen auf einen für urbane Gebiete realistischen Wert erfolgt in drei Berechnungsschritten:

1. Im ersten Berechnungsschritt wird auf Basis eines empirischen Wegdämpfungsmodells (engl. *path loss model*) eine vom Abstand $d_{\mathrm{MT,BS}}(t)$ abhängige mittlere Funkfelddämpfung bestimmt. Dabei wird zwischen dem NLOS- und dem LOS-Fall unterschieden. Zur Berechnung der mittleren Wegdämpfung im NLOS-Fall wird das COST-231-Walfisch-Ikegami-Modell [DC99] eingesetzt. Im LOS-Fall wird hingegen ein K-Faktor-Modell verwendet, welches das Verhältnis der Leistung zwischen dem LOS-Pfad und den übrigen Pfaden angibt. Nähere Informationen zu den beiden Modellen geben die Abschnitte 6.6.1 und 6.6.2.

2. Der zweite Berechnungsschritt dient der Verteilung der errechneten mittleren Funkfelddämpfung (bzw. Empfangsleistung) auf die einzelnen $\underline{\mathbf{T}}_q(t)$. Die hierbei verwendete Methodik ist in Abschnitt 6.7 beschrieben.

3. Die Wegdämpfungsmodelle beschreiben lediglich das mittlere Dämpfungsverhalten des urbanen Funkkanals. Sie sagen nichts über das Schwundverhalten d.h. über den schnellen und langsamen Schwund aus (vgl. Abschnitte 2.2.1 und 4.3.6). Während der schnelle Schwund im geometrisch-stochastischen Mehrnutzer-MIMO-Kanalmodell automatisch aufgrund der Bewegung des MTs und der konstruktiven und destruktiven Überlagerung der Pfade entsteht, muss der langsame Schwundanteil zu einem großen Teil künstlich erzeugt werden. Dies geschieht mithilfe eines Schwundmodells (vgl. Abschnitt 6.7).

---

[11]Der LOS-Pfad stellt stets den ersten Pfad in der Pfadliste dar und besitzt somit den Index $q = 1$.

6.6.1 Mittlere Übertragungsdämpfung im NLOS-Fall

Zur Berechnung der mittleren Funkfelddämpfung (Wegdämpfung) verwendet das vorliegende geometrisch-stochastische Mehrnutzer-MIMO-Kanalmodell das COST-231-Walfisch-Ikegami-Modell (COST-WI-Modell) [DC99], [HWC99]. Dieses wird von zahlreichen Parametern gesteuert, welche im Folgenden aufgelistet sind (siehe auch Bild 6.23). Die Werte in Klammern geben dabei den jeweiligen Gültigkeitsbereich an [DC99].

- Frequenz f_0 ($800\ldots2000\,\mathrm{MHz}$)

- Entfernung $d_{\mathrm{MT,BS}}$ ($20\ldots5000\,\mathrm{m}$)

- Höhe der BS h_{BS} ($4\ldots50\,\mathrm{m}$)

- Höhe des MTs h_{MT} ($1\ldots3\,\mathrm{m}$)

- mittlere Gebäudehöhe h_{b}

- mittlere Straßenbreite $w_{\mathrm{Straße}}$

- mittlerer Gebäudeabstand w_{b}

- Winkel φ zwischen der Straße in der sich das MT befindet und der LOS-Richtung

Ursprünglich ist das COST-WI-Modell nur für Frequenzen bis 2 GHz geeignet, was für die in dieser Arbeit durchgeführten Untersuchungen im 2-GHz-Band ausreichend ist. Möchte man das Modell bei höheren Frequenzen (z.B. im 5 GHz-Band) anwenden, muss ein zusätzlicher Dämpfungsterm hinzugefügt werden [YMIH04].

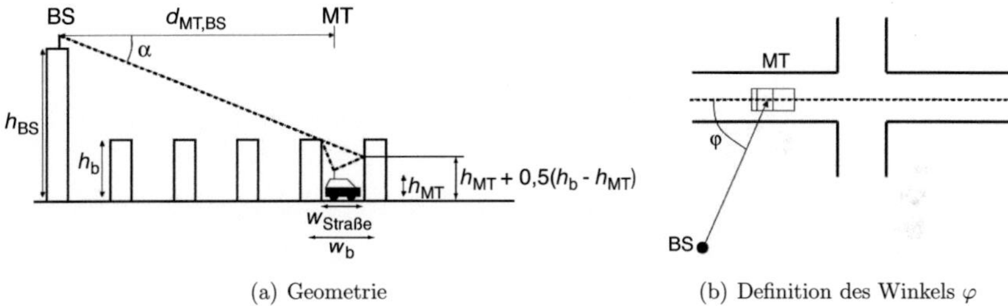

(a) Geometrie (b) Definition des Winkels φ

Bild 6.23: Darstellung der Parameter des COST-231-Walfisch-Ikegami-Modells

Mithilfe des COST-WI-Modells lässt sich sowohl die mittlere Wegdämpfung im NLOS- als auch im LOS-Fall berechnen. Die Charakteristik des richtungsaufgelösten Funkkanals im LOS-Fall hängt im Besonderen vom K-Faktor ab. Dieser gibt, wie in Abschnitt 3.3 bereits erwähnt, das Verhältnis zwischen der Leistung des LOS-Pfades zur Summe der Leistungen der übrigen Mehrwegepfade an. Da das COST-WI-LOS-Modell keine Aussage über den K-Faktor zulässt, wird im LOS-Fall anstelle des COST-WI-LOS-Modells ein K-Faktor-Modell zur Bestimmung der mittleren Funkfelddämpfung eingesetzt. Nähere Einzelheiten hierzu gibt Abschnitt 6.6.2.

Das COST-WI-Modell berechnet die mittlere NLOS-Wegdämpfung $D_{\mathrm{F,WI}}(d_{\mathrm{MT,BS}}, t)$ auf Basis verschiedener Dämpfungsterme, welche die Dämpfung durch z.B. Freiraumausbreitung,

Überdachbeugung oder Streuung beschreiben. Der Wert der Dämpfungsterme hängt von der Einstellung der oben genannten Parameter ab. Auf eine Darstellung der Formeln zur Berechnung der mittleren NLOS-Wegdämpfung $D_{\mathrm{F,WI}}(d_{\mathrm{MT,BS}}, t)$ soll hier verzichtet werden. Eine gute Zusammenfassung geben die Arbeiten [DC99], [HWC99]. Die eingestellten Werte für die in der obigen Liste angegebenen Parameter sind in Anhang A.5 zu finden. $d_{\mathrm{MT,BS}}(t)$ und $\varphi(t)$ werden nicht fest vorgegeben, da beide Werte während der Kanalsimulation ständig an die geometrischen Gegebenheiten angepasst werden.

Es sei darauf hingewiesen, dass das COST-WI-Modell auf Basis von zahlreichen Messungen in unterschiedlichen Städten gewonnen wurde. Es gibt somit die mittlere NLOS-Wegdämpfung der Messdaten wieder. Die mittlere Wegdämpfung in einem einzelnen Szenario kann deshalb aufgrund der unterschiedlichen Bebauung von der Prognose des COST-WI-Modells abweichen. Ein Vergleich mit den *Ray Tracing* Daten der Stadt Karlsruhe (vgl. Anhang A.5) hat gezeigt, dass das COST-WI-Modell die mittlere NLOS-Wegdämpfung bei 2 GHz um einen abstandsabhängigen Betrag leicht überschätzt. Zur Anpassung der mittleren NLOS-Wegdämpfung wird deshalb ein abstandsabhängiger Korrekturterm $D_{\mathrm{F,RT,dB}}(d_{\mathrm{MT,BS}}, t)$ eingeführt (logarithmischer Maßstab):[12]

$$D_{\mathrm{F,RT,dB}}(d_{\mathrm{MT,BS}}, t) = 17\,\mathrm{dB} + 8{,}663\,\log_{10}\left(\frac{1\mathrm{m}}{d_{\mathrm{MT,BS}}(t)}\right) \tag{6.85}$$

Im Vorgriff auf Abschnitt 6.7 sei auf die Bilder 6.25(a) und 6.25(b) hingewiesen, welche einen Vergleich zwischen dem korrigierten Verlauf des COST-WI-Modells und der abstandsabhängigen Wegdämpfung in Karlsruhe (*Ray Tracing*) zeigen. Das korrigierte COST-WI-Modell erreicht eine gute Übereinstimmung.

Die mittlere abstandsabhängige Gesamtdämpfung der Streupfade im NLOS-Fall $D_{\mathrm{F,Scatter,NLOS,dB}}(d_{\mathrm{MT,BS}}, t)$ bei 2 GHz ergibt sich über die Summe der dB-Werte des COST-WI-Modells und des Korrekturterms:

$$D_{\mathrm{F,Scatter,NLOS,dB}}(d_{\mathrm{MT,BS}}, t) = D_{\mathrm{F,WI,dB}}(d_{\mathrm{MT,BS}}, t) + D_{\mathrm{F,RT,dB}}(d_{\mathrm{MT,BS}}, t) \tag{6.86}$$

mit

$$D_{\mathrm{F,Scatter,NLOS}}(d_{\mathrm{MT,BS}}, t) = 10^{D_{\mathrm{F,Scatter,NLOS,dB}}(d_{\mathrm{MT,BS}},t)/10} \tag{6.87}$$

und

$$P_{\mathrm{F,Scatter,NLOS}}(d_{\mathrm{MT,BS}}, t) = \frac{1}{D_{\mathrm{F,Scatter,NLOS}}(d_{\mathrm{MT,BS}}, t)} \quad \text{bei } P_{\mathrm{T}} = 0\,\mathrm{dBm} \tag{6.88}$$

6.6.2 Mittlere Übertragungsdämpfung im LOS-Fall

Wie bereits im letzten Abschnitt erwähnt, wird im LOS-Fall ein K-Faktor-Modell zur Berechnung der mittleren Wegdämpfung herangezogen [GCEM99], [ESBC04], [BSDG+05]. Der K-Faktor ist definiert als (vgl. Abschnitt 3.3):

$$K = \frac{P_{\mathrm{LOS-Pfad}}}{P_{\mathrm{F,Scatter,LOS}}} = \frac{D_{\mathrm{F,Scatter,LOS}}}{D_{\mathrm{F,LOS-Pfad}}} \tag{6.89}$$

---

[12]Bei der Bestimmung des Korrekturterms wurde beim COST-WI-Modell eine Straßenorientierung von $\varphi(t) = 45°$ angenommen. Die übrigen Parameter entsprechen den Angaben in Anhang A.5.

$P_{\mathrm{F,Scatter,LOS}}$ bezeichnet die mittlere Gesamtleistung der Pfade der Streu-*Cluster* (Summe der Einzelleistungen) bei LOS-Bedingung und bei einer Sendeleistung von $0\,\mathrm{dBm}$. $D_{\mathrm{F,Scatter,LOS}}$ hingegen gibt die mittlere Gesamtdämpfung der Pfade der Streu-*Cluster* bei LOS-Bedingung an. $P_{\mathrm{LOS-Pfad}}$ stellt die Leistung und $D_{\mathrm{F,LOS-Pfad}}$ die Dämpfung des LOS-Pfades dar.

Messungen des Übertragungskanals zeigen, dass mit geringer werdendem Abstand $d_{\mathrm{MT,BS}}$ der K-Faktor steigt [GCEM99], [ESBC04] [BSDG$^+$05]. In [BSDG$^+$05] ist die Abstandsabhängigkeit des K-Faktors in dB zu

$$\frac{K_{\mathrm{dB}}(d_{\mathrm{MT,BS}})}{\mathrm{dB}} = 15{,}4 - 5{,}0 \, \log_{10}(d_{\mathrm{MT,BS}}/\mathrm{m}) \tag{6.90}$$

angegeben. Der lineare K-Faktor ergibt sich entsprechend zu:

$$K(d_{\mathrm{MT,BS}}) = 10^{\frac{15{,}4-5{,}0\,\log_{10}(d_{\mathrm{MT,BS}}/\mathrm{m})}{10}} \tag{6.91}$$

Zur Überprüfung, ob (6.91) auch auf das Karlsruhe Szenario anwendbar ist, wurde mithilfe von flächigen deterministischen Simulationen der mittlere abstandsabhängige K-Faktor bei $2\,\mathrm{GHz}$ berechnet. Hierzu wurde der Bereich um die BS in äquidistante $40\,\mathrm{m}$ breite Entfernungsintervalle unterteilt und für jedes Intervall der Medianwert des K-Faktors bestimmt. Das Resultat ist in Bild 6.24 dargestellt (linearer Maßstab). Der K-Faktor zeigt näherungsweise einen exponentiellen Abfall mit steigender Distanz zur BS. Die Abweichungen im Bereich $900 - 1000\,\mathrm{m}$ sind auf eine unbebaute Fläche im *Ray Tracing* Szenario zurückzuführen, in der sich außer dem LOS-Pfad kaum andere Mehrwegepfade ausbreiten. Da es sich dabei nicht um ein typisches Merkmal handelt, werden sie nicht weiter berücksichtigt.

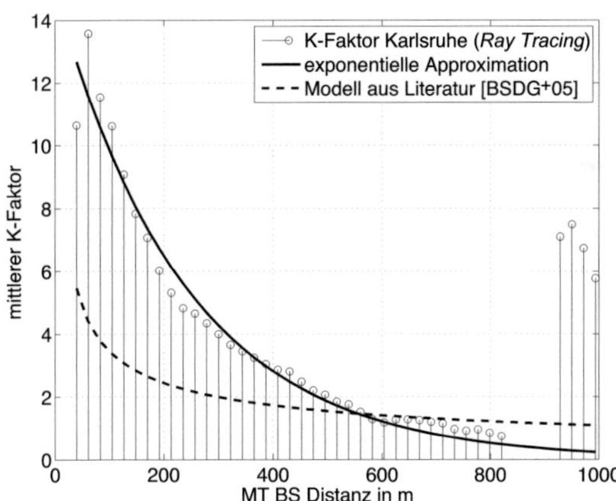

Bild 6.24: Abstandsabhängigkeit des K-Faktors für unterschiedliche Modelle

Ebenfalls in Bild 6.24 eingezeichnet ist der K-Faktor gemäß (6.91) und eine nach dem *Least Squares* Ansatz ermittelte exponentielle Approximation des Verlaufs des K-Faktors in Karlsruhe. Die exponentielle Approximation hat die Form (K-Faktor in linearem Maßstab):

$$K(d_{\mathrm{MT,BS}}) = 114{,}891 \, e^{-4{,}184\,d_{\mathrm{MT,BS}}/\mathrm{km}-2{,}036} \tag{6.92}$$

Da (6.92) wesentlich besser mit dem Karlsruhe Szenario übereinstimmt als (6.91), ist (6.92) im geometrisch-stochastischen Mehrnutzer-MIMO-Kanalmodell implementiert.

6.6.3 Umschaltvorgang zwischen dem NLOS- und LOS-Wegdämpfungsmodell

Befindet sich das MT in keiner LOS-VR, so wird das COST-WI-NLOS-Modell zur Berechnung der mittleren Wegdämpfung $D_{\mathrm{F,Scatter,NLOS}}$ eingesetzt. Im LOS-Fall hingegen berechnet sich die mittlere Wegdämpfung $D_{\mathrm{F,Scatter,LOS}}$ der Pfade der Streu-*Cluster* auf Basis des im letzten Abschnitt beschriebenen K-Faktor-Modells. Beim Übergang vom NLOS- auf das LOS-Modell und umgekehrt muss beachtet werden, dass:

$$D_{\mathrm{F,Scatter,LOS}} > D_{\mathrm{F,LOS-Pfad}} \tag{6.93}$$

und

$$D_{\mathrm{F,Scatter,LOS}} < D_{\mathrm{F,Scatter,NLOS}} \tag{6.94}$$

(6.94) drückt aus, dass die mittlere Wegdämpfung der Streu-*Cluster* im NLOS-Fall größer ist als im LOS-Fall. Mithilfe der folgenden Berechnungsvorschrift wird ein kontinuierlicher Übergang zwischen $D_{\mathrm{F,Scatter,NLOS}}$ und $D_{\mathrm{F,Scatter,LOS}}$ erreicht:

$$\begin{aligned} D_{\mathrm{F,Scatter}}(d_{\mathrm{C_{LOSVR},MT}}) = {}&D_{\mathrm{F,Scatter,NLOS}} \\ &+ A_{\mathrm{LOSVR}}(d_{\mathrm{C_{LOSVR},MT}})^2 \left(D_{\mathrm{F,Scatter,LOS}} - D_{\mathrm{F,Scatter,NLOS}}\right) \end{aligned} \tag{6.95}$$

$D_{\mathrm{F,Scatter}}$ stellt die mittlere Gesamtdämpfung dar, welche auf die Streupfade bzw. Pfadbündel zu verteilen ist (siehe nächster Abschnitt). Diese hängt über die Dämpfungsfunktion $A_{\mathrm{LOSVR}}(d_{\mathrm{C_{LOSVR},MT}})$ (6.76) von der Position des MTs in der LOS-VR ab. Für $d_{\mathrm{C_{LOSVR},MT}} < r_{\mathrm{LOSVR}} - L_{\mathrm{LOSVR}}$ ist $A_{\mathrm{LOSVR}} \approx 1$ und $D_{\mathrm{F,Scatter}}(d_{\mathrm{C_{LOSVR},MT}}) = D_{\mathrm{F,Scatter,LOS}}$. Für $d_{\mathrm{C_{LOSVR},MT}} > r_{\mathrm{LOSVR}}$ wird die mittlere Gesamtdämpfung der Streupfade hingegen durch das COST-WI-NLOS-Modell bestimmt, da $A_{\mathrm{LOSVR}} \approx 0$ und $D_{\mathrm{F,Scatter}} = D_{\mathrm{F,Scatter,NLOS}}$.

6.7 Polarimetrische Gesamt-Pfadübertragungsmatrix der Streupfade

Die komplexe polarimetrische Gesamt-Pfadübertragungsmatrix $\underline{\tilde{\mathbf{\Gamma}}}_q(t)$ des q-ten Streupfades setzt sich zusammen aus:

$$\underline{\tilde{\mathbf{\Gamma}}}_q(t) = \begin{bmatrix} \underline{\tilde{\Gamma}}_{\vartheta\vartheta,q} & \underline{\tilde{\Gamma}}_{\vartheta\psi,q} \\ \underline{\tilde{\Gamma}}_{\psi\vartheta,q} & \underline{\tilde{\Gamma}}_{\psi\psi,q} \end{bmatrix} \tag{6.96}$$

Mit der normierten polarimetrischen Pfadübertragungsmatrix $\underline{\mathbf{T}}_q(t)$ des q-ten Pfades ($q \neq 1$) sowie der mittleren Dämpfung $D_{\mathrm{F,Scatter}}(t) = 1/P_{\mathrm{F,Scatter}}(t)$ der $\vartheta\vartheta$-Polarisation ergeben sich die Koeffizienten von $\underline{\tilde{\mathbf{\Gamma}}}_q(t)$ zu:

$$\underline{\tilde{\Gamma}}_{\vartheta\vartheta,q} = \underline{T}_{\vartheta\vartheta,q}(t) \sqrt{\frac{\sum_{q=2}^{Q(t)} |\underline{T}_{\vartheta\vartheta,q}|^2}{D_{\mathrm{F,Scatter}}(t) D_{\mathrm{GS}}}} \sqrt{P_{\mathrm{sf},c,q}(t)} A_{\mathrm{F},q}(t) \tag{6.97}$$

$$\tilde{\underline{\Gamma}}_{\vartheta\psi,q} = \underline{T}_{\vartheta\psi,q}(t)\sqrt{\frac{\sum_{q=2}^{Q(t)}|\underline{T}_{\vartheta\vartheta,q}|^2}{D_{\text{F,Scatter}}(t)D_{\text{GS}}}}\sqrt{P_{\text{sf},c,q}(t)}\,A_{\text{F},q}(t) \qquad (6.98)$$

$$\tilde{\underline{\Gamma}}_{\psi\vartheta,q} = \underline{T}_{\psi\vartheta,q}(t)\sqrt{\frac{\sum_{q=2}^{Q(t)}|\underline{T}_{\vartheta\vartheta,q}|^2}{D_{\text{F,Scatter}}(t)D_{\text{GS}}}}\sqrt{P_{\text{sf},c,q}(t)}\,A_{\text{F},q}(t) \qquad (6.99)$$

$$\tilde{\underline{\Gamma}}_{\psi\psi,q} = \underline{T}_{\psi\psi,q}(t)\sqrt{\frac{\sum_{q=2}^{Q(t)}|\underline{T}_{\vartheta\vartheta,q}|^2}{D_{\text{F,Scatter}}(t)D_{\text{GS}}}}\sqrt{P_{\text{sf},c,q}(t)}\,A_{\text{F},q}(t) \qquad (6.100)$$

Der erste Wurzelausdruck ist in allen vier Gleichungen identisch. Er dient der Gewichtung bzw. Einstellung der komplexen mittleren polarimetrischen Pfadamplitude. Für $A_{\text{F},q}(t)$ ist der Wert der Dämpfungsfunktion aus (6.7) oder (6.61) einzusetzen, je nachdem ob es sich um einen Pfad aus einem lokalen oder entfernten Streu-*Cluster* handelt. Stammt der Pfad q aus einem Straßenschlucht-Streu-*Cluster*, ist $A_{\text{F},q}(t) = $ konst. $= 1$ einzusetzen, da hier aus Komplexitätsgründen keine Dämpfungsfunktion implementiert wurde. Der Faktor $D_{\text{GS}}(t)$ resultiert aus dem durch die Bewegung des MTs verursachten Geburts- und Sterbeprozess der Pfade der Streu-*Cluster* und charakterisiert den daraus resultierenden langsamen Schwund. Da der über $D_{\text{GS}}(t)$ modellierte Anteil des langsamen Schwundes gegenüber realen Kanälen zu gering ausfällt, wird mit $P_{\text{sf},c}(t)$ der langsame Schwund auf das gewünschte Verhalten korrigiert. c gibt dabei den Index des Streu-*Clusters* an, aus dem der Pfad q entstammt.

Langsamer Schwund:
Zahlreiche Messungen belegen, dass der langsame Schwund sehr gut über eine Lognormalverteilung, d.h. eine Normalverteilung in logarithmischem Maßstab beschrieben werden kann [MTP90], [Gud91], [Maw92], [Sor98], [WL02]. Zudem zeigen sie, dass der Mittelwert und die Standardabweichung des langsamen Schwundes in logarithmischem Maßstab einer Geraden folgen, wenn auch der Abstand $d_{\text{MT,BS}}$ logarithmiert ist (Leistungs-Entfernungs-Gesetz).

Zur Überprüfung des beschriebenen Sachverhaltes im Szenario der Stadt Karlsruhe zeigt Bild 6.25(a) den inkohärenten Übertragungsfaktor in dB der NLOS- und LOS-Abtastpunkte einer flächigen *Ray Tracing* Berechnung (BS-Standort R79, vgl. Bild 7.2 im nächsten Kapitel). Zur Berechnung der Abtastwerte wurde eine Frequenz von 2 GHz und eine isotrope $\vartheta\vartheta$-polarisierte Sende- und Empfangsantenne verwendet. Der inkohärente Übertragungsfaktor des k_{s}-ten Abtastpunktes ergibt sich in linearem Maßstab aus:

$$L_{\text{ink},\vartheta\vartheta}(k_{\text{s}}) = \sum_{q=1}^{Q(t)}|\tilde{\underline{\Gamma}}_{\vartheta\vartheta,q}(k_{\text{s}})|^2 \qquad (6.101)$$

Es sei angemerkt, dass für eine große Pfadanzahl $L_{\text{ink},\vartheta\vartheta}(k_{\text{s}})$ ungefähr die Leistung des langsamen Schwundes angibt [Kür93], [Zwi99]. Neben dem inkohärenten Übertragungsfaktor der einzelnen Abtastwerte ist in Bild 6.25(a) die sich aus den NLOS-Abtastwerten ergebende abstandsabhängige arithmetische Mittelwertgerade eingezeichnet. Zu deren Bestimmung wurden die Abtastwerte in dB von jeweils 100 m breiten Intervallen verwendet. Lediglich für größere Distanzen folgt der mittlere inkohärente Übertragungsfaktor (aufgrund einer zu geringen Stichprobe) keiner Geraden. Ebenfalls zu erkennen ist, dass oberhalb der eingezeichneten Mittelwertgeraden eine zweite Gerade eingezeichnet werden könnte, welche die LOS-Situationen charakterisiert. Die zwei gestrichelten Geraden in Bild 6.25(a) geben den Verlauf des abstandsabhängigen arithmetischen Mittelwerts plus und minus der abstandsabhängigen Standardabweichung an.

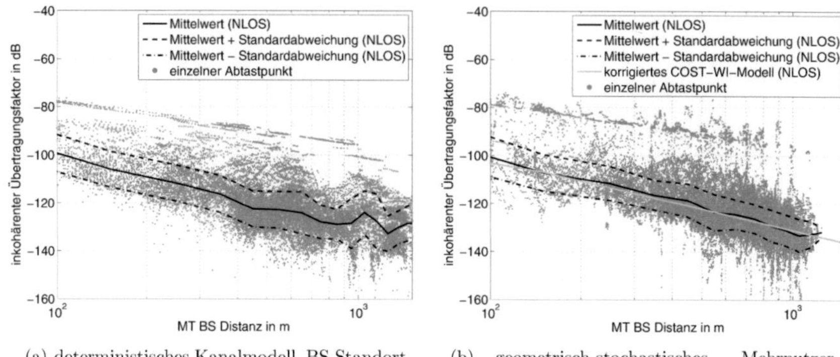

(a) deterministisches Kanalmodell, BS-Standort R79 aus Bild 7.2

(b) geometrisch-stochastisches Mehrnutzer-MIMO-Kanalmodell

Bild 6.25: Inkohärenter Übertragungsfaktor in dB über dem Abstand $d_{\mathrm{MT,BS}}$ zwischen mobilem Terminal und Basisstation ($f_{\mathrm{HF}} = 2\,\mathrm{GHz}$, $\vartheta\vartheta$-Polarisation, isotrope Sende- und Empfangsantenne)

Die mittlere Standardabweichung (Mittelwert über alle Distanzintervalle) $\overline{\sigma_{\mathrm{D,NLOS}}}$ für das betrachtete Beispiel und bei NLOS-Bedingung beträgt 8,19 dB. Die Untersuchung der anderen in Bild 7.2 eingezeichneten BS-Standorte hat ergeben, dass die mittlere NLOS-Wegdämpfung in allen Szenarien sehr ähnlich verläuft. Die über den Abstand $d_{\mathrm{MT,BS}}$ gemittelte Standardabweichung $\overline{\sigma_{\mathrm{D,NLOS}}}$ aller BS-Standorte ist in Tabelle 6.3 angeben.

Tabelle 6.3: Über den Abstand $d_{\mathrm{MT,BS}}$ gemittelte Standardabweichung $\overline{\sigma_{\mathrm{D,NLOS}}}$ in dB für alle in Bild 7.2 eingezeichneten BS-Standorte (deterministisches Kanalmodell, $f_{\mathrm{HF}} = 2\,\mathrm{GHz}$, $\vartheta\vartheta$-Polarisation, isotrope Sende- und Empfangsantenne)

BS-Standort	1M5	636	G75	R79	AP2
$\overline{\sigma_{\mathrm{D,NLOS}}}$ in dB	6,38	6,77	7,73	8,19	9,05

Zum Vergleich zeigt Bild 6.25(b) das Verhalten des inkohärenten Übertragungsfaktors $L_{\mathrm{ink},\vartheta\vartheta}(k_{\mathrm{s}})$ über dem Abstand $d_{\mathrm{MT,BS}}$ des neuen geometrisch-stochastischen Mehrnutzer-MIMO-Kanalmodells. Die einzelnen Punkte in Bild 6.25(b) wurden mithilfe von Monte-Carlo-Simulationen bestimmt, wobei von $\vartheta\vartheta$-polarisierten isotropen Sende- und Empfangsantennen ausgegangen wurde. Ebenfalls in Bild 6.25(b) eingezeichnet ist der Verlauf des mittleren inkohärenten NLOS-Übertragungsfaktors über der Distanz $d_{\mathrm{MT,BS}}$. Die Mittelwertgerade folgt sehr genau der abstandsabhängigen Leistung des korrigierten COST-WI-Modells ($10\log_{10}P_{\mathrm{F,Scatter,NLOS}}(d_{\mathrm{MT,BS}})$).[13] Zudem stimmt der Verlauf sehr gut mit dem deterministischen Kanalmodell aus Bild 6.25(a) überein.

---

[13]Parameter des COST-WI-Modells: $d_{\mathrm{MT,BS}} = 20,\ldots,1000\,\mathrm{m}$, $\varphi(t) = 45°$, $h_{\mathrm{BS}} = 32\,\mathrm{m}$, $h_{\mathrm{MT}} = 1,7\,\mathrm{m}$, übrige Parameter wie Anhang A.5

Die Abweichungen der einzelnen Abtastpunkte in den Bildern 6.25(a) und 6.25(b) von der Mittelwertgeraden entstehen durch langsamen Schwund. Ein Teil des langsamen Schwundes wird beim geometrisch-stochastischen Mehrnutzer-MIMO-Kanalmodell, wie bereits erwähnt, durch die Bewegung des MTs und dem daraus resultierenden Geburts- und Sterbeprozess der Pfade erzeugt. In (6.97) bis (6.100) ist dieser Teil durch den Faktor $D_{GS}(t)$ berücksichtigt. Bei der Berechnung von $D_{GS}(t)$ wird davon ausgegangen, dass sich der Geburts- und Sterbeprozess auf alle vier Polarisationen eines Pfades gleich auswirkt. Ferner macht man sich zu Nutze, dass das Empfangssignal, ebenso wie die Wegstrecke des betrachteten MTs, in diskrete Zeitpunkte $t = t_1, \ldots, T_D$ unterteilt ist. Die zeitlichen Abstände der Abtastpunkte entsprechen T_s. T_D ist die vom Anwender des Kanalmodells vorgegebene Simulationsdauer (Echtzeit).

Zur Modellierung von $D_{GS}(t)$ wird ein Abtast- und Halteglied (engl. *sample and hold*) verwendet, welches den Wert von $D_{GS}(t_i)$ kontinuierlich an die zum Zeitpunkt t_i vorherrschenden Pfadbedingungen anpasst. Sind gegenüber dem Zeitpunkt t_{i-1} Pfade gestorben, so muss die Dämpfung der Kanalimpulsantwort gegenüber dem Zeitpunkt $t = t_{i-1}$ um den Dämpfungsanteil der gestorbenen Pfade erhöht werden. Es gilt somit:

$$D_{GS}(t_i) > D_{GS}(t_{i-1}) \tag{6.102}$$

Sind gegenüber t_{i-1} neue Streupfade hinzugekommen, gilt:

$$D_{GS}(t_i) < D_{GS}(t_{i-1}) \tag{6.103}$$

Ändert sich die Pfadanzahl gegenüber dem Zeitpunkt $t = t_{i-1}$ nicht, gilt:

$$D_{GS}(t_i) = D_{GS}(t_{i-1}) \tag{6.104}$$

Die Dämpfung von Pfaden, welche zum Zeitpunkt t_{i-1} und t_i vorhanden sind, wird durch den Geburts- und Sterbeprozess nicht beeinflusst.

In Bild 6.26(a) ist für eine willkürlich herausgegriffene BS-MT Kombination der Verlauf der Anzahl der Mehrwegepfade über der Wegstrecke des MTs gezeigt. Man kann deutlich die Funktionsweise des Geburts- und Sterbeprozesses erkennen. Bild 6.26(b) stellt den dazugehörigen Verlauf von $D_{GS}(t)$ in dB dar.

Simulationen mit dem geometrisch-stochastischen Mehrnutzer-MIMO-Kanalmodell haben gezeigt, dass die Gesamtstatistik von D_{GS} in logarithmischem Maßstab durch eine mittelwertfreie Normalverteilung beschrieben werden kann (in linearem Maßstab durch eine Lognormalverteilung). Dies entspricht prinzipiell dem aus Messungen und deterministischen Simulationen bekannten Verhalten von langsamem Schwund [MTP90], [Gud91], [Maw92], [Sor98], [WL02]. Ein Vergleich mit den *Ray Tracing* Daten hat jedoch ergeben, dass die durch den Geburts- und Sterbeprozess hervorgerufene Standardabweichung etwas zu gering ausfällt. Zur Korrektur des langsamen Schwundes auf das gewünschte Verhalten dient in (6.97) bis (6.100) der Faktor $P_{sf,c,q}(t)$. Alle Pfade des c-ten Streu-*Clusters* werden mit dem gleichen Faktor gewichtet. Es wird angenommen, dass nicht nur die Dämpfung der Kanalimpulsantwort, sondern auch die Dämpfung der einzelnen Streu-*Cluster* einem langsamen Schwundprozess unterliegt [Cor01]. Nach [Gud91], [Sor98], [Cor01], [APM02], [WL02], [CCG+06] kann der langsame Schwundprozess $P_{sf,c,q}(t)$ der einzelnen Streu-*Cluster* durch eine Lognormalverteilung modelliert werden:

$$P_{sf,c,q}(t) = 10^{\sigma_{sf,c} X_{sf,c}(t)/10} \tag{6.105}$$

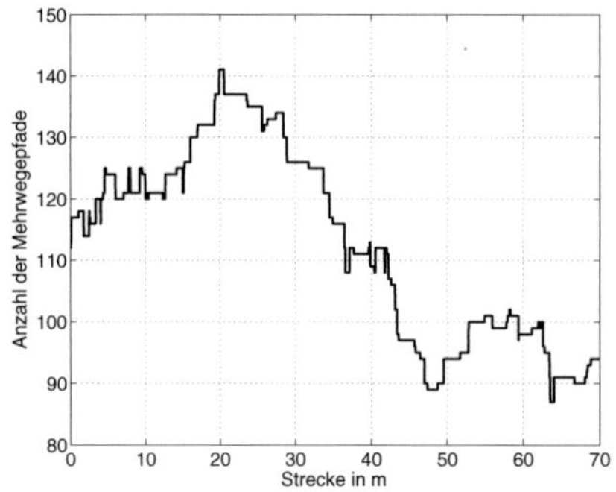

(a) Anzahl der Mehrwegepfade über der Wegstrecke in m

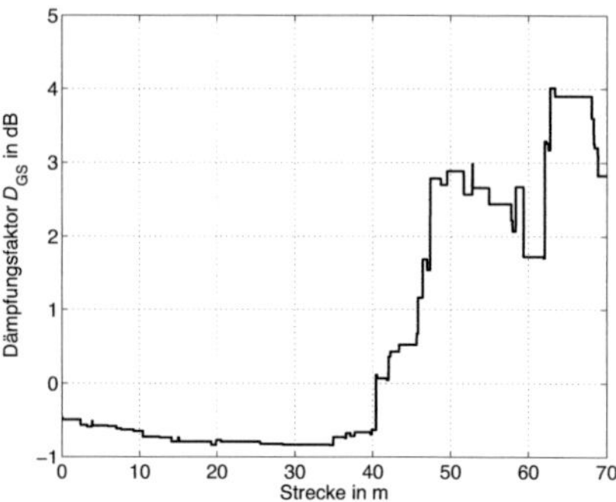

(b) Wert von D_{GS} in dB über der Wegstrecke in
m

Bild 6.26: Anzahl der Mehrwegepfade und Dämpfungsfaktor D_{GS} in dB über der Wegstrecke (Simulationsbeispiel, geometrisch-stochastisches Mehrnutzer-MIMO-Kanalmodell, $f_{\mathrm{HF}} = 2\,\mathrm{GHz}$)

$X_{\mathrm{sf},c}(t)$ stellt dabei eine Gauß-verteilte Zufallsvariable mit Mittelwert Null, Varianz Eins und einer exponentiell abfallenden Autokorrelationsfunktion dar. Parameter der Autokorrelationsfunktion ist die Korrelationslänge $D^{\mathrm{x}}_{\mathrm{Coh,MT},L_{\mathrm{ink}}L_{\mathrm{ink}}}(\Delta x)$ über der zurückgelegten Strecke des betrachteten MTs. Zur Erzeugung von $X_{\mathrm{sf},c}(t)$ wird die in [Cor01], [CCG$^+$06] beschriebene Methode angewendet. $\sigma_{\mathrm{sf},c}$ ist die Standardabweichung der Lognormalverteilung, wobei angenommen wird, dass $\sigma_{\mathrm{sf},c}$ für alle Streu-*Cluster* gleich groß ist [Cor06] (vgl. Anhang A.5). Ferner wird angenommen, dass die $P_{\mathrm{sf},c,q}(t)$ der Streu-*Cluster* unkorreliert sind.

Die zwei gestrichelten Geraden in Bild 6.25(b) geben den abstandsabhängigen arithmetischen Mittelwert plus und minus der abstandsabhängigen Standardabweichung des inkohärenten Übertragungsfaktors $L_{\mathrm{ink},\vartheta\vartheta}(k_{\mathrm{s}})$ für das geometrisch-stochastische Mehrnutzer-MIMO-Kanalmodell an. Es ergibt sich eine gute Übereinstimmung mit dem in Bild 6.25(a) gezeigten Verhalten des deterministischen Kanalmodells. Die über die Distanz gemittelte Standardabweichung liegt bei 7,09 dB (vgl. Tabelle 6.3).

6.8 Fazit

Auf Basis der in diesem Kapitel beschriebenen neuen Ansätze zur Modellierung des Ausbreitungseffektes lokaler, Straßenschlucht- und entfernter Streu-*Cluster* sowie zur Modellierung der Sichtverbindung und der mittleren Übertragungsdämpfung (engl. *path loss*) ist ein neuartiges, beidseitig richtungsaufgelöstes, dreidimensionales und vollpolarimetrisches geometrisch-stochastisches Modell zur Beschreibung des Mehrnutzer-MIMO-Übertragungskanals entstanden. Für den Frequenzbereich um $f_0 = 2\,\mathrm{GHz}$, eine BS-Höhe im Bereich $h_{\mathrm{BS}} \approx 35\,\mathrm{m}$ und das in Bild 4.1 gezeigte urbane makrozellulare Ausbreitungsszenario der Innenstadt Karlsruhe wurden die Modellparameter vollständig bestimmt (vgl. Anhang A.5). Auf die Implementierung eines Modells zur Beschreibung diffuser Streuleistung wurde verzichtet. Die Modellierung von diffuser Streuung in geometrisch-stochastischen Kanalmodellen ist aktueller Gegenstand der

Forschung [Cor06], [LKT$^+$07]. Sobald ausreichend genaue Kenntnisse zur Modellierung der Sende- und Empfangsrichtungen diffuser Streubeiträge vorhanden sind, kann das geometrisch-stochastischen Mehrnutzer-MIMO-Kanalmodell ergänzt werden.

Trotz der relativ hohen Anzahl an Ausbreitungsmodellen und Modellparametern erreicht das geometrisch-stochastische Mehrnutzer-MIMO-Kanalmodell eine um den Faktor 3900 geringere Rechenzeit als das in Kapitel 4 beschriebene deterministische Kanalmodell, wobei beide Modelle nicht explizit auf eine geringe Rechenzeit hin optimiert wurden. Auf einem Rechner mit einer 3 GHz Intel ® Xeon ® 5160 CPU (*Central Processing Unit*) und mit 8 GB RAM (*Random Access Memory*) benötigt das geometrisch-stochastische Mehrnutzer-MIMO-Kanalmodell für die Berechnung einer Kanalimpulsantwort im Schnitt 24 ms. Kanalberechnungen für Mehrnutzer-MIMO-Systeme mit vielen Nutzern, wie sie im folgenden Kapitel vorgestellt werden, sind somit in einer akzeptablen Rechenzeit durchführbar.

Kapitel 7

Verifikation des geometrisch-stochastischen Mehrnutzer-MIMO-Kanalmodells

Im Mittelpunkt dieses Kapitels steht die Verifikation des im vorangegangenen Kapitel beschriebenen geometrisch-stochastischen Mehrnutzer-MIMO-Kanalmodells, nachfolgend kurz GSCM (engl. *geometry-based stochastic channel model*) genannt, anhand von umfangreichen *Ray Tracing* Kanalsimulationen im 2 GHz-Band. Abschnitt 7.1 beschreibt hierzu zunächst die für die Verifikation verwendeten Datensätze und Antennenkonfigurationen. Abschnitt 7.2 demonstriert anschließend die Wirkungsweisen und Möglichkeiten des GSCM anhand einer charakteristischen makrozellularen Ausbreitungssituation. Die Abschnitte 7.3 und 7.4 stellen Verifikationsergebnisse zum zeitvarianten, frequenz- und richtungsselektiven Verhalten des GSCM sowie zu den in Abschnitt 3.3 eingeführten MIMO-Metriken vor.

Abschließend demonstriert Abschnitt 7.5 die Anwendung des auf *Ray Tracing* basierenden deterministischen Kanalmodells (vgl. Kapitel 4), nachfolgend kurz RT-Modell genannt, und des GSCM in Mehrnutzer-MIMO-Systemsimulationen und weist erstmals deren Eignung hierfür nach. Ziel der Systemsimulationen ist der Vergleich der Performanz eines SISO-Referenzsystems mit der Performanz der Mehrantennen-Übertragungsverfahren: *Beamforming*, *Margin-Adaptive Waterfilling*, CTRP-SO und CTRP-BD (vgl. Abschnitte 3.1.2, 3.1.4, 3.2.3 und 3.2.4). Das SISO-Referenzsystem trennt die Nutzer, ebenso wie die beiden ersten Mehrantennen-Übertragungsverfahren, mithilfe eines herkömmlichen Mehrfachzugriffsverfahrens, z.B. TDMA oder FDMA. Bei CTRP-SO und CTRP-BD handelt es sich um lineare *Downlink*-Mehrnutzer-MIMO-Übertragungsverfahren, welche zusätzlich SDMA zur Nutzertrennung einsetzen. Hierdurch sind sie in der Lage, mehrere Nutzer zeitgleich und auf gleicher Frequenz zu versorgen. Die Systemsimulationen zeigen auf, bis zu welchem Grad sich das Verhalten des RT-Modells und des GSCM gleicht und inwieweit sich die Verfahren CTRP-SO und CTRP-BD zur Steigerung des Datendurchsatzes der Zelle sowie zur Verringerung von Interferenz, Sendeleistung und Exposition eignen. Teilergebnisse der Mehrnutzer-MIMO-Systemsimulationen wurden bereits in [FMKW04], [FKMW04], [FKW05], [FPW06b], [FPW06a], [FPW07] vorgestellt.

7.1 Datensätze zur Analyse des Gesamtmodells

Die umfassende Analyse des GSCM erfordert die Verwendung von Kanaldaten mit einem genügend großen Stichprobenumfang. Abschnitt 7.1.1 spezifiziert das Szenario und die Parameter der GSCM-Daten. Als Vergleichsdaten werden Kanäle flächiger Simulationen (Flächenscan) sowie einzelner Simulationsstrecken des RT-Modells eingesetzt. Eine nähere Beschreibung hierzu liefern die Abschnitte 7.1.2 und 7.1.3. Auf die MIMO-Antennenanordnungen, welche bei der Analyse des GSCM zum Einsatz kommen, geht schließlich Abschnitt 7.1.4 ein.

7.1.1 Simulationsdaten des geometrisch-stochastischen Mehrnutzer-MIMO-Kanalmodells

Die Kanaldaten des geometrisch-stochastischen Mehrnutzer-MIMO-Kanalmodells stammen aus insgesamt zehn zufälligen und voneinander unabhängigen Szenarien mit je einer BS und je 50 Nutzern. Bild 7.1(a) zeigt exemplarisch eines dieser Szenarien. Die Abmessung der Grundfläche des Straßennetzes beträgt 2400 m × 1200 m und ist an die Grundfläche des Modells der Innenstadt Karlsruhe angelehnt (vgl. Bild 7.1(b)). Die BS befindet sich in der Mitte des Szenarios auf der Position $x = 1200\,\text{m}$ und $y = 600\,\text{m}$ und besitzt eine Höhe von 35 m über Grund. Die System- bzw. Bandmittenfrequenz beträgt f_{HF} bzw. $f_0 = 2\,\text{GHz}$. Jeder Nutzer fährt für $T_{\text{D}} = 10\,\text{s}$ Echtzeit mit einer konstanten Geschwindigkeit von 50 km/h entlang einer zufällig generierten Strecke der Länge 139 m. Die Beobachtungszeit von 10 s stellt sicher, dass das zeitliche Verhalten von räumlich korrelierten Nutzern bei den Mehrnutzer-MIMO-Systemsimulationen in Abschnitt 7.5 in die Analyse mit einfließt. Die Diskretisierung zwischen zwei benachbarten Empfängerpositionen beträgt $T_{\text{s}} = 5{,}396\,\text{ms}$ (vgl. (4.1)). Jede Simulationsstrecke besteht somit aus 1853 Kanalrealisierungen (Schnappschüssen). Zu Beginn der Simulation, d.h. bei $t = 0\,\text{s}$, sind die MTs jeweils bezüglich ihrer x- und y-Koordinate gleichverteilt auf den Straßen platziert. Die übrigen Parameter des GSCM entsprechen den Angaben in Anhang A.5.

Das Kanalmodell speichert zu jeder Kanalrealisierung eine Pfadliste, welche die zugehörigen Pfade und deren Pfadparameter beinhaltet. Die Pfadparameter liegen dabei vollpolarimetrisch und für einen isotropen Sende- und Empfangspunkt vor und sind unabhängig von jeglichen Antenneneinflüssen. In Anlehnung an Abschnitt 4.3 wird deshalb von GSCM-Rohdaten gesprochen. Auf Basis der GSCM-Rohdaten und unter Verwendung von (2.14) kann die richtungsaufgelöste polarimetrische Tiefpass-Übertragungsmatrix des Funkkanals $\underline{\mathbf{H}}_{\text{GSCM}}^{\text{TP}}(\nu, t, \Omega_{\text{T}}, \Omega_{\text{R}})$ berechnet werden. Aus dieser kann mithilfe (2.15) die richtungsaufgelöste Tiefpass-Übertragungsfunktion des Funkkanals einer gewünschten Polarisationsrichtung herausgegriffen werden. Bei der nachfolgenden Analyse wird hierbei oft von $\vartheta\vartheta$-polarisierten Sende- und Empfangsantennen ausgegangen, wodurch man $\underline{\mathbf{H}}_{\text{GSCM},\vartheta\vartheta}^{\text{TP}}(\nu, t, \Omega_{\text{T}}, \Omega_{\text{R}})$ erhält.

Anhand von (2.18) und unter Annahme des Gewinns, der Polarisation und der Richtcharakteristik einer bestimmten Sende- und Empfangsantenne erhält man die zeitvariante Tiefpass-Übertragungsfunktion des Übertragungskanals $\underline{H}_{\text{GSCM}}^{\text{TP,SISO}}(\nu, t)$. Deren Verlauf entlang einer SISO-Strecke wird im Folgenden als GSCM-SISO-Daten bezeichnet.

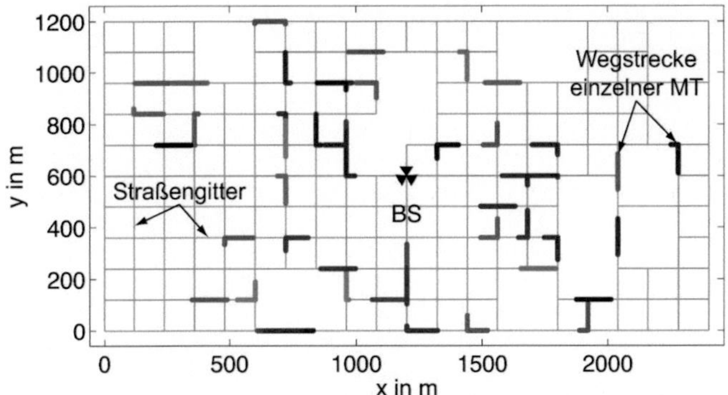

(a) geometrisch-stochastisches Mehrnutzer-MIMO-Kanalmodell

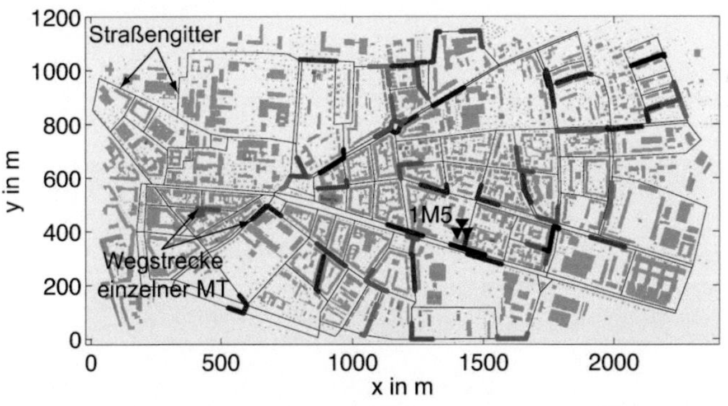

(b) deterministisches Kanalmodell, BS-Standort 1M5

Bild 7.1: Exemplarische Simulationsszenarien mit einer Basisstation, welche drei Sektoren versorgt, und 50 Nutzern, welche sich entlang der Straßen bewegen

Die MIMO-Daten zur Verifikation der MIMO-Metriken werden anhand der GSCM-Rohdaten und unter Verwendung der in Abschnitt 4.3.2 eingeführten Extrapolationsmethode erzeugt. Hierbei werden verschiedene MIMO-Antennenanordnungen eingesetzt (siehe Abschnitt 7.1.4). Als Resultat liefert die Extrapolationsmethode entsprechend der spezifizierten MIMO-Antennenanordnung $M \times N$ Tiefpass-Übertragungsfunktionen des Übertragungskanals $\underline{H}_{\mathrm{GSCM},n,m}^{\mathrm{TP,SISO}}(\nu, t)$, wobei die einzelnen Tiefpass-Übertragungsfunktionen nach (3.1) zur $M \times N$ MIMO-Übertragungsmatrix $\underline{\mathbf{H}}_{\mathrm{GSCM}}^{\mathrm{TP,MIMO}}(\nu, t)$ zusammengefasst werden können. Der zeitvariante Verlauf von $\underline{\mathbf{H}}_{\mathrm{GSCM}}^{\mathrm{TP,MIMO}}(\nu, t)$ wird nachfolgend als GSCM-MIMO-Daten bezeichnet.

7.1.2 *Ray Tracing* Daten flächiger Simulationen im Karlsruhe Szenario

Die Daten der flächigen *Ray Tracing* Abtastung basieren auf den in Bild 7.2 eingezeichneten fünf BS-Standorten (Sendern). Deren exakte Koordinaten im Umgebungsmodell der Innenstadt Karlsruhe sind in Tabelle 7.1 aufgelistet. Der BS-Standort AP2 entspricht demjenigen der Streu-*Cluster*-Analyse (vgl. Bild 5.3). Besonderheit der übrigen BS-Standorte ist, dass diese aktuell von der Firma Vodafone zur GSM- und UMTS-Versorgung in Karlsruhe eingesetzt werden. Bild 7.2 zeigt zudem den Ausschnitt der flächigen *Ray Tracing* Abtastung. Er umfasst einen Bereich von 1900 m × 1000 m und ist in einzelne Rasterpunkte mit einem Abstand von 5 m in x- und y-Richtung aufgeteilt. Jeder Rasterpunkt korrespondiert mit einem Empfängerpunkt. Die Höhe der Empfänger beträgt 1,7 m über Grund. Insgesamt ergeben sich so für jeden BS-Standort (jeden Flächenscan) ≈ 58500 Abtastpunkte außerhalb von Gebäuden.

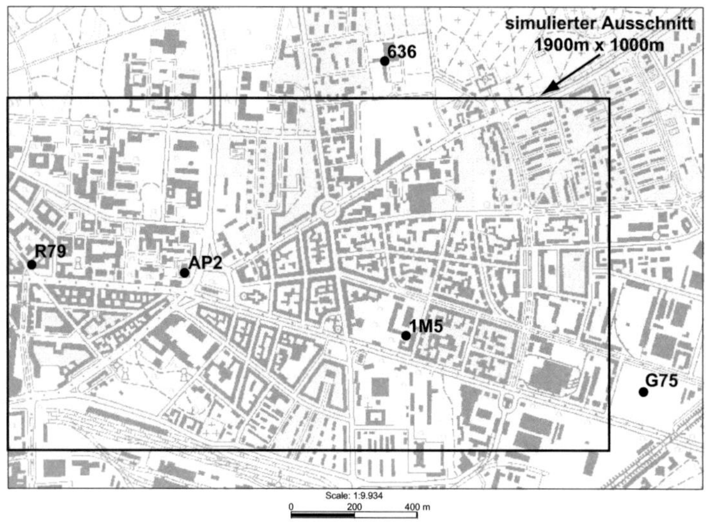

Bild 7.2: Lage der Basisstationen in der Innenstadt Karlsruhe und verwendeter Ausschnitt für die flächigen *Ray Tracing* Berechnungen

Tabelle 7.1: Koordinaten der einzelnen BS-Standorte im Umgebungsmodell der Innenstadt Karlsruhe

BS-Standort	x-Koordinate	y-Koordinate	z-Koordinate	BS-Höhe
R79	215,18	622,50	150,00	35,00
1M5	1417,47	409,19	147,64	32,64
G75	2146,06	245,99	147,37	32,37
636	1335,51	1250,45	143,30	28,30
AP2	706,68	589,14	156	41,00

Wie in Abschnitt 4.3.1 beschrieben, liefert das deterministische Kanalmodell für jeden Abtast-punkt zunächst RT-Rohdaten, d.h. eine Pfadliste, welche die Pfade und deren polarimetrischen Pfadparameter enthält. Diese Daten sind unabhängig von Antenneneinflüssen und repräsentie-ren den polarimetrischen richtungsaufgelösten Funkkanal $\underline{\mathbf{H}}_{\mathrm{RT}}^{\mathrm{TP}}(\nu, t, \Omega_{\mathrm{T}}, \Omega_{\mathrm{R}})$ für einen isotropen Sende- und Empfangspunkt.

Aufbauend auf den RT-Rohdaten werden, unter Annahme einer Sende- und Empfangsan-tenne, RT-SISO-Daten $\underline{H}_{\mathrm{RT}}^{\mathrm{TP,SISO}}(\nu, t)$ erzeugt. Zusätzlich werden RT-MIMO-Daten verschie-dener $M \times N$ MIMO-Antennenanordnungen generiert. Auf die dabei verwendeten MIMO-Antennenanordnungen geht Abschnitt 7.1.4 ein.

7.1.3 Systemsimulator zur Generierung von *Ray Tracing* Daten entlang einzelner Simulationsstrecken

Zur Berechnung einiger Kenngrößen (z.B. Leistungskorrelationskoeffizient) muss der Erwar-tungswert über eine Vielzahl an Kanalrealisierungen gebildet werden. Die Kanalrealisierungen müssen dabei stationäres Verhalten aufzeigen und dem Abtasttheorem (4.1) genügen. Eine Berechnung dieser Kenngrößen auf Basis der flächigen RT-Daten ist somit nicht möglich, da diese zu grobmaschig abgetastet sind. Deshalb wurde im Rahmen dieser Arbeit ein auf *Ray Tracing* basierter Systemsimulator entwickelt, welcher äquivalent zum GSCM Funkkanäle ein-zelner Nutzer entlang ihrer Strecken berechnet [FPW06b], [FPW06a], [FPW07].

Der Systemsimulator besteht aus dem in Abschnitt 4.1 eingeführten *Ray Tracing* Modell, dem Szenario der Innenstadt Karlsruhe sowie einem Mobilitätsmodell zur Beschreibung der Nutzerbewegung. Mithilfe des *Ray Tracing* Modells werden im Zuge einer Vorprozessierung die richtungsaufgelösten Funkkanäle für alle in Bild 7.1(b) eingezeichneten Streckenabschnitte und die BS-Standorte R79, 1M5, G75 und 636 (vgl. Tabelle 7.1) berechnet und in einer Da-tenbank abgelegt. Die Streckenabschnitte umspannen einen Bereich von $2400\,\mathrm{m} \times 1200\,\mathrm{m}$ der Innenstadt Karlsruhe und beschreiben mögliche Wege, auf denen sich während einer Systemsi-mulation einzelne Nutzer bewegen können. Um den Aufwand bei der *Ray Tracing* Berechnung möglichst gering zu halten, beträgt der Abstand zwischen benachbarten Abtastpunkten der Streckenabschnitte zunächst 10λ.

Anhand der vom Bediener vorzugebenden Parameter Anzahl von Nutzern, Nutzergeschwin-digkeit v_{w} und Simulationsdauer T_{D} (Echtzeit) erzeugt das Mobilitätsmodell für jeden Nutzer einen zufälligen Streckenverlauf. Zum Zeitpunkt $t = 0\,\mathrm{s}$ sind alle Nutzer bezüglich ihrer x- und y- Koordinate gleichverteilt auf den in Bild 7.1(b) hervorgehobenen Straßen platziert. Die Teilnehmerbewegung erfolgt geradlinig entlang der Straßen. Die anfängliche Bewegungs-richtung eines jeden Nutzers ist zufällig. Eine Änderung ihrer Bewegungsrichtung ist nur an Kreuzungen möglich. Eine Richtungsumkehr ist ausgeschlossen. Als Ergebnis liefert das Mo-bilitätsmodell die Streckenverläufe der Nutzer.

Um das Abtasttheorem einzuhalten, werden im Rahmen einer Nachprozessierung die Ka-nalinformationen der bisher nur grob abgetasteten Streckenverläufe mithilfe des Interpolati-onsansatzes aus [Mau05] auf einen sinnvollen Wert von T_{s} erweitert. Anhand der für jeden Abtastpunkt und jeden Nutzer resultierenden Pfadliste, können äquivalent zum Vorgehen in Abschnitt 7.1.2 RT-Rohdaten, RT-SISO-Daten und RT-MIMO-Daten erzeugt werden.

Insgesamt werden für die nachfolgende Analyse mithilfe des Systemsimulators pro BS-Standort zehn voneinander unabhängige Verkehrsszenarien mit je 50 Nutzern generiert. Die Simulationsdauer (Echtzeit) wird zu $T_{\mathrm{D}} = 10\,$s gesetzt und die Geschwindigkeit der Nutzer zu $v_{\mathrm{w}} = 50\,$km/h. Innerhalb dieser Zeit bewegen sich die Nutzer jeweils um 139 m, woraus 1853 Abtastpunkte resultieren. T_{s} beträgt nach Anwendung der Interpolationsmethode 5,396 ms.

7.1.4 MIMO-Antennenanordnungen

Die zur Verifikation des GSCM eingesetzten MIMO-Metriken hängen u.a. von der Anzahl, der Anordnung und der Art der verwendeten Sende- (BS) und Empfangsantennen (MT) ab. Zur Berücksichtigung dieses Einflusses werden deshalb die in Tabelle 7.2 zusammengefassten MIMO-Antennenanordnungen verwendet.

Tabelle 7.2: MIMO-Antennenanordnungen zur Analyse der MIMO-Metriken (Ø gibt den Kreisdurchmesser der zirkularen Gruppenantenne (UCA-Dipol) an)

Nr.	Dimension	Antenne	Antennenabstand
1	2×2	Sender (BS, ULA-Kathrein):	10λ
		Empfänger (MT, ULA-Dipol):	$\lambda/2$
2	2×2	Sender (BS, ULA-Kathrein):	$\lambda/2$
		Empfänger (MT, ULA-Dipol):	$\lambda/2$
3	4×4	Sender (BS, ULA-Kathrein):	4λ
		Empfänger (MT, UCA-Dipol):	$\text{Ø} = \lambda\sqrt{2}$
4	4×4	Sender (BS, ULA-Kathrein):	2λ
		Empfänger (MT, UCA-Dipol):	$\text{Ø} = \lambda\sqrt{2}$
5	4×4	Sender (BS, ULA-Kathrein):	λ
		Empfänger (MT, UCA-Dipol):	$\text{Ø} = \lambda\sqrt{2}$
6	4×4	Sender (BS, ULA-Kathrein):	$\lambda/2$
		Empfänger (MT, UCA-Dipol):	$\text{Ø} = \lambda\sqrt{2}$
7	8×8	Sender (BS, ULA-Kathrein):	$\lambda/2$
		Empfänger (MT, UCA-Dipol):	$\text{Ø} = \lambda\sqrt{2}$

Alle MIMO-Antennenanordnungen verwenden auf der Sendeseite eine horizontale lineare Anordnung aus gleich ausgerichteten 120° Sektorantennen. Die Richtcharakteristik und der Gewinn einer jeden einzelnen Sektorantenne entsprechen dabei der Kathrein-Antenne 742265 (vgl. [Kat08]), wobei davon ausgegangen wird, dass jedes Einzelelement ideal ϑ-polarisatiert ist. Bei $f_{\mathrm{HF}} = 2\,$GHz beträgt der 3 dB Öffnungswinkel jeder einzelnen Kathrein-Antenne 63° im Azimut und 4,9° in der Elevation. Der Gewinn liegt bei 18,3 dBi. Der *Downtilt* beträgt 6°, was einem für urbane Makrozellen typischen Wert entspricht [NIL05]. Der Abstand zwischen den einzelnen Sektorantennen im *Array* variiert zwischen 10λ für die MIMO-Antennenanordnung Nr. 1 und $\lambda/2$ für die MIMO-Antennenanordnungen Nr. 2, 6 und 7. Nachfolgend wird ein *Array* aus mehreren Kathrein-Antennen 742265 als MIMO-Sektorantenne bezeichnet (kurz ULA-Kathrein).

Auf der Empfangsseite werden ϑ-polarisierte $\lambda/2$-Dipole eingesetzt. Die zugehörige Richtcharakteristik und der Gewinn sind als ideal angesetzt [Bal97]. Die MIMO-Antennenanordnungen

Nr. 1 und Nr. 2 bestehen aus zwei horizontal linear angeordneten $\lambda/2$-Dipolen mit einem Elementabstand von $\lambda/2$ (kurz ULA-Dipol). Bei den MIMO-Antennenanordnungen Nr. 3 - Nr. 7 sind die $\lambda/2$-Dipole hingegen zirkular (bzw. quadratisch) angeordnet (kurz UCA-Dipol). Der Durchmesser $\emptyset$ beträgt $\emptyset = \lambda\sqrt{2}$. Kopplungseffekte zwischen den Antennenelementen werden weder auf der Sende- noch auf der Empfangsseite berücksichtigt. Eine gegenseitige Beeinflussung der Richtcharakteristik der einzelnen Antennen im Array, wie sie in Anhang A.3 bei den Messantennen beobachtet wurde, findet hier somit nicht statt.

Im Fall der RT-MIMO-Daten und der GSCM-MIMO-Daten werden an jedem BS-Standort stets drei MIMO-Sektorantennen platziert (vgl. Bild 7.1). Die erste MIMO-Sektorantenne zeigt bezüglich ihrer Hauptstrahlrichtung in Richtung $90°$, die zweite in Richtung $210°$ und die dritte in Richtung $330°$. Im Idealfall deckt somit jede MIMO-Sektorantenne einen eigenen $120°$-Sektor ab. Teilweise wird in den nachfolgenden Abschnitten zu Vergleichszwecken ein SISO-Referenzsystem eingesetzt. In diesem Fall verwendet die BS drei Kathrein-Antennen 742265, welche in Richtung $90°$, $210°$ und $330°$ strahlen. Die MT verfügen jeweils über einen ϑ-polarisierten $\lambda/2$-Dipol.

Es gilt zu beachten, dass sich in den RT- und GSCM-Szenarien aufgrund der Mehrwegeausbreitung Sektorgrenzen ortsabhäng verschieben oder teilweise ganze Versorgungsinseln entstehen können. Zur Vermeidung von Versorgungslücken setzen drahtlose Kommunikationssysteme deshalb *Handover*-Verfahren ein, welche zu jedem Abtastpunkt die optimal versorgende Sektorantenne bestimmen. Die Berechnung der optimal versorgenden MIMO-Sektorantenne erfolgt bei den nachfolgenden Untersuchungen mithilfe der Frobenius-Norm nach (3.24). Seien $\|\underline{\mathbf{H}}_{1,k}(k_\mathrm{s})\|_F$, $\|\underline{\mathbf{H}}_{2,k}(k_\mathrm{s})\|_F$ und $\|\underline{\mathbf{H}}_{3,k}(k_\mathrm{s})\|_F$ die Frobenius-Norm der MIMO-Übertragungsmatrix zwischen der ersten, zweiten und dritten MIMO-Sektorantenne und den Antennen des Nutzers k, so bietet diejenige MIMO-Sektorantenne zum Zeitpunkt k_s die optimale Versorgung, welche die größte Frobenius-Norm aufweist. Im SISO-Fall wird diejenige SISO-Sektorantenne eingesetzt, welche für Nutzer k die höchste Empfangsleistung bereitstellt.

7.2 Verhalten des Funkkanals für eine charakteristische makrozellulare Ausbreitungssituation

Dieser Abschnitt soll die Wirkungsweisen und Möglichkeiten des GSCM verdeutlichen. Hierzu wird die Wellenausbreitung in einem zufällig generierten makrozellularen Szenario mit zwei Nutzern analysiert. Die Parameter zur Generierung des Szenarios und der Wellenausbreitung entlang der Simulationsstrecken entsprechen im Wesentlichen den Angaben aus Abschnitt 7.1.1 bzw. Anhang A.5. Um jedoch einen qualitativen Vergleich der Kanalkenngrößen mit den Ergebnissen aus Abschnitt 4.3 zu ermöglichen, wurde die Geschwindigkeit der Nutzer zu $10\,\mathrm{km/h}$ und die Simulationsdauer zu $T_\mathrm{D} = 60\,\mathrm{s}$ gesetzt. Die Streckenlänge beträgt für jeden Nutzer somit $166{,}6\,\mathrm{m}$.

Die Bilder 7.3 und 7.4 stellen einzelne Momentaufnahmen der Wellenausbreitung beider Nutzer dar. Nutzer MT_1 fährt ohne einen Richtungswechsel von Norden nach Süden auf die BS zu und passiert zum Zeitpunkt $t \approx 40{,}7\,\mathrm{s}$ eine Kreuzung. MT_2 fährt MT_1 mit einem Abstand von ca. $33{,}3\,\mathrm{m}$ ($t \approx 12{,}0\,\mathrm{s}$) voraus und biegt nach ca. $79{,}8\,\mathrm{m}$ ($t \approx 28{,}7\,\mathrm{s}$) nach links (Osten) ab. Der Verlauf der Mehrwegpfade einer jeden Momentaufnahme ergibt sich durch die geometrische

Lage der Nutzer, der BS und der zu diesem Zeitpunkt aktiven Streu-*Cluster* und ihrer einzelnen Streuer.

Wie man erkennt, unterscheidet sich die Mehrwegeausbreitung der einzelnen Momentaufnahmen deutlich voneinander. Bei der Strecke $BS - MT_1$ tragen zum Zeitpunkt $t = 0\,$s ein lokaler, zwei Straßenschlucht- und fünf entfernte Streu-*Cluster* zur Mehrwegeausbreitung bei. Zum Zeitpunkt $t = 60\,$s sind es ein lokaler und ein entfernter Streu-*Cluster*. Die Pfade der Strecke $BS - MT_2$ interagieren zu Beginn der Simulation mit einem lokalen, zwei Straßenschlucht- und fünf entfernten Streu-*Clustern* und zum Ende der Simulation mit einem lokalen, einem Straßenschlucht- und sechs entfernten Streu-*Clustern*. Da MT_1 nach ca. 12 s die Startposition von MT_2 erreicht, zeigen die Bilder 7.3(b), 7.3(c) und 7.3(d) jeweils die gleichen Pfadverläufe wie die Bilder 7.4(a), 7.4(b) und 7.4(c). Nach dem Abbiegevorgang von MT_2 unterscheiden sich die Streu-*Cluster* und Mehrwegepfade der beiden Nutzer schnell voneinander. Die Momentaufnahmen verdeutlichen, dass die für Mehrnutzer-MIMO-Simulationen geforderte Nutzer-Korrelation inhärent durch das Streu-Szenario berücksichtigt ist.

Langsamer und schneller Schwund:
Die Bilder 7.5(a) und 7.5(c) zeigen die momentane Empfangsleistung $P_{\vartheta\vartheta,\mathrm{GSCM}}(t) = |\underline{H}_{\vartheta\vartheta,\mathrm{GSCM}}^{\mathrm{TP}}(\nu = 0, t)|^2$ der beiden Nutzer, welche sich aus der $\vartheta\vartheta$-polarisierten Komponente der jeweiligen GSCM-Rohdaten ergibt. Ebenfalls eingezeichnet ist der zeitliche Verlauf des langsamen Schwundanteils, welcher sich mit (2.19) ergibt. Die Fensterlänge T_w wurde dabei zu $(40\lambda)/(10\,\mathrm{km/h}) = 2{,}16\,$s gewählt. $P_{\vartheta\vartheta,\mathrm{GSCM}}(t)$ von MT_1 ist im Abschnitt $12\,$s $- 40{,}7\,$s identische zu $P_{\vartheta\vartheta,\mathrm{GSCM}}(t)$ von MT_2 im Abschnitt $0\,$s $- 28{,}7\,$s.

Die Bilder 7.5(b) und 7.5(d) stellen den langsamen Schwundanteil der $\vartheta\vartheta$-, $\vartheta\psi$-, $\psi\vartheta$- und $\psi\psi$-Polarisation der beiden Nutzer gegenüber. Aufgrund der unterschiedlichen konstruktiven und destruktiven Überlagerung der Mehrwegepfade (Interferenz) unterscheidet sich die mittlere Empfangsleistung der einzelnen Polarisationen in vielen Bereichen voneinander. Im Mittel liegt die mittlere Empfangsleistung der Kreuzpolarisation um $6\,$dB unterhalb derjenigen der Ko-polarisation. Dies entspricht der Vorgabe der Parameter μ_{XPR} und σ_{XPR} (vgl. Abschnitt 6.2.6 und Anhang A.5). Die Bilder 7.5(b) und 7.5(d) zeigen, dass die Leistung der Kreuzpolarisation temporär, wie in der Realität, auch oberhalb derjenigen der Kopolarisation liegen kann.

Als weitere schmalbandige Kenngrößen des Funkkanals sind in Bild 7.6 die sich aus den schnellen Schwundanteilen ergebenden Verteilungsfunktionen (CDF) für Ko- und Kreuzpolarisation und die dazugehörigen Pegelunterschreitungsraten (LCR) dargestellt (vgl. Abschnitt 2.2.1). Dabei wird unterschieden zwischen den Strecken $BS - MT_1$ und $BS - MT_2$ sowie den vier Polarisationen. Verursacht durch starkes *Fading* umfasst die Amplitude des schnellen Schwundes jeweils Werte von etwa $-30\,$dB bis $10\,$dB. Für niedere Amplitudenwerte von $< -20\,$dB weichen die Verläufe der einzelnen Polarisationen voneinander ab. Der K-Faktor, der an die CDF der $\vartheta\vartheta$-Polarisation angepassten Rice-Verteilung, beträgt für die Strecke $BS - MT_1$ $K = -1{,}15\,$dB und für die Strecke $BS - MT_2$ $K = 1{,}64\,$dB. Die Verläufe der CDF und der LCR entsprechen rein qualitativ denjenigen, welche für die Messungen und *Ray Tracing* Simulationen in Abschnitt 4.3.3.2 gefunden wurden.

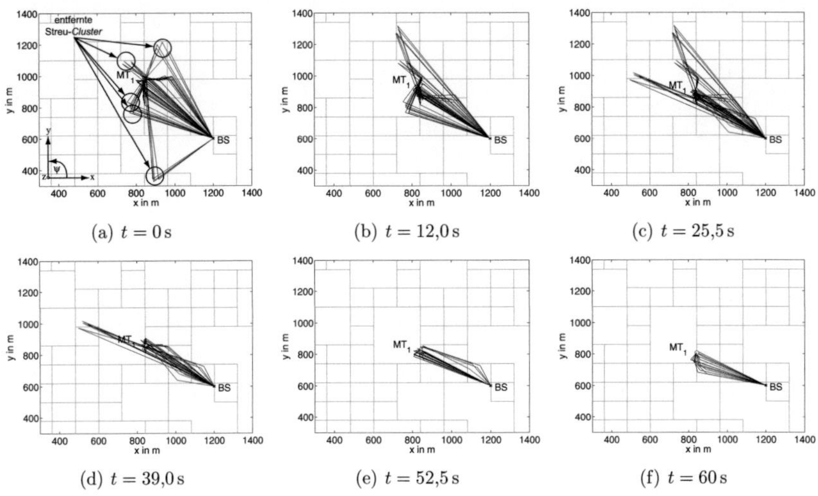

Bild 7.3: Momentaufnahmen der Mehrwegeausbreitung für Route BS – MT$_1$ (GSCM-Rohdaten, isotrope Sende- und Empfangsantenne)

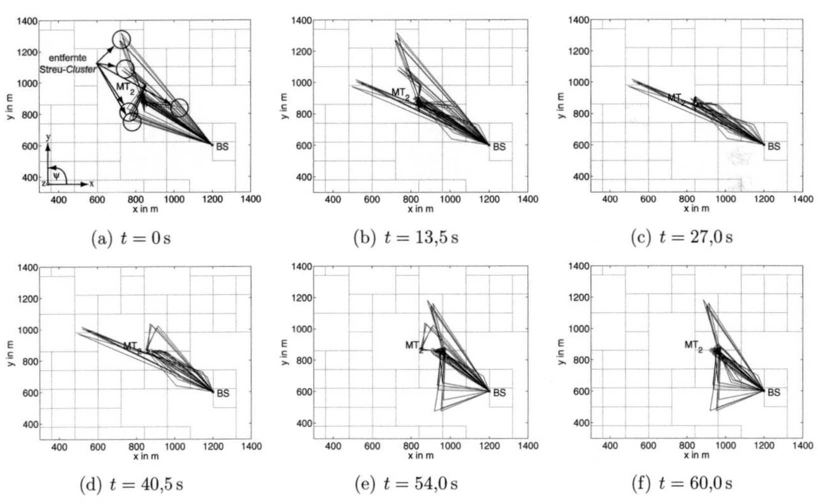

Bild 7.4: Momentaufnahmen der Mehrwegeausbreitung für Route BS – MT$_2$ (GSCM-Rohdaten, isotrope Sende- und Empfangsantenne)

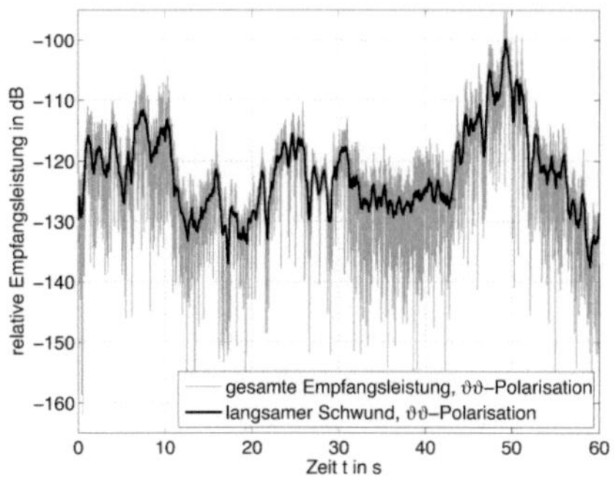

(a) $\mathrm{BS-MT_1}$: relative Empfangsleistung der $\vartheta\vartheta$-Polarisation

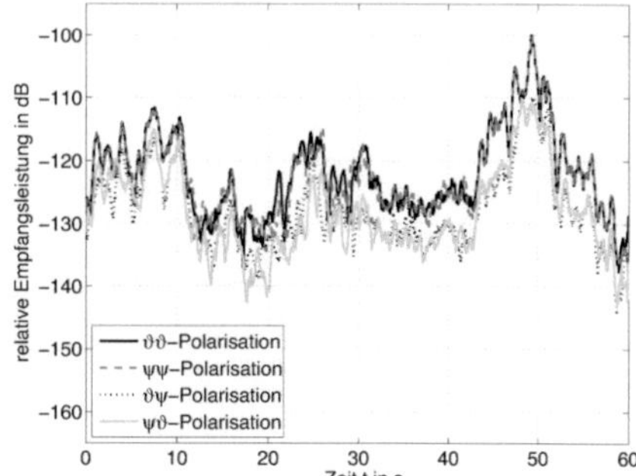

(b) $\mathrm{BS-MT_1}$: mittlere relative Empfangsleistung aller Polarisationen

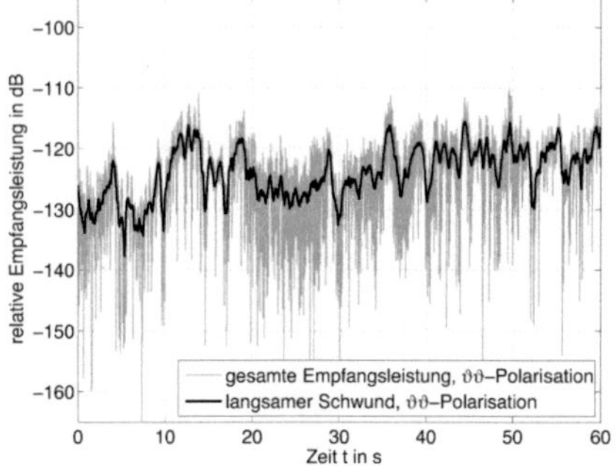

(c) $\mathrm{BS-MT_2}$: relative Empfangsleistung der $\vartheta\vartheta$-Polarisation

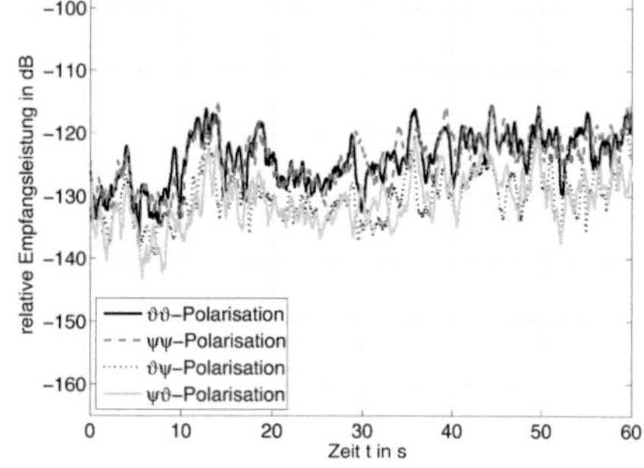

(d) $\mathrm{BS-MT_2}$: mittlere relative Empfangsleistung aller Polarisationen

Bild 7.5: Relative und mittlere relative Empfangsleistung in dB für das in den Bildern 7.3 und 7.4 gezeigte Simulationsbeispiel (GSCM-Rohdaten, $f_{\mathrm{HF}} = 2{,}0\,\mathrm{GHz}$, isotrope Sende- und Empfangsantenne)

Doppler-Verhalten:

Das sich für die beiden Strecken ergebende Spektrogramm ist in den Bilder 7.7(a) und 7.7(b) gezeigt. Die Berechnung der Spektrogramme erfolgt auf Basis der GSCM-Rohdaten der beiden Nutzer und mit (4.8) $(\underline{r}(t) = \underline{H}^{\mathrm{TP}}_{\vartheta\vartheta,\mathrm{GSCM}}(\nu = 0, t))$. Die Doppler-Auflösung ist, wie auch in Abschnitt 4.3.3.3, zu $1\,\mathrm{Hz}$ gewählt. Als Fensterfunktion kommt ein Hamming-Fenster mit einem Nebenkeulenniveau von ca. $-43\,\mathrm{dB}$ zum Einsatz.

Begründet durch die Geschwindigkeit der MT, liegen bei beiden Strecken alle Doppler-Beiträge im Bereich $\pm 18{,}5\,\mathrm{Hz}$. Beiträge außerhalb sind auf die Nebenkeulen des angewandten Hamming-Fensters zurückzuführen. In beiden Szenarien treffen die stärksten Beiträge von Vorne (entgegen der Bewegungsrichtung) auf das MT. Deren Doppler-Verschiebung beträgt $f_{\mathrm{D}} \approx 18{,}5\,\mathrm{Hz}$. Beiträge mit einer Doppler-Verschiebung von $f_{\mathrm{D}} \approx -18{,}5\,\mathrm{Hz}$ entstehen durch Pfade, welche von Hinten d.h. in Bewegungsrichtung auf das MT treffen. Diese Pfade stammen bei

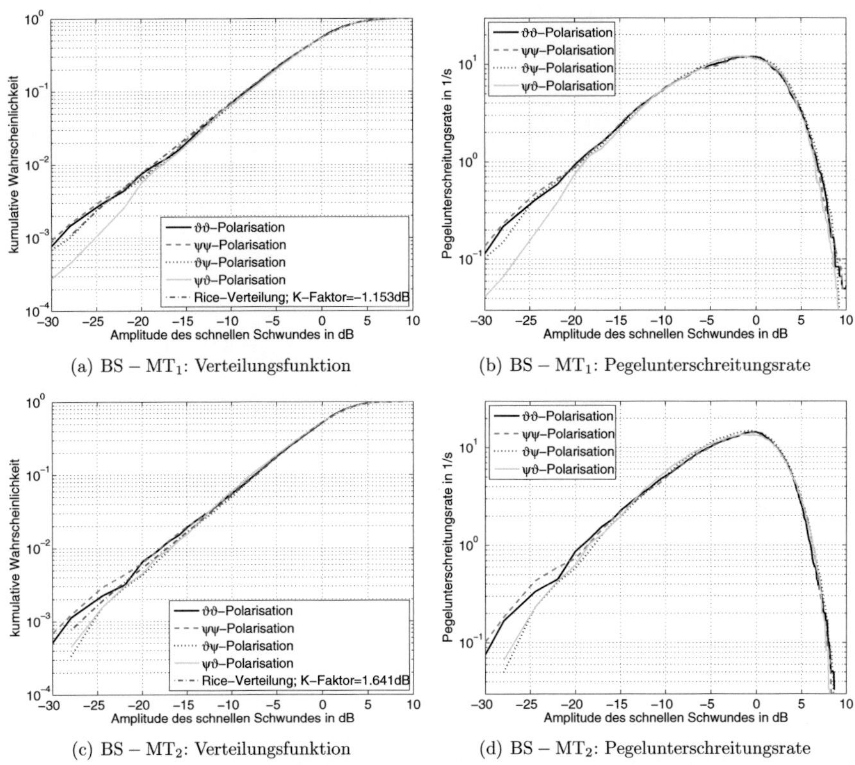

(a) BS − MT$_1$: Verteilungsfunktion

(b) BS − MT$_1$: Pegelunterschreitungsrate

(c) BS − MT$_2$: Verteilungsfunktion

(d) BS − MT$_2$: Pegelunterschreitungsrate

Bild 7.6: Verteilungsfunktion und Pegelunterschreitungsrate des schnellen Schwundes für das in den Bildern 7.3 und 7.4 gezeigte Simulationsbeispiel (GSCM-Rohdaten, $f_{\text{HF}} = 2{,}0\,\text{GHz}$, isotrope Sende- und Empfangsantenne)

den betrachteten Strecken vornehmlich aus Straßenschlucht-Streu-*Clustern* oder MT-Streu-*Clustern* des Ausbreitungseffektes entfernter Streu-*Cluster*. Die wellenförmige Struktur (Nulldurchgänge einiger Beträge) in Bild 7.7(a) bzw. Bild 7.7(b) entsteht durch die Vorbeifahrt von MT$_1$ bzw. MT$_2$ an aktiven Streuern. Im Abschnitt $12\,\text{s} - 40{,}7\,\text{s}$ ist das Doppler-Spektrum von MT$_1$ identisch zum Doppler-Spektrum von MT$_2$ im Abschnitt $0\,\text{s} - 28{,}7\,\text{s}$.

Deutlich ist im jeweiligen Spektrogramm der Zeitpunkt zu erkennen, zu dem MT$_1$ bzw. MT$_2$ die Kreuzung passiert (Bereich $38\,\text{s} - 42\,\text{s}$ bei MT$_1$ und Bereich $26\,\text{s} - 30\,\text{s}$ bei MT$_2$). Hier entspricht die Grundfläche des lokalen Streu-*Clusters* einem Kreis. Die Streuer des lokalen Streu-*Clusters* sind somit in der Azimut-Ebene im Mittel gleichverteilt um das MT platziert, wodurch sich die in den Bildern 7.7(a) und 7.7(b) gezeigten Doppler-Beiträge mit einer geringen Doppler-Verschiebung ergeben.

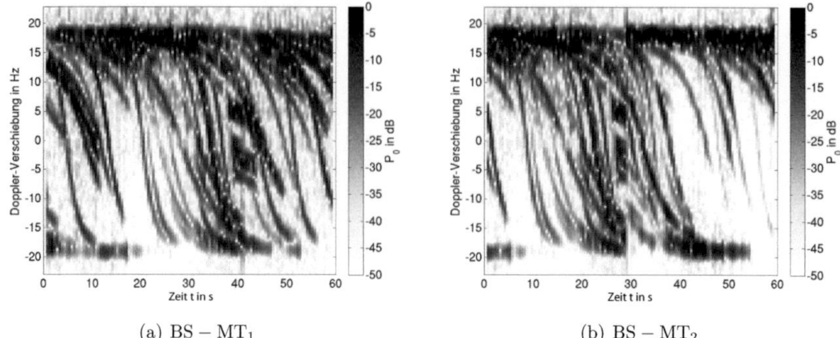

(a) BS − MT$_1$ (b) BS − MT$_2$

Bild 7.7: Spektrogramm für das in den Bildern 7.3 und 7.4 gezeigte Simulationsbeispiel (GSCM-Rohdaten, $f_{\mathrm{HF}} = 2{,}0\,\mathrm{GHz}$, $\vartheta\vartheta$-Polarisation, isotrope Sende- und Empfangsantenne)

Der zeitliche Mittelwert der mittleren Doppler-Verschiebung beträgt für die Strecke BS − MT$_1$ $\overline{\mu_{\mathrm{f_D},\vartheta\vartheta,\mathrm{GSCM}}} = 4{,}6\,\mathrm{Hz}$ und der zeitliche Mittelwert der mittleren Doppler-Verbreiterung $\overline{\sigma_{\mathrm{f_D},\vartheta\vartheta,\mathrm{GSCM}}} = 15{,}5\,\mathrm{Hz}$. Für die Strecke BS − MT$_2$ ergeben sich die Werte $\overline{\mu_{\mathrm{f_D},\vartheta\vartheta,\mathrm{GSCM}}} = 4{,}4\,\mathrm{Hz}$ und $\overline{\sigma_{\mathrm{f_D},\vartheta\vartheta,\mathrm{GSCM}}} = 15{,}2\,\mathrm{Hz}$. Vorgegeben durch die Fensterfunktion wurden bei deren Berechnung lediglich die Beiträge bis zu einer relativen Leistung von $-43\,\mathrm{dB}$ bezüglich des Maximums berücksichtigt. Die Werte von $\overline{\mu_{\mathrm{f_D},\vartheta\vartheta,\mathrm{GSCM}}}$ und $\overline{\sigma_{\mathrm{f_D},\vartheta\vartheta,\mathrm{GSCM}}}$ liegen in der gleichen Größenordnung wie diejenigen der Messungen und RT-Simulationen in Abschnitt 4.3.3.3.

Frequenzselektivität (Leistungsverzögerungsspektrum):
Durch den pfadbasierten Ansatz ist das neue GSCM nicht nur in der Lage die schmalbandigen Charakteristika des Funkkanals wiederzugeben, sondern auch die breitbandigen. Hierzu zählt, wie in Abschnitt 2.2.2 erläutert, das zeitvariante Leistungsverzögerungsspektrum (PDP) $P_{\vartheta\vartheta,\mathrm{GSCM}}(\tau, t)$, welches sich durch die Impulsverbreiterung $\sigma_{\tau,\vartheta\vartheta,\mathrm{GSCM}}(t)$ (2.32) charakterisieren lässt. Um einen qualitativen Vergleich mit den Ergebnissen aus Abschnitt 4.3.4 zu ermöglichen, wird die sich aus den GSCM-Rohdaten der jeweiligen Strecke ergebende Übertragungsfunktion $\underline{H}^{\mathrm{TP}}_{\vartheta\vartheta,\mathrm{GSCM}}(\nu, t)$ mit einem $120\,\mathrm{MHz}$ breiten Hamming-Fenster gefiltert. Das sich für die Strecken BS − MT$_1$ und BS − MT$_2$ ergebende zeitabhängige PDP ist in Bild 7.8 gezeigt.

Die verschiedenen Grauwerte geben die normierte Empfangsleistung P_0 in dB an. Die Normierung erfolgt dabei auf die maximale Leistung, die während beiden Strecken auftritt. Die einzelnen Linien in den PDPs zeigen den zeitabhängigen Verlauf der Pfadleistungen und Pfadlaufzeiten. Die Steigung der Beiträge (Linien) über der Zeit t ist proportional zur Geschwindigkeit der MT. Bei der Interpretation der Leistungsverzögerungsspektren gilt es zu beachten, dass Pfade, deren Laufzeitunterschied $\leq 8{,}3\,\mathrm{ns}$ ist, aufgrund der Bandbreite von $120\,\mathrm{MHz}$ interferieren (vgl. Abschnitt 4.2.1).

Beide Strecken zeigen ein für urbane Makrozellen typisches Verhalten. Pfade mit einer kurzen Laufzeit resultieren aus den Ausbreitungseffekten lokaler Streu-*Cluster* oder Straßenschlucht-

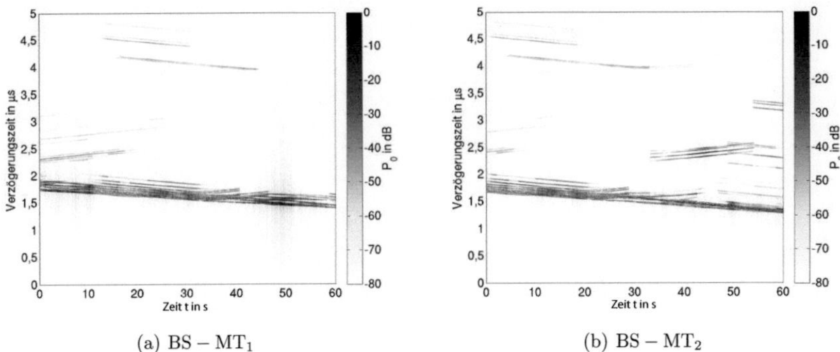

(a) BS – MT$_1$ (b) BS – MT$_2$

Bild 7.8: Zeitvariantes Leistungsverzögerungsspektrum für das in den Bildern 7.3 und 7.4 gezeigte Simulationsbeispiel (GSCM-Rohdaten, $f_0 = 2{,}0\,\mathrm{GHz}$, $B_\mathrm{S} = 120\,\mathrm{MHz}$, $\vartheta\vartheta$-Polarisation, isotrope Sende- und Empfangsantenne)

Streu-*Cluster*. Pfade mit einer mittleren Laufzeit werden durch die Ausbreitungseffekte Straßenschlucht-Streu-*Cluster* oder entfernter Streu-*Cluster* hervorgerufen. Alle Beiträge mit einer absoluten Verzögerungszeit $> 4\,\mu$s entstehen bei den betrachteten Strecken ausschließlich durch entfernte Streu-*Cluster*. Der sich aus den Verläufen ergebende zeitliche Mittelwert der Impulsverbreiterung beträgt für die Strecke BS − MT$_1$ $\sigma_{\tau,\vartheta\vartheta,\mathrm{GSCM}} = 156{,}4\,\mathrm{ns}$ und für die Strecke BS−MT$_2$ $\sigma_{\tau,\vartheta\vartheta,\mathrm{GSCM}} = 263{,}9\,\mathrm{ns}$. Die Werte liegen somit in der gleichen Größenordnung wie die Mess- und Simulationswerte in Tabelle 4.9.

Richtungsselektivität (Leistungsazimutspektrum):

Jeder Ausbreitungspfad ist nicht nur durch seinen Betrag, seine Phase und seine Verzögerungszeit charakterisiert, sondern zusätzlich durch seinen Sende- (DoD) und Empfangswinkel (DoA) in Azimut und Elevation. Bild 7.9 zeigt das sich mit (2.38) aus den Pfadwinkeln und -leistungen der GSCM-Rohdaten ergebende sende- und empfangsseitige Leistungsazimutspektrum für beide Simulationsstrecken. Dabei wurde von $\vartheta\vartheta$-polarisierten Sende- und Empfangsantennen und einer unendlich großen Systembandbreite ausgegangen. Die Grauwerte entsprechen der normierten Empfangsleistung P_0 der einzelnen Beiträge in dB. P_0 ist auf das globale Maximum der vier Leistungsazimutspektren normiert. Die Basis für die in Bild 7.9 aufgetragenen Pfadwinkel bildet das in Bild 7.3(a) und Bild 7.4(a) eingezeichnete rechtshändige kartesische Koordinatensystem.

Begründet durch die über die komplette Simulationszeit T_D fixe Position der Streuer, ergeben sich im Leistungsazimutspektrum diskrete Linien. Deren zeitlicher Verlauf im sendeseitigen APS (BS-Seite) ist direkt abhängig von der relativen Position der Punkte erster Interaktion aus Sicht der BS (BS-Streuer). Der zeitliche Verlauf der Linien im empfangsseitigen APS (MT-Seite) hängt von der relativen Position der Punkte letzter Interaktion aus Sicht der BS (MT-Streuer) zur sich zeitlich verändernden Position des MTs ab. Zusätzlich beeinflusst in beiden Fällen die Lebensdauer der Streuer (Pfade) das APS. Wie erwartet, ergibt sich für

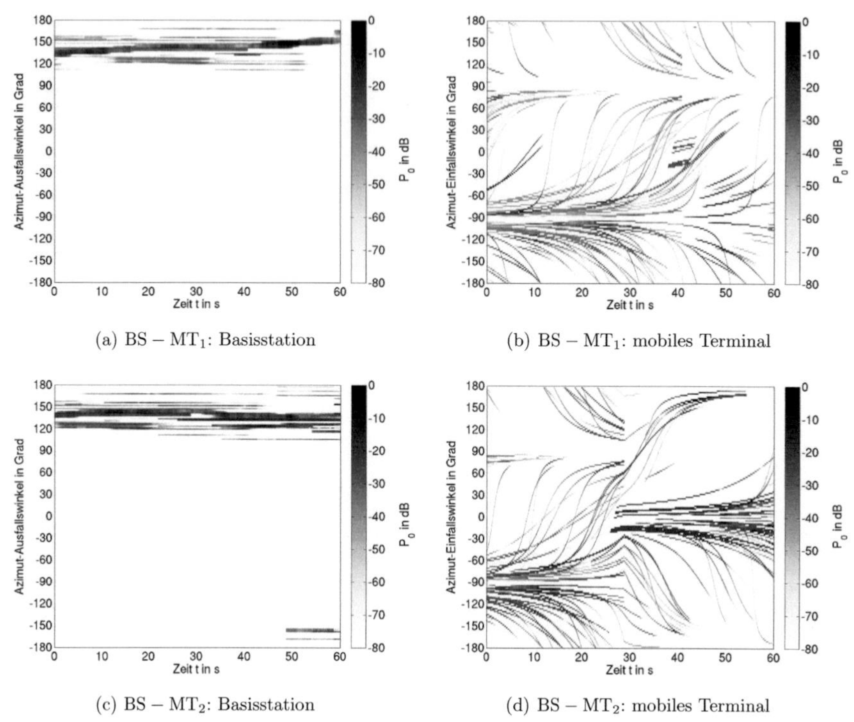

(a) BS – MT$_1$: Basisstation

(b) BS – MT$_1$: mobiles Terminal

(c) BS – MT$_2$: Basisstation

(d) BS – MT$_2$: mobiles Terminal

Bild 7.9: Zeitvariantes Leistungsazimutspektrum an der BS und am MT für das in den Bildern 7.3 und 7.4 gezeigte Simulationsbeispiel (GSCM-Rohdaten, $f_{\mathrm{HF}} = 2{,}0\,\mathrm{GHz}$, $\vartheta\vartheta$-Polarisation, isotrope Sende- und Empfangsantenne)

Nutzer MT$_1$ im Abschnitt $12\,\mathrm{s} - 40{,}7\,\mathrm{s}$ das gleiche sende- und empfangsseitige zetivariante Leistungsazimutspektrum, wie für Nutzer MT$_2$ im Abschnitt $0\,\mathrm{s} - 28{,}7\,\mathrm{s}$.

Charakteristisch für makrozellulare Szenarien ist der in den Bildern 7.9(a) und 7.9(c) deutlich zu erkennende schmale Azimut-Ausfallsbereich der Pfade an der BS, der um die direkte Verbindungslinie zwischen BS und MT$_1$ bzw. BS und MT$_2$ konzentriert ist. Das MT erreichen die meisten Pfade, wie in den Bildern 7.3, 7.4, 7.9(b) und 7.9(d) gezeigt, aus Richtung der Straßenschlucht. Die wellenförmige Struktur einzelner Beiträge entsteht durch die Vorbeifahrt des MTs an den dazugehörigen aktiven Streuern letzter Interaktion aus Sicht der BS. Deutlich zu erkennen ist in Bild 7.9(d) der Abbiegevorgang von MT$_2$ zum Zeitpunkt $t \approx 28{,}7\,\mathrm{s}$. Innerhalb kurzer Zeit entstehen und verschwinden hierdurch neue und alte Pfade. Nach dem Abbiegevorgang treffen zudem die Pfade aus Straßenschlucht-Streu-*Clustern*, durch die Orientierungsänderung der relevanten Straßenschlucht (Wellenleitereffekt), statt bisher aus der Richtung um $90°$ und $-90°$ nun aus der Richtung um $0°$ und $180°$ auf MT$_2$.

Für Strecke BS – MT$_1$ ergibt sich eine mittlere BS-Azimut-Winkelspreizung von $\overline{\sigma_{\psi_{\mathrm{T}},\vartheta\vartheta}} = 5{,}5°$

und eine mittlere MT-Azimut-Winkelspreizung von $\overline{\sigma_{\psi_{\mathrm{R}},\vartheta\vartheta}} = 49{,}8°$. Die mittlere BS- und MT-Azimut-Winkelspreizung für Strecke BS $-$ MT$_2$ liegt mit $\overline{\sigma_{\psi_{\mathrm{T}},\vartheta\vartheta}} = 7{,}6°$ und $\overline{\sigma_{\psi_{\mathrm{R}},\vartheta\vartheta}} = 48{,}7°$ in der gleichen Größenordnung. Die Werte entsprechen zudem den Mess- und Simulationswerten in Tabelle 4.10 und Tabelle 4.11.

Multiplexing-Gewinn (Kapazität ohne Kanalkenntnis am Sender):

Ebenso wie die Empfangsleistung unterliegt auch die Kapazität entlang einer Strecke i.d.R. zufälligen, schnellen zeitlichen Schwankungen. Zur Analyse der Kapazität ist es deshalb sinnvoll, den zeitlichen Mittelwert zu betrachten, welcher sich durch eine zeitliche Mittelung über eine geeignet gewählte Zeitdauer (Wegstrecke) ergibt. In Anlehnung an den langsamen Schwund wird das Mittelungsintervall für die folgende Untersuchung zu 40λ gewählt.

Nachfolgend wird exemplarisch der in Bild 7.10 gezeigte mittlere Kapazitätsverlauf der beiden Strecken für ein 4×4 MIMO-System ohne Kanalkenntnis am Sender betrachtet. Als Antennenanordnung wird dabei die MIMO-Antennenanordnung Nr. 3 verwendet (vgl. Tabelle 7.2). Die dargestellte Kapazität berechnet sich anhand des normierten MIMO-Übertragungskanals (Frobenius-Norm, vgl. (3.25)), der Kapazitätsformel (3.21) und der angesprochenen zeitlichen Mittelung. Dabei wird stets von der optimal versorgenden MIMO-Sektorantenne ausgegangen (*Handover*, vgl. Abschnitt 7.1.4).

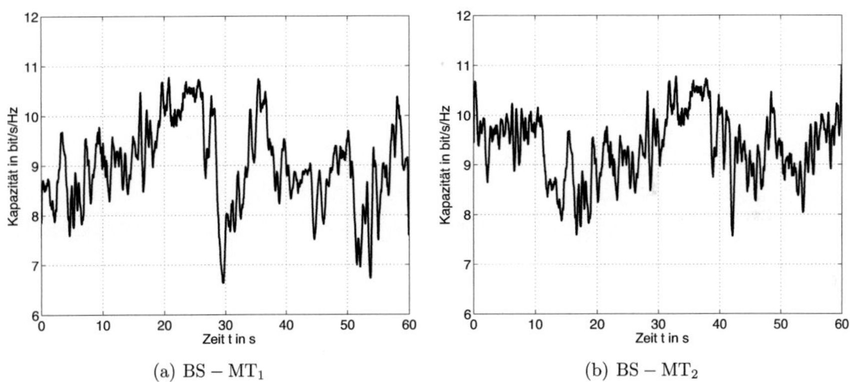

(a) BS $-$ MT$_1$ (b) BS $-$ MT$_2$

Bild 7.10: Mittlere Kapazität ohne Kanalkenntnis am Sender für das in Bild 7.3 und Bild 7.4 gezeigte Simulationsbeispiel (GSCM-MIMO-Daten, $f_{\mathrm{HF}} = 2{,}0\,\mathrm{GHz}$, $\vartheta\vartheta$-Polarisation, 4×4 MIMO-Antennenanordnung Nr. 3, *Handover* zu optimal versorgender MIMO-Sektorantenne)

Die mittlere Kapazität liegt für beide Strecken zwischen $6{,}6$ und $11{,}1\,\mathrm{bit/s/Hz}$ und nimmt somit vergleichbare Werte zu den Ergebnissen aus Abschnitt 4.3.6.3 an. Wie bei den anderen in diesem Abschnitt betrachteten Bewertungsgrößen sind die Verläufe der mittleren Kapazität in den Überlappungsbereichen der Strecken identisch. Die über den Streckenverlauf gemittelte Kapazität beträgt für MT$_1$ $9{,}0\,\mathrm{bit/s/Hz}$ und für MT$_2$ $9{,}4\,\mathrm{bit/s/Hz}$.

7.3 Analyse des Gesamtverhaltens bezüglich der Impulsverbreiterung und Winkelspreizung

Für die Verifikation des frequenz- und richtungsselektiven Gesamtverhaltens des GSCM wird nachfolgend die Statistik der Kenngrößen Impulsverbreiterung, Azimut-Winkelspreizung und Elevations-Winkelspreizung analysiert. Eingangsgröße bilden dabei die in Abschnitt 7.1.1 beschriebenen GSCM-Rohdaten sowie die in Abschnitt 7.1.2 dargestellten flächigen RT-Rohdaten der in Bild 7.2 gezeigten fünf BS-Standorte. Die einzelnen Kanalkenngrößen werden dabei zunächst für jede Kanalrealisierung und jeden Datensatz getrennt bestimmt. Anschließend erfolgt eine Auswertung ihrer Statistik anhand der Verteilungsfunktion (CDF). Hierbei wird zwischen NLOS- und LOS-Bedingung unterschieden.

Impulsverbreiterung:
Bild 7.11 zeigt die sich ergebende Verteilungsfunktion der Impulsverbreiterung für NLOS- und LOS-Bedingung und für die RT- und GSCM-Rohdaten. Bei der Berechnung der Impulsverbreiterung wird äquivalent zu Abschnitt 7.2 vorgegangen. Durch die Dominanz des LOS-Pfades fällt die Impulsverbreiterung in Bild 7.11(a) höher aus als in Bild 7.11(b). Die aus den Kanalrealisierungen resultierende Dichtefunktion der Impulsverbreiterung entspricht jeweils näherungsweise einer Lognormalverteilung. Dieses Ergebnis bestätigen auch zahlreiche Messungen [GEYC97], [APM02], [OC07], [CP07].

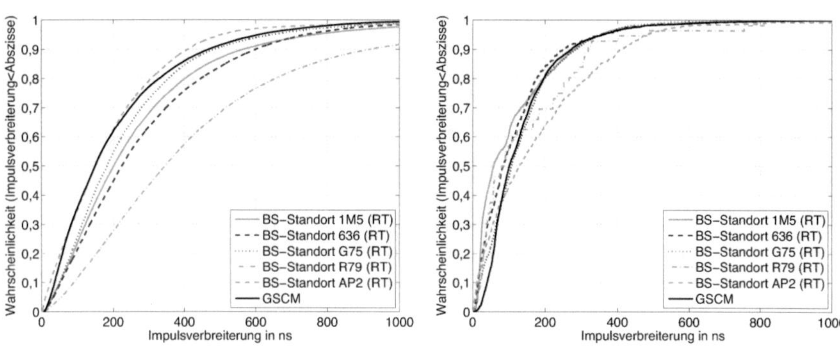

(a) NLOS-Bedingung: Impulsverbreiterung   (b) LOS-Bedingung: Impulsverbreiterung

Bild 7.11: Verteilungsfunktion der Impulsverbreiterung für NLOS- und LOS-Bedingung (flächige RT-Rohdaten und GSCM-Rohdaten, $f_0 = 2{,}0\,\text{GHz}$, $\vartheta\vartheta$-Polarisation, isotrope Sende- und Empfangsantenne, $d_{\text{MT,BS}} \leq 1000\,\text{m}$)

Insgesamt zeigen die RT- und die GSCM-Rohdaten das gleiche Verhalten, wie die in [GEYC97], [APM02], [OC07], [CP07] und Abschnitt 4.3.4 beschriebenen Messungen. Die mittlere Impulsverbreiterung $\overline{\sigma_\tau}$ liegt für die RT-Rohdaten und NLOS-Bedingung zwischen $200{,}6\,\text{ns}$ (BS-Standort AP2) und $431{,}5\,\text{ns}$ (BS-Standort R79). Für die GSCM-Rohdaten beträgt sie $\overline{\sigma_\tau} = 210{,}3\,\text{ns}$. Bei LOS-Bedingung liegt $\overline{\sigma_\tau}$ für die RT-Rohdaten zwischen $103{,}3\,\text{ns}$ (BS-Standort 1M5) und $180{,}1\,\text{ns}$ (BS-Standort AP2) und für die GSCM-Rohdaten bei $137{,}2\,\text{ns}$.

Tabelle 7.3 fasst die Werte von $\overline{\sigma_\tau}$ sowie die 10%-, 50%- und 90%-Werte von $\sigma_\tau(k_\mathrm{s})$ in ns zusammen. Bei NLOS-Bedingung ist $\overline{\sigma_\tau}$ um den Faktor 1,5 bis 2,5 höher als bei LOS-Bedingung. Dies liegt am Nichtvorhandensein des dominanten LOS-Pfades.

Tabelle 7.3: Mittlere Impulsverbreiterung $\overline{\sigma_\tau}$ sowie 10%-, 50%- und 90%-Werte von $\sigma_\tau(k_\mathrm{s})$ in ns für NLOS- und LOS-Bedingung (flächige RT-Rohdaten und GSCM-Rohdaten, $f_0 = 2{,}0\,\mathrm{GHz}$, $\vartheta\vartheta$-Polarisation, isotrope Sende- und Empfangsantenne, $d_{\mathrm{MT,BS}} \leq 1000\,\mathrm{m}$)

Datensatz	NLOS-Bedingung				LOS-Bedingung			
	$\overline{\sigma_\tau}$	$\sigma_\tau^{10\%}$	$\sigma_\tau^{50\%}$	$\sigma_\tau^{90\%}$	$\overline{\sigma_\tau}$	$\sigma_\tau^{10\%}$	$\sigma_\tau^{50\%}$	$\sigma_\tau^{90\%}$
BS-Standort 1M5 (RT)	263,8	44,8	194,6	557,1	111,9	17,2	57,4	277,9
BS-Standort 636 (RT)	266,2	36,8	202,0	583,1	103,3	9,8	64,3	232,8
BS-Standort G75 (RT)	231,5	42,7	176,1	474,8	131,1	16,8	104,4	280,5
BS-Standort R79 (RT)	431,5	75,9	334,3	908,0	173,2	24,7	89,9	478,5
BS-Standort AP2 (RT)	200,6	24,6	151,9	414,9	180,1	11,3	130,7	407,9
GSCM	210,3	36,2	150,0	469,1	137,2	40,1	101,6	273,5

Azimut-Winkelspreizung:
Zur Analyse des Azimut-Ausfalls- und Azimut-Einfallsbereiches der Pfade an der BS und am MT wird zu jedem Schnappschuss und für jeden Datensatz mit (2.38) die BS- und MT-Azimut-Winkelspreizung bestimmt. Dabei wird von isotropen $\vartheta\vartheta$-polarisierten Sende- und Empfangsantennen und einer unendlich großen Systembandbreite ausgegangen. Die sich aus den Realisierungen ergebenden Verteilungsfunktionen der BS- und MT-Azimut-Winkelspreizung sind in Bild 7.12 getrennt für den NLOS- und LOS-Fall dargestellt.

Wie aus den Bildern 7.12(a) und 7.12(b) ersichtlich, weisen alle Datensätze eine für Makrozellen typische geringe BS-Azimut-Winkelspreizung auf [Mar98], [Paj98], [NLA$^+$99], [PLN$^+$99], [PMF00], [MRAB05], [CP07]. Ursache hierfür ist der exponierte Standort der BS und eine daraus resultierende geringe Anzahl an Interaktionsmöglichkeiten der Mehrwegepfade in der direkten Umgebung zur BS (vgl. Bild 4.2, Abschnitt 4.3.5). Für die RT-Rohdaten liegt $\overline{\sigma_{\psi_\mathrm{T},\vartheta\vartheta}}$ bei NLOS-Bedingung zwischen 5,5° (BS-Standort 636) und 12,9° (BS-Standort AP2) und bei LOS-Bedingung zwischen 4,4° (BS-Standort R79) und 16,6° (BS-Standort AP2). Die CDF von $\sigma_{\psi_\mathrm{T},\vartheta\vartheta}(k_\mathrm{s})$ der GSCM-Rohdaten gibt das Verhalten von *Ray Tracing* gut wieder. Sie zeigt zudem eine hohe Ähnlichkeit mit der in [AGM$^+$06] gezeigten CDF des GTU-Szenarios (GTU: engl. *Generalized Typical Urban*) des COST-259 Kanalmodells. $\overline{\sigma_{\psi_\mathrm{T},\vartheta\vartheta}}$ liegt für NLOS- und LOS-Bedingung bei 9,3° und 7,9°.

Die MT-Azimut-Winkelspreizung fällt, wie in den Bildern 7.12(c) und 7.12(d) zu sehen, i.d.R. wesentlich höher aus als die BS-Azimut-Winkelspreizung. Dies bestätigen auch zahlreiche Messungen [OVJC04], [TSS05], [MRAB05], [CP07]. Typischerweise liegt $\overline{\sigma_{\psi_\mathrm{R},\vartheta\vartheta}}$ bei *Ray Tracing* und NLOS-Bedingung um 45° und ist weitestgehend unabhängig vom BS-Standort. Bei LOS-Bedingung hängt $\overline{\sigma_{\psi_\mathrm{R},\vartheta\vartheta}}$ wesentlich stärker vom BS-Standort ab. Der Verlauf der einzelnen CDF ist zudem wesentlich ungleichmäßiger. Tendenziell kann davon ausgegangen werden, dass durch die Dominanz des LOS-Pfades $\overline{\sigma_{\psi_\mathrm{T},\vartheta\vartheta}}$ im LOS-Fall geringer ist als im NLOS-Fall. Insgesamt gibt das GSCM das Verhalten von *Ray Tracing* am MT und im NLOS-Fall gut wieder. Im LOS-Fall weicht die CDF leicht von den Referenzkurven ab.

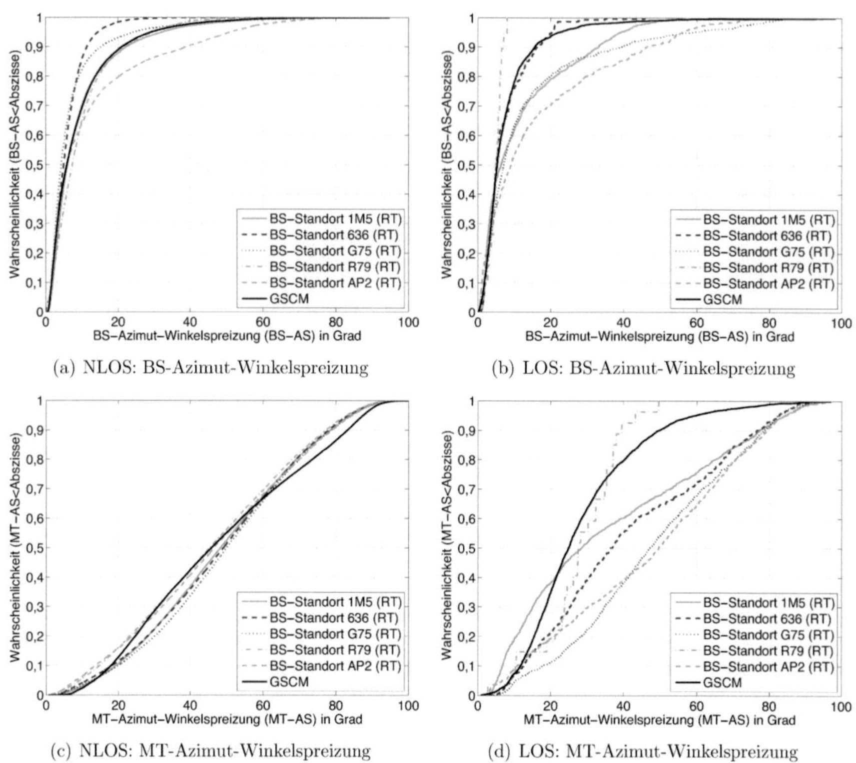

(a) NLOS: BS-Azimut-Winkelspreizung

(b) LOS: BS-Azimut-Winkelspreizung

(c) NLOS: MT-Azimut-Winkelspreizung

(d) LOS: MT-Azimut-Winkelspreizung

Bild 7.12: Wahrscheinlichkeitsverteilung der BS- und MT-Azimut-Winkelspreizung getrennt für NLOS- und LOS-Bedingung (flächige RT-Rohdaten und GSCM-Rohdaten, $f_{\mathrm{HF}} = 2{,}0\,\mathrm{GHz}$, $\vartheta\vartheta$-Polarisation, isotrope Sende- und Empfangsantenne, $d_{\mathrm{MT,BS}} \leq 1000\,\mathrm{m}$)

Die Tabellen 7.4 und 7.5 fassen die Werte von $\overline{\sigma_{\psi_{\mathrm{T}},\vartheta\vartheta}}$ und $\overline{\sigma_{\psi_{\mathrm{R}},\vartheta\vartheta}}$ sowie die 10%-, 50%- und 90%-Werte von $\sigma_{\psi_{\mathrm{T}},\vartheta\vartheta}(k_{\mathrm{s}})$ und $\sigma_{\psi_{\mathrm{R}},\vartheta\vartheta}(k_{\mathrm{s}})$ in Grad für die NLOS- und LOS-Bedingung zusammen.

Wie bereits in Abschnitt 2.2.3 angesprochen, hängt der Wert der Azimut-Winkelspreizung von der angewendeten Berechnungsmethode ab. In dieser Arbeit wird die Azimut-Winkelspreizung mit (2.40) berechnet, wobei stets nach dem sinnvollsten Zentrum des Integrationsbereiches gesucht wird. Beim Vergleich mit Werten aus der Literatur muss beachtet werden, dass diese Suche nicht immer durchgeführt wird oder teilweise sogar eine andere Formel Anwendung findet (z.B. (2.41)). Somit ergeben sich andere Werte und Verteilungsfunktionen. Dieser Hinweis gilt auch für die nachfolgend betrachtete Elevations-Winkelspreizung.

Tabelle 7.4: Mittlere sendeseitige BS-Azimut-Winkelspreizung $\overline{\sigma_{\psi_{\mathrm{T}},\vartheta\vartheta}}$ sowie 10%-, 50%- und 90%-Werte von $\sigma_{\psi_{\mathrm{T}},\vartheta\vartheta}(k_{\mathrm{s}})$ in Grad für NLOS- und LOS-Bedingung (flächige RT-Rohdaten und GSCM-Rohdaten, $f_{\mathrm{HF}} = 2{,}0\,\mathrm{GHz}$, $\vartheta\vartheta$-Polarisation, isotrope Sende- und Empfangsantenne, $d_{\mathrm{MT,BS}} \leq 1000\,\mathrm{m}$)

Datensatz	NLOS-Bedingung				LOS-Bedingung			
	$\overline{\sigma_{\psi_{\mathrm{T}},\vartheta\vartheta}}$	$\sigma_{\psi_{\mathrm{T}},\vartheta\vartheta}^{10\%}$	$\sigma_{\psi_{\mathrm{T}},\vartheta\vartheta}^{50\%}$	$\sigma_{\psi_{\mathrm{T}},\vartheta\vartheta}^{90\%}$	$\overline{\sigma_{\psi_{\mathrm{T}},\vartheta\vartheta}}$	$\sigma_{\psi_{\mathrm{T}},\vartheta\vartheta}^{10\%}$	$\sigma_{\psi_{\mathrm{T}},\vartheta\vartheta}^{50\%}$	$\sigma_{\psi_{\mathrm{T}},\vartheta\vartheta}^{90\%}$
BS-Standort 1M5 (RT)	8,8	1,5	5,2	20,7	11,8	1,9	6,2	32,9
BS-Standort 636 (RT)	5,5	1,1	4,2	11,1	6,5	1,0	4,4	15,3
BS-Standort G75 (RT)	6,3	1,0	3,5	13,3	11,7	1,0	5,4	32,7
BS-Standort R79 (RT)	8,8	1,2	6,2	20,1	4,4	0,9	3,7	8,44
BS-Standort AP2 (RT)	12,9	1,5	5,8	39,1	16,6	1,1	9,1	46,4
GSCM	9,3	1,7	5,9	21,2	7,9	1,7	5,3	15,7

Tabelle 7.5: Mittlere empfangsseitige MT-Azimut-Winkelspreizung $\overline{\sigma_{\psi_{\mathrm{R}},\vartheta\vartheta}}$ sowie 10%-, 50%- und 90%-Werte von $\sigma_{\psi_{\mathrm{R}},\vartheta\vartheta}(k_{\mathrm{s}})$ in Grad für NLOS- und LOS-Bedingung (flächige RT-Rohdaten und GSCM-Rohdaten, $f_{\mathrm{HF}} = 2{,}0\,\mathrm{GHz}$, $\vartheta\vartheta$-Polarisation, isotrope Sende- und Empfangsantenne, $d_{\mathrm{MT,BS}} \leq 1000\,\mathrm{m}$)

Datensatz	NLOS-Bedingung				LOS-Bedingung			
	$\overline{\sigma_{\psi_{\mathrm{R}},\vartheta\vartheta}}$	$\sigma_{\psi_{\mathrm{R}},\vartheta\vartheta}^{10\%}$	$\sigma_{\psi_{\mathrm{R}},\vartheta\vartheta}^{50\%}$	$\sigma_{\psi_{\mathrm{R}},\vartheta\vartheta}^{90\%}$	$\overline{\sigma_{\psi_{\mathrm{R}},\vartheta\vartheta}}$	$\sigma_{\psi_{\mathrm{R}},\vartheta\vartheta}^{10\%}$	$\sigma_{\psi_{\mathrm{R}},\vartheta\vartheta}^{50\%}$	$\sigma_{\psi_{\mathrm{R}},\vartheta\vartheta}^{90\%}$
BS-Standort 1M5 (RT)	47,2	17,1	46,9	77,8	36,2	6,8	28,4	77,1
BS-Standort 636 (RT)	45,9	13,8	46,1	76,9	37,6	8,7	33,4	75,6
BS-Standort G75 (RT)	48,4	17,4	48,7	78,0	46,6	14,9	45,6	78,0
BS-Standort R79 (RT)	44,4	12,8	43,8	76,8	28,9	7,5	25,7	63,1
BS-Standort AP2 (RT)	46,8	13,6	46,6	78,9	46,9	10,8	49,6	79,4
GSCM	48,2	18,0	45,9	83,2	28,3	11,8	24,9	49,6

Elevations-Winkelspreizung:

Da das neue GSCM auf eine 3D-Verteilung von Streuern aufbaut, ist es im Gegensatz zu den meisten anderen geometrisch-stochastischen Kanalmodellen [NST08] auch in der Lage, die Richtungsselektivität des Funkkanals bezüglich der Elevation wiederzugeben. Bild 7.13 zeigt hierzu die sich aus den GSCM- und flächigen RT-Rohdaten ergebenden Verteilungsfunktionen der BS- und MT-Elevations-Winkelspreizung für die Sichtbedingungen NLOS und LOS.

Eine Zusammenfassung von Messergebnissen zur BS-Elevations-Winkelspreizung in Makrozellen ist in [AGM$^+$06] zu finden. Typischerweise liegt die gemessene BS-Elevations-Winkelspreizung im Bereich zwischen 0,5° und 2°. Die in den Bildern 7.13(a) und 7.13(b) dargestellten Verteilungsfunktionen bestätigen dies.

Die Elevations-Winkelspreizung am MT ist i.d.R., aufgrund der meist vorhandenen Überdachbeugung der Mehrwegepfade, wesentlich höher als an der BS. Messungen zeigen hier typischerweise Werte zwischen 4° und 10° [CP07]. Die GSCM- und RT-Rohdaten bestätigen dieses Verhalten.

Die sich aus den Wahrscheinlichkeitsverteilungen ergebenden Werte der mittleren sende- und empfangsseitigen Elevations-Winkelspreizung sowie die 10%-, 50%- und 90%-Werte von $\sigma_{\vartheta_{\mathrm{T}},\vartheta\vartheta}(k_{\mathrm{s}})$ und $\sigma_{\vartheta_{\mathrm{R}},\vartheta\vartheta}(k_{\mathrm{s}})$ in Grad sind in den Tabellen 7.6 und 7.7 getrennt für die NLOS- und LOS-Bedingung zusammen gefasst.

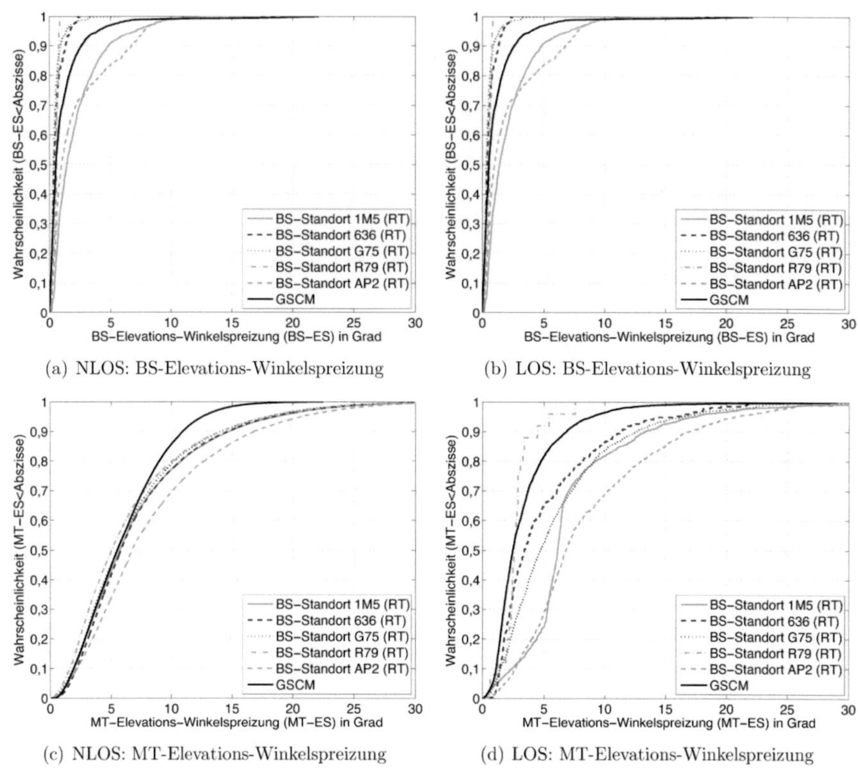

(a) NLOS: BS-Elevations-Winkelspreizung

(b) LOS: BS-Elevations-Winkelspreizung

(c) NLOS: MT-Elevations-Winkelspreizung

(d) LOS: MT-Elevations-Winkelspreizung

Bild 7.13: Wahrscheinlichkeitsverteilung der BS- und MT-Elevations-Winkelspreizung getrennt für NLOS- und LOS-Bedingung (flächige RT-Rohdaten und GSCM-Rohdaten, $f_{\mathrm{HF}} = 2{,}0\,\mathrm{GHz}$, $\vartheta\vartheta$-Polarisation, isotrope Sende- und Empfangsantenne, $d_{\mathrm{MT,BS}} \leq 1000\,\mathrm{m}$)

Tabelle 7.6: Mittlere sendeseitige BS-Elevations-Winkelspreizung $\overline{\sigma_{\vartheta_{\mathrm{T}},\vartheta\vartheta}}$ sowie 10%-, 50%- und 90%-Werte von $\sigma_{\vartheta_{\mathrm{T}},\vartheta\vartheta}(k_{\mathrm{s}})$ in Grad für NLOS- und LOS-Bedingung (flächige RT-Rohdaten und GSCM-Rohdaten, $f_{\mathrm{HF}} = 2{,}0\,\mathrm{GHz}$, $\vartheta\vartheta$-Polarisation, isotrope Sende- und Empfangsantenne, $d_{\mathrm{MT,BS}} \leq 1000\,\mathrm{m}$)

Datensatz	NLOS-Bedingung				LOS-Bedingung			
	$\overline{\sigma_{\vartheta_{\mathrm{T}},\vartheta\vartheta}}$	$\sigma_{\vartheta_{\mathrm{T}},\vartheta\vartheta}^{10\%}$	$\sigma_{\vartheta_{\mathrm{T}},\vartheta\vartheta}^{50\%}$	$\sigma_{\vartheta_{\mathrm{T}},\vartheta\vartheta}^{90\%}$	$\overline{\sigma_{\vartheta_{\mathrm{T}},\vartheta\vartheta}}$	$\sigma_{\vartheta_{\mathrm{T}},\vartheta\vartheta}^{10\%}$	$\sigma_{\vartheta_{\mathrm{T}},\vartheta\vartheta}^{50\%}$	$\sigma_{\vartheta_{\mathrm{T}},\vartheta\vartheta}^{90\%}$
BS-Standort 1M5 (RT)	1,0	0,2	0,5	2,7	2,2	0,4	1,4	4,8
BS-Standort 636 (RT)	0,6	0,2	0,5	1,2	0,6	0,1	0,4	1,3
BS-Standort G75 (RT)	0,5	0,1	0,4	0,9	0,5	0,1	0,3	0,9
BS-Standort R79 (RT)	1,2	0,2	0,9	2,5	0,5	0,1	0,6	0,8
BS-Standort AP2 (RT)	1,5	0,2	0,6	4,7	2,2	0,3	1,0	6,8
GSCM	0,8	0,1	0,5	1,5	1,1	0,1	0,5	2,6

Tabelle 7.7: Mittlere empfangsseitige MT-Elevations-Winkelspreizung $\overline{\sigma_{\vartheta_\mathrm{R},\vartheta\vartheta}}$ sowie 10%-, 50%- und 90%-Werte von $\sigma_{\vartheta_\mathrm{R},\vartheta\vartheta}(k_\mathrm{s})$ in Grad für NLOS- und LOS-Bedingung (flächige RT-Rohdaten und GSCM-Rohdaten, $f_\mathrm{HF} = 2,0\,\mathrm{GHz}$, $\vartheta\vartheta$-Polarisation, isotrope Sende- und Empfangsantenne, $d_\mathrm{MT,BS} \leq 1000\,\mathrm{m}$)

Datensatz	NLOS-Bedingung				LOS-Bedingung			
	$\overline{\sigma_{\vartheta_\mathrm{R},\vartheta\vartheta}}$	$\sigma_{\vartheta_\mathrm{R},\vartheta\vartheta}^{10\%}$	$\sigma_{\vartheta_\mathrm{R},\vartheta\vartheta}^{50\%}$	$\sigma_{\vartheta_\mathrm{R},\vartheta\vartheta}^{90\%}$	$\overline{\sigma_{\vartheta_\mathrm{R},\vartheta\vartheta}}$	$\sigma_{\vartheta_\mathrm{R},\vartheta\vartheta}^{10\%}$	$\sigma_{\vartheta_\mathrm{R},\vartheta\vartheta}^{50\%}$	$\sigma_{\vartheta_\mathrm{R},\vartheta\vartheta}^{90\%}$
BS-Standort 1M5 (RT)	7,2	1,9	5,7	14,7	7,2	2,4	6,1	13,3
BS-Standort 636 (RT)	7,3	2,1	5,8	14,6	5,2	1,4	3,4	11,3
BS-Standort G75 (RT)	6,9	1,9	5,5	14,0	6,0	1,4	4,7	12,5
BS-Standort R79 (RT)	6,6	1,6	5,0	14,0	2,8	1,2	2,6	4,5
BS-Standort AP2 (RT)	8,4	2,2	6,7	16,8	8,6	2,7	6,8	16,8
GSCM	6,1	1,9	5,5	10,9	3,4	1,1	2,5	6,8

7.4 Analyse des Gesamtverhaltens bezüglich der MIMO-Metriken

Zur Überprüfung der Genauigkeit des GSCM hinsichtlich der Modellierung des MIMO-Übertragungskanals werden im Folgenden die Korrelationseigenschaften am Sender und am Empfänger, die Kapazität sowie die Statistik der Eigenwerte analysiert (vgl. Abschnitte 3.1.4, 3.3 und 4.3.6.3).

7.4.1 Korrelationseigenschaften des MIMO-Übertragungskanals

Die Überprüfung der Korrelationseigenschaften erfolgt anhand des sender- und empfängerseitigen mittleren Leistungskorrelationskoeffizienten. Die Datenbasis bilden hierbei die zeitvarianten GSCM-MIMO- und RT-MIMO-Daten der einzelnen Simulationsstrecken. Als Antennenanordnung wird ausschließlich die MIMO-Antennenanordnung Nr. 7 betrachtet (8×8-MIMO-System, vgl. Tabelle 7.2). Die anderen MIMO-Antennenanordnungen stellen Untermengen von MIMO-Antennenanordnung Nr. 7 dar. Eine Analyse dieser würde somit keine Zusatzinformation liefern.

Analyse der Leistungskorrelation an der Basisstation (Sender):
Die mittlere Leistungskorrelationskoeffizient am Sender $\overline{\rho_{\mathrm{P},\mathrm{V}}^{\mathrm{T},i\mathrm{V},j\mathrm{V}}}(k_\mathrm{St})$ entlang einer Simulationsstrecke ergibt sich über (4.11).[1] Dabei wird die betrachtete Simulationsstrecke in $k_\mathrm{St} = 1,\dots,K_\mathrm{St}$ Stützstellen unterteilt und die Leistungskorrelation blockweise an diesen Stützstellen, entsprechend des in Abschnitt 4.3.6.1 beschriebenen Vorgehens, berechnet. Die räumliche Distanz zwischen benachbarten Stützstellen wird für die folgende Analyse zu $\approx 1,5\,\mathrm{m}$ bzw. $10\,\lambda$ gewählt ($v_\mathrm{w} = 50\,\mathrm{km/h}$, $T_\mathrm{s} = 5,396\,\mathrm{ms}$). Bildet man den Mittelwert über die Werte des Leistungskorrelationskoeffizienten an den einzelnen Stützstellen aller Simulationsstrecken

---

[1] Der Hochindex T in der Bezeichnung von $\overline{\rho_{\mathrm{P},\mathrm{V}}^{\mathrm{T},i\mathrm{V},j\mathrm{V}}}(k_\mathrm{St})$ gibt an, dass es sich um einen Leistungskorrelationskoeffizienten zwischen verschiedenen Sendeantennen handelt. Die Indizes $i\mathrm{V}, j\mathrm{V}$ bezeichnen die Elemente der MIMO-Sektorantenne der MIMO-Antennenanordnung Nr. 7. Der Tiefindex V bezeichnet die Polarisation der $M = 8$ Elemente des Empfangsarrays, über welche die Mittelung erfolgt.

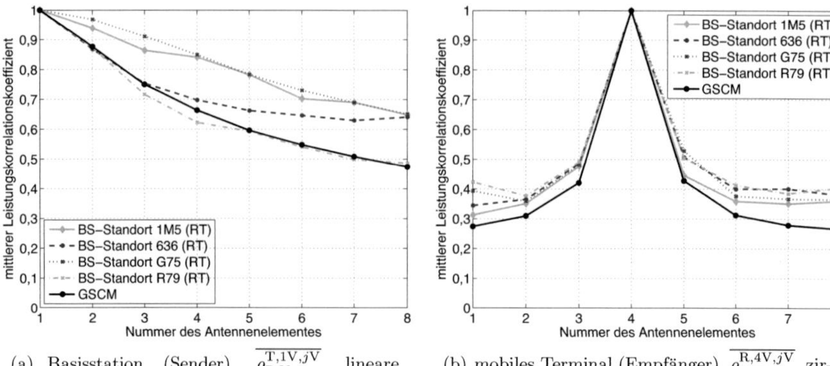

(a) Basisstation (Sender), $\overline{\rho_{\mathrm{P,V}}^{\mathrm{T},1\mathrm{V},j\mathrm{V}}}$, lineare MIMO-Sektorantenne, Antennenabstand $\lambda/2$

(b) mobiles Terminal (Empfänger), $\overline{\rho_{\mathrm{P,V}}^{\mathrm{R},4\mathrm{V},j\mathrm{V}}}$, zirkulare Gruppenantenne, Durchmesser $\lambda/\sqrt{2}$

Bild 7.14: Verlauf des mittleren Leistungskorrelationskoeffizienten (RT-MIMO-Daten der Simulationsstrecken und GSCM-MIMO-Daten, $f_{\mathrm{HF}} = 2{,}0\,\mathrm{GHz}$, MIMO-Antennenanordnung Nr. 7, $d_{\mathrm{MT,BS}} \leq 1000\,\mathrm{m}$)

und aller GSCM-MIMO- bzw. RT-MIMO-Daten, so erhält man die in Bild 7.14(a) gezeigten Verläufe des mittleren Leistungskorrelationskoeffizienten am Sender $\overline{\rho_{\mathrm{P,V}}^{\mathrm{T},1\mathrm{V},j\mathrm{V}}}$.

$\overline{\rho_{\mathrm{P,V}}^{\mathrm{T},1\mathrm{V},j\mathrm{V}}}$ beschreibt den mittleren Leistungskorrelationtionskoeffizienten zwischen dem ersten und dem j-ten ($j = 1,\ldots,8$) vertikal polarisierten Element der MIMO-Sektorantenne der MIMO-Antennenanordnung Nr. 7. Wie in Abschnitt 4.3.6.1 bereits gezeigt, sinkt der Wert des mittleren Leistungskorrelationskoeffizienten $\overline{\rho_{\mathrm{P,V}}^{\mathrm{T},1\mathrm{V},j\mathrm{V}}}$ nur sehr langsam mit wachsendem Elementabstand (wachsendem j). Während für die RT-MIMO-Daten der BS-Standorte 1M5, 636 und G75 Antennenabstände von $\gg 3{,}5\lambda$ notwendig sind, um im Mittel eine Leistungskorrelation von $< 0{,}5$ zu erreichen, reicht für den BS-Standort R79 und die GSCM-MIMO-Daten hierfür ein Antennenabstand von ca. 3λ aus.

Analyse der Leistungskorrelation am mobilen Terminal (Empfänger):
Zur Bestimmung der Leistungskorrelation am Empfänger wird äquivalent zum Vorgehen am Sender für jede Strecke und jede Stützstelle mit (4.12) der mittlere Leistungskorrelationskoeffizient $\overline{\rho_{\mathrm{P,V}}^{\mathrm{R},i\mathrm{V},j\mathrm{V}}}(k_{\mathrm{St}})$ berechnet.[2] Anschließend werden in Anlehnung an Abschnitt 4.3.6.1 für jede einzelne Simulationsstrecke die einzelnen $\overline{\rho_{\mathrm{P,V}}^{\mathrm{R},4\mathrm{V},j\mathrm{V}}}(k_{\mathrm{St}})$ herausgegriffen und getrennt für jedes Antennenpaar eine Mittelung über alle Szenarien, Simulationsstrecken und Stützstellen durchgeführt. Der so berechnete mittlere Leistungskorrelationskoeffizient $\overline{\rho_{\mathrm{P,V}}^{\mathrm{R},4\mathrm{V},j\mathrm{V}}}$ ist ein Maß für die mittlere Ähnlichkeit der Antennensignale der vierten und j-ten Empfangsantenne der

---

[2]Der Hochindex R in der Bezeichnung von $\overline{\rho_{\mathrm{P,V}}^{\mathrm{R},i\mathrm{V},j\mathrm{V}}}(k_{\mathrm{St}})$ gibt an, dass es sich um einen Leistungskorrelationskoeffizienten zwischen verschiedenen Empfangsantennen handelt. Die Indizes $i\mathrm{V}, j\mathrm{V}$ bezeichnen die Elemente des Empfangsarrays der MIMO-Antennenanordnung Nr. 7. Der Tiefindex V bezeichnet die Polarisation der $M = 8$ Elemente des Sendearrays, über die die Mittelung erfolgt.

zirkularen Gruppenantenne der MIMO-Antennenanordnung Nr. 7. Die Verläufe von $\overline{\rho_{\mathrm{P,V}}^{\mathrm{R,4V},j\mathrm{V}}}$ der GSCM-MIMO- und RT-MIMO-Daten sind in Bild 7.14(b) gezeigt.

Aufgrund der wesentlich höheren Azimut-Winkelspreizung am MT, fällt die Leistungskorrelation mit wachsendem Antennenabstand wesentlich schneller ab, als an der BS. Dieses Verhalten ist typisch für urbane Szenarien und konnte schon in Abschnitt 4.3.6.1 bei der Analyse der RIMAX-, Mess- und RT-MIMO-Daten beobachtet werden (vgl. Bild 4.21). Die Kurven in Bild 4.21 fallen jedoch etwas schneller ab als in Bild 7.14(b). Dies ist darauf zurückzuführen, dass in Bild 7.14(b) die Antennen der MIMO-Antennenanordnung Nr. 7 als ideal angenommen wurden und somit weder Verkopplung noch Patterndiversität Berücksichtigung finden. Insgesamt bildet das neue GSCM den Trend der RT-MIMO-Daten sehr gut nach, wobei die Kurve von $\overline{\rho_{\mathrm{P,V}}^{\mathrm{R,4V},j\mathrm{V}}}$ leicht unterhalb der Kurven der RT-MIMO-Daten liegt. Entsprechend den Schlussfolgerungen aus Abschnitt 4.3.6 ist zu erwarten, dass hierdurch die Kapazität ohne und mit Kanalkenntnis am Sender leicht höher ausfallen wird als bei *Ray Tracing*.

7.4.2 Kapazität für unterschiedliche MIMO-Übertragungsverfahren und Antennenanordnungen

Die Kapazität ist das entscheidende Maß für die Leistungsfähigkeit eines MIMO-Systems. Die Größenordnung der Kapazität hängt, wie in Abschnitt 3.3 gezeigt, von den unterschiedlichsten Faktoren ab. Beispielsweise ergeben sich je nach Struktur der MIMO-Übertragungsmatrix Unterschiede bezüglich des zu erwartenden *Beamforming-*, Diversitäts- und *Multiplexing-*Gewinns. Deshalb werden im Folgenden die Bewertungsgrößen

- Kapazität bei *Beamforming* (3.17),

- Kapazität ohne Kanalkenntnis am Sender (3.21), d.h. bei gleichmäßig verteilter Sendeleistung auf die Sendeantennen,

- Kapazität mit Kanalkenntnis am Sender (3.16), d.h. bei optimal verteilter Sendeleistung auf die Sendeantennen durch *Rate-Adaptive Waterfilling* und

- Statistik der Eigenwerte

ausgewertet (vgl. Abschnitte 3.1.4 , 3.3 und 4.3.6.3). Berechnet werden die Bewertungsgrößen auf Basis der GSCM-MIMO-Daten (vgl. Abschnitt 7.1.1) und der RT-MIMO-Daten der flächigen Simulationen der BS-Standorte R79, 1M5 G75 und 636 (vgl. Abschnitt 7.1.2), wobei alle sieben MIMO-Antennenanordnungen aus Tabelle 7.2 betrachtet werden. Zur Normierung der MIMO-Übertragungsmatrizen der einzelnen Kanalrealisierungen wird die Frobenius-Norm (3.26) getrennt für jeden Abtastpunkt und jeden Datensatz angewendet. Aufgrund der Vielzahl an Vergleichsdaten werden nachfolgend nur die MIMO-Antennenanordnungen Nr. 3 und Nr. 6 ausführlich behandelt. Die Ergebnisse der übrigen MIMO-Antennananordnungen werden tabellarisch dargestellt.

Bei den MIMO-Antennenanordnungen Nr. 3 und Nr. 6 handelt es sich jeweils um ein 4×4 MIMO-System. Der Abstand der Elemente der MIMO-Sektorantenne beträgt bei MIMO-Antennenanordnung Nr. 3 $4\,\lambda$ und bei MIMO-Antennenanordnung Nr. 6 $\lambda/2$. Schlussfolgernd aus den Ergebnissen der Abschnitte 3.3 und 4.3.6.3, sollte sich MIMO-Antennenanordnung Nr. 3 deshalb eher für *Diversity* und *Multiplexing* und MIMO-Antennenanordnung Nr. 6 eher für *Beamforming* eignen. Ob das RT-Modell und das GSCM diesen Sachverhalt korrekt wiedergeben, wird im Folgenden überprüft.

Kapazitätsanalyse für MIMO-Antennenanordnungen Nr. 3 und Nr. 6:
Zur Verifikation obiger Behauptung zeigen die Bilder 7.15 und 7.16 exemplarisch die flächige Verteilung der Kapazität für den BS-Standort 1M5 und für beide 4×4 MIMO-Antennenanordnungen. Dabei wurde von einem konstanten SNR von 10 dB am Empfänger ausgegangen und für jeden Abtastpunkt diejenige MIMO-Sektorantenne bestimmt, welche die optimale Versorgung liefert (*Handover*, vgl. Abschnitt 7.1.4). Die Grauwerte in den Bildern geben die Kapazität in bit/s/Hz in Abhängigkeit von der Position im Szenario an. Innerhalb von Gebäuden findet keine Versorgung statt.

Unabhängig von der MIMO-Antennenanordnung ergeben sich für das MIMO-System ohne und mit Kanalkenntnis am Sender an Orten mit einer hohen BS-Azimut-Winkelspreizung bzw. niederen Leistungskorrelation an der BS höhere Kapazitätswerte als an Orten mit einer niederen BS-Azimut-Winkelspreizung bzw. hohen Leistungskorrelation an der BS (vgl. Abschnitt 4.3.6.3). Da die BS-Azimut-Winkelspreizung im Mittel mit wachsendem Abstand $d_{\mathrm{MT,BS}}$ sinkt [FMW03], treten hohe Kapazitätswerte häufig in unmittelbarer Nähe zur BS auf. Für die Kapazität des MIMO-Systems mit *Beamforming* verhält es sich umgekehrt, weshalb Bild 7.15(a) bzw. Bild 7.16(a) in vielen Bereichen das Negativ von Bild 7.15(b) und Bild 7.15(c) bzw. Bild 7.16(b) und Bild 7.16(c) darstellt. Die Kapazitätsverteilungen zeigen für das RT-Modell und den BS-Standort 1M5, dass MIMO-Antennenanordnung Nr. 3 besser für *Multiplexing* und *Diversity* und schlechter für *Beamforming* geeignet ist als MIMO-Antennenanordnung Nr. 6.

Zur Analyse der Genauigkeit des GSCM stellt Bild 7.17 die mittlere Kapazität über dem SNR $\overline{C_{\mathrm{RT-MIMO}}}(SNR)$ der RT-MIMO-Daten aller BS-Standorte der mittleren Kapazität über dem SNR $\overline{C_{\mathrm{GSCM-MIMO}}}(SNR)$ der GSCM-MIMO-Daten gegenüber. Die mittlere Kapazität entspricht dabei dem Mittelwert über die Schnappschüsse der Simulationsstrecken und über die Szenarien eines BS-Standorts. Neben den zwei MIMO-Antennenanordnungen Nr. 3 und Nr. 6 wird dabei wiederum zwischen den drei Übertragungskonzepten *Beamforming*, gleichmäßig verteilte Sendeleistung und optimal verteilte Sendeleistung (*Rate-Adaptive Waterfilling*) unterschieden. Das SNR variiert von -10 dB bis 20 dB. Zu Vergleichszwecken ist zudem die mittlere Kapazität eingezeichnet, welche sich bei Anwendung des i.i.d. MIMO-Rayleigh-Kanalmodells ergibt. Das i.i.d. MIMO-Rayleigh-Kanalmodell geht von ideal unkorrelierten MIMO-Übertragungskoeffizienten aus und beschreibt somit denjenigen MIMO-Übertragungskanal, welcher für eine MIMO-Übertragung optimal geeignet wäre (vgl. Abschnitt 1.5.2 und [Mol05]).

Es fällt auf, dass die mittlere *Ray Tracing* Kapazität weitestgehend unabhängig vom betrachteten BS-Standort ist. Bei einem SNR von 10 dB und bei Verwendung von *Rate-Adaptive Waterfilling* erreicht das MIMO-System der MIMO-Antennenanordnung Nr. 3 die höchste mittlere Kapazität von 8,8 bit/s/Hz (Mittelwert über alle BS-Standorte). Verteilt man stattdessen die Sendeleistung gleichmäßig auf die Sendeantennen sinkt die mittlere Kapazität auf 7,3 bit/s/Hz. Verwendet man *Beamforming* erreicht das MIMO-System der MIMO-Antennenanordnung Nr. 3 nur noch 6,5 bit/s/Hz. Wie bereits angedeutet, erreicht man mit MIMO-Antennenanordnung Nr. 6 bei *Beamforming* eine höher mittlere Kapazität

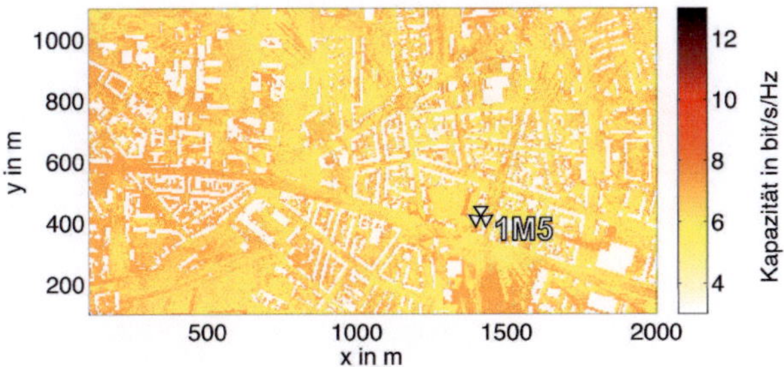

(a) Kanalkenntnis am Sender, *Beamforming*

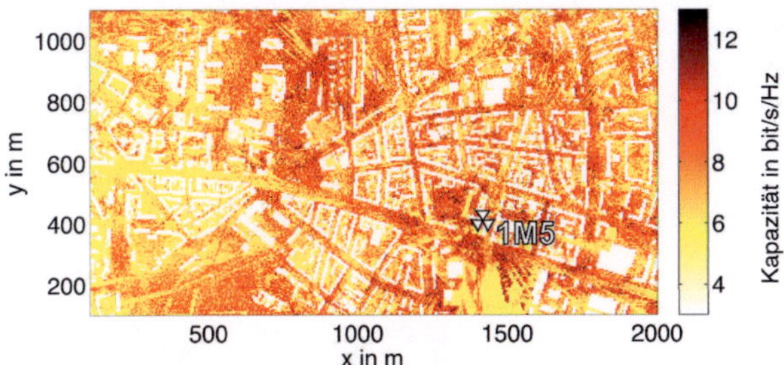

(b) keine Kanalkenntnis am Sender, gleichmäßig verteilte Sendeleistung

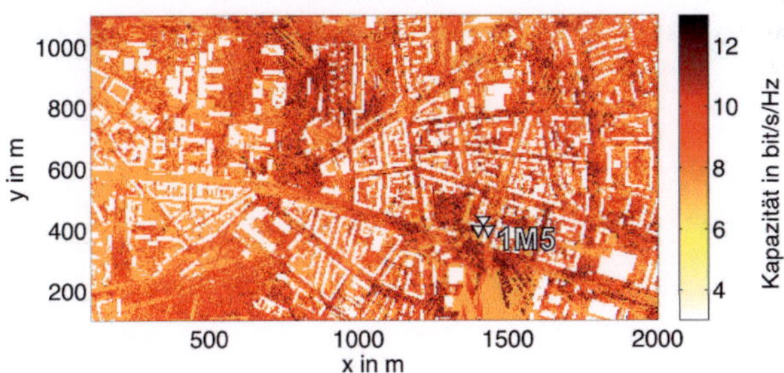

(c) Kanalkenntnis am Sender, optimal verteilte Sendeleistung (*Rate-Adaptive Waterfilling*)

Bild 7.15: Kapazität für den BS-Standort 1M5 und die MIMO-Antennenanordnung Nr. 3 (flächige RT-MIMO-Daten, $f_{\mathrm{HF}} = 2\,\mathrm{GHz}$, SNR $= 10\,\mathrm{dB}$, *Handover* zu optimal versorgender MIMO-Sektorantenne)

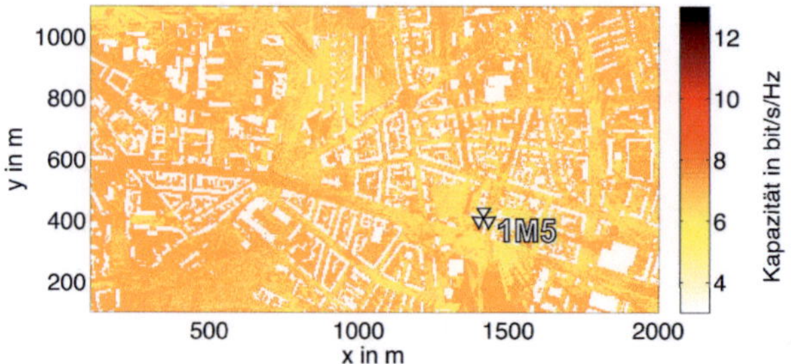

(a) Kanalkenntnis am Sender, *Beamforming*

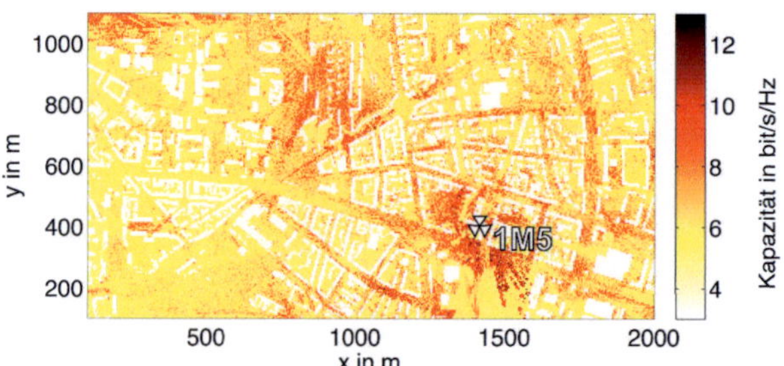

(b) keine Kanalkenntnis am Sender, gleichmäßig verteilte Sendeleistung

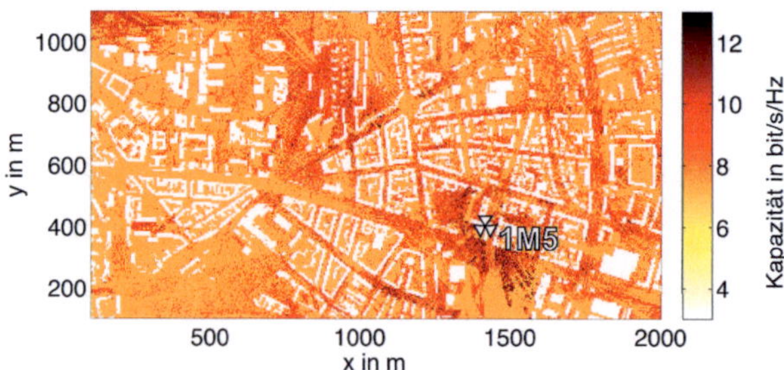

(c) Kanalkenntnis am Sender, optimal verteilte Sendeleistung (*Rate-Adaptive Waterfilling*)

Bild 7.16: Kapazität für den BS-Standort 1M5 und die MIMO-Antennenanordnung Nr. 6 (flächige RT-MIMO-Daten, $f_{HF} = 2\,\text{GHz}$, SNR = $10\,\text{dB}$, *Handover* zu optimal versorgender MIMO-Sektorantenne)

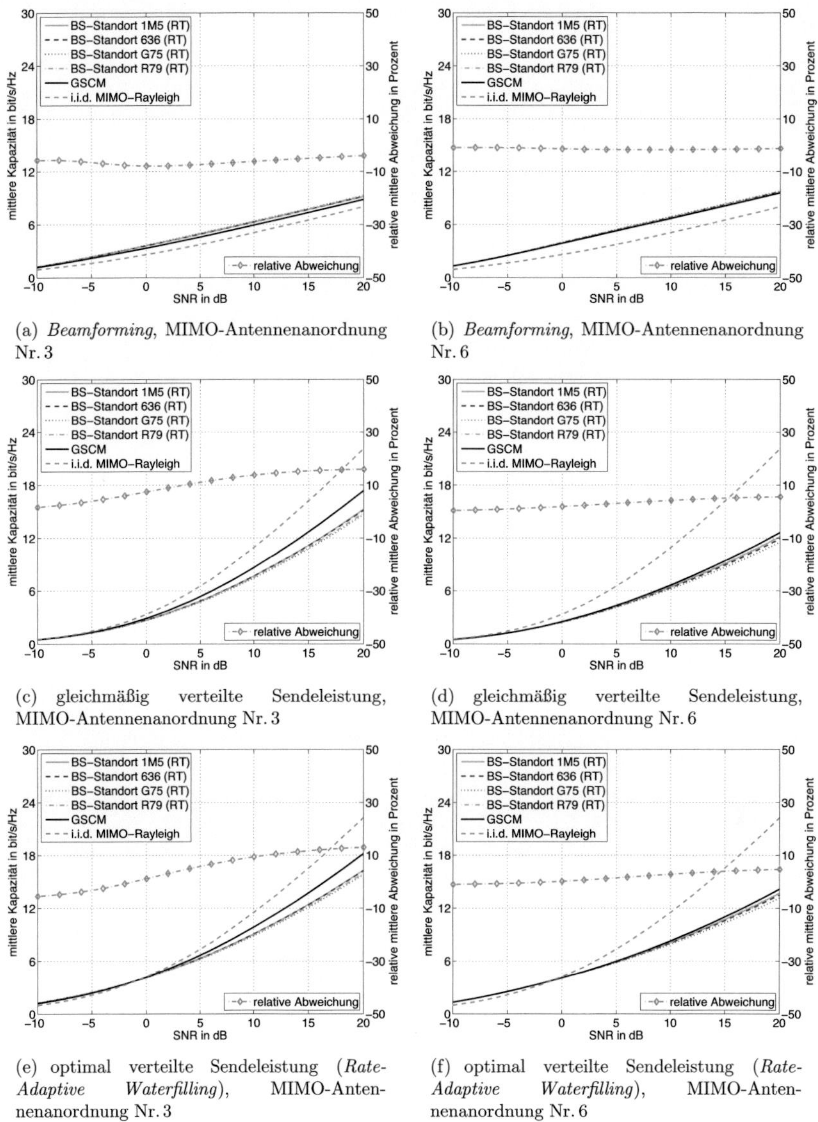

(a) *Beamforming*, MIMO-Antennenanordnung Nr. 3

(b) *Beamforming*, MIMO-Antennenanordnung Nr. 6

(c) gleichmäßig verteilte Sendeleistung, MIMO-Antennenanordnung Nr. 3

(d) gleichmäßig verteilte Sendeleistung, MIMO-Antennenanordnung Nr. 6

(e) optimal verteilte Sendeleistung (*Rate-Adaptive Waterfilling*), MIMO-Antennenanordnung Nr. 3

(f) optimal verteilte Sendeleistung (*Rate-Adaptive Waterfilling*), MIMO-Antennenanordnung Nr. 6

Bild 7.17: Mittlere Kapazität über dem SNR für die MIMO-Antennenanordnungen Nr. 3 und Nr. 6 und mittlere relative Abweichung $F_{\mathrm{rel,C}}(SNR)$ (flächige RT-MIMO-Daten und GSCM-MIMO-Daten, $f_{\mathrm{HF}} = 2{,}0\,\mathrm{GHz}$, $d_{\mathrm{MT,BS}} \leq 1000\,\mathrm{m}$)

von 6,9 bit/s/Hz als bei gleichmäßig verteilter Sendeleistung auf die Sendeantennen mit 6,3 bit/s/Hz.

Die mittlere Kapazität der GSCM-MIMO-Daten folgt weitestgehend den Kapazitätsverläufen der RT-MIMO-Daten, wobei sie bei *Beamforming* leicht unterhalb der RT-MIMO-Daten und bei gleichmäßig bzw. optimal verteilter Sendeleistung i.d.R. leicht oberhalb der Referenz RT-MIMO liegt. Der Vergleich mit dem i.i.d. MIMO-Rayleigh-Kanalmodell bestätigt, dass der urbane makrozellulare Ausbreitungskanal stark gerichtet ist, weshalb die mittlere MIMO-Kapazität des i.i.d. MIMO-Rayleigh-Kanals erwartungsgemäß bei *Beamforming* unterhalb von RT- und GSCM-MIMO liegt. Bei gleichmäßig verteilter Sendeleistung auf die Sendeantennen liegt sie hingegen oberhalb. Bei optimal verteilter Sendeleistung schneidet die Kapazitätskurve des i.i.d. MIMO-Rayleigh-Kanalmodells die Kapazitätskurven der beiden anderen Kanalmodelle bei $SNR \approx -1\,\text{dB}$.

Zur Bewertung der Abweichung des GSCM vom RT-Modell zeigen die Bilder zusätzlich den Verlauf der mittleren relativen Abweichung $F_{\text{rel,C}}(SNR)$. Diese berechnet sich anhand der mittleren Kapazität der RT-MIMO-Daten $\overline{C_{\text{RT--MIMO,BS}}}(SNR)$ (Mittelwert über alle BS-Standorte) und der mittleren Kapazität der GSCM-MIMO-Daten $\overline{C_{\text{GSCM--MIMO}}}(SNR)$:

$$F_{\text{rel,C}}(SNR) = \frac{\overline{C_{\text{GSCM--MIMO}}}(SNR) - \overline{C_{\text{RT--MIMO,BS}}}(SNR)}{\overline{C_{\text{RT--MIMO,BS}}}(SNR)}\,100\,\% \qquad (7.1)$$

Kapazitätsanalyse aller MIMO-Antennenanordnungen:
Eine tabellarische Übersicht der mittleren Kapazitätswerte bei $SNR = 10\,\text{dB}$ aller MIMO-Antennenanordnungen ist in den Tabellen 7.8 - 7.10 zu finden. Zusätzlich listen die Tabellen den jeweiligen Wert der sich ergebenden mittleren relativen Abweichung $F_{\text{rel,C}}(SNR = 10\,\text{dB})$.

Aufgrund der hohen Antennenzahl erreicht die 8×8 MIMO-Antennenanordnung Nr. 7 unter allen betrachteten Antennensystemen und für alle Übertragungsverfahren die höchste mittlere Kapazität. Geht man von einem MIMO-System mit *Beamforming* aus, so schneidet die 2×2 MIMO-Antennenanordnung Nr. 1, aufgrund des hohen Abstands zwischen den BS-Antennen und der geringen Antennenzahl, am schlechtesten ab. Für die MIMO-Übertragungsverfahren mit gleichmäßig verteilter Sendeleistung und mit *Rate-Adaptive Waterfilling* ist hingegen die 2×2 MIMO-Antennenanordnung Nr. 2 am schlechtesten geeignet.

Das GSCM gibt das Verhalten des RT-Modells gut wieder. Die mittlere relative Abweichung $F_{\text{rel,C}}(SNR = 10\,\text{dB})$ fällt je nach MIMO-Antennenanordnung und Übertragungsverfahren unterschiedlich aus und liegt zwischen $-6,2\,\%$ und $13,8\,\%$. Bei Verwendung von *Beamforming* unterschätzt das GSCM die mittlere Kapazität RT-MIMO leicht. Dies kann durch den schnelleren Abfall der Leistungskorrelation am Sender und Empfänger und, wie im nächsten Paragraphen gezeigt wird, durch die daraus resultierende gleichmäßigere Verteilung der Eigenwerte begründet werden (vgl. Bild 7.14).

Bei gleichmäßig bzw. optimal verteilter Sendeleistung liegt die mittlere Kapazität des GSCM hingegen leicht oberhalb von *Ray Tracing*. Der Betrag der relativen Abweichung fällt umso größer aus, je größer der Abstand der Kathrein-Antennen zueinander ist. Auch dies lässt sich durch die Leistungskorrelation und die Eigenwertverteilung am Sender und Empfänger

Tabelle 7.8: Mittlere Kapazität in bit/s/Hz der MIMO-Antennenanordnungen und Datensätze sowie mittlere relative Abweichung $F_{\mathrm{rel,C}}(SNR = 10\,\mathrm{dB})$ (*Beamforming*, konstantes SNR am Empfänger von 10 dB)

Datensatz	MIMO-Antennenanordnung						
	1	2	3	4	5	6	7
BS-Standort 1M5 (RT)	5,0	5,3	6,4	6,4	6,6	6,8	8,2
BS-Standort 636 (RT)	5,0	5,3	6,4	6,4	6,6	6,9	8,3
BS-Standort G75 (RT)	5,0	5,3	6,5	6,5	6,8	7,0	8,4
BS-Standort R79 (RT)	5,0	5,3	6,5	6,5	6,7	6,8	8,3
i.i.d. MIMO-Rayleigh	4,5	4,5	5,1	5,1	5,1	5,1	5,4
GSCM	4,9	5,3	5,9	6,1	6,4	6,7	8,0
$F_{\mathrm{rel,C}}(SNR = 10\,\mathrm{dB})$	−1,4	−0,4	−6,2	−3,1	−2,4	−1,8	−2,1

Tabelle 7.9: Mittlere Kapazität in bit/s/Hz der MIMO-Antennenanordnungen und Datensätze sowie mittlere relative Abweichung $F_{\mathrm{rel,C}}(SNR = 10\,\mathrm{dB})$ (gleichmäßig verteilte Sendeleistung, konstantes SNR am Empfänger von 10 dB)

Datensatz	MIMO-Antennenanordnung						
	1	2	3	4	5	6	7
BS-Standort 1M5 (RT)	5,2	4,6	7,5	7,5	7,0	6,4	9,1
BS-Standort 636 (RT)	5,1	4,6	7,4	7,4	6,9	6,3	8,9
BS-Standort G75 (RT)	5,1	4,5	7,1	7,1	6,5	6,0	8,3
BS-Standort R79 (RT)	5,0	4,6	7,2	7,2	6,8	6,3	8,8
i.i.d. MIMO-Rayleigh	5,6	5,5	10,9	10,9	10,9	10,9	21,8
GSCM	5,3	4,6	8,6	8,1	7,3	6,6	9,7
$F_{\mathrm{rel,C}}(SNR = 10\,\mathrm{dB})$	2,4	1,0	13,8	6,2	5,0	4,2	5,9

Tabelle 7.10: Mittlere Kapazität in bit/s/Hz der MIMO-Antennenanordnungen und Datensätze sowie mittlere relative Abweichung $F_{\mathrm{rel,C}}(SNR = 10\,\mathrm{dB})$ (optimal verteilte Sendeleistung, *Rate-Adaptive Waterfilling*, konstantes SNR am Empfänger von 10 dB)

Datensatz	MIMO-Antennenanordnung						
	1	2	3	4	5	6	7
BS-Standort 1M5 (RT)	5,6	5,4	9,0	9,0	8,5	8,0	12,4
BS-Standort 636 (RT)	5,6	5,4	8,9	8,9	8,4	8,0	12,2
BS-Standort G75 (RT)	5,6	5,4	8,6	8,6	8,2	7,8	11,6
BS-Standort R79 (RT)	5,5	5,4	8,7	8,7	8,4	8,0	12,1
i.i.d. MIMO-Rayleigh	5,7	5,7	11,5	11,5	11,5	11,5	23,1
GSCM	5,6	5,4	9,8	9,4	8,8	8,3	13,1
$F_{\mathrm{rel,C}}(SNR = 10\,\mathrm{dB})$	0,9	0,2	9,4	4,5	3,5	2,8	5,0

begründen. Aufgrund der in Abschnitt 4.3.6.3 nachgewiesenen Unterschätzung der mittleren Kapazität seitens des deterministischen Kanalmodells, ist die etwas höhere mittlere Kapazität des GSCM jedoch allgemein als positiv zu bewerten.

Analyse der Statistik der Eigenwerte:
Eine Möglichkeit zur Begründung der im letzten Paragraphen aufgezeigten Kapazitätsunterschiede zwischen den einzelnen Kanalmodellen ist die Analyse der Struktur der MIMO-Übertragungsmatrix durch eine Auswertung der Statistik der Eigenwerte (vgl. Abschnitte 3.3 und 4.3.6.3). Die Bilder 7.18(a) und 7.18(b) stellen deshalb die Verteilungsfunktionen der Kehrwerte der vier Eigenwerte $1/\lambda_{11}$ bis $1/\lambda_{44}$ der MIMO-Antennenanordnung Nr. 3 dar. Die äquivalenten Verteilungsfunktionen für MIMO-Antennenanordnung Nr. 6 sind in den Bildern 7.18(c) und 7.18(d) gezeigt. Dabei wird jeweils unterschieden zwischen den RT-MIMO-Daten der vier BS-Stadorte 1M5, 636, G75 und R79, den GSCM-MIMO-Daten und dem i.i.d. MIMO-Rayleigh-Kanalmodell.

Bei beiden MIMO-Antennenanordnungen stimmt der Verlauf der Verteilungsfunktion von $1/\lambda_{11}$ der GSCM-MIMO-Daten sehr gut mit den CDF der RT-MIMO-Daten überein. Für $1/\lambda_{22}$ bis $1/\lambda_{44}$ prognostiziert das GSCM jedoch geringere Werte als *Ray Tracing*.

Aus Abschnitt 3.3 ist bekannt, dass je kleiner das Verhältnis $\lambda_{11}/\sum_{ii=2}^{4}\lambda_{ii}$ ist, desto ungerichteter ist der MIMO-Übertragungskanal und desto höher fällt der *Multiplexing*-Gewinn aus. Je größer das Verhältnis $\lambda_{11}/\sum_{ii=2}^{4}\lambda_{ii}$ ist, desto gerichteter ist der MIMO-Übertragungskanal und desto höher fällt die Kapazität bei *Beamforming* aus. Die Kapazitäts- und Eigenwertverteilungen in Bild 7.17 und Bild 7.18 der Kanalmodelle und der beiden MIMO-Antennenanordnungen bestätigen diesen Zusammenhang. Das Verhältnis $\lambda_{11}/\sum_{ii=2}^{4}\lambda_{ii}$ ist für den i.i.d. MIMO-Rayleigh-Kanal wesentlich kleiner als für *Ray Tracing* und GSCM. Somit ist, wie in Bild 7.17 gesehen, die mittleren Kapazität bei gleichmäßig und optimal verteilter Sendeleistung höher als bei den beiden anderen Kanalmodellen.

7.5 Mehrnutzer-MIMO-Systemsimulationen

Die bisher in dieser Arbeit durchgeführten Untersuchungen zu MIMO konzentrierten sich hauptsächlich auf Punkt-zu-Punkt MIMO-Szenarien, in denen eine Basisstation zeitgleich und auf einer Frequenz immer nur mit einem Nutzer kommuniziert. Dieser Abschnitt widmet sich nun der Untersuchung von Punkt-zu-Mehrpunkt MIMO-Szenarien (Mehrnutzer-MIMO-Systemen), wobei aus den in Abschnitt 3.2 genannten Gründen ausschließlich der *Downlink* betrachtet wird. Als typisches *Downlink*-Szenario wird eine Zelle mit einer BS, drei Sektoren und mehreren Nutzern bei $f_{\mathrm{HF}} = 2\,\mathrm{GHz}$ ausgewertet.

In einem Mehrnutzer-MIMO-System kommuniziert die BS gleichzeitig und auf gleicher Frequenz mit einer Nutzergruppe die aus $k = 1,\ldots,J$ Nutzern besteht. Hierzu verwendet sie mehrere digital und adaptiv schwenkbare Keulen, welche die J Nutzer selektiv über ihre räumlich unterschiedlich verlaufenden Mehrwegepfade (Kanäle) versorgen (SDMA). Mehrnutzer-MIMO-Systeme besitzen somit das Potential zur Steigerung der Datenrate pro Zelle und

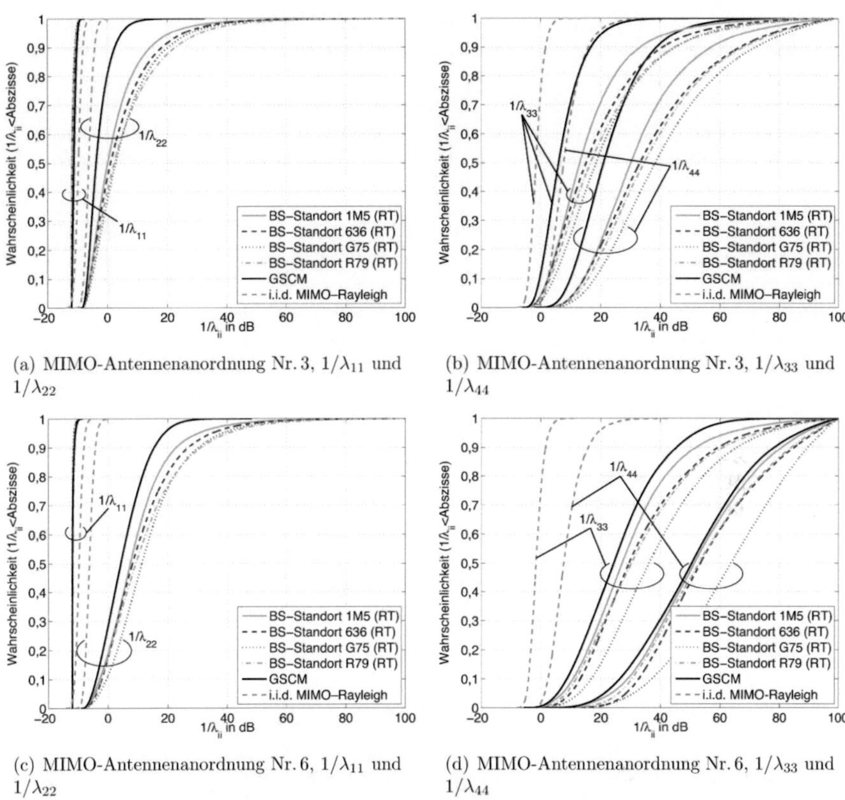

(a) MIMO-Antennenanordnung Nr. 3, $1/\lambda_{11}$ und $1/\lambda_{22}$

(b) MIMO-Antennenanordnung Nr. 3, $1/\lambda_{33}$ und $1/\lambda_{44}$

(c) MIMO-Antennenanordnung Nr. 6, $1/\lambda_{11}$ und $1/\lambda_{22}$

(d) MIMO-Antennenanordnung Nr. 6, $1/\lambda_{33}$ und $1/\lambda_{44}$

Bild 7.18: Verteilungsfunktion des Kehrwerts der Eigenwerte $1/\lambda_{ii}$ (flächige RT-MIMO-Daten und GSCM-MIMO-Daten, $f_{\mathrm{HF}} = 2{,}0\,\mathrm{GHz}$ und $d_{\mathrm{MT,BS}} \leq 1000\,\mathrm{m}$)

zur Erfüllung des größten Teils der in Abschnitt 1.2 genannten Forschungsziele (vgl. Abschnitt 3.2 und [CS03], [WML03], [Spe04]). Untersuchungen dieses Potentials unter realen Ausbreitungsbedingungen sind bisher jedoch rar und deshalb Gegenstand aktueller Forschung. Erste quantitative Ergebnisse liefern die eigenen Arbeiten [FKMW04], [FMKW04], [FKW05], [FPW06a], [FPW06b], [FPW07] sowie die erst kürzlich erschienenen Veröffentlichungen [DG07], [NKT⁺07], [KKKG08a], [KKKG08b]. Letztere basieren jedoch größtenteils nicht auf Simulationen sondern auf Messungen des Mehrnutzer-MIMO-Übertragungskanals.

Wenig war bis vor kurzem über die Expositionsentwicklung in urbanen Netzen durch den Einsatz von MIMO bzw. Mehrnutzer-MIMO bekannt. Ziel dieser Arbeit ist es deshalb eine gemeinsame Analyse der Bewertungskriterien Datenrate, Sendeleistung der BS und Exposition auf der Basis des strahlenoptischen und des geometrisch-stochastischen Mehrnutzer-MIMO-Kanalmodells durchzuführen. Basierend auf den Ergebnissen dieser Arbeit kann somit eine erste Abschätzung zum Verhalten von Mehrnutzer-MIMO in einer urbanen Makrozelle unter realen Ausbreitungsbedingungen. Auf Basis der Bewertungskriterien ist ein Vergleich der beiden Kanalmodell und eine Abschätzung der Genauigkeit des geometrisch-stochastischen Mehrnutzer-MIMO-Kanalmodells beim Einsatz in Mehrnutzer-MIMO-Systemsimulationen möglich. Die Ergebnisse der Expositionsanalyse flossen in die BMBF-Studie miniWatt II ein, welche ausführlich zur Immission und Exposition künftiger Funkdienste Stellung nimmt [Wie08].

Die im Folgenden betrachteten Übertragungsverfahren sind in Tabelle 7.11 aufgelistet. Das Akronym, welches im Folgenden zur Kennzeichnung des jeweiligen Übertragungsverfahrens verwendet wird, ist in Klammern angegeben. Das SISO-System stellt ein Referenzsystem dar. Einzelheiten zu den Übertragungsverfahren *Beamforming* und *Margin-Adaptive-Waterfilling* sind in Abschnitt 3.1 zu finden. Erläuterungen zu den linearen *Downlink*-Mehrnutzer-MIMO-Übertragungsverfahren CTRP-SO und CTRP-BD geben die Abschnitte 3.2.3 und 3.2.4. Durch einen Bezug der Bewertungskriterien der Mehrantennen-Übertragungsverfahren BF, WF, CTRP-SO und CTRP-BD auf ein SISO-Referenzsystem wird deren Leistungsfähigkeit gegenüber heutigen SISO-Funksystemen aufgezeigt.

Tabelle 7.11: Übertragungsverfahren bei den Mehrnutzer-Simulationen

ohne SDMA	mit SDMA
SISO	*Successive Optimization* mit CTRP (CTRP-SO)
Beamforming (BF)	*Block Diagonalization* mit CTRP (CTRP-BD)
Margin-Adaptive-Waterfilling (WF)	

Die nachfolgenden Abschnitte gliedern sich wie folgt: Abschnitt 7.5.1 geht auf die Simulationsszenarien, Übertragungsverfahren, Mehrfachzugriffsverfahren und Beurteilungskriterien ein. Anschließend stellt Abschnitt 7.5.2 die Simulationsergebnisse des RT-Modells (vgl. Kapitel 4) den Simulationsergebnissen des GSCM (vgl. Kapitel 6) gegenüber, diskutiert und bewertet diese.

7.5.1 Szenarien, Übertragungsverfahren und Beurteilungsskriterien

Zur Beschreibung der Funkkanäle zwischen der BS und den Nutzern werden Daten des strahlenoptischen und des geometrisch-stochastischen Mehrnutzer-MIMO-Kanalmodells eingesetzt. Die Kanaldaten des RT-Modells stammen aus den in Abschnitt 7.1.3 beschriebenen zehn Verkehrsszenarien des BS-Standorts 1M5.[3] Im Fall des GSCM werden ebenfalls Kanaldaten von zehn Verkehrsszenarien verwendet. Entgegen der Angaben in Abschnitt 7.1.1 und Anhang A.5 werden die Koordinaten der BS zu (1417,47 m; 409,19 m; 32,64 m) gewählt und entsprechen somit dem BS-Standort 1M5. In jedem RT- und GSCM-Szenario bewegen sich für 10 s Echtzeit 50 Nutzer mit einer Geschwindigkeit von 50 km/h entlang der Straßen des jeweiligen Straßennetzes.

---

[3]Der BS-Standort 1M5 wird wegen seiner relativ zentralen Lage im Szenario verwendet.

Das Versorgungsgebiet eines jeden Szenarios ist in drei Sektoren aufgeteilt. Ausgehend von der Position der BS zeigt die Sektormitte in Richtung 90°, 210° und 330° (vgl. Abschnitt 7.1.4). Beim SISO-Referenzsystem wird jeder Sektor durch eine Kathrein-Antenne 742265 versorgt [Kat08]. Der Empfänger (Nutzer) besteht hingegen aus einem idealen ϑ-polarisierten $\lambda/2$-Dipol [Bal97]. Alle anderen Übertragungsverfahren verwenden die 4×4 MIMO-Antennenanordnung Nr. 6, bei der jeder Sektor durch eine MIMO-Sektorantenne ausgeleuchtet wird und jeder Nutzer über vier ideale ϑ-polarisierte $\lambda/2$-Dipole verfügt (vgl. Tabelle 7.2). Wie aus Abschnitt 7.4.2 bekannt, eignet sich die MIMO-Antennenanordnung Nr. 6 aufgrund des geringen Abstands der vier Kathrein-Antennen von $\lambda/2$ sehr gut für *Beamforming*.

Handover, Gruppierung der Nutzer und Mehrfachzugriffsverfahren:
Zur Gewährleistung einer konstant optimalen Versorgung der Nutzer werden diese mithilfe des in Abschnitt 7.1.4 beschriebenen *Handover*-Verfahrens zu jedem Zeitpunkt einem Sektor bzw. einer Sektorantenne zugeteilt.

Je nach Übertragungsverfahren wird ein unterschiedliches Mehrfachzugriffsverfahren zur Nutzertrennung innerhalb der Sektoren eingesetzt. Das SISO-Referenzsystem und das Mehrantennen-System mit *Beamforming* bzw. *Margin-Adaptive Waterfilling* verwenden ein herkömmliches Mehrfachzugriffsverfahren (z.B. TDMA oder FDMA). Es wird angenommen, dass die Nutzertrennung bei diesen Verfahren perfekt ist und das Mehrnutzer-System somit frei von Intrazellinterferenz ist. Bei den Mehrnutzer-MIMO-Übertragungsverfahren CTRP-SO und CTRP-BD teilt der in Abschnitt 3.2.4 beschriebene Gruppierungsalgorithmus zunächst die Nutzer eines jeden Sektors in Nutzergruppen auf. Die Trennung der Nutzer innerhalb ihrer Gruppe erfolgt über SDMA und die Trennung der einzelnen Nutzergruppen über TDMA oder FDMA. Das Mehrnutzer-MIMO-Übertragungsverfahren CTRP-BD ist per Definition frei von Intrazellinterferenz (vgl. Abschnitt 3.2.3). Die Intrazellinterferenz bei CTRP-SO ergibt sich über (3.48). Für alle Übertragungsverfahren wird angenommen, dass die Interzellinterferenz $\underline{\mathbf{R}}_{\xi_k \xi_k} = 0$ ist.

Wie in Abschnitt 3.2.4 beschrieben, bestimmt der Parameter S_γ des Gruppierungsalgorithmus die zugelassene Korrelation zwischen Nutzern einer Gruppe, das Interferenzniveau innerhalb der einzelnen Gruppen und somit die Zuverlässigkeit der Versorgung. Dabei teilt der Algorithmus bei kleinem S_γ im Mittel weniger Nutzer einer Gruppe zu als bei großem S_γ. Unabhängig von S_γ ist die maximale Anzahl von Nutzern pro Gruppe stets durch die Anzahl der verwendeten Sendeantennen der MIMO-Antennenanordnung beschränkt. Für die MIMO-Antennenanordnung Nr. 6 beträgt sie somit $J = M = 4$. Um das Verhalten der Bewertungskriterien in Abhängigkeit von S_γ aufzuzeigen, werden bei den nachfolgenden Systemsimulationen die drei Arbeitspunkte $S_\gamma = 0{,}1$, $0{,}7$ und 1 betrachtet.

Beurteilungskriterien Kapazität und Sendeleistung:
Ziel der Systemsimulationen ist die Beurteilung der verschiedenen in Tabelle 7.11 aufgelisteten Übertragungsverfahren hinsichtlich ihres QoS. Dabei soll jeder Nutzer k im Szenario mit einer konstanten gewünschten Datenrate, bei gleichzeitiger minimaler Sendeleistung $P_{\mathrm{T},k}(k_{\mathrm{s}})$ versorgt werden. Als Maß der Datenrate wird die Kapazität $C_k(k_{\mathrm{s}})$ eines jeden Nutzers in bit/s/Hz verwendet.

Im Fall des SISO-Referenzsystems ergibt sich die Kapazität $C_k(k_s)$ über (3.11). Die Kapazität eines Nutzers bei *Beamforming* berechnet sich aus (3.17). Für das MIMO-System mit *Margin-Adaptive Waterfilling* wird (3.14) zur Ermittlung der Kapazität verwendet, wobei die Anzahl der Subkanäle aufgrund der verwendeten 4×4 MIMO-Antennenanordnung auf vier beschränkt ist. Die Kapazitätsbestimmung für die beiden Mehrnutzer-MIMO-Übertragungsverfahren CTRP-BD und CTRP-SO erfolgt anhand von (3.45) und (3.52). Die Anzahl der Subkanäle pro Nutzer sei dabei auf eins beschränkt.

Der Einfachheit halber sei angenommen, dass die gewünschte Datenrate aller Nutzer im Netz $C_k(k_s) = \text{konst.} = C_{\text{opt}}$ betrage. Wie aus den bereits genannten Kapazitätsformeln ersichtlich, hängt die Tatsache, ob ein Nutzer k entlang seines Weges konstant mit C_{opt} versorgt werden kann, vom zeitvarianten SNR bzw. SNIR am Ausgang der Empfangsantenne ab. Das SNR ist abhängig von der maximal für einen Nutzer verfügbaren Sendeleistung $P_{\text{T,max}}$ der BS, der einem Nutzer zugeteilten Sendeleistung $P_{\text{T},k}(k_s)$, der konstanten Rauschleistung σ^2 und der zeitvarianten Dämpfung des SISO- bzw. MIMO-Übertragungskanals $\underline{H}^{\text{TP}}(\nu = 0, k_s)$ bzw. $\mathbf{\underline{H}}^{\text{TP,MIMO}}(\nu = 0, k_s)$. Letzteres beinhaltet die Eigenschaften der Antennen am Sender und Empfänger, d.h. Gewinn und (zeitvariante) Richtcharakteristik. Ist das SNR bzw. das SNIR eines Nutzer zum Zeitpunkt k_s zu gering, wird zu diesem Zeitpunkt $C_k(k_s) < C_{\text{opt}}$ sein.

Der Arbeitspunkt des Mehrnutzer-Systems kann über die maximal zur Verfügung stehende Sendeleistung der BS pro Nutzer $P_{\text{T,max}}$ sowie die Rauschleistung σ^2 definiert werden (vgl. Abschnitt 3.1.5). In den nachfolgenden Untersuchungen wird mit $P_{\text{T,max}} = 4\,\text{W}$ (d.h. $36\,\text{dBm}$) und $\sigma^2 = -100\,\text{dBm}$ gearbeitet. Beides sind typische Werte für mobile Kommunikationssysteme [LWN02]. Die Sendeleistung ist dabei so angesetzt, dass eine *Down-* und *Uplink*-Kommunikation möglich wäre. Begrenzendes Element ist hierbei i.d.R. die Maximalleistung des mobilen Terminals [TS 05], [TS 08].

Insbesondere für Nutzer am Zellrand, d.h. Nutzer mit einer großen Entfernung zur BS, wird die maximal zur Verfügung stehende Sendeleistung $P_{\text{T,max}}$ der BS nicht ausreichen, um das notwendige SNR bzw. SNIR und somit die Kapazität $C_k(k_s) = C_{\text{opt}}$ für jeden Nutzer zu gewährleisten. Die Ausfallrate, d.h. die Fälle in denen $C_k(k_s) < C_{\text{opt}}$ ist, hängt direkt von der gewünschten Datenrate der Nutzer C_{opt} ab. Bei den nachfolgenden Systembetrachtungen werden deshalb zwei Arbeitspunkte betrachtet: $C_{\text{opt}} = 3\,\text{bit/s/Hz}$ und $C_{\text{opt}} = 5\,\text{bit/s/Hz}$. Die Arbeitspunkte wurden so gewählt, dass für die betrachteten Szenarien und Übertragungsverfahren bereits erste Ausfälle auftreten und somit mögliche Unterschiede zwischen dem deterministischen und dem geometrisch-stochastischen Mehrnutzer-MIMO-Kanalmodell sowie den betrachteten Übertragungsverfahren sichtbar werden. Ergänzende Untersuchungsergebnisse für eine Datenrate von $C_{\text{opt}} = 2\,\text{bit/s/Hz}$ sind in den Arbeiten [Por05b], [FPW06b], [FPW06a], [FPW07] zu finden.

Beurteilungskriterium Exposition:

Das deterministische Kanalmodell bietet gegenüber dem geometrisch-stochastischen Mehrnutzer-MIMO-Kanalmodell die Möglichkeit der flächigen Prognose der Feldstärke, der Empfangsleistung und der Exposition im betrachteten Ausbreitungsgebiet. Die Exposition entspricht der Strahlungsleistungsdichte S. Geht man von einer SISO-*Downlink*-Übertragung zwischen der p-ten Sektorantenne und dem k-ten Nutzer aus, so ergibt sich die Exposition $S_k^{\text{SISO}}(x, y, z, k_s)$ in einem beliebigen Punkt $P(x, y, z)$ des Ausbreitungsgebiets über das

Verhältnis:

$$S_k^{\text{SISO}}(x, y, z, k_{\text{s}}) = \frac{P_{\text{R},k}^{\text{SISO}}(x, y, z, k_{\text{s}})}{A_{\text{wi}}} = P_{\text{R},k}(x, y, z, k_{\text{s}}) \frac{4\pi}{\lambda^2 G_{\text{R}}} \tag{7.2}$$

A_{wi} gibt dabei die effektive Antennenwirkfläche der Empfangsantenne, G_{R} den dazugehörigen Gewinn und $P_{\text{R},k}^{\text{SISO}}(x, y, z, k_{\text{s}})$ die Empfangsleistung in $\text{P}(x, y, z)$ an. Als Empfangsantenne wird zur Berechnung der Exposition, unabhängig vom betrachteten Übertragungsverfahren, eine ideal vertikal polarisierte isotrope Antenne angenommen. Der Antennengewinn in (7.2) beträgt somit $G_{\text{R}} = 0\,\text{dBi}$ und die Antennenwirkfläche $A_{\text{wi}} = 17,9\,\text{cm}^2$ bei $f_{\text{HF}} = 2\,\text{GHz}$. Die Empfangsleistung im Punkt $\text{P}(x, y, z, k_{\text{s}})$ hängt, wie bereits erwähnt, von der Sendeleistung $P_{\text{T},k}(k_{\text{s}})$ ab, welche benötigt wird, um Nutzer k zum Zeitpunkt k_{s} an seinem Aufenthaltsort mit C_{opt} zu versorgen.

Bild 7.19(a) zeigt für den BS-Standort 1M5, die eingezeichnete exemplarische Nutzerposition und das SISO-Referenzsystem die über (7.2) berechnete flächige Verteilung der Exposition. Die Sendeleistung der Basisstation 1M5 beträgt 20,24 dBm und die Empfangsleistung am Nutzer $-91,54\,\text{dBm}$. Die Kapazität des Nutzers beträgt $C_k = C_{\text{opt}} = 3\,\text{bit/s/Hz}$. Wie man erkennt, ist die Exposition in Hauptstrahlrichtung und für geringe Distanzen zur BS am höchsten. Durch die Bebauung ergeben sich zudem, wie bei der Empfangsleistung, örtliche Abschattungen. Die räumliche Verteilung der Exposition hängt deshalb maßgeblich von den Eigenschaften und der Ausrichtung der verwendeten Sektorantenne ab.

Für eine MIMO-Übertragung zwischen der p-ten MIMO-Sektorantenne und dem Nutzer k ergibt sich die Exposition $S_k^{\text{MIMO}}(x, y, z, k_{\text{s}})$ durch die Summe der Einzelexpositionen der bei der Übertragung verwendeten K Subkanäle:

$$S_k^{\text{MIMO}}(x, y, z, k_{\text{s}}) = \sum_{i=1}^{K} \frac{P_{\text{R},ii,k}^{\text{MIMO}}(x, y, z, k_{\text{s}})}{A_{\text{wi}}} = \sum_{i=1}^{K} P_{\text{R},ii,k}^{\text{MIMO}}(x, y, z, k_{\text{s}}) \frac{4\pi}{\lambda^2 G_{\text{R}}} \tag{7.3}$$

Als Empfangsantenne wird dabei, wie in (7.2), eine ideal vertikal polarisierte isotrope Antenne angenommen. Der Hochindex MIMO steht in (7.3) stellvertretend für die Übertragungsverfahren WF, BF, CTRP-SO und CTRP-BD. Bei *Margin Adaptive Waterfilling* können je nach SNR und Struktur der MIMO-Übertragungsmatrix bis zu vier Subkanäle zur Datenübertragung genutzt werden. Für die Übertragungsverfahren BF, CTRP-SO und CTRP-BD sei die Anzahl der nutzbaren Subkanäle pro Nutzer hingegen, wie bereits erwähnt, stets auf $K = 1$ beschränkt.

Äquivalent zu Bild 7.19(a) zeigt Bild 7.19(b) die sich aus (7.3) ergebende flächige Exposition für das *Beamforming* basierte MIMO-System. Die Sendeleistung der Basisstation 1M5 hat sich durch den *Beamforming*-Gewinn auf 12,29 dBm reduziert. Die Kapazität, mit welcher der Nutzer versorgt wird, beträgt weiterhin $C_{\text{opt}} = 3\,\text{bit/s/Hz}$. Durch die verringerte Sendeleistung fällt auch die Exposition fast immer geringer aus als bei SISO.

Eine Bewertung des Unterschiedes zwischen der Exposition im SISO- und der Exposition im MIMO-Fall ist durch das Verhältnis $\Delta S_k(x, y, z, k_{\text{s}})$ möglich:

$$\Delta S_k(x, y, z, k_{\text{s}}) = \frac{S_k^{\text{MIMO}}(x, y, z, k_{\text{s}})}{S_k^{\text{SISO}}(x, y, z, k_{\text{s}})} \tag{7.4}$$

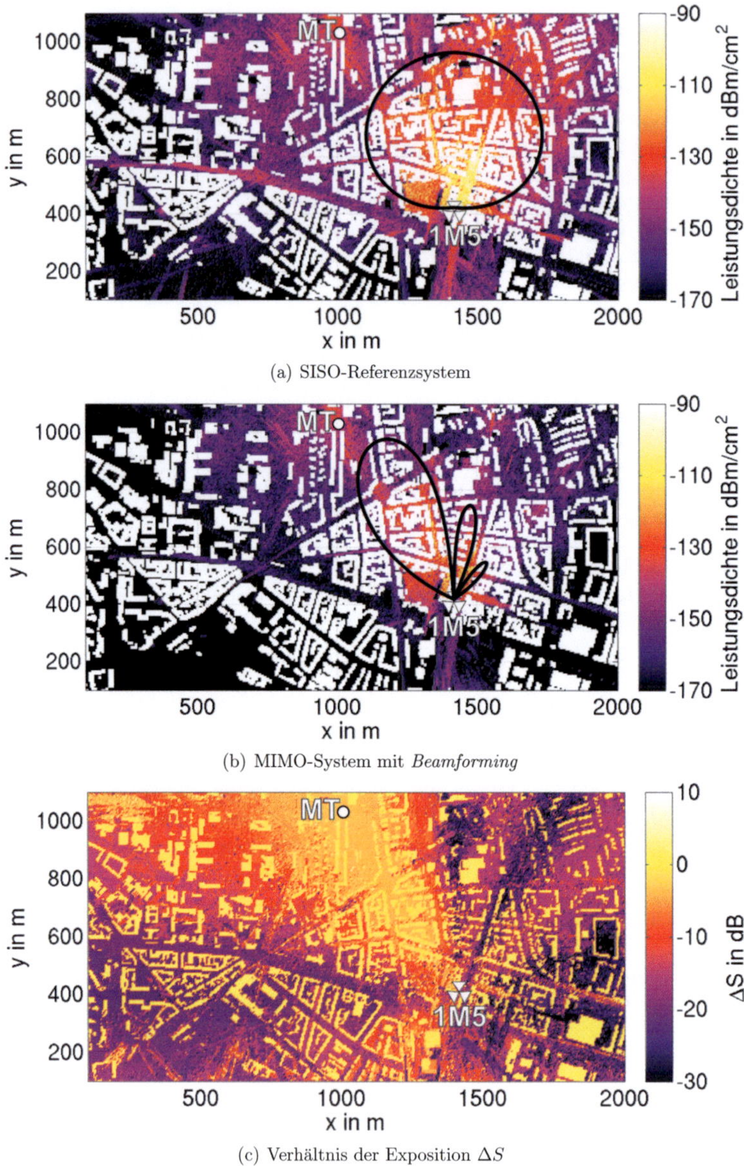

(a) SISO-Referenzsystem

(b) MIMO-System mit *Beamforming*

(c) Verhältnis der Exposition ΔS

Bild 7.19: Flächige Exposition (deterministisches Kanalmodell, $f_{\mathrm{HF}} = 2\,\mathrm{GHz}$ und $C_{\mathrm{opt}} = 3\,\mathrm{bit/s/Hz}$)

Die mit (7.4) berechnete flächige Verteilung von $\Delta S(x, y, z, k_\text{s})$ zwischen dem in Bild 7.19(b) gezeigten *Beamforming*-System und dem in Bild 7.19(a) dargestellten SISO-System verdeutlicht Bild 7.19(c). Innerhalb von Gebäuden liefert das deterministische Kanalmodell kein Berechnungsergebnis. Diesen Punkten ist in Bild 7.19(c) der Wert $\Delta S(x, y, z, k_\text{s}) = 0\,\text{dB}$ zugewiesen. Eine Bewertung der Statistik von $\Delta S_k(x, y, z, k_\text{s})$ ist über die Verteilungsfunktion möglich. Die sich aus Bild 7.19(c) ergebende Verteilungsfunktion ist in Bild 7.20 gezeigt. Abtastpunkte innerhalb von Gebäuden gehen dabei nicht in die CDF ein. Aus der CDF ist ersichtlich, dass im betrachteten Szenario in 99,2 % der Fälle die Exposition beim Einsatz von *Beamforming* unterhalb der SISO-Exposition liegt. Der über alle Punkte berechnete Mittelwert des Verhältnisses der Exposition beträgt $\overline{\Delta S} = -14{,}4\,\text{dB}$.

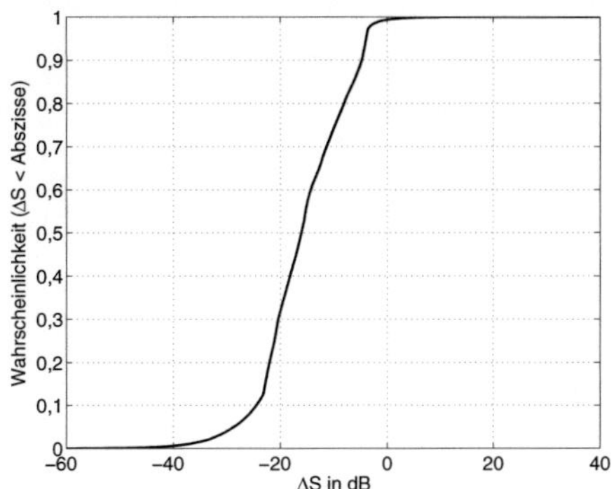

Bild 7.20: Verteilungsfunktion der Werte von ΔS, berechnet aus Bild 7.19(c) (deterministisches Kanalmodell, $f_\text{HF} = 2\,\text{GHz}$, $C_\text{opt} = 3\,\text{bit/s/Hz}$)

Legt man, wie es bei den nachfolgenden Systembetrachtungen der Fall ist, eine Bewegung des Nutzers zugrunde, so richtet sich die *Beamforming*-Richtcharakteristik zu jedem Zeitpunkt k_s neu auf den sich zeitlich verändernden Mobilfunkkanal aus. Dies bedeutet, dass dann auch die Exposition im Szenario zeitlichen Schwankungen unterliegt.

7.5.2 Ergebnisse der Mehrnutzer-MIMO-Simulationen

In diesem Abschnitt werden die Ergebnisse der Mehrnutzer-MIMO-Simulationen des strahlenoptischen und des geometrisch-stochastischen Mehrnutzer-MIMO-Kanalmodells vorgestellt und diskutiert. Dabei wird ausführlich auf den Arbeitspunkt $C_\text{opt} = 3\,\text{bit/s/Hz}$ eingegangen. Die Ergebnisse für den Arbeitspunkt $C_\text{opt} = 5\,\text{bit/s/Hz}$ sind in Anhang A.6 dargestellt.

Analyse der Kapazität:
Bild 7.21 zeigt die Verteilungsfunktion der *Downlink*-Kapazität für die in Tabelle 7.11 aufgelisteten Übertragungsverfahren. Die oberen Bilder gehen der Reihe nach auf die Ergebnisse der RT-Kanaldaten für $S_\gamma = 1$, 0,7 und 0,1 ein. Die unteren Bilder zeigen die korrespondierenden Ergebnisse der GSCM-Kanaldaten. Die Ordinate gibt die Wahrscheinlichkeit an, mit der die

Kapazität zur Versorgung eines Nutzers unterhalb des Wertes der Abszisse liegt. Ziel der BS ist es, für jeden Nutzer $C_{\mathrm{opt}} = 3\,\mathrm{bit/s/Hz}$ zu erreichen. Der jeweilige Punkt der CDF bei $3\,\mathrm{bit/s/Hz}$ gibt somit die Ausfallrate der Nutzer an, d.h. die Wahrscheinlichkeit $P\,(C < C_{\mathrm{opt}})$, mit der ein Nutzer nur mit einer Kapazität $C_k < C_{\mathrm{opt}}$ versorgt werden kann. Die Wahrscheinlichkeit für zufriedene Nutzer ergibt sich aus $P\,(C = C_{\mathrm{opt}}) = 1 - P\,(C < C_{\mathrm{opt}})$.

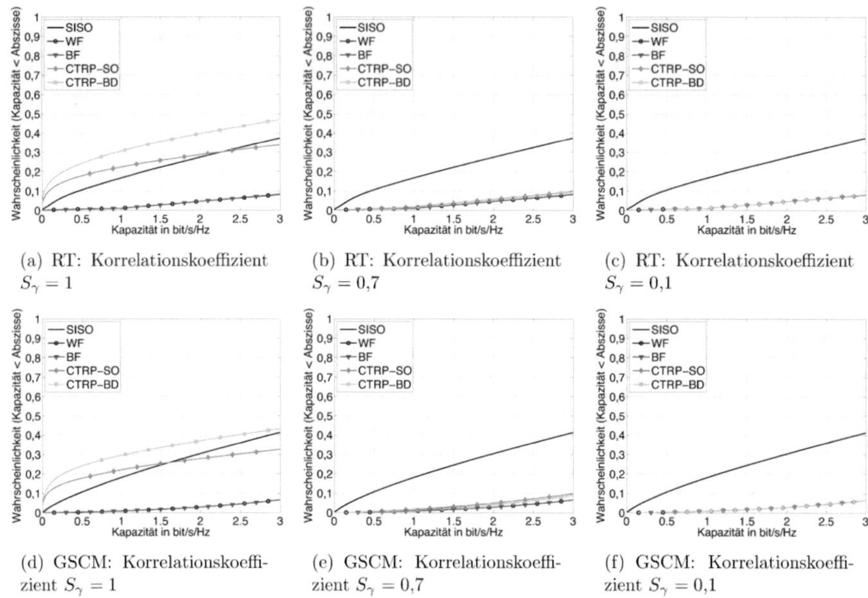

(a) RT: Korrelationskoeffizient $S_\gamma = 1$

(b) RT: Korrelationskoeffizient $S_\gamma = 0{,}7$

(c) RT: Korrelationskoeffizient $S_\gamma = 0{,}1$

(d) GSCM: Korrelationskoeffizient $S_\gamma = 1$

(e) GSCM: Korrelationskoeffizient $S_\gamma = 0{,}7$

(f) GSCM: Korrelationskoeffizient $S_\gamma = 0{,}1$

Bild 7.21: Verteilungsfunktion der Kapazität (oben: RT-MIMO-Daten, unten: GSCM-MIMO-Daten, MIMO-Antennenanordnung Nr. 6, $f_{\mathrm{HF}} = 2\,\mathrm{GHz}$, $C_{\mathrm{opt}} = 3\,\mathrm{bit/s/Hz}$)

Die Verläufe der CDF des SISO-Referenzsystems, des *Beamforming*-System und des MIMO-Systems mit *Margin Adaptive Waterfilling* sind unabhängig von S_γ, da sie nicht auf den Gruppierungsalgorithmus zurückgreifen. Der Verlauf der CDF in den oberen (unteren) drei Bildern ist somit identisch.

Bei SISO und *Ray Tracing* gelingt es der BS in 62,93 % der Fälle, die Nutzer mit C_{opt} zu versorgen. Im Fall von Beamforming bzw. *Margin Adaptive Waterfilling* steigt die Wahrscheinlichkeit für das Erreichen von C_{opt} bei *Ray Tracing* auf 91,75 % bzw. 91,89 %. Ein deutlicher Vorteil des wesentlich aufwendigeren *Waterfilling*-Verfahrens in Bezug auf die Ausfallrate ist aufgrund der relativ niederen geforderten Kapazität C_{opt} nicht zu erkennen.

Das neue GSCM (vgl. Bilder 7.21(d) - 7.21(f)) gibt den Verlauf der CDF der RT-Daten (vgl. Bilder 7.21(a) - 7.21(c)) sehr gut wieder. Die Wahrscheinlichkeit für das Erreichen von C_{opt} ist für SISO, BF und WF mit 59,00 %, 93,52 % und 93,56 % in der gleichen Größenordnung wie bei *Ray Tracing*. Bedenkt man die zahlreichen Faktoren (z.B. Struktur der MIMO-Übertragungsmatrix, Verteilung der Nutzer, Orientierung, Verteilung und Länge der Straßen, Dämpfung der Übertragungskanäle, etc.), welche die Statistik der Kapazität beeinflussen, so ist die Übereinstimmung als sehr gut zu bewerten.

Für die Mehrnutzer-MIMO-Übertragungsverfahren CTRP-SO und CTRP-BD steigt die Wahrscheinlichkeit von unzufriedenen Nutzern mit steigendem Wert von S_γ. Wie im nächsten Paragraphen gezeigt, liegt dies an folgendem Zusammenhang: je größer S_γ, desto höher ist die zugelassenen Korrelation zwischen den Übertragungskanälen der Nutzer einer Gruppe, höher ist die Anzahl von Nutzern pro Gruppe und desto schwieriger fällt es den Verfahren CTRP-SO und CTRP-BD die Nutzer zu versorgen.

Auswirkung der Anzahl von Nutzern pro Gruppe auf die Kapazität bei CTRP-SO und CTRP-BD:
Die Wahrscheinlichkeit der Anzahl von Nutzern pro Gruppe in Abhängigkeit von S_γ und dem verwendeten Kanalmodell ist in Bild 7.22 gezeigt. Normalerweise würde man erwarten, dass für $S_\gamma = 1$ nach (3.55) stets vier Nutzer einer Gruppe zugeteilt werden. Da die Anzahl von Nutzern pro Sektor jedoch in den meisten Fällen kein Vielfaches von vier ist, entstehen, wie in den Bildern 7.22(a) und 7.22(d) deutlich wird, unterbesetzte Gruppen mit einer Nutzerzahl kleiner vier.

Bild 7.23 stellt ergänzend die sich aus den Wahrscheinlichkeiten ergebende mittlere Anzahl von Nutzern pro Gruppe dar. Bei RT sinkt die mittlere Anzahl von Nutzern pro Gruppe mit sinkendem Wert von S_γ von 3,66 über 1,91 auf 1,26. Das GSCM gibt dieses Verhalten gut wieder. Dies lässt darauf schließen, dass es die in Abschnitt 1.4 geforderten Punkte nach der zeitlichen und räumlichen Korrelation des Mobilfunkkanals sowie nach der örtlichen Beziehung der Übertragungskanäle einzelner Nutzer gut erfüllt.

Bezüglich der Wahrscheinlichkeit zur Versorgung der Nutzer mit C_{opt} schneidet das CTRP-SO-Verfahren bei hoher Korrelation zwischen den Nutzern (d.h. $S_\gamma = 1$) leicht besser ab als das CTRP-BD-Verfahren. Für die beiden anderen Werte von S_γ sind jedoch bei Verwendung von CTRP-BD mehr Nutzer zufrieden. Zudem schneiden die Mehrnutzer-MIMO-Verfahren bei hoher Korrelation schlechter ab als SISO. Der Grund für diese Ergebnisse liegt in der Berechnungsweise der Modulationsmatrix und der *Beamforming*-Vektoren zur Versorgung der jeweiligen Nutzer (vgl. (3.41) und (3.47) bzw. (3.44) und (3.51)). Beim CTRP-BD-Verfahren muss die Modulationsmatrix $\underline{\mathbf{M}}_k$ stets im Nullraum der modifizierten MIMO-Übertragungsmatrizen der anderen Nutzer der Gruppe liegen. Dies bedeutet, dass im Fall von stark korrelierten modifizierten MIMO-Übertragungsmatrizen zweier Nutzer, diese Nutzer praktisch nicht versorgt werden können. Denn die *Beamforming*-Richtcharakteristik der BS zur Versorgung der beiden Nutzer muss beim CTRP-BD-Verfahren im gegenseitigen Nullraum liegen und deckt somit keine wesentlichen Ausbreitungspfade mehr ab. Um dennoch eine gewisse Kapazität zu erreichen, erhöht die BS die jeweilige Leistung $P_{\mathrm{T},k}(k_{\mathrm{s}})$. Ein anschauliches Beispiel hierzu ist in der Arbeit [Por05b] zu finden. Unter der Voraussetzung einer ausreichend hohen Sendeleistung kann die BS beim CTRP-SO-Verfahren, wie in Abschnitt 3.2.4 gezeigt, zumindest den zuerst prozessierten Nutzer mit C_{opt} versorgen. Je geringer die Korrelationsschwelle S_γ ist, desto besser wird die Performanz von CTRP-BD gegenüber CTRP-SO.

Die genauen Werte von $P\left(C = C_{\mathrm{opt}}\right)$ in % für die RT- und GSCM-Kanaldaten sind in Anhang A.6 in Tabelle A.9 aufgelistet. Tabelle A.9 fasst zudem die Werte aller Bewertungsgrößen und aller betrachteten Übertragungsverfahren bei $C_{\mathrm{opt}} = 3\,\mathrm{bit/s/Hz}$ zusammen.

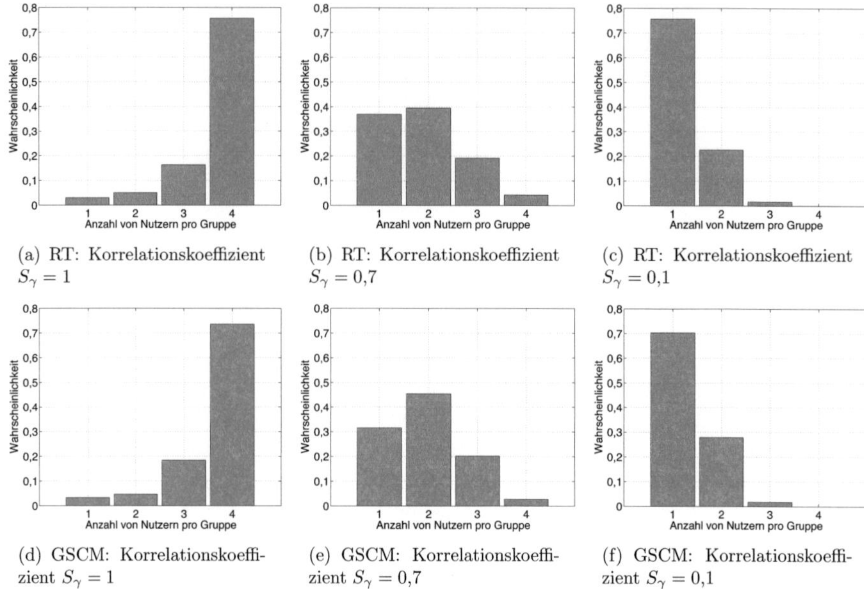

(a) RT: Korrelationskoeffizient $S_\gamma = 1$

(b) RT: Korrelationskoeffizient $S_\gamma = 0{,}7$

(c) RT: Korrelationskoeffizient $S_\gamma = 0{,}1$

(d) GSCM: Korrelationskoeffizient $S_\gamma = 1$

(e) GSCM: Korrelationskoeffizient $S_\gamma = 0{,}7$

(f) GSCM: Korrelationskoeffizient $S_\gamma = 0{,}1$

Bild 7.22: Wahrscheinlichkeit der Anzahl von Nutzern pro Gruppe (oben: RT-MIMO-Daten, unten: GSCM-MIMO-Daten, MIMO-Antennenanordnung Nr. 6, $f_{\mathrm{HF}} = 2\,\mathrm{GHz}$)

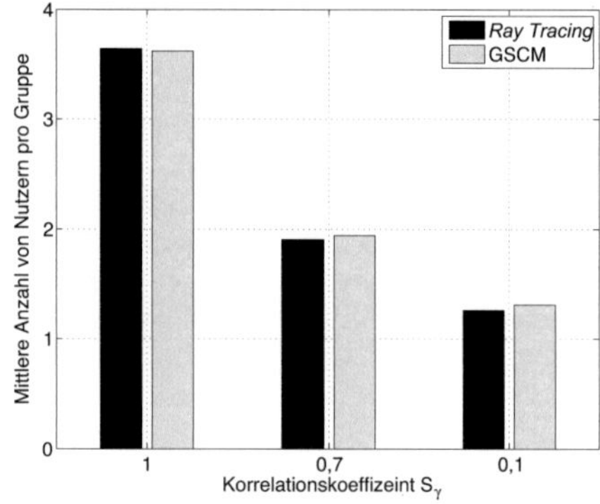

Bild 7.23: Mittlere Anzahl von Nutzern pro Gruppe in Abhängigkeit vom Korrelationskoeffizienten S_γ (RT-MIMO-Daten und GSCM-MIMO-Daten, MIMO-Antennenanordnung Nr. 6)

Analyse der Sendeleistung:
Als nächstes Bewertungskriterium zeigt Bild 7.24 die Verteilungsfunktion der Sendeleistung P_T, welche die BS zur Versorgung der Nutzer einsetzt. Auch hier geht die obere Bilderreihe auf die Ergebnisse der RT-Daten und die untere Bilderreihe auf die Ergebnisse der GSCM-Daten ein. Der jeweilige Punkt der CDF bei 36 dBm gibt die Wahrscheinlichkeit an, mit der die BS unterhalb der maximal erlaubten Leistung pro Nutzer von $P_\mathrm{T,max}$ sendet. Tritt bei der Versorgung eines Nutzers der Fall $P_{\mathrm{T},k}(k_\mathrm{s}) = P_\mathrm{T,max}$ auf, kann die BS die vom Nutzer geforderte Kapazität von 3 bit/s/Hz nicht befriedigen.

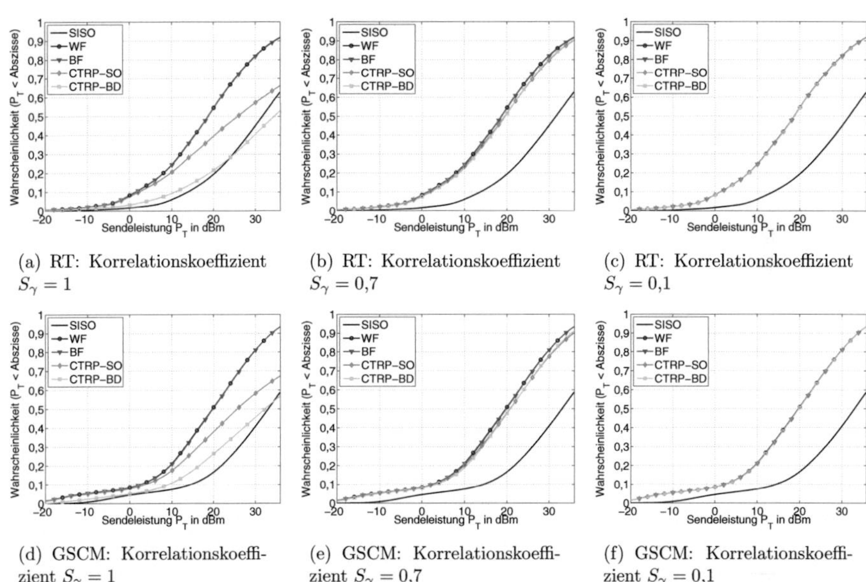

(a) RT: Korrelationskoeffizient $S_\gamma = 1$

(b) RT: Korrelationskoeffizient $S_\gamma = 0{,}7$

(c) RT: Korrelationskoeffizient $S_\gamma = 0{,}1$

(d) GSCM: Korrelationskoeffizient $S_\gamma = 1$

(e) GSCM: Korrelationskoeffizient $S_\gamma = 0{,}7$

(f) GSCM: Korrelationskoeffizient $S_\gamma = 0{,}1$

Bild 7.24: Verteilungsfunktion der Sendeleistung P_T (oben: RT-MIMO-Daten, unten: GSCM-MIMO-Daten, MIMO-Antennenanordnung Nr. 6, $f_\mathrm{HF} = 2\,\mathrm{GHz}$, $C_\mathrm{opt} = 3\,\mathrm{bit/s/Hz}$)

Die sich aus den Bildern ergebenden Wahrscheinlichkeiten $P\,(P_\mathrm{T} = P_\mathrm{T,max})$ in % für die betrachteten Übertragungsverfahren, die drei Werte von S_γ und die beiden Kanalmodelle sind in Tabelle A.9 zusammengefasst.

Wie bei der Kapazität, ist für SISO, BF und WF die Wahrscheinlichkeit $P\,(P_\mathrm{T} = P_\mathrm{T,max})$ unabhängig von S_γ. Da für einen Nutzer nur dann $C_k < C_\mathrm{opt}$ ist, wenn nicht genügend Sendeleistung zur Verfügung steht, d.h. $P_{\mathrm{T},k} = P_\mathrm{T,max}$ ist, gilt zudem $(P\,(C = C_\mathrm{opt}) + P\,(P_\mathrm{T} = P_\mathrm{T,max})) \cdot 100\,\% \approx 100\,\%$ (vgl. Tabelle A.9).

Die Fälle $P_{\mathrm{T},k} = P_\mathrm{T,max}$ haben i.d.R. ihre Ursache in starken Abschattungseffekten in einzelnen Gebieten des Ausbreitungsszenarios. Nutzer, welche sich in diesen Gebieten aufhalten, weisen eine hohe Kanaldämpfung auf, weshalb die BS nicht in der Lage ist, für diese Nutzer die notwendige Sendeleistung und das notwendige SNR bzw. SNIR am Nutzer bereit zu stellen.

Es ist davon auszugehen, dass sich durch eine Berücksichtigung von weiteren BS-Standorten (z.B. der Standorte R79, 636 und G75 aus Bild 7.2) die Versorgungssituation der Nutzer verbessert und die Wahrscheinlichkeiten $P\left(C < C_{\mathrm{opt}}\right)$ und $P\left(P_{\mathrm{T}} = P_{\mathrm{T,max}}\right)$ geringer ausfallen werden.

Aus ökonomischen Gesichtspunkten ist es sinnvoll, möglichst wenig Sendeleistung zur Versorgung der Nutzer zu verbrauchen. Eine relative Bewertung des Verbrauchs an Sendeleistung der einzelnen Übertragungsverfahren ist über das Verhältnis

$$\Delta P_{\mathrm{T},k}(k_{\mathrm{s}}) = \frac{P_{\mathrm{T},k}^{\mathrm{MIMO}}(k_{\mathrm{s}})}{P_{\mathrm{T},k}^{\mathrm{SISO}}(k_{\mathrm{s}})} \tag{7.5}$$

möglich. Für $P_{\mathrm{T},k}^{\mathrm{MIMO}}(k_{\mathrm{s}})$ ist die Sendeleistung von WF, BF, CTRP-SO oder CTRP-BD einzusetzen. $P_{\mathrm{T},k}^{\mathrm{SISO}}(k_{\mathrm{s}})$ gibt die Sendeleistung des SISO-Referenzsystems für Nutzer k und Schnappschuss k_{s} an.

Die sich für die betrachteten Übertragungsverfahren und die beiden Kanalmodelle ergebenden Verteilungsfunktionen von ΔP_{T} sind in Bild 7.25 gezeigt. Das GSCM bildet das Verhalten der *Ray Tracing* Kanaldaten sehr gut nach. Der charakteristische rechte untere Knickpunkt der einzelnen CDF bei $\Delta P_{\mathrm{T}} = 0\,\mathrm{dB}$ gibt diejenige Wahrscheinlichkeit an, mit der die Sendeleistung durch den Einsatz des betrachteten Übertragungsverfahrens geringer ist als bei SISO.

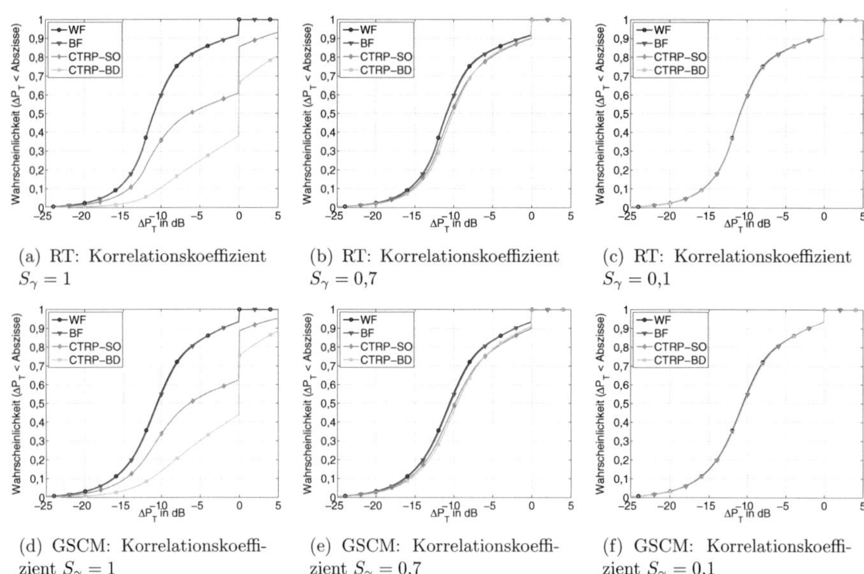

(a) RT: Korrelationskoeffizient $S_\gamma = 1$

(b) RT: Korrelationskoeffizient $S_\gamma = 0{,}7$

(c) RT: Korrelationskoeffizient $S_\gamma = 0{,}1$

(d) GSCM: Korrelationskoeffizient $S_\gamma = 1$

(e) GSCM: Korrelationskoeffizient $S_\gamma = 0{,}7$

(f) GSCM: Korrelationskoeffizient $S_\gamma = 0{,}1$

Bild 7.25: Verteilungsfunktion von $\Delta P_{\mathrm{T}} = P_{\mathrm{T,MIMO}}/P_{\mathrm{T,SISO}}$ (oben: RT-MIMO-Daten, unten: GSCM-MIMO-Daten, MIMO-Antennenanordnung Nr. 6, $f_{\mathrm{HF}} = 2\,\mathrm{GHz}$, $C_{\mathrm{opt}} = 3\,\mathrm{bit/s/Hz}$)

Alle Mehrantennen-Übertragungsverfahren erreichen bei der betrachteten Kapazität von 3 bit/s/Hz gegenüber dem SISO-Referenzsystem eine erhebliche Senkung der Sendeleistung. Das mittlere Verhältnis der Sendeleistung $\overline{\Delta P_\mathrm{T}}$ ist in Tabelle A.9 für die betrachteten Übertragungsverfahren und Kanalmodelle in Axbhängigkeit von S_γ angegeben. Bei *Ray Tracing* und für die beiden Übertragungsverfahren WF und BF beträgt $\overline{\Delta P_\mathrm{T}}$ für WF $-10{,}17\,\mathrm{dB}$ und für BF $-10{,}11\,\mathrm{dB}$. Das GSCM prognostiziert mit $-10{,}15\,\mathrm{dB}$ und $-10{,}07\,\mathrm{dB}$ fast identische Werte.

Bei den Mehrnutzer-MIMO-Übertragungsverfahren CTRP-SO und CTRP-BD hängt die mögliche Senkung der Sendeleistung, ebenso wie die bereits diskutierte Ausfallrate der Nutzer $P\,(C < C_\mathrm{opt})$, von der zugelassenen Korrelation zwischen den Übertragungskanälen der Nutzer einer Gruppe ab. Ist die zugelassene Korrelation hoch ($S_\gamma = 1$), werden zwar im Mittel viele Nutzer einer Gruppe zugeteilt (vgl. Bild 7.22), jedoch gelingt es den Verfahren CTRP-SO und CTRP-BD nicht diese optimal mit C_opt zu versorgen. Beim CTRP-BD-Verfahren sind die *Beamforming*-Richtcharakteristiken aufgrund der Korrelation der Nutzer stets nur suboptimal auf die Richtungen der Mehrwegepfade ausgerichtet. Deshalb benötigt die BS zum Erreichen des notwendigen SNIRs bzw. der gewünschten Datenrate teilweise mehr Sendeleistung als bei SISO. Beim CTRP-SO-Verfahren steigt das Interferenzniveau durch die hohe Korrelation der Nutzer an (vgl. Bedingung (3.47) und Gleichung (3.48)), was sich in einem hohen SNR bemerkbar macht (vgl. Tabelle A.9).

Für $S_\gamma = 0{,}7$ benötigen die Übertragungsverfahren CTRP-SO und CTRP-BD im Mittel bei *Ray Tracing* $9{,}51\,\mathrm{dB}$ und $9{,}36\,\mathrm{dB}$ weniger Sendeleistung als das SISO-Referenzsystem, bei gleichzeitiger Verbesserung der Zuverlässigkeit der Datenrate um $27{,}37\,\%$ und $27{,}60\,\%$. Die vom GSCM prognostizierten Werte liegen auch hier wieder, wie aus Tabelle A.9 ersichtlich, in der gleichen Größenordnung. Möchte man eine noch höhere Zuverlässigkeit der Mehrnutzer-MIMO-Übertragungsverfahren erreichen, muss mit kleinerem S_γ gearbeitet werden. Dann werden allerdings auch weniger Nutzer zeitgleich und auf gleicher Frequenz versorgt, wodurch mehr Ressourcen (Zeit- und/oder Frequenzschlitze) belegt werden.

Analyse der Exposition

Bild 7.26 zeigt die Verteilungsfunktion des Verhältnisses der Exposition ΔS für die betrachteten Übertragungsverfahren und die Korrelationskoeffizienten $S_\gamma = 1, 0{,}7$ und $0{,}1$. Die zugrunde gelegten Werte von $\Delta S_k(x,y,z)$ stammen aus den Kanaldaten des deterministischen Kanalmodells, wobei (7.4) für jedes Szenario, jeden Nutzer, jede Nutzerposition und jeden Punkt $\mathrm{P}(x,y,z)$ im Szenario anzuwenden ist.

Wie man erkennt, senken alle Mehrantennen-Übertragungsverfahren gegenüber SISO die Exposition. Für $S_\gamma = 1$ ist die Expositionssenkung für die Mehrnutzer-MIMO-Übertragungsverfahren teilweise höher als für die Übertragungsverfahren WF und BF. Je geringer ΔS, desto eher verhalten sich die Verfahren CTRP-SO und CTRP-BD wie *Beamforming*.

Der Vergleich des Expositionsquotienten ΔS mit dem korrespondierenden Verhältnis der Sendeleistung ΔP_T zeigt, dass eine Senkung der Sendeleistung um einen gewissen Betrag, aufgrund der Mehrwegeausbreitung und der *Beamforming*-Richtcharakteristik, nicht zwangsläufig eine identische Senkung der Exposition zur Folge hat.

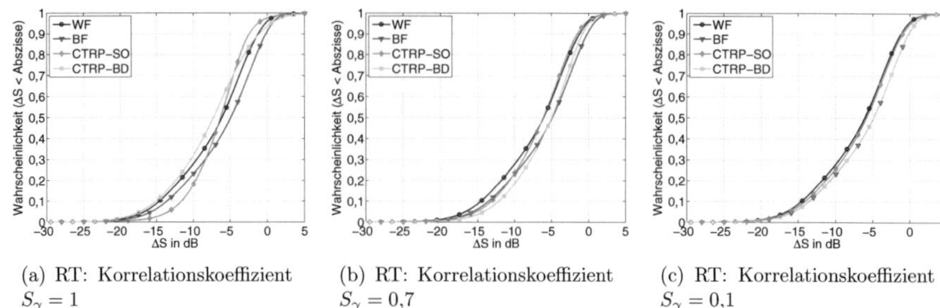

(a) RT: Korrelationskoeffizient $S_\gamma = 1$

(b) RT: Korrelationskoeffizient $S_\gamma = 0{,}7$

(c) RT: Korrelationskoeffizient $S_\gamma = 0{,}1$

Bild 7.26: Verteilungsfunktion des Expositionsquotienten ΔS (deterministisches Kanalmodell, MIMO-Antennenanordnung Nr. 6, $f_{\mathrm{HF}} = 2\,\mathrm{GHz}$, $C_{\mathrm{opt}} = 3\,\mathrm{bit/s/Hz}$)

Der sich in Abhängigkeit von S_γ aus den *Ray Tracing* Daten ergebende mittlere Expositionsquotient $\overline{\Delta S}$ ist in Tabelle A.9 für die betrachteten Übertragungsverfahren angegeben. Mit WF und BF erreicht man die Werte $\overline{\Delta S} = -5{,}87\,\mathrm{dB}$ und $-5{,}73\,\mathrm{dB}$. Bei $S_\gamma = 0{,}7$ und den Verfahren CTRP-SO und CTRP-BD liegt der mittlere Expositionsquotient $\overline{\Delta S}$ bei $-6{,}52\,\mathrm{dB}$ und $-5{,}50\,\mathrm{dB}$.

7.6 Zusammenfassung und Fazit

Im ersten Teil dieses Kapitels wurde das neue geometrisch-stochastische Mehrnutzer-MIMO-Kanalmodell anhand von umfangreichen *Ray Tracing* Simulationen bei einer Frequenz von 2 GHz verifiziert. Dabei wurde zunächst das qualitative zeitvariante, frequenz- und richtungsselektive sowie das polarimetrische Verhalten des geometrisch-stochastischen Mehrnutzer-MIMO-Kanalmodells analysiert. Hierzu wurde eine charakteristische makrozellulare Ausbreitungssituation zwischen einer BS und zwei hintereinander herfahrenden Nutzern betrachtet. Der Vergleich der verschiedenen Kanalkenngrößen und -funktionen zeigte, dass die Funkkanäle der Nutzer entlang der gleichen Streckenabschnitte identisch sind. Somit erfüllt erstmals ein geometrisch-stochastisches Kanalmodell die in Abschnitt 1.4 genannten Kriterien der zeitlichen Veränderung der zeitlichen und räumlichen Korrelation der Funkkanäle einzelner Nutzer in einem urbanen Ausbreitungsgebiet. Im nächsten Schritt wurde das Gesamtverhalten des geometrisch-stochastischen Mehrnutzer-MIMO-Kanalmodells anhand von umfangreichen *Ray Tracing* Simulationen für verschiedene BS-Standorte im Szenario der Innenstadt Karlsruhe verifiziert. Durch die Analyse der Verteilungsfunktionen der Kenngrößen Impulsverbreiterung, Winkelspreizung, Leistungskorrelation und Kapazität konnte dem GSCM eine sehr hohe Genauigkeit nachgewiesen werden. Es hat sich herausgestellt, dass die Kapazität mit und ohne Kanalkenntnis am Sender vom geometrisch-stochastischen Mehrnutzer-MIMO-Kanalmodell gegenüber *Ray Tracing* leicht überschätzt wird. Aufgrund der in Abschnitt 4.3.6.3 nachgewiesenen leichten Unterschätzung der Kapazität seitens des *Ray Tracing* Modells, ist dies jedoch eher als positiv zu bewerten.

Im zweiten Teil des Kapitels wurden erstmals Ergebnisse von Mehrnutzer-MIMO-Simulationen auf Basis des geometrisch-stochastischen Mehrnutzer-MIMO-Kanalmodells und des *Ray*

Tracing Modells dargestellt, verglichen und ausführlich diskutiert (siehe auch Anhang A.6). Hierbei wurde für zehn verschiedene Szenarien mit jeweils einer BS und 50 Nutzern das statistische Verhalten der Mehrantennen-Übertragungsverfahren *Beamforming*, *Margin-Adaptive Waterfilling*, CTRP-SO und CTRP-BD analysiert. Es wurde gezeigt,

- dass alle Mehrantennen-Übertragungsverfahren die Zuverlässigkeit bezüglich der Datenrate im Vergleich zu einem SISO-Referenzsystem steigern, bei gleichzeitiger Verringerung der Sendeleistung und der Exposition.

- wie sich die Mehrnutzer-MIMO-Übertragungsverfahren CTRP-SO und CTRP-BD in Abhängigkeit von der erlaubten Korrelation S_γ zwischen Nutzern einer Nutzergruppe unter realen urbanen Ausbreitungsbedingungen verhalten.

- dass für eine gewünschte Datenrate von 3 bit/s/Hz und einem Korrelationskoeffizienten von $S_\gamma = 0{,}7$ die Übertragungsverfahren CTRP-SO und CTRP-BD im Mittel 1,9 Nutzer pro Gruppe versorgen können, bei einer annähernd hohen Systemperformanz wie die Übertragungsverfahren WF und BF. Dies bedeutet, dass im Vergleich zu heutigen Systemen ohne SDMA die Anzahl an versorgbaren Nutzern pro Zelle fast verdoppelt werden kann, bei gleichem Verbrauch der Ressourcen Zeit und Frequenz.

Der in diesem Kapitel durchgeführte Vergleich der Performanz der beiden Kanalmodelle hinsichtlich der betrachteten Bewertungskriterien verdeutlichte, dass das neue geometrisch-stochastische Mehrnutzer-MIMO-Kanalmodell das zeitvariante, frequenz- und richtungsselektive Kanalverhalten in urbanen Szenarien realistisch prognostiziert und somit für den Einsatz in Mehrnutzer-MIMO-Systemsimulationen geeignet ist. Entscheidender Vorteil des neuen GSCM liegt in der signifikant geringeren Rechenzeit gegenüber dem strahlenoptischen Kanalmodell.

Kapitel 8

Zusammenfassung

Drahtlose Kommunikationssysteme haben sich in den letzten zwei Jahrzehnten als eines der wichtigsten Hilfsmittel zum Austausch von Information, Wissen und Daten durchgesetzt. Gleichzeitig entwickelten sich mobile Endgeräte nach und nach von reinen Kommunikationsmitteln zu mobilen Büros und multimedialen Unterhaltungszentren. Ein über die Jahre rasanter Anstieg der Datenrate und der Netzlast sind die Folge. Mehrantennensysteme besitzen die Fähigkeit, die Datenrate pro Nutzer sowie die Zuverlässigkeit und die Robustheit der drahtlosen Datenverbindung zu erhöhen. Im Fall von Mehrnutzer-MIMO ist man außerdem in der Lage, parallel mit mehreren Nutzern ohne zusätzliche Trennung in Frequenz oder Zeit zu kommunizieren und so Ressource zu sparen. MIMO stellt somit eine Schlüsseltechnologie dar, mit deren Hilfe trotz des erhöhten Datenaufkommens eine störungsfreie, hochbitratige Versorgung der Nutzer und eine Steigerung des Datendurchsatzes der Zelle möglich wird.

Die Entwicklung dieser Technik erfolgt dabei fast ausschließlich auf Basis von Computersimulationen. Um die Performanz der Mehrnutzer-MIMO-Technik beurteilen zu können, ist eine realitätsnahe Modellierung des Ausbreitungskanals in der Simulationskette erforderlich. Das Funkkanalmodell muss Effekte wie die Zeitvarianz, Frequenz- und Richtungsselektivität des MIMO-Kanals genau beschreiben. Zur Beurteilung von Mehrnutzer-MIMO-Verfahren benötigt das Modell zudem die Fähigkeit, räumlich und zeitlich korrelierte und sich zeitlich verändernde Nutz- und Interferenzsignale generieren zu können. Bisherige Arbeiten zur Modellierung des MIMO-Übertragungskanals liefern hierzu nur unzureichende Ergebnisse. In den meisten Fällen sind diese Modelle lediglich in der Lage, den Punkt-zu-Punkt MIMO-Kanal zwischen einem Sender und einem Empfänger zu beschreiben.

Aus diesem Mangel entstand die vorliegende Arbeit. Sie betrachtet die umfassende Modellierung des Mehrnutzer-MIMO-Übertragungskanals. Dabei konzentriert sie sich auf den makrozellularen urbanen Mobilfunkkanal, da hier bereits heute Kapazitätsengpässe vorhanden sind, welche durch die Verwendung von Mehrnutzer-MIMO verringert werden können. Als prinzipiell zur Mehrnutzer-MIMO-Kanalmodellierung geeignet, wurden sowohl der strahlenoptische (*Ray Tracing*) als auch der geometrisch-stochastische Ansatz identifiziert, da beide pfadbasiert arbeiten und die Mehrwegeausbreitung auf Grundlage eines Umgebungsmodells berechnen. Bisher stand bei den *Ray Tracing* Modellen eine umfassende Verifikation hinsichtlich MIMO in urbanen Gebieten allerdings noch aus. Verfügbare geometrisch-stochastische Kanalmodelle liefern unzureichende Ergebnisse bei der Beschreibung von zeitlich und räumlich korrelierten Nutz- und Interferenzsignalen.

Innerhalb dieser Arbeit wurden deshalb erstmals:

- ein strahlenoptisches Kanalmodell anhand von breitbandigen SISO-, SIMO- und MIMO-Messungen des Übertragungskanals bei 2 und 5,2 GHz umfassend verifiziert. Der Vergleich mit messungsbasierten Daten des RIMAX-Parameterschätzers hat gezeigt, dass die in strahlenoptischen Modellen implementierten Streumodelle i.d.R. diffuse Streuung leicht unterschätzen. Die Folgen dieser Ungenauigkeit für die Prognose der Kanalkenngrößen und der MIMO-Performanz wurden deutlich gemacht.

- eine Methodik zur Erfassung, Extraktion und Charakterisierung von Streu-*Clustern* aus deterministischen Simulationen vorgestellt. Anhand dieser wurde eine umfassende Analyse zu den Ausbreitungseffekten lokaler, Straßenschlucht- und entfernter Streu-*Cluster* in urbanen Makrozellen durchgeführt.

- anhand der Streu-*Cluster*-Analyse ein dreidimensionales, vollpolarimetrisches, breitbandiges und mehrnutzerfähiges geometrisch-stochastisches MIMO-Kanalmodell für urbane Makrozellen entwickelt und mittels umfangreicher Simulationen mit dem strahlenoptischen Kanalmodell verifiziert.

- die exemplarische Anwendung des strahlenoptischen und des geometrisch-stochastischen Kanalmodells in Mehrnutzer-MIMO-Systemsimulationen demonstriert und grundlegende Untersuchungen zur Performanz von Mehrnutzer-MIMO unter realistischen Kanalbedingungen durchgeführt.

Die Untersuchungen zum strahlenoptischen Kanalmodell zeigen, dass dieses trotz der leichten Unterschätzung von diffuser Streuung eine sehr genaue Prognose des zeitvarianten, frequenz- und richtungsselektiven Verhaltens des Funkkanals liefert. Obwohl Kapazität und Diversitätskoeffizient von *Ray Tracing* leicht unterschätzt und Leistungskorrelation an Sender und Empfänger leicht überschätzt werden, macht der Vergleich mit dem Schätzergebnis des RIMAX-Algorithmus deutlich, dass diese Unsicherheit für übliche MIMO-Antennenanordnungen relativ gering ausfällt. Strahlenoptische Kanalmodelle können deshalb zur Mehrnutzer-MIMO-Kanalsimulation eingesetzt werden. Nachteilig sind jedoch ihr enormer Rechenaufwand und ihre hohe Komplexität, insbesondere für Systeme mit vielen Nutzern.

Bezüglich Rechenaufwand und Komplexität sind geometrisch-stochastische Kanalmodelle entscheidend im Vorteil. Sie ermitteln die Mehrwegeausbreitung auf Basis eines stochastisch generierten Streuszenarios. Eine komplexe Pfadsuche, wie sie in strahlenoptischen Modellen aufgrund des 3D Modells der realen Ausbreitungsumgebung erforderlich ist, fällt somit weg. Zudem kann auf die aufwändigen geometrisch-optischen Ausbreitungsmodelle durch die Reduktion auf Streu-*Cluster* und ihre Streuer verzichtet werden. Die Schwierigkeit der geometrisch-stochastischen Kanalbeschreibung liegt jedoch in der Abbildung des Ausbreitungsverhaltens der Mehrwegepfade auf Streu-*Cluster* und in der Bestimmung ihrer Parameter und Auftrittswahrscheinlichkeiten. Deshalb wurde im Rahmen dieser Arbeit ein Algorithmus zur automatischen Identifikation und Extraktion von Streu-*Clustern* auf Basis von *Ray Tracing* Simulationen entwickelt und implementiert. Der Algorithmus klassifiziert die Pfade anhand ihrer Pfadwinkel (DoD, DoA) und Laufzeit in BS- und MT-Streu-*Cluster*. Durch eine nachträgliche geometrische Zuordnung der Pfadpunkte erster Interaktion aus Sicht der BS in die drei Streuregionen lokaler, Straßenschlucht- und entfernter Streu-*Cluster* ist eine reproduzierbare Beschreibung dieser Ausbreitungseffekte möglich. Die Algorithmen erlauben eine automatische Parameterextraktion für neue Umgebungen und andere Frequenzen. Im Unterschied zu einer auf Messungen basierenden Streu-*Cluster*-Analyse ermöglicht der Einsatz von *Ray Tracing* Simulationen die Ermittlung einer beliebig großen Stichprobe bei noch vertretbarem zeitlichen Aufwand.

Auf Basis der Streu-*Cluster*-Analyse wurde ein neuartiges, dreidimensionales, vollpolarimetrisches geometrisch-stochastisches Mehrnutzer-MIMO-Kanalmodell entwickelt. Das Gesamtmodell besteht im Wesentlichen aus drei Teilen: einem Mobilitätsmodell, mehreren Verfahren zur stochastischen Generierung der Streuumgebung und einem Modell zur Berechnung der relevanten Mehrwegepfade. Die Teilnehmerbewegung sowie die Streuumgebung wird im Rahmen einer Vorprozessierung festgelegt. Insbesondere zum Verhalten und zur Modellierung der in der Streuumgebung berücksichtigten Ausbreitungseffekte lokaler, Straßenschlucht- und entfernter Streu-*Cluster* liefert diese Arbeit neue Ansätze und Kenntnisse. Durch die Verbindung zwischen den Streu-*Cluster*-Modellen, einem Modell der Sichtverbindung und einem Verfahren zur Berechnung der mittleren Pfaddämpfung ist das Gesamtmodell erstmals in der Lage, den Mehrnutzer-MIMO-Übertragungskanal in urbanen Makrozellen vollständig zu beschreiben. Der Vergleich mit dem strahlenoptischen Kanalmodell zeigt, dass es eine hohe Qualität in Bezug auf die Wiedergabe von Zeitvarianz, Frequenz- und Richtungsselektivität sowohl bei LOS- als auch bei NLOS-Bedingung und in Bezug auf die Leistungskorrelation erreicht. Bezüglich der wichtigsten Verifikationsgröße – der Kapazität – überschätzt das geometrisch-stochastische Mehrnutzer-MIMO-Kanalmodell das von *Ray Tracing* gezeigte Verhalten leicht. Dies ist jedoch in Anbetracht der nachgewiesenen leichten Unterschätzung der Kapazität seitens des strahlenoptischen Kanalmodells eher als positiv zu bewerten. Die Verwendung einer stochastisch angelegten Streuumgebung hat sich als sehr nützlich erwiesen, da hierdurch inhärent die für Mehrnutzer-MIMO-Systeme geforderte räumliche und zeitliche Korrelation der Nutz- und Interferenzsignale für sich bewegende Nutzer gegeben ist.

Abschließend wurde die Anwendung des strahlenoptischen und des geometrisch-stochastischen Kanalmodells in Mehrnutzer-MIMO-Systemsimulationen demonstriert. Die Untersuchungen zeigen:

- dass das geometrisch-stochastische Mehrnutzer-MIMO-Kanalmodell für den Einsatz in Mehrnutzer-MIMO-Systemsimulationen hervorragend geeignet ist, da es das Verhalten von *Ray tracing* sehr gut wiedergibt, bei einer wesentlich geringen Rechenzeit.

- dass die Übertragungsverfahren CTRP-SO oder CTFP-BD in einer urbanen Makrozelle zur simultanen Versorgung von Nutzern einer Gruppe ohne zusätzliche Trennung in Frequenz und Zeit geeignet sind.

- dass die Nutzung von Mehrantennen- oder Mehrnutzer-MIMO-Übertragungsverfahren typischerweise zu einer Verringerung der Exposition und Erhöhung der Robustheit der Datenverbindung im Vergleich zu SISO führt.

Damit wurde in dieser Arbeit erstmals ein umfassendes Modell für den Mehrnutzer-MIMO-Übertragungskanal in urbanen Gebieten vorgestellt und erfolgreich eingesetzt. Das Modell bietet eine fundierte Grundlage zur Entwicklung und Optimierung von Mehrnutzer-MIMO-Übertragungssystemen zukünftiger urbaner Funkkommunikationssysteme.

Anhang

A.1 Waterfilling-Algorithmus

Ziel des *Waterfilling*-Algorithmus ist es, die zur Verfügung stehende Sendeleistung P_T so auf die Subkanäle zu verteilen, dass eine optimale räumliche Multiplex-Übertragung erreicht wird. Hierbei ist es nicht ausgeschlossen, dass stark gedämpfte Subkanäle keine Leistung zugewiesen bekommen. Die Anzahl $i = 1, ..., K$ der verfügbaren Subkanäle ist gegeben durch $K = \min\{M, N, R\}$, d.h. dem Minimum aus der Anzahl der Sendeantennen M, Empfangsantennen N und dem Rang der MIMO-Übertragungsmatrix $\underline{\mathbf{H}}$. Die Leistung p_{ii} des i-ten Subkanals lässt sich berechnen aus:

$$p_{ii} = \left(\Theta - \frac{1}{\lambda_{ii}}\right)^{+} \qquad \text{unter der Bedingung} \qquad \sum_{i=1}^{K} p_{ii} \leqslant P_\mathrm{T} \tag{A.1}$$

Der Ausdruck $(\cdot)^{+}$ liefert Null wenn sein Argument negativ ist. Die Konstante Θ beschreibt den „Wasserspiegel"(engl. *waterfill-powerlevel*) und verdeutlicht, dass die Summe aus Leistung p_{ii} und Subkanaldämpfung $1/\lambda_{ii}$ für alle Subkanäle gleich ist. Die Bestimmung von Θ kann mithilfe des *Rate-Adaptive Waterfilling-* oder des *Margin-Adaptive Waterfilling*-Verfahrens erfolgen [Cio02]. Deren Funktionsweise wird im Folgenden kurz beschrieben.

Rate-Adaptive Waterfilling:
Ziel des *Rate-Adaptive Waterfilling*-Verfahrens ist es, eine Leistungsverteilung zu ermitteln, welche die Rate, d.h. die Kapazität in (3.15) maximiert. Unter Verwendung der Lagrangschen Multiplikationsregel kann das Optimierungsproblem auf ein lineares Gleichungssystem mit $K+1$ Gleichungen und ebenso vielen Unbekannten überführt werden:

$$\begin{aligned}
p_{11} + 1/\lambda_{11} &= \Theta \\
p_{22} + 1/\lambda_{22} &= \Theta \\
&\vdots \\
p_{KK} + 1/\lambda_{KK} &= \Theta \\
p_{11} + p_{22} + \ldots + p_{KK} &= P_\mathrm{T}
\end{aligned} \tag{A.2}$$

Die Lösung des Gleichungssystems erfolgt mithilfe des folgenden iterativen Algorithmus. Die Variable s stellt dabei eine Hilfsvariable dar.

1. Setze $s = K$

2. Berechne den "Wasserspiegel" Θ:

$$\Theta = \frac{1}{s}\left(P_T + \sum_{i=1}^{s}\frac{1}{\lambda_{ii}}\right)$$

3. Teste: $\quad p_{ss} = \Theta - 1/\lambda_{ss} < 0$
   Wenn ja, setze $p_{ss} = 0$, verringere s um 1 und gehe zu Schritt 2 zurück; ansonsten zu Schritt 4.

4. Berechne die Leistung der Subkanäle: $\quad p_{ii} = \Theta - \dfrac{1}{\lambda_{ii}} \qquad \forall i = 1,\ldots,s$

Margin-Adaptive Waterfilling:

Das *Margin-Adaptive Waterfilling*-Verfahren hat zum Ziel, eine geforderte Datenrate im Sinne der Kapazität C aus (3.15) bei minimaler Sendeleistung P_T zu erreichen:

$$P_T = \min_C \sum_{i=1}^{K} p_{ii} \qquad \text{unter der Bedingung} \qquad C = \sum_{i=1}^{K} \log_2\left(1 + p_{ii}\lambda_{ii}\right) \tag{A.3}$$

Mit $p_{ii} = \Theta - 1/\lambda_{ii}$ erhält man den Kapazitätsausdruck:

$$C = \sum_{i=1}^{K} \log_2\left(\Theta \cdot \lambda_{ii}\right) = \log_2\left(\prod_{i=1}^{K} \Theta \cdot \lambda_{ii}\right) = \log_2\left(\Theta^K \cdot \prod_{i=1}^{K} \lambda_{ii}\right) \tag{A.4}$$

(A.4) aufgelöst auf Θ ergibt den "Wasserspiegel":

$$\Theta = \left(\frac{2^C}{\prod_{i=1}^{K}\lambda_{ii}}\right)^{1/K} \tag{A.5}$$

Der folgende iterative Algorithmus bestimmt die minimale Sendeleistung mit der die geforderte Kapazität erreicht wird:

1. Setze $s = K$

2. Berechne den "Wasserspiegel" Θ:

$$\Theta = \left(\frac{2^C}{\prod_{i=1}^{K}\lambda_{ii}}\right)^{1/K} \tag{A.6}$$

3. Teste: $\quad p_{ss} = \Theta - 1/\lambda_{ss} < 0$
   Wenn ja, setze $p_{ss} = 0$, verringere s um 1 und gehe zu Schritt 2 zurück; ansonsten zu Schritt 4.

4. Berechne die Leistung der Subkanäle: $\quad p_{ii} = \Theta - \dfrac{1}{\lambda_{ii}} \qquad \forall i = 1,\ldots,s$

A.2 Materialparameter der Objekte im Umgebungsmodell der Stadt Karlsruhe

Alle verwendeten Materialparameter für das *Ray Tracing* Umgebungsmodell der Stadt Karlsruhe sind in Tabelle A.1 aufgelistet. Die elektromagnetischen Eigenschaften der Objekte sind anhand ihrer Materialkenngrößen, d.h. der relativen Permittivität $\underline{\varepsilon}_{r,ges}$ und der Permeabilität μ_r, beschrieben.

Tabelle A.1: Materialparameter des Umgebungsmodell der Stadt Karlsruhe bei 2 GHz und 5,2 GHz

	f [GHz]	$\varepsilon_{r,ges}$	σ_h[mm]	R	$(S_{ss} = S_{pp}; S_{sp} = S_{ps})$	Quelle
Straße, Asphalt	2	$5 - j0{,}1$	0,4	–	–	[Did00],
	5,2	$5 - j0{,}1$	0,4	–	–	[Sch98]
Gebäude, Beton	2	$5 - j0{,}1$	1	0,6	$(0{,}4; 0{,}2)$	[DEGd$^+$04],
	5,2	$5 - j0{,}1$	1	0,6	$(0{,}4; 0{,}2)$	[DEFVF07]
Vegetation	2	–	–	0	$(0{,}15; 0{,}075)$	[UD89]
	5,2	–	–	0	$(0{,}16; 0{,}08)$	

Bei allen Materialien wird davon ausgegangen, dass ihre magnetischen Eigenschaften vernachlässigt werden können, d.h. $\mu_r = 1$. Als Material für Häuser und Straßen wird Beton bzw. Asphalt angesetzt. Messungen belegen, dass die relative Permittivität beider Materialien für den im Mobilfunk relevanten Frequenzbereich als konstant angesetzt werden kann [UBD$^+$90], [Did00]. Für die Berechnung der Reflexion an schwach rauen Oberflächen werden modifizierte Fresnel-Reflexionsfaktoren eingesetzt. Der Parameter σ_h beschreibt dabei die Standardabweichung der Höhenvariation und ist frequenzunabhängig. Die Oberflächenrauigkeit von Gebäuden wird etwas höher als die des Straßenbelags angesetzt [Sch98].

Im Fall von stark rauen Oberflächen, wie z.B. bei Vegetation oder bei Gebäuden mit vielen Unregelmäßigkeiten in der Objektstruktur, ist das Modell der modifizierten Fresnel-Reflexionsfaktoren unzureichend. In diesem Fall verwendet das strahlenoptische Ausbreitungsmodell ein Streumodell zur Berechnung der Pfadleistung (vgl. [DEGd$^+$04], [Mau05], [FMKW06b], [DEFVF07] und Abschnitt 4.1.2). Zur Ermittlung des Gesamtstreuverhaltens eines Objektes teilt das Streumodell die Oberfläche des Objektes in gleich große quadratische Flächenelemente auf. Die einzuhaltenden Bedingungen zur Bestimmung der Elementgröße sind in [Mau05] ausführlich beschrieben. Die gewählte Kantenlänge beträgt 1 m bei Gebäuden und 0,8 m bei Bäumen. Jedes einzelne Flächenelement besitzt eine Streucharakteristik und liefert einen inkohärent gestreuten, kohärent gestreuten und transmittierten Feldstärkeanteil. Der tansmittierte Feldstärkeanteil spielt zwar für die Betrachtung der Gesamtleistung eine Rolle (Leistungserhaltung), wird jedoch vom Streumodell nicht explizit verwertet. Der Betrag des inkohärent gestreuten Feldes wird mittels einer polarimetrischen RCS-Matrix bzw. der daraus resultierenden polarimetrischen Streufaktormatrix $\mathbf{S}$ mit den Elementen $(S_{ss}; S_{sp}; S_{ps}; S_{pp})$ eingestellt.[1] Zusätzlich ist es möglich die Form der Streucharakteristik eines Flächenelementes, mithilfe der Parameter α_1, α_2 und β an das reale Streuverhalten des Objektes anzupassen.

---

[1] Der Index s steht für senkrechte- und der Index p für parallele Polarisation

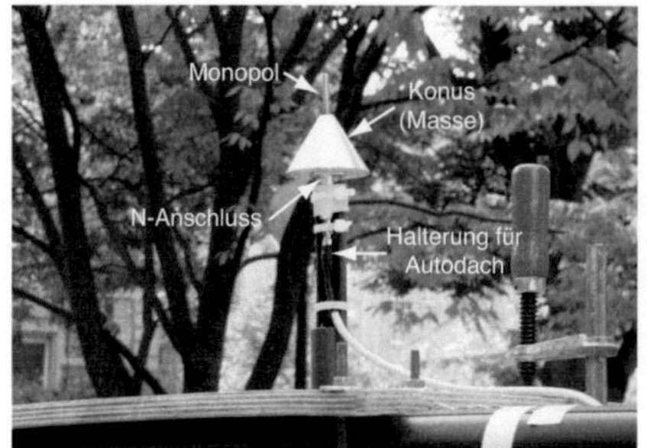

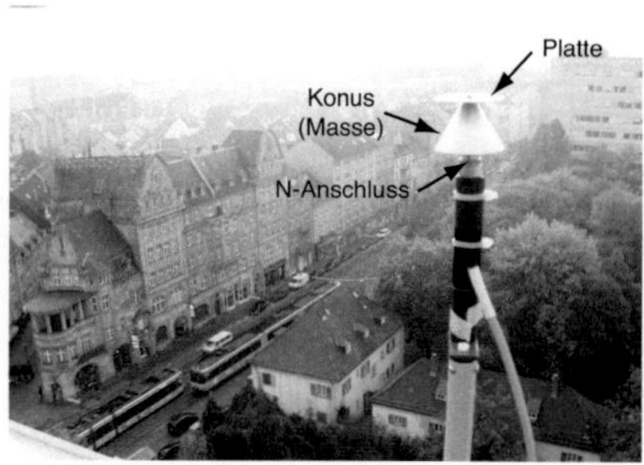

(a) Sender: Konus-Antenne auf Autodach

(b) Empfänger: gedrehte Konus-Antenne auf Hochhaus

Bild A.1: Szenario SISO-1: Aufbau der Konus-Antenne (Sendeantenne) und der gedrehten Konus-Antenne (Empfangsantenne)

Die Streucharakteristik von Vegetation wird mithilfe des Lambert'schen Cosinusgesetzes modelliert, wobei das Maximum der Charakteristik immer Richtung des Normalenvektors der Streufläche zeigt. Die hierfür im *Ray Tracing* Modell anzusetzenden Parameter sind $\alpha_1 = 1$, $\alpha_2 = -1$, $\beta = 0$. Das Maximum der Streucharakteristik von Gebäuden zeigt hingegen in Reflexionsrichtung. Dieser Effekt kann mithilfe der Erweiterung nach [DEFVF07] erreicht werden. Die entsprechenden Parameter im *Ray Tracing* Modell sind $\alpha_1 = -1$, $\alpha_2 = 2$, $\beta = 0$. Die Intensität der kohärenten Streuung wird über den sog. Rayleigh-Faktor R gesteuert [FMKW06b]. Für Vegetation wird reine inkohärente Streuung angesetzt, d.h. $R = 0$ ($\varepsilon_{r,ges}$ und σ_h sind nicht mehr relevant). Die Werte von **S** für Vegetation sind aus [UD89] entnommen und geben das Rückstreuverhalten von oben beleuchteten Baumkronen wieder. In erster Näherung können diese jedoch auch für das Streuverhalten dichter Bäume von der Seite angesetzt werden. Für Gebäude mit stark rauen Oberflächen, bzw. vielen kleinen Strukturen, sind die Werte für **S** und R aus [DEGd$^+$04], [DEFVF07] entnommen.

A.3 Beschreibung der Messantennen

Für die Verifikation des deterministischen Kanalmodells in Kapitel 4 wurden verschiedene spezielle Messantennen verwendet. Deren Aufbau und charakteristische Parameter (z.B. Gewinn und Richtcharakteristik) werden im Folgenden, getrennt nach den Messreihen, beschrieben.

SISO-Messreihe:

Bild A.1 zeigt den Aufbau und die Richtcharakteristik der verwendeten Messantennen für die SISO-Messreihe. Der Aufbau der Sendeantenne ist in Bild A.1(a) gezeigt. Es handelt sich um eine kombinierte Antenne aus einem vertikal polarisierten $\lambda/4$-Monopol und einem Konus als Masse. Die Speisung der Antenne erfolgt über einen N-Stecker. Der Monopol hat, von der Spitze des Konus gemessen, eine Höhe von 3 cm. Er ist durch den Konus durchgeführt und mit dem Innenleiter des N-Steckers verbunden. Die Höhe des Konus beträgt 4,1 cm. Der

Durchmesser verbreitert sich von 1,0 cm auf 6,0 cm. Von innen ist er mit Teflon gefüllt. Der Betrag der gemessenen Richtcharakteristik $|\vec{C}_{\mathrm{Mess}}|$ in der horizontalen Schnittebene (H-Ebene) für Ko- und Kreuzpolarisation ist in Bild A.2(a) und in der vertikalen Schnittebene (E-Ebene) in Bild A.2(b) gezeigt.

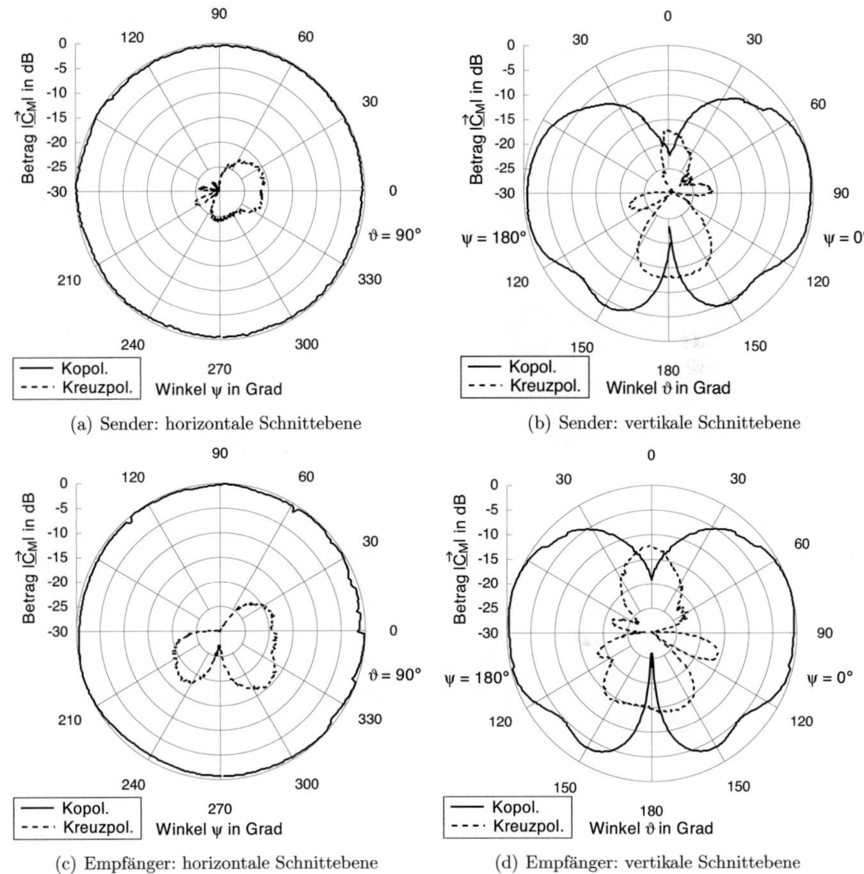

(a) Sender: horizontale Schnittebene

(b) Sender: vertikale Schnittebene

(c) Empfänger: horizontale Schnittebene

(d) Empfänger: vertikale Schnittebene

Bild A.2: SISO-Messreihe, Aufbau und Betrag der Richtcharakteristik $|\vec{C}_{\mathrm{Mess}}|$ der Konus-Antenne (Sendeantenne) und der gedrehten Konus-Antenne (Empfangsantenne), $f_{\mathrm{HF}} = 2\,\mathrm{GHz}$

$|\vec{C}_{\mathrm{Mess}}|$ ist in der H-Ebene, bedingt durch den rotationssymmetrischen Aufbau der Antenne, näherungsweise konstant. Das Maximum der Richtcharakteristik liegt bei $\vartheta = 78°$. Die 3 dB Halbwertsbreite in der E-Ebene beträgt $\theta_{3\mathrm{dB}} = 72°$. Der Gewinn der Sendeantenne beträgt etwa 4,4 dBi. Die Anpassung am Eingang der Antenne bei $f_{\mathrm{HF}} = 2\,\mathrm{GHz}$ hat einen Wert von $|S_{11}| = -8,5\,\mathrm{dB}$ und ist über den Frequenzbereich der Messung näherungsweise konstant.

Die Empfangsantenne ist ähnlich zur Sendeantenne aufgebaut, siehe Bild A.1(b). Als einzige Veränderung ist der Monopol gegen eine Platte mit einem Durchmesser von 6,0 cm ausgetauscht. Bild A.2(c) zeigt den Betrag der gemessenen zugehörigen Richtcharakteristik in der horizontalen Schnittebene (H-Ebene) für Ko- und Kreuzpolarisation und Bild A.2(d) in der vertikalen Schnittebene (E-Ebene). Das Maximum von $|\vec{\underline{C}}_{\text{Mess}}|$ liegt bei $\vartheta = 74°$. Die 3 dB Halbwertsbreite in der E-Ebene hat sich auf $\theta_{3\text{dB}} = 79°$ erhöht. Gewinn und Anpassung bei $f_{\text{HF}} = 2\,\text{GHz}$ sind $G = 3,6\,\text{dBi}$ und $|S_{11}| = -11,3\,\text{dB}$.

SIMO-Messreihe:

Für die SIMO-Messreihe wurde als Sendeantenne ein vertikal polarisierter $\lambda/4$-Monopol verwendet. Bild A.3(a) zeigt den montierten Monopol auf dem Senderfahrzeug. Der Monopol hat eine Höhe von 1,3 cm und verbreitert sich konisch von 3 mm auf einen Durchmesser von 7 mm. Die Grundplatte hat einen Durchmesser von 7,2 cm. Die Speisung der Antenne erfolgt über einen SMA Anschluss.

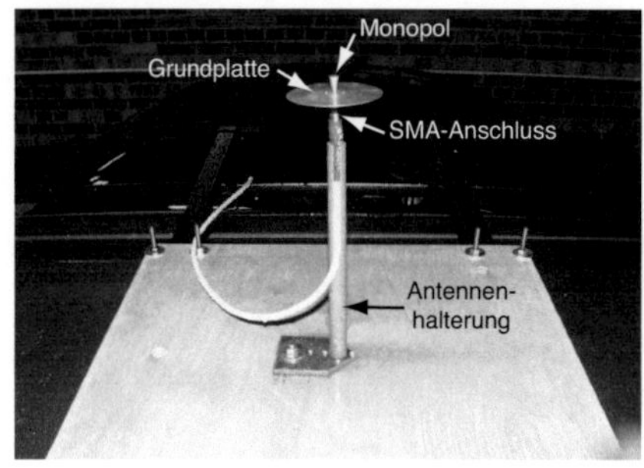

(a) Sender: $\lambda/4$-Monopol auf Autodach

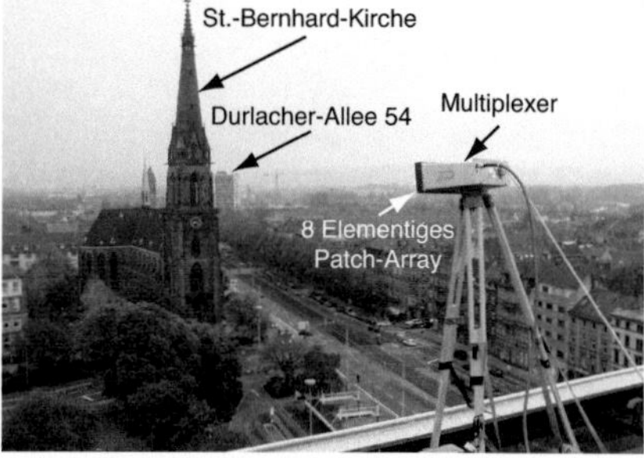

(b) Empfänger: PULA-16 auf Hochhaus

Bild A.3: SIMO-Messreihe, Aufbau der Sende- und der Empfangsantenne

Der Betrag der gemessenen Richtcharakteristik $|\vec{\underline{C}}_{\text{Mess}}|$ für Ko- und Kreuzpolarisation in der horizontalen und der vertikalen Schnittebene ist in Bild A.4(a) und Bild A.4(b) gezeigt. Das Maximum von $|\vec{\underline{C}}_{\text{Mess}}|$ ist in der vertikalen Schnittebene, aufgrund der Masseplatte, nach oben verschoben und liegt bei $\vartheta \approx 50°$. $|\vec{\underline{C}}_{\text{Mess}}|$ ist in der horizontalen Schnittebene ($\vartheta = 90°$), bedingt durch den rotationssymmetrischen Aufbau der Antenne, näherungsweise konstant. Die 3 dB Halbwertsbreite in der E-Ebene ist $\theta_{3\text{dB}} = 55°$. Der Gewinn der Antenne beträgt in etwa 3,7 dBi. Die Anpassung am Eingang der Antenne bei $f_{\text{HF}} = 5,2\,\text{GHz}$ hat einen Wert von $|S_{11}| = -16\,\text{dB}$ und ist über einen weiten Frequenzbereich von 4,0 GHz bis 6,5 GHz kleiner als $-10\,\text{dB}$.

Als Empfangsarray wurde ein dual polarisiertes lineares *Patch Array* (PULA: engl. *polarimetric uniform linear patch array*) eingesetzt. Es besteht aus 8 dual polarisierten *Patch*-Elementen, welche linear mit einem Abstand von $0,4943\lambda$ zueinander angeordnet sind. Die Gruppenantenne wird nachfolgend mit PULA-16 bezeichnet. Sie wurde speziell als Messantenne für das 5,2 GHz-ISM-Band entworfen, wobei Richtcharakteristik und Gewinn der einzelnen Elemente

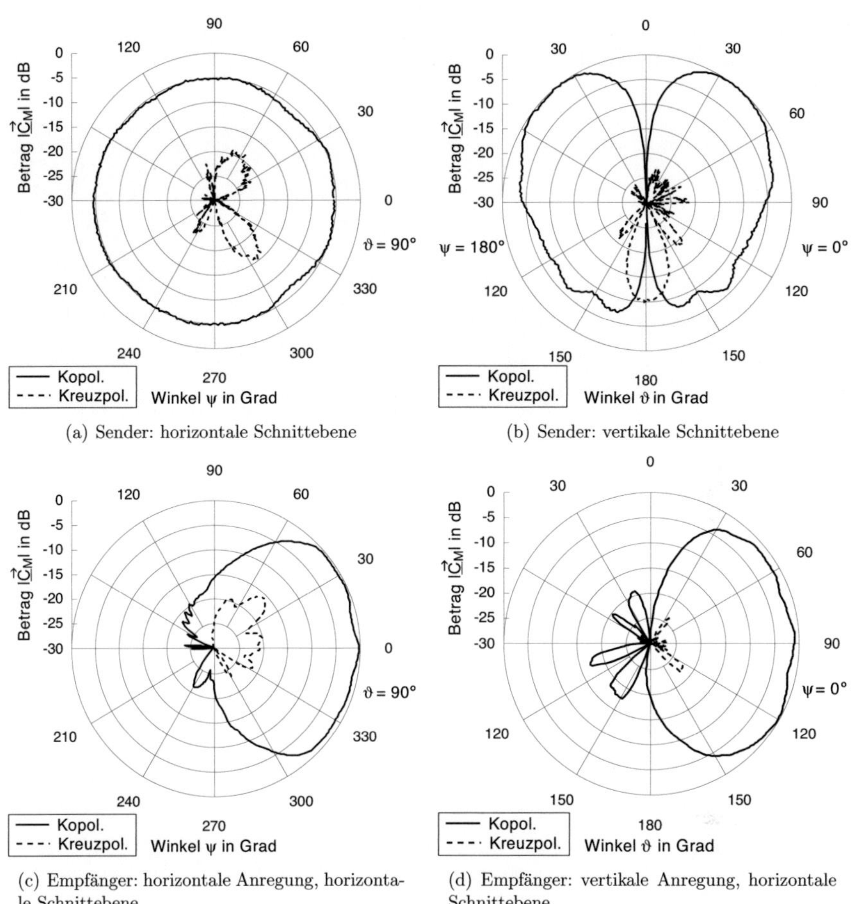

(a) Sender: horizontale Schnittebene

(b) Sender: vertikale Schnittebene

(c) Empfänger: horizontale Anregung, horizontale Schnittebene

(d) Empfänger: vertikale Anregung, horizontale Schnittebene

Bild A.4: SIMO-Messreihe, Betrag der Richtcharakteristik $|\vec{\underline{C}}_M|$ des $\lambda/4$-Monopols (Sendeantenne) und des PULA-16 (Empfangsantenne) bei $f_{\mathrm{HF}} = 5{,}2\,\mathrm{GHz}$

über die Messbandbreite von 120 MHz nahezu konstant sind. Bild A.3(b) zeigt den Aufbau der Antenne auf dem Hochhaus. Bild A.4(c) zeigt den gemessenen Betrag der Richtcharakteristik des ersten (von links) horizontal angeregten *Patch* Elementes in der Horizontalebene für die $f_{\mathrm{HF}} = 5{,}2\,\mathrm{GHz}$. Von der vertikalen Schnittebene liegen leider keine Messungen vor. Es kann jedoch in guter Näherung angenommen werden, dass sie der Richtcharakteristik der Horizontalebene entspricht. Bild A.4(d) stellt die Richtcharakteristik des vertikal angeregten *Patch* Elementes in der Horizontalebene dar. Auch hier wird angenommen, dass die Richtcharakteristik der vertikalen Schnittebene zur horizontalen identisch ist. Der mittlere Gewinn eines einzelnen *Patch*-Elements inkl. vorgeschaltetem Schalter beträgt ungefähr $-2{,}3\,\mathrm{dBi}$.

MIMO-Messreihe:

Für die MIMO-Messungen wurde sowohl am Sender- als auch am Empfänger ein spezielles hochauflösendes Antennenarray eingesetzt. Bild A.5 zeigt deren Aufbau.

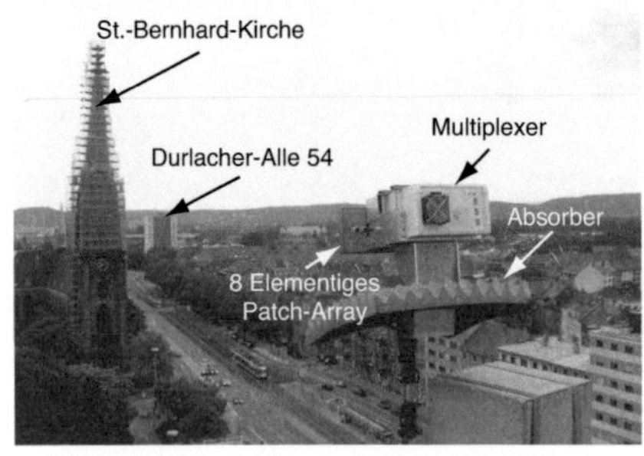

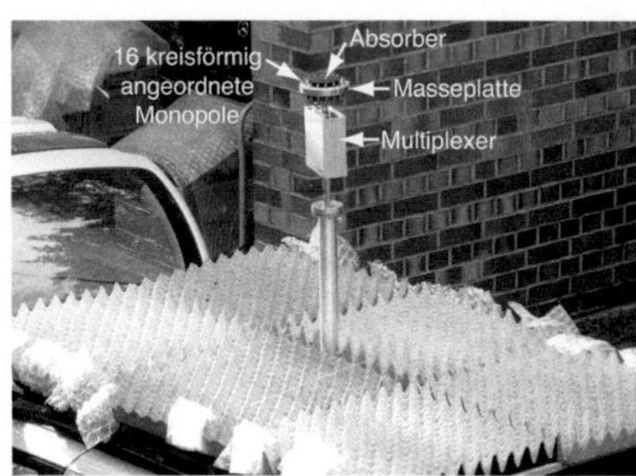

(a) Sender: PULA-16 auf Hochhaus   (b) Empfänger: UCA-16 auf Autodach

Bild A.5: MIMO-Messreihe: Übersicht über die verwendeten Messantennen

Als Sendearray diente ein zur SIMO-Empfangsantenne nahezu baugleiches, dual polarisiertes lineares *Patch Array* (PULA-16). Es besteht aus 8 dual polarisierten *Patch*-Elementen, welche linear mit einem Abstand von $0{,}4943\lambda$ zueinander angeordnet sind. Die Designfrequenz der Antenne liegt bei $5{,}2\,\text{GHz}$. Bild A.5(a) zeigt den Aufbau der Antenne. Bild A.6(a) und Bild A.6(b) zeigen den gemessenen Betrag der Richtcharakteristik des ersten (von links) horizontal angeregten *Patch* Elementes in der Horizontal- und der Vertikalebene für die Bandmittenfrequenz $f_{\text{HF}} = 5{,}2\,\text{GHz}$. Die entsprechenden Richtcharakteristika für vertikale Anregung sind in Bild A.6(c) und Bild A.6(d) dargestellt. Durch die Durchgangsdämpfung der Schalter reduziert sich der effektive Gewinn eines Elementes der PULA-16 Anordnung bei horizontaler bzw. vertikaler Anregung auf $-2{,}3\,\text{dBi}$.

Als Empfangsarray diente eine gleichförmig zirkulare Gruppenantenne (UCA: engl. *uniform circular array*) bestehend aus 16 kreisförmig angeordneten $\lambda/4$-Monopolen. Das Antennen-*Array* wird nachfolgend mit UCA-16 bezeichnet. Bild A.5(b) zeigt das montierte Antennen-*Array* auf dem Autodach des Empfängerfahrzeugs. Jeder der 16 Monopole ist vertikal polarisiert. Die Monopole sind über einer kreisförmigen metallischen Grundplatte mit einem Durchmesser von $10{,}85\,\text{cm}$ platziert. Um parasitäre Reflexionen zu verringern, ist der innere Bereich der Masseplatte durch einen Absorber abgedeckt. Die Empfangsspannung der einzelnen Antennenelemente wird nacheinander mithilfe von kaskadierten 2 W Multiplexern abgegriffen und an die Empfangseinheit des RUSK MIMO *Channel Sounders* weitergeleitet. Dieser befindet sich im inneren des Empfängerfahrzeugs. Bild A.7 zeigt die Richtcharakteristik für die Bandmittenfrequenz $f_{\text{HF}} = 5{,}2\,\text{GHz}$ in der horizontalen und der vertikalen Ebene (H- und E-Ebene) und für den Fall, dass der Schalter das erste Element abgreift (alle übrigen Elemente sind mit dem Bezugswellenwiderstand abgeschlossen).

Die Hauptstrahlrichtung der Richtcharakteristik für die Kopolarisation in der horizontalen Schnittebene zeigt in Richtung $\psi = 0°$. Da die benachbarten Antennen als Direktoren und Reflektoren wirken, unterscheiden sich Eingangsspannung, Richtcharakteristik und Gewinn des

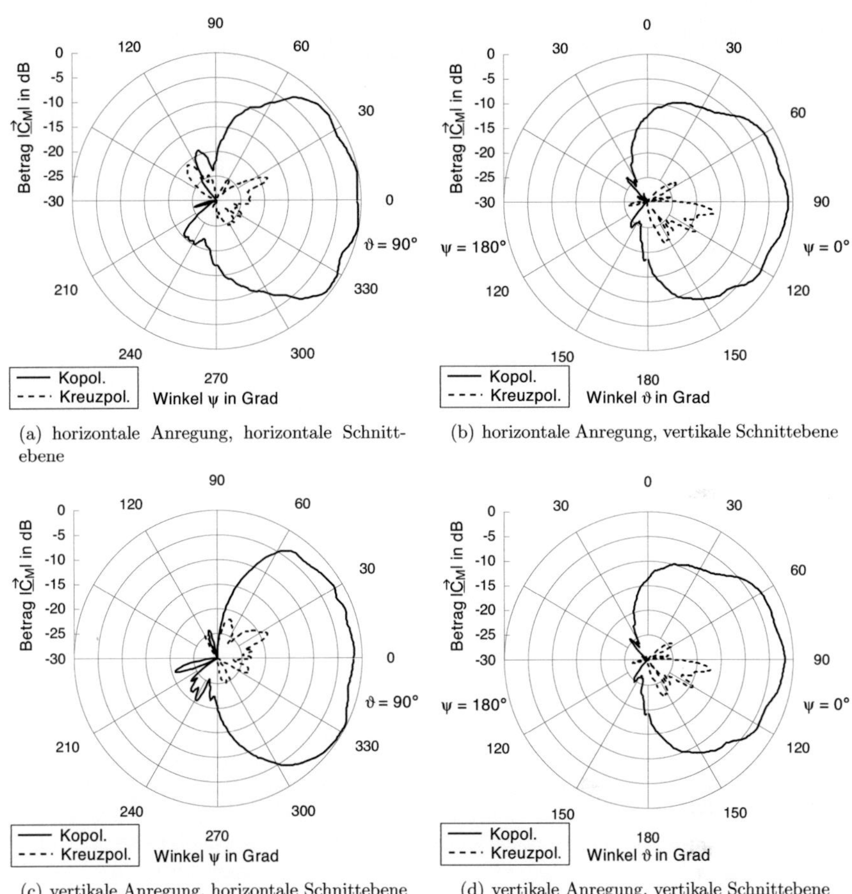

(a) horizontale Anregung, horizontale Schnitt-ebene

(b) horizontale Anregung, vertikale Schnittebene

(c) vertikale Anregung, horizontale Schnittebene

(d) vertikale Anregung, vertikale Schnittebene

Bild A.6: MIMO-Messreihe, Sendeatenne, Betrag der Richtcharakteristik $|\vec{\underline{C}}_{\mathrm{Mess}}|$ des ersten *Patches* der PULA-16 Gruppenantenne, $f_{\mathrm{HF}} = 5{,}2\,\mathrm{GHz}$

Monopols im *Array* vom idealen Monopol [Wal04]. Der mittlere effektive Gewinn der einzelnen $\lambda/4$-Monopole im *Array* beträgt ca. $2{,}3\,\mathrm{dBi}$ (Durchgangsdämpfung der Schalter ist mit eingerechnet). Das Maximum der Richtcharakteristik in der vertikalen Ebene zeigt, aufgrund der Masseplatte, in Richtung $\vartheta \approx 80°$. Durch die symmetrische Anordnung der Antennen sind Gewinn und Richtcharakteristik der einzelnen 16 Monopole sehr ähnlich.

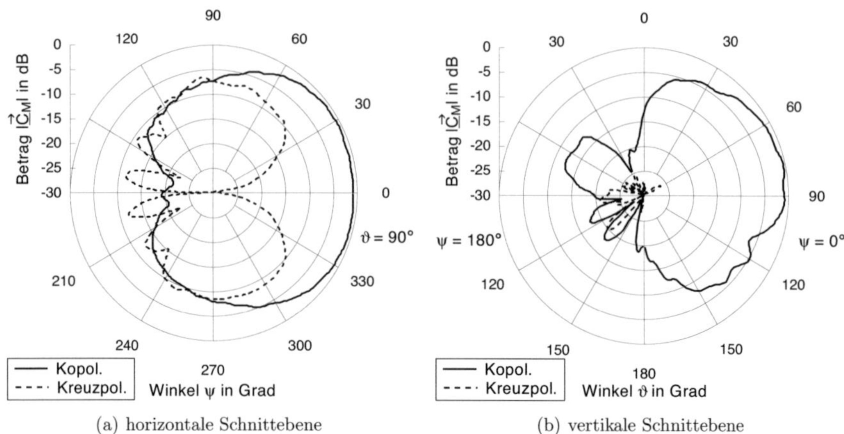

(a) horizontale Schnittebene   (b) vertikale Schnittebene

Bild A.7: MIMO-Messreihe, Empfangsantenne, Richtcharakteristik des ersten Elementes der UCA-16 Gruppenantenne, $f_{\mathrm{HF}} = 5{,}2\,\mathrm{GHz}$

A.4 Ergänzungen zur Verifikation des deterministischen Kanalmodells - Analyse der MIMO-Metriken

Die in diesem Abschnitt gezeigten Bilder stellen eine Ergänzung zu den bereits in Abschnitt 4.3.6.3 dargestellten Kapazitätsverläufen dar. Bild A.8 zeigt für die MIMO-Strecke AP_3 - $MT_{15,16}$ die Verläufe der mittleren Kapazität über dem SNR am Empfänger. Dabei wird unterschieden zwischen den MIMO-Antennenanordnungen Nr. 2 bis Nr. 7 und den Datensätzen Messung-MIMO, RT-MIMO, RIMAX-SC, RIMAX-SC/DMC und RIMAX-SC/DMC/N. Ebenfalls in die Bilder eingezeichnet ist die mittlere relative Abweichung nach (4.13). Für die MIMO-Antennenordnung Nr. 4 (4 × 4 MIMO-Anordnung) und Nr. 6 (8 × 2 MIMO-Anordnung) stimmt die mithilfe des deterministische Kanalmodells berechnete Kapazität nahezu perfekt mit der Referenz RIMAC-SC/DMC überein. Lediglich für MIMO-Antennenanordnung Nr. 7 weicht die Kapazität RT-MIMO stark von der Kapazität RIMAX-SC/DMC ab.

Bild A.9 geht auf den *Multiplexing*-Gewinn mit Kanalkenntnis am Sender ein. Gezeigt sind die Verläufe der mittleren Kapazität über dem SNR am Empfänger für die MIMO-Antennenanordnungen Nr. 2 bis Nr. 7, für alle betrachteten Datensätze und für die MIMO-Strecke AP_3 - $MT_{15,16}$. Insbesondere im niederen SNR-Bereich erreicht das MIMO-System mit Kanalkenntnis am Sender eine deutlich höhere Kapazität als das MIMO-System ohne Kanalkenntnis am Sender. Je höher das SNR, desto eher gleicht die Leistungsverteilung des *Space-Frequency Waterfilling*-Verfahrens einer Gleichverteilung, weshalb sich dann auch die Kapazitätswerte der beiden Systeme gleichen. Nähere Informationen hierzu sind in den Abschnitten 3.3, 4.3.6.3 und 7.4 zu finden. Die mittlere relative Abweichung des Systems mit Kanalkenntnis am Sender liegt in der gleichen Größenordnung wie die mittlere relative Abweichung des Systems ohne Kanalkenntnis am Sender.

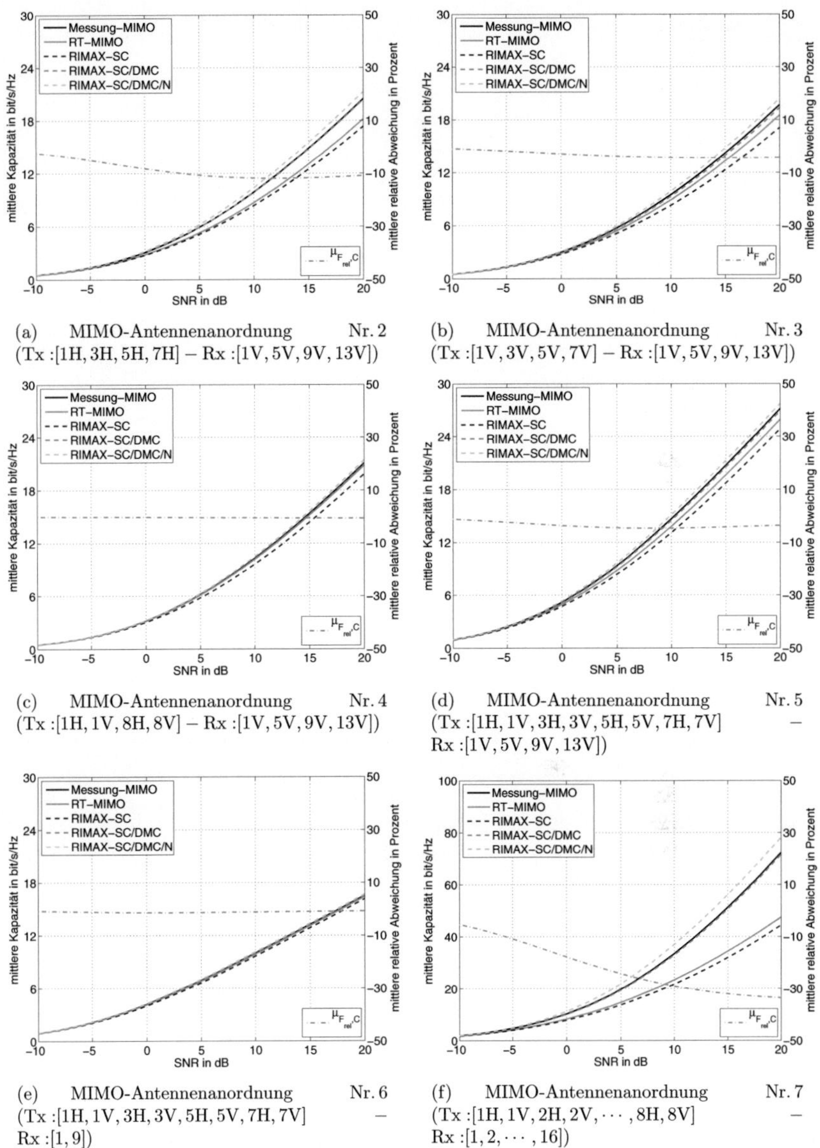

(a)   MIMO-Antennenanordnung   Nr. 2
(Tx :[1H, 3H, 5H, 7H] − Rx :[1V, 5V, 9V, 13V])

(b)   MIMO-Antennenanordnung   Nr. 3
(Tx :[1V, 3V, 5V, 7V] − Rx :[1V, 5V, 9V, 13V])

(c)   MIMO-Antennenanordnung   Nr. 4
(Tx :[1H, 1V, 8H, 8V] − Rx :[1V, 5V, 9V, 13V])

(d)   MIMO-Antennenanordnung   Nr. 5
(Tx :[1H, 1V, 3H, 3V, 5H, 5V, 7H, 7V]   −
Rx :[1V, 5V, 9V, 13V])

(e)   MIMO-Antennenanordnung   Nr. 6
(Tx :[1H, 1V, 3H, 3V, 5H, 5V, 7H, 7V]   −
Rx :[1, 9])

(f)   MIMO-Antennenanordnung   Nr. 7
(Tx :[1H, 1V, 2H, 2V, $\cdots$, 8H, 8V]   −
Rx :[1, 2, $\cdots$, 16])

Bild A.8: Mittlere Kapazität über dem SNR für die MIMO-Strecke AP_3 - $MT_{15,16}$, die verschiedenen MIMO-Antennenanordnungen und die verschiedenen Datensätze (gleichmäßig verteilte Sendeleistung)

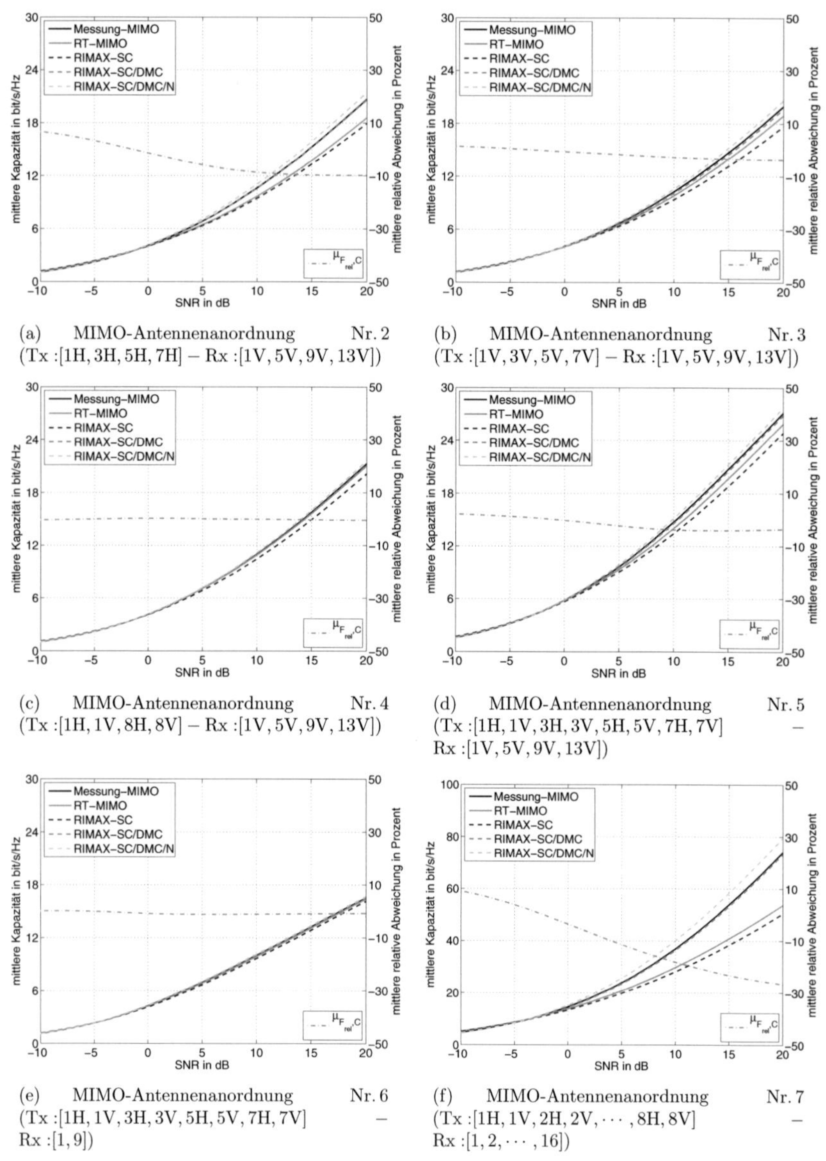

Bild A.9: Mittlere Kapazität über dem SNR für die MIMO-Strecke AP_3 - $MT_{15,16}$, die verschiedenen MIMO-Antennenanordnungen und die verschiedenen Datensätze (optimal verteilte Sendeleistung, *Waterfilling*)

A.5 Modellparameter

Das Verhalten der Ausbreitungsmodelle des geometrisch-stochastischen Kanalmodells wird durch zahlreiche Modellparametern gesteuert. Für die Stadt Karlsruhe (vgl. Bild 4.1), eine BS-Höhe von $h_{\mathrm{BS}} \approx 38\,\mathrm{m}$ und eine Frequenz von $f_0 \approx 2\,\mathrm{GHz}$ wurden die Verteilungsfunktionen und Modellparameter vollständig bestimmt und sind in der nachfolgenden Tabelle aufgelistet. Alle mit (*) gekennzeichneten Parameter können entsprechend den Anforderungen der Simulation frei gewählt werden. Der Wert dieser Parameter ist, für die in dieser Arbeit präsentierten Simulationsergebnisse, in den jeweiligen Abschnitten angegeben.

Tabelle A.2: Allgemeine Parameter

Parameter	Beschreibung	Wert	Kommentar
$\vec{x}_{\mathrm{BS},n_{\mathrm{BS}}}$	Position der Basisstationen in m	(*)	
h_{MT}	Höhe der Nutzer	$1,7\,\mathrm{m}$	
J	Anzahl der Nutzer	(*)	
f_0	Bandmittenfrequenz	$2\,\mathrm{GHz}$	
B_{S}	Systembandbreite in MHz	(*)	
T_{D}	Simulationsdauer (Echtzeit) in s	(*)	
$x_{\mathrm{Area}},\ y_{\mathrm{Area}}$	Abmessung des Szenarios in der x bzw. y-Ebene in m	(*)	
$w_{\mathrm{Straße}}$	Straßenbreite	$12\,\mathrm{m}$	
$l_{\mathrm{Straße}}$	Straßenlänge	$120\,\mathrm{m}$	
h_{b}	mittlere Gebäudehöhe	$12,5\,\mathrm{m}$	
w_{b}	mittlerer Gebäudeabstand	$30\,\mathrm{m}$	
v_{w}	Wunschgeschwindigkeit der Nutzer	(*)	

Tabelle A.3: Parameter der Streuer

Parameter	Beschreibung	Wert	Kommentar
$\vec{n}_{\mathrm{xs},i}$	Orientierung	unabhängig gleichverteilt [-1;1] in x, y, z	[Sva01b]
$\mu_{\mathrm{a,xs}}$	mittlere Kantenlänge	7λ	
$\sigma_{\mathrm{a,xs}}$	Standardabweichung der Kantenlänge	3λ	
$a_{\mathrm{xs,min}}$	minimale Kantenlänge	λ	
$\underline{\varepsilon}_{\mathrm{r,ges}}$	Gesamtpermittivität	$1 - j10^{10}$	Metall
$\underline{\mu}_{\mathrm{r}}$	Permeabilität	1	
μ_{XPR}	Mittelwert der Kreuzpolarisation	$6\,\mathrm{dB}$	
σ_{XPR}	Standardabweichung der Kreuzpolarisation	$6\,\mathrm{dB}$	
$\varphi_{\vartheta\psi},\ \varphi_{\psi\vartheta}$	Phase der kreuzpolaren Komponente	unabhängig gleichverteilt $[0°;360°]$	(6.37) und (6.38)

Tabelle A.4: Parameter Ausbreitungseffekt lokaler Streu-*Cluster*

Parameter	Beschreibung	Wert	Kommentar
$\vec{x}_{Q_{xs,LC},i}$	Ortsvektor der Streuer	unabhängig gleichverteilt x: $[0\,\mathrm{m}; x_{\mathrm{Area}}]$ y: $[0\,\mathrm{m}; y_{\mathrm{Area}}]$	
$p_{\mathrm{xs,LC}}$	mittlerer Anteil der Einfachstreuer	$58\,\%$	Bild 6.2
$\mu_{\mathrm{h,xs,LC,1}}$	mittlere Höhe der Einfachstreuer	$h_{\mathrm{b}} = 12,5\,\mathrm{m}$	
$\sigma_{\mathrm{h,xs,LC,1}}$	Standardabweichung der Höhe der Einfachstreuer	$1\,\mathrm{m}$	
$\mu_{\mathrm{h,xs,LC,2}}$	mittlere Höhe der Mehrfachstreuer	$7,1\,\mathrm{m}$	(6.3)
$\sigma_{\mathrm{h,xs,LC,2}}$	Standardabweichung der Höhe der Mehrfachstreuer	$1\,\mathrm{m}$	
x_{A}	Breite des Übergangsbereichs der Gewichtungsfunktion der Pfadamplituden	$20\,\mathrm{m}$	(6.10)
h_{LC}	Höhe des lokalen Streu-*Clusters*	$35\,\mathrm{m}$	
$a_{\mathrm{major,LC,max}}$	maximale Ausdehnung der großen Halbachse der Suchfunktion	$l_{\mathrm{Straße}}/2 = 60\,\mathrm{m}$	(6.11)
$a_{\mathrm{minor,LC,min}}$	minimale Ausdehnung der kleinen Halbachse der Suchfunktion	$w_{\mathrm{b}} = 30\,\mathrm{m}$	(6.12)
$\overline{N_{\mathrm{xs,LC,aktiv}}}$	mittlere Anzahl an Streuern im lokalen Streu-*Cluster*	$10,8$	Bild 5.8(a)
α_{A}	mittlere Dämpfung der Pfadamplitude (Einfachstreuer; Zweifachstreuer)	$(1;\,0,2)$	
$\mu_{\tau_{\mathrm{A}}}$	Wert der Abklingkonstante bei $d_{\mathrm{MT,BS}} = 1000\,\mathrm{m}$	$400\,\mathrm{ns}$	[GEYC97]

Tabelle A.5: Parameter Ausbreitungseffekt Straßenschlucht-Streu-Cluster

Parameter	Beschreibung	Wert	Kommentar
$\vec{x}_{Q_{xs,SC},i}$	Ortsvektor der Streuer	unabhängig gleichverteilt x: $[0\,\mathrm{m}; x_{\mathrm{Area}}]$ y: $[0\,\mathrm{m}; y_{\mathrm{Area}}]$	
$\sigma_{\mathrm{h,xs,SC}}$	Standardabweichung der mittleren relativen Höhe der Streuer	$0,5\,\mathrm{m}$	
$Z_{n_{\mathrm{x}}}$	Zufallszahl zur Bestimmung aktiver Kreuzungsbereiche	gleichverteilt $[0;1]$	
$(S_{\mathrm{SC,z,1}};\,S_{\mathrm{SC,a,1}})$	Schwellwert der zugewandten bzw. abgewandten Kreuzungen X_1 bis X_6	$(0,71;\,0,37)$	
$(S_{\mathrm{SC,z,2}};\,S_{\mathrm{SC,a,2}})$	Schwellwert der zugewandten bzw. abgewandten Kreuzung X_7 und X_8	$(0,47;\,0,33)$	
$(S_{\mathrm{SC,z,3}};\,S_{\mathrm{SC,a,3}})$	Schwellwert der zugewandten bzw. abgewandter Kreuzung X_9 und X_{10}	$(0,26;\,0,24)$	
$a_{\mathrm{major,SC}}\,[\mathrm{m}]$	Ausdehnung der großen Halbachse der Suchfunktion	$48\,\mathrm{m}$	
Fortsetzung auf nächster Seite			

Fortsetzung von letzter Seite			
Parameter	Beschreibung	Wert	Kommentar
$a_{\mathrm{minor,SC}}$ [m]	Ausdehnung der kleine Halbachse der Suchfunktion	24 m	
$N_{\mathrm{xs,SC,aktiv}}$	mittlere Anzahl an Streuern pro Straßenschlucht-Streu-*Cluster*	3,0	
N_{r}	maximale Reflexionsordnung eines Pfades in einer Straßenschlucht	2	

Tabelle A.6: Parameter Ausbreitungseffekt entfernter Streu-*Cluster*

Parameter	Beschreibung	Wert	Kommentar
$\mu_{\mathrm{d_{BS},C_{BSFC}}}$	mittlerer Abstand zwischen der BS und dem Zentrum eines FCs	350 m	
$d_{\mathrm{BS,C_{BSFC},min}}$	minimaler Abstand zwischen der BS und dem Zentrum eines FCs	70 m	
$d_{\mathrm{BS,C_{BSFC},max}}$	maximaler Abstand zwischen der BS und dem Zentrum eines FCs	1350 m	
$\psi_{\mathrm{C_{BSFC}}}$	Winkelablage der FC	gleichverteilt $[0°; 360°]$	
$N_{\mathrm{xs,FC}}$	Anzahl an Streuern in einem FC- und einem MT-Streu-*Cluster*	3	Bild 5.8(a)
$\psi_{\mathrm{Q_{xs,BSFC}},i}$	Winkelablage eines Streuers im zugehörigen FC	gleichverteilt $[0°; 360°]$	[LMB98]
$\sigma_{\mathrm{xs,BSFC}}$	Standardabweichung der Distanz zwischen dem Streuzentrum eines Streuers des FCs und dem Zentrum des FCs	20 m	
r_{BSFC}	maximal zulässige Distanz eines Streuers vom Zentrum des FCs	$3\sigma_{\mathrm{xs,BSFC}}$	[Cor06]
$\mu_{\mathrm{h,xs,BSFC},n_{FC}}$	mittlere Höhe der Streuer in einem FC in m	–	(6.53)
$\sigma_{\mathrm{h,xs,BSFC}}$	Standardabweichung der Höhe der Streuer in einem FC	1,5 m	
$d_{\mathrm{C_{MTFC},X}}$	Abstand eines MT-Streu-*Clusters* vom Mittelpunkt der Kreuzung in der es platziert ist	–	(6.55)
$\psi_{\mathrm{C_{MTFC},X}}$	Winkelablage eines MT-Streu-*Clusters*	45°, 135°, 225° oder 315°, Wahrscheinlichkeit 0,25	
$\psi_{\mathrm{Q_{xs,MTFC}},i}$	Winkelablage eines Streuers im zugehörigen MT Streu-*Cluster*	gleichverteilt $[0°; 360°]$	
$\sigma_{\mathrm{xs,MTFC}}$	Standardabweichung der Distanz zwischen dem Streuzentrum eines Streuers des MT-Streu-*Clusters* und dem Zentrum des MT-Streu-*Clusters*	5 m	
Fortsetzung auf nächster Seite			

Parameter	Beschreibung	Wert	Kommentar
Fortsetzung von letzter Seite			
r_{MTFC}	maximal zulässige Distanz eines Streuers vom Zentrum des MT-Streu-*Clusters*	$3\sigma_{\mathrm{xs,MTFC}}$	
$\mu_{\mathrm{h,xs,MTFC},n_{\mathrm{FC}}}$	mittlere Höhe der Streuer in einem MT- Streu-*Cluster* in m, wobei $\max\{\mu_{\mathrm{h,xs,MTFC},n_{\mathrm{FC}}}\} = h_{\mathrm{b}}$	–	(6.56)
$\sigma_{\mathrm{h,xs,MTFC}}$	Standardabweichung der Höhe der Streuer in einem MT-Streu-*Cluster*	$1{,}5\,\mathrm{m}$	
$h_{\mathrm{Q_{xs,MTFC},min}}$	minimale Höhe der Streuer in einem MT-Streu-*Cluster* in m	h_{MT}	
r_{FCVR}	Radius der FC-VR	$50\,\mathrm{m}$	
L_{FCVR}	Übergangsbereich der FC-VR	$20\,\mathrm{m}$	
$\mu_{\psi_{\mathrm{FCVR}}}$	Mittelwert der Winkelablage der FC-FR in Grad	abhängig von $d_{\mathrm{BS,C_{BSFC}}}$	Tabelle 6.2
$\sigma_{\psi_{\mathrm{FCVR}}}$	Standardabweichung der Winkelablage der FC-FR in Grad	abhängig von $d_{\mathrm{BS,C_{BSFC}}}$	Tabelle 6.2
$\mu_{d_{\mathrm{BS,C_{FCVR}}}}$	Mittelwert der Distanz zwischen BS und FC-VR	abhängig von $d_{\mathrm{BS,C_{BSFC}}}$	(6.58)
$\sigma_{d_{\mathrm{BS,C_{FCVR}}}}$	Standardabweichung der Distanz zwischen BS und FC-VR	abhängig von $d_{\mathrm{BS,C_{BSFC}}}$	(6.59)
$d_{\mathrm{C_{BSFC},C_{FCVR},min}}$	einzuhaltende Minimaldistanz zwischen entferntem Streu-*Cluster* und FC-VR	$75\,\mathrm{m}$	
N_{FC}	Gesamtzahl an entfernten Streu-*Clustern* im Szenario	-	(6.60)
$\overline{N_{\mathrm{FC}}}$	Mittlere Anzahl an entfernten Streu-*Clustern* pro Kanalimpulsantwort	3	

Tabelle A.7: Parameter Ausbreitungseffekt LOS

Parameter	Beschreibung	Wert	Kommentar
r_{LOSVR}	Radius der LOS-VR	$30\,\mathrm{m}$	[Cor01]
L_{LOSVR}	Breite des Übergangsbereichs der LOS-VR	$20\,\mathrm{m}$	
ψ_{LOSVR}	Winkelablage der LOS-VRs	gleichverteilt $[0°; 360°]$	

Tabelle A.8: Parameter mittlere Übertragungsdämpfung

Parameter	Beschreibung	Wert	Kommentar
$D_{\mathrm{F,RT,dB}}$	abstandsabhängiger Korrekturtherm der NLOS-Wegdämpfung	-	(6.85)
$\sigma_{\mathrm{sf},c}$	Standardabweichung von $P_{\mathrm{sf},c,q}$ für Modellierung des langsamen Schwundes der einzelnen Streu-*Cluster*	$8\,\mathrm{dB}$	(6.85)
Fortsetzung auf nächster Seite			

Fortsetzung von letzter Seite			
Parameter	Beschreibung	Wert	Kommentar
$X_{\text{sf},c}$	Zufallszahl für Modellierung des lang-samen Schwundes der einzelnen Streu-*Cluster*	$\mathcal{N}(0,1)$	(6.105)

A.6 Ergänzende Ergebnisse der Mehrnutzer-MIMO-Simulationen

In Abschnitt 7.5 wurden Ergebnisse von Systemsimulationen eines Mehrnutzer-MIMO-Systems auf Basis des deterministischen (vgl. Kapitel 4) und des geometrisch-stochastischen Mehrnutzer-MIMO-Kanalmodells (vgl. Kapitel 6) präsentiert. Dabei wurde für eine gewünsch-te Datenrate von $C_{\text{opt}} = 3\,\text{bit/s/Hz}$ und eine maximale Sendeleistung der BS von $P_{\text{T,max}} = 36\,\text{dBm}$ das Verhalten der Übertragungsverfahren BF, WF, CTRP-SO und CTRP-BD im Vergleich zu einem SISO-Referenzsystem und in Abhängigkeit vom Korrelationskoeffizienten $S_\gamma = 1$, $0{,}7$ und $0{,}1$ betrachtet. Der Wert des Korrelationskoeffizienten entscheidet dabei darüber, wie viele Nutzer bei den beiden Mehrnutzer-MIMO Übertragungsverfahren einer Gruppe zugewiesen werden können. Er beeinflusst somit die Höhe der zugelassenen Korrela-tion zwischen den Nutzersignalen einer Gruppe.

Dieser Abschnitt stellt nun ergänzende Ergebnisse von Mehrnutzer-MIMO-Simulationen bei $C_{\text{opt}} = 5\,\text{bit/s/Hz}$ vor. Dabei wird von den gleichen Übertragungsverfahren und den gleichen Werten der Korrelationskoeffizienten ausgegangen. Bei Betrachtung der Kapazitätsformeln der einzelnen Übertragungsverfahren (vgl. (3.17), (3.14), (3.52), (3.45), (3.11)) wird deutlich, dass eine Erhöhung der gewünschten Datenrate pro Nutzer nur durch eine Erhöhung des SNRs (SNIRs), d.h. eine Erhöhung der von der BS bereitgestellte Sendeleistung pro Nutzer, möglich ist. Die unter der Nebenbedingung $P_{\text{T},k} \leqslant P_{\text{T,max}}$ erreichten Kapazitäten der Nutzer für SISO, BF, WF, CTRP-SO und CTRP-BD sind in Bild A.10 in Form einer Verteilungsfunktion aufgetragen. Die Ausfallrate $P\,(C < C_{\text{opt}})$ des SISO-Referenzsystems steigt von bisher $37{,}07\,\%$ bei $C_{\text{opt}} = 3\,\text{bit/s/Hz}$ auf $56{,}02\,\%$ bei $C_{\text{opt}} = 5\,\text{bit/s/Hz}$ und *Ray Tracing* an. Dies liegt an der hohen Funkkanaldämpfung einiger Nutzer. Das GSCM gibt das Verhalten des RT-Modells gut wieder.

Die Bilder A.11 - A.13 zeigen das Verhalten der übrigen analysierten Bewertungskriterien. Bild A.11 geht auf die Sendeleistung P_{T} ein, welche die BS zur Versorgung der Nutzer ein-setzt. Bild A.12 stellt die CDF-Verläufe für das Verhältnis der Sendeleistung ΔP_{T} zwischen SISO und den übrigen Übertragungsverfahren dar. Bild A.13 zeigt schließlich die sich aus den RT-Daten ergebenden Verteilungsfunktionen des Expositionsquotienten ΔS aus *Ray Tracing*. Eine Auflistung der sich aus den Bildern ergebenden charakteristischen Bewertungsgrößen des Mehrnutzer-MIMO-Systems ist in Tabelle A.10 zu finden. Tabelle A.9 stellt hingegen die Werte der Bewertungsgrößen für $C_{\text{opt}} = 3\,\text{bit/s/Hz}$ dar.

Bei der gewünschten Datenrate von $5\,\text{bit/s/Hz}$ zeigt sich für beide Kanalmodelle ein größe-rer Unterschied zwischen den Übertragungsverfahren *Margin Adaptive Waterfilling* und *Beamforming* als bei $C_{\text{opt}} = 3\,\text{bit/s/Hz}$ (vgl. Abschnitt 7.5.2). Das bessere Abschneiden von WF gegenüber BF kann dadurch begründet werden, dass WF aufgrund des höheren SNRs

Tabelle A.9: Wert der Bewertungsgrößen für $C_{\text{opt}} = 3\,\text{bit/s/Hz}$ (MIMO-Antennenanordnung Nr. 6, $f_{\text{HF}} = 2\,\text{GHz}$)

	Bewertungsgröße	WF	BF	CTRP-SO	CTRP-BD	SISO
	Korrelationskoeffizient $S_\gamma = 1$					
RT	$P\,(C = C_{\text{opt}})$ in %	91,89	91,75	66,28	53,27	62,93
	$P\,(P_{\text{T}} = P_{\text{T,max}})$ in %	8,80	8,96	34,54	47,92	38,74
	$\overline{\Delta P_{\text{T}}}$ in dB	−10,17	−10,11	−5,48	−0,23	−
	$\overline{\Delta S}$ in dB	−5,87	−5,73	−6,55	−7,59	−
	$\overline{\text{SNR}}$ in dB	8,11	8,24	20,47	6,33	7,09
	$\overline{\text{SNIR}}$ in dB	8,11	8,24	7,02	6,33	−
GSCM	$P\,(C = C_{\text{opt}})$ in %	93,56	93,52	67,46	56,92	59,00
	$P\,(P_{\text{T}} = P_{\text{T,max}})$ in %	7,28	7,32	33,34	44,14	42,79
	$\overline{\Delta P_{\text{T}}}$ in dB	−10,15	−10,07	−5,83	−1,97	−
	$\overline{\Delta S}$ in dB	−	−	−	−	−
	$\overline{\text{SNR}}$ in dB	8,13	8,30	21,47	6,50	6,92
	$\overline{\text{SNIR}}$ in dB	8,13	8,30	7,07	6,50	−
	Korrelationskoeffizient $S_\gamma = 0{,}7$					
RT	$P\,(C = C_{\text{opt}})$ in %	91,89	91,75	90,30	90,53	62,93
	$P\,(P_{\text{T}} = P_{\text{T,max}})$ in %	8,80	8,96	10,48	10,24	38,74
	$\overline{\Delta P_{\text{T}}}$ in dB	−10,17	−10,11	−9,51	−9,36	−
	$\overline{\Delta S}$ in dB	−5,87	−5,73	−6,52	−5,50	−
	$\overline{\text{SNR}}$ in dB	8,11	8,24	8,91	8,20	7,09
	$\overline{\text{SNIR}}$ in dB	8,11	8,24	8,19	8,20	−
GSCM	$P\,(C = C_{\text{opt}})$ in %	93,56	93,52	90,37	91,33	59,00
	$P\,(P_{\text{T}} = P_{\text{T,max}})$ in %	7,28	7,32	10,62	9,68	42,79
	$\overline{\Delta P_{\text{T}}}$ in dB	−10,15	−10,07	−9,32	−9,15	−
	$\overline{\Delta S}$ in dB	−	−	−	−	−
	$\overline{\text{SNR}}$ in dB	8,13	8,30	9,02	8,24	6,92
	$\overline{\text{SNIR}}$ in dB	8,13	8,30	8,21	8,24	−
	Korrelationskoeffizient $S_\gamma = 0{,}1$					
RT	$P\,(C = C_{\text{opt}})$ in %	91,89	91,75	91,72	91,72	62,93
	$P\,(P_{\text{T}} = P_{\text{T,max}})$ in %	8,80	8,96	8,99	8,99	38,74
	$\overline{\Delta P_{\text{T}}}$ in dB	−10,17	−10,11	−10,10	−10,10	−
	$\overline{\Delta S}$ in dB	−5,87	−5,73	−6,50	−5,72	−
	$\overline{\text{SNR}}$ in dB	8,11	8,24	8,24	8,24	7,09
	$\overline{\text{SNIR}}$ in dB	8,11	8,24	8,24	8,24	−
GSCM	$P\,(C = C_{\text{opt}})$ in %	93,56	93,52	93,49	93,50	59,00
	$P\,(P_k = P_{\text{T,max}})$ in %	7,28	7,32	7,35	7,34	42,79
	$\overline{\Delta P_{\text{T}}}$ in dB	−10,15	−10,07	−10,05	−10,05	−
	$\overline{\Delta S}$ in dB	−	−	−	−	−
	$\overline{\text{SNR}}$ in dB	8,13	8,30	8,31	8,30	6,62
	$\overline{\text{SNIR}}$ in dB	8,13	8,30	8,30	8,30	−

Tabelle A.10: Wert der Bewertungsgrößen für $C_{\mathrm{opt}} = 5\,\mathrm{bit/s/Hz}$ (MIMO-Antennenanordnung Nr. 6, $f_{\mathrm{HF}} = 2\,\mathrm{GHz}$)

	Bewertungsgröße	WF	BF	CTRP-SO	CTRP-BD	SISO
	Korrelationskoeffizient $S_\gamma = 1$					
RT	$P\,(C = C_{\mathrm{opt}})$ in %	82,15	81,10	52,45	39,83	43,98
	$P\,(P_{\mathrm{T}} = P_{\mathrm{T,max}})$ in %	19,21	20,27	48,51	61,53	57,91
	$\overline{\Delta P_{\mathrm{T}}}$ in dB	−8,27	−7,94	−4,43	−0,67	−
	$\overline{\Delta S}$ in dB	−5,84	−4,54	−5,79	−7,26	−
	$\overline{\mathrm{SNR}}$ in dB	13,73	14,34	23,13	11,77	12,39
	$\overline{\mathrm{SNIR}}$ in dB	13,73	14,34	12,58	11,77	−
GSCM	$P\,(C = C_{\mathrm{opt}})$ in %	80,72	80,01	52,89	44,92	39,73
	$P\,(P_{\mathrm{T}} = P_{\mathrm{T,max}})$ in %	20,87	21,68	48,13	56,30	62,10
	$\overline{\Delta P_{\mathrm{T}}}$ in dB	−8,07	−7,59	−4,39	−1,84	−
	$\overline{\Delta S}$ in dB	−	−	−	−	−
	$\overline{\mathrm{SNR}}$ in dB	13,50	14,36	27,30	12,12	12,07
	$\overline{\mathrm{SNIR}}$ in dB	13,50	14,36	12,61	12,12	−
	Korrelationskoeffizient $S_\gamma = 0,7$					
RT	$P\,(C = C_{\mathrm{opt}})$ in %	82,15	81,10	76,30	79,22	43,98
	$P\,(P_{\mathrm{T}} = P_{\mathrm{T,max}})$ in %	19,21	20,27	25,22	22,25	57,91
	$\overline{\Delta P_{\mathrm{T}}}$ in dB	−8,27	−7,94	−7,07	−7,29	−
	$\overline{\Delta S}$ in dB	−5,84	−4,54	−5,06	−4,40	−
	$\overline{\mathrm{SNR}}$ in dB	13,73	14,34	16,34	14,27	12,39
	$\overline{\mathrm{SNIR}}$ in dB	13,73	14,34	14,16	14,27	−
GSCM	$P\,(C = C_{\mathrm{opt}})$ in %	80,72	80,01	73,78	77,09	39,73
	$P\,(P_{\mathrm{T}} = P_{\mathrm{T,max}})$ in %	20,87	21,68	27,91	24,65	62,10
	$\overline{\Delta P_{\mathrm{T}}}$ in dB	−8,07	−7,59	−6,65	−6,85	−
	$\overline{\Delta S}$ in dB	−	−	−	−	−
	$\overline{\mathrm{SNR}}$ in dB	13,50	14,36	16,34	14,24	12,07
	$\overline{\mathrm{SNIR}}$ in dB	13,50	14,36	14,07	14,24	−
	Korrelationskoeffizient $S_\gamma = 0,1$					
RT	$P\,(C = C_{\mathrm{opt}})$ in %	82,15	81,10	81,02	81,06	43,98
	$P\,(P_{\mathrm{T}} = P_{\mathrm{T,max}})$ in %	19,21	20,27	20,36	20,31	57,91
	$\overline{\Delta P_{\mathrm{T}}}$ in dB	−8,27	−7,94	−7,92	−7,93	−
	$\overline{\Delta S}$ in dB	−5,25	−4,69	−5,27	−4,68	−
	$\overline{\mathrm{SNR}}$ in dB	13,73	14,34	14,36	14,34	12,39
	$\overline{\mathrm{SNIR}}$ in dB	13,73	14,34	14,34	14,34	−
GSCM	$P\,(C = C_{\mathrm{opt}})$ in %	80,72	80,01	79,89	79,97	39,73
	$P\,(P_{\mathrm{T}} = P_{\mathrm{T,max}})$ in %	20,87	21,68	21,81	21,72	62,10
	$\overline{\Delta P_{\mathrm{T}}}$ in dB	−8,07	−7,59	−7,56	−7,58	−
	$\overline{\Delta S}$ in dB	−	−	−	−	−
	$\overline{\mathrm{SNR}}$ in dB	13,50	14,36	14,39	14,36	12,07
	$\overline{\mathrm{SNIR}}$ in dB	13,50	14,36	14,36	14,36	−

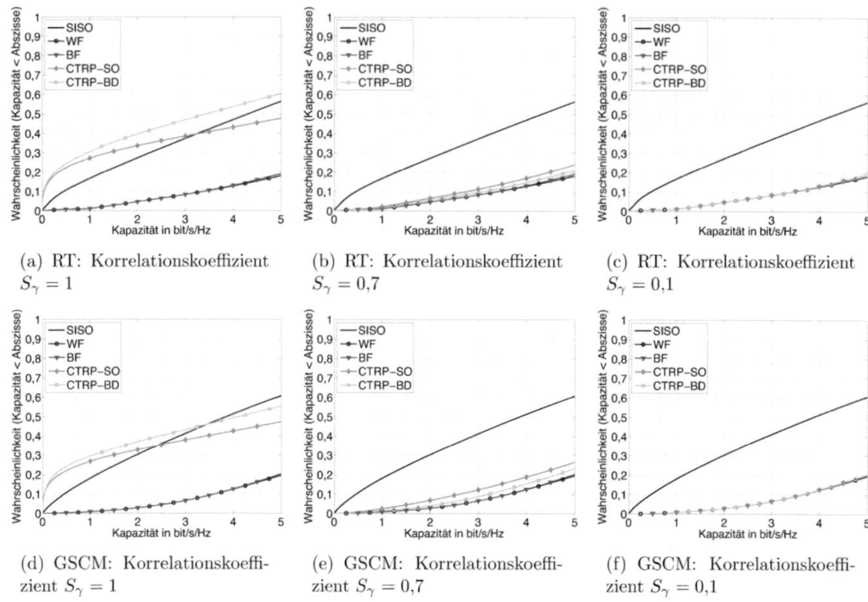

(a) RT: Korrelationskoeffizient $S_\gamma = 1$

(b) RT: Korrelationskoeffizient $S_\gamma = 0{,}7$

(c) RT: Korrelationskoeffizient $S_\gamma = 0{,}1$

(d) GSCM: Korrelationskoeffizient $S_\gamma = 1$

(e) GSCM: Korrelationskoeffizient $S_\gamma = 0{,}7$

(f) GSCM: Korrelationskoeffizient $S_\gamma = 0{,}1$

Bild A.10: Verteilungsfunktion der Kapazität (oben: RT-MIMO-Daten, unten: GSCM-MIMO-Daten, MIMO-Antennenanordnung Nr. 6, $f_{\mathrm{HF}} = 2\,\mathrm{GHz}$, $C_{\mathrm{opt}} = 5\,\mathrm{bit/s/Hz}$)

bei $C_{\mathrm{opt}} = 5\,\mathrm{bit/s/Hz}$ teilweise mehr als einen Subkanale zur Versorgung eines jeden Nutzers einsetzt.

Bei $S_\gamma = 1$ schneiden die Mehrnutzer-MIMO-Übertragungsverfahren CTRP-SO und CTRP-BD insbesondere in Bezug auf die Ausfallrate $P\,(C < C_{\mathrm{opt}})$ bei beiden Kanalmodellen vergleichbar schlecht ab (vgl. Bilder A.10(a) und A.10(d)). Je niedriger S_γ gewählt wird, desto eher gleichen sich die Verfahren CTRP-SO, CTRP-BD in ihrer Performanz dem Übertragungsverfahren BF an. Für *Ray Tracing*, $S_\gamma = 0{,}7$ sowie die Verfahren CTRP-SO und CTRP-SO liegt die Ausfallrate $P\,(C < C_{\mathrm{opt}})$ bei 23,30 % und bei 20,78 %. Für GSCM liegen die Ausfallraten mit 26,22 % und 22,91 % in der gleichen Größenordnung. Zum Vergleich, die Ausfallrate für RT und BF liegt bei 18,90 % und für GSCM bei 19,99 %. Im Mittel setzen alle Verfahren bei beiden Kanalmodellen und für $S_\gamma = 0{,}7$ zwischen $6{,}5 - 8{,}3\,\mathrm{dB}$ weniger Sendeleistung ein, als das SISO-Referenzsystem. Bei der Bewertung der Ergebnisse gilt es zu beachten, dass CTRP-SO und CTRP-BD im Unterschied zu BF entsprechend den Bildern 7.22 und 7.23 bei $S_\gamma = 0{,}7$ weiterhin im Mittel 1,91 Nutzer pro Gruppe auf gleicher Frequenz und im gleichen Zeitschlitz versorgen. Die BS spart somit deutlich Ressource. Die Expositionssenkung fällt bei $C_{\mathrm{opt}} = 5\,\mathrm{bit/s/Hz}$ i.d.R. etwas geringer aus bei $C_{\mathrm{opt}} = 3\,\mathrm{bit/s/Hz}$.

Der Vergleich der CDF-Verläufe und Bewertungskriterien zeigt, dass das GSCM auch bei $C_{\mathrm{opt}} = 5\,\mathrm{bit/s/Hz}$ sehr ähnliche Ergebnisse zu *Ray Tracing* liefert. Dies beweist die Tauglichkeit des neuen GSCM zur Simulation von Mehrnutzer-MIMO-Systemen.

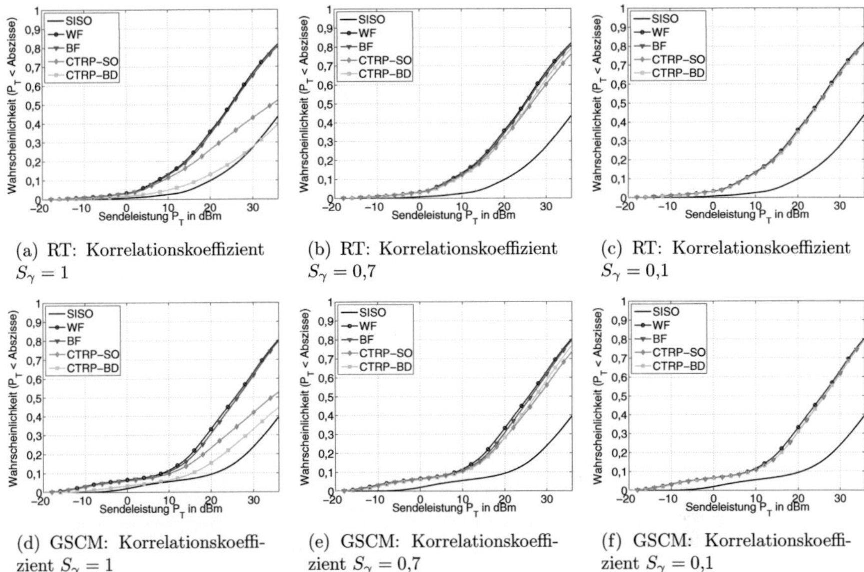

(a) RT: Korrelationskoeffizient $S_\gamma = 1$

(b) RT: Korrelationskoeffizient $S_\gamma = 0{,}7$

(c) RT: Korrelationskoeffizient $S_\gamma = 0{,}1$

(d) GSCM: Korrelationskoeffizient $S_\gamma = 1$

(e) GSCM: Korrelationskoeffizient $S_\gamma = 0{,}7$

(f) GSCM: Korrelationskoeffizient $S_\gamma = 0{,}1$

Bild A.11: Verteilungsfunktion der Sendeleistung P_T (oben: RT-MIMO-Daten, unten: GSCM-MIMO-Daten, MIMO-Antennenanordnung Nr. 6, $f_\mathrm{HF} = 2\,\mathrm{GHz}$, $C_\mathrm{opt} = 5\,\mathrm{bit/s/Hz}$)

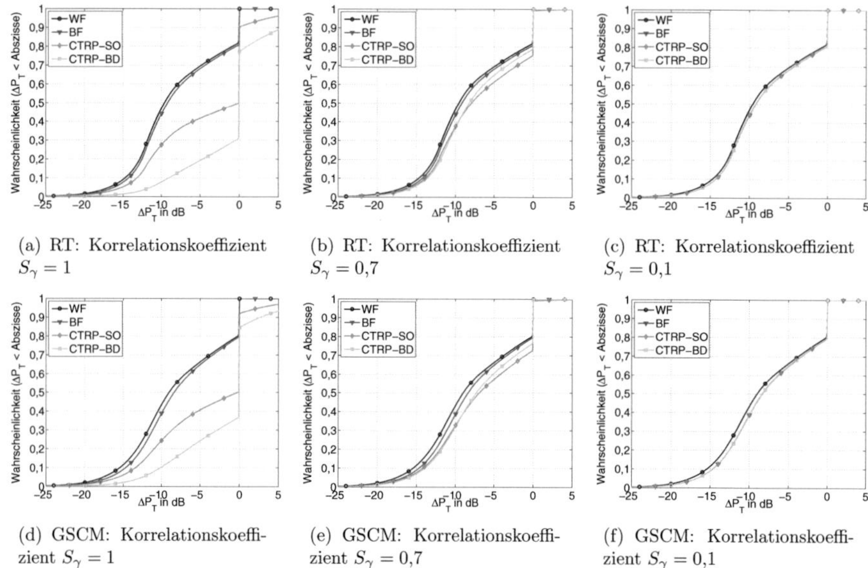

(a) RT: Korrelationskoeffizient $S_\gamma = 1$

(b) RT: Korrelationskoeffizient $S_\gamma = 0{,}7$

(c) RT: Korrelationskoeffizient $S_\gamma = 0{,}1$

(d) GSCM: Korrelationskoeffizient $S_\gamma = 1$

(e) GSCM: Korrelationskoeffizient $S_\gamma = 0{,}7$

(f) GSCM: Korrelationskoeffizient $S_\gamma = 0{,}1$

Bild A.12: Verteilungsfunktion von $\Delta P_\mathrm{T} = P_\mathrm{T,MIMO}/P_\mathrm{T,SISO}$ (oben: RT-MIMO-Daten, unten: GSCM-MIMO-Daten, MIMO-Antennenanordnung Nr. 6, $f_\mathrm{HF} = 2\,\mathrm{GHz}$, $C_\mathrm{opt} = 5\,\mathrm{bit/s/Hz}$

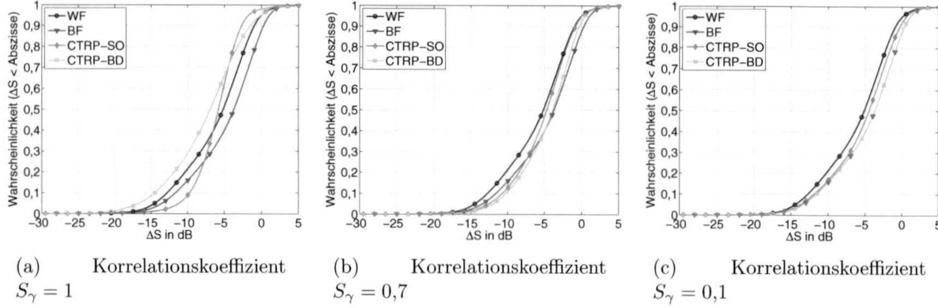

(a) Korrelationskoeffizient $S_\gamma = 1$

(b) Korrelationskoeffizient $S_\gamma = 0{,}7$

(c) Korrelationskoeffizient $S_\gamma = 0{,}1$

Bild A.13: Verteilungsfunktion des Expositionsquotienten ΔS (deterministisches Kanalmodell, MIMO-Antennenanordnung Nr. 6, $f_\mathrm{HF} = 2\,\mathrm{GHz}$, $C_\mathrm{opt} = 5\,\mathrm{bit/s/Hz}$)

Literaturverzeichnis

[3GP06]   Third Generation Partnership Project (3GPP). *UTRA-UTRAN Long Term Evolution (LTE) and 3GPP System Architecture Evolution (SAE)*, 2006. http://www.3gpp.org/.

[AB99a]   H. Asplund und J.-E. Berg. An Empirical Model for the Probability of Line of Sight in an Urban Macrocell. In *COST 259 TD(99)107*, Leidschendam, The Netherlands, Sept. 1999.

[AB99b]   H. Asplund und J.-E. Berg. Parameter Distribution for the COST259 Directional Channel Model. In *COST 259 TD(99)108*, Leidschendam, The Netherlands, Sept. 1999.

[ABB+07]   P. Almers, E. Bonek, A. Burr, N. Czink, M. Debbah, V. Degli-Esposti, H. Hofstetter, P. Kyösti, D. Laurenson, G. Matz, A.F. Molisch, C. Oestges und H. Özcelik. Survey of Channel and Radio Propagation Models for Wireless MIMO Systems. *EURASIP Journal on Wireless Communications and Networking*, 2007(Article ID 19070), 2007.

[ABH+07]   H. Asplund, J.-E. Berg, F. Harrysson, J. Medbo und Riback. Propagation Characteristics of Polarized Radio Waves in Cellular Communications. In *Proceedings of the 66th IEEE Vehicular Technology Conference, VTC2007-Fall*, Baltimore, Okt. 2007.

[AFHS04]   A. Airy, A. Forenza, R.W. Heath und S. Shakkottai. Practical Costa Precoding for Multiple Antenna Broadcast Channel. In *Proceedings of the IEEE Global Telecommunications Conference, GLOBECOM 2004*, Vol. 6, pp. 3942–3946, Dallas, TX, Dez. 2004.

[AGM+06]   H. Asplund, A.A. Glazunov, A.F. Molisch, K.I. Pedersen und M. Steinbauer. The COST259 Directional Channel Model - Part II: Macrocells. *IEEE Transactions on Wireless Communications*, 5(12):3434–3450, Dez. 2006.

[Ala98]   S. Alamouti. A Simple Transmit Diversity Technique for Wireless Communications. *IEEE Journal on Selected Areas in Communications*, 16(8):1451–1458, Okt. 1998.

[Ald82]   M. Aldinger. Die Simulation des Mobilfunk-Kanals auf einem Digitalrechner. *Frequenz*, 36(4/5):145–152, 1982.

[AMSM02]   H. Asplund, A.F. Molisch, M. Steinbauer und N.B. Mehta. Clustering of Scatterers in Mobile Radio Channels - Evaluation and Modeling in the COST259 Directional Channel Model. In *Proceedings of the IEEE International Conference on Communications, ICC 2002*, Vol. 2, pp. 901 – 905, New York, NY , USA, Apr. 2002.

[And00]   J.B. Andersen. Array Gain and Capacity for Known Random Channels with Multiple Element Arrays at Both Ends. *IEEE Journal on Selected Areas in Communications*, 18(11):2172–2178, Nov. 2000.

[ANM00]   G.E. Athanasiadou, A.R. Nix und J.P. McGeehan. A Microcellular Ray-Tracing Propagation Model and Evaluation of its Narrow-Band and Wide-Band Predictions. *IEEE Journal on Selected Areas in Communications*, 18:322–335, März 2000.

[APM02]   A. Algans, K.I. Pedersen und P.E. Mogensen. Experimental Analysis of the Joint Statistical Properties of Azimuth Spread, Delay Spread, and Shadow Fading. *IEEE Journal on Selected Areas in Communications*, 20(3):523–531, Apr. 2002.

[ATM06]   P. Almers, F. Tufvesson und A.F. Molisch. Keyhole Effect in MIMO Wireless Channels: Measurements and Theory. *IEEE Transactions on Wireless Communications*, 5(12):3596–3604, Dez. 2006.

[Bal89]   C.A. Balanis. *Advanced Engineering Electromagnetics*. John Wiley & Sons, New York, 1989.

[Bal97]   C.A. Balanis. *Antenna Theory*. John Wiley & Sons, New York, NY, 1997.

[Bar80]   P. Barton. Digital Beamforming for Radar. *IEE Proceedings*, 127:266–277, Aug. 1980.

[BB04]   D. Borkowski und L. Brühl. Optimized Hardware Architecture for Real Time Equalization in Single- and Multi-Carrier MIMO Systems. In *3rd Workshop on Software Radio*, pp. CD–ROM, Karlsruhe, Germany, März 2004.

[BBPS00]   S. Bäro, G. Bauch, A. Pavlic und A. Semmler. Improving BLAST Performance using Space-Time Block Codes and Turbo Decoding. In *Proceedings of the IEEE Global Telecommunications Conference, GLOBECOM 2000*, Vol. 2, pp. 1067–1071, San Francisco, CA, USA, Nov. 2000.

[BCC+07]   E. Biglieri, R. Calderbank, A. Constantinides, A. Goldsmith, A.J. Paulraj und H. Vincent Poor. *MIMO Wireless Communications*. Cambridge University Press, Cambridge, UK, Jan. 2007.

[Bel63]   P.A. Bello. Characterization of Randomly Time-Variant Linear Channels. *IEEE Transactions on Communications Systems*, pp. 360–393, Dez. 1963.

[BESJ+05]   D.S. Baum, H. El-Sallabi, T. Jämsä, J. Meinilä und et.al. D.5.4: Final Report on Link Level and System Level Channel Models. Technischer Bericht IST-2003-507581, Wireless World Initiative New Radio - WINNER, 2005. http://www.ist-winner.org.

[BFK+04]   M.A. Baldauf, T. Fügen, C. Kuhnert, T.M. Schäfer, C. Waldschmidt und W. Wiesbeck. Expositionsreduzierung in zellularen Mobilfunknetzen unter Verwendung intelligenter Antennensysteme. In *Elektromagnetische Verträglichkeit, EMV 2004*, pp. 523–530, Düsseldorf, Germany, Feb. 2004.

[BGT93]   C. Berrou, A. Glavieux und P. Thitimajshima. Near Shonnon Limit Error-Correction Coding and Decoding: Turbo-Codes. In *IEEE International Conference on Communications, ICC 1993*, pp. 1064–1070, Genua, Italy, Mai 1993.

[BHMX94]   H.L. Bertoni, L.R. Honcharenko, L.R. Macel und H.H. Xia. UHF Propagation Prediction for Wireless Personal Communications. *Proceedings of the IEEE*, 82:1333–1359, Sept. 1994.

[BHN00]   C. Brunner, C.J. Hammerschmidt und J.A. Nossek. Downlink Eigenbeamforming in WCDMA. In *Proceedings of the European Wireless 2000*, pp. 195–200, Dresden, Germany, Sept. 2000.

[BHS06]   B. Bandemer, M. Haardt und Visuri S. Linear MMSE Multi-User MIMO Downlink Precoding for Users with Multiple Antennas. In *Proceedings of the 17th Annual IEEE International Symposium on Personal, Indoor and Mobile Radio Communications, PIMRC 2006*, Sept. 2006.

[BJ04]   H. Boche und E. Jorswieck. On the Ergodic Capacity as a Function of the Correlation Properties in Systems with Multiple Transmit Antennas without CSI at the Transmitter. *IEEE Transactions on Communications*, 52(10):1654–1657, Okt. 2004.

[BL61]   J. Butler und R Lowe. Beamforming Matrix Simplifications Design of Electronically Scanned Antennas. *Electronic Design*, 9:170–172, Apr. 1961.

[BO01]   M. Bengtsson und B. Ottersten. Optimal and Suboptimal Transmit Beamforming. In L.C. Godara, Editor, *Handbook of Antennas in Wireless Communications*. CRC Press, Boca Raton, FL, USA, Aug. 2001.

[Bre59]   D.G. Brennan. Linear Diversity Combining Techniques. In *Proceedings of the IRE*, pp. 1075–1102, Juni 1959.

[Bre00a]   C. Brenner. *Dreidimensionale Gebäuderekonstruktion aus digitalen Oberflächenmodellen und Grundrissen*. Dissertation, Fakultät für Bauingenieur- und Vermessungswesen der Universität Stuttgart, 2000.

[Bre00b]   C. Brenner. Towards Fully Automatic Generation of City Models. In *International Archives of Photogrammetry and Remote Sensing (IAPRS)*, Vol. XXXIII, pp. 85–92, 2000.

[BSDG+05]   D.S. Baum, J. Salo, G. Del Galdo, M. Milojevic, P. Kyösti und J. Hansen. An Interim Channel Model for Beyond-3G Systems. In *Proceedings of the 61th IEEE Vehicular Technology Conference, VTC2005-Spring*, Vol. 5, pp. 3132–3136, Stockholm, Sweden, Mai 2005.

[Bun06a]   Bundesministerium für Wirtschaft und Technologie (BMWI). *Informationstechnik und Telekommunikation*, 2006. http://www.bmwi.de.

[Bun06b]   Bundesverband für Informationswirtschaft, Telekommunikation und neue Medien e.V. *Daten zur Informationsgesellschaft*, 2006. http://www.bitkom.org.

[Bur95]   H.A. Burger. Use of Euler-Rotation Angles for Generating Antenna Patterns. *IEEE Transactions on Antennas and Propagation*, 37(2):56–63, Apr. 1995.

[Bur02]   A. Burr. Evaluation of Capacity of Indoor Wireless MIMO Channel Using Ray Tracing. In *Proceedings of the International Zürich Seminar, IZS 2002*, pp. 28-1–28-6, Zürich, Switzerland, Feb. 2002.

[CCB+06]   N. Czink, P. Cera, E. Bonek, J.-P. Nuutinen und J. Ylitalo. Improved Clustering Performance using Multipath Component Distance. *IEEE Electronic Letter*, 42(1), Jan. 2006.

[CCG+06]   G. Calcev, D. Chizhik, B. Göransson, S. Howard, H. Huang, A. Kogiantis, A.F. Molisch, A.L. Moustakas, D. Reed und H. Xu. A Wideband Spatial Channel Model for System-Wide Simulations. *IEEE Transactions on Vehicular Technology*, 56(2):389–403, März 2006.

[CDG00]   S. Catreux, P.F. Driessen und L.J. Greenstein. Simuation Results for an Interference-Limited Multiple-Input Multiple-Output Cellular System. *IEEE Communications Letters*, 4(11), Nov. 2000.

[CFV00]   D. Chizhik, G.J. Foschini und R.A. Valenzuela. Capacity of Multi-Element Transmit and Receive Antennas: Correlation and Keyholes. *Electronic Letters*, 36:1099–1100, Apr. 2000.

[Cic94]   D.J. Cichon. *Strahlenoptische Modellierung der Wellenausbreitung in urbanen Mikro- und Pikofunkzellen.* Dissertation, Forschungsberichte aus dem Institut für Höchstfrequenztechnik und Elektronik der Universität Karlsruhe (TH), 1994.

[Cio02]   J.M. Cioffi. *Advanced Digital Communication*, Kapitel: 4. Course Reader, Stanford University, 2002. http://www.stanford.edu/class/ee379c/.

[CKD99]   S. Catreux, R.L. Kirlin und P.F. Driessen. Capacity and Performance of Multiple-Input Multiple-Output Wireless Systems in a Cellular Context. In *Proceedings of the IEEE Pacific Rim Conference on Communications, Computers and Signal Processing*, pp. 516–519, Aug. 1999.

[CM04]   L.U. Choi und R.D. Murch. A Transmit Preprocessing Technique for Multi-User MIMO Systems Using a Decomposition Approach. *IEEE Transactions on Wireless Communications*, 3(1):20–24, Jan. 2004.

[Cor01]   L.M. Correia, Editor. *Wireless Flexible Personalized Communications - COST259: European Commission in Mobile Radio Research.* Wiley, New York, 2001.

[Cor06]   L.M. Correia, Editor. *Mobile Broadband Multimedia Networks - Techniques, Models and Tools for 4G, COST 273 Final Report.* Elsevier, Oxford, 2006.

[Cos83]   M. Costa. Writing on Dirty Paper. *IEEE Transactions on Information Theory*, 29(3):439–441, Mai 1983.

[CP07]   J.-M Conrat und P. Pajusco. Typical MIMO Propagation Channel in Urban Macrocells at 2 GHz. In *Proceedings of the 13th European Wireless Conference*, pp. CD–ROM, Paris, France, Apr. 2007.

[CPSG98]   M.F. Catedra, J. Perez, F. Saez de Adana und O. Gutierrez. Efficient Ray-Tracing Techniques for Three-Dimensional Analyses of Propagation in Mobile Communications: Application to Picocell and Microcell Scenarios. *IEEE Antennas and Propagation Magazine*, 14(2):15–28, Apr. 1998.

[CS03]   G. Caire und S. Shamai. On the Achievable Throughput of a Multiantenna Gaussian Broadcast Channel. *IEEE Transactions on Information Theory*, 49(7):1691–1706, Juli 2003.

[CT91]   T.M. Cover und J.A. Thomas. *Elements of Information Theory.* Wiley, 1991.

[CTKV02]   C.-N. Chuah, D.N.C. Tse, J.M. Kahn und R.A. Valenzuela. Capacity Scaling in MIMO Wireless Systems under Correlated Fading. *IEEE Transactions on Information Theory*, 48:637–650, März 2002.

[CTL$^+$03]   C.-C. Chong, C.-M. Tan, D.I. Laurenson, S. McLaughlin, M.A. Beach und A.R. Nix. A New Statistical Wideband Spatio-Temporal Channel Model for 5-GHz Band WLAN Systems. *IEEE Journal on Selected Areas in Communications*, 21(2):139–150, Feb. 2003.

[Cur80]   T.E. Curtis. Digital Beam Forming for Sonar Systems. *IEE Proceedings*, 127:257–265, Aug. 1980.

[Czi07]   N. Czink. *The Random-Cluster Model.* Dissertation, Technische Universität Wien, 2007.

[DC99]   E. Demasso und L.M. Correia, Editoren. *Digital Mobile Radio Towards Future Generation Systems.* COST Telecom Secretariat, European Commission, Brussels, Belgium, 1999.

[DC08]   A. Dunand und J.-M Conrat. Polarization Behaviour in Urban Macrocell Environments at 2.2GHz. In *COST 2100, TD(08)406*, Wroklaw, Poland, Feb. 2008.

[DEFVF07]   V. Degli-Esposti, F. Fuschini, E.M. Vitucci und G. Falciasecca. Measurement and Modelling of Scattering From Buildings. *IEEE Transactions on Antennas and Propagation*, 55(1):143–153, Jan. 2007.

[DEGd$^+$04]   V. Degli-Esposti, D. Guiducci, A. de Marsi, P. Azzi und F. Fuschini. An Advanced Field Prediction Model Including Diffuse Scattering. *IEEE Transactions on Antennas and Propagation*, 52(7):1717–1728, Juli 2004.

[DG07]   G. Del Galdo. *Geometriy-based Channel Modeling for Multi-User MIMO Systems and Applications.* Dissertation, Technische Universität Ilmenau, 2007.

[DGH04]   G. Del Galdo und M. Haardt. Comparison of Zero-Forcing Methods for Downlink Spatial Multiplexing in Realistic Multi-User MIMO Channels. In *Proceedings of the 59th IEEE Vehicular Technology Conference, VTC2004-Spring*, Vol. 1, pp. 299–303, Milan, Italy, Mai 2004.

[Did00]   D.L. Didascalou. *Ray-Optical Wave Propagation in Arbitrarily Shaped Tunnels.* Dissertation, Forschungsberichte aus dem Institut für Höchstfrequenztechnik und Elektronik der Universität Karlsruhe (TH), 2000.

[Döt00]   M.W. Döttling. *Strahlenoptisches Wellenausbreitungsmodell und Systemstudien für den Sattelitenmobilfunk.* Dissertation, Forschungsberichte aus dem Institut für Höchstfrequenztechnik und Elektronik der Universität Karlsruhe (TH), Karlsruhe, Germany, 2000.

[ECS$^+$98]   R.P. Ertel, P. Cardieri, K.W. Sowerby, T.S. Rappaport und J.H. Reed. Overview of Spatial Channel Models for Antenna Array Communication Systems. *IEEE Personal Communications*, 5:10–22, Feb. 1998.

[ESBC04]   V. Erceg, P. Soma, D.S. Baum und S. Catreux. Multiple-Input Multiple-Output Fixed Wireless Radio Channel Measurements and Modeling Using Dual-

Polarized Antennas at 2.5 GHz. *IEEE Transactions on Wireless Communications*, 3(6):2288–2298, Nov. 2004.

[EU02]   D. Erricolo und P.L.E. Uslenghi. Propagation Path Loss - A Comparison Between the Ray-Tracing Approach and Empirical Models. *IEEE Transactions on Antennas and Propagation*, 50(5):766–768, Mai 2002.

[FCG⁺03]   G.J. Foschini, D. Chizhik, M.J. Gans, C. Papadias und R.A. Valenzuela. Analysis and Performance of Some Basic Space-Time Architectures. *IEEE Journal on Selected Areas in Communications, Special Issue on MIMO Systems*, 21(3):303–320, Apr. 2003.

[FDGH05]   M. Fuchs, G. Del Galdo und M. Haardt. A Novel Tree-Based Scheduling Algorithm for the Downlink of Multi-User MIMO Systems with ZF Beamforming. In *Proceedings of the IEEE International Conference on Acoustics, Speech, and Signal Processing, ICASSP 2005*, Vol. 3, pp. 1121–1124, Philadelphia, PA, USA, März 2005.

[FFLV01]   F.R. Farrokhi, G.J. Foschini, A. Lozano und R.A. Valenzuela. Link-Optimal Space-Time Processing with Multiple Transmit and Receive Antennas. *IEEE Communications Letters*, 5(3):85–87, März 2001.

[FG98]   G.J. Foschini und M.J. Gans. On Limits of Wireless Communications in a Fading Environment when Using Multiple Antennas. *Wireless Personal Communications*, 6(3):311–335, 1998.

[FKL⁺07]   T. Fügen, S. Knörzer, M. Landmann, R.S. Thomä und W. Wiesbeck. A 3-D Ray Tracing Model for Macrocell Urban Environments and its Verification wih Measurements. In *Proceedings of the European Conference on Antennas and Propagation, EUCAP 2007*, CD-ROM, Edinburgh, UK, Nov. 2007.

[FKMW04]   T. Fügen, C. Kuhnert, J. Maurer und W. Wiesbeck. Performance of Multiuser MIMO Systems under Realistic Propagation Conditions. In *2004 ITG Workshop on Smart Antennas*, Munich, Germany, März 2004.

[FKW05]   T. Fügen, C. Kuhnert und W. Wiesbeck. Capacity of the MIMO Broadcast Channel Under Realistic Propagation Conditions. In *Proceedings of the 16th Annual IEEE International Symposium on Personal, Indoor and Mobile Radio Communications, PIMRC 2005*, Berlin, Germany, Sept. 2005.

[FL01]   X. Feng und C. Leung. A New Optimal Transmit and Receive Diversity Scheme. In *Proceedings of the IEEE Pacific Rim Conference on Communications, Computers and Signal Processing, PACRIM 2001*, Vol. 2, pp. 538–541, Victoria, BC, Canada, Aug. 2001.

[Fle90]   B.H. Fleury. *Charakterisierung von Mobil- und Richtfunkkanälen mit schwach stationären Fluktuationen und unkorrelierter Streuung*. Dissertation, Eidgenössische Teschnische Hochschule (ETH), Zürich, Schweiz, 1990.

[Fle00]   B. H. Fleury. First- and Second-Order Characterization of Direction Dispersion and Space Selectivity in the Radio Channel. *IEEE Transactions on Information Theory*, 46(6):2027–2044, Sept. 2000.

[FMB98]   J. Fuhl, A.F. Molisch und E. Bonek. Unified Channel Model for Mobile Radio Systems with Smart Antennas. *IEE Proceedings -Radar, Sonar and Navigation*, 145:32 – 41, Feb. 1998.

[FMKW04]   T. Fügen, J. Maurer, C. Kuhnert und W. Wiesbeck. A Modelling Approach for Multiuser MIMO Systems Including Spatially-Colored Interference. In *Proceedings of the IEEE Global Telecommunications Conference, GLOBECOM 2004*, Vol. 2, pp. 938–942, Dallas, TX, Dez. 2004.

[FMKW06a]   T. Fügen, J. Maurer, T. Kayser und W. Wiesbeck. Capability of 3D Ray Tracing for Defining Parameter Sets for the Specification of Future Mobile Communications Systems. *IEEE Transactions on Antennas and Propagation, Special Issue on Wireless Communications*, 54(11):3125–3137, Nov. 2006.

[FMKW06b]   T. Fügen, J. Maurer, T. Kayser und W. Wiesbeck. Verification of 3D Ray-tracing with Non-Directional and Directional Measurements in Urban Macrocellular Environments. In *Proceedings of the 63th IEEE Vehicular Technology Conference, VTC2006-Spring*, Melbourne, Australia, Mai 2006.

[FMSW05]   T. Fügen, J. Maurer, W. Sörgel und W. Wiesbeck. Characterization of Multipath Clusters with Ray-Tracing in Urban MIMO Propagation Environments at 2 GHz. In *IEEE International Symposium on Antennas and Propagation*, Vol. 3B, pp. 410–413, Washington DC, USA, Juli 2005.

[FMW03]   T. Fügen, J. Maurer und W. Wiesbeck. Radio Channel Characterization with Ray-Tracing for Urban Environments at 2 GHz. In *COST 273 TD(03)130*, Paris, France, Sept. 2003.

[FMW$^+$04]   T. Fügen, J. Maurer, C. Waldschmidt, C. Kuhnert und W. Wiesbeck. A Double-Directional Channel Model for Multiuser MIMO Systems. In *Proceedings of the URSI EMTS International Symposium on Electromagnetic Theory*, pp. 168–170, Pisa, Italy, Mai 2004.

[FMW05]   T. Fügen, J. Maurer und W. Wiesbeck. Cluster Characterization in Urban Macrocellular Environments with Ray-Tracing. In *Proceedings of the 62th IEEE Vehicular Technology Conference, VTC2005-Fall*, Vol. 3, pp. 1723–1727, Dallas, TX, Sept. 2005.

[FN98]   C. Farsakh und J.A. Nossek. Spatial Covariance Based Downlink Beamforming in an SDMA Mobile Radio System. *IEEE Transactions on Communications*, 54(1):59–73, Nov. 1998.

[Fos96]   G.J. Foschini. Layered Space-Time Architecture for Wireless Communication in a Facing Environment. *Bell Labs Technical Journal*, pp. 41–49, Okt. 1996.

[FPW06a]   T. Fügen, M. Porebska und W. Wiesbeck. Performance of Downlink Spatial-Multiplexing in Realistic Urban Multi-User MIMO Channels. In *Proceedings of the 64th IEEE Vehicular Technology Conference, VTC2006-Fall*, Montreal, Canada, Sept. 2006.

[FPW06b]   T. Fügen, M. Porebska und W. Wiesbeck. Performance of Downlink Spatial-Multiplexing in Urban Macrocellular Multi-User MIMO Scenarios. In *Proceedings of the 17th Annual IEEE International Symposium on Personal, Indoor and Mobile Radio Communications, PIMRC 2006*, Helsinki, Finland, Sept. 2006.

[FPW07]   T. Fügen, M. Porebska und W. Wiesbeck. A 3D Ray Tracing based System Si-
           mulator for the Development of Multi-User MIMO Systems. In *1st Workshop on
           Commercial MIMO-Components and -Systems*, CD-ROM, Duisburg, Germany,
           Sept. 2007.

[FSM+02]   T. Fügen, G. Sommerkorn, J. Maurer, D. Hampicke, W. Wiesbeck und R.S.
           Thomä. MIMO Capacities for Different Antenna Arrangements based on Double
           Directional Wide-Band Channel Measurements. In *Proceedings of the 13th IEEE
           International Symposium on Personal, Indoor and Mobile Radio Communicati-
           ons, PIMRC 2002*, Vol. 3, pp. 1777–1781, Lisbon, Portugal, Sept. 2002.

[FTH+99]   B.H. Fleury, M. Tschudin, R. Heddergott, D. Dahlhaus und K. Ingeman Pe-
           dersen. Channel Parameter Estimation in Mobile Radio Environments using
           the SAGE Algorithm. *IEEE Journal on Selected Areas in Communications*,
           17(3):434–450, März 1999.

[FWMW03]   T. Fügen, C. Waldschmidt, J. Maurer und W. Wiesbeck. MIMO-Capacity of
           Bridge Access Points based on Measurements and Simulations for Arbitrary
           Arrays. In *Proceedings of the 5th European Personal Mobile Communications
           Conference, EPMCC 2003*, pp. 467–471, Glasgow, Scotland, Apr. 2003.

[GBGP00]   D. Gesbert, H. Bölcskei, D.A. Gore und A.J. Paulraj. MIMO Wireless Chan-
           nels: Capacity and Performance Prediction. In *Proceedings of the IEEE Global
           Telecommunications Conference, GLOBECOM 2000*, Vol. 2, pp. 1083–1088, San
           Francisco, CA, USA, Nov. 2000.

[GBGP02]   D. Gespert, H. Bölcskei, D.A. Gore und A.J. Paulraj. Outdoor MIMO Wireless
           Channels: Models and Performance Prediction. *IEEE Transactions on Commu-
           nications*, 50:1926–1934, Dez. 2002.

[GCEM99]   L.J. Greenstein, S. Chassemzadeh, V. Erceg und D.G. Michelson. Ricean K-
           Faktors in Narrowband Fixed Wireless Channels. In *Proceedings of the 2nd
           International Symposium on Wireless Personal Multimedia Communications,
           WPMC 1999*, Amsterdam, Netherlands, Sept. 1999.

[Gen96]   N. Geng. *Modellierung der Ausbreitung elektromagnetischer Wellen in Funksy-
           stemen durch Lösung der parabolischen Approximation der Helmholtz-Gleichung.*
           Dissertation, Forschungsberichte aus dem Institut für Höchstfrequenztechnik
           und Elektronik der Universität Karlsruhe (TH), 1996.

[Gen03]   N. Geng. Multi-User MIMO Cell Throughput for Uplink and Downlink. In
           Proceedings of the 6th European Conference on Wireless Technology, pp. 261–
           264, Munich, Germany, Okt. 2003.

[GEYC97]   L.J. Greenstein, V. Erceg, Y.S. Yeh und M.V. Clark. A New Path-Gain/Delay
           Spread Propagation Model for Digital Cellular Channels. *IEEE Transactions on
           Vehicular Technology*, 46(2):477–485, Mai 1997.

[GJJV03]   A. Goldsmith, S.A. Jafar, N. Jindal und S. Vishwanath. Capacity Limits
           of MIMO Channels. *IEEE Journal on Selected Areas in Communications*,
           21(5):684–702, Juni 2003.

[GSSV01]   G. German, Q.H. Spencer, A.L. Swindlerhurst und R.A. Valenzuela. Wireless
           Indoor Channel Modeling: Statistical Agreement of Ray Tracing Simulations

and Channel Sounding Measurements. In *IEEE International Conference on Acoustics, Speech, and Signal Processing, ICASSP-2001*, Vol. 4, pp. 778–781, Salt Lake City, UT, Mai 2001.

[Gud91]   M. Gudmundson. Correlation Model for Shadow Fading in Mobile Radio Systems. *IEE Electronic Letter*, 27(3):2145–2146, Nov. 1991.

[GVK02]   N. Geng, I. Viering und M. Kiessling. Multi-user MIMO-OFDM Cell Throughput under Real-World Propagation Conditions. In *Proceedings of the 56th IEEE Vehicular Technology Conference, VTC2002-Fall*, Vancouver, BC, Canada, Sept. 2002.

[GW98]   N. Geng und W. Wiesbeck. *Planungsmethoden für die Mobilkommunikation.* Springer, Berlin, 1998.

[Haa05]   N. Haala. *Multi-Sensor-Photogrammetrie - Vision oder Wirklichkeit?* Reihe C, Heft Nr. 589. Deutsche Geodätische Kommission bei der Bayerischen Akademie der Wissenschaften, München, 2005.

[Has79]   H. Hashemi. Simulation of the Urban Radio Propagatin Channel. *IEEE Transactions on Vehicular Technology*, VT-28(3):213–225, Aug. 1979.

[HL03]   R. Heddergott und P.E. Leuthold. An Extension of Stochastic Radio Channel Modeling Considering Propagation Environments with Clusterd Multipath Components. *IEEE Transactions on Antennas and Propagation*, 51(8):1729–1739, Aug. 2003.

[HÖHB02]   M. Herdin, H. Özcelik, H. Hofstetter und E. Bonek. Variation of Measured Indoor MIMO Capacity with Receive Direction and Position at 5.2 GHz. *Electronics Letters*, 38:1283–1285, Okt. 2002.

[HS04a]   H. Hofstetter und G. Steinböck. A Geometry based Stochastic Channel Model. In *2004 ITG Workshop on Smart Antennas*, Munich, Germany, März 2004.

[HS04b]   H. Hofstetter und G. Steinböck. A Geometry based Stochastic Channel Model for MIMO. In *COST 273 TD(04)060*, Athen, Greece, Jan. 2004.

[HWC99]   D. Har, A. M. Watson und A. G. Chadney. Comment on Diffraction Loss of Rooftop-to-Street in COST 231-Walfisch-Ikegami Model. *IEEE Transactions on Vehicular Technology*, 48(5):1451–1452, Sept. 1999.

[HWL99]   R. Hoppe, G. Wölfle und F.M. Landstorfer. Accelerated Ray Optical Propagation Modeling for the Planning of Wireless Communication Networks. In *Proceedings of the IEEE Radio and Wireless Conference, RAWCON 99*, pp. 159–162, Denver, CO, USA, Aug. 1999.

[IEE07]   IEEE Standards Association. *IEEE Unapproved Draft Standard P802.11n_D3.00*, Sept. 2007. http://www.ieee802.org/11/.

[IN02]   M.T. Ivrlac und J.A. Nossek. MIMO Eigenbeamforming in Correlated Fading. In *Proceedings of the IEEE Circuits and Systems for Communications Conference*, pp. 212–215, St. Petersburg, Russia, Juni 2002.

[IN03]   M.T. Ivrlac und J.A. Nossek. Quantifying Diversity and Correlation in Rayleigh Fading MIMO Communication Systems. In *IEEE International Symposium* on *Signal Processing and Information Technology, ISSPIT 2003*, pp. 158–161, Darmstadt, Germany, Dez. 2003.

[Inf05]   Information Society Technologies. *Mobile and Wireless Systems and Platforms Beyond 3G*, 2005. `http://cordis.europa.eu/ist/so/mobile-wireless/home.html`.

[IY02]   M.F. Iskander und Z. Yun. Propagation Prediction Models for Wireless Communication Systems. *IEEE Transactions on Microwave Theory and Techniques*, 50:662–673, März 2002.

[Jaf03]   S. A. Jafar. *Fundamental Capacity Limits of Multiple Antenna Wireless Systems*. Dissertation, Stanford University, 2003.

[Jak74]   W. Jakes. *Microwave Mobile Communications*. Wiley, New York, NY, 1974.

[Jan04]   M Jankiraman. *Space-Time Codes and MIMO Systems*. Artech House, Boston / London, 2004.

[JB04]   E.A. Jorswieck und H. Boche. Optimal Transmission Strategies and Impact of Correlation in Multiantenna Systems with Different Types of Channel State Information. *IEEE Transactions on Acoustics, Speech, and Signal Processing*, 52(12):3440–3453, Dez. 2004.

[JJVG02]   N. Jindal, S.A. Jafar, S. Vishwanath und A. Goldsmith. Sum Power Iterative Water-Filling for Multi-Antenna Gaussian Broadcast Channels. In *36th Asilomar Conference on Signals, Systems and Computers*, Vol. 2, pp. 1518–1522, Nov. 2002.

[Jor04]   E.A. Jorswieck. *Unified Approach for Optimisation of Single-User and Multi-User Multiple-Input Multiple-Output Wireless Systems*. Dissertation, Fakultät IV - Elektrotechnik und Informatik der Technischen Universität Berlin, 2004.

[JRV$^+$05]   N. Jindal, Wonjong Rhee, S. Vishwanath, S.A. Jafar und A. Goldsmith. Sum Capacity of the Vector Gaussian Broadcast Channel and Uplink-Downlink Duality. *IEEE Transactions on Information Theory*, 51(4):1570–1580, Apr. 2005.

[Jug01]   E. Jugl. *Mobilitätsmodellierung und Einflüsse auf Systemparameter von Mobilfunksystemen*. Dissertation, Universität Ilmenau, 2001.

[JW04]   M.A. Jensen und J.W. Wallace. A Review of Antennas and Propagation for MIMO Wireless Communications. *IEEE Transactions on Antennas and Propagation*, 52(11):2810–2824, Nov. 2004.

[JW05]   M.A. Jensen und J.W. Wallace. MIMO Wireless Channel Modeling and Experimental Characterization. In A.B. Gershman und N.D. Sidiropoulos, Editoren, *Space-Time Signal Processing for MIMO Communications*, pp. 1–39. John Wiley & Sons, 2005.

[Kat97]   R. Kattenbach. *Charakterisierung zeitvarianter Indoor Funkkanäle anhand ihrer System- und Korrelationsfunktionen*. Dissertation, Universität Gesamthochschule Kassel, Fachbereiche Elektrotechnik, 1997.

[Kat02]   R. Kattenbach. Statistical Modeling of Small-Scale Fading in Directional Radio Channels. *IEEE Journal on Selected Areas in Communications*, 20(3):584 – 592, Apr. 2002.

[Kat08]   Kathrein. *Mobilfunkantennen der Firma Kathrein*, 2008. `http://www.kathrein.de/de/mca/index.htm`.

[KBJR01]   M.A. Khalighi, J. Brossier, G. Jourdain und K. Raoof. Water Filling Capacity of Rayleigh MIMO Channels. In *Proceedings of the IEEE 12th International Symposium on Personal, Indoor and Mobile Radio Communications*, Vol. 1, pp. 155–158, San Diego, CA , USA, Sept. 2001.

[KC00]   G.V. Klimovitch und J.M. Cioffi. Maximizing Data Rate-Sum over Vector Multiple Access Channel. In *Proceedings of the IEEE Wireless Communications and Networking Conference, WCNC 2000*, Vol. 1, pp. 287–292, Chicago, Il, USA, Sept. 2000.

[KCVW03]   P. Kyritsi, D.C. Cox, R.A. Valenzuela und P.W. Wolniansky. Correlation Analysis Based on MIMO Channel Measurements in an Indoor Environment. *IEEE Journal on Selected Areas in Communications*, 21(5):713–720, Juni 2003.

[KCW93]   T. Kürner, D.J. Cichon und W. Wiesbeck. Concepts and Results for 3D Digital Terrain-Based Wave Propagation Models: An Overview. *IEEE Journal on Selected Areas in Communications*, 11:1002–1012, Sept. 1993.

[KGW+99]   Seong-Cheol Kim, B.J. Jr. Guarino, T.M. III Willis, V. Erceg, S.J. Fortune, R.A. Valenzuela, L.W. Thomas, J. Ling und J.D. Moore. Radio Propagation Measurements and Prediction Using Three-Dimensional Ray Tracing in Urban Environments at 908 MHz and 1.9 GHz. *IEEE Transactions on Vehicular Technology*, 48(3):931–946, Mai 1999.

[KJUN02]   T.P. Kurpjuhn, M. Joham, W. Utschick und J.A. Nossek. Experimental Studies About Eigenbeamforming in Standardization MIMO Channels. In *Proceedings of the 56th IEEE Vehicular Technology Conference, VTC2002-Fall*, Vol. 1, pp. 185–189, Vancouver, Canada, Sept. 2002.

[KK05]   W. Kuropatwinski-Kaiser. *MIMO-Demonstrator basierend auf GSM-Komponenten*. Dissertation, Forschungsberichte aus dem Institut für Nachrichtentechnik der Universität Karlsruhe (TH), 2005.

[KKKG08a]   F. Kaltenberger, M. Kountouris, R. Knopp und D. Gesbert. Capacity of Linear Multi-User MIMO Precoding Schemes with Measured Channel Data. In *9th IEEE International Workshop on Signal Processing Advances in Wireless Communications, SPAWC 2008*, Recife, Brasil, Juli 2008.

[KKKG08b]   F. Kaltenberger, M. Kountouris, R. Knopp und D. Gespert. Correlation and Capacity of Measured Multi-User MIMO Channels. In *Proceedings of the 19th IEEE International Symposium on Personal, Indoor and Mobile Radio Communications, PIMRC 2008*, Cannes, France, Sept. 2008.

[KLV+03]   K. Kalliola, H. Laitinen, P. Vainikainen, M. Toeltsch, J. Laurila und E. Bonek. 3-D Double-directional Radio Channel Characterization for Urban Macrocellular Applications. *IEEE Transactions on Antennas and Propagation*, 51(11):3122–3133, Nov. 2003.

[KRB00]   A. Kuchar, J.-P. Rossi und E. Bonek. Directional Macro-Cell Channel Characterization from Urban Measurements. *IEEE Transactions on Antennas and Propagation*, 48(2):137–146, Feb. 2000.

[KSP+02]   J.P. Kermoal, L. Schumacher, K.I. Pedersen, P.E. Mogensen und F. Frederiksen. A Stochastic MIMO Radio Channel Model with Experimental Validation. *IEEE Journal on Selected Areas in Communications*, 20(6):1211–1226, Aug. 2002.

[Kuh06]   C. Kuhnert. *Systemanalyse von Mehrantennen-Frontendes (MIMO)*. Dissertation, Forschungsberichte aus dem Institut für Höchstfrequenztechnik und Elektronik der Universität Karlsruhe (TH), 2006.

[Kür93]   T. Kürner. *Charakterisierung digitaler Funksysteme mit einem breitbandigen Wellenausbreitungsmodell*. Dissertation, Forschungsberichte aus dem Institut für Höchstfrequenztechnik und Elektronik der Universität Karlsruhe (TH), 1993.

[LCLL00]   H.-J. Li, C.C. Chen, T.-Y. Liu und H.-C. Lin. Applicability of Ray-Tracing Technique for the Prediction of Outdoor Channel Characteristics. *IEEE Transactions on Vehicular Technology*, 49(6):2336–2349, Nov. 2000.

[Lee73]   W. Lee. Effect on Correlation Between two Mobile Radio Base-Station Antennas. *IEEE Transactions on Communications*, 21(11):1214–1224, Nov. 1973.

[Lee82]   W.C.Y. Lee. *Mobile Communications Engineering*. McGraw-Hill, New York, 1982.

[LKT+02]   J. Laurila, K. Kalliola, M. Toeltsch, K. Hugel, P. Vainikainen und E. Bonek. Wide-Band 3-D Characterization of Mobile Radio Channels in Urban Environment. *IEEE Transactions on Antennas and Propagation*, 50(2):233–243, Feb. 2002.

[LKT+07]   M. Landmann, M. Kaeske, R.S. Thomä, J. Takada und I. Ida. Measurement Based Parametric Channel Modeling Considering Diffuse Scattering and Specular Components. In *Proceedings of the International Symposium on Antennas and Propagation*, Niigata, Japan, Aug. 2007.

[LKYL96]   A. Litva und T. Kwok-Yeung Lo. *Digital Beamforming in Wireless Communications*. Artech House Publishers, London, 1996.

[LMB98]   J. Laurila, A.F. Molisch und E. Bonek. Influence of the Scatterer Distribution on Power Delay Profiles and Azimuthal Power Spectra of Mobile Radio Channels. In *IEEE 4th International Symposium on Spread Spectrum Techniques and Applications, ISSSTA 1998*, Vol. 1, pp. 267–271, Sun City, South Africa, Sept. 1998.

[Lo99]   T. Lo. Maximum Ratio Transmission. *IEEE Transactions on Communications*, 47(10):1458–1461, Okt. 1999.

[LR96]   J.C. Liberti und T.S. Rappaport. A Geometrically Based Model for Line-of-Sight Multipath Radio Channels. In *Proceedings of the 46th IEEE Vehicular Technology Conference, VTC1996*, Vol. 2, pp. 844 – 848, Atlanta, GA, USA, April 1996.

[LS03]   E.G. Larsson und P. Stoica. *Space-Time Block Coding for Wireless Communications*. Cambridge University Press, Cambridge, UK, 2003.

[LST+07]   M. Landmann, K. Sivasondhivat, J. Takada, I. Ida und R.S. Thomä. Polarization Behavior of Discrete Multipath and Diffuse Scattering in Urban Environments at 4.5 GHz. *EURASIP Journal on Wireless Communications and Networking*, 2007:Article ID 57980, 16 pages, 2007.

[Lue84]   R.J. Luebbers. Finite Conductivity Uniform GTD Versus Knife Edge Diffraction in Prediction of Propagation Path Loss. *IEEE Transactions on Antennas and Propagation*, 32(1):70–76, Jan. 1984.

[Lue88]   R.J. Luebbers. Comparison of Lossy Wedge Diffraction Coefficients with Application to Mixed Path Propagation Loss Prediction. *IEEE Transactions on Antennas and Propagation*, 36(7):1031–1034, Juli 1988.

[Lv98]   M. Lotter und P. van Rooyen. Space Division Multiple Access for Cellular CDMA. In *Proceedings of the IEEE International Symposium on Spread Spectrum Techniques and Applications*, Vol. 3, pp. 959–964, Sun City, South Africa, Sept. 1998.

[LWN02]   J. Laiho, A. Wacker und T. Novosad. *Radio Network Planning and Optimization for UMTS*. Wiley, Chichester, UK, 2002.

[MAH⁺06] A.F. Molisch, H. Asplund, R. Heddergott, M. Steinbauer und T. Zwick. The COST259 Directional Channel Model - Part I: Overview and Methodology. *IEEE Transactions on Wireless Communications*, 5(12):3421–3433, Dez. 2006.

[Mar98]   U. Martin. Spatio-Temporal Radio Channel Characteristics in Urban Macrocells. In *IEE Proceedings -Radar, Sonar and Navigation*, Vol. 145, pp. 42–49, Feb. 1998.

[Mau05]   J. Maurer. *Strahlenoptisches Kanalmodell für die Fahrzeug-Fahrzeug-Funkkommunikation*. Dissertation, Forschungsberichte aus dem Institut für Höchstfrequenztechnik und Elektronik der Universität Karlsruhe (TH), 2005.

[Maw92]   A. Mawira. Models of the Spatial Cross-Correlation Functions of the (Log)-Normal Component of the Variability of VHF/UHF Field Strength in Urban Environments. In *Proceedings of the 3rd IEEE International Symposium on Personal, Indoor and Mobile Radio Communications, PIMRC 1992*, pp. 436–440, Okt. 1992.

[MDDW00] J. Maurer, O Drumm, D.L. Didascalou und W. Wiesbeck. A Novel Approach in the Determination of Visible Surfaces in 3D Vector Geometries for Ray-Optical Wave Propagation Modelling. In *Proceedings of the 51st IEEE Vehicular Technology Conference, VTC2000-Spring*, pp. 1651–1655, Tokyo, Japan, Mai 2000.

[MED05]   MEDAV GmbH. *Channel Sounder Homepage*, 2005. `http://www.channelsounder.de/`.

[MFW05]   J. Maurer, T. Fügen und W. Wiesbeck. Physical Layer Simulations of IEEE802.11a for Vehicle-to-Vehicle Communications. In *Proceedings of the 62th IEEE Vehicular Technology Conference, VTC2005-Fall*, Vol. 3, pp. 1849–1853, Dallas, TX, Sept. 2005.

[Mil99]   T. Milligan. More Applications of Euler Rotation Angles. *IEEE Antennas and Propagation Magazine*, 41(4):78–83, Aug. 1999.

[MJ05]   M.L. Morris und M.A. Jensen. Network Model for MIMO Systems with Coupled Antennas and Noisy Amplifiers. *IEEE Transactions on Antennas and Propagation*, 53(1):545–552, Jan. 2005.

[MKL+99]   A.F. Molisch, A. Kuchar, J. Laurila, K. Hugl und E. Bonek. Efficient implementation of a Geometry-Based Directional Model for Mobile Radio Channels. In *Proceedings of the 50st IEEE Vehicular Technology Conference, VTC1999-Fall*, Vol. 3, pp. 1449–1453, Amsterdam, Netherlands, Sept. 1999.

[Mol03]   A.F. Molisch. Effects of Far Scatterer Clusters in MIMO Outdoor Channel Models. In *Proceedings of the 57th IEEE Vehicular Technology Conference, VTC2003-Spring*, pp. 534–538, Jeju, Korea, Apr. 2003.

[Mol04]   A.F. Molisch. A Generic Model for MIMO Wireless Propagation Channels in Macro- and Microcells. *IEEE Transactions on Signal Processing*, 52(1):61–71, Jan. 2004.

[Mol05]   A.F. Molisch. *Wireless Communications*. John Wiley & Sons, Chichester, UK, 2005.

[MRAB05]   J. Medbo, M. Riback, H. Asplund und J.-E. Berg. MIMO Channel Characteristics in a Small Macrocell Measured at 5.25GHz and 200MHz Bandwidth. In *Proceedings of the 62th IEEE Vehicular Technology Conference, VTC2005-Fall*, Vol. 1, pp. 372–376, Dallas, TX, Sept. 2005.

[MST+02]   A.F. Molisch, M. Steinbauer, M. Toeltsch, E. Bonek und R.S. Thomä. Capacity of MIMO Systems Based on Measured Wireless Channels. *IEEE Journal on Selected Areas in Communications*, 20(3):561–569, Apr. 2002.

[MT04]   A.F. Molisch und F. Tufvesson. Multipath Propagation Models for Broadband Wireless Systems. In M. Ibnkahla, Editor, *Digital Signal Processing for Wireless Communications Handbook*, pp. 2.1–2.43. CRC Press, Boca Raton, FL, USA, Dez. 2004.

[MT05]   A.F. Molisch und F. Tufvesson. MIMO Channel Capacity and Measurements. In T. Kaiser, A. Bourdoux, H. Boche, J.R. Fonolossa, J. Bach Andersen und W. Utschick, Editoren, *Book Series on Signal Processing and Communications*, Vol. 3. EURASIP, New York, NY, 2005.

[MTP90]   S. Mockford, A.M.D. Turkmani und J.D. Parsons. Local Mean Signal Variability in Rural Areas at 900MHz. In *Proceedings of the 40th IEEE Vehicular Technology Conference, VTC 1990*, Mai 1990.

[MWS00]   C.C. Martin, J.H. Winters und N.R. Sollenberger. Multiple-Input Multiple-Output (MIMO) Radio Channel Measurements. In *Proceedings of the 52nd IEEE Vehicular Technology Conference, VTC2000-Fall*, Vol. 2, pp. 774–779, Boston, MA, USA, Sept. 2000.

[MWW02]   A.F. Molisch, M.Z. Win und J.H. Winters. Space-Time-Frequency (STF) Coding for MIMO-OFDM Systems. *IEEE Communications Letters*, 6:370–372, Sept. 2002.

[Net07]   Technical Specification Group Radio Access Network. *Spatial Channel Model for Multiple Input Multiple Output (MIMO) Simulations (Release 7)*. 3GPP and 3GPP2, TR 25.996 V7.0.0, 3rd Generation Partnership Project, Juni 2007. http://www.3gpp.org.

[NIL05]   Jarno Niemelä, Tero Isotalo und Jukka Lempiäinen. Optimum Antenna Downtilt Angles for Macrocellular WCDMA Network. *EURASIP Journal on Wireless Communications and Networking*, 5(5):816–827, 2005.

[NKT+07]   K. Nishimori, R. Kudo, Y. Takatori, A. Ohta und S. Kubota. Multiuser OFDM-MIMO Effect with Fair Ressource Allocation in Actual Indoor Multipath Environment. In *2007 ITG Workshop on Smart Antennas*, pp. CD–ROM, Wien, Österreich, Feb. 2007.

[NLA+99]   M. Nilsson, B. Lindmark, M. Ahlberg, M Larsson und C. Beckman. Characterization of a Wideband Radio Channel Using Spatio Temporal Polarization Measurements. In *Proceedings of the 10th International Symposium on Personal, Indoor and Mobile Radio Communications, PIMRC 1999*, pp. 1454–1459, 1999.

[NMI+06]   K. Nishimori, Y. Makise, M. Ida, R. Kudo und K. Tsunekawa. Channel Capacity Measurement of 8 x 2 MIMO Transmission by Antenna Configurations in an Actual Cellular Environment. *IEEE Transactions on Antennas and Propagation*, 54(11):3285–3291, Nov. 2006.

[NST08]   M. Narandžić, C. Schneider und R.S. Thomä. Winner Wideband MIMO System-Level Channel Model - Comparison With Other Reference Models. In *COST 2100, TD(08)457*, Wroklaw, Poland, 2008.

[OC07]   C. Oestges und B. Clerckx. Modeling Outdoor Macrocellular Clusters Based on 1.9-GHz Experimental Data. *IEEE Transactions on Vehicular Communications*, 56(5):2821–2830, Sept. 2007.

[ÖCB05]   H. Özcelik, N. Czink und E. Bonek. What Makes a Good MIMO Channel Model? In *Proceedings of the 61th IEEE Vehicular Technology Conference, VTC2005-Spring*, Vol. 1, pp. 156–160, Stockholm, Sweden, Juni 2005.

[OCVJ04]   C. Oestges, B. Clerckx und D. Vanoenacker-Janvier. Extraction of Outdoor Macrocellular Cluster Parameters from Wideband Data at 1.9 GHz. In *COST 273 TD(04) 076*, Gothenburg, Sweden, Juni 2004.

[ÖHW+03]   H. Özcelik, M. Herdin, W. Weichselberger, J.W. Wallace und E. Bonek. Deficiencies of 'Kronecker' MIMO Radio Channel Model. *IEEE Electronic Letter*, 39:1209–1210, Aug. 2003.

[ONBP03]   Ö. Oyman, R.U. Nabar, H. Bölcskei und A.J. Paulraj. Characterizing the Statistical Properties of Mutual Information in MIMO Channels. *IEEE Transactions on Acoustics, Speech, and Signal Processing*, 51(11):2784–2795, Nov. 2003.

[Ott96]   B. Ottersten. Array Processing for Wireless Communications. In *Proceedings of the 8th IEEE Signal Processing Workshop on Statistical Signal and Array Processing*, pp. 466–473, Corfu, Greece, Juni 1996.

[OVJC04]   C. Oestges, C. Vanhoenacker-Janvier und B. Clerckx. Wide-Band SIMO 1x2 Measurements and Characterization of Outdoor Wireless Channels at 1.9 GHz. *IEEE Transactions on Vehicular Technology*, 53(4):1190 – 1202, Juli 2004.

[Özc04]   H. Özcelik. *Indoor MIMO Channel Models*. Dissertation, Technische Universität Wien, Fakultät für Elektrotechnik und Informationstechnik, 2004.

[Paj98]   P. Pajusco. Experimental Characterization of DOA at the Base Station in Rural and Urban Area. In *Proceedings of the 48th IEEE Vehicular Technology Conference, VTC1998*, Vol. 2, pp. 993–997, Ottawa, Ont., Canada, Mai 1998.

[PAKM00]   K.I. Pedersen, J.B. Andersen, J.P. Kermoal und P.E. Mogensen. A Stochastic Multiple-Input-Multiple-Output Radio Channel Model for Evaluation of Space-time Coding Algorithms. In *Proceedings of the 52nd IEEE Vehicular Technology Conference, VTC2000-Fall*, Vol. 2, pp. 893–897, 2000.

[Pät02]   M Pätzold. *Mobile Fading Channels*. John Wiley & Sons, Chichester, 2002.

[Pee03]   C.B. Peel. On "Dirty-Paper Coding". *IEEE Signal Processing Magazine*, 20(3):112–113, Mai 2003.

[PLN+99]   M Pettersen, P.H. Lehne, J. Noll, O. Røstbakken, E. Antonsen und R. Eckhoff. Characterisation of the Directional Wideband Radio Channel in Urban and Suburban Areas. In *Proceedings of the 50st IEEE Vehicular Technology Conference, VTC1999-Fall*, pp. 1454–1459, Amsterdam, Netherlands, Sept. 1999.

[PMF00]   K.I. Pedersen, P.E. Mogensen und B.H. Fleury. A Stochastic Model of the Temporal and Azimuthal Dispersion Seen at the Base Station in Outdoor Propagation Environments. *IEEE Transactions on Vehicular Technology*, 49(2):437–447, März 2000.

[PNG03]   A.J. Paulraj, R. Nabar und D. Gore. *Introduction to Space-Time Wireless Communications*. Cambridge University Press, Cambridge, UK, 2003.

[Por05a]   M. Porebska. *Charakterisierung der räumlichen Eigenschaften des Übertragungskanals in urbanen Gebieten*. Studienarbeit, Institut für Höchstfrequenztechnik und Elektronik der Universität Karlsruhe (TH), Feb. 2005.

[Por05b]   M. Porebska. *Leistungsbewertung intelligenter Antennensysteme unter EMV Gesichtspunkten*. Diplomarbeit, Institut für Höchstfrequenztechnik und Elektronik der Universität Karlsruhe (TH), Okt. 2005.

[PRK85]   A.J. Paulraj, R. Roy und T. Kailath. Estimation of Signal Parameters via Rotational Invariance Techniques - ESPRIT. In *Proceedings of the 19th Asilomar Conference on Circuits, Systems and Computers*, pp. 83–89, Nov. 1985.

[Pro01]   J. G. Proakis. *Digital Communications*. McGraw-Hill, 2001.

[PRR02]   P. Petrus, J.H. Reed und T.S Rappaport. Geometrical-Based Statistical Macrocell Channel Model for Mobile Environments. *IEEE Transactions on Communications*, 50(3):495 – 502, März 2002.

[PSS05]   G. Primovlevo, G. Simeone und U. Spagnolini. Channel Aware Scheduling for Broadcast MIMO Systems with Orthogonal Linear Precoding and Fairness Constraints. In *Proceedings of the IEEE International Conference on Communications, ICC 2005*, Vol. 4, pp. 2749–2753, Seoul, South Korea, Mai 2005.

[PSSH04]   C.B. Peel, Q.H. Spencer, A.L. Swindlerhurst und B. Howald. Downlink Transmit Beamforming in Multi-User MIMO Systems. In *Proceedings of the IEEE Sensor Array and Multichannel Signal Processing Workshop*, pp. 43–51, Sitges, Spain, Juli 2004.

[PTL⁺05]   C. Pietsch, W.G. Teich, J. Lindner, C. Waldschmidt und W. Wiesbeck. A Highly Flexible MIMO Demonstrator. In *2005 ITG Workshop on Smart Antennas*, Duisburg, Germany, Apr. 2005.

[PWN04]   Z. Pan, K.K. Wong und T.S. Ng. Generalized Multiuser Orthogonal Space Division Multiplexing. *IEEE Transactions on Wireless Communications*, 3(6):1969–1973, Nov. 2004.

[QTM02]   W. Qui, H. Tröger und M. Meurer. Joint Transmission (JT) in Multi-User MIMO Transmission Systems. In *COST 273 TD(02)008*, Espoo, Finland, Mai 2002.

[RC98]   G.G. Raleigh und J.M. Cioffi. Spatio-Temporal Coding for Wireless Communications. *IEEE Transactions on Communications*, 46(3):357–366, März 1998.

[RG02]   J.-P. Rossi und Y. Gabillet. A Mixed Ray Launching/Tracing Method for Full 3-D UHF Propagation Modeling and Comparison With Wide-Band Measurements. *IEEE Transactions on Antennas and Propagation*, 50(4):517–523, April 2002.

[Ric05]   A. Richter. *Estimation of Radio Channel Parameters: Models and Algorithms*. Dissertation, Technische Universität Ilmenau, Ilmenau, Germany, 2005.

[RLT04]   A. Richter, M. Landmann und R.S. Thomä. On the Relevance of Dense Multipath Components in a Micro Cell Scenario. In *COST 273, TD(04)137*, Gothenburg, Sweden, Sept. 2004.

[Roy97]   R. Roy. Spatial Division Multiple Access Technology and its Application to Wireless Communication Systems. In *Proceedings of the 47th IEEE Vehicular Technology Conference*, Vol. 2, pp. 730–734, Phoenix, AZ, Mai 1997.

[RPK87]   V. Reddy, A.J. Paulraj und T. Kailath. Performance Analysis of the Optimum Beamformer in the Presence of Correlated Sources and its Behavior under Spatial Smoothing. *IEEE Transactions on Acoustics, Speech, and Signal Processing*, 35(7):927–936, Juli 1987.

[RSK06]   A. Richter, J. Salmi und V. Koivunen. On Distributed Scattering in Radio Channels and its Contribution to MIMO Channel Capacity. In *Proceedings of the European Conference on Antennas and Propagation, EUCAP 2006*, Nice, France, Nov. 2006.

[RSS90]   T.S. Rappaport, S.Y. Seidel und R Singh. 900-MHz Multipath Propagation Measurements for US Digital Cellular Radiotelephone. *IEEE Transactions on Vehicular Technology*, 39(2):132–139, Mai 1990.

[RWH02]   T. Rautiainen, G. Wölfle und R. Hoppe. Verifying Path Loss and Delay Spread Predictions of a 3D Ray Tracing Propagation Model in Urban Environment. In *Proceedings of the 56th IEEE Vehicular Technology Conference, VTC2002-Fall*, pp. 1264–1268, Vancouver, BC, Canada, Sept. 2002.

[RYC04]   W. Rhee, W. Yu und J.M. Cioffi. The Optimality of Beamforming in Uplink Multiuser Wireless Systems. *IEEE Transactions on Wireless Communications*, 3(1):86–96, Jan. 2004.

[Say02]   A.M. Sayeed. Deconstructing Multiantenna Fading Channels. *IEEE Transactions on Signal Processing*, 50(10):2563–2579, Okt. 2002.

[SBK03]   R. Seeger, L. Brötje und K.-D. Kammeyer. A MIMO Hardware Demonstrator: Application of Space-Time Block Codes. In *Prodeedings of the 3rd IEEE International Symposium on Signal Processing and Information Technology*, pp. 98–101, Darmstadt, Germany, Dez. 2003.

[SBM⁺04]   G.L. Stueber, S.W. Barry, S.W. McLaughlin, Y.G. Li, M.A. Ingram und T.G. Pratt. Broadband MIMO-OFDM Wireless Communications. *Proceedings of the IEEE*, 92(2):271–294, Feb. 2004.

[SBRM04]   L. Schumacher, L.T Berger und J. Ramiro-Moreno. Propagation Characterization and MIMO Channel Modeling for 3G. In S. Chandran, Editor, *Adaptive Antenna Arrays; Trends and Applications*, pp. 377–393. Springer, 2004.

[Sch86]   R.O. Schmidt. Multiple Emitter Location and Signal Parameter Estimation. *IEEE Transactions on Antennas and Propagation*, 34(3):276–280, März 1986.

[Sch98]   R. Schneider. *Modellierung der Wellenausbreitung für ein bildgebendes Kfz-Radar*. Dissertation, Forschungsberichte aus dem Institut für Höchstfrequenztechnik und Elektronik der Universität Karlsruhe (TH), 1998.

[Sch04]   M. Schnerr. *Untersuchung von Mehrantennensystemen für zellulare Kommunikationsnetze*. Diplomarbeit, Institut für Höchstfrequenztechnik und Elektronik der Universität Karlsruhe (TH), März 2004.

[SFGK00]   D.-S. Shiu, G.J. Foschini, M.J. Gans und J.M. Kahn. Fading Correlation and its Effect on the Capacity of Multielement Antenna Systems. *IEEE Transactions on Communications*, 48(3):502–513, März 2000.

[SFZV07]   M. Sánchez-Fernández, S. Zazo und R. Valenzuela. Performance Comparison between Beamforming and Spatial Multiplexing for the Downlink in Wireless Cellular Systems. *IEEE Transactions on Wireless Communications*, 6(7):2427–2431, Juli 2007.

[SGWJ01]   A.L. Swindlerhurst, G. German, J.W. Wallace und M.A. Jensen. Experimental Measurements of Capacity for MIMO Indoor Wireless Channels. In *IEEE Third Workshop on Signal Processing Advances in Wireless Communications*, pp. 30–33, Taiwan, China, März 2001.

[SH04]   V. Stankovic und M. Haardt. Multi-User MIMO Downlink Precoding for Users with Multiple Antennas. In *Proceedings of the 12-th Meeting of the Wireless World Research Forum (WWRF)*, Toronto, ON, Canada, Nov. 2004.

[Sha48]   C.E. Shannon. A Mathematical Theory of Communication. *Bell Syst. Technical Journal*, 27:379–423 (Teil 1), 623–656 (Teil 2), 1948.

[She06]   Z. Shen. *Multiuser Resource Allocation in Multichannel Wireless Communication Systems*. Dissertation, University of Texas, Austin, TX, 2006.

[SJJS00]   Q.H. Spencer, B.D. Jeffs, M.A. Jensen und A.L. Swindlerhurst. Modeling the Statistical Time and Angle of Arrival Characteristics of an Indoor Multipath Channel. *IEEE Journal on Selected Areas in Communications*, 18:347–359, März 2000.

[SMB01]   M. Steinbauer, A.F. Molisch und E. Bonek. The Double-Directional Radio Channel. *IEEE Transactions on Antennas and Propagation*, 43(4):51 – 63, Aug. 2001.

[Sor98]   T.B. Sorensen. Correlation Model for Shadow Fading in a Small Urban Macro Cell. In *Proceedings of the 9th IEEE International Symposium on Personal, Indoor and Mobile Radio Communications, PIMRC 1998*, Vol. 3, pp. 1161–1165, Massachusetts, USA, Sept. 1998.

[Spe04]   Q.H. Spencer. *Transmission Strategies for Wireless Multi-User Multiple-Input, Multiple-Output Communication Channels*. Dissertation, Brigham Young University, Department of Electrical and Computer Engineering, 2004.

[SPSH04]   Q.H. Spencer, C.B. Peel, A.L. Swindlerhurst und M. Haardt. An Introduction to the Multi-User MIMO Downlink. *IEEE Communications Magazine*, 42(10), Okt. 2004.

[SSH04]   Q.H. Spencer, A.L. Swindlerhurst und M. Haardt. Zero-Forcing Methods for Downlink Spatial Multiplexing in Multiuser MIMO Channels. *IEEE Transactions on Signal Processing*, 52(2):461–471, 2004.

[STT$^+$02]   H. Sampath, S. Talwar, J. Tellado, V. Erceg und A.J. Paulraj. A Fourth-Generation MIMO-OFDM Broadband Wireless System: Design, Performance, and Field Trial Results. *IEEE Communications Magazine*, 40(9):143–149, Sept. 2002.

[Suz77]   H. Suzuki. A Statistical Model for Urban Radio Propagation. *IEEE Transactions on Communications*, COM-25(7):673–680, Juli 1977.

[SV87]   A.A.M. Saleh und R.A. Valenzuela. A Statistical Model for Indoor Multipath Propagation. *IEEE Journal on Selected Areas in Communications*, 5:128–137, Feb. 1987.

[Sva01a]   T. Svantesson. A Physical MIMO Radio Channel Model for Multi-Element Multi-Polarized Antenna Systems. In *Proceedings of the 54th IEEE Vehicular Technology Conference, VTC2001-Fall*, Vol. 2, pp. 1083 – 1087, Atlantic City, NJ, USA, Okt. 2001.

[Sva01b]   T. Svantesson. *Antennas and Propagation from a Signal Processing Perspective*. Dissertation, Chalmers University of Technology, Department of Signals and Systems, Sweden, 2001.

[Sva02]   T. Svantesson. A Double-Bounce Channel Model for Multi-Polarized MIMO Systems. In *Proceedings of the 56th IEEE Vehicular Technology Conference, VTC2002-Fall*, Vol. 2, pp. 691 – 695, Vancouver, Canada, Sept. 2002.

[SWP$^+$06]   Q.H. Spencer, J.W. Wallace, C.B. Peel, T. Svantesson, A.L. Swindlerhurst und A. Gummalla. *MIMO Systems Technology and Wireless Communications*, Kapitel: Performance of Mulit-User Spatial Multiplexing with Measured Channel Data. CRC Press, Boca Raton, FL, USA, 2006.

[SYOK05]   R. Stridh, K. Yu, B. Ottersten und P. Karlsson. MIMO Channel Capacity and Modeling Issues on a Measured Indoor Radio Channel at 5.8 GHz. *IEEE Transactions on Wireless Communications*, 4(3):895–903, Mai 2005.

[SZM$^+$06]   M. Shafi, M. Zhang, A.L. Moustakas, P.J. Smith, A.F. Molisch, F. Tufvesson und S.H. Simon. Polarized MIMO Channels in 3-D: Models, Measurements and Mutual Information. *IEEE Journal on Selected Areas in Communications*, 24(3):514–526, März 2006.

[TCJ+72]   G.L. Turin, F.D. Clapp, T.L. Johnston, B.F. Stephen und D. Lavry. A Statistical Model of Urban Multipath Propagation. *IEEE Transactions on Vehicular Technology*, VT-21:1–9, Feb. 1972.

[Tel95]   I.E. Telatar. Capacity of Multi-Antenna Gaussian Channels. *Technical Memorandum, AT & T Bell Laboratories*, 10:585–595, Okt. 1995. Danach (1999) veröffentlicht in *European Transactions on Telecommunications*.

[Tel99]   I.E. Telatar. Capacity of Multi-antenna Gaussian Channels. *European Transactions on Telecommunications*, 10(6):585–595, Nov. 1999.

[THL+03]   R.S. Thomä, D. Hampicke, M. Landmann, A. Richter und G. Sommerkorn. Measurement-Based Parametric Channel Modelling (MBPCM). In *International Conference on Electromagnetics in Advanced Applications, ICEAA 2003*, Torino, Italy, Sept. 2003.

[THR+00]   R.S. Thomä, D. Hampicke, A. Richter, G. Sommerkorn, A. Schneider, U. Trautwein und W. Wirnitzer. Identification of Time-Variant Directional Mobile Radio Channels. *IEEE Transactions on Instrumentation and Measurement*, 49(2):357–364, Apr. 2000.

[THR+01]   R.S. Thomä, D. Hampicke, A. Richter, G. Sommerkorn und U. Trautwein. MIMO Vector Channel Sounder Measurement for Smart Antenna System Evaluation. *European Transactions on Telecommunications, Special Issue on Smart Antennas*, 12(5):427–438, Sept. 2001.

[Tim06a]   J. Timmermann. *Automatische Klassifizierung der räumlichen Eigenschaften des urbanen Funkkanals*. Studienarbeit, Institut für Höchstfrequenztechnik und Elektronik der Universität Karlsruhe (TH), Feb. 2006.

[Tim06b]   J. Timmermann. *Richtungsaufgelöste Kanalmodellierung für Systemsimulationen mit intelligenen Antennen*. Diplomarbeit, Institut für Höchstfrequenztechnik und Elektronik der Universität Karlsruhe (TH), Sept. 2006.

[TJ05]   A. Tölli und M. Juntii. Scheduling for Mutliuser MIMO Downlink with Linear Processing. In *Proceedings of the IEEE 16th International Symposium on Personal, Indoor and Mobile Radio Communications, PIMRC 2005*, pp. 156–160, Berlin, Germany, Sept. 2005.

[TJC99]   V. Tarokh, H. Jafarkhani und A.R. Calderbank. Space-Time Block Codes from Orthogonal Designs. *IEEE Transactions on Information Theory*, 45(5):1456–1467, Juli 1999.

[TLK+02]   M. Toeltsch, J. Laurila, K. Kalliola, A.F. Molisch, P. Vainikainen und E. Bonek. Statistical Characterization of Urban Spatial Radio Channels. *IEEE Journal on Selected Areas in Communications*, 20(3):539–549, Apr. 2002.

[TLR04]   R.S. Thomä, M. Landmann und A. Richter. RIMAX - a Maximum Likelihood Framework for Parameter Estimation in Multidimensional Channel Sounding. In *2004 International Symposium on Antennas and Propagation*, Sendai, Japan, Aug. 2004.

[TR 98]   V3.2.0 TR 101 112. Selection Procedures for the Choice of Radio Transmission Technologies of the UMTS. Technischer Bericht, European Telecommunications Standards Institute (ETSI), März 1998.

[TS 05]   V4.18.0 TS 145 005. Digital Cellular Telecommunications System (Phase2+); Radio Transmission and Reception. Technischer Bericht, European Telecommunications Standards Institute (ETSI), 2005.

[TS 08]   V8.4.0 TS 125 101. Universal Mobile Telecommunications System (UMTS); User Equipment (UE) Radio Transmission and Reception (FDD). Technischer Bericht, European Telecommunications Standards Institute (ETSI), 2008.

[TSC98]   V. Tarokh, N. Seshadri und Calderban. Space-Time Codes for High Data Rate Wireless Communication: Performance Criterion and Code Construction. *IEEE Transactions on Information Theory*, 44(2):744–765, März 1998.

[TSP03]   F. Tila, P.R. Shepherd und S.R. Pennock. Theoretical Capacity Evaluation of Indoor Micro and Macro-MIMO Systems at 5 GHz Using Site Specific Ray Tracing. *Electronic Letters*, 39:471–472, März 2003.

[TSS05]   U. Trautwein, G. Sommerkorn und C. Schneider. Measurement and Analyses of MIMO Channels in Public Access Scenarios at 5.2GHz. In *Proceedings of the Wireless Personal Multimedia Communications Symposium, WPMC 2005*, Aalborg, Denmark, Sept. 2005.

[UBD$^+$90]   F.T. Ulaby, T.H. Bengal, M.C. Dobson, J.R. East, J.B. Garvin und D.L. Evans. Microwave Dielectric Properties of Dry Rocks. *IEEE Transactions on Geoscience and Remote Sensing*, 28(3):325–336, Mai 1990.

[UD89]   F.T. Ulaby und M.C. Dobson. *Handbook of Radar Scattering Statistics for Terrain*. Artech House, Norwood, 1989.

[Van01]   P. Vandenameele. *Space Division Multiple Access for Wireless Local Area Networks*. Kluwer Academic Publishers, Norwell, MA, 2001.

[VB87]   R.G. Vaughan und J. Bach Andersen. Antenna Diversity in Mobile Communications. *IEEE Transactions on Vehicular Technology*, VT-36(4):149–172, Nov. 1987.

[vD94]   G.A.J. van Dooren. *A Deterministic Approach to the Modelling of Electromagnetic Wave Propagation in Urban Environments*. Dissertation, University of Eindhoven, The Netherlands, 1994.

[VJG03]   S. Vishwanath, N. Jindal und A. Goldsmith. Duality, Achievable Rates, and Sum-Rate Capacity of Gaussian MIMO Broadcast Channels. *IEEE Transactions on Information Theory*, 49(10):2658–2668, Okt. 2003.

[VT03]   P. Viswanath und D.N.C. Tse. Sum Capacity of the Vector Gaussian Broadcast Channel and Uplink-Downlink Duality. *IEEE Transactions on Information Theory*, 49(8):1912–1921, Aug. 2003.

[VVH03]   H. Viswanathan, S. Venkatesan und H. Huang. Downlink Capacity Evaluation of Cellular Networks with Known-Interference Cancellation. *IEEE Journal on Selected Areas in Communications*, 21(5):802–811, Juni 2003.

[VVT03]   L. Voukko, P. Vainikainen und J. Takada. Clusterization of Measured DoA Data in an Urban Macrocellular Environment. In *COST 273 TD(03)122*, Paris, France, Mai 2003.

[vZS03]   A. van Zelst und T.C.W. Schenk. Implementation of a MIMO OFDM-Based Wireless LAN System. *IEEE Transactions on Signal Processing*, 52(2):483–494, Feb. 2003.

[Wal04]   C. Waldschmidt. *Systemtheoretische und experimentelle Charakterisierung integrierbarer Antennenarrays.* Dissertation, Forschungsberichte aus dem Institut für Höchstfrequenztechnik und Elektronik der Universität Karlsruhe (TH), 2004.

[WB88]   J. Walfisch und H.L. Bertoni. A Theoretical Model of UHF Propagation in Urban Environments. *IEEE Transactions on Antennas and Propagation*, 36(12):1788–1796, Dez. 1988.

[WBT04]   W. Wirnitzer, D. Brückner und U. Trautwein. *HyEff Abschlussbericht: Breitbandiger, echtzeitfähiger Funkkanalanalysator für adaptive Antennen in Multiple Input / Multiple Output Systemen.* MEDAV GmbH, Aug. 2004. http://www.pt-it.pt-dlr.de/de/1327.php.

[WFGV98]   P. Wolniansky, G.J. Foschini, G. Golden und R.A. Valenzuela. V-BLAST: An Architecture for Realizing Very High Data Rates Over Rich Scattering Wireless Channel. In *Proceedings of the URSI International Symposium on Signals, Systems and Electronics, ISSSE 98*, pp. 295–300, Pisa, Italy, Sept. 1998.

[WFPS06]   W. Wiesbeck, T. Fügen, M. Porebska und W. Sörgel. Channel Characterization and Modeling for MIMO and Other Recent Wireless Technologies. In *Proceedings of the European Conference on Antennas and Propagation, EUCAP 2006*, Nice, France, Nov. 2006.

[WFW02]   C. Waldschmidt, T. Fugen und W. Wiesbeck. Spiral and Dipole Antennas for Indoor MIMO-Systems. *IEEE Antennas and Wireless Propagation Letters*, 1(1):176–178, 2002.

[WHÖB06]   W. Weichselberger, M. Herdin, H. Özcelik und E. Bonek. A Stochastic MIMO Channel Model with Joint Correlation of Both Link Ends. *IEEE Transactions on Wireless Communications*, 5(1):90–100, Jan. 2006.

[Wie03]   W. Wiesbeck. *Abschlussbericht miniWatt I: Alternative Funksysteme.* Bundesministeriums für Bildung und Forschung (BMBF), 2003. http://www.tib-hannover.de.

[Wie08]   W. Wiesbeck. *Abschlussbericht miniWatt II: Minimierung der Immission künftiger Funkdienste.* Bundesministeriums für Bildung und Forschung (BMBF), 2008. http://www.tib-hannover.de.

[Win84]   J.H. Winters. Optimum Combining in Digital Mobile Radio with Cochannel Interference. *IEEE Journal on Selected Areas in Communications*, 2(4):528–539, Juli 1984.

[Win87]   J.H. Winters. On the Capacity of Radio Communication Systems with Diversity in a Rayleigh Fading Environment. *IEEE Journal on Selected Areas in Communications*, 5(5):871–877, Juli 1987.

[Win05]   Information Society Technologies, IST-WINNER. *Assessment of Advanced Beamforming and MIMO Technologies, IST-2003-507581 WINNER, D2.7 ver1.1*, 2005. http://www.ist-winner.org/deliverables_older.html.

[WJ02]   J.W. Wallace und M.A. Jensen. Modeling the Indoor MIMO Wireless Channel. *IEEE Transactions on Antennas and Propagation*, 50:591–599, Mai 2002.

[WJ04]   J.W. Wallace und M.A. Jensen. Mutual Coupling in MIMO Wireless Systems: A Rigorous Network Theory Analysis. *IEEE Transactions on Wireless Communications*, 3(4):1317–1325, Juli 2004.

[WKFW04] C. Waldschmidt, C. Kuhnert, T. Fügen und W. Wiesbeck. Realistic Antenna Modeling for MIMO Systems in Microcell Scenarios. *Advances in Radio Science, URSI*, 2:141–146, Mai 2004.

[WL02]   J. Weitzen und T.J. Lowe. Measurement of Angular and Distance Correlation Properties of Log-Normal Shadowing at 1900MHz and its Application to Design of PCS Systems. *IEEE Transactions on Antennas and Propagation*, 51(2):265–273, März 2002.

[WML03]   K.K. Wong, R.D. Murch und K.B. Letaief. A Joint-Channel Diagonalization for Multiuser MIMO Antenna Systems. *IEEE Transactions on Wireless Communications*, 2(4):773–786, Juli 2003.

[WSNC00] Y. Wang, S. Safavi-Naeini und S.K. Chaudhuri. A Hybrid Technique Based on Combining Ray Tracing and FDTD Methods for Site-Specific Modeling of Indoor Radio Wave Propagation. *IEEE Transactions on Antennas and Propagation*, 48(5):743–753, Mai 2000.

[WSS06]   H. Weingarten, Y. Steinberg und S.S. Shamai. The Capacity Region of the Gaussian Multiple-Input Multiple-Output Broadcast Channel. *IEEE Transactions on Information Theory*, 52(9):3936–3964, Sept. 2006.

[YB05]   S. Yang und J. Belfiore. Capacity and Power Allocation for Fading MIMO Channels with Channel Estimation Error. In *Proceedings of the 43rd Allerton Conference on Communications, Control and Computing*, Monticello, IL, USA, Sept. 2005.

[YBO+02] K. Yu, M. Bengtsson, B. Ottersten, D. McNamara, P. Karlsson und M. Beach. A Wideband Statistical Model for NLOS Indoor MIMO Channels. In *Proceedings of the 55th IEEE Vehicular Technology Conference, VTC2002-Spring*, Vol. 1, pp. 370–374, Mai 2002.

[YBO+04] Kai Yu, M. Bengtsson, B. Ottersten, D. McNamara, P. Karlsson und M. Beach. Modeling of Wide-Band MIMO Radio Channels based on NLoS Indoor Measurements. *IEEE Transactions on Vehicular Technology*, 53(3):655–665, Mai 2004.

[YC04]   W. Yu und J.M. Cioffi. Sum Capacity of Gaussian Vector Broadcast Channels. *IEEE Transactions on Information Theory*, 50(9):1875–1892, Sept. 2004.

[YFJS06] X. Yin, B.H. Fleury, P. Jourdan und A. Stucki. Polarization Estimation of Individual Propagation Paths Using the SAGE Algorithm. In *Proceedings of the 14th IEEE International Symposium on Personal, Indoor and Mobile Radio Communications, PIMRC 2006*, Helsinki, Finland, Sept. 2006.

[YMIH04] K. Yonezawa, T. Maeyama, H. Iwai und H Harada. Path Loss Measurement in 5GHz Macro Cellular Systems and Consideration of Extending Existing Path Loss Prediction Models. In *Proceedings of the IEEE Wireless Communications*

	and Networking Conference, WCNC 2004, pp. 279–283, Atlanta, GA, USA, März 2004.

[YO02] K. Yu und B. Ottersten. Models for MIMO Propagation Channels. A Review. *Wiley Journal on Wireless Communications and Mobile Computing, Special Issue on Adaptive Antennas and MIMO Systems*, Juli 2002.

[YRBC01] W. Yu, W. Rhee, S. Boyd und J. M. Cioffi. Iterative Water-Filling for Gaussian Vector Multiple Access Channels. In *Proceedings of the IEEE International Symposium on Information Theory 2001*, p. 322, Washington, USA, Juni 2001.

[YRC01] W. Yu, W. Rhee und J.M. Cioffi. Optimal Power Control in Multiple Access Fading Channels with Multiple Antennas. In *IEEE International Conference on Communications, ICC 2001*, Vol. 2, pp. 575–579, Helsinki, Finland, Juni 2001.

[YRC04] W. Yu, W. Rhee und J.M. Cioffi. Iterative Water-Filling for Gaussian Vector Multiple-Access Channels. *IEEE Transactions on Information Theory*, 50(1):145–152, Jan. 2004.

[ZCSE05] K.I. Ziri-Castro, W.G. Scanlon und N.E. Evans. Prediction of Variation in MIMO Channel Capacity for the Populated Indoor Environment using a Radar Cross-Section-Based Pedestrian Model. *IEEE Transactions on Wireless Communications*, 4(3):1186–1194, Mai 2005.

[ZFDW00] T. Zwick, C. Fischer, D. Didascalou und W. Wiesbeck. A Stochastic Spatial Channel Model based on Wave-Propagation Modeling. *IEEE Journal on Selected Areas in Communications*, 18(1):6–15, Jan. 2000.

[ZFW02] T. Zwick, C. Fischer und W. Wiesbeck. A Stochastic Multipath Channel Model Including Path Directions for Indoor Environments. *IEEE Journal on Selected Areas in Communications*, 20(6):1178–1192, Aug. 2002.

[Zis88] M. Ziskind, I. Wax. Maximum Likelihood Localization of Multiple Sources by Alternating Projection. *IEEE Transactions on Acoustics, Speech, and Signal Processing*, 36(10), Okt. 1988.

[ZSE02] R. Zamir, S. Shamai und U. Erez. Nested Linear/Lattice Codes for Structured Multiterminal Binning. *IEEE Transactions on Information Theory*, 48(6):1250–1276, Juni 2002.

[ZTK01] H. Zhu, J. Takada und T. Kobayashi. The Verification of a Deterministic Spatio-Temporal Channel Modeling Approach by Applying a Deconvolution Technique in the Measurements. In *Proceedings of the 53th IEEE Vehicular Technology Conference, VTC2001-Spring*, Vol. 1, Rhodes, Greece, Mai 2001.

[Zwi99] T. Zwick. *Die Modellierung von richtungaufgelösten Mehrwegegebäudefunkkanälen durch markierte Poisson-Prozesse*. Dissertation, Forschungsberichte aus dem Institut für Höchstfrequenztechnik und Elektronik der Universität Karlsruhe (TH), 1999.

Lebenslauf

Persönliche Daten

Name:	Thomas Fügen
Geburtsdatum:	6. September 1974
Geburtsort:	Mannheim-Neckarau
Staatsangehörigkeit:	deutsch
Familienstand:	ledig

Schulausbildung

1981 – 1985	Grundschule, Mannheim
1985 – 1991	Liselotte Gymnasium Mannheim
1991 – 1994	Carl-Benz-Schule Mannheim, Technisches Gymnasium, allgemeine Hochschulreife

Ersatzdienst

1994 – 1995	Zentralinstitut für seelische Gesundheit, Mannheim

Studium und Berufsweg

1995 – 2000	Studium der Nachrichtentechnik an der Hochschule Mannheim, Schwerpunkte: Elektronik, Hochfrequenztechnik
1996 – 1997	Erstes praktisches Studiensemester bei HKI-GmbH, Weinheim
1998 – 1999	viermonatiges Fachpraktikum bei Synchronic engineering, Rouen, Frankreich
1999 – 2000	Studium der Elektrotechnik an der École Supérieure d'Ingénieurs en Génie Électrique (ESIGELEC), Rouen, Frankreich, Schwerpunkt: Telekommunikation, Höchstfrequenztechnik

1999	Zweites praktisches Studiensemester bei Robert Bosch GmbH, Caen, Frankreich
2000	Diplomarbeit bei Philips, Le Mans, Frankreich, Thema: „Demodulator Diversity for Wireless Communications Systems"
September 2000	Diplom der Nachrichtentechnik an der Hochschule Mannheim und Ingénieur dimlômé de l'École Supérieure d'Ingénieurs en Génie Électrique (Master's Degree)
seit Dezember 2000	Wissenschaftlicher Angestellter am Institut für Hochfrequenztechnik und Elektronik (IHE) der Universität Karlsruhe (TH), Mitarbeit in Forschung und Lehre, Forschungsschwerpunkte: Mehrantennensysteme (MIMO), Funkkanalmodellierung, Hochfrequenzmesstechnik, Antennen, Fahrzeug-zu-Fahrzeug Kommunikation